中国医学科学院医学实验动物研究所

中国实验动物学会

实验动物科学丛书 14

丛书总主编/秦川

Ⅳ比较医学系列

比较组织学

秦　川　主编

科学出版社

北　京

内 容 简 介

本书是实验动物科学丛书IV比较医学系列中的一部,主要介绍比较医学的一个分支研究领域——比较组织学的相关内容。比较组织学是对不同生物体的机体微细结构进行比较分析,揭示其间的异同及对相关功能的不同作用和影响的学科。本书编者长期从事实验动物组织病理学专业研究和教学工作,在实验动物组织学及人类疾病动物模型的构建和基础研究方面积累了丰富的材料和经验。本书共13章,包括循环系统、免疫系统、消化系统、呼吸系统、泌尿系统、两性生殖系统、神经系统、内分泌系统、皮肤、眼和耳、骨骼系统和肌肉组织。各章均从器官、组织、细胞层次对各器官的组织结构进行了详尽地介绍,并将常用实验动物、常见畜禽等动物的组织学与人类组织学异同进行比较分析,内容丰富,科学性强。特别是针对各种实验动物之间以及实验动物与人类之间在相同组织器官中的形态学和功能比较分析。

本书可供实验动物学科学研究、实验动物检测相关科研人员学习使用,也可作为毒理病理学、基础医学及临床医学等各学科专业的研究人员的参考。

图书在版编目(CIP)数据

比较组织学/秦川主编.—北京:科学出版社,2020.6

(实验动物科学丛书 / 秦川总主编)

ISBN 978-7-03-063490-0

I. ①比… II. ①秦… III. ①动物学—比较组织学 IV. ①Q954.6

中国版本图书馆 CIP 数据核字(2019)第 264602 号

责任编辑:罗 静 闫小敏 / 责任校对:严 娜
责任印制:吴兆东 / 封面设计:图阅盛世

科 学 出 版 社 出版

北京东黄城根北街 16 号
邮政编码:100717
http://www.sciencep.com

北京捷逊佳彩印刷有限公司 印刷
科学出版社发行   各地新华书店经销

*

2020 年 6 月第 一 版   开本:880×1230 A4
2020 年 6 月第一次印刷   印张:23
字数:545 000
定价:198.00 元
(如有印装质量问题,我社负责调换)

丛　书　序

实验动物科学是一门新兴交叉学科，它集成生物学、兽医学、生物工程、医学、药学、生物医学工程等学科的理论和方法，以实验动物和动物实验技术为研究对象，为相关学科发展提供系统生物学材料和相关技术。实验动物科学不仅直接关系到人类疾病研究、新药创制、动物疫病防控、环境与食品安全监测和国家生物安全与生物反恐，而且在航天、航海和脑科学研究中也具有特殊的作用与地位。

虽然国内外都出版了一些实验动物领域的专著，但一直缺少一套能够体现学科特色系列丛书，来介绍实验动物科学各个分支学科、领域的科学理论、技术体系和研究进展。

为总结实验动物科学发展经验，形成学科体系，从 2012 年起就计划编写一套实验动物的科学丛书，以展示实验动物相关研究成果，促进实验动物学科人才培养，有助于行业发展。

经过对系列丛书的规划设计后，我和相关领域内专家一起承担了编写任务。该丛书由我总体设计、规划、安排编写任务，并担任总主编。组织相关领域专家，详细整理了实验动物科学领域的新进展、新理论、新技术、新方法，是读者了解实验动物科学发展现状、理论知识和技术体系的不二选择。根据学科分类、不同职业的从业要求，丛书内容包括 I 实验动物管理、II 实验动物资源、III 实验动物基础科学、IV 比较医学、V 实验动物医学、VI 实验动物福利、VII 实验动物技术、VIII 实验动物科普和 IX 实验动物工具书，共计 9 个系列。

本书为 IV 比较医学系列中的《比较组织学》，全书以医学组织学体系为参照，依次介绍各个系统的结构和细胞组成，重点研究实验动物正常组织学。内容侧重不同动物之间，以及动物与人类之间在细胞、组织、器官和系统的形态结构方面的异同，以及其在生理过程运行中所产生的差异。本书为读者使用实验动物提供组织学指南，为分辨实验动物特殊结构、区别正常和病理形态、科学分析动物实验结果，以及更好地理解动物模型与人类疾病过程的关联性提供理论支持，是比较医学专业、实验动物学专业学生，基础医学和临床医学学生和研究人员的理想参考读物。

总主编　秦　川　教授

中国医学科学院医学实验动物研究所所长

北京协和医学院比较医学中心主任

中国实验动物学会理事长

2020 年 5 月

《比较组织学》编委会

丛书总主编：秦　川

主　编：秦　川

编　委（按姓氏笔画排序）：

于　品　中国医学科学院医学实验动物研究所

刘　颖　中国医学科学院医学实验动物研究所

李彦红　中国医学科学院医学实验动物研究所

宋志琦　中国医学科学院医学实验动物研究所

张　玲　中国医学科学院医学实验动物研究所

屈亚锦　中国医学科学院医学实验动物研究所

赵文杰　中国医学科学院医学实验动物研究所

秦　川　中国医学科学院医学实验动物研究所

徐艳峰　中国医学科学院医学实验动物研究所

序

比较医学是通过对不同动物疾病发生发展过程的异同进行比较分析，揭示疾病与健康规律的科学，是实验动物学与兽医学、医学的交叉学科。起步于 20 世纪 80 年代初，最初只是一门边缘学科，到现在已经发展成重要的综合性基础学科，是生命科学中知识创新和技术创新的源泉之一。实验动物是工具，动物实验是手段，比较医学是综合，只有工具完备、手段先进、综合框架清晰，生物医学才能扎实稳固地发展起来。

目前医学研究的重要手段之一是要建立各种人类疾病的动物模型，模型和模型系统是人类窥探自身疾病奥秘的有力工具，特别是对那些在人体上无法完成的观察和研究。比较组织学是比较医学的一个分支研究领域，立足对人和动物的正常组织结构进行分析和研究，是组织器官病理改变和生理功能研究的基础。

从事医学研究的科研工作者和学生通常具有医学、生物学、兽医学等许多不同的学习研究背景。而国内目前的组织学大多都是以人类组织学为蓝本编写，或是专门的兽医畜禽组织学，急需专门针对实验动物组织学及全面系统介绍比较组织学的教材供大家学习和参考。

秦川教授及其团队长期从事实验动物组织病理学研究和教学工作，积累了大量动物模型构建经验和丰富的实验动物组织学材料，并已出版了《实验动物比较组织学彩色图谱》。这次出版的《比较组织学》一书是一本以描述实验动物正常组织学为主的专业书籍，书中全面覆盖了各个主要系统器官的组织和细胞类型，描述了各个器官系统的结构层次、镜下特点和功能，还进一步对人、常用实验动物、实验动物化动物和某些有开发价值的实验动物之间，在组织解剖学和细胞学上进行比较分析，凸显异同。该书的出版是对实验动物组织病理学基础和临床医学研究做出的重要贡献，也是比较医学学科建设重要基础工作之一。我作为一名从事实验动物组织病理工作 60 多年的老兵，见证到该书的出版并为其作序，倍感欣慰。

该书理论知识丰富，内容系统全面，结构条理清晰，既是人类疾病动物模型的正常组织对照，也是人类疾病的重要参考对照。对于了解实验动物各器官系统的结构及其与人类相应的组织之间的异同、实验过程中动物本身的病理性改变的辨识诊断、科学地分析实验结果，以及更好地理解其与人类疾病过程的关联性都具有十分重要的价值。该书不仅对实验动物病理学研究有重要参考价值，也是临床及基础研究工作者很好的参考用书，其出版将极大地推动比较组织学的发展，更进一步发挥该学科对其他学科的支撑作用。

卢耀增

中国医学科学院医学实验动物研究所前所长

中国协和医科大学实验动物学部前主任

中国实验动物学会前理事长

实验病理学家

2020 年 5 月

前　言

科学技术的飞速发展导致了科学体系出现分化整合，学科之间相互交叉，新的理论和技术不断突破，生命科学的知识和技术迅速积累。比较医学（comparative medicine）是对人和动物的疾病和健康状态进行类比研究的科学，建立各种人类疾病的动物模型，研究疾病的发生发展规律以及诊断、预防和治疗，最终达到对抗人类疾病和衰老的目的。随着相关知识的积累和技术方法的进步，比较医学已经成为生命科学领域的前沿学科，是多学科相互融合渗透的中心。

20世纪80年代后比较医学逐渐兴起并成为一门独立的新兴学科，分散的动物实验有了集中的目标，发挥学科交叉的优势，在对疾病的了解中发挥了重大的作用。近年来比较医学的研究内容不断增加更新，研究范畴不断扩大。在研究人类疾病的机制、预防和治疗等方面有着很重要的作用，越来越为人们所公认和重视。

生物技术的发展使人们在基因组学、蛋白质组学以及生物信息学等方面的进步飞快，在分析和研究动物模型方面不断深入。但这些工作仍然不能代替最直观的形态学分析，形态学观察是开展深入研究的序幕，只有从细微的形态学改变中发现病变，辨明病变发生的位置、影响的细胞类型、病变的性质和严重程度，才能进一步研究病变的发生机制和分子调控。

组织学是研究有机体微细结构及其与功能关系的一门形态科学，提供了正常器官、组织和细胞的微细结构标准，并说明这些显微结构在不同生理条件下呈现的变化，从而探讨结构和功能之间的关系。组织学研究所得出的正常显微结构的认识，是辨明病理状态下组织结构变化的必要基础。医学组织学是阐明在正常情况下，人类细胞、组织、器官和系统的形态结构及其与生理功能的关系，以及在人体内的相互关联和意义。

医学研究中涉及活体的科研实验多数都是借助实验动物完成的，而其研究成果最终是需要转化到医学临床等相关领域，应用于人类疾病的预防、诊断和治疗等。因此对人类和常见实验动物之间相同或相近组织器官进行组织学微细结构和功能的形态学角度的比较分析，是实验研究成果评价、转化和应用的重要依据。只有对人和动物的正常组织结构有明晰的认识，才能深刻理解机体各个系统的功能和内在机制，才能辨别不同病理条件下各组织器官的病理改变的发展和转归，才能明确实验动物的人类疾病模型的构建和与人类疾病的类比关系，为实验动物在医学研究中应用的优化提供理论参考和依据。

比较组织学的研究则侧重不同动物之间，以及动物与人类之间在细胞、组织、器官和系统的形态结构方面的异同，以及其在生理过程运行中所产生的差异，是比较医学体系中的基础学科之一。本书以医学组织学体系为参照，依次介绍各个系统的结构和细胞组成的同时，比较人类、实验动物和其他动物之间的组织学异同，以及其在比较医学中的应用。在准确详尽的基础知识上，结合编者的工作实践和先进的文献结果，力求兼具科学性、准确性和先进性。在编写过程中，各位编者在最大限度内查阅材料和文献，力图给读者最为可靠准确和广泛新鲜的内容，但由于实验动物品种品系的不断增加和拓宽，且在比较组织学方面可以借鉴的专著不足，加上水平所限，可能存在一些不足和错误，还恳请读者批评指正。

　　本书能够顺利出版，非常感谢各位编者的辛勤付出和团结协作，感谢科学出版社编辑的精心工作。卢耀增教授在本书编写过程中提出宝贵建议，并为本书拨冗作序，在此表示诚挚的感谢和敬意。

秦　川　教授

中国医学科学院医学实验动物研究所所长

北京协和医学院比较医学中心主任

中国实验动物学会理事长

2020 年 5 月

目　录

第一章 循 环 系 统

循环系统（circulatory system）是一个连续而封闭的管道系统，包括心血管系统和淋巴管系统两部分。其中心血管系统由中胚层分化而来。胚胎早期的心血管左右对称，以后通过合并、扩大、萎缩、退化和新生等过程，演变成为非对称结构。

心血管系统（cardiovascular system）由心脏、动脉、毛细血管和静脉组成。心脏是一个促使血液流动的动力泵，右侧接收全身的血液并将其运送至肺，左侧接收从肺来的血液，并将其运输到动脉。动脉将血液输送到毛细血管。毛细血管管壁非常薄，是血浆和周围组织进行物质交换的主要场所，毛细血管网广泛分布于体内的各种组织和器官内。毛细血管汇合移行为静脉，静脉的起始端也参与物质的交换，但主要是将物质交换后的血液导回心脏。

淋巴管系统（lymphatic vessel system）是一个单向回流的管道系统，主要功能是辅助静脉回流。起始于毛细淋巴管。毛细淋巴管逐渐融合，形成较大的淋巴管，淋巴管最后汇合成左淋巴导管（胸导管）和右淋巴导管，与大静脉连通。

血液在心血管系统中持续流动，将从外界吸收的营养物质和氧输送到身体各部的组织与细胞，满足其生长发育和生理活动需要。与此同时，组织和细胞在生理活动过程中产生的代谢物质与二氧化碳，也随时由血液和淋巴输送到排泄器官（主要是肾和肺），之后排出体外。如此机体内的环境得以保持适宜的平衡。

循环系统除上述功能外，有的细胞还有内分泌功能，如心肌细胞产生和分泌心钠素、心肌生长因子等。这些细胞产生的激素或调节物质进入毛细血管后，经血液和淋巴循环运送至全身的靶器官或靶细胞，对机体的生长发育和生理功能起体液调节作用，它和神经调节共同维持身体功能的平衡。心血管系统的分段较复杂，通常的分法大致如图 1.1 所示。

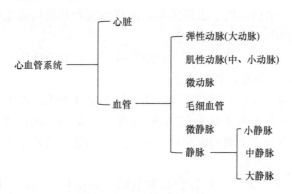

图 1.1　心血管系统分类

第一节 心 脏

心脏（heart）起源于胚盘中口咽膜头端的中胚层。心脏是一个中空的肌性气管，是心血管系统的动力泵。构成心壁的心肌称为工作心肌，具有节律性收缩和舒张的能力，能推动血液在血管中不断地循环流动，使身体各部分的组织和器官得到充分的血液供应。心脏的内腔被房间隔和室间隔分隔为左右不相通的两半。心腔可分为左、右心室和左、右心房。这 4 个腔分别是体循环、肺循环的必经之路。与人类相比，哺乳类实验动物和鸟类具有两心房与两心室。爬行类动物也具有两心房和两心室，但是两心室之间未完全分隔。两栖类具有两心房与一心室。鱼类只有一心房与一心室。由于动物之间心脏结构存在差异性，心脏的正常特征可能被误认为损伤。例如，牛的心外膜淋巴管可能呈明显的白色条纹，容易被认为是坏死。成年的牛、羊、猪约有 20%的卵圆孔闭锁不全，但是一般不影响心脏的功能。正常心脏形状差异较大，人的心脏呈圆锥形，猪和犬的心脏呈较短的圆形，马、牛和鸡的心脏呈长条略扁的圆锥形。与人类相比，不同动物的心脏占体重的百分比差异也较大。成年人心脏占体重的 0.4%～4.5%，猪和大鼠心脏约为体重的 0.3%，牛、小鼠和豚鼠心脏约为体重的 0.5%，犬、猫和马的心脏约占体重的 0.75%。不同种属实验动物易发生自发性病变，如心肌矿化在 BALB/c、雌性 C57BL/6 小鼠中常见。比格犬浦肯野细胞常见空泡变性、心肌内炎性细胞浸润等。除此之外，心脏结构还包括心瓣膜、心骨骼和传导系统。本章将对心脏组织结构、细胞形态、生理、发育及功能应用等方面在人类、常用实验动物、畜禽类或其他特殊动物中表现出的异同点进行描述。

一、心脏的组织学结构

心脏壁由三层膜组成，分别是心内膜、心肌层和心外膜。内层为心内膜，中层为心肌层，外层为心外膜。心肌层的厚度与其泵血负荷相关，如左心室负荷最大，因此其室壁最厚。

（一）心内膜

心内膜（endocardium）为覆盖在心房（心耳）和心室内表面的一层组织。心内膜由内皮（endothelium）、内皮下层（subendothelial layer）和心内膜下层（subendocardial layer）组成。心内膜的主要功能是使内皮光滑，防止血液滞留，减少摩擦。

内皮是一层不规则的多角形内皮细胞（endothelial cell，EC），胞核为椭圆形，与大血管的内皮相续，位于薄层连续的基膜上。光镜下，心内膜的内皮表面是光滑的，但在电镜下内皮细胞向管腔伸出，形成不同形态的突起。扫描电镜及透射电镜观察鼠、犬和猫心内膜的内皮，相邻的细胞由细胞间隙分隔。心脏的内皮细胞连接与动静脉的不同，动静脉的内皮细胞之间有紧密连接，心脏主要是缝隙连接，这种不同的连接方式可能与内膜通透性不同有关。一些低分子量的物质如辣根过氧化物酶易透过心脏内皮细胞，而不能透过主动脉内皮细胞。有人认为心脏的内皮细胞间的缝隙连接可能有传导电兴奋的作用。内皮细胞作为血管内衬，形成光滑面，便于血液流动。内皮细胞和基板构成通透性屏障，液体、气体和大分子物质可选择性地透过此屏障。

内皮下层是内皮的下面一层，较薄，主要是由成纤维细胞、胶原纤维和弹性纤维构成的致密结缔组织，其中有少量的平滑肌束，尤以室间隔处为多。

心内膜下层在内皮下层的深部，靠近心肌膜，为疏松的结缔组织，其中包含小血管和神经，心室的心内膜下层还分布有心脏传导系统的分支——浦肯野纤维（Purkinje fiber，PF）。生理学研究证明，此种细胞能快速传导冲动。房室束分支末端的细胞与心室肌纤维相连，将冲动传到心室各处。心内膜下层与心肌膜的结缔组织相连。

与人相比，啮齿动物、比格犬、家畜等的心脏组织学结构基本相同，但各种动物的种类及进化、遗传特性、生存环境、饮食不尽相同，其组织学结构也存在一定差异。啮齿类动物心内膜较薄，三层结构不明显。比格犬、家畜与人类一样三层结构明显。金华猪内皮下层由疏松的结缔组织和少量平滑肌纤维组成，比人类内皮下层厚而松散。西藏小型猪浦肯野纤维粗，束细胞大，结构清晰，排列规则（表 1.1）。西藏小型猪发达的心脏，为其更好地适应高原环境提供了有利的条件。同时，在解剖学、血流动力学方面西藏小型猪冠状动脉起始行程及分支、动脉循环与人相似。因此，小型猪这种特点为研究与高原反应相关的人类疾病提供了重要的模型。贾宁和陈怀涛（1982）报道，双峰驼内皮下层有富含胶原纤维、弹性纤维的结缔组织，还含有大量成纤维细胞和数量不等、散在的平滑肌细胞。在心室的心内膜下层，分布着大量的浦肯野纤维。丰富的浦肯野纤维为冲动的快速传导创造了条件。

表 1.1 不同种属心内膜组织结构特点

	人	啮齿类动物	伴侣动物	家畜动物	双峰驼
心内膜	较厚，三层结构明显，可见明显的脂肪组织	较薄，1或2层细胞厚，脂肪组织无或罕见，老龄动物偶见	比格犬与人类结构一样，三层结构明显	猪与人类结构一样，三层结构明显；金华猪内皮下层由疏松的结缔组织和少量平滑肌纤维构成，比人类内皮下层厚而松散；西藏小型猪心内膜下层浦肯野纤维粗，束细胞大	内皮下层有富含胶原纤维、弹性纤维的结缔组织，还有大量成纤维细胞和数量不等散在的平滑肌细胞；在心室的心内膜下层，分布着大量的浦肯野纤维

（二）心肌层

心肌层（myocardium）是心脏的主体，主要由心肌纤维构成。心肌层具有兴奋性、自动节律性、传导性和收缩性的生理特性。

心房的心肌最薄，排列不规则。心房的肌束呈网格状，出现许多梳状的嵴（梳状肌），故又称梳状嵴或梳状肌。左心室的心肌膜最厚，肌纤维粗而长，排列规则。肌束间有较多的结缔组织和丰富的毛细血管。心室的肌束呈螺旋状环绕，并分数层，浅层心肌环绕两个心室，深层则各环绕一个心室，并在两心室间形成室间隔。心室乳头肌腱索与心瓣膜游离缘相连，可防止瓣膜反转和血液反流。心房间也形成类似的房间隔。

光镜下心室的肌纤维较粗、较长，直径 10～15μm，长约 100μm；心肌细胞是主要的实质细胞类型。心肌细胞呈短柱状，横纹与骨骼肌相似，横纹由明带和暗带组成。心肌细胞含有一或两个核，位于中央。人类心肌细胞以单核细胞为主。细胞核的染色质呈颗粒状，有一或两个突出的核仁。心肌细胞有时分叉呈锐角形状。它们由专门的连接复合体连接，称为闰盘（intercalated disk）。电镜下，心肌纤维的超微结构与骨骼肌相似（详细部分可见肌肉系统部分），有规则排列的粗肌丝和细肌丝，有 A 带和 I 带，有 Z 膜构成的肌节，也有横小管和肌质网。心肌纤维线粒体长且粗，线粒体嵴较密，分布于肌束之间。心肌纤维含有丰富的糖原颗粒和脂肪小滴，两者都是心肌细胞内能源储备物。

心房和心室组织学结构大体相似，但还是有一定的差异。心房的心肌层最薄，左心室的心肌层最厚。心房的肌纤维较细短，宽 6～8μm，长 20～30μm；心室的肌纤维粗且长，宽 10～15μm，长 100μm。与心房的肌纤维相比，心室的肌纤维有分支。心房肌与心室肌的区别可能与其功能相关。一般光镜下心房肌比心室肌染色稍淡，可能与心房肌的细胞器较少有关。心房和心室的肌纤维内部都有丰富的肌原纤维，具有收缩功能。心房肌与心室肌的另一个明显的区别是心房横小管少甚至无，但在肌纤维间具有大量的缝隙连接，这些特点可能与其具有的较快传导速率和较高内在节律有关。生理学研究表明，心室肌内层和外层的代谢有明显的差别。心肌层的结缔组织中含较多的成纤维细胞，于心肌损伤局部修复时大量增加。心肌本身的再生能力是极低的。

有些心房肌纤维的肌浆含有电子密度较大的颗粒，颗粒有膜包裹，直径为 0.3～0.4μm，称心房特殊颗粒，即心房利钠尿多肽（atrial natriuretic peptide，ANP），简称心钠素，是近年来发现的一种多肽，具有抑制血管升压素和血管紧张素的作用，并可调节垂体激素的释放与儿茶酚胺的代谢，有利尿、排钠、扩张血管、降低血压等作用，是参与机体水、盐代谢调节的物质。免疫组织化学染色显示，心钠素为位于心肌细胞核周围的棕黄色颗粒，核的两端处较多。有学者认为这种颗粒随年龄的递增逐渐增多。大鼠体内的心钠素与人心钠素的结构基本相似，只是位于 12 位上的氨基酸不是甲硫氨酸而是异亮氨酸。其主要分布在心房和心室的心肌纤维内，心房含量最高，室间隔内较低。不同动物心房肌内心钠素的数量不同，一般个体越小，其颗粒越多，如小鼠的颗粒数量多于大鼠，大鼠多于豚鼠，豚鼠多于兔。左、右心房内心钠素的数量也有所不同，如小鼠、田鼠、兔和猫的左、右心房内心钠素数量近似，而豚鼠左心房内的心钠素含量多于右心房。大鼠右心肌层内的心房特殊颗粒比左心房约多一倍（表 1.2）。同一种动物，心房各部分肌纤维内的心房特殊颗粒数量也不相同，如大鼠右心房的前壁肌纤维内的颗粒最多。心钠素是心房肌纤维的高度分化产物，随动物的发育成熟不断出现并逐渐增多。在心肌细胞内，心房特殊颗粒主要分布在核的周围，在核的两端最为密集，每个心房肌细胞内约有 400 个心钠素。颗粒直径与动物种属有关，个体越大的动物，颗粒直径越小。在电镜下，心钠素是一种有界膜的球形颗粒。根据心房特殊颗粒的电子密度、结构及其在心房肌纤维内的分布位置，可将其分为 A、B 和 D 三种。A 颗粒的内含物非常致密，与界膜有一透明狭隙，主要分布于核两端和核周围。B 颗粒的内容物电子密度中等，也主要分布于核两端和核周围。D 颗粒最小，内容物致密，主要分布于肌原纤维之间或肌膜下。

表 1.2　不同种属心肌层组织结构特点

	人	啮齿类动物	家畜动物	兔科动物
心肌细胞形态	单核为主	双核为主（超过 75%）	猪、绵羊心肌纤维粗大，排列紧密，横纹模糊，闰盘少且不清楚	近似圆形
核周脂褐素沉积	常见	老龄动物常见	老龄动物常见	老龄动物常见
心钠素的含量	较多	小鼠>大鼠>豚鼠	颗粒含量少	豚鼠多于兔

不同动物肌束间结缔组织和胶原纤维含量也存在一定差异，可能与其不同的功能状态有关。王媛媛等（2014）报道，猕猴、犬、家兔肌束间胶原纤维比大鼠、小鼠的丰富。例如，研究心肌病或变质性心肌病时，应选取心肌层胶原纤维含量少的动物。研究心肌纤维化等病变时，应选取心肌纤维含量多的动物。此种不同为动物模型的选择及建立提供了依据（表 1.3）。低等脊椎动物如斑马鱼只有两室，但是斑马鱼心肌细胞具有很强的增殖能力，它是研究心肌细胞增殖和心肌细胞损伤后增生的一个重要模型之一。

表 1.3　不同种属心肌层胶原纤维组织结构特点

	啮齿类动物	伴侣动物	兔科动物	灵长类动物
心肌层胶原纤维	小鼠胶原纤维少；大鼠胶原纤维少	比格犬胶原纤维多	大耳白兔胶原纤维明显多	猕猴胶原纤维多

与人类相比，啮齿类动物心肌细胞以双核为主。成年人心肌细胞核周围可见棕色脂褐素沉积，啮齿类动物偶见甚至无。脂褐素由脂类、磷脂和蛋白质组成，这些脂类和蛋白质在脂质过氧化过程中积累，在老年人或老龄动物中常见，称为消耗性色素。家畜动物心肌纤维粗大，排列紧密，横纹模糊，闰盘少且不清楚。斑马心肌层很厚，心肌纤维排列紧密，心房与心室的肌束间有较多的脂肪和纤维结缔组织，其中结缔组织中含有丰富的血管与肌原纤维、弹性纤维等。该特点可能与生存环境有关，斑马生存在非洲大草原上，长期面对肉食动物的捕猎而奔跑，丰富的毛细血管能给心肌组织提供充足的氧气和营养；粗、细肌丝排列规律，横纹清晰，心肌纤维排列紧密，使心肌收缩更加有力。禽类的心肌细胞比哺乳动物的心肌细胞直径小，这样的特征有利于细胞更快发生去极化和心率增快。在禽类心肌层间质内可见髓外造血细胞（表 1.2）。

（三）心外膜

心外膜（epicardium）是心包的脏层，由薄层结缔组织和间皮细胞（mesothelial cell，MC）组成，间皮细胞下面是薄层结缔组织，与心肌层相连。心外膜的深层含有弹性纤维、血管、神经和不定量的脂肪组织。有人称此层为心外膜下层（subepicardial layer）。心房的心外膜下层，尤其是冠状血管周围和心房、心室交界处，脂肪组织颇多。

心包的壁层也包含结缔组织、弹性纤维、胶原纤维、成纤维细胞和巨噬细胞。心包壁层和脏层的表面光滑湿润，在心脏收缩和舒张时可自由滑动。心包炎时，两者粘连在一起使心包腔阻塞，致使心脏活动受到相当的限制和阻碍。哺乳动物和成熟脊椎动物都有心外膜，但低等脊索动物如文昌鱼和海鞘没有。

人类间皮组织下可见脂肪细胞和神经。与人类相比，啮齿类动物心外膜较薄，脂肪细胞含量较少或无，常见于肥胖或老年动物。比格犬、禽类、大耳白兔、西藏小型猪、绵羊心外膜与人类组织结构基本相同，可发现不同数量的脂肪组织和小的副交感神经节，双峰驼心外膜可见较多的由胶原纤维、弹性纤维组成的结缔组织，而且有散在的平滑肌纤维和不少平滑肌束（表 1.4）。

表 1.4　不同种属心外膜组织结构特点

	人	啮齿类动物	伴侣动物	家畜动物	兔科动物	禽类动物	双峰驼
心外膜	由间皮细胞、薄层结缔组织组成，内含血管、神经和脂肪细胞	心外膜较薄，脂肪细胞含量较少或无，常见于肥胖或老年动物	比格犬心外膜与人类组织结构相同，可发现不同数量的脂肪组织和神经	西藏小型猪、绵羊心外膜与人类组织结构相似，可发现不同数量的脂肪组织和神经	大耳白兔心外膜与人类组织结构相似，可发现不同数量的脂肪组织和神经	与人类组织结构相似，可发现不同数量的脂肪组织和神经	心外膜可见较多的由胶原纤维、弹性纤维组成的结缔组织，而且有散在的平滑肌纤维和不少平滑肌束

（四）心骨骼

心骨骼（cardiac skeleton）是心脏较坚实的支架结构，位于心房和心室之间，是心肌纤维和瓣膜的附着处。包绕了心脏的 4 个瓣膜，同时蜷曲延伸进瓣叶和腱索。心骨骼主要由致密的结缔组织组成，包括室间隔膜部（interventricular septum membranaceum）、纤维三角（trigonum fibrosum）和围绕房室孔及动脉口的纤维环（fibrous ring）。

纤维三角又称中心纤维体，它与房室结、房室束有着密切的关系。光镜下观察，深入纤维体的细胞多位于浅部，少数位于深部，称为深部结细胞岛。深部结细胞岛多数被周围组织包绕，与房室结不相连。深部结细胞岛的细胞比心肌细胞小，染色浅淡，排列紧密。房室束离开房室结后，穿经中心纤维体右下角时，也可在中心纤维体内发现束细胞岛。有学者认为部分束支传导阻滞可能与中心纤维体等心脏支架硬化有关。

人心脏房室孔周围的纤维环包含弹性纤维和少量的脂肪细胞，但仍以结缔组织为主。在不同个体和不同年龄，纤维环的构造也存在一定的差异。在不同种属动物，构造差异更大。例如，小鼠中纤维环小而不明显，主要由结缔组织构成；猪、猫、雪貂主要为不规则排列的致密胶原纤维；犬、大鼠为软骨组织；马含有透明软骨。纤维三角的结缔组织中常见块状软骨样组织，细胞呈球形，很像软骨细胞，细胞间质嗜碱性，其间含有胶原纤维。老年人心骨骼组织的某些区域发生钙化，甚至骨化。纤维三角的结缔组织类型随动物种属不同而异。正常成年人纤维三角可见骨存在。在牛中，正常时纤维三角中有骨存在。羊纤维三角有典型而丰富的骨髓组织。随着动物年龄的增长，不规则的致密结缔组织可转化成软骨，随后变成硬骨（表 1.5）。

表 1.5　不同种属心骨骼组织结构特点

	人	啮齿类动物	伴侣动物	家畜动物	兔科动物
心骨骼	成年人纤维三角有骨存在；老年人某些区域钙化，甚至出现骨化	小鼠小而不明显，主要由结缔组织构成；大鼠可见软骨组织	猫可见不规则排列的致密胶原纤维；犬含软骨组织	猪主要为不规则的致密胶原纤维；马含有透明软骨；羊有丰富的骨髓组织；牛可见骨组织	可见软骨样细胞

（五）心瓣膜

1. 心瓣膜的结构及功能

心脏的房室孔和动脉口处具有由心内膜折叠而成的瓣膜，称为心瓣膜（cardiac valve）。在心脏的房室口和动脉口分别有房室瓣、主动脉瓣和肺动脉瓣。

房室瓣包括位于左房室口的二尖瓣和右房室口的三尖瓣，由心内膜折叠而成。瓣膜内有薄层致密结缔组织，基部与纤维环相连。在瓣膜近基部可见少量的平滑肌和巨噬细胞。瓣膜的游离缘由腱索和乳头肌相连，以防止心室收缩压力增高时瓣膜反转。当病变侵袭房室瓣时，其内胶原纤维增生，致使瓣膜变硬、变短或变形。有时瓣膜可与胶原纤维粘连在一起，致使瓣膜不能正常关闭和开放。在正常情况下，房室瓣、腱索和乳头肌共同作用，才能维持房室瓣的开闭功能，三者任何一处发生障碍，都会造成心腔血流动力学改变。三尖瓣和二尖瓣内有很少或没有血管。大多数哺乳动物右房室瓣膜是三尖瓣，即在右房室口周缘附有三块叶片状瓣膜。禽类心脏与哺乳动物不同的是右房室瓣是一片厚的肌瓣，呈新月形。犬右房室口有 2 个大瓣膜和 3 或 4 个小瓣膜，左房室口有 2 个大瓣膜和 4 或 5 个小瓣膜。兔右房室口只有二尖瓣，左房室口有二尖瓣。

动脉瓣包括主动脉瓣和肺动脉瓣，也是由心内膜折叠而成。在瓣膜游离缘中心，每瓣有一小椭圆形的加厚部，即小结。动脉瓣向动脉壁一面，内有胶原纤维和弹性纤维，起加强作用，以承受瓣膜关闭时逆流的血液压力。主动脉瓣和肺动脉瓣无血管。

瓣膜的功能是阻止血液逆流。疾病侵犯心瓣膜时，瓣膜内胶原纤维增生，致使瓣膜变硬、变短或变形，有时可造成瓣膜与胶原纤维连在一起，致使瓣膜不能正常地完全关闭和开放。

2. 心瓣膜的年龄变化

儿童时期，主动脉瓣及二尖瓣环基质、胶原纤维及成纤维细胞数量较少。成年人心瓣膜如二尖瓣前瓣心室面可见呈脂质状。60 岁以上的老年人瓣膜的内膜逐渐增厚，胶原纤维致密化，成纤维细胞逐渐减少，酸性黏多糖含量下降。老年人的主动脉瓣可发生钙化。与主动脉相比，二尖瓣很少发生原发性退变性钙化。实验动物中瓣膜也可发生自发性变化，如大鼠、比格犬中偶见心瓣膜囊肿、扩张。

二、心脏传导系统

心脏自身是由特殊心肌纤维组成的传导系统，其功能是发生冲动并将冲动传导到心脏各部，以协调心房和心室并使其按一定的顺序与节律收缩。心脏传导系统（cardiac conducting system）包括窦房结、房室结、房室束、室间隔两侧的房室束左右分支乳头肌和心室壁内的左右分支的终支。除窦房结位于右心房的心外膜下层外，其余部分大多分布于心内膜下层，由结缔组织把它们和心肌层隔开。组成这个系统的成分为特殊心肌纤维，其形态构造与一般心肌纤维有较大的差异。这些肌纤维集合成结或束，受交感神经、副交感神经和肽能神经支配，并有丰富的毛细血管。

（一）窦房结

1. 窦房结解剖位置及组织学结构

窦房结又称窦结（sinus node），是正常心脏的起搏点，是心脏传导系统的重要组成部分。位于上腔静脉与右心耳交界处的界沟上端，心外膜的深部。不同种属窦房结位置存在一定差异（表 1.6）。

表 1.6　不同种属窦房结位置

	成年人	啮齿类动物	伴侣动物	家畜动物	兔科动物	禽类动物
窦房结位置	位于上腔静脉与右心房交界处的界沟上端，心外膜的深部	大鼠大部分位于界嵴静脉窦侧心外膜下层	犬大部分位于腔耳角下方平均 4.88mm 处，距界沟 1.35mm 的腔静脉窦侧心外膜下	猪位于上腔静脉和右心房交界处的界沟上端、稍偏静脉窦侧	位于界沟的中部、静脉窦侧；和其他动物相比，兔窦房结靠后	鸡位于右窦房瓣下部的基部内，在心外膜与右窦房瓣肌肉之间

人窦房结与心外膜之间仅有一层很薄的脂肪组织，与人类相比，猪窦房结组织与心外膜之间由一层脂肪组织相隔。兔、雪貂窦房结与心外膜多为直接相连。犬的窦房结夹在两层心肌细胞之间。这一特点提示我们在窦房结电镜取材时应根据不同种属而制定不同的取材深度。

大、小鼠窦房结的特点为组织排列疏松，结内小血管和毛细血管丰富，具有结动脉但不一定位于结的中央。窦房结由富含血管的结缔组织和特殊心肌纤维构成，窦房结中央常见结动脉。窦房结的结缔组织中含有交感神经和副交感神经及神经节细胞。窦房结的主要细胞为 P 细胞和 T 细胞。人类窦房结的 P 细胞多为成群分布，位于结的中央部位。兔、犬、雪貂 P 细胞的分布与人类相似。猪窦房结内 P 细胞类似大鼠 P 细胞，多为单个成行或散在分布。P 细胞的分布形式可能影响窦房结作为起搏单位的搏动频率。James（1967）指出，兔窦房结的 P 细胞所占比例较牛、犬和人多。用探查电极发现兔心脏的起搏细胞较犬心脏容易得多。

大、小鼠窦房结的特点为组织排列疏松，结内小血管和毛细血管丰富，具有结动脉但不一定位于结的中央。郭志坤（1990）报道，兔窦房结中央未见动脉组织，猪窦房结中央可见动脉组织。有学者认为窦房结动脉在维持窦房结功能及调节起搏过程中有重要作用。但是，犬、大小鼠、雪貂的窦房结动脉未在结的中央（表1.7）。所以窦房结动脉与起搏细胞之间是否尚存在某些未知的相互制约因素，有待进一步研究。

表1.7 不同种属窦房结组织学特点

	成年人	啮齿类动物	伴侣动物	家畜动物	兔科动物	雪貂
P细胞分布	P细胞多为成群分布	大、小鼠单个成行或散在分布	犬P细胞多为成群分布	猪单个成行或散在分布	P细胞多为成群分布	P细胞多为成群分布
P细胞形态	P细胞呈椭圆形或多边形，细胞器较少，致使胞质呈空白状	P细胞较心肌细胞小，呈圆形、卵圆形，胞质染色浅	P细胞较小，呈圆形、椭圆形，胞质染色浅	P细胞呈多边形或椭圆形，核周亮明显，胞质染色浅	P细胞核大，圆形或椭圆形，胞质清亮，界限不清楚	P细胞较心肌心肌细胞小，呈圆形或卵圆形
窦房结动脉	结内中央可见动脉	动脉未在结的中央	动脉未在结的中央	结内中央可见动脉	无	动脉未在结的中央
窦房结与心外膜之间连接	窦房结与心外膜之间仅有一层很薄的脂肪组织	窦房结与心外膜多为直接相连	窦房结与心房肌相连，深层由一定的心肌组织将结与心内膜分开	窦房结的表面与心房肌相连，深层由一层脂肪组织相隔，其间有心肌组织	窦房结与心外膜多为直接相连	窦房结与心外膜多为直接相连

2. 窦房结功能

窦房结能自动发生节律性搏动，并传导至心房肌使心房收缩。同时，其还通过结间束将搏动传导至房室结，引起房室结搏动。窦房结为心脏的起搏点，结内含有P细胞、T细胞这两种特殊心肌细胞，它们以电活动为其主要生理活动方式，它们的生物电现象表现为细胞膜内外的电位变化。一些学者认为P细胞、T细胞本身代谢低、功能不活跃、耗氧低，细胞内丰富的糖原颗粒为抗低氧酵解供能，从而为起搏活动提供了必要条件。

（二）房室结

1. 房室结解剖位置及组织学结构

房室结（atrioventricular node）位于冠状窦口前上方、三尖瓣隔瓣附着缘上方的心内膜下。人房室结根据细胞构造分为后上部、中部和前下部三层。主要由P细胞、T细胞和浦肯野细胞（Purkinje cell）组成。电镜下前两类的形态与窦房结的P细胞和T细胞相同，P细胞少，主要以T细胞为主。Purkinje细胞主要位于结的周围和前下部，此类细胞宽短，肌纤维少，空旷化，电子密度低；核长圆形，表面凹凸不平，核周可见高尔基体和散在的线粒体；细胞表面不平，可见扇形缩窄。P细胞的连接有闰盘和缝隙连接，但数量少。这些特化连接有利于冲动的快速传导。郭志坤（2005）、郭康和齐丽杰（2013）报道不同实验动物之间的房室结位置、大小、细胞构造等存在一定差异，在做实验时不能用一种动物替代另一种动物，更不能代替人（表1.8和表1.9）。不同种属动物房室交界区细胞均存在一定的差异（详细部分见心肌部分）。

表1.8 不同种属房室结位置

	人	啮齿类动物	灵长类动物	伴侣动物	兔科动物	猪	山羊
房室结	位于冠状窦口前上方、三尖瓣隔瓣附着缘上方的心内膜下	大鼠位于房间隔下部，右侧为心内膜，但位置不恒定，有的偏左位于左侧心内膜	猴位于冠状窦口前上方，左侧紧邻中心纤维体，右侧有胶原纤维和心房肌覆盖，向前延续为房室束	犬大体和人相近；结的最低点距三尖瓣隔瓣1.43mm±0.30mm；结的左侧面有典型的覆盖层；覆盖层浅层为房间隔下延的心肌，深层为中心纤维体向下延伸的胶原层	位置与人和犬基本相同，但是结右侧面很少有覆盖层	位于冠状口的前方、卵圆窝的前下方、三尖瓣隔瓣的上方；呈前低后高位，前端位于中心纤维体的前下方，后端少部分位于中心纤维体的右侧	大多数低于中心纤维体，年龄越大位置越低

表 1.9　不同种属房室结组织学特点

	人	灵长类动物	猪	山羊	伴侣动物	兔科动物	啮齿类动物
房室结细胞组成	由 P 细胞、T 细胞、Purkinje 细胞组成	猕猴由量 P 细胞、Purkinje 细胞和大量移行细胞组成	由典型的移行细胞和 Purkinje 细胞组成	由 P 细胞、T 细胞、Purkinje 细胞和普通心肌细胞组成	犬主要由 P 细胞和 T 细胞组成	主要由 P 细胞和 T 细胞组成	主要由 P 细胞和 T 细胞组成
结细胞分布	分为后上部、中部和前下部三层	P 细胞多位于房室结后上部的中心部位；T 细胞主要分布于房室结的周边；Purkinje 细胞主要分布于结的前部或下部区，数量较少	房室结上下结区界限不明显	上结区以 P 细胞和 Purkinje 细胞为主，下结区主要为 Purkinje 细胞和 T 细胞	上结区主要由 P 细胞组成，下结区主要为 T 细胞	上结区主要由 P 细胞组成，下结区主要由 T 细胞组成	房室结上下结区界限不明显
P 细胞形态	椭圆形或多边形	体积小，圆形或多边形，界限不清；核周大多有亮晕	无典型的 P 细胞	体积小，圆形或多边形，界限不清；核周可见窄窄亮晕	圆形和椭圆形，核仁明显	圆形、椭圆形或多边形	体积小，圆形
T 细胞形态	细长形、圆柱形或分支状	长梭形，短于一般心肌细胞；核周无亮晕，无横纹	长形或梭形，横纹不明显	长条形，比心肌细胞短，胞质丰富，无横纹	长形，比一般心肌细胞短；核周有狭小亮晕，无横纹	长形，比心肌细胞短；核周无亮区，横纹不明显	长形，染色稍深
Purkinje 细胞形态	短柱状，大片空旷区	短柱状，大片空旷区	短柱状或方形，大片空旷区	体积大，不规则形或多边形；核周有窄细亮晕	无典型的 Purkinje 细胞	无典型的 Purkinje 细胞	短柱状，大片空旷区

2. 房室结的分化与功能

在胚胎早期，房室结为一团界限清楚的细胞，位于原始心房的后壁，在背侧心内膜垫后方，而房室束发生于肌性室间隔顶。后来房室束向心房侧扩展至结的下方与之相连，即房室结来自静脉窦左角，房室束来自房室管的心肌。房室结具有传导、延搁、过滤和起搏的功能。

（1）传导功能：正常时，房室结是自心房向心室传导冲动的唯一通道，但冲动从心室也可以经房室结逆入心房，故传导方向是双向的，即可以顺传和逆传。

（2）延搁功能：心房的冲动在房室结内传导很慢，其有延搁时间作用。冲动在房室结内的传导速度最慢，仅 0.02m/s。延搁现象可能与细胞小、排列紊乱、细胞间缺少间隙连接、胶原纤维交织成网有关。延搁功能具有重要的生理意义，可以保证在心房收缩完毕之后，心室开始收缩，不至于产生房室收缩重叠现象。研究报道胶原纤维具有较高的电阻抗性，从组织学角度发现兔房室结内的胶原纤维含量比大小鼠、猕猴、猪等其他动物含量少，应该延搁较短。

（3）过滤功能：由于在房室结内传导慢，有些室上性的冲动，在经过纤维交织成网的房室结时，可能相互冲撞而不能下传。当心房激动频率过快时，有些微弱的信号不能传至心室，可保证心室的有效收缩。

（4）起搏功能：因为房室结内含有 P 细胞，故具有起搏潜能。房室结为心脏的次起搏点，起搏部位主要在房室两端，中央部分起搏作用效果较差，甚至无起搏作用。房室结的自律性比窦房结低。

（三）房室束

1. 房室束解剖学位置及组织学结构

房室束（atrioventricular bundle）又称 His 束，与房室结相连接。房室束穿过心房和心室间的纤维环进入室间隔，分成左、右两束，进入左、右心室壁，在心内膜下层不断反复分支，形成网状结构，进入心肌层与心肌纤维相连。组成传导系统的心肌纤维聚集成结和束，受交感、副交感和肽能神经纤维支配，并有丰富的毛细血管。

房室束在室间隔肌部可居中或偏向一侧（常偏向左侧），偶可穿经室间隔顶的肌层。从左侧看，房室束与主动脉后半月瓣下缘的关系密切，房室束分叉部的前端恰在主动脉右、后半月瓣交界处。从右侧观察，三尖瓣隔瓣的前端斜越房室束。由于房室束与主动脉瓣及三尖瓣紧邻，应注意在瓣膜置换时勿损伤房室束或束支，以免引起房室传导阻滞或不同形式的束支传导阻滞。

房室束的细胞大小介于 P 细胞和 Purkinje 细胞之间，比一般心肌细胞宽短，肌原纤维少，核周有较大的清亮区。细胞纵向排列，并为结缔组织所分隔，有较少的横向联系。这些结构特点提示冲动在房室束中传导可能有纵向分离，即左右束中可能已经分开。

2. 房室束功能

房室束的主要功能包括传导和起搏。房室结的冲动经房室束传向左右支。房室束的传导速度很快（1.3～1.7m/s，平均 1.5m/s），从房室束到达心肌只需 0.3s。由于房室束近侧纤维间隔的横向联系较多，因此传导纵向分离现象不明显。损伤犬房室束近侧部的一部分虽可导致部分传导阻滞，但心电图的 QRS 波群性状未改变，说明在分叉部才有纵向分离现象。在房室结冲动不能下传的情况下，房室束也能表现出一定的起搏功能，但频率较低。

（四）传导细胞

1. 起搏细胞

起搏细胞（pacemaker cell）简称 P 细胞，又称结细胞（nodal cell）。P 细胞多位于窦房结、房室结和结间束中，但以窦房结中最多（表 1.10）。

表 1.10　心脏传导系统三种细胞比较

	结细胞	移行细胞	Purkinje 细胞
形状大小	胞体小，呈梭形或多边形	比心肌细胞细而短	比心肌细胞短而宽
肌质网	不发达	较发达	不发达
肌丝	少量，散在	较多，平行排列	较少，散在
糖原	较多	多	丰富
分布	窦房结多，房室结少	房室结多，窦房结少	房室束多

P 细胞核大而圆，多位于细胞中央，占细胞直径的 1/3～1/2，1 或 2 个核仁。细胞器少，胞质呈空泡状，胞质空泡化可能部分是由于其中所含糖原被溶解。P 细胞为多边形，常聚集成团或成行。细胞内有许多吞饮小泡，肌质网很不发达，肌纤维很少。细胞的连接较简单，只见少数桥粒。肌丝少且走向不一，无结构完整的肌节。肌丝多不附着于肌膜之上。线粒体少，大小形态不一，散乱分布于胞质中。线粒体的这些特点可能与 P 细胞耐低氧和代谢水平低有关。P 细胞胞质内尚可见粗面内质网、溶酶体、核糖体、吞饮小泡及糖原颗粒。T 小管很少见。P 细胞之间大多为未分化型连接，相邻细胞的膜彼此相对，其间有 7～15nm 较规则的间隙，偶见有少数桥粒。

生理学家研究表明，P 细胞是起搏冲动的形成部位。这种细胞在窦房结中多，在房室结中较少。窦房结和房室结的传导速度都是很慢的，大约为 0.05m/s，是否与 P 细胞缺乏特化型的连接有关值得进一步研究。近代研究表明，细胞间的特化型连接如缝隙连接是心肌细胞传导冲动兴奋过程中的一个低阻力点。P 细胞间缺乏特化型连接影响自身的传导速度，而且 P 细胞在房室结内的散在分布阻断了移行细胞的连接。James（1962）研究认为，房室结的 P 细胞起着"制动机"的功能，可能为房室结传导延搁的结构基础。

2. 移行细胞

移行细胞（transitional cell）又称 T 细胞。其主要分布于窦房结和房室结，但是在房室结中较多，边缘的心房壁也可看到。其形态结构介于 P 细胞和一般心肌细胞之间，呈细长形，比心肌纤维短而细，较 P 细胞大，约为其直径的 2 倍，胞质内含较多的肌原纤维。这种细胞主要起传导冲动的作用。移行细胞是 P 细胞与心肌细胞间的连接细胞。P 细胞彼此相连，或与移行细胞相连，而移行细胞又彼此相连并与心肌细胞相连。移行细胞的肌丝束较多，约占细胞质的 37%，常成束纵向平行排列，肌节发育完善。线粒体位于肌丝束之间，肌质网较发达，排列规律。

移行细胞的结构较 P 细胞复杂，比一般心肌细胞的简单，介于两者之间。有些移行细胞内部结构不均一，细胞的一部分结构较简单，类似于 P 细胞，而另一部分则结构较复杂，类似于心肌细胞。

3. 浦肯野细胞

浦肯野细胞（Purkinje cell）主要分布于窦房结边缘、房室结边缘和房室束及其分支。其大多比心肌细胞短而宽，宽 10～30μm，长 20～50μm。Purkinje 细胞内的肌丝束比心肌细胞少且细。在光镜下，Purkinje 细胞内的肌丝束呈较松散的细丝状，与 P 细胞不同的是其肌丝束大多呈纵向排列。核位于细胞中央，核周有许多线粒体。一般 Purkinje 细胞比心肌细胞粗大，在马、羊、猪和水牛中则更为明显。大鼠房室结内也存在少量的 Purkinje 细胞。光镜下，心肌胞质肌原细胞少，故心肌细胞着色浅淡。细胞中央有 1 或 2 个核，胞质中含有丰富的线粒体和糖原，肌丝较少，位于细胞周边，细胞彼此之间由较发达的闰盘相连。

由于 Purkinje 细胞含肌原细胞少，因此从形态学角度看，其功能主要不是收缩。生理学证据表明，Purkinje 细胞主要功能是传导兴奋。Purkinje 细胞的 3 个结构特点可能与快速传导功能有关：细胞较短而宽，细胞膜内凹和横小管少，细胞彼此由发达的闰盘相连。起搏细胞、移行细胞和 Purkinje 细胞这三种细胞在心脏传导系统中具有重要的作用。

三、心脏的血管、淋巴管、神经支配及内分泌功能

为心脏提供营养的血液来自左、右冠状动脉。冠状动脉的分支由心外膜进入心肌层，在心肌细胞间形成丰富的毛细血管网，这些分支方式使冠状血管容易在心肌收缩时受到压迫。

心脏的淋巴管可分为三组：①较大的淋巴管与血管一同分布于心脏表面的沟中，淋巴回流入主动脉弓下及气管分支处的淋巴结；②心外结缔组织内的淋巴管；③心肌层和心内层的淋巴管。心肌内的淋巴管丰富，细小的毛细淋巴管起始于心肌细胞周围和心内层附近，这些毛细淋巴管与心内层下和心外下的淋巴管相通。心外下的淋巴管再通入心脏表面较大的淋巴管。

心脏受交感神经和迷走神经支配，交感神经末梢释放儿茶酚胺类递质，迷走神经末梢释放乙酰胆碱。交感神经对心脏具有兴奋作用，迷走神经对心脏兴奋具有抑制作用。交感神经和迷走神经在心脏形成广泛的神经支，它们在窦房结和房室结的周围特别密集。心脏的感觉神经纤维在心脏各层形成游离的神经末梢。

心脏不仅是一个为血液循环提供动力的器官，也是一个重要的内分泌器官，它可以产生和分泌多种激素与生物活性物质，如心钠素、脑钠素、内源性类洋地黄素、抗心律失常肽、肾素、血管紧张素、心肌生长因子等。

四、人与实验动物心脏的发育

（一）人心脏的发生

人心脏发生的原基位于胚盘的头端、口咽膜的前方、腹侧的脏壁中胚层，此处称为生心区。生心区是指胚盘前缘脊索前板（口咽膜）前面的中胚层，此区前方的中胚层为原始横膈。

在胚胎发育第 18～19 天，位于口咽膜的生心区出现腔隙，称围心腔（pericardial coelom）。围心腔腹侧的中胚层（即脏层）细胞密集，形成前后纵行、左右并列的一条长索，称生心板（cardiogenic plate），板的中央变空，逐渐形成一对心管。随着侧褶的发育，左、右心管逐渐向中央靠拢，于 22 天时，融合成一条心管。与此同时，心管与周围的间充质一起在心包腔（即围心腔）的背侧渐渐陷入，则在心管的背侧出现了心背系膜（dorsal mesocardium），将心管悬连于心包腔的背侧壁。心背系膜的中部很快消失，形成一个左右相通的孔道，即心包横窦。心背系膜仅在心管的头、尾端存留。当心管融合和陷入心包腔时，其周围的间充质逐渐密集，形成一层厚的心肌外套层，继而分化为心肌层和心外膜。内皮层和心肌外套层之间的组织为疏松的结缔组织，称为心胶质，将来参与组成心内膜。

心管的头端与动脉相连，尾端与静脉相接，头尾两端相对固定。由于心管各段生长速度不同，先后出现 4 个膨大部，由头端向尾端依次为心球、心室、心房和静脉窦。心球的头端连于动脉干，动脉干又与弓动脉的起始端相连。静脉窦的末端分为左、右角，两角分别与同侧脐静脉、总主静脉和卵黄静脉相连。

（二）小鼠心脏的发生

胚胎发育的第 7.5 天，在脊索的影响和来自邻近内胚层的信号的诱导下，小鼠前部侧板中胚层的祖细胞特化成心脏前体细胞，构成生心区。生心区的中胚层内出现围心腔，围心腔腹侧中胚层即脏层的这些心脏前体细胞局部集中形成一个两侧对称的索状的生心板，继而中空形成一对平行的管状原基，即心脏原基。心脏原基随着中胚层的增厚而发展，同时伴随着血管生成元素的结合，开始形成胚胎血管系统。

胚胎发育的第 8 天，这对原基向胚胎中线迁移，并在神经褶下融合形成直的原始心管，原始心管由心肌外套层、心胶质和内皮层构成，最终内皮层和心胶质将分化为心内膜，心肌外套层将分化为心肌层和心外膜或心包脏层。第 9 天，成对的心脏原基融合成一个共同的心房和心室，此时可以检测到心脏跳动。直到大约第 12 天，心脏变成一个回旋的、不分割的管，此时心房被中隔原基分开，共同心室由心房室垫与心房分开。到第 14 天，心室被分割，动脉主干被分割成主动脉和肺动脉。主动脉弓的广泛重塑导致其他主要血管的形成。到第 16～17 天，循环系统的结构已经初步形成。

（三）鸡心脏的发生

在鸡心脏发育的过程中，有一系列的细胞迁移、融合和组织分化过程参与，包括了许多形态发生机制。禽类胚胎的准确时间分段对于实验结果的解释非常重要，其中最常用的划分法是 HH 法。HH 法是1951年 Hamburger 和 Hamilton 建立的时间段划分系统。该系统主要是根据体节数目变化来划分发育时期，从产卵开始到孵化结束共分为 21 个时段、1～46 期，用以描述胚胎在不同阶段的发育特征。

在原肠胚时期，心脏前体细胞在原始生心区定位，心管开始形成。在 HH3 期，心脏祖细胞在原条前1/3 处定位。另外，与心脏形成有关的细胞在原条附近的外胚层出现。之后细胞开始分化，分别形成心房、心室和流出道。在 HH5 期，心脏祖细胞在原条另外一侧的侧板中胚层中。在 HH7 期，心脏前体转移形成新月区，生心区融合。鸡心脏的发育开始于前肠两侧一对管状心脏中胚层的融合。孵化25～30h，这对管状心脏囊从头部向尾部融合，形成一根心管。完成融合后，心管位于前肠的底部，从前端到后端，可以分为 4 个明显的区域：心球、心室、心房和静脉窦。在 HH12 期，心管形成，血液从静脉窦流向心球。大约33h，心管开始弯曲，形成"S"形，心室向右侧突出（表 1.11）。

表 1.11　人与常见实验动物、畜禽等心脏组织结构特点的差异

	组织	人	实验动物	畜禽	其他动物
心脏组织结构特点	心内膜	厚，三层结构区分明显；心内膜下结缔组织包含有血管、神经纤维、脂肪、平滑肌束	大、小鼠薄，结构区分不明显；心内膜下结缔组织没有或很少	金华猪比人内皮下层厚而松散；西藏小型猪心内膜下浦肯野纤维粗，束细胞大	双峰驼内皮下层有富含胶原纤维、弹性纤维的结缔组织，还有大量成纤维细胞和数量不等散在的平滑肌细胞；在心室的内膜下层，分布着大量的浦肯野纤维
	心肌层	心肌细胞形态以单核细胞为主，核周围常见脂褐素沉积；心钠素含量较多	大、小鼠心肌细胞形态以双核细胞为主，核周围脂褐素沉积量少见，常见于老龄动物；心钠素含量兔＞豚鼠＞大鼠＞小鼠；猕猴、犬、家兔肌束间胶原纤维比大、小鼠的丰富	禽类的心肌细胞比哺乳动物的心肌细胞直径小，这样特征有利于细胞更快发生去极化和心率增快；在禽类心肌间质内可见髓外造血细胞；猪、绵羊心肌纤维粗大，排列紧密，横纹模糊，闰盘少且不清楚；心钠素较多	斑马鱼心肌很厚，心肌纤维排列紧密，心房与心室的肌束间有较多的脂肪与纤维结缔组织，其中结缔组织中含有丰富的血管与肌原纤维、弹性纤维等；丰富的毛细血管能给心肌组织提供充足的氧气和营养；粗、细肌丝排列规律，横纹清晰，心肌纤维排列紧密，使心肌收缩更加有力；斑马鱼心肌细胞具有很强的增殖能力
	心外膜	间皮组织下可见脂肪细胞和神经	啮齿类动物心外膜较薄，脂肪细胞含量较少或无，常见于肥胖或老年动物，兔心外膜下可见脂肪细胞	比格犬、禽类、家兔、绵羊心外膜与人组织结构相同，可发现不同数量的脂肪组织和小的副交感神经节	心外膜可见较多的由胶原纤维、弹性纤维组成的结缔组织，而且有散在的平滑肌纤维和不少平滑肌束；哺乳动物和成熟脊椎动物都有心外膜，但低等脊索动物如文昌鱼和海鞘没有

	组织	人	实验动物	畜禽	其他动物
心脏组织结构特点	心骨骼	成年人中心纤维体有骨存在	小鼠小而不明显，主要由结缔组织构成；大鼠可见软骨；兔可见软骨样细胞	牛可见骨组织，羊可见丰富的骨髓组织；猪为不规则的致密胶原纤维；马含有透明软骨	
	心瓣膜	三尖瓣和二尖瓣内很少或没有血管，主动脉瓣和肺动脉瓣无血管；大多数哺乳动物右房室瓣是三尖瓣，禽类心脏与哺乳动物不同的是右房室瓣是一片厚的肌瓣，呈新月形；犬右房室口有 2 个大瓣膜和 3 或 4 个小瓣膜；左房室口有 2 个大瓣膜和 4 或 5 个小瓣膜；兔右房室口只有二尖瓣，左房室口有二尖瓣			
心脏传导系统	窦房结	P 细胞多为成群分布；结内中央可见动脉组织；窦房结与外膜之间仅有层很薄的脂肪组织	啮齿类动物 P 细胞单个成行或散在分布；兔 P 细胞多为成群分布；雪貂 P 细胞多为成群分布；犬 P 细胞多为成群分布；兔窦房结的 P 细胞所占比例较牛、犬和人多；用探查电极发现兔心脏的起搏细胞比其他动物容易得多；大小鼠、雪貂、犬动脉未在结的中央；兔窦房结未见动脉；啮齿类动物、兔、雪貂、心外膜多为直接相连；犬窦房结的表面与心房肌相连，深层由一定的心肌组织将结与心内膜分开	猪 P 细胞成行或散在分布；猪结内中央可见动脉；窦房结组织与心外膜之间由一层脂肪组织相隔，其间有心肌组织	
	房室结	房室结主要由 P 细胞、T 细胞 Purkinje 细胞组成；房室结有典型的覆盖层	小鼠、兔、雪貂、犬主要由 P 细胞和 T 细胞组成，无典型的 Purkinje 细胞；大鼠、猕猴主要由 P 细胞、T 细胞 Purkinje 细胞组成；兔房室结内的胶原纤维含量比大小鼠、猕猴、猪等其他动物含量少；犬结的左侧面有典型的覆盖层；覆盖层浅层为房间隔下延的心肌，深层为中心纤维体向下延伸的胶原层；猕猴结的右侧有胶原纤维和心房肌覆盖，无房室结，无覆盖层	猪主要由典型的移行细胞和 Purkinje 细胞组成，无典型的 P 细胞；山羊由 P 细胞、T 细胞、Purkinje 细胞和普通心肌细胞组成	
心脏血管供应		人的冠状动脉通常在心外膜近端，小型猪与人一样；啮齿类动物的冠状动脉在心肌内			

第二节 血 管

血管（vasculature）由中胚层分化而来，它是指血液流过的一系列管道。除角膜、毛发、指（趾）甲、牙齿及上皮等地方外，血管遍布全身。血管按构造功能不同，分为动脉、静脉、毛细血管，它们的结构有很强的适应性，能实现所需功能。动脉将血液输送到毛细血管。毛细血管广泛分布于体内的各种组织和器官内，其管壁极薄，血液在此与周围组织进行物质交换。毛细血管汇合移行为静脉，静脉起始端也参与物质交换，但主要是将物质交换后的血液导回心脏。各种生物拥有的血管形态不相同。昆虫属于开放式循环（open circulation）生物，只有动脉，血液自动脉流出直接接触身体组织，再由心脏上的开放孔回收血液。哺乳类、鸟类、爬虫类、鱼类属于闭锁式循环（closed circulation）生物，则由动脉连接毛细血管再接至静脉，最后回归心脏。

本节对血管组织结构、细胞形态及功能应用等方面在人类、常用实验动物、畜禽类或其他特殊动物中表现出的异同点进行描述。

一、血管壁的组成成分

血管壁的分层受两种因素的影响。第一为机械因素，主要为血压，它主要作用于大血管，如弹性动脉、肌性动脉和静脉，决定管壁中弹性成分和平滑肌的含量与分配。第二为代谢因素，即局部组织和细胞对物质的需要，主要体现在进行物质交换的微血管，即毛细血管和微静脉上。这些血管管壁较薄，只有内皮和基膜，便于物质交换的进行。大血管是解剖学独立的结构。而小动脉、微动脉、毛细血管和微静脉，则是在器官和组织的组织成分。

血管为冠状结构。大血管的管壁可分为呈同心圆排列的内膜、中膜和外膜。各层次的组成、结构和厚度随血管的管径大小及类型而异。毛细血管没有中膜层。

（一）内膜

内膜（tunica intima）是 3 层中最薄的一层，由内皮、内皮下层和内弹性膜组成。

1. 内皮

内皮（endothelium）是衬贴于心血管腔面的一层单层扁平上皮，在心脏称为心内皮，在血管称为血管内皮。血管内皮厚薄不一，大血管的厚度约为 1μm，毛细血管和微静脉内皮的厚度约为 0.1μm。内皮细胞大小、形态较一致，宽 10～15μm，长 25～50μm，呈梭形，细胞核突出。细胞宽部与细胞窄部镶嵌排列，其长轴与血流方向一致，为血液的流动提供了一个光滑的平面。在动脉分支处血流形成漩涡，内皮细胞可变成圆形，细胞上常见虫蚀样缺损，并可见片状脱落。

电镜下，内皮细胞腔面可见稀疏而大小不等的胞质突起，表面覆以厚 30～60nm 的细胞衣，相邻细胞间有紧密连接和缝隙连接；细胞核居中、淡染，常以染色质为主，核仁大而明显；胞质内有发达的高尔基体、粗面内质网、滑面内质网以及丰富的质膜小泡，还可见成束的微丝和一种外包单位膜的杆状细胞器，称怀布尔-帕拉德小体。内皮细胞在超微结构方面具有下列特征。

（1）内皮细胞突起：内皮细胞可向管腔伸出胞质突起，突起的形态不一，呈细指状、微绒毛状、片状、瓣状或粗大圆柱状。胞质突起中可见质膜小泡。胞质突起形态与功能密切相关。微绒毛状突起可能与吸收作用或炎症时捕捉白细胞有关。片状和瓣状突起多见于易通透水分的血管，可能参与内吞作用，从血浆中摄取液体并输送到组织中。垂体门静脉系统血管内皮细胞有高度发达的瓣状突起。主动脉内皮细胞的瓣状突起随年龄增加而增多，有助于内皮细胞吸收与转运物质。血流较快的大血管的胞质突起使近腔面的血流形成涡流，减缓血流速度，有利于物质交换。

（2）内皮细胞连接：内皮细胞间连接包括紧密连接和缝隙连接。紧密连接多在内皮细胞的近腔面，有的环绕整个细胞呈带状，称为闭锁小带，如脑血管内皮；其他血管的紧密连接均为间断存在的斑，称为闭锁斑（macula occludens）。细胞连接处两相邻的内皮细胞的相互关系存在差异，最简单的形式是两细胞连接区的边缘短而平直，而有的边缘呈较繁复的犬牙咬合状。动脉内皮细胞具有紧密连接和缝隙连接，静脉内皮细胞有较长的紧密连接和少数缝隙连接。大动脉内皮细胞具有混合式的连接，此种连接由紧密连接和插入其间的缝隙连接组成。静脉内皮细胞间的两种连接常相邻分布，但不互相插入。大血管内皮细胞间连接特点是，动脉的内皮细胞连接较紧密，静脉的内皮细胞连接较疏松。根据现有的观察，内皮细胞间未见桥粒，中间连接也少见。

（3）质膜小泡（plasmalemmal vesicle）：内皮细胞的胞质中含有一些大小相近、直径 60～70nm 的质膜小泡，以毛细血管内皮中的质膜小泡最为典型。质膜小泡具有向血管内、外输送物质的作用，还可作为膜储备，用于血管的扩张或延长。质膜小泡的数量取决于内皮层的厚度。心脏、骨骼肌和肺内毛细血管的内皮细胞及毛细血管前括约肌以下的内皮细胞内含有大量的质膜小泡。正常脑毛细血管内皮细胞的质膜小泡数量少。

（4）怀布尔-帕拉德小体（Weibel-Palade body，W-P 小体）：又称细管小体（tubular body），是内皮细胞特有的细胞器。它是一种外包有膜的杆状细胞器，长约 3μm，直径 0.1～0.3μm。外包单位膜，内有 6～26 条直径约 15nm 的平行细管，包埋于中等致密的基质中。W-P 小体可能是一种合成和储存与凝血有关的 VIII 因子相关抗原（factor VIII related antigen，FVIII RAg）的结构。FVIII RAg 本身并不参与凝血反应，而是当血管内皮有缺损时，其使血小板附着在内皮下的胶原纤维（特别是胶原 I 型、III 型、纤维粘连蛋白和层粘连蛋白）上面，在血管内皮缺损处形成血小板栓，防止血液的外流。

心血管系统内皮细胞内的 W-P 小体含量因部位不同而有差异。离心脏越近的血管，其内皮细胞内 W-P

小体越多，肺循环血管内皮细胞 W-P 小体多于体循环，管径大的多于管径小的。

（5）其他：内皮细胞中的微丝具有收缩功能。5-羟色胺（5-HT）、组胺和缓激肽可刺激内皮细胞内微丝收缩，改变细胞间隙的宽度和细胞连接的紧密程度，影响和调节血管的通透性。

内皮细胞除了具有作为血管内衬的作用外，还能合成和分泌多种活性物质，如血管内皮细胞生长因子（VEGF）、血小板源性生长因子（PDGF）、碱性成纤维细胞因子（bFGF）、胰岛素样生长因子 I（IGF-I）、一氧化氮（NO）等，在维持正常的心血管功能方面起着重要的作用。除此之外，还具有调节血管通透性、物质代谢、合成和分泌的作用等。

内皮细胞是更新较慢的细胞群，如兔主动脉内皮细胞生存期为 100～180 天，细胞很少分裂。静脉内皮细胞比动脉内皮细胞分裂能力强。内皮细胞损伤（外伤）或丧失时，或可由几种细胞再生，如成纤维细胞、平滑肌细胞、邻近的内皮和内皮下层未分化的细胞。

2. 内皮下层

内皮下层（subendothelial layer）是位于内皮和内弹性膜之间的薄层结缔组织，内含少量胶原纤维和弹性纤维。

3. 内弹性膜

某些动脉内皮下层深处还有一层内弹性膜（internal elastic membrane），由弹性蛋白组成，膜上有许多小孔。在血管横切面上，因血管壁收缩，内弹性膜常呈波浪状。

（二）中膜

中膜（tunica media）位于内膜和外膜之间，其厚度及组成成分因血管种类不同而异：大动脉以弹性膜为主，其间有少许平滑肌；中动脉主要由平滑肌组成，其间有弹性纤维和胶原纤维。

除毛细血管外，多数血管的管壁都有平滑肌，称为血管平滑肌（vascular smooth muscle）。血管平滑肌较内脏器平滑肌细，常有分支。肌纤维间有中间连接和缝隙连接。肌纤维与内皮细胞之间形成内皮连接，借此与内皮细胞或血液进行化学信息交流。平滑肌是肌性动脉血管中膜的唯一细胞成分，在肌性动脉发育中，平滑肌可产生胶原纤维、弹性纤维和基质；在病理状况下，动脉中膜的平滑肌可移入内膜增生并产生结缔组织，使内膜增厚，是动脉硬化发生的重要病理过程。大动脉的内膜中也有平滑肌，动静脉吻合的动脉有纵行平滑肌。各段血管的平滑肌纤维大小和排列不相同。在大动脉中，平滑肌纤维宽 305μm，长达 130μm，常为不规则的多突形，排列成板层状。在肌性动脉，中膜主要为环状肌纤维，平滑肌多为梭形，围绕血管轴整齐排列。在微动脉中，平滑肌纤维宽 3～5μm，长 40μm，肌纤维的分支多，相互吻合成网状。

血管平滑肌具有内分泌功能，除了肾入球小动脉特化的平滑肌细胞产生肾素外，其余都有合成和分泌肾素与血管紧张素的能力，而且都表达 mRNA，肾素与内皮细胞表面的血管紧张素转换酶共同构成肾外的血管肾素和血管紧张系统。

中膜的弹性纤维具有使扩张的血管回缩的作用，胶原纤维起维持张力的作用，具有支持功能，并将有关的各种成分连接在一起。内膜中，弹性纤维为单层。在中膜内，弹性纤维则与平滑肌交替排列成多层弹性膜，并且各层彼此相连，弹性膜有许多窗孔。胶原纤维分布于管壁各层，位于肌细胞间及内皮下层和外膜中。老年时弹性纤维和胶原纤维代谢失常，表现为胶原蛋白交联增多。动脉硬化时弹性蛋白交联方式异常，由于脯氨酸羟化酶活性增高，胶原纤维合成显著增多。糖尿病时内皮基膜增厚，可能是由胶原蛋白降解迟滞所致。

（三）外膜

外膜（tunica adventitia）由疏松结缔组织组成，其中含有螺旋状或纵向分布的弹性纤维和胶原纤维，并有小血管和神经分布。血管壁细胞以成纤维细胞为主。成纤维细胞产生大量的纤维和基质，是细胞增殖和局部修复的细胞库。一般来说，中膜和内膜的再生主要靠平滑肌，外膜的再生主要靠成纤维细胞。

（四）血管壁的营养血管和神经分布

血管壁具有自身的营养血管（vasa vasorum）。血管壁内毛细血管床的密度取决于管壁的组成成分以及腔内血液供应管壁营养的程度和血压对管壁的压迫程度。中膜发达的大血管内膜由腔内血液扩散供应营养物质，外膜和中膜的外 2/3 承受压力较低，其营养由营养血管供应。输送低氧血液的血管，其管壁的营养血管较丰富，如肺动脉和体循环的静脉管壁。营养血管的分配与经扩散供应管壁营养的分布厚度有关，有人测量氧扩散进入主动脉壁的厚度为 0.9～1.0mm。Wolinsky 等（1967）测量 12 种哺乳动物，发现弹性膜在 29 层以下的，中膜没有营养血管；多于 29 层的，则中膜富含营养血管。

大血管管壁内常见淋巴管，多伴随营养血管配布。静脉比动脉的淋巴管多，并分布到中膜内层。组织液可自由通过弹性膜窗孔流动。因受血压的影响，管壁中的组织液和淋巴是由内向外流动的。

血管平滑肌受自主神经支配。血管的神经（vascular nerve）主要是交感（肾上腺能）神经，能促使平滑肌细胞收缩，故常称血管运动神经。有的神经也能引起血管扩张，但现在还不知道是否有另一套血管扩张交感神经，还是由于释放不同的神经递质对平滑肌起不同的效应。一般而言，去甲肾上腺素引起血管收缩，乙酰胆碱使血管扩张。

血管壁上包绕有网状神经丛，神经纤维主要分布于中膜和外膜交界处，有的伸入中膜平滑肌。血管周神经密度因部位不同而异，动脉周神经分布一般较静脉密。动脉周神经密度与管径大小及管壁组成成分有关。一般而言管径大的弹性动脉的神经分布稀疏，肌性动脉、微动脉的神经分布较密，动脉括约肌神经分布最为致密。血管周神经分布存在部位特殊性和种属差异性。脐动脉周无神经分布。豚鼠肾动脉周的神经密度较兔、大鼠稀疏。血管周神经密度有可能与血管中膜平滑肌含量有关。血管的神经递质除了去甲肾上腺素和乙酰胆碱外，还有多种神经肽，其中以神经肽 Y、血管活性肠肽和降钙素基因相关肽最为丰富，它们有调节血管舒缩的作用。一般认为，毛细血管无神经支配，但在某些部位尚存在争论。

小结：肌性动脉、微动脉的神经分布较弹性动脉密集，脐动脉周无神经分布。豚鼠肾动脉周的神经密度较兔、大鼠稀疏。

二、动脉

动脉主要由中胚层发育而来，胚体内最早出现的动脉为左右原始主动脉，位于脊索两侧，头端分别与左右心管相连。动脉从心脏发出后，反复分支后管径逐渐变细，管壁也逐渐变薄。根据管壁的结构特点和管径的大小，动脉可分为大动脉、中动脉或肌性动脉、小动脉和微动脉，各类动脉之间逐渐移行，没有明显的界限（表 1.12）。

表 1.12　不同动脉组织结构特点及功能比较

	大动脉	中动脉	小动脉	微动脉
管径	>10mm	1～10mm	0.3～1mm	<0.3mm
内皮	有	有	有	有
内皮下层	薄	薄	极薄	无
内弹性膜	发达，无明显界限	明显	明显	不明显
中膜	40～70 层弹性膜	20～40 层平滑肌	3～9 层平滑肌	1～2 层平滑肌
外膜	薄，为结缔组织，含营养血管和神经	薄，为结缔组织，外弹性膜明显	薄，少量结缔组织	很薄
功能	借弹性回缩推动血液流动	借平滑肌收缩推动血液流动	调节血流量及血压	调节血流量及血压

（一）大动脉

大动脉（large artery）是由心脏发出的大血管，包括主动脉、肺动脉、颈总动脉、锁骨下动脉和髂总动脉等。因其管壁中富含弹性膜而弹性大，故又称弹性动脉（elastic artery）。其主要功能是将心脏搏出的血液输送到肌性动脉,动脉的血流是持续不断的。大动脉管壁的弹性使血管内血液的流动维持连续不断,起到辅助泵的作用。

1. 内膜

大动脉的内膜厚 100～130μm,占管壁厚度的 1/6 左右。内皮细胞富含质膜小泡,并含数量不等的微丝,细胞间有紧密连接和间隔排列的缝隙连接。基膜薄,呈细网状,光镜下的基膜,过碘酸希夫反应(periodic acid Schiff reaction,PAS 反应)显示为一层糖蛋白。与人相比,非人灵长类动物动脉管壁上的黏多糖含量丰富。尤其是猕猴,大量的黏多糖在主动脉内膜上沉积(表 1.13)。在内膜下层为疏松的结缔组织,内有纵行弹性纤维、散在的成纤维细胞和一些纵行平滑肌细胞。内膜下层之外为多层弹性膜组成的内弹性膜,由于内弹性膜与中膜的弹性纤维相连,因此内膜和中膜分界不清楚。

表 1.13　不同种属内膜组织学特点

	人	非人灵长类动物	啮齿类动物
内膜黏多糖含量	一般	丰富,尤其是猕猴	一般

2. 中膜

中膜最厚,成人的大动脉中膜有 40～70 层弹性膜,各层弹性膜相距 5～15μm,每层弹性膜厚 2～3μm,各层弹性膜由弹性纤维相连。弹性纤维和胶原纤维散布于基质中。基质中可见细长分支的平滑肌细胞,弹性膜之间有平滑肌细胞、弹性纤维和少量的胶原纤维。人主动脉管壁内的胶原纤维和弹性纤维各占干重的 20%。中膜的基质成分为硫酸软骨素,呈嗜碱性和具易染性。弹性纤维呈各种方向排列,故有平衡机械张力的作用。

弹性纤维具有使扩张的血管回缩的能力,胶原纤维起张力作用,具有支持功能,并将有关各种成分连接在一起。因此当心脏收缩射血时,大动脉因其弹性而扩张,存储势能;当心脏舒张时大动脉以其弹性回缩力而收缩,推动血液继续流动。大动脉的主要功能是将心脏的间断射血转变为血管内持续的血流。与人相比,不同实验动物大动脉中膜的厚度及中膜的构成成分存在一定的差异(表 1.14)。通过比较不同实验动物中膜的差异,为实验性血流动力学研究提供科学依据。

表 1.14　不同种属中膜组织学特点

种属	弹性膜数量	弹性纤维含量	胶原纤维含量
人	40～70 层	弹性纤维和胶原纤维各占一半	弹性纤维和胶原纤维各占一半
SD 大鼠	12～18 层	弹性纤维和胶原纤维各占一半	弹性纤维和胶原纤维各占一半
昆明小鼠	9～15 层	弹性纤维和胶原纤维各占一半	弹性纤维和胶原纤维各占一半
树鼩	22～28 层	弹性纤维和胶原纤维各占一半	弹性纤维和胶原纤维各占一半
日本大耳白兔	38～40 层	弹性纤维相对较少	含量相对较多
猕猴	32～38 层	弹性纤维相对较少	含量相对较多
比格犬	28～34 层	弹性纤维相对较少	含量相对较多

3. 外膜

外膜较薄,结构简单,含有纵向螺旋状排列的胶原纤维和弹性纤维,含有成纤维细胞、肥大细胞和少许纵行的平滑肌细胞。光镜下观察,没有明显的外弹性膜,外膜逐渐移行为周围的疏松结缔组织。

(二)中动脉

除前述的大动脉外,凡在解剖学中有名称的动脉大多属中动脉(medium-sized artery),如股动脉、肾动脉、脾动脉等。管壁的基本结构与弹性动脉相似,但是细胞种类和纤维比例不同。管壁中最丰富的组织是平滑肌,平滑肌的舒缩可控制管腔的大小,从而调节血流,故中动脉又称肌性动脉(muscular artery)。中动脉大小差别很大,直径可由 0.3mm 至 1cm。常将中动脉分为中动脉和小动脉,但两者并无明显的界限。长爪沙鼠的脑血管不同于其他动物,有独特的解剖学特征,脑底动脉环后交通动脉缺损,没有联系颈内动脉和底动脉系统的后交通动脉,不能构成完整的 Willis 动脉环。利用此特征很容易建立脑缺血模型。

1. 内膜

肌性动脉的内皮与弹性动脉的相似。在光镜下血管内皮表面光滑,内皮细胞扁平,呈多边形。内皮下层随血管变小而渐薄,其中含胶原纤维和少量的平滑肌细胞。

在电镜下,动脉内皮细胞的管腔面可见多种突起。微皱襞,位于内皮细胞的边缘和细胞连接处,见于人和豚鼠的主动脉。指状突起,见于犬的肺动脉、猫的大脑皮质血管、兔的主动脉和人胎儿的大动脉。微绒毛状突起,见于鸟类眼内的血管、睾丸的血管、兔和人的主动脉。血管内皮细胞上微绒毛的功能,目前尚不清楚。有人认为微绒毛状突起可能与吸收作用或炎症时捕捉白细胞有关。片状和瓣状突起多见于易通透水分的血管,可能参与内吞作用,从血浆中摄取液体并输送到组织中。肌性动脉的内皮细胞间也有缝隙连接和紧密连接。受到某些因素刺激时(如糖尿病、尼古丁、肾上腺素、血管紧张素 II 和 5-羟色胺等),连接似可松懈或变宽,血液中的脂蛋白和其他大分子可进入血管壁。基膜薄而连续。光镜和电镜下观察,内弹性膜较明显。在某些血管如冠状动脉、甲状腺动脉、肾动脉、脾动脉、颅动脉的分支处,可见内膜突入腔内形成"内膜垫",其具有调节血流作用的正常结构,但尚存不同的意见。

动脉管道系统中,弹性膜的分布极为广泛,其主要成分为弹性蛋白,弹性好,功能为平衡机械张力、维持动脉血压。在弹性动脉中含量多。而在肌性动脉中,弹性膜相对较少,仅有内、外弹性膜,并随动脉的逐渐分支而减少。内弹性膜在中动脉中为一层完整均匀的结构。小动脉中内弹性膜与中动脉相似,而微动脉消失。与人相比,不同动物肌性动脉的弹性膜存在一定差异(表 1.15)。

表 1.15 不同种属中动脉弹性膜组织学特点

	成人	犬	猴	兔
弹性膜	一层内弹性膜,结构清晰,外弹性膜稀少	一层内弹性膜,结构清晰,外弹性膜层数较多,不完整	一层内弹性膜,结构清晰,外弹性膜层数较多,不完整	一层内弹性膜,结构清晰,外弹性膜层数较多,不完整

2. 中膜

中膜主要为平滑肌,有 10～40 层,呈同心环状排列。中动脉平滑肌发达,平滑肌的收缩和舒张使血管管径缩小或扩大,可调节分配到身体各组织和器官的血流量。小动脉的平滑肌有 3 或 4 层。平滑肌细胞由基膜和网状纤维包绕,并有少量的弹性纤维或弹性膜插于细胞之间,弹性膜也有窗孔。中膜内没有成纤维细胞,此层中的结缔组织和蛋白多糖由平滑肌细胞产生。下肢血管的平滑肌比上肢多。豚鼠肺动脉、小动脉中膜平滑肌非常发达,容易被误解为非正常表现。有的肺动脉中膜平滑肌表现出独特的阶段性隆起,像括约肌。豚鼠血管反应敏感,出血症状显著,适宜做血与血管通透性研究。

3. 外膜

外膜厚度与中膜厚度相等,主要由结缔组织组成。其间含有胶原纤维和弹性纤维,散在分布有成纤维细胞、脂肪细胞、少许纵行平滑肌细胞、血管、神经和淋巴管。多数中动脉的中膜和外膜交界处有明显的外弹性膜。一般小动脉没有。

(三)小动脉

管径在 1mm 以下的动脉称为小动脉(small artery)。小动脉的结构与中动脉相似,也属于肌性动脉。中动脉和小动脉,两者并无明显的界限。小动脉的结构特点是:随管径由大变小,弹性膜由清楚可见到不十分明显;中膜平滑肌的层数逐渐减少;外膜逐渐变薄;一般没有外弹性膜。小动脉平滑肌收缩,可使管径变小,血流阻力增大,故小动脉又称外周阻力血管,它主要对血流量和血压起调节作用。

（四）微动脉

详见微循环。

（五）过渡型动脉和特殊动脉

一种类型的动脉过渡到另一种类型的动脉，管壁的结构和组织成分是逐渐改变的，其间的过渡类型，常具有不典型的结构。例如，腘动脉和颈动脉的管径较细，其管壁的结构具有弹性动脉的构造。有些较大的动脉，如髂总动脉、髂外动脉、颈外动脉和腋动脉，管径较大，其管壁构造又像肌性动脉，这些血管的内膜含有丰富的平滑肌。

动脉中膜的厚度随其管腔压力不同而异。例如，心脏的冠状动脉承受的压力较高，冠状动脉管壁厚并富含弹性纤维，内膜厚，其中含有纵行平滑肌。下肢动脉的中膜较上肢的中膜厚。肺循环的血压较体循环低，因此肺内血管管壁较薄，中膜的肌组织和弹性膜较少。脑和脑膜的动脉因不受外来的压力和张力，其管壁甚薄，但内弹性膜发达。在经常弯曲的部位，血管也随之弯曲和收缩，如膝关节后的动脉和腋窝处的腋动脉，其内膜中有丰富的纵行平滑肌束。

（六）血管的特殊感受器

1. 颈动脉体和主动脉体化学感受器

颈动脉体（carotid body）是一个不甚明显的扁平小体，直径为2～3mm，位于两侧颈总动脉分支处或其附近。主要由排列不规则的上皮细胞团或细胞索组成，细胞团或细胞索之间有丰富的血窦。电镜下上皮细胞可分为两型：I型细胞聚集成群，胞质内含有许多致密核心小泡，许多神经纤维终止于I型细胞表面；II型细胞位于I型细胞周围，胞质中颗粒少或无。HE染色时I型细胞的胞质出现明暗两种，明细胞稍大，胞质呈空泡状。明细胞和暗细胞可能是处于不同机能状态。电镜下观察I型细胞多被II型包绕，有时可见指状突起终止于邻近细胞或毛细血管。I型细胞的胞核电子密度低，核孔较多；胞质中高尔基体发达，游离核糖体丰富，线粒体较多，粗面内质网一般散在分布，微管交错或平行排列，溶酶体、脂滴和糖原颗粒均少见。I型细胞胞质内含有许多致密核心小泡，小泡大小不一，呈圆形。II型细胞位于I型细胞周围，为非颗粒性细胞，胞质中无小泡，但具有包绕I型细胞的胞质突起。一般认为I型细胞为化学感受细胞，可把感受的刺激传给附近的传入神经末梢；II型细胞为支持细胞，主要具有支持作用。

颈动脉体是一种化学感受器，感受血液内O_2分压的变化。此种功能可能与其含有某些化学物质有关，如儿茶酚胺、乙酰胆碱和5-羟色胺等递质，还存在血管活性肠肽（VIP）、P物质（SP）和脑啡肽（ENK）类物质。对肽类物质的功能目前还了解不多，但已发现ENK能抑制刺激传入，SP作用与ENK相反，能兴奋化学感受器。VIP能通过血管变化影响化学感受反应。

主动脉体在结构和功能上与颈动脉体相似。颈动脉体和主动脉体化学感受器对于感受动脉血低氧是十分重要的，而对于感受动脉血CO_2分压和H^+浓度来说，不如脑内化学感受器敏感。当同时发生CO_2分压升高和缺氧时，两者对颈动脉体、主动脉体以及脑内化学感受器产生协同作用，可引起非常强烈的反射效应。另外，化学感受性反射与颈动脉窦、主动脉弓的压力感受性反射不同，化学感受性反射只在低氧、酸中毒等情况下才发生作用。

2. 颈动脉窦和主动脉弓压力感受器

颈动脉窦为颈总动脉分支和颈内动脉起始部的膨大部分。此处血管壁的中膜非常薄，平滑肌少，外膜较厚，外膜中含有丰富的游离神经末梢。神经末梢呈盘状，与外膜细胞紧密接触，感受血压升高时血管壁扩张的刺激，反射性地使内脏血管扩张、心率减慢，致使血压下降。生理学上称颈动脉窦为压力感受器。

（七）动脉年龄变化

血管由胚胎的间充质发育而来。首先是间充质细胞变成内皮细胞，排列成管状，其后周围间充质分化为管壁的平滑肌和结缔组织。动脉管壁到成年时才充分长成。胎儿 4 个月时，动脉开始有了三层膜的结构，自此时起，管壁逐渐发育分化。4 个月大胎儿的主动脉中，内膜只有内皮和一层较厚的内弹性膜，中膜为几层环行平滑肌，平滑肌间有弹性纤维，外膜比中膜厚，形成结缔组织。胚胎期末，内弹性膜变厚，中膜的弹性纤维变成较厚的弹性膜，平滑肌略有增加，但仍不明显，此时外膜变得较薄。出生后主动脉中膜弹性膜的层数和厚度逐渐增加，在内皮和内弹性膜间，出现了内皮下层，含平滑肌纤维、胶原纤维和弹性纤维。直到 25 岁左右动脉才分化完全。

由于心脏和动脉始终不停地进行着舒缩活动，动脉较其他器官更易发生损伤和衰老变化，其中尤以主动脉、冠状动脉和基底动脉等变化较明显。中年时，血管壁中结缔组织成分增多，平滑肌减少，使血管壁硬度逐渐增大。老年时，血管壁增厚，内膜出现钙化和脂类物质沉积，血管壁的硬度继续增大。不过，管壁结构的生理性衰老变化常不易与动脉硬化的病理变化区分。对于动脉管壁出现的某些变化是生理性的，还是病理性的，常有意见分歧。一般认为，如动脉壁构造变化程度已超越该年龄变化标准时，则应首当考虑动脉硬化的病理现象。

与人相比，实验动物动脉的这种自发性改变常见，如 BALB/c 小鼠、Wistar 大鼠、幼猪和成年猪、鸡和鸽等可自然发生动脉粥样硬化（表 1.16）。目前，已有多种实验动物被应用于动脉粥样硬化的研究，包括大小鼠、猪、犬、鸽、鸡、非人灵长类。鸡和鸽能自发主动脉粥样硬化，主要是出现脂纹期病变。短期饲喂胆固醇，主动脉局部发生病变。因而在研究该病早期病变时，应用这类动物具有重要价值。兔在饲喂胆固醇时也可发生动脉粥样硬化，但是兔作为草食动物，与人类的胆固醇代谢不完全一致。大鼠所发生的病理改变与人类早期相似，不易发生人体的后期病变，较易形成血栓。非人灵长类（恒河猴）可发生广泛的主动脉粥样硬化，在病变研究方面，该类动物是动脉粥样硬化研究的良好模型，但是饲养管理困难，成本高。小型猪在生理解剖和动脉粥样硬化病变的特点方面接近于人类，近年来被用作动脉粥样硬化研究的最佳模型。

表 1.16　不同种属动脉粥样硬化形成的特点比较

	人	小鼠	大鼠	兔	家畜	非人灵长类	家禽
动脉粥样硬化	老年人易发生	BALB/c 易发生动脉粥样硬化	Wistar 易发生动脉粥样硬化	易发生动脉粥样硬化，兔作为草食动物，与人类的胆固醇代谢不完全一致	幼猪和成年猪常发生动脉粥样硬化	恒河猴可发生广泛的主动脉粥样硬化	鸡和鸽能自发发生主动脉粥样硬化

（八）动脉管壁结构与功能的关系

心脏有规律地收缩，将血液间断地射入动脉，但动脉的血流是持续不断的。这是由于靠近心脏的大动脉的管壁具有弹性，心脏收缩时其管壁扩张，而心脏舒张时，其管壁回缩。大动脉管壁的弹性使血管内的血液流动持续不断，起辅助泵的作用。

中动脉的平滑肌发达，平滑肌的收缩和舒张使血管管径缩小或扩大，可调节分配到身体各组织和各器官的血流量，因此中动脉又称分配动脉（distributing artery）。

小动脉管壁的收缩，能显著地改变血流的外周阻力，调节进入器官和组织的血流量，并维持正常血压，因此小动脉和微动脉又称外周阻力血管（peripheral resistance vessel）。

三、毛细血管

毛细血管（capillary）是微动脉的终末分支，是血液循环系统重要的组成部分，是血液与组织间的物质交换场所。毛细血管是体内分布最广、管壁最薄、管径最细的血管，平均直径为 $7\sim9\mu m$，一般可容纳

1 或 2 个红细胞通过。毛细血管在机体各种组织和细胞间分支并吻合成网。各器官和组织内毛细血管网的疏密程度差别很大,毛细血管的密度,往往可反映该器官或组织的代谢率及需氧量。一般代谢旺盛的组织和器官,如肺、肝、肾、心肌及大部分腺体和黏膜等,毛细血管网稠密,而在代谢较低的器官和组织,如平滑肌、肌腱等,毛细血管网较稀疏。人体大约有 $700m^2$ 的毛细血管表面积可用于进行物质交换。同一器官在不同生理状态下,其毛细血管血流量不尽相同,如肌肉在剧烈收缩时比静息时大 35 倍。

(一)毛细血管的结构

毛细血管由内皮细胞、基膜和周细胞组成。内皮细胞和基膜构成内膜,中膜缺如,外膜为毛细血管外层的薄层结缔组织,与周围组织相连续。

毛细血管内皮厚 $0.1\sim0.4\mu m$。一般由 2 个内皮细胞组成毛细血管,偶尔也可由一个内皮细胞包绕成小的毛细血管,较大的毛细血管则有 $3\sim5$ 个内皮细胞环绕管腔。内皮细胞是多角形的扁平细胞,细胞核长圆形,位于细胞中央,胞质清亮,在近核处较多,边缘部较少。在含核区较厚的胞质内,有一小的高尔基体,一对中心体,少许粗面内质网。线粒体大多近核分布,偶见线粒体在边缘薄的胞质内。胞质内尚可见到少数微丝和微管。毛细血管内皮下层外有基膜,基膜包围着周细胞。基膜厚 $20\sim60nm$,其性质如前所述。

在毛细血管内皮外周,有数量不等的细胞。不同的学者给予不同的名称,如外膜细胞(adventitial cell)、内皮外细胞(peri-endothelial cell)、周细胞(pericyte)。现渐趋统一称为周细胞。周细胞形态扁长,分出初级突起和次级突起,纵向包围并衬托着毛细血管。不同种属、不同器官毛细血管的周细胞略有不同。在电镜下,周细胞近似未分化的细胞。细胞包于基膜中,核长圆形,弯向内皮层。线粒体不多,卵圆形,粗面内质网和滑面内质网短小,位于核两端,高尔基体散在,胞质中含少量微丝和微管,尚可见中等量吞饮小泡。总的来说,周细胞类似成纤维细胞,胞体和突起内特异性地显示乳酸-二磷酸吡啶核苷酸脱氢酶与异柠檬酸-三磷酸吡啶核苷酸脱氢酶活性。关于周细胞的功能未完全肯定,有说具有吞噬功能,可吞噬血管壁内物质,但尚无充分的证据。根据周细胞近似未分化细胞的结构特点,有人提出周细胞可能相当于间充质细胞,当发生炎症或创伤修复时可分化为血管内皮细胞和平滑肌细胞。但是,据其外形、位置及其与基膜的关系等,较多人认为周细胞主要起机械性的支持作用。早期曾设想周细胞为具有收缩力的细胞,与 Rouget(1875)在活体蛙瞬膜血管上发现的一种平滑肌细胞相同。但后来证明 Rouget 细胞相当于中间微动脉上的平滑肌细胞,而周细胞本身无收缩性,仅某些特殊的器官,如哺乳动物视网膜毛细血管壁的周细胞,又称壁细胞(mural cell)具有收缩性,它们伸出长的指状突起,纵向或螺旋状包绕着毛细血管壁,具有调节和分配视网膜毛细血管血流量的功能。糖尿病患者视网膜毛细血管壁的壁细胞消失以致视网膜血管张力消失,出现膨大的直捷通路、微动脉瘤及糖尿病视网膜的全部特征。又比如,哺乳动物肾内的周细胞也显示有特殊的结构与功能分化。肾直小管壁结构与毛细血管相似,其动脉支(降支)内皮较厚,周细胞胞质内含与肌原纤维性质相近的原纤维束;静脉支(升支)内皮较薄且有窗孔,其周细胞胞质内无原纤维,但有很多吞饮小泡。降支周细胞内的肌原纤维样结构具有收缩性,可控制肾髓质血流,参与逆流交换过程等。

(二)毛细血管的分类

在光镜下观察,各种组织和器官中的毛细血管构造都很相似。但在电镜下,根据内皮细胞等构造的不同,毛细血管可分为三种类型:连续毛细血管、有孔毛细血管和不连续毛细血管(表 1.17)。

表 1.17 毛细血管分类比较

	连续毛细血管	有孔毛细血管	不连续毛细血管
管壁厚度	较厚	薄	较薄,不规则
细胞连接	紧密连接	紧密连接	不规则
内皮细胞胞质	含许多吞饮小泡或形成穿内皮通道	吞饮小泡数量少	吞饮小泡数量少
内皮小孔	无	较多,孔上可有隔膜封闭	有,较大
基膜	连续而完整	连续	常不完整或缺如
分布	肌组织、脑、肺、胸腺和皮肤	胃肠黏膜、某些内分泌腺和肾小体	肝、脾、红骨髓、某些分泌腺

1. 连续毛细血管

连续性毛细血管（continuous capillary）的特征是有一层连续的内皮细胞，周围基膜连续。内皮细胞含核部分较厚，突向管腔，不含核的部分较薄。胞质中除含一般的细胞器外，含有许多吞饮小泡，小泡直径为 70nm 左右，主要分布在管腔面和基底面。多数小泡呈孤立性分布，但有的融合形成穿内皮通道。细胞间隙宽 10～20nm，间断地以紧密连接连接。内皮外有连续的薄层基膜，厚 20～50μm。基膜对内皮有固定及支持作用，对大分子物质的透过有限制作用。基膜是内皮分泌形成的，且经常更新，在病理情况下常显著增厚或呈不均匀的形态。大多数连续毛细血管内皮细胞外有分散存在的周细胞，在内皮细胞和周细胞之间，以及周细胞周围都有基膜围绕。连续毛细血管广泛分布于皮肤、肺、胸腺、淋巴结、脾、中枢神经系统和肌组织中。在成年豚鼠的肺毛细血管内可见库普弗细胞。

2. 有孔毛细血管

有孔毛细血管（fenestrated capillary）与连续毛细血管基本相同，其内皮细胞相互连续，细胞间紧密连接，基膜连续、完整。其特点是内皮细胞无核部分很薄，有许多贯穿细胞的窗孔。多数毛细血管的小孔由比细胞膜还薄的隔膜（diaphragm）封闭，只有肾小球毛细血管的孔上无隔膜。由于窗孔的通透性大，因此内皮细胞胞质内的吞饮小泡少，基膜较薄。毛细血管的周细胞较少。有孔毛细血管存在于大多数内脏器官中，尤其是胃肠黏膜、内分泌腺、脉络丛、眼睫状体。舌肌是唯一含有孔毛细血管的肌组织。内皮外细胞突起，偶尔可通过内皮伸入血管腔内，如肾血管球内系膜细胞的突起常伸入毛细血管的腔内。在垂体和肾上腺，由于这些突起具有吞噬性，它们可能参与血液和组织间的物质交换。有孔毛细血管内皮细胞胞质不同于连续毛细血管，前者一般不显示碱性磷酸酶的活性，同时其周细胞较少。

3. 不连续毛细血管

不连续毛细血管（discontinuous capillary）也称血窦（sinusoid），又称窦状隙。此种毛细血管与上述两种不同，其管腔较大（大小在 5～30nm），形状不规则，内皮细胞之间有较大的空隙，内皮细胞有的扁平（肝和骨髓），有的呈杆状（如脾）。周围的基膜有的是连续的，有的是不连续的，有的甚至完全没有。周细胞偶见。在血窦内或血窦外有许多巨噬细胞，它们的突起可伸入内皮间隙成为窦壁结构的一部分。血窦主要分布于肝、脾、红髓等组织中。

在新生小鼠的肝血窦内可见大量的造血细胞，随着年龄的增长造血细胞减少。在成年小鼠肝血窦内也可见造血细胞，但是一般出现于疾病状态下，如化脓性肾盂肾炎成年小鼠的肝血窦内可见造血细胞生成。

哺乳动物的脾根据有无血窦分为两种类型。一种为有血窦脾的动物，血窦丰富，白髓较多，此种脾储血量少，但免疫功能较强，故又称防御型脾，如人、犬、大鼠、兔和豪猪。另一种脾中血窦少见，如马、牛、猫和小鼠等动物（表 1.18）。

表 1.18　不同种属脾血窦的特点

	人	啮齿类动物	畜禽	伴侣动物	兔
脾血窦	血窦丰富	大鼠血窦丰富，小鼠血窦少见	马、牛血窦少见	犬血窦丰富，猫血窦少见	血窦丰富

（三）毛细血管的功能

毛细血管是血液与周围组织进行物质交换的主要部位。人体毛细血管的总面积很大，体重 60kg 的人，毛细血管的总面积可达 6000m^2。毛细血管壁很薄，与周围的细胞相距很近，有利于物质交换。

毛细血管壁允许物质选择性通过的特性称毛细血管通透性（capillary permeability），不同器官内的毛细血管的通透性差异很大，肾血管球的通透性比心肌组织中毛细血管的通透性大约 100 倍。但是，具有血-组织屏障的部位，如脑、眼、胸腺和性腺等，其毛细血管壁结构上具有广泛的闭锁小带和少许质膜小泡，基膜连续、成层，通透性较低，大分子物质不能通过。对毛细血管通透性起决定作用的是内皮，然而基膜也具有一定作用，小分子可透过基膜，但能阻挡铁蛋白和炭粒等大分子通过。另外一些物质，如 O_2、CO_2 和脂溶性物质等，可直接透过内皮细胞的胞膜和胞质。

无论是在生理情况下还是在病理情况下，毛细血管的通透性都可以发生很大的变化，如体温升高、缺氧可使毛细血管通透性增高；某些血管活性物质如血管紧张素 II、去甲肾上腺素和组胺，可引起内皮细胞收缩，致使内皮细胞间隙增大，于是血浆中的大分子物质可透过内皮间隙；维生素 C 缺乏时引起毛细血管内皮细胞之间的连接加大，基膜和毛细血管周围的胶原纤维减少或消失，从而引起毛细血管出血。

四、静脉

静脉（vein）包括由毛细血管逐级汇合成的微静脉、小静脉、中静脉和大静脉，管径逐渐增大，管壁逐渐增厚，静脉常与相应的动脉伴行。静脉比动脉的数目多，管径也较大，故其容血量也比动脉多。在体循环中 65%～70% 的血在静脉中。肺循环中，静脉含血量占 50%～55%。与动脉管壁相比，静脉管壁薄而柔软，弹性较小。故在切片标本中，静脉管壁多塌陷、管腔变扁或呈不规则形。

根据管径的大小静脉可分为大、中、小三级，但是静脉构造的变异比动脉大，甚至同一条静脉的不同段也可有很大的差别。和动脉一样，静脉管壁也可分为内膜、中膜和外膜三层，但三层的分界不清楚，有些静脉中甚至不见中膜。静脉管壁中的平滑肌纤维和弹性纤维没有动脉的发达，但是结缔组织成分多（表 1.19）。

表 1.19　动脉与静脉的比较

	动脉	静脉
管径	小	大
管壁	厚，有弹性，规整	薄而柔软，弹性小，易塌陷
内弹性膜	明显	不明显或没有
中膜	最厚	薄
外膜	薄	最厚
平滑肌	丰富	含量少，在外膜中较多
结缔组织	少	含量多
瓣膜	近心脏大动脉才有瓣膜	管径 2mm 以上才有瓣膜

（一）小静脉

由毛细血管至小静脉（small vein）的过程是渐变的，最初只在内皮外增加了薄层结缔组织，管径达 50μm 时，内皮和结缔组织间出现了平滑肌。开始平滑肌排列稀疏，管径再增大时，平滑肌逐渐密集为完整的一层，管径为 0.2～1mm 的静脉称为小静脉。内膜包括内皮和薄层基膜。中膜含 2～4 层平滑肌，平滑肌间夹杂着弹性纤维和胶原纤维。外膜包含纵行胶原纤维和弹性纤维束，以及散在分布的成纤维细胞和巨噬细胞。

（二）中静脉

除了大静脉外，解剖学中所有有名称的内脏静脉和四肢远端的静脉都属于中静脉（mediumsized vein），管径为 1～10nm，管壁厚度约为管径的 1/10。内膜较薄，内皮细胞为多角形，有些细胞可形成突起，与附近的肌细胞形成肌-内皮连接。基膜薄，内皮下层含较细的胶原纤维和弹性纤维。内弹性膜不发达或不明显，但是在下肢静脉管壁中，可以看到较明显的内弹性膜。中膜比中动脉的中膜薄得多，含有稀疏的环行平滑肌。外膜一般比中膜厚，由结缔组织组成，没有外弹性膜，有的中静脉外膜含适量的纵行平滑肌束。

与人相比，啮齿类动物的肺静脉中膜平滑肌被横纹肌所取代。这种肌层与左心房的心肌是连续的。横纹肌纤维呈外纵内环走向，两层的厚度接近，随着腔径的减小，横纹肌也逐渐减少。横纹肌心肌细胞含有 1 或 2 个核，由大量的线粒体和糖原构成。

（三）大静脉

大静脉（large vein）管径在 10mm 以上，管壁较薄，约为管径的 1/20。解剖学包括颈外静脉、无名静脉、肺静脉、髂外静脉、门静脉和腔静脉等。内膜的构造与中静脉的基本相同。内皮细胞之间也有紧密连接和缝隙连接，但是缝隙连接较少且小。基膜薄，内皮下层含胶原纤维和散在的弹性纤维，也含纵行平滑肌束。中膜薄，很不发达，为几层排列疏松的环形平滑肌，有时甚至没有平滑肌。偶见内皮有突起穿过的由内弹性膜与平滑肌组成肌-内皮连接。外弹性膜较厚，结缔组织内常有较多的纵行平滑肌束。山羊颈静脉表浅粗大，采血容易，因此医学上的血清学诊断、检验室的血液培养基都使用山羊血。

（四）静脉瓣

管径 2mm 以上的静脉常有静脉瓣（vein valve），由内膜突入管腔折叠成两个半月形薄片，伸入腔内，其游离缘指向心脏方向。血流流向心脏时，瓣较平扁并贴靠管壁。如血流逆流，则瓣膜游离，彼此相对，关闭管腔。

静脉内膜折叠伸入腔内形成瓣，其包括内皮和结缔组织。大静脉的瓣膜中有平滑肌，肌纤维与瓣的长轴平行，正常时瓣膜中没有血管。瓣朝向血流的一面，内皮下有丰富的弹性纤维网；瓣朝向管壁的一面，结缔组织少，弹性纤维少。瓣的向心侧，静脉常扩张而壁薄，此区称为瓣窦。瓣膜基部和窦区的平滑肌大多纵行或呈螺旋状。脑和脊髓内的静脉、脑脊膜的静脉、脐静脉、眼静脉等没有瓣膜，但是门静脉的分支、上腔和下腔静脉及其分支有瓣膜。

（五）静脉的功能

静脉和相应的动脉比较，管径粗，管壁薄，数量多而具有扩张性，故称为容量血管。在安静的状态下，循环血量 60%～70%容纳在静脉中。静脉的管径发生变化时，静脉内血量发生很大的变化，而对压力的影响较小。静脉的功能是将身体各部分的血液导回心脏。静脉血回流主要不是依靠管壁本身的收缩，而是靠管道内的压力差。影响静脉压力差的因素很多，如心脏的收缩力、重力和体位、呼吸运动以及静脉周围肌组织的收缩挤压作用等。

五、微循环

微循环（microcirculation）是指由微动脉到微静脉间的细微血管中的血循环，是心血管系统的终末部分。这一部分是血液循环的基本功能单位，是心血管系统在组织内真正实施其重要功能的部位，包括氧和营养物质的供应、各种代谢产物的运输、激素的分配等。它还有调节局部血流内在机制的作用，主要表现在随着局部组织代谢需求的改变而调整血流量，并能局部自我调整保持稳定血流和血压。由于毛细血管内静水压及血液内胶体渗透压之间存在差异，其还具有调节组织及血液内含水量的作用，因此微循环功能状态正常与否，对机体的内在平衡影响很大。

（一）微循环血管

1. 微动脉

微动脉（arteriole）由小动脉逐渐变成，两者没有明确的界限，管径在 300μm 以下，近毛细血管处的直径小至 30～75μm。

（1）内膜：在大部分器官和组织内，微动脉内皮细胞含很多微丝，直径 6～9nm，靠近细胞表面，其可能具有支持作用。除含质膜小泡外，其细胞基部常伸出足样突起，穿过基板和内弹性膜，与邻近平滑肌以紧密连接或缝隙连接，构成肌-内皮连接，这种连接在较小的微动脉更为常见，但在中枢神经系统的微动脉缺如。基膜薄。内皮下层由薄层疏松结缔组织组成，含有少量的胶原纤维和弹性纤维。直径大于50μm 的微动脉具有内弹性膜，呈窗孔状，在直径为 50μm 或更小的微动脉，内弹性膜消失。但是，直径为 10～15μm 的肾入球微动脉仍有薄层带窗孔的内弹性膜。

（2）中膜：由 1 或 2 层螺旋状排列的平滑肌组成，平滑肌细胞间有胶原纤维，但无成纤维细胞。微动脉管壁平滑肌的收缩活动，起到控制微循环的总闸门作用。

（3）外膜：外膜较薄，由疏松结缔组织构成，内有少量成纤维细胞、胶原纤维和弹性纤维，偶见巨噬细胞、浆细胞和肥大细胞，还可见无髓神经纤维及神经末梢。

2. 终末微动脉

直径小于 50μm 的微动脉称为终末微动脉（terminal arteriole）。此种微动脉的特征为内弹性膜消失，中膜只有一层平滑肌。但是高原动物牦牛直径小于或等于 50μm 的肺动脉，内弹性膜完整（表 1.20）。说明成年牦牛在高原低氧的环境下，其肺微动脉仍可以通过内外完整的弹性膜和中膜完整的平滑肌来保持较好的血管收缩力，有助于维持肺动脉的射血功能。对各动物肺动脉的组织学结构比较，从组织学角度描述动物在低氧环境下的肺动脉适应性结构，可为高原医学提供形态学基础。

表 1.20　不同种属微动脉组织学特点

	人	牦牛	黄牛
平滑肌数量	一般	丰富	一般
弹性纤维	一般	丰富	一般
内弹性膜	直径小于 50μm 的微动脉内弹性膜消失	直径小于或等于 50μm 的肺动脉内弹性膜完整	直径小于或等于 50μm 的肺动脉内弹性膜消失

3. 中间微动脉

终末微动脉进一步移行为成中间微动脉（meta-arteriole）。此段是微动脉的终末部分，为动脉系统的最后分支，长 10～100μm，可有一锥状的腔，口径由 30μm 逐渐下降到 5μm。活体观察，中间微动脉几近垂直地从微动脉分出并进入组织，其血流较真毛细血管快。中间微动脉中膜平滑肌较稀疏，已不连续成层。

4. 毛细血管前括约肌

由中间微动脉分出许多毛细血管，在毛细血管的起始部，围绕着 1 或 2 个平滑肌细胞，组成毛细血管前括约肌（precapillary sphincter）。此处可见较多肌-内皮连接。中间微动脉和毛细血管前括约肌外围绕有由松散的结缔组织形成的狭鞘，其内有较丰富的无髓神经纤维和含有小泡的神经末梢，分布在平滑肌细胞附近。

5. 真毛细血管

真毛细血管（true capillary）即通常所说的毛细血管，是实现血液与细胞间物质交换的主要场所。在大多数组织内，从多条微动脉或中间微动脉分出的真毛细血管，互相通连成网，最后汇入多条微静脉（如肠系膜）。某些组织，可由一条中间微动脉分出成群的毛细血管，彼此相连成网，最后汇入一条微静脉，如肌肉组织。也有一些简单不分支的毛细血管，如真皮乳头内的毛细血管，这种毛细血管一般平行排列。

6. 微循环血管的功能

微动脉和中间微动脉是微循环的阻力血管。微动脉和中间微动脉受自主神经，特别是交感神经的调控，它们也受体内血管活性物质等体液因素的调节。在神经与体液因素的调节下，微动脉和中间动脉平滑肌进行舒缩活动，控制着与其相连的整个微循环管道内的血流量。因此可以把微动脉和中间动脉看作是微循环的"总闸门"。

毛细血管前括约肌在微循环中具有"分闸门"的作用。括约肌收缩时，管腔缩小甚至关闭，使相应毛细血管血流不畅或不通；括约肌舒张时，管腔开放，毛细血管血流畅通。毛细血管前括约肌的舒缩活动控制着相应的真毛细血管网的血流。

一般情况下，血液主要通过直捷通路到微静脉，只有少量的血液流经毛细血管。当局部组织机能增强时，由于局部缺氧及二氧化碳和乳酸的积存，毛细血管前括约肌松弛，开放较多的真毛细血管，组织内的血流量增加，促进物质循环。

（二）微循环通路

循环通路包括直捷通路、动静脉吻合和迂曲通路 3 种。

1. 直捷通路

直捷通路（thoroughfare channel）是中间微动脉的延伸部分，直接连到微静脉。其管壁结构与毛细血管相同，只是管径略粗。直捷通路经常有血液流通，由于这个通路较短，血流速度较快，因此物质交换作用有限。直捷通路在骨骼肌的微循环中较多见。

2. 动静脉吻合

微动脉发出的侧支直接与微静脉相通，称动静脉吻合（arteriovenous anastomosis）。血管腔窄小，短而无分支，管壁较厚，有内、中、外三层膜。内膜由内皮构成，无内皮下层和内弹性膜，因此内皮直接与中膜平滑肌相接。中膜平滑肌纤维短而肥大，像上皮细胞。外膜结缔组织发达，有大量的有髓和无髓神经纤维。动静脉吻合受交感神经支配，对温热、某些化学和机械性刺激等较敏感。动静脉吻合主要分布在皮肤（尤其是指尖皮肤）、肝（肝动脉和相伴行的门静脉间）、肺、脾、唇、小肠和甲状腺组织。

3. 迂曲通路

血液从微动脉到微静脉流经真毛细血管网。真毛细血管网行程迂回曲折，血流缓慢，有利于充分实现物质交换，是进行物质交换的主要部位。在一般生理状态下，体内约 20% 的血流量通过真毛细血管网。当组织功能活跃时，毛细血管前括约肌开放，大部分血液流经真毛细血管网，血液与组织之间进行充分的物质交换。

（三）微静脉

从真毛细血管到微静脉（venule）的过渡是逐渐的，大致可分为以下几部分：静脉性毛细血管、毛细血管后微静脉、集合微静脉及肌性微静脉。

1. 静脉性毛细血管

静脉性毛细血管（venous capillary）由 2 或 3 条毛细血管汇合而成，直径 8~10μm，内皮一般较薄，偶见周细胞，与较大的毛细血管后微静脉相连。

2. 毛细血管后微静脉

毛细血管后微静脉（postcapillary venule）直径 8~30μm，长 50~700μm，由 2~4 条静脉性毛细血管汇成。内皮具连续性，较薄，平均厚 0.4μm，偶见少量窗孔。内皮细胞内的质膜小泡、核糖体以及微丝都较丰富。相邻内皮细胞的边缘常叠合，细胞间连接相当松散。内皮细胞可伸出长而细的基突，穿过薄的基膜，与周细胞的突起形成膜性接触。随管径的增大，周细胞的数量增多，但未成层。微静脉无明显中膜，外膜也相当薄，有少许结缔组织，成纤维细胞少见。

3. 集合微静脉

集合微静脉（collecting venule）又称周细胞性微静脉（pericytic venule），为将毛细血管后微静脉连到肌性微静脉的血管，直径 30~50μm。内皮厚 0.2~0.4μm，基膜薄，结构与毛细血管后微静脉相同。周细胞数量较多，几乎形成完整的一层，与其他部位的周细胞相比，集合微静脉周细胞胞质内含较多微丝和密体，故更似平滑肌细胞。一个重要的不同点是周细胞内无糖原颗粒，平滑肌细胞却含很多糖原颗粒。中膜不明显。外膜相当薄，含少许结缔组织及散在的成纤维细胞、巨噬细胞、浆细胞和肥大细胞。

表 1.21　人与常见实验动物、畜禽类血管组织学特点差异

血管	组织	人	实验动物	畜禽
动脉	大动脉	管壁厚；中膜弹性膜数量为 40～70 层	与大鼠及地鼠比较，小鼠的大动脉管壁稍薄，兔与犬的管壁厚；组织学特征与人没有区别；猕猴内膜可见大量的黏多糖沉积；猕猴中膜弹性膜数量为 32～38 层，小鼠 9～15 层，SD 大鼠 12～18 层，兔 38～40 层，比格犬 28～34 层，树鼩 22～28 层	鸡管壁厚，血管内红细胞有细胞核
	中动脉	冠状动脉起源于主动脉窦，在心外膜的纤维脂肪层	豚鼠肺动脉、小动脉中膜平滑肌非常发达，有的肺动脉平滑肌表现出独特的阶段性隆起，像括约肌；啮齿类动物冠状动脉起源于主动脉窦或略高于主动脉窦，位于心肌内；长爪沙鼠的脑底动脉环后交通动脉缺损，没有联系颈内动脉和底动脉系统的后交通动脉，不能构成完整的 Willis 动脉环，利用此特征很容易建立脑缺血模型	小型猪与人一样，具有右侧优势的心脏传导系统的血供，在心肌膜没有预先存在的侧支血管
	终末微动脉	直径为 50μm 的微动脉内弹性膜消失，平滑肌数量、内弹性膜数量中等	直径为 50μm 的微动脉内弹性膜消失	牦牛直径小于或等于 50μm 的肺动脉内弹性膜完整，平滑肌数量、内弹性膜数量丰富
毛细血管	连续毛细血管		成年豚鼠的肺毛细血管内可见库普弗细胞	
	血窦	在新生小鼠的肝血窦内可见大量的造血细胞，随着年龄的增长造血细胞减少；在成年小鼠肝血窦内也可见造血细胞，但是一般出现于疾病状态下，如化脓性肾盂肾炎成年小鼠的肝血窦内可见造血细胞生成；哺乳动物的脾根据有无血窦分为两种类型：一种为有血窦脾的动物，血窦丰富，如人、犬、大鼠、兔和豪猪；另一种脾中血窦少见，如马、牛、猫和小鼠等动物		
静脉	大静脉	中膜为平滑肌	啮齿类动物的肺静脉中膜被横纹肌所取代	山羊颈静脉表浅粗大，采血容易，因此医学上的血清学诊断、检验室的血液培养基都使用山羊血
	中静脉	中膜为平滑肌	与人相比，啮齿类动物的肺静脉膜被横纹肌所取代	
	静脉瓣	管径 2mm 以上的静脉常有静脉瓣，脑和脊髓内的静脉，脑脊膜的静脉、脐静脉、眼静脉等没有瓣膜		

4. 肌性微静脉

肌性微静脉内皮细胞连续，较厚，直径 50μm 以上，即常称的微静脉。与微动脉相比，微静脉管壁较薄，管腔不规则。内膜是连续性内皮，较集合微静脉厚，常含 W-P 小体。基膜较薄，在肌-内皮连接处有穿孔。中膜有 1 或 2 层平滑肌，但肾和脾内的微静脉中膜只含一层不完整的平滑肌，平滑肌细胞间不等量地分布着胶原纤维和弹性纤维。外膜较厚，含结缔组织成分，其间有扁薄成纤维细胞，偶见无髓神经纤维。

第三节　淋　巴　管

输送淋巴的管道称为淋巴管（lymphatic vessel）。淋巴管的功能是将组织液的某些物质包括水、电解质、单糖和少量蛋白质输送入血。淋巴管起始于结缔组织内的毛细淋巴管，毛细淋巴管逐渐汇合成较大的淋巴管，最后汇集成淋巴导管通入大静脉。人体中除中枢神经系统、软骨、骨髓、胸腺、牙齿和眼球没有淋巴管外，其余的组织和器官大多分布有淋巴管。禽类淋巴管道丰富，在组织内密布成网，较大的淋巴管道常伴随血管而行。有的禽类具有一对淋巴心，其收缩搏动可推动淋巴流动，如鹅。鸡在胚胎发育期也有一对淋巴心，但孵出后不久即消失。根据管径和结构不同淋巴管可分为毛细淋巴管、淋巴管和淋巴导管三种。

一、淋巴管的分类

（一）毛细淋巴管

毛细淋巴管（lymphatic capillary）是淋巴管中最细小的较通透的管道，可将组织间隙中的液体吸收进来，并经淋巴管和淋巴导管送入大静脉的血流中。毛细淋巴管分布极广，除软骨、骨、骨髓、牙齿、眼球、内耳等外，人多数组织中都有毛细淋巴管。某些器官如胸腺、肝等的毛细淋巴管分布在小叶之间，脾实质只是白髓内有毛细淋巴管，而红髓内没有。毛细淋巴管的结构特点与毛细血管相似，管壁很薄。电镜下，内皮细胞间常有较宽的间隙，基膜不连续或没有，无周细胞，管腔大而不规则。

在各种器官和组织中，毛细淋巴管的形状不同。小肠的固有膜中，由黏膜下层的淋巴管发出一条毛细淋巴管进入绒毛中轴，其末端为盲端。位于皮肤和黏膜中的毛细淋巴管呈网状，与毛细血管平行。在肝、脾和骨髓中，血窦代替了毛细淋巴管。输卵管黏膜中的毛细淋巴管呈窄的扁囊状。睾丸内的毛细淋巴管迂曲呈迷路状，为淋巴窦状隙。

（二）淋巴管

淋巴管是毛细淋巴管汇合成的较大淋巴管道，又称集合淋巴管（collecting lymphatic vessel），其管径差异较大，管壁比毛细淋巴管厚，直径约为 0.2mm。它的结构与静脉相似，但管径大而壁薄。其管壁可分为三层，但是不明显。内膜由内皮和薄层内皮下层组成。相邻内皮细胞由桥粒相接。基膜完整。内皮下层是一薄层纵行弹性纤维网。中膜由不完整的一层或数层平滑肌组成，平滑肌排列散乱，呈螺旋状，肌纤维间有较少的弹性纤维。外膜含胶原纤维和弹性纤维，分布有营养血管和神经。

淋巴管和静脉一样，也有由内膜突入管腔内所形成的瓣膜。瓣膜的构造与静脉瓣大致相同。

（三）淋巴导管

淋巴管逐渐汇合，最后汇集成两条淋巴导管（lymphatic duct），即右淋巴导管和胸导管。淋巴导管壁也可分为三层，但没有大静脉的分层清楚。内膜由内皮和薄层疏松结缔组织组成，内弹性膜很不清楚。中膜由散乱的平滑肌束和胶原纤维构成。外膜较厚，包括胶原纤维、弹性纤维和少量平滑肌，也有营养血管和神经分布。淋巴导管也有瓣膜。

二、淋巴管的瓣膜

淋巴管和淋巴导管与静脉一样，也有瓣膜，但数目比静脉多，瓣膜多是成对的。双瓣膜基部各占管壁的一半，其游离缘和淋巴的流向一致。和静脉瓣一样，淋巴管的瓣膜也由内膜向管腔突入折叠而成，其表面为内皮，中间为薄层结缔组织。瓣膜基部的淋巴管壁常轻度缩窄，使淋巴管壁呈现周期性的梭形扩张，形如念珠状，这是淋巴管的一个特征。瓣膜的功能是防止淋巴逆流，在与大静脉连接处是阻止血液倒流入淋巴管。

三、淋巴管的发育与功能

在人类淋巴管出现在 6～7 周龄的胚胎，哺乳类动物的淋巴管在胚胎早期开始发育，而在小鼠淋巴管的发育开始于胚胎形成后。淋巴管的生成过程大致分为几个阶段：①淋巴管起源于胚胎早期的静脉，存在于胚胎主静脉上的血管内皮细胞在内外环境影响下启动相关基因，阴道内皮细胞向淋巴管内皮细胞（lymphatic endothelial cell，LEC）转化。②LEC 从主静脉的萌芽长出，形成初级淋巴囊。③初级淋巴囊与静脉分离。④初级淋巴重塑和成熟。淋巴管的重塑一般包括毛细淋巴管从初始淋巴管萌芽长出，深层的初级淋巴管募集平滑肌细胞形成具有淋巴管瓣膜的成熟淋巴管。

淋巴管的功能是将组织液的某些物质包括水、电解质、单糖和少量蛋白质输送入血。正常时毛细血管动脉端血压高于血液胶体渗透压,所以血液中的水分、电解质和一些小分子物质和部分血浆蛋白可以通过毛细血管壁滤过到组织中。在毛细血管静脉端,因血压较低而血液胶体渗透压高,其吸收水分、电解质和一些代谢产物入血,但仍有一些液体和较多的血浆蛋白不直接回血,而是进入毛细淋巴管内,经各级淋巴管运回血循环。其原因是毛细血管内压力比组织间隙内组织液的压力高,而毛细淋巴管内压力相对更低些。另外,毛细淋巴管的基膜不完整,内皮细胞又很薄,所以通透性比毛细血管高。更主要的是毛细淋巴管内皮细胞间的连接疏松,淋巴管壁外附着的锚丝可调节毛细淋巴管内皮细胞间连接处的开放,因此此处为液体和大分子物质迅速通过的主要途径(图 1.2)。

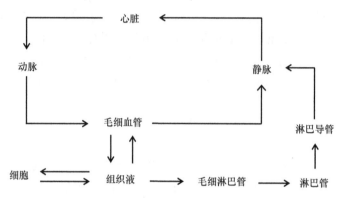

图 1.2 淋巴回流路径与心血管系统的关系简图

参 考 文 献

成令忠. 2003. 现代组织学. 3 版. 上海: 上海科学技术文献出版社: 667-703.

程基焱, 刘广益, 吴雨岭, 等. 2002. 肌性动脉内膜的观察分析. 四川解剖学杂志, 10(4): 208-209.

高艳景, 谭允西. 1982. 人窦房结的内部构筑. 解剖学报, 23(2): 123-127.

高英茂, 李和. 2010. 组织学与胚胎学. 2 版. 北京: 人民卫生出版社: 132-144.

顾为望. 2010. 西藏小型猪组织胚胎学图谱. 武汉: 湖北人民出版社: 73-82.

郭康, 齐丽杰. 2013. 广西猕猴房室结的形态学特征. 解剖学研究, 35(2): 246-249.

郭志坤. 2005. 正常心脏组织学图谱. 北京: 人民军医出版社: 1-171.

郭志坤, 郭萍. 1994. 狗主动脉中的软骨. 解剖学报, 25(3): 335-336.

郭志坤, 孔祥云. 1990a. 兔房室结的形态学研究. 新乡医学院学报, 7(2): 85-87.

郭志坤, 孔祥云. 1990b. 兔窦房结的光镜观察. 解剖学杂志, 13(2): 104-105.

郭志坤, 文小军. 1994. 犬心房室结、房室束及其束支的光镜下研究. 解剖学报, 25(2): 119-121.

郭志坤, 徐振平. 2001. 家猪房室结组织学观察和定量分析. 解剖学杂志, 24(2): 153-155.

何秋霞, 刘可春, 楚杰, 等. 2009. 斑马鱼作为模式生物在心血管疾病研究中应用. 生化与医学, 29(5): 721-724.

黄韧. 2006. 比格犬描述组织学. 广州: 广东科技出版社: 118-129.

贾宁, 陈怀涛. 1982. 双峰驼心脏组织学研究. 中国兽医科技, 23(6): 9-11.

孔庆喜, 吕建军, 王和枚. 2018. 实验动物背景病变彩色图谱. 北京: 北京科学技术出版社: 1-235.

李德雪, 林茂勇, 张乐萃. 2004. 动物比较组织学. 台北: 艺轩图书出版社: 115-129.

李和, 李继承. 2015. 组织学与胚胎学. 3 版. 北京: 人民卫生出版社: 132-148.

李红, 徐鹏霄. 1995. 大鼠心脏窦房结和房室结的光镜电镜观察. 武警医学, 6(2): 63-66.

李宪堂. 2019. 实验动物功能性组织学图谱. 北京: 科学出版社: 116-138.

彭克美. 2005. 畜禽解剖学. 北京: 高等教育出版社: 124-278.

秦川. 2008. 医学实验动物学. 北京: 人民卫生出版社: 43-138.

秦川. 2017. 实验动物比较组织学彩色图谱. 北京: 科学出版社: 12-20.

上海第一医学院. 1983. 组织学. 北京: 人民卫生出版社: 487-524.

沈霞芬, 卿素珠. 2015. 家畜组织学与胚胎学. 5 版. 北京: 中国农业出版社: 147-170.

石俊强. 2015. 淋巴管生成与疾病. 济宁医学院学报, 38(5): 349-355.

孙彬, 马鹏程, 陈桂来, 等. 2001. 斑马鱼心脏再生的研究. 生命的化学, 31(2): 312-315.

王媛媛, 徐文澍, 李霞, 等. 2014. 六种实验动物心血管系统比较组织学观察. 实验动物与比较医学, 34(3): 199-203.

文小军, 郭志坤. 2003. 山羊房室结形态学观察. 解剖学杂志, 26(3): 246-248.

吴秀山. 2006. 心脏发育概论. 北京: 科学出版社: 1-385.

于连发. 2002. 豚鼠房室结形态结构及胶原纤维的增龄性变化. 太原: 山西医科大学硕士学位论文. 1-47.

张建明, 赵亚丽. 2012. 绵羊心壁组织学结构特征的研究. 青海畜牧兽医杂志, 42(3): 17-19.

张炎, 凌凤东. 1998. 窦房结应用基础研究进展. 解剖科学进展, 4(2): 104-110.

赵根然, 凌凤东. 1991. 大鼠窦房结光镜和电镜观察. 西安医科大学学报, 12(4): 297-299.

赵根然, 杨月鲜. 1988. 犬窦房结形态的光镜观察. 西安医科大学学报, 9(1): 10-13.

周光兴. 2002. 比较组织学图谱. 上海: 复旦大学出版社: 1-4.

周吉林, 徐伟珍. 1998. 金华猪种心脏的组织学研究. 科技通报, 14(2): 450-452.

周金星, 余四九. 2015. 成年牦牛与黄牛肺内肺动脉结构组织和形态学比较分析. 中国兽医学报, 35(11): 1840-1862.

Atlas SA. 1986. Atrial natriuretic factor: a new hormone of cardiac origin. Rec Prog Hormone Res, 42: 207-249.

Brian RB, Vasanthi M, Hirofumi N, et al. 2016. Non-proliferative and proliferative lesions of the cardiovascular system of the rat and mouse. J Toxicol Pathol, 29(3): 1-47.

Dean HP, Stephen WB. 2016. Pathology of Laboratory Rodens and Rabbits. 4th ed. USA John Wiley & Sons, Inc: 1-371.

Harvey W. 1967. A lamellar unit of aortic medial structure and function in mammals. Circulation Research, 99-111.

James TN. 1962. Anatomy of the sinus node of the dog. Anat Rec, 143: 251-265.

James TN. 1967. Anatomy of the cardiac conduction system in the rabbit. Cir Res, 20(6): 638-648.

Karen B, Joshua H. 2014. Incidengtal histopathological findings in hearts of control beagle dogs in toxicity studies. Toxicologic Pathology, 42: 997-1003.

Piper MT. 2018. Comparative Anatomy and Histology: A Mouse, Rat and Human Atlas. 2nd ed. London: Academic Press: 163-188.

Robert RM. 1999. Pathology of the Mouse. 1st ed. United States: Cache River Press: 361-375.

Tahseen AA. 2016. Avian Histopathology. 4th ed. United States: The American Associatioon of Avian Pathologists: 143-194.

William DG, Gerald EC, Gerald PH. 1982. Histological Atlas of the Laboratory Mouse. New York: Plenum Press: 33-56.

第二章 免疫系统

免疫系统（immune system）是机体对抗原刺激产生应答、执行免疫效应的物质基础，是机体保护自身的防御性结构，主要由各种免疫细胞、淋巴组织、淋巴器官以及多种免疫活性分子组成。免疫系统借助血液循环和淋巴循环相互联系，形成一个功能整体，具有识别、监视、清除外来异物和自身衰老细胞以及突变细胞的作用。动物体依靠这种生理防御、自身稳定和免疫监视功能，保持机体内环境的平衡与统一。免疫系统任何结构的改变和功能的失调，均可引起各种感染性疾病、自身免疫性疾病和肿瘤发生。免疫系统另一重要功能是造血，造血器官是生成多种血细胞的场所，哺乳动物胚胎时期的卵黄囊、肝、脾、胸腺和骨髓均能造血。各类动物的主要免疫特征见表 2.1～表 2.3。

表 2.1　动物的主要免疫特征

动物	免疫特点
无脊椎动物	无专门免疫组织，依靠吞噬作用清除有害细菌及其他物质
原始脊椎动物	淋巴器官发育不完善，淋巴组织分散，没有形成胸腺和淋巴系统
鱼类	胸腺和脾发育较完全，可生成早期的 T 淋巴细胞和 B 淋巴细胞，具有一定的免疫记忆
两栖类	胸腺发育完善，出现皮质和髓质，形成典型的淋巴结，T 淋巴细胞、B 淋巴细胞分化明确
鸟类	具有生成 B 淋巴细胞的法氏囊，与胸腺和脾分别培育 T 淋巴细胞和 B 淋巴细胞，发挥细胞免疫和体液免疫作用
哺乳类	具有胸腺、骨髓、脾、淋巴结等多种免疫器官和免疫组织，以及吞噬细胞、自然杀伤（NK）细胞、T 淋巴细胞和 B 淋巴细胞等多种免疫细胞
灵长类	免疫系统更加完善，T 淋巴细胞、B 淋巴细胞的亚群齐全，补体系统发达

表 2.2　常见免疫缺陷动物的主要免疫特征

动物品系	基因名称	染色体定位	主要免疫特征	分类
裸小鼠	nu	11	无毛、无胸腺、T 淋巴细胞缺陷	先天性免疫缺陷动物
裸大鼠	nu	11	无毛、无胸腺、T 淋巴细胞缺陷	先天性免疫缺陷动物
Beige	bg	13	NK 细胞缺陷	先天性免疫缺陷动物
SCID	scid	16	T 淋巴细胞缺陷，B 淋巴细胞缺陷	先天性免疫缺陷动物
XID	xid	X	B 淋巴细胞缺陷、X 染色体隐性遗传	先天性免疫缺陷动物

表 2.3　常见实验动物主要免疫系统特点

动物	免疫特点
BALB/c 小鼠	脾有明显的造血功能，雄鼠的脾比雌鼠大 50% 左右，淋巴系统特别发达，性成熟前胸腺最大，35～80 日龄逐渐退化
C57BL/6 小鼠	老龄鼠淋巴瘤自发率为 20%～25%，雌鼠白血病发病率为 7%～16%
129 小鼠	淋巴瘤发病率：雄鼠 2%，雌鼠 7%
ICR 小鼠	外周血象和骨髓细胞具有较好的稳定性，是良好的血液学实验动物
裸小鼠	无胸腺，原胸腺残留结构中，部分上皮样细胞呈巢状排列，部分呈外分泌腺结构；淋巴结内胸腺依赖区的淋巴细胞消失，外周血中的淋巴细胞减少；由于无胸腺而仅有胸腺残基或异常胸腺上皮，T 淋巴细胞不能正常分化，因此缺乏成熟 T 淋巴细胞的辅助、抑制和杀伤功能，所以细胞免疫功能低下，但其 B 淋巴细胞功能基本正常，B 淋巴细胞分泌的免疫球蛋白以 IgM 为主，仅含少量的 IgG；成年（6～8 周龄）裸小鼠的自然杀伤细胞活性高于一般小鼠；无接触敏感性，无移植排斥反应
FVB/N 小鼠	具有 FV1b 等位基因，与其他近交系小鼠相比，FVB/N 小鼠对哮喘具有高度的敏感性，并伴随 IgE 显著增高，尽管 FVB/N 小鼠具有 H2q 的主要组织相容性复合体单倍体型，但其对胶原性关节炎具有明显的抵抗性
SCID 小鼠	细胞免疫和体液免疫缺陷小鼠，几乎完全丧失 T 淋巴细胞和 B 淋巴细胞，其同类系还有其他免疫系统缺乏，对生活环境有严格的要求
F344 大鼠	对原发和继发的脾红细胞免疫反应性低
BN 大鼠	对实验特性变态反应脑脊髓炎和自身免疫性肾小球肾炎有抵抗力
裸大鼠	与裸小鼠近似，先天性无胸腺，缺少 T 淋巴细胞，T 淋巴细胞功能明显丧失，B 淋巴细胞功能正常，自然杀伤细胞活性增强
豚鼠	淋巴系统发达，对机械因素或细菌感染等刺激反应性强

第一节 免 疫 细 胞

　　免疫细胞（immune cell）主要是指能识别抗原并产生特异性免疫应答的细胞等，是免疫系统的功能单元。绝大多数免疫细胞由造血干细胞分化而来。不同免疫细胞谱系的发育和分化取决于细胞间的相互作用与细胞因子的微环境。每种细胞类型表达特定的生物标志分子，形成其独特的表型。

　　根据其功能，免疫细胞可分为特异性免疫细胞和固有免疫细胞。特异性免疫细胞包括 T 淋巴细胞和 B 淋巴细胞，特异性免疫细胞特点见表 2.4。固有免疫细胞包括中性粒细胞、嗜酸性粒细胞、嗜碱性粒细胞、单核/巨噬细胞、肥大细胞、树突状细胞、自然杀伤细胞、自然杀伤 T 淋巴细胞、γδT 淋巴细胞、B1 细胞和固有淋巴细胞，固有免疫细胞的重要特性和功能见表 2.5。某些固有免疫细胞是抗原提呈细胞（如树突状细胞和巨噬细胞），在免疫应答中发挥重要的抗原提呈作用；而某些表达抗原受体的 T 淋巴细胞，在免疫防御中则发挥固有免疫的作用。

表 2.4　特异性免疫细胞的重要特性和功能

细胞种类	功能性膜表面分子	表面分子所产生的细胞功能	
T 淋巴细胞	TCR-CD3 复合物 CD4、CD8 CD2（LFA-2） CD28、CTLA-4 CD45 CD40L LFA-1 分子 CD31	介导 T 淋巴细胞的抗原识别和活化信号传递 CD4 识别 MHC-II 类分子，CD8 识别 MHC-I 类分子，发挥辅助 TCR 识别结合抗原和参与 T 淋巴细胞活化信号转导的作用 绵羊红细胞受体，T 淋巴细胞旁路活化分子 调控 T 淋巴细胞活化的状态 CD45 分子的异构型，是区别 T 淋巴细胞亚群的重要标志 促进 B 淋巴细胞活化及功能发挥的重要分子 淋巴细胞功能相关抗原，介导细胞间的凝集、黏附 血小板-内皮细胞间黏附分子	细胞免疫
B 淋巴细胞	膜结合免疫球蛋白和 Igα/Igβ B 淋巴细胞共受体 CD40、CD80、CD86 CD22、CD32、CD72	B 淋巴细胞抗原受体（BCR） CD19、CD21 和 CD81 复合体，增强 BCR 信号 共刺激分子，介导 T-B 淋巴细胞相互作用 抑制性受体，抑制 B 淋巴细胞活化，通过磷酸化导致 BCR 信号转导分子去磷酸化，终止信号转导，防止抗体过量产生	体液免疫

表 2.5　固有免疫细胞的重要特性和功能

细胞种类	功能性膜表面分子	生物学活性	免疫学功能
NK 细胞	CD 分子 IgG 感受器	分泌 TNF-α、IFN-γ 等	结合免疫复合体，抗感染和抗肿瘤的第一道天然防线
巨噬细胞	IgG Fc 感受器 C3 补体感受器 MHC 第二级抗原 趋化因子受体	分泌 IL-4、IL-12、IL-13、IL-23、IFN-γ 等	嗜菌作用、参与和促进炎症反应、抗原加工和提呈、免疫调节作用、清除凋亡细胞、杀伤肿瘤和病毒感染细胞、创伤愈合等
中性粒细胞	IgG Fc 受体 C3 补体感受器 趋化因子受体	分泌 TNF、GM-CSF 等	吞噬和杀灭细菌，参与急性炎症反应
嗜酸性粒细胞	CD 分子 C3 补体感受器 趋化因子受体 IgE Fc 受体（通常不发达）	分泌 TGF-α、TGF-β、IL-1α、IL-3、IL-6、IL-8、TNF-α、GM-CSF 等	吞噬缓慢，主要是选择性吞噬抗原-抗体复合物 对寄生虫有杀伤作用 参与表皮增生和纤维生成 对 I 型超敏反应具有拮抗和调节作用
嗜碱性粒细胞	CD 分子 C3 补体感受器 趋化因子受体 IgE Fc 受体	分泌 IL-4、IL-5、IL-6、TNF-α、IL-13 等	介导 I 型超敏反应的发生和发展 参与固有免疫应答，参与III型超敏反应 参与机体抗肿瘤免疫应答
肥大细胞	CD 分子 C3 补体感受器 趋化因子受体 IgE Fc 受体	分泌 IL-1、IL-3、IL-4、IL-5、IL-6、IL-8、IL-10、IL-12、IL-13、GM-CSF、TNF、MCP-1、RAN-TES 等	介导 I 型超敏反应 可作为 APC，加工、提呈抗原，启动免疫应答 促进 T、B 淋巴细胞和 APC 的活化 具有吞噬功能
树突状细胞	CD 分子 MHC-II 类分子	分泌 IL-1、IL-6、IL-12、TNF-α 等	是抗原提呈功能最强的抗原提呈细胞，可激发初次免疫应答
NKT 淋巴细胞	T 淋巴细胞表面标志 TCR、CD3 NK 细胞表面标志[CD56（人）NK1.1（小鼠）]	分泌 IL-4、IL-10、IFN-γ、穿孔素、Fas/FasL 等	参与炎症反应、免疫调节、抗肿瘤、抗感染及在自身免疫病中发挥作用

一、淋巴细胞

淋巴细胞（lymphocyte）是免疫系统的核心成分，使免疫系统具备识别和记忆能力。一个成年人体内约有 10^{12} 个淋巴细胞，占外周血细胞总数的 20%～35%。淋巴细胞的显著特征是其具异质性。淋巴细胞种类多，分工细，依据其表面标志和功能表现，主要分为 T 淋巴细胞、B 淋巴细胞、NK 细胞及 NKT 淋巴细胞。各种淋巴细胞又可进一步分为若干亚群。它们的寿命长短不一，如效应性淋巴细胞仅 1 周左右，而记忆性淋巴细胞可长达数年，甚至终生。

淋巴细胞呈球形，胞核圆形、椭圆形或肾形，各种淋巴细胞的形态相似，不易区分，只能用免疫细胞化学方法等才能予以鉴别。血常规涂片染色，淋巴细胞胞质呈蓝色，胞核周围着色较浅。10%～20%的淋巴细胞胞质内有嗜天青颗粒，颗粒大小不等，直径 0.4～0.6μm，过氧化物酶染色呈阴性。淋巴细胞核染色质呈粗丝网状并集结成块，核周缘染色质较密。电镜下，淋巴细胞表面有微绒毛，核内有较大的异染色质，分布在核周，胞质内有较多游离核糖体与极少量粗面内质网和线粒体。近细胞核的凹陷处，有中心粒和高尔基体，胞质内偶见多泡体。淋巴细胞分类见表 2.6。

表 2.6 淋巴细胞分类

	小淋巴细胞	中淋巴细胞	大淋巴细胞
直径	5～8μm	9～12μm	13～20μm
分布	血液	血液	脾、淋巴结生发中心
特点	核约占整个细胞体积的 80%，胞质在核周呈狭窄环带，染色质紧密，不见核仁	胞质较多，染色质疏松，可见核仁	胞质较多

（一）T 淋巴细胞

胸腺依赖淋巴细胞简称 T 淋巴细胞（T lymphocyte），来源于骨髓或胎肝淋巴样干细胞，淋巴造血干细胞定向发育成早期 T 淋巴细胞系前体，早期 T 淋巴细胞系前体在胸腺内分化发育和成熟（表 2.7）。T 淋巴细胞表面表达的抗原受体称 T 淋巴细胞受体（TCR），分两种 TCRαβ 和 TCRγδ。人、小鼠及大部分非啮齿类动物，90%～99%的 T 淋巴细胞受体为 TCRαβ，其他啮齿类动物 TCRαβ 约占 60%。T 淋巴细胞识别抗原后，细胞发生活化，导致细胞分裂增殖，大部分分化成效应 T 淋巴细胞（effector T cell），小部分恢复静息状态，称为记忆 T 淋巴细胞（memory T cell）。效应 T 淋巴细胞可通过分泌细胞因子和细胞毒性作用发挥效应迅速清除抗原，其寿命仅 1 周左右；而记忆 T 淋巴细胞寿命可长达数年，甚至终生，当它们再次遇到相同抗原时，可迅速转化、增殖，形成大量效应 T 淋巴细胞。

表 2.7 T 淋巴细胞分类

T 淋巴细胞种类		功能
αβT 淋巴细胞	CD4⁺T 淋巴细胞	合成和分泌细胞因子，对免疫应答起辅助和调节作用，在功能上称为辅助性 T 淋巴细胞（helper T cell，Th）
	CD8⁺T 淋巴细胞	通过细胞毒性作用特异性杀伤病毒等胞内感染病原体所感染的靶细胞和体内突变的细胞，称为细胞毒性 T 淋巴细胞（cytotoxic T lymphocyte，CTL）
γδT 淋巴细胞		固有免疫细胞，主要分布在黏膜和皮肤免疫系统，可直接识别某些抗原，并杀伤靶细胞

猴获得性免疫缺陷综合征外周血 CD4⁺T 淋巴细胞和 CD8⁺T 淋巴细胞数量下降，但 CD4/CD8 未倒置，人获得性免疫缺陷综合征 CD4/CD8 倒置。

食蟹猴和人的 T 淋巴细胞主要位于淋巴结的副皮质区。人淋巴结中 T 淋巴细胞数目明显高于食蟹猴。食蟹猴与人 T 淋巴细胞存在一定的差异性，CD4⁺辅助性 T 淋巴细胞和 CD8⁺细胞毒性 T 淋巴细胞在人与猴之间存在较大差异，特别是细胞毒性 T 淋巴细胞，抗人 CD4 单抗与食蟹猴存在较弱的交叉反应，抗人 CD8 单抗与食蟹猴无交叉反应。这提示非人灵长类动物进行 T 淋巴细胞毒性评价的数据外推至人时需要慎重考虑。

（二）B 淋巴细胞

囊依赖淋巴细胞（bursa dependent lymphocyte）或骨髓依赖性淋巴细胞简称 B 淋巴细胞（B lymphocyte），来源于骨髓中的多能造血干细胞。在哺乳类动物胚胎发育过程中，B 淋巴细胞发育始于胎肝，胚胎发育晚期及出生后，转移至骨髓，后在骨髓内发育成熟，鸟类的 B 淋巴细胞在腔上囊内发育成熟。B 淋巴细胞表面表达的抗原受体，称 B 淋巴细胞受体（BCR），实质是膜型抗体，可特异性地直接识别抗原分子表面的表位，识别抗原后，细胞可在外周淋巴器官和淋巴组织中活化，导致细胞分裂增殖，其大部分子细胞为效应 B 淋巴细胞（effector B cell），即浆细胞，分泌可溶性免疫球蛋白，即抗体，常见免疫球蛋白特点和种类见表 2.8 和表 2.9。抗体与相应抗原结合后，既降低该抗原的致病作用，又加速巨噬细胞对该抗原的吞噬和清除。小部分子细胞为记忆 B 淋巴细胞（memory B cell），其作用和记忆 T 淋巴细胞相同。由于 B 淋巴细胞分泌的抗体进入体液，在体液中发挥结合和清除抗原的作用，故 B 淋巴细胞介导的免疫称体液免疫（humoral immunity）。

表 2.8　各种免疫球蛋白的性状

免疫球蛋白种类	分布	与抗体 Fc 端结合的细胞	生物作用
IgG	血液 组织液	吞噬细胞 中性粒细胞 嗜酸性粒细胞 大淋巴细胞	是再次免疫应答中的主要抗体 具有活化补体的功能，又是很强的调理素，能够促进吞噬细胞吞噬病原体 可通过胎盘使婴儿获得被动免疫力
IgM	血液（主要） 黏膜表面	淋巴细胞	初次免疫应答时最初产生的抗体 通过激活补体杀死病原微生物；活化巨噬细胞
IgA	黏膜表面	中性粒细胞 单核细胞 嗜酸性粒细胞	机体抵御病原体经黏膜上皮特别是呼吸道、肠道以及泌尿生殖道的感染 在黏膜表面阻止微生物附着形成菌落 发挥中和作用，防止病原体和毒素进入细胞 结合了病原体的 IgA 具有调理作用，与黏膜局部的单核细胞和中性粒细胞表面的 Fc 受体结合使之吞噬病原体
IgD	脾 扁桃体	B 淋巴细胞	膜 IgD 是 B 淋巴细胞发育分化成熟的标志 膜 IgD 和膜 IgM 可能控制 B 淋巴细胞的活化与抑制，并与 B 淋巴细胞的耐受诱导有关，因此膜 IgD 可能起着免疫调节作用
IgE	消化道 呼吸道上皮下的浆细胞	肥大细胞	抗原遭遇这些 IgE 后会导致肥大细胞释放大量的炎症介质和趋化因子，募集补体和吞噬细胞来清除病原体

表 2.9　常见动物免疫球蛋白种类

动物品系	免疫球蛋白	动物品系	免疫球蛋白
鱼类	IgM	啮齿类	IgM、IgG、IgA、IgE
两栖类	IgM、IgG	犬	IgM、IgG、IgA
爬行类	IgM、IgG	兔	IgM、IgG、IgA、IgE、IgD
鸟类	IgM、IgG、IgA	猴	IgM、IgG、IgA、IgE、IgD
猪	IgM、IgG、IgA	人	IgM、IgG、IgA、IgE、IgD
豚鼠	IgE、IgG、IgA		

食蟹猴和人的 B 淋巴细胞主要位于淋巴结皮质的淋巴滤泡。人淋巴结中 B 淋巴细胞数量明显高于食蟹猴淋巴结。抗人 CD20 单抗与食蟹猴有较强的交叉反应，显示出食蟹猴与人 B 淋巴细胞间有一定的遗传相似性。尽管人淋巴结中 T 淋巴细胞和 B 淋巴细胞含量均高于食蟹猴，但人淋巴结中 T 淋巴细胞与 B 淋巴细胞的比值是 1.101，而食蟹猴淋巴结中 T 淋巴细胞与 B 淋巴细胞是 1.124，两者非常接近，提示两种属之间有一定的相似性。

（三）NK 细胞

自然杀伤细胞（natural killer cell，NK 细胞）主要起源于骨髓中 $CD34^+CD7^+$ 前体细胞并在骨髓中发育，属于固有免疫细胞，主要分布在肝、脾和外周血中，数量很少，占血中淋巴细胞的 2%～3%。NK 细胞的识别受体包括两类，即免疫球蛋白和 C 型凝集素超家族。NK 细胞是既不表达 TCR 也不表达 BCR 的淋巴细胞。NK 细胞杀伤靶细胞没有 MHC 限制性，不需要抗原的刺激即可活化，也不依赖抗体的作用即能杀伤某些靶细胞。活化的 NK 细胞还可以合成和分泌多种细胞因子（如 TNF-α、TNF-β 和 IFN-γ 等），发挥重要的免疫调节作用等。NK 细胞是抗感染和抗肿瘤免疫的第一道天然防线。

（四）固有样淋巴细胞

固有样淋巴细胞（innate-like lymphocyte，ILL）是体内存在的一小群淋巴细胞，包括 B1 细胞、γδT 淋巴细胞和 NKT 淋巴细胞，特点见表 2.10。

表 2.10　固有样淋巴细胞

B1 细胞	γδT 淋巴细胞	NKT 淋巴细胞
产生天然抗体，介导黏膜免疫，抗肺炎球菌感染	快速产生细胞因子	快速产生细胞因子
直接识别病原体 PAMP	识别 MHC-Ⅰβ 相关分子	识别 CD1d 提呈的脂类抗原
再次刺激应答程度不变	再次刺激应答程度不变	再次刺激应答程度不变

1. NKT 淋巴细胞

即自然杀伤 T 淋巴细胞（natural killer T cell，NKT 细胞），是一群同时表达 T 淋巴细胞表面标志（TCR 和 CD3）和 NK 细胞表面标志（人 CD56 和小鼠 NK1.1）的特殊细胞亚群，来源于骨髓造血干细胞，主要在胸腺中分化发育，富集于肝、骨髓，脾和外周血中也有少量分布。小鼠的 NKT 淋巴细胞主要分布于肝（占 T 淋巴细胞 20%～30%）、胸腺（占 T 淋巴细胞的 0.3%～0.5%），淋巴结也有少量分布。与小鼠相比，人 NKT 淋巴细胞在相应器官的比例较低。NKT 淋巴细胞通过 TCR 识别抗原提呈细胞表面 MHC-Ⅰ 类样分子 CD1d 脂类抗原后的主要应答是迅速分泌细胞因子，包括 IL-4、IL-10 和 IFN-γ，发挥免疫调节作用；同时 NKT 淋巴细胞活化后还具有 NK 细胞样细胞毒活性，可通过分泌穿孔素或通过 Fas/FasL 及分泌 IFN-γ 等杀伤靶细胞发挥细胞毒性作用。其主要功能有参与炎症反应、免疫调节、抗肿瘤、抗感染及在自身免疫病中发挥作用。NKT 淋巴细胞是联系固有免疫（innate immunity）和获得性免疫（adaptive immunity）的桥梁。

2. NKB 淋巴细胞

即自然杀伤样 B 淋巴细胞（natural killer like B cell，NKB 细胞），是一群同时表达 B 淋巴细胞表面受体和 NK 细胞表面受体（Ly49、NKG2 家族受体）的特殊细胞亚群。小鼠 NKB 淋巴细胞为 NK1.1$^+$NKp46$^+$CD19$^+$IgM$^+$，人 NKB 淋巴细胞为 NKp46$^+$IgM$^+$CD19$^+$。NKB 淋巴细胞具有典型的淋巴细胞形态，主要存在于脾和肠系膜淋巴结的淋巴滤泡内。发生鼠巨细胞病毒、单纯疱疹病毒、李斯特菌和鼠伤寒沙门氏菌感染时，在感染早期 24h NKB 淋巴细胞即能快速增殖，并产生大量的 IL-18 和 IL-12。NKB 细胞能够通过产生 IL-18 和 IL-12 激活 NK 与 ILC1 细胞，参与抗细菌反应。NKB 淋巴细胞缺失以后，小鼠抗李斯特菌的能力明显降低，存活率下降，体内菌载量上升，NK 细胞和 ILC1 细胞的活化受到抑制。

3. B1 细胞

B1 细胞来源于胎肝和骨髓，定居于腹腔、胸腔及肠黏膜固有层。B1 细胞的 BCR 多为 IgM，少数为 IgD，属于有自我更新能力的长寿 B 淋巴细胞。B1 细胞是天然 IgM 抗体的主要来源，可在无外源性抗原刺激的情况下分泌 IgM，该抗体与抗原的亲和力较低，但能与多种抗原发生交叉反应。肠黏膜固有层及肠系膜淋巴结的 B1 细胞可分泌 IgA，IgA 的产生需要外源性抗原的刺激，但不依赖 T 淋巴细胞的辅助作用，有助于黏膜免疫的维持。B1 细胞在机体早期抗感染（腹膜腔等部位）和自身免疫病的发生中发挥作用。

4. γδT 淋巴细胞

γδT 淋巴细胞是一个特殊的 T 淋巴细胞群体，在胸腺内发育成熟，主要分布于皮肤、小肠、肺及生殖器官等黏膜及皮下组织中。分布在不同黏膜组织中的γδT淋巴细胞可以表达不同的TCRγδ以识别不同抗原，而在同一黏膜组织中γδT淋巴细胞只表达一种TCRγδ，因而γδT淋巴细胞具有形态的抗原识别特异性。TCRγδ可直接识别靶抗原，多肽以完整形式被识别，无MHC限制性。识别抗原的特点是感染细胞表达的分子，表达Fas/FasL及分泌IFN-γ，最终清除感染细胞和病原微生物。活化的γδT淋巴细胞可以在局部迅速释放IL-2、IL-4、IL-5、IL-6、IL-10、IFN-γ、IFN-α等多种细胞因子，参与免疫调节，增强机体非特异性免疫防御功能。

二、抗原提呈细胞

抗原提呈细胞（antigen presenting cell，APC）启动特异性T淋巴细胞免疫，具有抗原提呈功能，即捕获微生物或其他抗原，形成抗原肽-MHC分子复合物，将其处理后提呈给T淋巴细胞，同时为T淋巴细胞活化提供必要的刺激信号。启动T淋巴细胞免疫应答的APC主要为树突状细胞，还有巨噬细胞和B淋巴细胞。

（一）树突状细胞

树突状细胞（dendritic cell，DC）数量少，但分布很广，分布在上皮细胞下和许多器官内。均来源于骨髓多能造血干细胞，在不同的微环境中，不同分化阶段的淋巴系干细胞、髓系干细胞和单核细胞前体等均可经过不同的途径发育成各种类型的DC，分布于机体的不同部位。血液DC，表皮和消化管上皮内的朗格汉斯细胞，心、肝、肺、肾、消化管内的间质DC（interstitial dendritic cell），淋巴内的面纱细胞（veiled cell），淋巴器官和淋巴组织中的交错突细胞等，均是同一类DC在不同阶段的表现形式。DC可及时捕获抗原，并将其转运到外周淋巴器官内。细胞免疫应答中，巨噬细胞将抗原提呈给T淋巴细胞；体液免疫应答中，B淋巴细胞发挥APC作用为Th提呈抗原。DC的抗原提呈能力远强于其他抗原提呈细胞。

（二）单核吞噬细胞系统

单核吞噬细胞系统（mononuclear phagocytic system，MPS）包括外周血的单核细胞（monocyte，Mo）和遍布机体各组织器官内的巨噬细胞（macrophage）。MPS来源于骨髓干细胞，胞核不分叶。单核细胞具有进一步分化的潜能，能进一步分化为巨噬细胞或树突状细胞；巨噬细胞则是终末细胞。单核巨噬细胞具有两种功能特性：一是吞噬颗粒性抗原，它们具有很强的吞噬能力，是机体固有免疫的重要组成细胞；二是摄取、加工和提呈抗原给T淋巴细胞，是重要的抗原提呈细胞，在诱导和调节特异性免疫应答中起着重要作用。

巨噬细胞起源于骨髓中的造血干细胞，血液中的单核细胞是巨噬细胞的前体。单核细胞于不同部位穿出血管壁进入组织和气管内，分化为巨噬细胞，数量多，分布广泛。一部分定居于组织器官中称为组织特异性巨噬细胞并被赋予特定的名称，如肺间质和肺泡中的尘细胞（dust cell）、结缔组织中的组织细胞（histiocyte）、肝中的库普弗细胞（Kupffer cell）、骨组织中的破骨细胞（osteoclast）、肾中的肾小球系膜细胞（mesangial cell）、脑组织中的小胶质细胞（microglial cell）等，定居在组织中的巨噬细胞一般不再返回血液。细胞形态多样，随功能状态而改变，通常有钝圆形突起，功能活跃时常伸出较长的伪足而形态不规则；核较小，呈卵圆形或肾形，多为偏心位，着色深，核仁不明显；胞质丰富，多呈嗜酸性，常含空泡和吞噬颗粒。电镜下，细胞表面有许多皱褶、微绒毛和少数球形隆起；胞质内含大量初级溶酶体（primary lysosome）、次级溶酶体（secondary lysosome）、吞噬体（phagosome）、吞饮小泡（phagocytic vacuole）和残余体（residual body）；此外，还有较多粗面内质网，细胞膜附近有较多的微丝和微管。在不同组织器官内，巨噬细胞存活的时间不同，一般为2个月或更长。巨噬细胞是体内具有强大吞噬能力的结缔组织细胞，活化巨噬细胞表面的MHC-II类分子使MHC-II类分子表达上调，处理和提呈抗原，分泌多种细胞因子，促进免疫应答，还具有直接杀伤肿瘤细胞的功能。

食蟹猴和人的巨噬细胞主要分布于淋巴结的髓质，食蟹猴淋巴结巨噬细胞无论在分布上还是在细胞数目上均与人非常相似。抗人CD68单抗与食蟹猴有较强的交叉反应，食蟹猴与人巨噬细胞间有一定的遗传相似性。

三、吞噬细胞

吞噬细胞（phagocytic cell）是一类具有吞噬杀伤功能的细胞，主要由中性粒细胞和单核/巨噬细胞组成，是固有免疫系统的主要效应细胞。根据细胞形态与染色，可将血液中的粒细胞分为中性粒细胞、嗜酸性粒细胞和嗜碱性粒细胞三类。中性粒细胞是外周血白细胞的主要组分。

（一）单核细胞

单核细胞为白细胞中体积最大的细胞，呈圆形或椭圆形，细胞表面有皱褶和伪足。胞核形态多样，呈椭圆形、肾形、马蹄形或不规则形，核常偏位，染色质颗粒细而松散，着色较浅。胞质较多，呈弱嗜碱性，含有许多细小的嗜天青颗粒，使胞质染成深浅不匀的灰蓝色。胞质内有许多吞噬泡、线粒体、粗面内质网和溶酶体颗粒结构，颗粒内含有过氧化物酶、酸性磷酸酶、非特异性酯酶和溶菌酶，与 Mo 的吞噬杀伤功能有关。

（二）中性粒细胞

中性粒细胞（neutrophil）来源于骨髓造血干细胞，呈球形，胞核呈分叶状。中性粒细胞可黏附于血管内皮细胞表面，并通过内皮细胞间的间隙进入病原微生物入侵的组织部位，在迁移过程中，中性粒细胞表面的某些受体和血管内皮细胞表面的配体相互作用以及 IL-8 起到重要作用。中性粒细胞没有抗原特异性，参与急性炎症反应过程，发挥吞噬杀灭细菌的作用，其作用可被抗体与补体的介入而加强。其杀灭细菌主要通过酶解、氧依赖性和氧非依赖性机制等，与其胞内溶酶体颗粒等密切相关。

（三）嗜酸性粒细胞

嗜酸性粒细胞（eosinophils）来源于骨髓造血干细胞，呈圆形，直径 10～15μm，胞内富含嗜酸性颗粒，含有过氧化物酶、酸性磷酸酶等多种酶类，组织中的数量远远高于外周血中的数量，主要分布于呼吸道、消化道和泌尿生殖道黏膜组织中。其寿命很短。嗜酸性粒细胞具有一定的吞噬能力，可吞噬和消化微生物，并被补体和抗体的作用所加强。在 IgG 和补体的介导下，嗜酸性粒细胞对寄生虫有杀伤作用，参与抗寄生虫感染。在 I 型超敏反应中，嗜酸性粒细胞可分泌某些酶类等活性物质，发挥负调节作用。嗜酸性粒细胞能释放某些炎性介质如白三烯参与炎症过程。

常用实验动物对致敏物质的反应程度不同，其顺序为：豚鼠＞家兔＞犬＞小鼠＞猫＞蛙，因此豚鼠最适宜进行过敏和变态反应研究。豚鼠是实验动物血清中补体含量最高的动物，免疫学实验中所用的补体多来自豚鼠血清。豚鼠是研究实验性接触性变态反应的最佳动物。

（四）嗜碱性粒细胞

嗜碱性粒细胞（basophil）来源于骨髓造血干细胞，呈圆形，细胞较小，直径 5～7μm。在骨髓内发育成熟，成熟细胞位于血液中，只有在发生炎症时，嗜碱性粒细胞受趋化因子诱导才迁移至血管外。嗜碱性粒细胞膜表面表达补体受体和 IgE 的 Fc 受体。嗜碱性粒细胞内的嗜碱性颗粒含有多种生物活性物质，参与固有免疫应答，介导 I 型超敏反应的发生和发展，参与Ⅲ型超敏反应。

（五）异嗜性粒细胞

有些动物的中性粒细胞的颗粒并不是中性的，常称之为异嗜性粒细胞（heterophil），来源于骨髓造血干细胞，在骨髓中分化成熟后进入血液和组织。鸡的异嗜性粒细胞体积比红细胞略小，细胞呈圆形或不规则，细胞质内有粗大杆状颗粒，嗜酸性较强，核分 1～4 不等，单个未分叶核形状多不规则。豚鼠、兔和鸡的异嗜性粒细胞类似，颗粒较大，嗜酸性较强。禽类异嗜性粒细胞类似于哺乳动物的中性粒细胞，但不分泌过氧化物酶和碱性磷酸酶，主要存在于骨髓、血液和结缔组织中，是禽类主要的颗粒性白细胞，具有吞噬杀伤外界入侵的病原体、保护机体免受侵害的作用。

四、肥大细胞

肥大细胞（mast cell，MC）来源于骨髓干细胞，在祖细胞时期便迁移至外周组织并进一步发育成熟。MC形态多样，常为圆形或椭圆形，表面有许多放射状排列的突起，胞核圆形，位于细胞中央，胞质含有大量的胞质颗粒，包括组胺和肝素等炎症介质以及蛋白酶等。广泛分布于皮肤、黏膜下层结缔组织中的微血管周围，以及内脏器官的被膜下。

MC颗粒富含多种生物活性介质和细胞因子，包括IL-1、IL-3、IL-4、IL-5、IL-6、IL-8、IL-10、IL-12、IL-13、GM-CSF、TNF-α及趋化因子等，肥大细胞功能见表2.11。

表2.11 MC功能

	功能
	活化后通过释放胞质颗粒中的炎症因子来招募效应细胞到炎症部位，参与免疫调节，发挥免疫效应功能
MC	较弱的吞噬功能，可参与病原体抗原的加工和提呈，启动适应性免疫应答
	表达高亲和力IgE受体，在变应原作用下由IgE抗体介导可发生脱颗粒，释放出胞内活性介质，引起I型超敏反应

人MC有两种，只含类胰蛋白酶（tryptase）的T肥大细胞和同时含类胰蛋白酶和类糜蛋白酶（chymase）的TC肥大细胞，电镜下T肥大细胞的胞质颗粒呈卷轴状，而TC肥大细胞的颗粒呈晶格状。

MC存在显著的分布异质性，在人、禽类、啮齿类动物和某些哺乳动物的胸腺、脾等淋巴器官中，MC主要分布于淋巴小结以外的胸腺依赖区，生发中心一般无分布。

皮肤组织甲苯胺蓝染色，肥大细胞分布于真皮层和皮下组织，表皮层无分布，多见于血管、淋巴管、毛囊、皮脂腺周围，甲苯胺蓝染色胞质内充满紫红色粗大的异染颗粒，颗粒密集，有时占据整个细胞，常见实验动物MC在皮肤的分布特点见表2.12。

表2.12 常见实验动物MC在皮肤组织中的分布特点

	KM小鼠	SD大鼠	Hartley豚鼠	新西兰兔	比格犬	食蟹猴
分布	真皮层，皮下组织	真皮层少，皮下组织较多	真皮层浅层散在或串珠样分布	局部密集分布	真皮层多，呈散在分布，皮下组织较少	真皮层多，呈散在分布，皮下组织较少
细胞特点	体积较大，形态极不规则，细胞突起长，常可见脱颗粒	体积较小，形态较规则，细胞核较大，呈淡蓝染及亮点状	细胞突起短	圆形、椭圆形	体积小，胞核大	体积较大，细胞边界不清

肺组织中，MC主要分布于小叶间支气管、终末细支气管以及血管、淋巴组织周围，少量分布于肺泡间隔。肺内的肥大细胞呈圆形、椭圆形、梭形、三角形和不规则形，甲苯胺蓝染色胞质被染成紫红色或蓝紫色，胞核呈淡蓝色或不着色，常见实验动物MC在肺的分布特点见表2.13。

表2.13 常见实验动物MC在肺组织中的分布特点

	KM小鼠	SD大鼠	Hartley豚鼠	新西兰兔	比格犬	食蟹猴
分布	广泛分布	广泛分布	气管血管周围，肺泡间隔较少	肺泡间隔	广泛分布	广泛分布
细胞特点	形态最不规则，部分细胞可见短棒状突起，胞核较大，似空泡状，位于细胞中央	胞质深染，呈紫红色，胞核淡蓝染或亮点状，位于细胞中央或偏于一侧	胞质淡染，部分偏蓝，呈蓝紫色，细胞边界不清	胞质淡染，部分偏蓝，呈蓝紫色，细胞边界不清	可见巨大淡蓝色细胞核	形态较规则，胞核大小不一

胃肠道组织甲苯胺蓝染色，肥大细胞主要位于黏膜固有层和黏膜下层，个别动物可见于肌层，犬和猴在浆膜层中也可观察到，肥大细胞多沿血管、淋巴分布，或簇集成群，或排列成行，或单个散在出现，

常见实验动物 MC 在胃肠道的分布特点见表 2.14。

表 2.14　常见实验动物 MC 在胃肠道组织中的分布特点

	KM 小鼠	SD 大鼠	Hartley 豚鼠	新西兰兔	比格犬	食蟹猴
分布	黏膜固有层较多，黏膜下层少	黏膜固有层少，黏膜下层多	黏膜固有层、黏膜下层	黏膜固有层多，黏膜下层较少，肌层偶见分布	黏膜固有层、黏膜下层、肌层、浆膜层	黏膜固有层、黏膜层、肌层、浆膜层
细胞特点	多、小而圆，胞质深染，蓝紫色	胞质深染，呈紫红色或蓝色	胞质呈深蓝色	胞质呈蓝紫色，着色淡	胞质呈紫红色或深蓝色	胞质呈紫红色或深蓝色

脾组织甲苯胺蓝染色，肥大细胞主要分布于边缘区、红髓、被膜下与小梁周围，聚集成簇，红髓内可见围绕脾血窦分布的肥大细胞，动脉周围淋巴鞘中偶见有肥大细胞分布，白髓淋巴小结中无肥大细胞。甲苯胺蓝染色的 SD 大鼠和 Hartley 豚鼠脾中未见肥大细胞分布，常见实验动物 MC 在脾的分布特点见表 2.15。

表 2.15　常见实验动物 MC 在脾组织中的分布特点

	KM 小鼠	新西兰兔	比格犬	食蟹猴
分布			边缘区	边缘区
细胞特点	形态较规则，呈圆形或椭圆形，胞质呈深染的紫红色，体积大的细胞边界不清，胞核淡蓝染或亮点状	形态较规则，呈圆形或椭圆形，胞质蓝紫色，胞核位于细胞中央	形态多样，有的可见长短不一的突起	形态多样，胞质被染成较淡的蓝紫色，胞核较大

透射电镜下，小鼠、豚鼠、兔、犬和猴的皮肤肥大细胞均呈椭圆形或不规则的多边形。细胞表面可见短的伪足样突起。胞核多为肾形，位于细胞中央或偏于一侧，核仁明显，均可见常染色质和异染色质，异染色质贴附于核膜内侧。胞质内含少量线粒体、粗面内质网、游离核糖体及丰富的细胞骨架成分，除此之外可见数量不等、形态不一的胞质颗粒，颗粒有单位膜包裹。常见实验动物 MC 电镜结构见表 2.16。

表 2.16　常见实验动物 MC 电镜结构

	KM 小鼠	Hartley 豚鼠	新西兰兔	比格犬	食蟹猴
胞质颗粒	多呈圆形、椭圆形，少数呈短棒状或不规则形	多呈圆形、椭圆形，少数呈短棒状或不规则形	呈圆形，少数呈椭圆形，大小差别显著	呈圆形、椭圆形，少数为不规则形	呈圆形、椭圆形，少数为不规则形
亚微结构	无	有	有	有	有
颗粒基质	电子密度均匀，未见特殊的亚微结构	呈绒毛状分布于颗粒内或呈斑状，极少数呈电子密度均匀的均质状	斑状、低电子密度的均质状、空泡状	电子密度不等的均质状以及空泡状、同心圆状、绒毛状、沙砾状及斑状	均质状、空泡状、沙砾状、结晶状

第二节　免　疫　组　织

免疫组织（immune tissue）又称淋巴组织（lymphoid tissue）。根据其结构、功能和发生不同分为两种：中枢淋巴组织和周围淋巴组织。

一、中枢淋巴组织

中枢淋巴组织（central lymphoid tissue）是以上皮性网状细胞为支架，不含网状纤维，网眼中充满淋巴细胞和巨噬细胞。上皮性网状细胞能分泌激素，构成诱导淋巴细胞分裂分化的微环境。干细胞进入中枢淋巴组织，可分裂分化为具有各种不同功能及不同特异性的淋巴细胞。

中枢淋巴组织发生较早，胎儿出生前已基本发育完善，并开始向周围淋巴组织输送淋巴细胞。中枢淋巴组织分布于中枢淋巴器官，如胸腺及鸟类腔上囊等。

二、周围淋巴组织

周围淋巴组织以网状结缔组织为支架，网眼中充满了大小不同的淋巴细胞和巨噬细胞，是免疫应答的场所。根据其形态、细胞成分和功能特点，一般分为弥散淋巴组织和淋巴小结两种。周围淋巴组织的分布较广，主要分布在周围淋巴器官，如脾、淋巴结、扁桃体等，以及消化道和呼吸道的固有层与黏膜下层等。

（一）弥散淋巴组织

弥散淋巴组织（diffuse lymphoid tissue）无固定形态，淋巴细胞分布比较均匀，与周围组织无明显界限，含有T淋巴细胞、B淋巴细胞及一些浆细胞，以T淋巴细胞为主。组织中除有一般的毛细血管和毛细淋巴管，还常有毛细血管后微静脉，因其内皮细胞为柱状，故又称高内皮细胞静脉（high endothelial venule, HEV），是淋巴细胞从血液进入淋巴组织的重要通道。当受到抗原刺激时，弥散淋巴组织密集、扩大，并可出现淋巴小结。此种类型的淋巴组织多见于消化道和呼吸道的黏膜组织。

（二）淋巴小结

淋巴小结（lymphoid nodule）又称淋巴滤泡（lymphoid follicle），圆形或椭圆形，直径1～2mm，较密集且界限清晰，主要由密集的B淋巴细胞构成，此外还有少量T淋巴细胞和巨噬细胞，是B淋巴细胞分布和转化的部位。淋巴小结的形态结构随免疫应答状态而改变，无抗原刺激时，可以消失；有抗原刺激时可以增多与增大。

淋巴小结有两种：初级淋巴小结（primary lymphoid nodule）和次级淋巴小结（secondary lymphoid nodule）。淋巴小结受到抗原刺激后增大产生生发中心（germinal center）。初级淋巴小结见于未受抗原刺激的淋巴结内，无生发中心，形态较小，无明显边界，由分布均匀而密集的小淋巴细胞所组成。次级淋巴小结中央有明显的生发中心，周围有扁平的网状细胞包绕，发育充分，免疫应答活跃，分界清楚。

生发中心呈圆形或椭圆形，直径0.1～1mm，染色较浅，常见细胞有丝分裂象，是淋巴细胞增殖分化的部位。具有极性结构，分深部的暗区（dark zone）和浅部的明区（light zone）。暗区较小，位于生发中心内侧，主要由胞质强嗜碱性的幼稚大淋巴细胞密集而成，故染色较深；明区较大，位于生发中心外侧，主要含有中等大小的淋巴细胞，这些淋巴细胞由暗区的大淋巴细胞分裂分化而来，此区还含有较多的网状细胞、巨噬细胞、滤泡树突状细胞，细胞分布松散，着色较浅。在淋巴小结近被膜的一侧，或在抗原进入的方向，有一层密集的小型B淋巴细胞，顶部最厚，称为小结帽（nodule cap），该帽常呈新月形。这些小型B淋巴细胞多为记忆B淋巴细胞和浆细胞的前身，小结帽为最先接触抗原的部位。

暗区的大淋巴细胞不断分裂分化成为明区的中淋巴细胞。明区的中淋巴细胞进一步增殖分化为小结帽的小淋巴细胞，其中大部分为记忆性淋巴细胞，可参与淋巴细胞的再循环，当再次遇到相应的抗原刺激时，即再度分化为效应细胞；一部分为浆细胞的前身，通过淋巴和血循环迁移到其他淋巴器官、淋巴组织或炎症处，转化为浆细胞并分泌抗体。淋巴小结的形态结构随免疫功能状态而常处于动态变化之中。抗原刺激与否及抗原刺激程度均影响淋巴小结的数量和形态结构，因此，淋巴小结是反映体液免疫应答程度的重要形态学标志。

淋巴小结还有较多滤泡树突状细胞，主要位于淋巴小结的生发中心，突起细长有分支，胞质嗜酸性，核多呈椭圆形。滤泡树突状细胞的膜表面富含抗体受体，能结合抗原-抗体复合物，借此可调节B淋巴细胞的免疫功能。根据存在形式，淋巴小结又可分为两种类型：单独存在的称为孤立淋巴小结；有的部位可见10～40个淋巴小结成群存在，称为集合淋巴小结。

第三节 免 疫 器 官

免疫器官或称淋巴器官，是以淋巴组织为主产生淋巴细胞的器官。依据结构和功能的不同分为两类：

中枢免疫器官（central immune organ）和外周免疫器官（peripheral immune organ），两者通过血液循环和淋巴循环相互联系，中枢免疫器官与外周免疫器官的比较特点见表 2.17。

表 2.17　中枢免疫器官与外周免疫器官的比较

	中枢免疫器官	外周免疫器官
器官名称	骨髓、胸腺、腔上囊（鸟类）	淋巴结、脾、扁桃体、阑尾、血结、血淋巴结等
起源	内外胚层结合部	中胚层
形成时期	胚胎早期	胚胎晚期
存在时间	性成熟后逐渐退化	不退化，终生存在
支架	网状细胞或上皮网状细胞，有分泌功能	结缔组织和网状组织，无分泌功能
淋巴细胞	来自骨髓淋巴干细胞，增殖分化不需要抗原刺激	来自中枢免疫器官，增殖分化需要抗原刺激
功能	分泌激素，培育初始型淋巴细胞	产生效应淋巴细胞，是免疫应答的场所
对抗原刺激	无反应	有免疫应答反应
切除后的影响	免疫应答功能减弱或消失	影响小

一、中枢免疫器官

中枢免疫器官又称初级淋巴器官（primary lymphoid organ），主要由中枢淋巴组织构成，是淋巴细胞早期分化的场所。在胚胎时期发生较早，其发生与功能不受抗原刺激的影响，而受激素和微环境的影响，在出生前已基本发育完善，是造血干细胞增殖、分化成为初始型 T、B 淋巴细胞的场所，并向周围淋巴器官输送 T、B 淋巴细胞，促使周围淋巴器官的发育。人在出生前数周，由中枢淋巴器官产生的 T、B 淋巴细胞即开始源源不断地向周围淋巴器官和淋巴组织输送。人和哺乳动物的中枢免疫器官均由骨髓及胸腺组成，鸟类的中枢免疫器官还包括腔上囊。

（一）胸腺

胸腺（thymus）是 T 淋巴细胞分化、发育和成熟的场所，是免疫系统中最早出现的中枢淋巴器官，在胚胎晚期和生后早期供淋巴细胞至其他淋巴器官，如淋巴结、脾等。

胸腺的大小和结构随年龄的增长发生明显的改变。虽然啮齿类动物的胸腺也受品系和性别的影响，但其重量一般可在 3～6 周龄时达到峰值（体重的 4%～8%），后随着年龄的增加逐渐萎缩。与年龄相关的退化程度，人比啮齿类动物表现得更为明显，人的胸腺重量为 10～30g，儿童时期最高。一般动物出生后胸腺持续高度增生，到性成熟时胸腺的体积最大，此后胸腺随年龄增长而不断退化，皮质变薄，皮、髓质面积比例逐渐减小，髓质部血管丰度逐渐递增，而脂肪组织增多，胸腺退化时，不仅胸腺细胞逐渐减少，其免疫应答能力也明显下降，但它仍然能保持机体所需的免疫功能，动物老龄时，胸腺几乎完全被脂肪组织取代。啮齿类动物胸腺退化的组织学特征是皮层成熟淋巴细胞减少，某些类型的髓质细胞增多。

胸腺囊肿由胸腺髓质上皮细胞和纤毛细胞形成，在一些啮齿类动物中，特别是裸鼠，随着年龄的增长，囊肿的发病率及囊肿的大小均在增加。老龄的啮齿类动物，6 月龄后常发生髓质增生。某些品系小鼠颈部异位胸腺（包括甲状腺、唾液腺）的发生率高达 90%，大鼠异位胸腺的发生率低，人偶见颈部异位胸腺，其发生与下游的甲状旁腺或甲状腺内的甲状旁腺有关。人的胸腺可看到异位甲状旁腺、皮质腺或唾液腺组织，啮齿类动物的胸腺同样可看到异位的甲状旁腺组织。非近交系的裸鼠由于染色体上等位基因的突变，已失去正常胸腺，仅有胸腺上皮或异常上皮。

哺乳动物的胸腺起源于第 III 对（某些物种也包括第 VI）咽囊的内胚层及与其相对应的鳃沟外胚层。内胚层细胞可能分化形成胸腺皮质的上皮细胞，而外胚层细胞则分化为被膜下上皮细胞和髓质的上皮细胞，而 T 淋巴细胞源于胸腺外的细胞。但也有一些实验认为胸腺上皮起源于第 III 对咽囊内胚层。爬行类动物胸腺由鳃囊背部的突起衍生而成。

1. 组织结构

胸腺是由上皮细胞网络和相关淋巴细胞组成的实质性器官。啮齿类动物和人的胸腺有相似的结构、功能及组织学特点，常见实验动物与人胸腺的解剖学分布及特点见表 2.18。

表 2.18　常见实验动物与人胸腺的解剖学分布及特点

种属	位置	特点
人	前纵隔内，底部居于心包和大血管上方，上端伸至上颈部并接近气管	不对称的左右两叶，长扁条状
小鼠	胸腔前部的腹侧面，胸骨下	乳白色，左右两叶
大鼠	胸腔前部的腹侧面	淡红色，表面不光滑，不规则分叶
豚鼠	颈部	两个光亮、淡黄色、细长呈椭圆形，充分分叶
兔	心脏腹面	幼兔较大，随年龄的增长而逐渐变小
鸟类	颈部两侧	长带状，多叶排列，鸡 7 对，鸭、鹅 5 对

1）被膜

胸腺表面有结缔组织被膜，被膜结缔组织呈片状伸入胸腺实质形成小叶间隔，将实质分割成许多不完全分离的胸腺小叶，小叶直径 1～2mm。每个小叶都有皮质和髓质两部分，所有小叶的髓质均相互连续。

2）皮质

皮质（cortex）位于被膜下方、器官的外周，染色较深。以胸腺上皮细胞为支架，间隙内含有大量不同分化发育阶段的胸腺细胞和少量基质细胞，其中包括散在的巨噬细胞和树突状细胞等。靠近被膜下及小叶间隔周围皮质浅层的胸腺细胞较大而幼稚，常见分裂象皮质中层为中等大的胸腺细胞；皮质深层的胸腺细胞较小而成熟，常见退变的胸腺细胞；绝大多数的胸腺细胞发生凋亡，被巨噬细胞吞噬清除。啮齿类动物随着年龄的增长，其胸腺皮质减少（狭窄、消失或萎缩）。

3）髓质

髓质（medulla）位于深部，小叶间隔分割不完全，相邻小叶的髓质互相通连。髓质内的胸腺细胞较少，并多为成熟的 T 淋巴细胞；胸腺上皮细胞相对较多，染色浅，光镜低倍下呈苍白色，并可见胸腺小体。髓质内的细胞还有树突状细胞、B 淋巴细胞、巨噬细胞和嗜酸性细胞等。

4）胸腺小体

胸腺小体（thymic corpuscle，TC）是胸腺的重要结构特征，位于胸腺髓质内，球形或椭圆形，大小不一，直径 30～150μm，散在分布，由数层扁平的上皮网状细胞呈同心圆状包绕排列而成，细胞无明显的胞质突起，胞质内的内质网和高尔基体较发达。胸腺小体近外层的细胞较幼稚，胞质嗜酸性，胞核清晰，细胞可分裂；近中心的细胞较成熟，胞质中含有较多的角蛋白，胞核逐渐退化；中心的细胞已完全角质化，细胞呈嗜酸性染色，有的已破碎呈均质透明状，中心还常见巨噬细胞或嗜酸性粒细胞。缺乏胸腺小体的胸腺不能培育出 T 淋巴细胞。

禽类典型胸腺小体具有分泌多糖的活性，且随日龄增加总数有缓慢递增趋势，21 日龄达峰值，35 日龄后缓慢递减，其中钙化小体不具有分泌多糖的活性，随增龄其数量显著递增。常见实验动物胸腺小体特征见表 2.19。

表 2.19　常见实验动物胸腺小体特征

	大鼠	小鼠	兔	豚鼠	鸡
胸腺小体	不明显	不明显	明显	明显	典型

5）胸腺的血液供应及血-胸腺屏障

胸腺的血管周围通常没有胸腺上皮细胞，主要由脂肪、血管及成熟的 B 淋巴细胞和 T 淋巴细胞组成。但小鼠胸腺的血管周围可见少量胸腺上皮细胞。

胸腺内的血-胸腺屏障，由连续毛细血管、血管内皮外完整的基膜、血管周隙内巨噬细胞、胸腺上皮的基膜和一层连续的胸腺上皮细胞构成。这种屏障可阻止血液内的大分子物质如抗体、细胞色素 C、铁蛋白、辣根过氧化物酶等进入胸腺皮质，血液内一般抗原物质和药物不易透过此屏障，这对维持胸腺内环境的稳定、保证胸腺细胞的正常发育有极其重要的作用。

胸腺的血液供应由小动脉穿越胸腺被膜沿小叶间隔至皮质与髓质交界处形成微动脉，然后发出分支进入皮质和髓质。在皮质内的血管均为毛细血管，它们在皮、髓质交界处汇合为毛细血管后微静脉；其中部分为高内皮细胞微静脉，成熟的初始型 T 淋巴细胞穿过高内皮进入血流。髓质的毛细血管常为有孔型，汇入微静脉后经小叶间隔及被膜出胸腺。

2. 细胞成分

1）胸腺细胞（thymocyte）

胸腺细胞为胸腺内处于不同分化发育阶段的 T 淋巴细胞，既包括未成熟 T 淋巴细胞也包括成熟 T 淋巴细胞。胸腺细胞小至中等大小，细胞质少，染色质浓染不均。胸腺皮质由密集的胸腺细胞组成，其中 85%～90% 为未成熟的处于增殖状态的 T 淋巴细胞，它们由骨髓内淋巴细胞前体分裂分化而来。

2）胸腺上皮细胞（thymic epithelial cell）

胸腺上皮细胞又称上皮网状细胞（epithelial reticular cell），分为皮质和髓质上皮细胞两类。幼龄动物的胸腺功能活跃，大部分上皮细胞胞质丰富，核圆形或卵圆形，皮质上皮细胞有较长的胞质突起，并互相连接成上皮网架，构成胸腺基质（thymic stroma）。常将上皮细胞分为 4 种，其特点见表 2.20。

表 2.20　胸腺上皮细胞分类及特点

细胞分类	分布	特点	激素
被膜下上皮细胞	被膜下和小叶间隔周围	扁平状，内侧面有突起，附着于基膜，将胸腺内的微环境与外界相隔	胸腺素 胸腺生成素 血清胸腺因子
皮质上皮细胞	散在分布，与相邻的上皮细胞相连	较少，核大而圆，着色较浅，星状，多突起，突起较长，相互连接构成网架，网孔间充满胸腺细胞和巨噬细胞等；大鼠皮层可见无胸腺上皮细胞的区域	无
髓质上皮细胞	髓质	数量多，较大，球形或多边形，细胞间以桥粒相连，突起较短，细胞间散在分布较少的胸腺细胞和交错突细胞；胞质丰富，内含许多大小不一的分泌泡；胞质局部形成角化结构，称为 Hassall's corpuscles（HC）；HC 是人胸腺组织的病理特征，啮齿类动物的 HC 发育不完全，不具有人及其他物种典型的组织学结构，形成具有嗜酸性细胞质的细胞簇，并且几乎观察不到细胞变性	血清胸腺因子
胸腺小体上皮细胞	髓质胸腺小体	扁平状，同心圆排列	胸腺素

3）其他胸腺基质细胞

单核细胞进入胸腺后分化为巨噬细胞，主要散在分布于皮质和髓质交界处和皮质内，细胞内含有凋亡细胞的碎片。不仅能吞噬过多和不合格的胸腺细胞，参与血-胸腺屏障，维持胸腺内环境的稳定，还能分泌两种相互拮抗的重要因子：白细胞介素 I 及前列腺素 E2（PGE2），调节胸腺细胞的分裂分化。

交错突细胞（interdigitating dendritic cell，IDC）来自骨髓，属于树突状细胞家族，主要分布在髓质内。细胞表面有突起，胞核形态不规则，电子密度低，胞质可见管泡状结构，溶酶体少，类似朗格汉斯细胞，但与朗格汉斯细胞相比其提呈抗原能力差。细胞吞噬能力弱，溶酶体活性弱，IDC 可与胸腺细胞形成花结，利于胸腺细胞分化。

肥大细胞常见于被膜、小叶间隔及血管周隙内。在严重的组合免疫缺陷和胸腺淋巴组织发育不全的患者胸腺内，可见肥大细胞数量增多。

浆细胞通常位于小叶间隔内，髓质内罕见。正常胸腺内浆细胞稀少，退化的胸腺内浆细胞增多，重症肌无力患者的胸腺内也见增多。

神经内分泌细胞为正常胸腺内的细胞成分，数量较少，存在于爬行类和鸟类的胸腺内，哺乳类少。

肌样细胞多见于多种动物胸腺的髓质内，鸟类和爬行类较多，人胸腺髓质内有少量肌样细胞，婴幼儿的胸腺内较多见，离体培养的大鼠肌样细胞能分裂并可相互融合形成肌管，可见自动收缩现象。

3. 胸腺的比较组织学

人和大、小鼠胸腺比较见表 2.21。豚鼠的胸腺与其他动物不同，全部长在颈部，淋巴系统发达，对侵入的病原微生物极为敏感。

表 2.21 人和大、小鼠胸腺的比较

	啮齿类动物		人
	小鼠	大鼠	
位置	前纵隔	与小鼠相似	与啮齿类动物相似
正常重量	30~50mg（2~4 月龄）	300~400mg（2~4 月龄）	10~30g
功能	T 淋巴细胞发育	与小鼠相似	与啮齿类动物相似
髓质	上皮细胞、网状细胞、淋巴细胞	与小鼠相似	上皮细胞、网状细胞、淋巴细胞
皮质	淋巴细胞（占主导）、网状细胞、上皮细胞	与小鼠相似	与啮齿类动物相似
与年龄相关的变化	体重的变化因鼠种/系而异，髓质增加，皮质减轻	与小鼠相似	重量轻微下降，血管周围间隙增大，胸腺上皮间隙缩小
异位胸腺	在颈部的不同位置某些品系可高达 90%	普遍	罕见
异位甲状旁腺	罕见	罕见	罕见

90%的 BALB/c 小鼠有 1~3 个颈部胸腺，50%的 C57BL/6 系小鼠有 1 或 2 个颈部胸腺。93.33%昆明小鼠有颈部胸腺，其位置和数量表现出一定程度的可变性，有 1~3 个，一般位于颈部腹侧表面或者隐藏在颈肌束下方，在小鼠颈部的左右侧都有，但以左侧居多。颈部胸腺一般呈椭圆形，象牙白色，被覆薄的结缔组织被膜，有少量脂肪连系。颈部胸腺与胸部胸腺一样分为皮质和髓质两个区域，但与胸部胸腺由众多小叶组成不同，颈部胸腺表现为单叶，内含由上皮细胞、胸腺小体、巨噬细胞及肌样细胞等组成的胸腺微环境，颈部胸腺的成熟胸腺细胞比例高于胸部胸腺。颈部胸腺与胸部胸腺同样具有随年龄的增大而逐渐衰退的迹象，但它们具有不同的生长和退化规律。颈部胸腺从小鼠 1 周龄开始逐渐增大，到 7 周龄时达到最高值，之后逐渐变小，并且有微黄迹象。颈部胸腺指数在 1 周龄大于 2~3 周龄，于 4 周龄达到最大值，之后便随年龄的增大而减小。胸部胸腺指数于 3 周龄达最高，胸部胸腺重量在 4 周龄时达到最大值，随着年龄的增大，之后逐渐变小、变软，且 48 周龄的小鼠胸部胸腺明显发黄，形态不规则，淋巴细胞数量较少，坏死和凋亡的淋巴细胞数量增多，胞内出现大量的脂滴，伴有大量的粒细胞浸润。颈部胸腺也能产生主要组织相容性复合物限制性、免疫耐受 T 淋巴细胞。

雌性小鼠的胸腺重量和胸腺指数均大于雄性小鼠，雌性小鼠胸腺的 CD4$^+$CD8$^+$双阳性细胞百分含量高于雄性小鼠，CD4$^-$CD8$^-$双阴性细胞百分含量低于雄性小鼠，CD4$^+$和 CD8$^+$单阳性细胞百分含量明显低于雄性小鼠，见表 2.22。

表 2.22 8 周龄雌、雄小鼠胸腺的组织学差别

胸腺重量	胸腺指数	CD4$^+$CD8$^+$双阳性细胞	CD4$^-$CD8$^-$双阴性细胞	CD4$^+$单阳性细胞	CD8$^+$单阳性细胞
雌鼠>雄鼠	雌鼠>雄鼠	雌鼠>雄鼠	雌鼠<雄鼠	雌鼠<雄鼠	雌鼠<雄鼠

（二）骨髓

骨髓具有造血和免疫双重功能，是所有免疫细胞的发源地和 B 淋巴细胞分化、发育、成熟的场所，分为红骨髓和黄骨髓。红骨髓（red bone marrow）主要为造血组织，黄骨髓（yellow bone marrow）主要为脂肪组织。显微镜下，健康成年人的红骨髓和黄骨髓各占一半，啮齿类动物主要为红骨髓。随着年龄的增长，骨髓中细胞与脂肪的比例逐渐降低。胎儿和婴幼儿时期的骨髓均为红骨髓，大约从 5 岁开始长骨的骨髓腔内出现脂肪细胞，并随年龄增长而增多，逐渐由红骨髓变为黄骨髓，其造血功能也随之消失，但在黄骨髓中仍含少量造血干细胞，故仍有造血潜能。人和常见实验动物骨髓特点见表 2.23。

表 2.23　人和常见实验动物骨髓特点

	人	大鼠	小鼠	兔	豚鼠
红骨髓	有	有	有	有	有
黄骨髓	有	有	无	有	有

骨髓由网状结缔组织构成支架，内含有许多基质/支持细胞，包括成纤维细胞、组织细胞（巨噬细胞）、脂肪细胞、成骨细胞、破骨细胞和内皮细胞等，这些细胞在骨组织重建及血管形成的过程中发挥重要的作用。啮齿类动物和人骨髓细胞具有相似的成熟过程与形态。

1. 红骨髓

红骨髓是造血器官，也是培育 B 淋巴细胞的中枢免疫器官。

1）血窦

啮齿类动物和人的骨髓中均有血窦（sinusoid）。血窦由动脉毛细血管进入骨髓后分支而成，管腔大，形态不规则，窦壁衬贴有孔内皮，内皮细胞之间间隙较大，基膜不完整，呈断续状，有利于成熟血细胞进入血液。血窦内皮细胞能通过分泌黏附分子将造血干细胞黏附或固定，也可分泌多种造血生长因子参与调节血细胞发生。窦壁周围和窦腔内巨噬细胞有吞噬消除血液中异物、细菌和衰老及死亡血细胞的作用。

2）造血组织

造血组织由网状组织、造血细胞和基质细胞组成。网状组织的网状细胞与网状纤维构成造血组织的网架，网眼内充满不同发育阶段的各种血细胞（包括造血干/祖细胞，形态上可识别的原始、幼稚和成熟等不同阶段的血细胞）及少量巨噬细胞、成纤维细胞、脂肪细胞、骨髓基质干细胞等。

造血细胞赖以生长发育的环境称造血诱导微环境。造血诱导微环境中的核心成分是基质细胞，包括巨噬细胞、成纤维细胞、网状细胞、骨髓基质干细胞和血窦内皮细胞等。基质细胞不仅起造血支架作用，并且能够分泌各种造血生长因子，调节造血细胞的增殖和分化，基质细胞还能产生网状纤维和粘连性糖蛋白等细胞外基质成分，有滞留造血细胞的作用。

发育中的各种血细胞在造血组织中的分布有一定的规律性。幼稚红细胞常见于血窦附近，成群嵌附在巨噬细胞表面，构成幼红细胞岛；随着细胞的发育成熟而贴近并穿过血窦内皮，脱去胞核成为网织红细胞；幼稚粒细胞多远离血窦，当发育至晚幼粒细胞具有运动能力时，以变形运动接近并穿入血窦；巨噬细胞常靠近血窦内皮间隙，将胞质突起伸入窦腔，脱落形成血小板。这种分布情况表明造血组织的不同部位具有不同的微环境造血诱导作用。

2. 骨髓-血屏障

造血组织和血液循环之间存在的特殊屏障结构称为骨髓-血屏障（bone marrow-blood barrier，MBB），MBB 可以筛选成熟血细胞进入血窦，在调控血细胞的释放等过程中起重要作用，其组成包括血窦内皮细胞及其外周的外膜细胞、周细胞和附近的巨噬细胞。外膜细胞是一种有分支的成纤维细胞，覆盖在内皮细胞周围，质膜下有成束的微丝，细胞收缩可以调整覆盖内皮细胞的面积。外膜细胞覆盖内皮细胞外表面积的比例可反映 MBB 的功能状态。血窦窦壁周围和窦腔内的巨噬细胞可吞噬清除血液中的异物、细菌及衰老死亡的血细胞。成年男性，每天大约有 2×10^{11} 个红细胞、1×10^{10} 个粒细胞和 4×10^{11} 个血小板通过 MBB 进入血液循环。血细胞直接穿越内皮细胞胞质进入血窦，而不是经内皮细胞之间。扫描电镜和连续切片投射电镜观察，骨髓血窦内皮细胞无固定的孔，当血细胞通过内皮细胞时，血细胞首先压迫内皮细胞外表面，并与其内表面相贴、融合，形成临时孔道，当血细胞通过内皮后，孔道立即关闭。大多数血细胞，包括粒细胞均可以此方式通过 MBB，而有核红细胞，由于胞核质硬，难以通过小孔，在穿壁时胞核留在造血组织内被巨噬细胞吞噬，其胞质即网织红细胞进入血液循环。啮齿类动物与人骨髓的处理方法比较见表 2.24。

表 2.24 啮齿类动物与人骨髓的处理方法比较

	啮齿类动物	人
取材部位	股骨、胸骨	髂骨后上段
固定液	4%中性甲醛溶液	4%甲醛溶液/乙酸锌福尔马林（acetic zinc formalin，AZF）
脱钙	酸性溶液/EDTA	酸性溶液
骨髓涂片	瑞氏-吉姆萨染色（Wright Giemsa stained）	瑞氏-吉姆萨染色
制片	常规石蜡包埋制片，HE（hematoxylin and eosin）染色	常规石蜡包埋制片，HE 染色
骨髓评估	尸检事件	常规临床检查
采集目的	常规检测	病理学诊断

3. 骨髓的观察方法

常规的骨髓组织病理学全面评估第一步是评估细胞与脂肪的比例，4%中性甲醛溶液固定、常规石蜡包埋制片、HE 染色后在低倍显微镜下观察是最好的方法。啮齿类动物，即使是老龄动物，骨髓中细胞与脂肪的比例超过 90%，而人的骨髓中细胞与脂肪的比例较低，约为 50%。第二步是评估三种细胞系的造血作用，评估骨髓涂片最好的方法是瑞氏-吉姆萨染色，可看到每种细胞系的成熟形式，也可以用 HE 染色进行评估，但不易区分三种细胞系的各个阶段。

（三）腔上囊

腔上囊（cloacal bursa）又称法氏囊（bursa of fabricius），是鸟类特有的中枢免疫器官，是 B 淋巴细胞分化、发育的场所。鸟类的法氏囊出生时已发育成熟，出生后体积和重量逐渐增大，性成熟时最大，后开始退化。若腔上囊被过早摘除或受病毒感染，可致机体免疫功能受损，抵抗力下降，极易并发其他疾病而导致死亡。若在孵化第 17 天摘除鸡腔上囊，孵出的小鸡缺乏 B 淋巴细胞体液免疫力，可反复发生感染导致死亡，但 T 淋巴细胞免疫不受影响。若在成年后摘除其腔上囊，则不影响 B 淋巴细胞的产生，因此时的周围淋巴器官已具有产生 B 淋巴细胞的能力。

1. 组织结构

腔上囊起源于泄殖腔，其囊壁仍保留与消化管相似的结构，由内向外依次分为黏膜层、黏膜下层、肌层和浆膜。

1）黏膜层

黏膜层由黏膜上皮、黏膜固有层和黏膜肌层构成，鸡无黏膜肌层。黏膜层和部分黏膜下层向囊腔突出形成纵行皱襞，鸡有 9～12 条，鸭有 2～3 条，在大的纵行皱襞之间有许多小皱襞。

黏膜上皮一般为假复层柱状上皮，其间无杯状细胞，但在鸡的腔上囊中，局部为单层柱状上皮，杯状细胞虽有时存在，但数量不多。在与淋巴小结连接处的黏膜上皮呈簇状，浅层细胞的形态比较粗短，具有靠近细胞中央的卵圆形细胞核。黏膜固有层由较厚的结缔组织构成，内有许多密集排列的腔上囊小结，在一个大的纵行皱襞内可多达 40～50 个。腔上囊小结呈圆形、椭圆形或不规则形，每个小结由周边的皮质和中央的髓质及介于两者之间的一层上皮细胞构成，腔上囊小结中无浆细胞。非洲鸵鸟的髓质在外皮质在内，与其他鸟类相反。

皮质由稠密的小淋巴细胞、巨噬细胞和上皮性网状细胞构成，血液供应不发达，仅髓质部分有少量的毛细血管分布。髓质结构较为疏松，由上皮性网状细胞、大中淋巴细胞和巨噬细胞组成，内无网状纤维和毛细血管。上皮性网状细胞彼此间借突起相互连接，构成支架，淋巴细胞位于网眼内并不断进行分裂分化，新形成的部分淋巴细胞被巨噬细胞吞噬。皮、髓质交界处，有一层连续的上皮细胞和完整的基膜，并与黏膜表面的上皮和基膜相连续。其上皮细胞呈立方形或矮柱状，排列整齐，胞质嗜酸性，基膜位于近皮质的一侧。在靠近基膜的皮质内有一层毛细血管网分布，是淋巴细胞由皮质迁出的重要通道。

2）黏膜下层

黏膜下层较薄，由疏松结缔组织构成，参与形成黏膜皱襞，在皱襞的中央构成小梁，并与淋巴小结周围的固有层结缔组织相连。

3）肌层

肌层多由内纵、外环两层较薄的平滑肌构成。

4）浆膜

浆膜较薄，其中含有胶原纤维。

2. 腔上囊的功能

腔上囊主要与体液免疫有关。来自骨髓的肝细胞随血液进入腔上囊，在腔上囊分泌的激素的影响下，迅速增殖分化为 B 淋巴细胞，后转移至脾、盲肠、扁桃体和其他淋巴组织中，受到抗原物质刺激后，可迅速增生，转变为浆细胞，产生抗体，参与体液免疫。

二、外周免疫器官

外周免疫器官（peripheral immune organ）又称次级淋巴器官（secondary lymphoid organ），是免疫活性细胞定居和增殖的场所，也是免疫应答发生的重要部位。广泛分布于全身各重要部位，形成重要的免疫防线。主要由淋巴结、脾、扁桃体、阑尾及散在分布于全身各处的淋巴组织等组成，其发生较中枢免疫器官略晚，是成熟淋巴细胞受相应抗原刺激后进行扩增，并发生免疫应答的场所，在机体出生后数月才逐渐发育完善。

外周免疫器官接受和容纳由中枢免疫器官迁移而来的淋巴细胞，在抗原刺激下，淋巴细胞增殖分化，产生参与免疫应答的 T 效应细胞或浆细胞。T 效应细胞产生和释放细胞因子，浆细胞分泌抗体，引发细胞免疫和体液免疫反应。

（一）淋巴结

淋巴结位于淋巴回流的通路上，是滤过淋巴的重要器官，也是免疫应答发生的主要场所和 T 淋巴细胞的主要定居地。除了哺乳动物外，其他脊椎动物（鱼类、两栖类、爬行类、鸟类）只有丰富的淋巴细胞，但是没有完整的淋巴结，只有淋巴组织样结构存在于一些特定部位。从鸟类开始才有较发达的淋巴组织。而哺乳动物则有完整的淋巴结，且不同种属的哺乳动物淋巴结的发育各有差异，人和小鼠的淋巴组织及淋巴结则需要抗原的刺激才能发育完善。

人和啮齿类动物淋巴结的解剖结构相似。相同品系或不同品系间，啮齿类动物淋巴结的数量可不同。小鼠的淋巴结通常很小，很难在脂肪组织或其他组织中看到。大鼠的淋巴结稍微大一点，通常为灰色、细长或圆形。啮齿类动物最大的淋巴结通常是肠系膜淋巴结和下颌淋巴结，其他常用于啮齿类动物组织学研究的淋巴结还包括腘淋巴结、腋下淋巴结和腹股沟淋巴结。人体共有 300～500 个淋巴结，广泛成群分布于非黏膜部位，如肺门、肠系膜、腹股沟和腋下等部位，一般呈卵圆形。人常用于组织学研究的淋巴结包括浅表淋巴结（颈部淋巴结、腋下淋巴结、腹股沟淋巴结）和深层淋巴结（主动脉旁淋巴结、肠系膜淋巴结等），人淋巴结的大小为 0.5～2cm，即使是健康人群，浅表淋巴结也可触及。啮齿类动物的淋巴结与人的淋巴结相比很小，因此，啮齿类动物淋巴结的组织形态学表现比人更为明显，人和大小鼠常见取材淋巴结见表 2.25。家兔的淋巴结大小、形状不定，一般大小为 2～5mm，不同个体之间差异较大。

表 2.25　人和大小鼠常见取材淋巴结

	人	大鼠	小鼠
大小	0.5～2cm	稍大	很小，1～4mm
常见淋巴结	浅表淋巴结（颈部淋巴结、腋下淋巴结、腹股沟淋巴结） 深层淋巴结（主动脉旁淋巴结、肠系膜淋巴结等）	肠系膜淋巴结 下颌淋巴结 腘淋巴结 腋下淋巴结 腹股沟淋巴结	肠系膜淋巴结 下颌淋巴结 腘淋巴结 腋下淋巴结 腹股沟淋巴结

啮齿类动物和人的淋巴结具有相似的功能，在介导由外源性和内源性刺激引起的免疫应答方面起着关键性的作用。淋巴结的大小、结构及内含细胞成分与机体的免疫功能状态密切相关，肿瘤或感染等某些病理情况下可明显增大。淋巴结受不同的抗原刺激可发生不同的应答反应，如抗原刺激引起体液免疫应答时，淋巴小结明显增大、增多；引起细胞免疫应答时，副皮质区明显增大；淋巴回流区有慢性炎症时，常导致髓索内浆细胞大量增多；而在大量抗原入侵的急性时期，则淋巴窦扩张和窦内巨噬细胞大量增多。

1. 组织结构

由于啮齿类动物的淋巴结很小，因此常规的组织学切片在形态学上是不同的。例如，以淋巴结中心为矢状面或横切面，看到的皮质、副皮质区和髓质的大小不同。啮齿类动物变化最大的淋巴结是下颌淋巴结，其次是肠系膜淋巴结，与其他淋巴结相比，下颌淋巴结常受鼻腔、口腔活动影响，生发中心增生、浆细胞增生等病变发生率较高。与啮齿类动物相比，人的淋巴结较大，在光镜下易从常规组织切片上看到全部组织结构。

淋巴结表面被覆被膜，数条输入淋巴管（afferent lymphatic vessel）在淋巴结的凸缘穿越被膜与被膜下淋巴窦相连通。淋巴结的凹陷侧为门部，有较多的疏松结缔组织及脂肪细胞、输出淋巴管（efferent lymphatic vessel）与小动脉和小静脉。被膜和门部的结缔组织伸入淋巴结实质形成相互连接的小梁（trabecula），构成淋巴结的粗支架，血管和神经行于其内。小梁之间包含网状细胞和网状纤维组成的网状组织、淋巴组织和淋巴窦。淋巴结实质分为皮质和髓质两部分，两者无截然的界限，仔猪皮质在内髓质在外，与其他动物相反，成年猪皮质和髓质排列混乱。大鼠淋巴结小梁不发达。

1）被膜

淋巴结表面被覆薄层致密结缔组织被膜，内含少量的平滑肌细胞，被膜下有被膜下窦。与啮齿类动物相比，人的被膜较厚。被膜外周常含脂肪组织。

2）皮质

皮质位于被膜与髓质之间，一般由浅层皮质、副皮质区和皮质淋巴窦构成，其结构与厚度随动物种类及机能状态不同有很大变化。皮质内含有初级和次级淋巴滤泡。次级淋巴滤泡有生发中心，反应部位可见多个生发中心。人的生发中心被形成良好的冠状带（mantle zone）所包围。人淋巴结的边缘区有时可见由冠状带包绕的滤泡，但与脾或黏膜相关淋巴组织（MALT）相比不发达。幼龄啮齿类动物的皮质包括淋巴小结和少量小的生发中心。啮齿类动物淋巴结的 B 淋巴细胞 PAX5 阳性，人 CD20 阳性。一般情况下，小于 4 月龄的啮齿类动物未见生发中心。幼龄啮齿类动物的淋巴结没有发育成熟的生发中心，而在各个年龄段的人中均可看到生发中心。

浅层皮质（superficial cortex）又称非胸腺依赖区，是紧贴被膜下窦的淋巴组织，含淋巴小结及小结之间的弥散淋巴组织，为 B 淋巴细胞定居部位。新生动物淋巴结内尚未出现淋巴小结时，此层厚薄较均匀，当许多淋巴小结形成后，膨大的淋巴小结突入副皮质区，此层变得厚薄不一。淋巴小结的大小、数量和形状与淋巴结的功能及体内 B 淋巴细胞免疫状态有关。

副皮质区（paracortical zone）即深层皮质（deep cortex），又称胸腺依赖区（thymus dependent region），位于淋巴小结之间及皮质深层，为一片无明显界限的弥散淋巴组织，主要由 T 淋巴细胞（80%为 $CD4^+T$ 淋巴细胞）、树突状细胞、高内皮微静脉及迁移的淋巴细胞组成。经抗原刺激后，T 淋巴细胞分裂分化，形成大量的效应 T 淋巴细胞和记忆 T 淋巴细胞，前者通过淋巴和血液循环到抗原所在部位，行使细胞免疫功能，后者参与淋巴细胞再循环。幼龄啮齿类动物中，副皮质区几乎没有明显的树突状细胞，在大鼠中可能更为明显。随着动物年龄的增长和对刺激的反应，HEV 和树突状细胞可能变得明显。受到刺激时，树突状细胞为邻近的淋巴细胞提供抗原。在抗原刺激的淋巴结即反应性淋巴结中，小淋巴细胞和大量的树突状细胞混合称为结节性副皮质增生，低倍镜下呈斑点状。

副皮质区为具有一定结构的深层皮质单位（deep cortex unit），每个深层皮质单位如半个球体，其较平坦的一面朝向浅层皮质，淋巴小结嵌入其中；另一侧为半圆的凸面，朝向髓质并与髓索相连。小的深层皮质单位半径 0.2～0.5mm，大的 1～1.5mm，单位的数量与淋巴结的大小成正比。深层皮质单位的大小与细胞免疫状态密切相关。大鼠的纵隔淋巴结与腘淋巴结仅含一个单位，颈部淋巴结和腹股沟淋巴结常含 2~4 个单位。每个深层皮质单位的中心正对着一条输入淋巴管。若两条输入淋巴管的入口比较靠近，则其下的两个深层皮质单位常融合为一个较大的深层皮质复合体。复合体的大小及复合程度各不相同，最大的复合体可由 6 个单位融合而成。

深层皮质单位可分为中央区和周围区两部分。中央区（central zone）由密集的 T 淋巴细胞构成，占整个单位的大部分。新生去胸腺动物或裸鼠缺乏 T 淋巴细胞，中央区内细胞空竭，故此区是真正的胸腺依赖区。中央区内的网状纤维和毛细血管较周围区稀少，故在镀银染色标本中两区的边界明显。中央区的边缘有少量毛细血管后微静脉，无淋巴窦。在发生细胞免疫应答时中央区迅速增大，出现许多免疫母细胞和细胞分裂象。周围区（peripheral zone）为一薄层稀疏的弥散淋巴组织，此区网状纤维密集呈环形包围整个中央区，含有 T 及 B 淋巴细胞，呈混合分布。周围区内有密集的毛细血管网和许多高内皮细胞微静脉，还可见许多小盲淋巴窦（small blind sinus），又称皮质单位淋巴窦（cortex unit sinus），它们是髓窦的起始部，淋巴流动缓慢，其中含有较多的淋巴细胞，是淋巴细胞进入髓窦的重要通道。

高内皮细胞微静脉是血液内淋巴细胞进出淋巴组织的重要通道。人和啮齿类动物的 HEV 结构相似，管腔较大，明显，直径约 45μm，内皮细胞呈立方形或矮柱状，淋巴细胞穿越管壁现象常见。电镜下观察，内皮细胞表面有突起，细胞质内高尔基体较发达，吞饮小泡及溶酶体较多，核糖体也较多。组织化学研究表明，非特异性酯酶及 ATP 酶均呈阳性。毛细血管后微静脉的基膜常不完整，基膜外常有较多的巨噬细胞。

毛细血管后微静脉内皮参与将血液中不同种类淋巴细胞分配到各种淋巴器官实质内。淋巴器官实质内各种淋巴细胞数量不同，是由于毛细血管后微静脉内皮对不同种类淋巴细胞的分配存在差异，原因是各种器官毛细血管后微静脉内皮细胞膜的结构不同。毛细血管后微静脉内皮细胞的形态、结构和功能受抗原激活的巨噬细胞控制。抗原激活的巨噬细胞产生一种介质，作用于毛细血管后微静脉内皮细胞，启动其细胞核内的一定基因，表达细胞膜上的淋巴细胞受体，该受体与相应淋巴细胞结合，使淋巴细胞穿越内皮，进行再循环，毛细血管后微静脉内皮细胞表面受体不断消耗，细胞内又不断合成受体蛋白等，与合成受体物质相关的细胞器增大、增多，故细胞增大，由扁平变成立方形或矮柱状。

皮质淋巴窦（cortical sinus）简称皮窦，包括被膜下方和与其连通的小梁周围的淋巴窦，分别称为被膜下窦（subcapsular sinus）和小梁周窦（peritrabecular sinus）。被膜下窦为一宽敞的扁囊，包绕整个淋巴结实质，其被膜侧有数条输入淋巴管通入，与小梁周窦相连通。小梁周窦末端常为盲端，仅部分与髓质淋巴窦直接相通，相连通的部分较窄。淋巴窦的壁由扁平的内皮细胞围成，内皮外有薄层基质、少量网状纤维及一层扁平的网状细胞，内侧紧贴淋巴组织。在被膜侧的窦壁内皮细胞间有紧密连接，基膜完整；在淋巴组织侧的窦壁内皮细胞有间隙，基膜不完整，有利于淋巴细胞穿过。淋巴窦由许多网状细胞与网状纤维支撑，并有许多巨噬细胞附着其上或游离于窦腔内。淋巴在窦内流动缓慢，有利于巨噬细胞清除细菌、异物及抗原物质等。

3）髓质

髓质位于淋巴结的近中央部和靠近门部，为由髓索和髓窦组成的弥散淋巴组织，在无明显皮质之处，髓质可靠近被膜下淋巴窦。

髓索（medullary cord）由淋巴组织构成，呈索状分支相互连接，周围有扁平的内皮细胞与淋巴窦相邻。主要含有浆细胞、B 淋巴细胞和巨噬细胞，它们的数量和比例可因免疫状态的不同而有很大的变化。正常动物体髓索内浆细胞少见，当淋巴结所属回流区有慢性炎症时，髓索内浆细胞大量增多。

髓窦（medullary sinus）即髓质淋巴窦，其窦壁和被膜与皮质淋巴窦的结构相似，也由连续的内皮细胞、细胞间质及外膜网状细胞三层构成，但其窦腔不规则，较宽大，腔内含有较多的组织细胞和巨噬细胞，具有较强的滤过功能。人和大鼠髓窦内的组织细胞含有较多的胞质。幼龄大鼠髓索和髓窦内的肥大细胞比小鼠常见。HE 染色中，与大鼠相比，小鼠的肥大细胞含有较多的嗜碱性颗粒，老龄动物更常见。肥大细胞可见于人的淋巴结。人和啮齿类动物可发生髓窦组织细胞增生症。

4）淋巴结内的淋巴通路

淋巴在淋巴结内由输入淋巴管进入被膜下窦和小梁周窦，部分渗入皮质淋巴组织然后流入髓窦，部分经小梁周窦直接流入髓窦，继而汇入输出淋巴管出淋巴结。淋巴流经一个淋巴结约需数小时，含抗原越多则流速越慢。淋巴经滤过后，其中的细菌等抗原绝大部分被清除。淋巴组织中的细胞和产生的抗体等也不断进入淋巴，因此，输出的淋巴常较输入的淋巴含较多的淋巴细胞和抗体。

淋巴细胞经过不断的再循环，从一个淋巴器官转移到另一个淋巴器官或淋巴组织，传递抗原信息，有利于发现、识别抗原和肿瘤细胞，使免疫系统的效能大为提高。T淋巴细胞循环一周需18~24h，B淋巴细胞约需30h。

2. 细胞组成

淋巴结内的淋巴细胞约70%是T淋巴细胞，28%是B淋巴细胞，2%左右为其他淋巴细胞。网状细胞胞体较大，核大，呈圆形，异染色质较少，可见核仁，核周胞质内含少量粗面内质网、游离核糖体及线粒体。由胞体伸出数个细长分支的胞质突起，相邻细胞的突起相互连接，突起间无桥粒等连接结构，构成细胞网架。基质的电子密度低，网状细胞的基质间无基膜。网状细胞能产生基质与纤维，无吞噬能力，也不能转化为巨噬细胞。

3. 淋巴结的比较组织学

鱼类无淋巴结，两栖类、爬行类和鸟类（除鸭、鹅等水禽外）也无明显的淋巴结。各种哺乳动物均有淋巴结，但其大小及结构有很大的不同。小的仅数毫米，大的有数厘米。牛的淋巴结被膜及小梁很发达，马次之，羊、兔、大鼠等均不发达。犬、猫、马、牛、羊及猪的淋巴结被膜中含有较多的平滑肌及弹性纤维。同种动物不同部位的淋巴结的结构也有一定差异，如肠系膜及肺门的淋巴结较为发达，淋巴小结多，生发中心清楚，淋巴窦内巨噬细胞也较多。在淋巴结组织学结构上与多数动物差异最大的是猪。仔猪淋巴结皮质与髓质的位置与其他动物的恰好相反，即淋巴小结位于中央，而相当于髓质的部分则分布在外周，但成年猪的皮质与髓质排列混乱。此外，猪淋巴结的输入淋巴管从一处或多处进入被膜，并深入淋巴小结所在区域，在该处与小梁淋巴窦汇合。人和常见实验动物及啮齿类动物的淋巴结特点见表2.26和表2.27。

表2.26 人和常见实验动物淋巴结特点

	人	大鼠	小鼠	仔猪	成年猪
淋巴结	皮质在外，髓质在内	皮质在外，髓质在内	皮质在外，髓质在内	淋巴小结位于中央区域，不明显的淋巴索和少量较小的淋巴窦则位于周围	皮质和髓质排列混乱

表2.27 人和啮齿类动物淋巴结特点

特征	啮齿类动物		人
	小鼠	大鼠	
大小	很小，1~4mm	稍大	0.5~2cm
被膜	致密结缔组织和少量平滑肌	与小鼠相似	与啮齿类动物相似，但较厚
淋巴结B淋巴细胞	PAX5阳性	与小鼠相似	CD20阳性
生发中心	幼龄动物的淋巴结没有发育成熟的生发中心	与小鼠相似	各个年龄段的人中均可看到生发中心
淋巴结	淋巴系统特别发达，外来刺激可使淋巴系统增生	不发达	发达

（二）脾

脾是机体最大的淋巴器官，是胚胎时期的造血器官，又是血液的重要滤器，具有滤血、储血和造血的功能，且是对血源性抗原产生免疫应答的主要场所和B淋巴细胞的主要定居地。小鼠一生脾都有造血细胞，大鼠在出生后三个月，脾的造血功能才逐渐消失，但脾索中仍常见巨核细胞及少量幼稚粒细胞；鱼类及两栖类的脾为终生性造血器官；其他哺乳动物的脾仅在胚胎期有造血功能，但人和兔子的脾内仍保留很少量的干细胞，在大失血等特定条件下可暂时恢复造血功能。人和常见实验动物造血功能比较见表2.28。

表 2.28　人和常见实验动物造血功能比较

	人	大鼠	小鼠	兔	鱼及两栖类
造血功能	少量	少量	一生	少量	终生造血

人和啮齿类动物解剖学结构相似，脾位于腹部的左上方，与胃大弯相邻。与人相比，啮齿类动物的脾更加细长，2～4 月龄的小鼠脾重 100～200mg，年轻大鼠重 500～750mg，人的脾重约 150g。啮齿类动物和人偶尔可发现副脾。小鼠脾位于胃的左侧，具有贮存血液和产生淋巴细胞等功能；金黄地鼠脾呈长带形，弯曲较大，长 2.8～4.5cm，宽 0.4～0.5cm；豚鼠脾位于胃大弯左侧，呈扁平的长圆形，长 2.5～3.5cm，宽 0.8～1.2cm；兔脾为长 4～5cm、宽 1～2cm 的细长脏器，呈暗蓝赤色。

脾的一侧凹陷为门部，有血管、淋巴管和神经进出。脾动脉从脾门进入后，分支随小梁走行，称小梁动脉。脾被膜内层含有丰富的神经末梢，主要为无髓神经纤维，神经纤维经被膜、小梁进入淋巴组织。啮齿类动物和人的血管均从门部进入脾，血液经脾动脉进入脾，经脾静脉流出进入门静脉。

1. 组织结构

脾主要分为红髓和白髓两部分。脾富含血管，脾内淋巴组织形成的各种微细结构沿血管有规律地分布。血管结构较特殊，其末梢血管大部分开放于淋巴组织，使血液内的淋巴细胞能较迅速地进入淋巴组织。脾的结构有明显的种属差异，同种动物的脾结构也因年龄及机体的免疫状态不同而有很大的变化。人红髓占脾体积的 75%～90%，与人相比，啮齿类动物的白髓较大，所以人红髓与白髓的比值高于啮齿类动物，比格犬的脾富含红髓。

1）被膜与小梁

啮齿类动物脾被膜较厚，由富含弹性纤维及平滑肌纤维的致密结缔组织构成，表面被覆间皮。人的脾被膜由含胶原蛋白和少量平滑肌纤维的结缔组织构成。豚鼠脾被膜主要由排列成网状的致密胶原纤维和弹性纤维组成，还可见散在的平滑肌样成纤维细胞。鸡脾与小鼠相比，被膜厚，毛细血管丰富，平滑肌纤维少。与其他哺乳动物相比，啮齿类动物和人脾被膜的平滑肌纤维数量少，说明啮齿类动物和人脾储血功能较低。

被膜结缔组织伸入脾实质形成粗细不等的小梁，它们与门部伸入的小梁分支相互连接，构成脾的粗支架。小梁内含有许多弹性纤维及较多的平滑肌纤维，在较大的小梁内常见伴行的小梁静脉和小梁动脉。网状组织填充于小梁之间，构成海绵状多孔隙的微细网架，淋巴细胞、浆细胞及巨噬细胞等填充于网状细胞的孔隙内。人和常见实验动物被膜结缔组织特点见表 2.29。

表 2.29　人和常见实验动物被膜结缔组织特点

	人	大鼠	小鼠	豚鼠
被膜结缔组织	胶原蛋白、少量平滑肌纤维	弹性纤维、平滑肌纤维	弹性纤维、平滑肌纤维	致密胶原纤维、弹性纤维、散在的平滑肌样成纤维细胞

2）白髓

啮齿类动物和人的白髓（white pulp）是密集的淋巴样组织，围绕着中央动脉而分布，并随其分支而逐渐变薄，由动脉周围淋巴鞘、淋巴小结和边缘区构成，相当于淋巴结的皮质。啮齿类动物的白髓以 B 淋巴细胞为主，人脾白髓以 T 淋巴细胞为主。小鼠白髓已可明显区分出动脉周围淋巴鞘和淋巴小结。

动脉周围淋巴鞘（periarterial lymphatic sheath，PALS）即中央动脉周围的厚层弥散淋巴组织，主要由 T 淋巴细胞（主要是 $CD4^+$ 和 $CD3^+$）和滤泡树突状细胞组成。小鼠动脉周围淋巴鞘的鞘层较厚，淋巴细胞密集。此区相当于淋巴结的副皮质区，但无毛细血管、高内皮细胞微静脉。当发生细胞免疫应答时，T 淋巴细胞分裂增殖，PALS 增厚。中央动脉旁有一条伴行的小淋巴管，是淋巴鞘内 T 淋巴细胞经淋巴迁出脾的重要通道。鸡动脉周围淋巴鞘和淋巴小结内的中央动脉明显，管壁上有 1 或 2 层平滑肌。

淋巴小结又称脾小体（splenic corpuscle），位于动脉周围淋巴鞘的一侧，结构与淋巴结内的相同，主要由大量 B 淋巴细胞构成。啮齿类动物的 B 淋巴细胞 CD45R 和 PAX5 均呈阳性，包含幼稚的初级淋巴滤泡和含有生发中心的次级淋巴滤泡，周围有明显的外套层。小鼠淋巴小结体积大，小结内生发中心明显；

大鼠淋巴小结一般在出生后 3 周出现。健康人脾内淋巴小结较少，当抗原入侵时，淋巴小结数量剧增，抗原被清除后又逐渐减少；老年人免疫系统功能下降，初级抗体反应弱而短暂，脾生发中心的数量和体积比年轻人明显减少。大于 22 月龄鼠脾生发中心的数量及其内的细胞数目减少 60%～95%。

边缘区（marginal zone）位于白髓与红髓交界的狭窄区域，动脉周围淋巴鞘的四周，宽 100～150μm，有数层扁平的网状细胞呈同心圆状排列。该区淋巴细胞含 T 淋巴细胞和 B 淋巴细胞，以 B 淋巴细胞为主，还有巨噬细胞、浆细胞以及少量的红细胞，与红髓脾索间无明显的界限。边缘区内的淋巴细胞较白髓的稀疏，胞质淡染，B 淋巴细胞通常以 IgM 的存在为标志。边缘区是脾内首先接触抗原引起免疫应答的重要部位。与大多数品系的小鼠相比，人和大鼠的边缘区更明显，但是某些品系的小鼠也可能比其他品系明显。人脾边缘区比其他淋巴结的边缘区更发达。

中央动脉的侧支末端在此区膨大，形成小的血窦，称边缘窦（marginal sinus），是血液内抗原及淋巴细胞进入白髓的通道。白髓内的淋巴细胞也可进入边缘窦，参与再循环。啮齿类动物与人脾边缘区不同的是，啮齿类动物脾在组织学上有边缘窦，其边缘窦明显，通过光镜便可以观察，人的边缘窦不明显，只能通过超微结构和免疫组织化学方法观察。

3）红髓

红髓（red pulp）位于被膜下、小梁周围及白髓边缘区外侧区域，为由脾索和脾血窦组成的网状结构，是主要的滤血部位。

脾索（splenic cord）由富含血细胞的淋巴组织构成，呈不规则的条索状，互相连接成网。脾索和脾血窦相间分布，形成红髓的海绵状结构。脾索内含有巨噬细胞、成纤维细胞、散在分布的淋巴细胞，主要是 CD8$^+$T 淋巴细胞，偶尔可见浆细胞。小鼠红髓脾索内有密集的淋巴细胞和丰富的无核红细胞，呈双凹圆盘状。小鼠脾索内的巨噬细胞含有 F4/80 标志，大鼠含有 CD68 标志，可通过标志持续监测通过脾的血流量。鸡红髓脾索内有较多的淋巴细胞和有核红细胞，脾血窦内皮细胞核为圆形，突向腔面。脾索内的巨噬细胞可清除和处理血液中的物质，包括血源性碎片、微生物及受损的红细胞等。

脾血窦（splenic sinusoid）即脾索间的血液通路，位于相邻脾索之间，宽 12～14μm，形态不规则，互相吻合成网。纵切面上，血窦窦壁如同多空隙的栏栅，由一层平行排列的长杆状内皮细胞围成，内皮外有不完整的基膜及环形网状纤维，有利于血细胞的穿透；横切面上，可见内皮细胞沿血窦窦壁排列，核突入管腔，细胞间隙 2～5μm。人的内皮细胞表达 CD8，啮齿类动物的脾血窦也有内皮细胞。小鼠脾血窦腔隙较大，不规则，血窦内皮细胞核圆，突向管腔，血窦内可见体积大的多核巨细胞。脾索内的血细胞可变形穿越内皮细胞间隙进入血窦，血窦外侧有较多巨噬细胞，其突起可通过内皮间隙伸向窦腔。脾血窦汇入小梁静脉，后于脾门汇合为脾静脉出脾。

啮齿类动物的红髓是正常造血部位，也是反应性造血（即髓样细胞、红细胞和巨核细胞增生）的主要部位，但在成年人中，明显的髓外造血是不正常的。啮齿类动物脾造血包括髓系、红细胞和巨核细胞增生，老龄动物中更为显著。与骨髓一样，随着啮齿类动物年龄的增长，脾的造血功能一般不会下降，并且在骨髓应激的条件下可能会增强。人髓外造血一般很小，但偶发性髓外造血小灶可被发现，特别是在反应性或肿大的脾。髓外造血也可发生在影响骨髓造血的病理条件下，如骨髓增生性疾病、骨髓纤维化或骨髓浸润等。黑毛小鼠脾的红髓中可见局灶或弥漫性黑色素沉积，其他被毛有颜色的啮齿类动物脾也可见黑色素沉积。

哺乳动物的脾根据有无血窦分为两种类型，一种是有血窦脾，血窦丰富，白髓较多，被膜和小梁内含有少量平滑肌纤维，此种脾储血量少，但免疫功能较强，又称防御型脾，人、小鼠、大鼠和兔等的脾属于此类型；另一种为无血窦脾，脾索发达，髓间隙多而大，马、犬和猪的脾属于此类型，此种脾相对较大，被膜和小梁内含有大量平滑肌纤维，小梁分支多，其免疫功能较弱而储血量大，储血量能达到血液循环的 1/3，脾收缩时，髓间隙内储存的大量血液迅速进入血液循环。

2. 细胞组成

脾内的淋巴细胞约 40% 为 B 淋巴细胞，35% 为 T 淋巴细胞，其余为 K 淋巴细胞和 NK 淋巴细胞，抗原刺激时可产生相应的免疫应答。脾内还含大量巨噬细胞，可清除衰老或有缺陷的红细胞，消灭进入血液内的抗原。脾内的微环境有利于T、B淋巴细胞的生长发育和诱发免疫应答，有利于单核细胞和单核样细胞在此生长分化形成巨噬细胞与树突状细胞。

3. 脾的比较组织学

脾的比较组织学特点见表2.30～表2.33。

表2.30 人和常见实验动物脾特点

	人	啮齿类动物	其他动物
形状	略呈椭圆形	小鼠：镰刀状，长而大，靠胃底部的左侧 大鼠：横切面脾似等边三角形，脾门位于尖端	豚鼠位于胃大弯处，为扁平长圆形
被膜小梁平滑肌	较少	少	犬的多
边缘窦	不明显	明显	犬边缘窦明显
脾的类型	血窦脾	血窦脾	犬、猪无血窦脾，兔有血窦脾

表2.31 8周龄雌、雄小鼠脾的组织学差别

脾重量	脾指数	CD3+总T淋巴细胞	CD19+总B淋巴细胞	CD4+阳性细胞	CD8+阳性细胞
雌鼠>雄鼠	雌鼠>雄鼠	雌鼠<雄鼠，但无显著差异	雌鼠<雄鼠，但无显著差异	无显著差异	无显著差异

表2.32 人和啮齿类动物脾特点

	啮齿类动物		人
	小鼠	大鼠	
位置	腹部，左上腹	与小鼠相似	与啮齿类动物相似
重量	100～200mg（2～4月龄）	500～900mg（2～4月龄）	150g
功能	过滤、淋巴器官、造血器官	与小鼠相似	过滤、淋巴器官
被膜	结缔组织和平滑肌	与小鼠相似	与啮齿类动物相似
红髓	过滤和运输；血窦和脾索组成了过滤装置；淋巴滤泡内含有巨噬细胞，可识别和清除血液循环中的异物与破损的红细胞	与小鼠相似	与啮齿类动物相似
髓外造血	红髓内，造血水平低	与小鼠相似	正常情况不造血或极少造血，当骨髓纤维化或有渗出时造血可能会增强
动脉周围淋巴鞘	小动脉周围的淋巴细胞主要是CD4+T淋巴细胞，没有人的发达	与小鼠相似	与啮齿类动物相似，但更发达
淋巴滤泡	含有幼稚B淋巴细胞的初级淋巴滤泡，含生发中心具有活性的次级淋巴滤泡	与小鼠相似	与啮齿类动物相似
边缘区	大多数品系的小鼠边缘区薄，边缘窦位于边缘区和外套层之间	非常宽且明显，可观察到	周边可见初级和次级淋巴滤泡，由具有丰富细胞质的记忆B淋巴细胞组成，在光学显微镜下不易观察到边缘窦

表2.33 淋巴结和脾的比较

	淋巴结	脾
被膜	致密结缔组织构成，内有输入淋巴管	致密结缔组织构成，较厚，表面覆有间皮，内含许多平滑肌纤维
小梁	与被膜的结缔组织相连，相互连接成网，构成淋巴结的支架	与被膜的结缔组织相连，分支相互吻合成网，其内含小梁动脉、小梁静脉和大量平滑肌纤维
实质部分	皮质和髓质	白髓、红髓、边缘区
淋巴小结	主要由B淋巴细胞构成，一般分布于被膜下，个别分布于中央	又称脾小结，内含中央动脉
胸腺依赖区	位于淋巴小结之间和皮质深部，又称副皮质区，内有毛细血管后微静脉	动脉周围淋巴鞘，内含中央动脉
边缘区	无	位于白髓与红髓交界处，以B淋巴细胞为主
淋巴索	髓索，以B淋巴细胞为主	脾索，以B淋巴细胞为主，此外尚有大量红细胞

续表

	淋巴结	脾
淋巴窦	窦壁由扁平内皮围成,有小间隙,窦内有网状细胞、淋巴细胞和巨噬细胞,窦外有网状细胞突起支撑	无
血窦	无	窦壁由长杆状内皮细胞纵向排列而成,间隙大,基膜不完整,窦壁附近的巨噬细胞突起可伸入窦内
窦内液体	淋巴	血液
功能	过滤淋巴,清除异物和免疫应答	滤血、造血、储血和免疫应答

(三)黏膜免疫系统

黏膜免疫系统(mucosal immune system,MIS)也称黏膜相关淋巴组织(the mucosa-associated lymphoid tissue,MALT),位于所有黏膜组织的表面,启动黏膜表面特定抗原的免疫反应,主要由分布在呼吸道、胃肠道及泌尿生殖道等黏膜组织中的免疫组织、免疫细胞及免疫分子组成。其分布特点为器官化及散在的淋巴组织和细胞并存,是免疫系统的重要组成部分,是黏膜免疫应答发生的主要部位。常见的有肠相关淋巴组织(gut-associated lymphoid tissue,GALT)、鼻咽部的鼻咽相关淋巴组织(nasopharynx-associated lymphoid tissue,NALT)、上呼吸道和下呼吸道的支气管相关淋巴组织(bronchus-associated lymphoid tissue,BALT)、泌尿生殖道的黏膜相关淋巴组织以及与之相关联的外分泌腺、结膜相关淋巴组织(conjunctiva-associated lymphoid tissue,CALT)、泪管相关淋巴组织(lacrimal duct-associated lymphoid tissue,LDALT)、喉相关淋巴组织(larynx-associated lymphoid tissue,LALT)、唾液腺导管相关淋巴组织(salivary duct-associated lymphoid tissue,DALT)也可见。

免疫系统中大约有一半的淋巴细胞位于 MALT 中,MALT 的功能单位是淋巴滤泡、滤泡旁组织、上皮下穹窿区、滤泡相关上皮。MALT 缺少输入淋巴管和髓质,滤泡间有高内皮细胞微静脉,主要由 B 淋巴细胞、$CD4^+$ 和 $CD8^+$T 淋巴细胞、抗原提呈树突状细胞、巨噬细胞组成,滤泡间偶见肥大细胞和嗜酸性粒细胞。因此,MALT 包含启动免疫反应所需的所有细胞类型。

滤泡相关上皮(FAE)主要由肠上皮细胞组成,其中散在微皱褶细胞(microfold cell,M 细胞)、淋巴细胞和 DC。M 细胞与肠上皮细胞紧密排列在一起,形成上皮屏障,M 细胞是一种特化的对抗原具有胞吞转运作用的上皮细胞,可高效摄取并转运抗原,但无加工及提呈抗原能力。M 细胞可以把肠腔内的抗原物质(微生物、大分子及可溶性分子等)转运至上皮下穹窿区,从而使淋巴组织获取抗原,刺激其中的 B 淋巴细胞分化为浆细胞。M 细胞的游离面有很多微皱褶,无微绒毛,不能分泌消化酶和黏液。M 细胞基底面质膜内陷形成一较大的穹窿状凹腔,腔内聚集有淋巴细胞和少量的巨噬细胞。电镜下,M 细胞与吸收细胞间有紧密连接,深部有桥粒。胞质内含有大量的吞饮小泡和较多的线粒体,溶酶体较少。在光学显微镜下很难区分,但其有特征性的超微结构。M 细胞顶端表面有小、不规则、紊乱的微绒毛,刷状缘或微皱褶不发达,不是吸收性肠细胞那种密集的刷状缘;基底膜内陷,形成一囊状结构,通常含有一或多个淋巴细胞(B 淋巴细胞或 T 淋巴细胞),偶见巨噬细胞。M 细胞没有特异性的组织化学或免疫组织化学标志物,光镜显微镜下滤泡相关上皮细胞中的淋巴细胞簇可能是证明 M 细胞存在的唯一标志。

虽然 MALT 在解剖学上的位置是分开的,但在功能上是联系在一起的,一处黏膜发生抗原提呈和 B 淋巴细胞活化可导致不同器官黏膜分泌 IgA。同时黏膜免疫系统可独立于免疫系统发挥作用,因此对 MALT 进行评估是免疫病理学的一项重要工作。

1. 肠相关淋巴组织的组成和特征

肠相关淋巴组织(GALT)位于肠黏膜下的淋巴组织,通常位于黏膜下层,与上皮细胞相邻且较深,与其他器官的淋巴组织结构相似,可见初级和次级淋巴滤泡,这些滤泡通常被边缘区包围,其边缘区与脾的边缘区相似,与淋巴结的边缘区相比,发育得更好,也更明显。GALT 由小肠派尔集合淋巴结(Peyer's patch,PP)、散在于整个肠道的独立淋巴滤泡(isolated lymphoid follicle)、肠系膜淋巴结(mesenteric lymph node,MLN)、阑尾(vermiform appendix)及弥散的免疫细胞组成。较小的淋巴组织由独立淋巴滤泡和隐窝(crypt)组成。

GLAT 由滤泡中的 B 淋巴细胞、滤泡间的 T 淋巴细胞和输出淋巴管组成。消化系统所有 GALT 的生发中心结构都是一样的。人 GALT 最明显的部位是回肠。

1) 派尔集合淋巴结

PP 位于胃肠道黏膜和黏膜下层，随机分布，向肠腔突起形成穹窿部，沿反肠系膜边界一侧排列。PP 由一层滤泡相关上皮细胞包括 M 细胞，将其与肠腔隔开，主要由含有生发中心的 B 淋巴细胞滤泡和滤泡间 T 淋巴细胞区域所组成，在穹窿部富含 DC、T 淋巴细胞及 B 淋巴细胞。PP 在胚胎期发育形成，其数目因种属不同而异，小鼠约 12 个，大鼠约 20 个，人有 100~200 个，在回肠的末端常见，并且在小肠的反肠系膜一侧，是启动肠黏膜免疫应答的重要部位。

啮齿类动物的 PP，是小肠中肉眼可见的淋巴组织聚集物，分布广泛，主要出现在小肠的反肠系膜一侧。每个淋巴滤泡通常包含 6~12 个生发中心，多于 NALT 和 BALT。大鼠体内的 PP 比小鼠的大，并且通常有更大的生发中心。小鼠空肠中 PP 多于回肠，但大鼠相反，其回肠中 PP 多于空肠。小鼠大肠内也可见一些小的淋巴组织聚集物，一个在盲肠顶端，其他的沿着升结肠和降结肠分布。大鼠中结肠和盲肠顶端有两个肉眼可见的淋巴结节。PP 中 B 淋巴细胞多于 T 淋巴细胞，其中 T 淋巴细胞与 B 淋巴细胞的比值是 0.2。PP 的大小、数量、分布和组成可能因动物的品系不同而有所差异，如 F344 大鼠的 PP 一般小于 Wistar 大鼠；PP 中 CD4$^+$与 CD8$^+$的比值是 5.0，大约是 NALT 或 BALT 的 2 倍，其分别是 2.4 和 2.6，但在 Lewis 大鼠中，比值几乎相等。

犬的 PP 总计有 26~29 个，与啮齿类动物不同，犬的 PP 分两种：在空肠和回肠的上段，与啮齿类动物相似，小且分散分布；在回肠末端，PP 长 26~30cm，完全包围回肠远端 6~10cm，致使反肠系膜边缘近端缩小到 1cm 宽。回肠 PP 有小的穹窿和滤泡间质，与十二指肠和空肠相比有不明显的外套层。十二指肠 PP 的穹窿上皮的滤泡内陷。犬与啮齿类动物相比穹窿处含有较多的浆细胞。犬胃黏膜固有层发现直径大于 2mm 的淋巴结节，多位于胃底部，但这些结节与滤泡上皮无关。

与空肠、十二指肠结肠相比，恒河猴回肠 PP 较大。与大鼠相比，狒狒的 PP 小，并缺少与高内皮细胞微静脉相关的 IgA$^+$中心母细胞。人和常见实验动物 PP 的分布特点见表 2.34。

表 2.34 人和常见实验动物 PP 的分布特点

	人	小鼠	大鼠	犬	恒河猴
PP	回肠末端常见	空肠	回肠	空肠、回肠上端、回肠	回肠

2) 独立淋巴滤泡

淋巴滤泡是机体在出生后对肠道共生菌抗原产生应答而形成的，主要由 B 淋巴细胞组成。位于小肠的反肠系膜边缘，已在大鼠、小鼠、兔子及豚鼠中发现。比 PP 小，平均直径 150μm，在短的肠绒毛内呈筒样淋巴样聚集，常与单个穹窿有关。与 PP 结构相似，有 1 或 2 个 B 淋巴细胞滤泡，含有生发中心和少量的 CD4$^+$T 淋巴细胞，被覆 M 细胞等滤泡相关上皮细胞，以及分散的树突状细胞和少量的巨噬细胞。尽管独立淋巴滤泡的数量因小鼠的品系不同有所差异，但每只小鼠有多达 200 个独立淋巴滤泡，BALB/c 小鼠平均 150~200 个，C57 小鼠平均 100~150 个。新生小鼠没有独立淋巴滤泡，通过光学显微镜观察，7 日龄的 BALB/c 乳鼠和 25 日龄的 C57 小鼠十二指肠与近端空肠可检测到独立淋巴滤泡。C57 小鼠独立淋巴滤泡较少且更小，主要位于小肠远端，并不局限于反肠系膜边缘。

3) 肠系膜淋巴结

肠系膜淋巴结（MLN）是体内最大的淋巴结，含 T 淋巴细胞区和淋巴滤泡，通过输入淋巴管和 PP、独立淋巴滤泡相连，是启动针对肠道抗原的免疫应答和诱导黏膜耐受的重要场所。

4) 阑尾

人和多种哺乳动物的阑尾是盲肠的一个盲端突出物，又称蚓突，长度为 2~18cm，正常成人阑尾空虚时，黏膜可突入腔内形成皱襞。然而，40 岁以上者往往由于多次临床症状不明显的阑尾炎症，阑尾腔狭窄甚至闭锁。阑尾管壁结构类似结肠，无环行皱襞及绒毛，横切面上腔内含有脱落的细胞碎片及肠内容物。腔表面覆以单层柱状上皮，固有层中肠腺形状不规则，长度不等，大部分埋藏在淋巴组织中。肠腺内有分裂活动的未分化细胞带较小肠的短。固有层含有丰富的淋巴组织，这是阑尾最显著的组织学特征。阑尾淋巴组织的结构形式与扁桃体相似，由大量淋巴小结及弥散淋巴组织构成，并多深入黏膜下层，致使黏膜肌层不完整。黏膜下层较厚，由疏松结缔组织构成，含有血管、神经，偶见脂肪组织。肌层较薄，但可分辨出内环、外纵两层。外表面覆以浆膜。

啮齿类动物没有阑尾。

兔的回肠、盲肠相连接处形成一个壁厚而膨大的圆囊，称圆小囊（sacculus rotundus），是家兔回肠末端具有丰富淋巴样组织的结构，也称回肠膨大（ileum enlargment），是家兔特有的肠道相关淋巴组织，具有免疫防御、分泌碱性液体和吸收营养物质等功能，是一个集免疫、内分泌及消化于一体的多功能器官。圆小囊约 3cm×2cm，呈灰白色，其壁较厚，由发达的肌组织和丰富的淋巴组织构成，囊的内壁为六角形蜂窝状隐窝，其黏膜上皮下充满淋巴组织。黏膜表面有指状或舌片状绒毛突起，绒毛排列整齐，呈丛状或簇状。黏膜上皮细胞排列整齐，细胞间连接紧密，细胞呈柱状，核呈卵圆形，异染色质较少，胞质内含有少量纵行排列的粗面内质网及大量线粒体。绒毛基部的上皮细胞胞质中粗面内质网特别发达。杯状细胞夹杂在黏膜上皮细胞间。

与一般肠道相关淋巴组织比较，圆小囊的淋巴组织内细胞排列紧密，无间隙或间隙很小；细胞成分复杂多样，除淋巴细胞外，还含有丰富的异染体巨噬细胞、树突状细胞、上皮性网状细胞及含有内分泌颗粒的弥漫性神经内分泌系统细胞（diffuse neuroendocrine system cell，DNES 细胞）。覆盖于淋巴组织表面的黏膜上皮中含有丰富的 M 细胞，并常见肠道细菌附着于 M 细胞表面或被裹入其细胞内。还常见分叶核白细胞，如异嗜性粒细胞、嗜酸性粒细胞及肥大细胞。上皮细胞间浆细胞常见，约占淋巴细胞的半数以上，黏膜固有层，特别是基底膜处浆细胞也很常见。M 细胞表面微绒毛稀少或缺乏，可见一些短而粗的胞质突。有时可见肠道杆菌附着于细胞表面，或被 M 细胞的突起裹入细胞内。

5）隐窝

隐窝位于小肠固有层内的淋巴组织，主要由 T 淋巴细胞和树突状细胞组成，平均直径 80μm。在动物离乳时形成，每只成年小鼠约有 1700 个隐窝，数量远远超过独立淋巴滤泡和 PP。

6）淋巴腺复合体（lymphoglandular complex）

结肠内的淋巴腺复合体类似于 PP，但是更小，并且有更少的滤泡和更小的生发中心。此外，有时可见延伸至结肠黏膜下层的由滤泡相关上皮覆盖并被淋巴组织包围的隐窝。在小鼠远端结肠，淋巴细胞复合体随机分布，平均每厘米结肠有 1.4 个。小鼠近端结肠和大鼠整个结肠的淋巴腺复合体朝向肠系膜边界。小鼠直肠至少有一个淋巴腺复合体可在距肛门 10mm 范围内发现。盲肠近端与回盲瓣相对的位置也有较大的淋巴滤泡聚集。Fisher 大鼠结肠近端淋巴样组织是一种淋巴结节，它始终存在于结肠近端黏膜下层，大致位于结肠前 1/5 的远端。

7）弥散免疫细胞

弥散免疫细胞包括弥散在固有层的黏膜固有层淋巴细胞（lamina propria lymphocyte，LPL）和肠道上皮间的上皮内淋巴细胞（intraepithelial lymphocyte，IEL）及固有免疫细胞。

2. 鼻咽相关淋巴组织

鼻咽相关淋巴组织（NALT）包括扁桃体及鼻后部其他淋巴组织，表面有 FAE 覆盖，其中散在 M 细胞，上皮细胞间含有 IEL。NALT 可直接接触空气和食物抗原，M 细胞可将抗原转运至固有层免疫细胞。其主要作用是抵御经空气和食物入侵的病原微生物的感染。常见于大鼠、小鼠和非人灵长类动物，由成对的淋巴样组织组成，位于左右鼻道的尾腹部、鼻咽管的入口处，外观与 PP 相似。NALT 有少量的上皮内淋巴细胞，NALT 中的 T 淋巴细胞和 B 淋巴细胞区域大致相等，两者比值较高为 0.9，深层结缔组织间有浆细胞。

扁桃体（tonsil）是机体最常接触抗原引起免疫应答的淋巴器官，除啮齿类动物外，是大多数动物口腔及鼻咽部的次级淋巴器官，啮齿类动物无扁桃体但有 NALT。包括腭扁桃体（palatine tonsil）、咽扁桃体（pharyngeal tonsil）和舌扁桃体（lingual tonsil），它们与咽黏膜内多处分散的淋巴组织共同组成咽淋巴环结构，位于消化道和呼吸道的交汇处，其黏膜的表面积相当大，并经常与抗原接触，是诱发免疫应答和产生免疫效应的重要部位，在局部构成重要的免疫防线。舌扁桃体和腭扁桃体仅存于哺乳动物，某些哺乳动物还有咽扁桃体。爬行类和鸟类的咽扁桃体十分发达。人扁桃体的 B 淋巴细胞表面特征是表达 IgD 和 CD38，借此可进行鉴别，并可分析其功能。犬有 4 个扁桃体：舌扁桃体、腭扁桃体、咽扁桃体、咽鼓管扁桃体（tubal tonsil）。灵长类动物至少有 3 个扁桃体：舌扁桃体、腭扁桃体、咽扁桃体，可能有咽鼓管扁桃体，其他家畜也一样。

腭扁桃体由第 II 对咽囊内胚层发育而来，咽扁桃体和舌扁桃体发生于第 I 对咽囊的后壁和舌根部，二者的上皮均来自前肠头端的内胚层。

1）组织结构

腭扁桃体最大，呈扁卵圆形，位于咽的两侧，共有一对。其黏膜表面覆盖复层扁平上皮。上皮向固有层深陷，形成 10～30 个隐窝，隐窝的上皮内及上皮下方的固有层内有许多含有明显生发中心的淋巴小结及弥散淋巴组织。生发中心内除 B 淋巴细胞外，也有 T 淋巴细胞，多为 $CD4^+Th$ 细胞，位于近暗区的明区内，也常聚集于生发中心边缘。而淋巴结的生发中心仅偶见 $CD4^+Th$ 细胞。隐窝的形成增加了黏膜表面积，便于抗原与免疫细胞接触。隐窝深部的复层扁平上皮内含有大量 T 淋巴细胞、B 淋巴细胞、浆细胞及少量巨噬细胞、朗格汉斯细胞等，为上皮浸润部。此处的上皮内有许多相互通连的空隙，咽腔内的抗原物质易进入上皮间隙，间隙内的淋巴细胞尚可见到分裂象。淋巴细胞在此停留一段时间后仍可返回淋巴组织内。有的淋巴细胞进入口腔，与唾液混成唾液小体。上皮下的淋巴小结主要产生 IgG 及 IgA。在弥散淋巴组织中，80%～90%为 T 淋巴细胞，毛细血管后微静脉是淋巴细胞进入扁桃体的主要途径。

咽扁桃体位于咽的上后壁，有两个，表面主要被覆假复层纤毛柱状上皮，局部也有小片复层扁平上皮，无隐窝结构。黏膜形成一些纵行皱襞，皱襞上皮下的固有层内有许多淋巴组织，其结构和组成与腭扁桃体相似，上皮内也常见淋巴细胞浸润。含淋巴细胞多的上皮较厚而几乎无杯状细胞，纤毛也稀少，但表面有一种扁平细胞，有许多短而稀的微绒毛，形态类似于 M 细胞，有摄取和转运抗原的能力。咽扁桃体含 B 淋巴细胞较多，较少引起炎症。成年动物咽扁桃体多萎缩退化，淋巴组织渐变分散而不明显。

舌扁桃体位于舌根背侧面，体积较小，由一个浅隐窝及其周围的淋巴组织构成，隐窝表面被覆复层扁平上皮，上皮浸润部和固有层内淋巴组织的结构与腭扁桃体相似，上皮有淋巴细胞浸润部，固有层内含有淋巴小结和弥散淋巴组织，常使舌黏膜向表面隆起呈结节状。由于隐窝浅而不分支，且常有混合腺的分泌物经此排出，细菌及食物残渣不易停留，因此较少感染发炎。舌扁桃体的淋巴组织在青春期后逐渐退化。

2）扁桃体的比较组织学

小鼠淋巴系统特别发达，但腭或咽部无扁桃体，外来刺激可使淋巴系统增生，进而导致淋巴系统的疾病。人和常见实验动物扁桃体的特点见表 2.35。

表 2.35　人和常见实验动物扁桃体的特点

组织	人	小鼠	大鼠	犬	恒河猴	猪
腭扁桃体	有	无	有	有	有	有
咽扁桃体	有	无	有	有	有	有
舌扁桃体	有	有	有	有	有	有
咽鼓管扁桃体	无	无	无	有	无	有

3. 支气管相关淋巴组织

支气管相关淋巴组织（BALT）包括上呼吸道和下呼吸道的支气管相关淋巴组织，沿呼吸道随机分布，主要位于支气管的分叉处，也常见于支气管和动脉之间。由位于呼吸道黏膜下层、参与气道免疫反应的淋巴细胞局部聚集而成，主要由 T 淋巴细胞和 B 淋巴细胞组成，还包括少量的浆细胞、树突状细胞和巨噬细胞。与 NALT 和 PP 相比，BALT 的生发中心和巨噬细胞少，且 T 淋巴细胞和 B 淋巴细胞分布特征不明显，T 淋巴细胞和 B 淋巴细胞相对大小基本一致，T 淋巴细胞与 B 淋巴细胞的比值为 0.7。ED5 染色，GALT 和 NALT 中有滤泡树突状细胞，但 BALT 中无滤泡树突状细胞。

不同物种间 BALT 差异很大，正常情况下，犬、猫和叙利亚仓鼠没有 BALT。兔 BALT 数量较多，其次是大鼠、豚鼠和小鼠。无菌猪没有 BALT，无菌大鼠有 BALT，但与普通级大鼠相比，BALT 数量较少。与暴露在病原体或抗原下的啮齿类相比，饲养在屏障/无特定病原体（specific pathogen free，SPF）设施内的啮齿类动物有较少的类似 BALT 的结构，健康的成人和小鼠肺中通常检测不到 BALT，实验感染或暴露在某些抗原的情况下，小鼠和人可产生诱导型的 BALT。诱导型的 BALT 主要由 B 淋巴细胞组成。小鼠的肺及唾液腺经感染与免疫介导相关疾病诱发形成三级淋巴组织，但在这些组织中淋巴细胞通常不存在。人和常见实验动物 BALT 的特点见表 2.36。

表 2.36　人和常见实验动物 BALT 的特点

人	兔	大鼠	无菌大鼠	小鼠	豚鼠	犬	猪	无菌猪	猫
诱导性	较多	有	有，较少	诱导型	有	无	有	无	无

4. 哈氏腺（结膜相关淋巴组织）

哈氏腺（Harderian gland）即副泪腺。位于眼窝中腹部、眼球后中央，在视神经区呈喙状延伸，为不规则带状。为外分泌腺，内部导管极为发达，每一小叶内的许多小导管呈辐射状向小叶间导管集中，最后汇成 2 或 3 个大导管通过连接束与瞬膜腺导管汇合，开口于瞬膜与巩膜间形成的穹窿内角，其分泌物有湿润和清洗角膜的作用，禽类的哈氏腺富含淋巴样细胞，亦是外周免疫器官的一个重要组成部分，作为局部免疫器官，对上呼吸道等处的免疫有重要作用。部分哺乳动物无哈氏腺，人无哈氏腺，但有报道称在人胚胎阶段存在短暂的哈氏腺结构。人和常见实验动物哈氏腺特点见表 2.37。

表 2.37　人和常见实验动物哈氏腺特点

人	啮齿类动物	猴	犬	猪	鸡
无	有	无	无	有	有

1）组织结构

哈氏腺是复管泡状腺，腺体表面的结缔组织被膜伸入实质，将其分割成大小不同的腺小叶，切面呈圆形或多边形。腺泡汇集成三级和次级收集管，然后通入单一的主导管，主导管纵行延伸于腺体全长，腺泡和收集管外均有毛细血管网。在腺泡和各级导管（排泄管）周围富含淋巴细胞，形成弥散淋巴组织，偶见呈团索状排列的淋巴小结或淋巴索。以哈氏腺为主的鼻旁和眼旁淋巴组织，亦是禽类非依赖腔上囊 B 淋巴细胞分化、繁殖的场所。

多数腺泡的上皮细胞是充满脂滴小泡的立方上皮细胞，其中含有长的线粒体；也有少数占据小叶中部的腺泡由小型细胞构成，其中含有浆液性分泌颗粒和精细折叠的细胞内小管。上皮细胞呈均一形态，细胞顶部充满大量脂滴小泡，使细胞呈淡色泡沫状。Ⅰ型上皮细胞中含有大量脂滴小泡；Ⅱ型上皮细胞充满脂滴大泡，含有大量线粒体；Ⅲ型上皮细胞无特异性特征。

卟啉是哈氏腺主要的分泌产物，在腺体中形成晶体聚集结构。间质卟啉晶体聚集结构周围有巨噬细胞，并逐渐形成异物型巨细胞；卟啉晶体聚集在间隙中，其占据的小管已发生变性。间质的巨噬细胞中可见晶体沉积物，有浆细胞围绕。变长的巨噬细胞中可见分散的晶体包含物，紧邻毛细血管上皮细胞。

2）比较组织学

由于腺体中黑素细胞的色素，啮齿类动物的哈氏腺常布有斑点。大鼠的哈氏腺不规则，覆盖眼球后部大面积，同时突出于眼球和眼窝之间。金黄地鼠的哈氏腺腺管由一种细胞构成，间质有大量肥大细胞，管腔内聚集卟啉；另一种腺管上皮由两种细胞构成，含有小脂滴的Ⅰ型上皮细胞，以及含有大脂滴的Ⅱ型上皮细胞，这些腺管内均可见卟啉复合物。

禽类哈氏腺腺体表面也有薄层结缔组织被膜，其与第三眼睑上腺连接的内侧部分和第三眼睑上腺相似，都是由管泡状的腺泡组成，腺细胞多为高锥体形，浆液性细胞较多。而其中间部分则是由大管腔腺泡和管泡状腺泡混合组成，外侧几乎全是大管腔腺泡。这些大管腔腺泡由立方上皮细胞线性排列组成，胞质浅染，几乎透明。主泪腺、第三眼睑上腺及哈氏腺的管泡状腺泡及叶内、叶间导管上皮细胞中都有酸性黏多糖和中性黏多糖。主泪腺含酸性黏多糖与中性黏多糖程度相当；第三眼睑上腺与哈氏腺腺细胞中主要是中性黏多糖，只有少量腺细胞中有酸性黏多糖，而导管上皮细胞中含有较多的酸性黏多糖和中性黏多糖。哈氏腺是禽类特有的免疫器官，分泌特异性抗体，在上呼吸道免疫方面具有重要作用，在免疫雏鸡时可以不受母源抗体影响。

鸡哈氏腺呈扁哑铃形，两端粗大钝圆（后端大于前端），中间细小，呈带状，淡红色或褐红色，表面可见大小不等的具圆形或多边形突起的分叶状结构。其位置在眼眶内眼球的腹侧和后内侧的筋膜内，左右对称，腺体后端钝圆，自眼球腹内侧移行到中部明显缩细（形成峡部）转而走向眼球的前内侧，眼球腹斜肌以筋膜止于腺体后 1/3 处的眼球腹侧巩膜并与腺体紧贴，并行于腺体的前内侧，和腺体的导管共同止于眶间隔前缘上方、第三眼睑穿窿的内角。腺体由筋膜包裹，腹侧凸，与眶面相接，背侧凹，与眼球内侧相连。

猪的哈氏腺很发达，出现于瞬膜的后 1/3 处，整个腺体呈蕈状，凸面光滑，被膜菲薄，可清楚地区分出 20～30 个多边形的小叶，凹面借一粗大的结缔组织连接束和一些细丝将其固定在瞬膜的尾部。连接束内有血管、神经和导管等通过。扫描电镜下可见到大量的呈葡萄串状的腺泡并由导管相连，腺泡外有胶原纤维成网状围绕。光镜下每个小叶内可见到大量的排列紧密的多边形腺泡，腺泡的间质很少，腺泡为纯浆液性，腺细胞大而界限清楚，核相对较小而圆，偏位于基部。腺泡腔小，腺细胞顶端可清楚见到嗜酸性的圆形分泌颗粒。肌上皮细胞大而明显。透射电镜下的浆液性上皮细胞有明暗两种，暗细胞中可见到电子密度较大的细小颗粒及粗面内质网，明细胞中缺乏细小颗粒，仅可见到一些滑面内质网及分泌颗粒。肌上皮细胞明显，数量多，结构同瞬膜腺中的肌上皮细胞。间质中未见到淋巴细胞和浆细胞，仅在个别较大的导管附近偶尔见到少量淋巴细胞集聚。

3）哈氏腺的功能

哈氏腺的一个特殊功能就是为第三眼睑和角膜提供润滑剂，以减少角膜与第三眼睑的摩擦，分泌泪液润滑瞬膜，对眼睛起机械保护作用。

哈氏腺属于外周免疫器官，以 B 淋巴细胞为主，其中 T 淋巴细胞和 B 淋巴细胞的比例约为 20∶80。可接受抗原刺激，分泌特异性抗体，再通过泪液进入呼吸道黏膜，成为空腔、上呼吸道的抗体来源之一，在上呼吸道免疫中起着重要的作用。哈氏腺不仅可在局部形成坚实的屏障，还能激发全身免疫系统，协调体液免疫。

哈氏腺的作用因动物种类不同而异，如水中哺乳类具有保护眼的作用，在兔和啮齿类中，具有皮脂腺和引诱物质的分泌腺的功能。鸟类以下等级的脊椎动物的瞬膜腺属于另一种系统的腺，但哺乳类则具有这两种腺。

5. 血结和血淋巴结

血结和血淋巴结是两种比较特殊的免疫器官，并不普遍存在于所有动物。

1）血结

血结（hemal node）主要存在于反刍动物，但也见于马、人和其他灵长类动物。具有过滤血液和进行免疫应答的作用。组织结构介于淋巴结和脾之间。血结通常沿内脏血管散在分布，往往成串存在，呈暗红色或棕色，大小不等，一般呈卵圆形。在血结的门部，有一支小动脉和一支较大的静脉进出。血结有输出淋巴管，但无输入淋巴管。

表面被覆被膜，被膜由致密的结缔组织和平滑肌纤维组成，伸入实质形成小梁，小梁互相连接，构成不发达的网状支架。实质主要由被膜下血窦、淋巴小结、淋巴索和深层血窦网组成。被膜下血窦位于被膜下，窦腔宽大，窦壁内有内皮细胞，窦内充满血液。深层血窦穿行于淋巴索和淋巴小结之间，彼此吻合成网，其窦壁由内皮细胞、基膜和平滑肌纤维组成。淋巴索由网状组织和填充于网架内的淋巴细胞组成，淋巴小结可见有典型的生发中心。

2）血淋巴结

血淋巴结（hemal lymph node）主要见于大鼠及反刍动物，或人，通常位于脾、肾等的血管附近或包埋于胸腺后面的结缔组织内，直径为 1～3mm，呈暗红色。血淋巴结在结构上介于淋巴结与血结之间，既有输入淋巴管，又有输出淋巴管，但输入淋巴管很少，在组织切片中很难观察到。血淋巴结的血管供应与淋巴结的基本相同。

血淋巴结由被膜和实质两部分组成，被膜很薄，且构成被膜的结缔组织中不含平滑肌纤维，小梁不发达。实质分为皮质和髓质，但界限不清。皮质包括被膜下窦和淋巴小结。被膜下窦的窦壁有内皮细胞，窦腔狭窄，腔内含有少量红细胞。血淋巴结的被膜下窦并不与血管直接相连，红细胞穿过毛细血管后微静脉和毛细血管而游走到淋巴组织与窦腔内。被膜下窦经由小梁延伸到结内。皮质中的淋巴小结轮廓不明显，生发中心很少见。髓质包括淋巴索和髓窦。淋巴索中浆细胞最多。髓窦狭窄，窦腔中含有红细胞和许多巨噬细胞，并且红细胞常常附着于巨噬细胞周围而形成玫瑰花状。

6. 乳斑

局灶性淋巴细胞和巨噬细胞聚集称为乳斑(milky spot)，通常见于人和啮齿类动物的大网膜与肠系膜。乳斑的数量和大小可能随着年龄的增长而增加，啮齿类动物感染了各种传染病或者与患免疫相关疾病时也会增加。纵隔组织中也可出现乳斑。各种淋巴器官的构造比较见表 2.38。

表 2.38 各种淋巴器官的构造比较

	胸腺	法氏囊	脾	淋巴结	血结	血淋巴结	扁桃体
上皮细胞	−	+	−	−	−	−	+
被膜	+	+	+	+	+	+	−
被膜下窦	−	−	−	+	−	−	−
分叶状况	+	+	−	−	−	−	−
胸腺小体	+	−	−	−	−	−	−
脾小体	−	−	+	−	−	−	−
皮质和髓质分区	+	+	−	+	(+)	(+)	−

注：+，有；−，无

参 考 文 献

鲍恩东, 张春兰, 张书霞, 等. 1999. 鸡胚法氏囊组织发育的电镜和组织学比较观察. 动物医学进展, 20(3): 57-59.

曹雪涛, 何维. 2015. 医学免疫学. 北京: 人民卫生出版社.

陈颖, 朱萍妹, 刘巧玲, 等. 2014. 常用实验动物不同组织部位肥大细胞异质性的组织学特点比较. 中国实验动物学报, 22(6): 75-80.

成令忠, 钟翠平, 蔡文琴. 2003. 现代组织学. 上海: 上海科学技术文献出版社: 597-662.

崔治中. 2016. 兽医免疫学. 北京: 中国农业出版社.

李春艳. 2012. 免疫学基础. 北京: 科学出版社.

李德雪, 林茂勇, 张乐萃. 2004. 动物比较组织学. 台北: 艺轩图书出版社: 199-202.

李和, 李继承. 2015. 组织学与胚胎学. 3 版. 北京: 人民卫生出版社: 68-80, 150-162.

李宪堂, Khan KN, John EB. 2019. 实验动物功能性组织学图谱. 北京: 科学出版社: 85-99(52-67).

林志, 崔岚, 黄瑛, 等. 2013. 食蟹猴与人淋巴结组织中不同类型免疫细胞的比较. 中国新药杂志, 22(9): 1019-1023.

秦川. 2008. 医学实验动物学. 北京: 人民卫生出版社: 71-138.

秦川. 2017. 实验动物比较组织学彩色图谱. 北京: 科学出版社: 21-35.

秦川. 2018. 中华医学百科全书基础医学: 医学实验动物学. 北京: 中国协和医科大学出版社: 28-29.

沈霞芬, 卿素珠. 2015. 家畜组织学与胚胎学. 5 版. 北京: 中国农业出版社: 119-132.

施新猷. 2000. 现代医学实验动物学. 北京: 人民军医出版社: 45-63.

宋佳乐. 2011. 小鼠颈部胸腺的比较细胞学研究. 沈阳: 沈阳师范大学硕士学位论文.

翟向和, 金光明. 2012. 动物解剖与组织胚胎学. 北京: 中国农业科学技术出版社.

周光兴. 2002. 比较组织学彩色图谱. 上海: 复旦大学出版社: 7-17.

郑国强, 刘安军, 滕安国, 等. 2011. 雌雄小鼠胸腺和脾脏的免疫比较. 安徽农业科学, 39(16): 9743-9745.

Cesta MF. 2006. Normal structure, function and histology of mucosa associated lymphoid tissue. Toxicol Pathol, 34: 599-608.

Elizabeth F. McInnes EF. 2012. Background Lesions in Laboratory Animals a Color Atlas. Edinburgh: Elsevier Ltd.

Haley PJ. 2003. Species differences in the structure and function of the immune system. Toxicology, 188(1): 49-71.

James MO. 1992. Harderian Glands: Porphyrin Metabolism, Behavioral and Endocrine Effects. Berlin, Heidelberg: Springer-Verlag.

Patrick JH. 2003. Species differences in the structure and function of the immune system. Toxicology, 188: 49-71.

Piper M, Treuting PM. 2018. Comparative Anatomy and Histology: A Mouse, Rat and Human Atlas. 2nd ed. London: Elsevier Ltd: 365-400.

William JB, Linda MB. 2012. Color Atlas of Veterinary Histology. 3rd ed. Iowa: Wiley-Blackwell: 89-104.

第三章　消化系统

消化系统包括消化管和消化腺。其主要功能是从外界不断地摄取食物，对食物进行消化和吸收，并排出残渣。食物中的营养物质，如蛋白质、脂肪、糖类、水、无机盐、维生素等，在消化系统中经过一系列变化，由大分子变为易吸收的小分子，通过消化管的上皮细胞进入血液，为全身各组织提供营养。

消化管是从口腔到肛门的连续管道，分为口腔、咽、食管、胃、小肠、大肠。口腔负责对食物进行机械研磨和初步消化，咽和食管主要负责将食物运送至胃，胃和小肠是食物的主要消化与吸收部位，食物残渣在大肠形成粪便，经由肛门排出体外。消化管壁有丰富的淋巴组织，具重要的免疫功能。胃肠道还有多种内分泌细胞，对机体功能有重要的调节作用。

消化腺包括位于消化管壁内的大量小消化腺和构成器官的大消化腺。小消化腺包括口腔黏膜小唾液腺、胃腺、肠腺等。大消化腺包括大唾液腺、胰腺、肝。大消化腺独立于消化管之外，通过导管将分泌的消化液排入消化管，对食物进行化学消化。大消化腺分为实质和间质。大消化腺外面包被结缔组织被膜，结缔组织连同血管、淋巴管和神经伸入腺体，构成间质，将腺体分为多个叶和小叶；由腺细胞组成的腺泡以及导管构成实质。

消化管起源于由内胚层卷折而成的原始消化管，原始消化管为在胚胎内呈头尾走向的管道，分为前肠、中肠和后肠。口腔底、舌、咽至十二指肠乳头的消化管由前肠分化而来，中肠分化为自十二指肠乳头至横结肠右 2/3 段之间的消化管，自横结肠左 1/3 段至肛管上段的消化管来自后肠。消化管的上皮及腺体的实质大多来自原始消化管的内胚层，结缔组织及肌组织来自脏壁中胚层。

肝、胆囊、下颌下腺、舌下腺、胰腺由前肠分化而来。

第一节　消化管的一般结构

除口腔与咽外，消化管壁分为黏膜、黏膜下层、肌层和外膜 4 层。食管、胃、小肠等部位的黏膜层和黏膜下层可共同突向管腔形成皱襞，使消化管的表面积明显增大。

一、黏膜

黏膜（mucosa）位于消化管的最内层，与食物直接接触，是消化管执行消化、吸收功能的主要结构。由于功能不同，不同消化管各段的黏膜形态差异很大。黏膜由黏膜上皮、固有层和黏膜肌层组成。

（一）黏膜上皮

黏膜上皮（epithelium mucosa）是衬于黏膜腔面的上皮，上皮的类型根据部位和功能的不同而有差别。口腔、咽、食管、肛门、啮齿类动物前胃的黏膜上皮为复层扁平上皮，胃和肠的黏膜上皮为单层柱状上皮。

（二）固有层

固有层（lamina propria）是指位于黏膜上皮下的疏松结缔组织层，含有丰富的血管、淋巴管和神经。胃肠的固有层中有胃腺和肠腺，还有平滑肌纤维、淋巴小结和弥散淋巴组织。黏膜上皮和固有层之间有一层基膜，在消化管上段比较明显，下段变薄。

（三）黏膜肌层

黏膜肌层（muscularis mucosa）分布于固有层和黏膜下层之间，由一至数层平滑肌纤维构成。黏膜肌层收缩，可改变黏膜的形态，有助于食物吸收、血液运行和腺体分泌物的排出。口腔、咽、部分食管和反刍动物的瘤胃没有黏膜肌层。

二、黏膜下层

黏膜下层（submucosa）为疏松结缔组织，含有小动脉、小静脉、淋巴管和黏膜下神经丛（submucosal plexus），也称为迈斯纳神经丛（Meissner's plexus）。食管和十二指肠的黏膜下层有食管腺与十二指肠腺分布。肠道固有层中的淋巴组织常穿过固有层抵达黏膜下层。

三、肌层

肌层（muscularis）位于黏膜下层外侧，咽部、食管上段和肛门为骨骼肌，其余消化管为平滑肌。肌层分为内环、外纵两层，肌层间有肌间神经丛（myenteric plexus，Auerbach's plexus），调节平滑肌的运动。肌层的收缩和舒张使消化管蠕动，从而混匀消化液和食物，并向后推送。肌间的结缔组织中有间质卡哈尔细胞（interstitial Cajal cell，ICC），呈多突起状，核椭圆形，胞质少，可能是胃肠道自主节律的起搏细胞。

四、外膜

外膜（adventitia）位于消化管的最外层，在食管上段和直肠下段为纤维膜，只有结缔组织，与周围组织相连且无明确界限。位于腹腔内的消化管如胃、大部分小肠与大肠的表面为浆膜（serosa），由外表面的间皮和间皮下的结缔组织构成，表面光滑，可减少器官之间的摩擦，利于胃肠运动。

第二节　口　　腔

口腔（oral cavity）由口腔壁围成，为消化管的起始部。口腔壁以骨和骨骼肌为支撑，内衬口腔黏膜。口腔前壁为唇，侧壁为颊，顶壁为硬腭和软腭，底部为舌和口底，口腔后接咽的口咽部。口腔内有牙。上、下颌牙齿排列成弓状，称为上、下齿弓。唇、颊和齿弓之间称为口腔前庭，齿弓以内称为固有口腔。三对大唾液腺的导管开口于口腔内。口腔有消化、发音、呼吸、感觉等功能。

唇分为上唇和下唇，上、下唇的游离缘围成口裂。兔的上唇正中线有纵裂，称为唇裂，使门齿外露，便于啃食草和树皮；口边有长硬的触须，有触觉功能。犬的口裂大，唇薄而灵活，有触毛，上唇与鼻融合，形成鼻镜，正中有纵行浅沟，称为人中，下唇近口角处的边缘呈锯齿状。猪的口裂大，唇的活动性小，上唇与鼻连在一起形成吻突，有掘地采食作用。羊和马的口唇灵活，为采食器官。

颊位于口腔两侧，外被皮肤，内为黏膜，中间为颊肌。在颊肌的上缘和下缘均有颊腺，颊腺管和腮腺管直接开口于颊部黏膜表面。犬的颊部黏膜光滑，常有色素。猪的颊部较短。猕猴、仓鼠、地鼠有颊囊（cheek pouch），颊囊的作用为储存食物。地鼠的颊囊位于口腔两侧，深 3.5~4.5cm，直径 2~3cm，一直延伸到耳后颈部，由一层薄而透明的肌膜构成，容量可达 10ml，缺乏腺体和完整的淋巴通路，因此对外来组织不产生免疫排斥反应，是进行组织培养、人类肿瘤移植和观察微循环改变的良好区域。

硬腭构成固有口腔的顶壁，向后与软腭相延续。硬腭的正中有一条腭缝，腭缝的两侧有多条横行的腭褶。颚缝前端有一个突起，称切齿乳头，两侧有切齿管（又称鼻腭管）的开口，鼻腭管与鼻腔相通。软腭位于硬腭后方，为含有腺体和肌组织的黏膜褶，前端附着于腭骨水平部，后端为游离缘，称腭弓，包围在会厌前面。

禽类没有软腭、唇和齿，颊不明显，上下颌形成喙。

一、口腔黏膜

口腔黏膜根据分布和功能可分为咀嚼黏膜（masticatory mucosa）、被覆黏膜（lining mucosa）、特殊黏膜（specialized mucosa）。咀嚼黏膜主要分布在硬腭和牙龈表面，承受的压力和摩擦力较大，角质层较厚，缺乏延展性。被覆黏膜主要是指分布在除硬腭、牙龈、舌背以外结构上的口腔黏膜，包括颊黏膜、唇黏膜、口底黏膜、舌腹黏膜和软腭黏膜等，角质层不明显，有一定的弹性和延展性。特殊黏膜又称味觉黏膜（gustatory mucosa），分布于舌背，既有咀嚼黏膜的特点，又有被覆黏膜的特点，表面有许多乳头，具有味觉功能。口腔黏膜只有上皮和固有层，无黏膜肌层。

（一）口腔黏膜上皮

口腔黏膜上皮为复层扁平上皮，人的口腔黏膜上皮仅在硬腭部出现角化。啮齿类及草食性动物的黏膜上皮角化明显。正常的口腔上皮结构密实，通透性小，大分子物质不易透过，可以阻挡有害物质进入。口腔底部的上皮薄，通透性高，利于化学物质的吸收，某些药物可经舌下给药。

口腔黏膜上皮中也有非角质形成细胞如黑素细胞、朗格汉斯细胞和梅克尔细胞，约占口腔黏膜上皮细胞总数的10%，胞质内没有角质形成细胞中的张力丝，也不形成桥粒。

口腔黏膜上皮和表皮一样，表层细胞不断脱落，由深层的细胞增殖补充。口腔黏膜上皮的更新对维持上皮的结构、功能和抵抗微生物聚集有重要意义。口腔上皮的更新比表皮快。

（二）口腔黏膜的固有层

口腔黏膜的固有层由细胞、纤维和基质构成。固有层分为乳头层和网状层，固有层结缔组织向上皮突起形成乳头，内有丰富的毛细血管，使黏膜呈红色。口腔黏膜的成纤维细胞是一种异质性的群体，可以接受不同的刺激而发生增生反应。结缔组织的乳头及上皮内有许多感觉神经末梢。固有层中有小唾液腺。固有层下方为骨骼肌（唇、颊等处）或骨膜（硬腭）。

二、舌

舌（tongue）分为舌尖、舌体和舌根。前 2/3 为舌尖和舌体，后 1/3 为舌根，以"V"形界沟为界。犬舌后部厚，前部宽而薄，有明显的舌背正中沟。舌尖下方有一对突出物称为舌下肉阜，为下颌下腺导管的开口处，猪无舌下肉阜。在舌体腹侧有一条与口底相连的黏膜褶，称舌系带。舌根附着于舌骨上。舌由表面的黏膜和深部的舌肌组成。舌根有许多淋巴小结，构成舌扁桃体。舌背黏膜有许多乳头状突起，称为舌乳头（lingual papillae）。

舌具有帮助咀嚼和吞咽、辅助呼吸、味觉等多种功能，在人中参与言语和发音，在草食性动物中是采食的重要器官。

（一）舌黏膜

舌的黏膜上皮为复层扁平上皮，背面上皮较厚并有各种舌乳头，腹面上皮薄而光滑，没有舌乳头。固有层由细密的结缔组织构成，含有丰富的毛细血管和神经末梢。除腹侧外，舌的其余部分均缺乏黏膜下层，固有层直接与舌肌相连接。舌腹黏膜的后方与口底黏膜相续并在中线处形成舌系带，连接舌与口底。在固有层和肌间的结缔组织内有舌腺分布，多为黏液腺，舌腺开口于舌表面和舌乳头基部。

舌根部的黏膜上有圆形或卵圆形突起，称为舌扁桃体，表面被覆薄的复层扁平上皮，深面有一或数个淋巴小结。舌扁桃体顶部中央凹陷，形成扁桃体隐窝，淋巴细胞可穿过上皮进入隐窝。

（二）舌乳头

舌乳头由黏膜上皮和固有层共同突出于舌表面形成，包括以下几种类型。

1. 丝状乳头（filiform papillae）

丝状乳头呈圆锥状，尖端略向咽部倾斜。数量最多，位于舌背面，分布均匀。乳头内有毛细血管和神经纤维。丝状乳头顶部覆盖较厚的角化复层扁平上皮，其余部位为角化不全的复层扁平上皮，使上皮更具韧性，耐摩擦，舌头接触硬腭时，参与挤压食物。丝状乳头浅层上皮细胞角化并不断脱落，外观白色，称为舌苔。丝状乳头上皮内无味蕾。犬的丝状乳头有两个或更多的尖刺，后面的一个尖刺更大，角质层也比较厚。猫的丝状乳头很大，有两个大小不同的突起。在反刍动物中，丝状乳头角化的圆锥体突出于舌表面，结缔组织轴心形成数个次级乳头。马的丝状乳头为角化的细丝状结构，结缔组织轴心终止于角化细丝状结构的基部（表3.1）。

表3.1 常见实验动物及人舌乳头的组织学比较

种属	丝状乳头	叶状乳头	菌状乳头	轮廓乳头
恒河猴	发达，呈小柱状，顶端尖锐，有少量粗大角质颗粒	发达	发达	发达
犬	欠发达，呈柱状或钩状，有两个或更多的尖刺，后面的一个尖刺更大，角质层也比较厚	发达	稍欠发达	发达，味蕾数量多
兔	发达，呈小柱状，顶端稍平，有大量细小角质颗粒	发达	稍欠发达	稍欠发达
大小鼠	发达，呈小柱状，顶端尖锐，有大量粗大角质颗粒	欠发达	稍欠发达	稍欠发达
树鼩	发达，呈"U"形，顶端分叉，有大量粗大角质颗粒	欠发达	稍欠发达	稍欠发达
其他动物和人	反刍动物丝状乳头为角化的圆锥体，突出于舌表面，结缔组织轴心形成数个次级乳头；马的丝状乳头为角化的细丝状结构，结缔组织轴心终止于角化细丝状结构的基部；猫的丝状乳头很大，有两个大小不同的突起	人的叶状乳头退化；反刍动物无叶状乳头；猫的叶状乳头发育不全且无味蕾	马和牛的菌状乳头内味蕾稀少，羊和猪的味蕾数量较多，肉食动物和山羊味蕾数量最多	猪的轮廓乳头内味蕾数量多；猫的轮廓乳头内味蕾数量最少

2. 菌状乳头（fungiform papillae）

菌状乳头形似蘑菇，数量较少，分散在丝状乳头之间，多位于舌尖和舌缘。乳头顶部呈半球形，表面被覆光滑的薄层角化鳞状上皮，内有一或多个味蕾，侧面为非角化上皮。固有层富含毛细血管，使菌状乳头颜色鲜红。马和牛的菌状乳头内的味蕾稀少，羊和猪的味蕾数量较多，肉食动物和山羊味蕾数量最多（表3.1）。

3. 轮廓乳头（circumvallate papillae）

轮廓乳头体积最大，顶部平坦，数量少，有10余个，位于舌界沟前方。固有层的结缔组织形成蘑菇形初级乳头和多个低矮的次级乳头，顶面被覆薄层角化上皮，侧壁为非角化上皮。乳头周围有深沟环绕，称为环沟或味沟。在环沟两侧的上皮中，有许多味蕾，为浅染的椭圆形小体。猪和犬轮廓乳头内的味蕾数量最多，猫最少。固有层中有浆液性的味腺，导管开口于环沟底部。味腺分泌的稀薄液体不断冲洗味蕾表面的食物残渣，利于味蕾不断接受新的刺激。

4. 叶状乳头（foliate papillae）

叶状乳头分布于舌根两侧，呈长椭圆形，由数个横行的叶片状黏膜皱襞构成，方向与舌的长轴垂直。相邻叶状乳头间有深沟。叶状乳头表面被覆角化上皮，侧面上皮内有味蕾。人的叶状乳头已经退化，家兔的叶状乳头比较发达，反刍动物无叶状乳头，猫的叶状乳头发育不全，且无味蕾。

（三）味蕾

味蕾（taste bud）为味觉感受器，分布于轮廓乳头、菌状乳头、叶状乳头、软腭、会厌、咽和喉的黏膜上皮。人青年时期味蕾最多，到老年时减少，味阈值也随年龄增长而增高，因此味觉敏感度下降。大小鼠和人的味蕾形态相似，但分布不同。人的味蕾大部分位于舌，软腭处味蕾的数量也较多，少量味蕾位于会厌、喉和咽。小鼠会厌、喉和咽的味蕾数量较多。禽类舌黏膜味觉乳头不发达，分布于舌根附近，仅有少量结构简单的味蕾，因而味觉不敏感，但对水温非常敏感。

味蕾顶部有 1~4 个小孔，称为味孔，与口腔相通。味蕾细胞可分为支持细胞（supporting cell）和味觉细胞（gustatory cell）两种类型，均呈梭形，核位于味蕾细胞中下部。味觉细胞多位于味蕾中央部，支持细胞多在味蕾的周边或味觉细胞之间。味觉细胞胞体细长，核呈卵圆形或圆形，淡染，称为亮细胞。支持细胞核呈梭形或卵圆形，染色较深，胞质染成暗红色，整个细胞因深染称为暗细胞。周边的支持细胞两端略弯向中央，呈环状排列包绕整个味蕾，把味蕾与周围的黏膜上皮细胞分开；在味觉细胞之间的支持细胞略短，把各个味觉细胞隔离开，起绝缘和支持的双重作用。亮细胞和暗细胞顶端有微绒毛（也称味毛）突入味孔。有人认为亮细胞和暗细胞都是味觉细胞。味觉细胞胞质基底部有突触小泡样颗粒，与味觉神经末梢形成突触。味蕾中还有基细胞（basal cell），数量少，呈锥形，位于味蕾基底部，可分化为其他味蕾细胞。

基本味觉有 4 种：酸、甜、苦、咸，其他味觉都是由这 4 种基本味觉组合而产生的。味觉可反映有味物质的化学成分。不同个体的味觉感受能力不同，通常乳头数目多、味孔密度大者味觉敏感。每个味觉细胞膜上大都有 2 种以上基本味觉受体，所有的味蕾都能感受 4 种基本味觉，但不同部位的单一味蕾对一种或几种基本味觉刺激最为敏感，如舌尖处的味蕾对甜物质敏感，舌侧缘对酸物质敏感，舌尖和舌侧缘都对盐类敏感，舌后部、腭、咽和会厌等部位对苦物质敏感。多种苦物质常有毒性，许多动物拒食带苦味的物质，所以苦味觉有利于动物的存活。猪舌体的味蕾能感觉甜味，喜食甜食。

（四）舌肌

哺乳动物的舌肌因肌束起止点不同，分为舌内肌和舌外肌。舌内肌构成舌的主体，由纵行、横行及垂直走行的骨骼肌纤维束交织而成。它们的起止点均在舌内，收缩时可改变舌的形态。舌外肌有颏舌肌、舌骨舌肌和茎突舌肌，它们的起始端附着于骨骼上，止于舌内结缔组织，收缩时改变舌的位置。颏舌肌收缩时使舌前伸，茎突舌肌和舌骨舌肌收缩时使舌后缩。舌内、舌外肌可单独或协同活动，使舌可以灵活运动。舌肌纤维束比一般骨骼肌肌束小，肌束膜也不明显。肌纤维的直径随年龄的增长而减小。舌肌束之间有少量纤维结缔组织，其间有血管和神经纤维走行。

舌内肌有丰富的本体感受器——肌梭，能感知肌肉收缩或弛张的牵张刺激，并通过传入神经将信息传导到中枢，使中枢神经系统控制舌内肌的活动。不同哺乳动物舌内肌的肌梭分布形式有明显差异。大鼠舌横机和舌垂直肌以及舌纵肌的前半段均无肌梭存在，仅舌后部的舌纵肌内有肌梭，数目为 0~7 个。猴和人的三组舌肌内都有肌梭分布。猴的肌梭数目为 13~132 个，人的肌梭数目高达 548 个。舌肌的活动状态与舌的形状和运动形式密切相关。舌的扁平和卷曲运动仅见于灵长类发音或言语时，因此哺乳动物肌梭分布的差异反映了其舌运动形式的不同。

小鼠（尤其是 DBA 小鼠）易发生舌肌的自发性钙化，常见于背侧皮下的舌纵肌和舌中部，严重时可伴有炎症改变，被覆的鳞状上皮可发生增生及溃疡。易发生淀粉样变性的小鼠（CBA/J、C57BL/6、Swiss）淀粉样物质沉积可见于舌肌。

三、牙

牙（tooth）分为三部分，露在外面的部分称为牙冠，埋在牙槽骨内的部分称为牙根，两者交界处为牙颈。牙中央有牙髓腔，开口于牙根底部的牙根孔。牙由牙本质、釉质、牙骨质三种钙化的硬组织和牙髓软组织构成。牙根周围的牙周膜、牙槽骨骨膜和牙龈统称为牙周组织。

草食动物如牛、羊、兔没有犬齿。兔的上颌具有前后两对门齿，前一排为一对大门齿，后一排为一对小门齿，形成特殊的双门齿型。啮齿类动物的切牙终生不发育出典型的牙根结构，且在一生中持续生长，需经常啃咬有一定硬度的食物，使门齿磨损而保持适当的长度。大鼠的磨牙及猪的牙齿解剖结构与人相似，给予致龋食物可产生与人类一样的龋损，是复制龋齿的良好动物模型。猕猴的牙齿数目与人类相同，牙齿结构和口腔内的微生物类似于人类，可诱发龋齿，适用于做龋齿及口腔矫形、牙齿再植等研究（表 3.2）。禽类没有牙齿。

表 3.2 各动物牙齿特点比较

种属	牙齿特点
小鼠	上下颌相同，各有 2 个门齿和 6 个白齿，上颌每侧各有一个门齿，称为单门齿型，门齿为有根牙，仅唇侧有牙釉质，终生不断生长，需经常啃咬有一定硬度的食物，使门齿磨损而保持适当的长度，因此小鼠喜欢食用香脆有一定硬度的食物，门齿后接近中线有一对小唾液腺乳头；齿式为 1003/1003=16
大鼠	齿式和生长特点与小鼠相似；大鼠磨牙的解剖形态与人类相似，给予致龋菌丛和致龋食物可产生和人一样的龋损，适用于进行龋齿的实验研究；齿式为 1003/1003=16
豚鼠	门齿呈弓形，尖利，终生生长，白齿发达；齿式为 1013/1013=20
地鼠	门齿孔小，白齿呈三棱形，门齿能终生生长；齿式为 1003/1003=16
兔	有发达的门齿，为双门齿型，上颌除有一对大门齿外，后面还有一对小门齿，无犬齿，白齿咀嚼面宽大，有横嵴；齿式为 2033/1023=28
犬	具备肉食动物的特点，犬齿大而锐利，能切断食物，到一岁半后犬齿才能长结实；成犬齿式为 3142/3143=42
猪	有发达的门齿和犬齿，齿冠尖锐突出，白齿较发达，齿冠有台面，上有横纹，猪牙齿的解剖结构与人相似，给予致龋食物可产生与人类一样的龋损，是复制龋齿的良好动物模型；齿式为 3143/3143=44
猕猴	在解剖、发育的次序和数目方面与人相似，牙齿结构和口腔内的微生物类似于人类，可诱发龋齿，适用于做龋齿及口腔矫形、牙齿再植等研究；成年齿式为 2123/2123=32

牙胚是牙的始基，由原始口腔的外胚层上皮与其下方的间充质发育而成。颌面部的间充质由起源于神经外胚层的神经嵴迁移而来。牙胚包括成釉器及其下方的牙乳头和周围的牙囊。成釉器发育为釉质，牙乳头发育为牙本质和牙髓，牙囊发育为牙骨质和周围组织（牙周膜和部分牙槽骨）。牙齿的发育受到甲状旁腺激素、药物、维生素和钙磷镁水平的影响。

（一）牙本质

牙本质（dentine）构成牙的主体，牙冠部覆盖着釉质，根部由牙骨质包绕，中心为牙髓。成熟牙的牙本质可分为髓周牙本质、浅层牙本质和托姆斯颗粒层三部分。髓周牙本质（circumpulpal dentin）分布在牙髓腔周围，是牙根和牙冠的主体结构。浅层牙本质（superficial dentin）覆盖在髓周牙本质的浅面，其中在牙冠部的称罩牙本质（mantle dentin），厚 10～15μm，是最早形成的牙本质，在牙根部的称 Hopwell-Smith 透明层，厚约 10μm。托姆斯颗粒层（Tomes granular layer）位于 Hopwell-Smith 透明层和髓周牙本质之间。

牙本质由牙本质小管（dentinal tubule）、管内牙本质（intratubular dentin）和管间牙本质（intertubular dentin）构成。牙本质的内表面有一层成牙本质细胞，其突起伸入牙本质小管，可以产生牙本质的有机成分。

牙本质小管呈细管状，从牙髓腔面向周围呈放射状走行，除牙尖及根尖部较直外，其余部分呈“S”形弯曲。牙本质小管越向周边越细，且有分支吻合。未成熟的牙本质小管全长被牙本质细胞突占据，成熟牙本质小管的内容物含成牙本质细胞突、胞质碎片和细胞外液。

管内牙本质是牙本质矿化程度最高的部分，只存在于矿化了的牙本质内，它围绕着成牙本质细胞突及其周围间隙，构成牙本质小管的壁。

管间牙本质位于牙本质小管之间，是牙本质的主体，约占牙本质总体积的 90%，由胶原纤维和钙化的基质构成，化学成分与骨质相似。管间牙本质的胶原纤维由成牙本质细胞分泌产生，主要是 I 型胶原，与其他结缔组织中的胶原相比，不易被酸性物质溶解。牙本质的矿物质主要是羟基磷灰石晶体，还含有少量镁盐、碳酸盐及多种微量元素。牙本质无机成分占 80%，较骨质坚硬。

透过釉质可以辨别牙本质的颜色。牙本质在青年人呈浅黄色，牙髓发生病变时，牙本质也可变色，临床上称为牙变色。

牙本质在失去活牙髓的支持以前，始终进行着周期性的附加生长，即成牙本质细胞不断产生新的基质并不断矿化，从而增添新的牙本质，使整个牙本质从内向外逐渐增厚。在增厚过程中，矿化活动期和休止期交替存在，形成痕迹增生线。牙本质也有吸收和改建过程。乳牙和第一恒磨牙的牙本质，部分形成于胎儿时期，部分形成于出生后，由于出生前后环境及营养条件的改变，牙本质的发育在一段时期内受到干扰而形成一条显著的增生线，称为新生线（neonatal line）。若在牙本质形成过程中服用某些药物如四环素，牙本质矿化发生障碍而出现的类似线，称为钙创伤线（calciotraumatic line）。

牙本质对机械刺激、化学刺激及温度刺激都较敏感，特别是釉质与牙本质交界处最为敏感。

（二）釉质

釉质（enamel）包在牙冠部的表面，从其与牙本质交界处向牙冠表面呈放射状紧密排列，是身体中最坚硬的结构，无机物占 96%，有机物很少。脆性大，如果失去下方具有弹性的牙本质的支持，容易碎裂。釉质各部厚度不一，牙尖及切缘部最厚，牙颈部的边缘极薄。釉质的颜色取决于它的透明度，透明度大则透出牙本质的黄色，使牙冠显得较黄；透明度不大，则牙冠显得较白。釉质因含有磷酸钙而有较高硬度，磷酸钙以羟基磷灰石的形式存在。釉质表层有氟、铅、锌和铁等离子，可能有吸收这些离子的作用。含氟量高的釉质具有较强的抗龋能力，含碳酸盐量高的则容易发生酸溶解。釉质中有机质的一半是蛋白质，是组成釉基质的重要成分，在釉质发育、成熟过程中，能吸引钙、磷离子并将它们变成矿化晶体，因此釉基质蛋白的作用非常重要。

釉质分为釉柱型釉质和无釉柱型釉质。无釉柱型釉质中的无机晶体几乎全部垂直于牙体表面，在牙磨片上基本呈均质状。人的牙釉质绝大部分属釉柱型釉质，小部分属无釉柱型釉质，仅分布于釉、牙本质界附近和釉质的最表层。牙釉质含有数以万计的釉柱（enamel prism，enamel rod），排列紧密，相互平行地从釉、牙本质界向釉质表面延伸，每条釉柱几乎贯穿釉质全层，并在延伸过程中左右弯曲。釉柱大致为长柱体，在釉、牙本质界处宽约 3μm，近表面处约 6μm。观察时釉柱断面的形状随牙磨片所取的方位不同而有所不同。

（三）牙骨质

牙骨质（cementum）包在牙根部的牙本质外面，从牙骨质与釉质界一直延续到根尖。牙骨质的组成和结构与板层骨相似，但不含血管，且在生理情况下只增生而不被吸收。近牙颈部的牙骨质较薄，无骨细胞。根尖牙骨质可不断生长，维持牙体的正常长度和冠根的适当比例；牙骨质能使牙周韧带的宽度维持在 0.2mm 左右，以适应牙周韧带的不断改建和附着；如果牙根受伤，牙骨质担负修复任务，如发生根折和创伤性牙根吸收后的修复，就是通过牙骨质的沉积实现的。牙骨质由于不被吸收，它的持续生长可导致根尖孔闭塞，因此牙骨质的不断沉积也是牙齿衰老的标志之一。

（四）牙髓

牙髓（dental pulp）为疏松结缔组织，位于牙髓腔内，被坚硬的牙本质包围，借根尖孔侧支根管与牙周组织相连。牙髓腔分为两部分，位于牙冠扩大为室的部分，称为髓室（pulp chamber）；延向牙根的部分缩成小管，称为根管（root canal），末端开口于根尖孔。

牙髓与其他结缔组织相似，由细胞、纤维和无定形基质构成，内含自牙根孔进入的血管、淋巴管和神经纤维，对牙本质和釉质有营养作用。

冠部牙髓自外周至牙髓中心可分为 4 层：成牙本质细胞层、无细胞层或称魏尔层（Weil layer）、多细胞层、髓核（pulp core）或称中心牙髓。颈部和根部的牙髓分层不明显。

1. 牙髓内的细胞

牙髓内的细胞主要有成牙本质细胞、成纤维细胞、未分化间充质细胞、巨噬细胞和树突状细胞等。其中成牙本质细胞、成纤维细胞、未分化间充质细胞来源于神经嵴细胞，为牙髓固有细胞，巨噬细胞和树突状细胞来自单核细胞，属暂留细胞。

1）成牙本质细胞

成牙本质细胞（odontoblast）在牙髓和牙本质间排列成整齐的一层，该细胞有一个长的突起伸入牙本质小管内。成牙本质细胞根据形态和功能状态不同，分为分泌性成牙本质细胞、休止或衰老的成牙本质细胞及移行性成牙本质细胞。光镜下，分泌性成牙本质细胞呈高柱状，细胞内的常染色质附着于核膜，核仁明显，胞质强嗜碱性。休止或衰老的成牙本质细胞呈扁平状，胞质少，胞质弱嗜碱性。移行性成牙本质细胞光镜下不易识别。

2）成纤维细胞

成纤维细胞是牙髓中的主要细胞，细胞呈星形，有胞质突起互相连接，核染色较深，胞质淡染。成纤维细胞合成胶原的功能活跃，随着机体的衰老，牙髓成纤维细胞数量减少，细胞呈扁平梭形，细胞器减少，合成和分泌功能下降。

3）牙髓树突状细胞和巨噬细胞

牙髓树突状细胞（pupal dendritic cell）具有与其他树突状细胞类似的结构特征，主要分布于牙髓深部的血管周围和牙髓周边的成牙本质细胞层，胞质突起与血管内皮细胞膜接触，形成一个遍布牙髓的细胞网络。牙髓树突状细胞具有捕捉、加工、处理抗原和将抗原提呈给淋巴细胞及免疫监督的作用。

牙骨髓内的巨噬细胞形态不规则，有短突起，核小而圆，深染。炎症时胞质内颗粒及空泡增多，核增大。

4）未分化间充质细胞

未分化间充质细胞位于小血管及毛细血管周围，在受到刺激时，可分化为其他类型的细胞。

2. 牙髓内的纤维、血管和神经

牙髓内的纤维成分主要是胶原纤维和网状纤维，弹性纤维仅见于较大的血管壁。牙髓中的基质是致密的胶样物，呈颗粒状和细丝状，主要成分为蛋白多糖和糖蛋白。

牙髓内的血管丰富。牙髓静脉管径与动脉相似，但管腔较大，管壁更薄，出根尖孔处的静脉直径较动脉的管径小，为牙髓特征之一，与牙髓血流缓慢有关。

牙髓内有丰富的神经，进入牙髓的神经常与血管和淋巴管伴行，形成血管神经束，通过根尖孔到达髓腔。神经到达髓腔后，伴随血管从牙髓中心向牙髓外周延伸并呈树状分支，最终在成牙本质细胞下形成成牙本质细胞下神经丛，进入牙髓的神经主要由三叉神经的感觉神经和颈上节的交感神经分支组成，含有有髓神经纤维和无髓神经纤维。牙本质受刺激时，可出现性质不同的痛觉，一种是尖锐而局限的快痛，与传导快痛的有髓神经纤维（Aδ 纤维）有关；另一种是弥散性钝痛，传导此类慢痛的纤维主要是无髓神经纤维（C 类纤维）。牙髓内还有机械、温度和触觉感受器，由有髓神经纤维（Aβ 纤维）传导刺激。

3. 牙髓的功能

牙髓具有多方面的功能，包括参与牙的形成和发育、修复牙组织、营养作用、感受刺激和防御保护等。随着年龄增长和外界不良刺激累积，牙髓腔逐渐缩小，牙髓内的细胞减少，纤维成分增多，牙髓活力下降，并常发生营养不良性钙化，可妨碍根管治疗。

（五）牙周韧带

牙周韧带（peridental ligament）又称牙周膜（peridental membrane），是位于牙根和牙槽骨之间的致密结缔组织，使牙附着于牙槽窝内。牙周韧带与其他结缔组织相似，由细胞、纤维和基质构成。牙周韧带内致密的胶原纤维束有一定的排列方向，称为主纤维束，其一端埋入牙骨质，另一端伸入牙槽骨，将两者牢固连接。主纤维束间为疏松的纤维，称间隙纤维，其间有血管和神经穿行。老年动物的牙周韧带常发生萎缩，引起牙齿脱落。

（六）牙龈

牙龈（gingiva）是由复层扁平上皮及固有层组成的黏膜。牙龈包绕覆盖着牙颈和牙槽骨。牙龈可分为游离龈、附着龈和牙间乳头三部分。游离龈指牙龈边缘部分，与牙面不附着，游离可动。游离龈与牙面之间有一狭窄的间隙，称为龈沟，龈沟内有龈沟液，成分与血清相似。附着龈位于游离龈的根方，紧密附着在牙槽突表面，呈粉红色，表面有橘皮样点状凹陷，称为点彩。牙间乳头也称龈乳头，呈锥体状填充于相邻两牙接触区根部的间隙部分。在颊侧和舌侧的龈乳头顶端位置较高，在牙邻面接触区根方呈低凹状，称为龈谷（gingival col），龈谷上皮为缩余釉上皮，无角化，无钉突，对局部刺激抵抗力较低。

牙龈由上皮和固有层结缔组织以及血管、神经构成。牙龈上皮为复层扁平上皮，表层角化或不全角化，上皮钉突细长。牙龈固有层为致密结缔组织，含丰富的胶原纤维，I 型胶原约占 90%，其次为 II 型胶原，约占 8%。基质为蛋白多糖和糖蛋白。牙龈的神经来自三叉神经感觉支，神经末梢丰富，分布于上皮及周围的结缔组织内。

老年人的牙龈常萎缩，牙颈外露。

四、咽

咽（pharynx）连接口腔和食管、鼻腔和咽喉，是消化系统和呼吸系统的共同通路。咽分为口咽、鼻咽和喉咽三部分，三者并没有明确的分界。一般来说，鼻咽位于颅底下方、软腭背侧，鼻腔后端与会厌之间；口咽位于软腭至会厌顶端；喉咽位于会厌顶端后方至食管起始处。咽壁结构分为三层：黏膜、肌层和外膜。

猪的咽部在食管口上方有猪特有的咽憩室，为一短小盲管，成年猪深 3～4cm，用注射器给药时，如果注射器插入太深，可能会进入或穿过咽憩室，使药物聚集在颈部组织内，造成严重损伤。

（一）黏膜

口咽部黏膜上皮为复层扁平上皮，鼻咽和喉咽部黏膜为假复层纤毛柱状上皮，固有层为细密的结缔组织，含有淋巴组织和腺体。口咽部为黏液性腺体，鼻咽部为混合腺。咽部的淋巴组织发达，在固有层弥散分布。人的咽部有咽扁桃体，大鼠及小鼠没有明确的扁桃体。咽没有黏膜肌层，由厚而致密的弹性纤维取代。鼻咽部外侧壁黏膜下层较明显，其余部位无明显的黏膜下层。

（二）肌层

肌层为环形和纵行排列的横纹肌，厚薄不一。弹性纤维层常发出小束弹性纤维到肌束之间。有时可见有从固有层伸入的黏液腺。

（三）外膜

外膜为纤维膜，富含血管及神经纤维，与外周的结缔组织相连接。

第三节 食 管

食管（esophagus）呈长管状，肌层发达，腔面形成数条纵行的黏膜皱襞，食物通过时皱襞局部展平，暂时消失。人的食管长约 25cm。食管壁有 4 层结构：黏膜层、黏膜下层、肌层和外膜。禽类在食管的下 1/3 有嗉囊，为食管的膨大部，可以储存和软化食物。

一、黏膜层

（一）上皮

食管的黏膜上皮属于复层扁平上皮，主要起保护作用，可以分为基底层、棘细胞层、颗粒层和角质层。

1. 基底层

基底层为上皮最深一层，为立方或柱状细胞，以半桥粒附着于基底膜上。细胞核较大，呈椭圆形，核膜不平整，有核仁。胞质呈强嗜碱性，有丰富的游离核糖体和直径 10nm 的角蛋白丝，其终止于桥粒的附着板。

2. 棘细胞层

棘细胞层由 3~8 层多边形细胞构成，浅层逐渐变扁平。深部细胞胞质仍为强嗜碱性，至浅层则染色变浅。细胞表面可见许多棘状突起，因此称为棘细胞。电镜下，相邻棘细胞的突起彼此相连形成细胞间桥，有发达的桥粒。胞质内角蛋白丝丰富，在胞质周边部形成粗大的角蛋白丝束，垂直于细胞表面，附着于桥粒上。

3. 颗粒层

颗粒层由薄层扁平或梭形细胞构成。细胞核扁，染色质浓缩。此层细胞的特征是出现了透明角质颗粒，此颗粒在 HE 切片上呈强嗜碱性，电镜下呈圆形，大小不等，电子密度高，无包膜。食管上皮内的透明角质颗粒远少于表皮。

4. 角质层

角质层为上皮最表浅的扁平细胞层，胞质中含有大量角蛋白丝和少量糖原颗粒，其他细胞器基本消失。人的食管上皮正常情况下角化不全，仍含有浓缩的核。人的食管下端复层扁平上皮与胃贲门部单层柱状上皮骤然相接，是食管癌的易发部位。对于其他动物，由于种类和食性不同，食管黏膜上皮发生不同程度的角化，大鼠、小鼠、豚鼠、草食马属动物和反刍动物的上皮角化明显，杂食性的猪轻微角化，肉食动物一般不角化。猫、狗、兔和人一样，这层细胞始终保留浓缩的核，不完全角化。大小鼠在禁食时，食管角化程度增加（表 3.3）。

表 3.3　各动物及人食管特点比较

	特点
上皮	由于动物种类和食性不同，食管黏膜上皮发生不同程度的角化，大鼠、小鼠、豚鼠、草食马属动物和反刍动物的上皮角化明显，杂食性的猪轻微角化，肉食动物一般不角化；猫、狗、兔和人一样，这层细胞始终保留浓缩的核，不完全角化；大小鼠在禁食时，食管角化程度增加 人、猫、猴等动物食管上 1/3 段的上皮内有游离神经末梢；蛙等动物的食管上皮内有味蕾存在
黏膜肌层	马属动物、反刍动物和猫在靠近咽部有散在的平滑肌束，至后段平滑肌增多形成黏膜肌层；大鼠、小鼠、猪和犬的食管前段缺乏黏膜肌层，后段黏膜肌层发达
黏膜下层	啮齿类动物食管黏膜下层无食管腺，可见肥大细胞；猪和犬的食管腺为黏液腺与混合腺，猪食管前半段腺体丰富，后半段缺乏食管腺；犬的食管全段都有食管腺，并延伸到胃贲门部；反刍动物、马和猫的食管腺只分布于咽和食管的连接处；猪食管黏膜下层可见较多淋巴小结
肌层	反刍动物和犬的食管肌层全部为骨骼肌；马食管前 2/3 为骨骼肌，后 1/3 逐渐变为平滑肌；猪食管前 1/3 为骨骼肌，中 1/3 由平滑肌和骨骼肌混合组成，后 1/3 为平滑肌；猫食管前 4/5 为骨骼肌，后 1/5 为平滑肌

食管黏膜上皮中可见到朗格汉斯细胞，形态结构和分布与表皮中者相似，胞体较大，圆形或多边形，有 3~5 个突起伸入上皮细胞间，核不规则，有凹陷。食管下段数量高于上段。朗格汉斯细胞具有吞噬异物、提呈抗原和迁移能力，与淋巴细胞关系密切，参与消化管的免疫功能。

食管表面细胞不断脱落更新，由基底层细胞增殖补充，从深部向浅层移动，深层细胞的增殖和表层细胞的脱落相平衡。食管上皮细胞从开始分化到脱落，周期为 4~14 天。大鼠食管上段上皮细胞的更新周期为 8.8 天，下段为 10.6 天。

人、猫、猴等动物食管上 1/3 段的上皮内有游离神经末梢，蛙等动物的食管上皮内有味蕾存在。

（二）固有层

固有层为疏松结缔组织，形成乳头突向上皮。牛的乳头较长，马、猪、犬的乳头较粗而且不规则。

固有层结缔组织中的胶原纤维和弹性纤维较细,有少量成纤维细胞、肥大细胞和淋巴细胞。毛细血管多呈襻状,襻顶朝向上皮。食管下段血管较丰富,人的食管下段是食管静脉曲张易出血的部位。食管上端和下端的固有层内有少量黏液腺。

(三)黏膜肌层

黏膜肌层为散在的纵行平滑肌束。马属动物、反刍动物和猫在靠近咽部有散在的平滑肌束,至后段平滑肌增多形成黏膜肌层;大鼠、小鼠、猪和犬的食管前段缺乏黏膜肌层,后段黏膜肌层发达。

二、黏膜下层

黏膜下层为疏松结缔组织,富含粗大的胶原纤维和纵行的弹性纤维,含有丰富的动脉、静脉、淋巴管和神经纤维。靠近肌层有散在的黏膜下神经丛。黏膜下层含有食管腺,为小型的复管泡状黏液腺,多见于食管上段和下段的黏膜下层。食管腺的小导管短,多条小导管汇合后形成粗大的导管,开口于黏膜表面。食管腺周围常有较密集的淋巴组织和浆细胞。猪食管黏膜下层可见较多淋巴小结。

不同动物食管腺的性质和数量不同。啮齿类动物食管黏膜下层无食管腺,可见肥大细胞。猪和犬的食管腺为黏液腺与混合腺,猪食管前半段腺体丰富,后半段缺乏食管腺。犬的食管全段都有食管腺,并延伸到胃贲门部。反刍动物、马和猫的食管腺只分布于咽和食管的连接处。

三、肌层

肌层分为内环和外纵两层,排列不太规则,内层多为螺旋状走行,外层呈斜行,两层间有薄层结缔组织。迷走神经与颈、胸交感干的分支及肌层间的神经元共同构成网状分布的肌间神经丛,多位于食管的中、下段。与胃、肠相比,食管的肌间神经丛不是很发达。食管上 1/3 段为骨骼肌,下 1/3 段为平滑肌,中 1/3 段两者兼有。食管上端和下端内环平滑肌增厚,形成食管上、下括约肌。食管上括约肌的作用是防止吞咽时食物自食管反流入咽及吸入的气体进入食管,后者阻止胃内容物反流。

食管肌层的类型因动物种类不同而异。反刍动物和犬的食管肌层全部为骨骼肌;马食管前 2/3 为骨骼肌,后 1/3 逐渐变为平滑肌;猪食管前 1/3 为骨骼肌,中 1/3 由平滑肌和骨骼肌混合组成,后 1/3 为平滑肌;猫食管前 4/5 为骨骼肌,后 1/5 为平滑肌。鸡的食管无肌层,管壁薄,因此饮水时需要把头后仰。

四、外膜

颈部食管外层为纤维膜,由疏松结缔组织构成,内含大量纵行的血管、淋巴管和神经。胸段食管外层为纵隔膜,有许多弹性纤维将食管连于横膈。人的食管进入腹腔后外表面为浆膜。

五、嗉囊

嗉囊(crop)为禽类食管的膨大部,其作用是暂时储存和发酵食物。在家禽中,鸭和鹅没有明显的嗉囊,只是食管相应部位呈纺锤形扩大。鸡的嗉囊位于锁骨的前方,为一薄壁的囊状结构,由食管的腹壁膨大形成,具有与食管相似的组织结构。家禽的嗉囊中没有黏液腺。家鸽的嗉囊是两侧对称的囊状结构,组织结构比较特殊,黏膜内分布有混合腺,分泌物中含有淀粉酶、蛋白酶等,具有一定的消化作用。在家鸽抱卵后期和育雏早期,雌鸽和雄鸽嗉囊的黏膜上皮都迅速增生,浅层的细胞聚集大量脂肪后脱落在嗉囊腔中,形成"鸽乳",可供哺乳幼鸽。

第四节 胃

胃（stomach）位于食管和小肠之间，可暂时储存食物，对食物进行机械和化学消化，并吸收部分水和无机盐。胃分泌的大量酸性胃液与食物搅拌在一起，形成流质的食糜，同时胃液中的胃蛋白酶可初步消化食物中的蛋白质。胃黏膜内有多种弥散的神经内分泌细胞，对胃本身及消化系统其他器官的功能有调节作用。

除鱼类、两栖类和蛇类外，大多数动物的胃呈囊状，胃入口处称为贲门，出口处称为幽门。高等脊椎动物胃的出入口逐渐接近，并横置于体腔中。人和大多数动物为单室胃。人和肉食动物的胃黏膜全部含有胃腺。大鼠、小鼠、仓鼠、地鼠的单室胃分为前胃和腺胃两部分，前胃为食管的延伸膨大，黏膜上皮为复层扁平上皮，腺胃为单层柱状上皮，前胃和腺胃间由隆起的黏膜皱襞形成的界限嵴分隔，因此这些动物没有呕吐反应。前胃可储存食物，因此在毒性实验中可能较胃肠道其他部分更长时间接触混在食物中的外源性物质。猪和马的胃是单室混合性胃，黏膜分无腺部和有腺部。猪胃的无腺部面积小，为贲门周边的四边形区域，有许多皱褶，呈白色，衬覆单层扁平上皮。马胃的无腺部面积较大，黏膜厚而苍白。反刍动物为多室胃，分为瘤胃、网胃、瓣胃和皱胃，瘤胃、网胃和瓣胃总称为前胃，是介于食管和真胃之间的膨大结构，为无腺部，衬有与食管黏膜相连续的复层扁平上皮，固有层不含腺体；皱胃含有腺体，功能相当于单室胃。禽类的胃分为腺胃和肌胃两部分。犬的胃容易插导管，适合做胃肠道生理实验（表 3.4）。

表 3.4　各动物胃特点比较

种属	解剖及组织学特点
小鼠	为单室胃，分为前胃和腺胃两部分，前胃为食管的延伸膨大部分，黏膜上皮为复层扁平上皮，腺胃为单层柱状上皮，前胃和腺胃间由界限嵴分隔，上皮无过渡形态；胃容量小，1.0～1.5ml，功能较差，不耐饥饿，灌胃给药的最大容量不能超过 1.0ml
大鼠	组织学特点与小鼠相似；前胃与腺胃间有界限嵴，胃收缩时界限嵴会堵住贲门，是大鼠不能呕吐的原因；胃容量为 4～7ml
地鼠	为单室胃，分为前胃和腺胃两部分；胃容量为 2～3ml
豚鼠	胃壁很薄，黏膜呈皱襞状；胃容量为 20～30ml
兔	为单室胃，胃底特别大，分为前小弯和后大弯
犬	较小，相当于人胃长径的一半，中等体型的犬胃容量在 1500ml 左右；犬的胃容易插胃管，适合做胃肠道生理实验
猪	为单室混合性，在近食管口端有一扁圆锥形突起，称憩室，贲门占胃的大部分，幽门腺宽大；胃容量较大，5～8L，消化特点介于肉食类和反刍类之间
反刍动物	为多室胃，分为瘤胃、网胃、瓣胃和皱胃，前三个胃总称为前胃，黏膜层没有腺体；皱胃是第 4 个胃，也称为真胃，黏膜层有腺体，功能相当于其他动物的单室胃
鸡	分为腺胃和肌胃，腺胃分泌胃液，用于消化蛋白质；肌胃肌肉发达，内有非常坚韧的类角质膜，肌肉的强力收缩可以磨碎食物，有利于消化

一、单室胃

胃壁的结构分为 4 层：黏膜层、黏膜下层、肌层和外膜。

（一）黏膜层

胃黏膜形成皱襞，进食后皱襞变平坦。胃黏膜的厚度为 0.3～1.5mm，成人胃黏膜表面积约 800cm^2。胃黏膜表面有许多浅沟，将黏膜分成许多直径为 2～6mm 的胃小区（gastric area）。黏膜表面可见许多凹陷的小窝，称为胃小凹（gastric pit），底部为胃腺的开口，每个胃小凹底部与 3～5 条腺体通连。

1. 上皮

胃黏膜上皮为柱状上皮，细胞核呈椭圆形，位于基底，上部胞质中充满黏原颗粒，因易溶于水，在普通HE 染色切片上细胞底部染色淡，较透亮，过碘酸希夫（periodic acid-Schiff，PAS）染色黏原颗粒呈强阳性。

胃黏膜表面细胞含中性黏液，而胃小凹深部的细胞含酸性黏液。这些细胞侧面以紧密连接、缝隙连接和桥粒与相邻细胞相连。上皮细胞之间的紧密连接可以有效防止胃蛋白酶和盐酸进入黏膜深部。

胃黏膜柱状上皮细胞分泌的黏液具不可溶性，内含高浓度碳酸氢根离子。胃上皮表面覆盖的黏液层厚 0.25～0.5mm，将上皮与胃腔内的胃蛋白酶隔离，形成一层保护屏障，其中高浓度的碳酸氢根离子可中和渗入的氢离子，形成碳酸，然后迅速被胃上皮细胞的碳酸酐酶分解为水和二氧化碳。因此，胃上皮表面的黏液可抵抗胃酸及胃蛋白酶对胃黏膜的侵蚀，也起到润滑作用。某些物质如酒精、阿司匹林类药物以及幽门螺杆菌感染均可破坏黏膜屏障，引发胃炎或胃溃疡。

胃黏膜上皮细胞经常退化死亡，由胃小凹深部细胞增殖分裂进行补充，3～5 天更新一次。胃上皮细胞的迁移对于胃黏膜的损伤修复极为有效，胃黏膜的浅表损伤，30min 后上皮即可修复。强酸性的胃内容物可能会损伤上皮的基膜，抑制或延迟上皮的修复过程。固有层的碱性分泌物可中和盐酸，有利于修复的进行。

部分动物如大小鼠的单室胃分为前胃和腺胃两部分，前胃部的黏膜上皮为复层扁平上皮，腺胃部为单层柱状上皮，两者间由界限嵴分隔，上皮无过渡形态（表 3.5）。

表 3.5　人和常见实验的动物胃的组织学比较

	人	恒河猴	比格犬	日本大耳白兔	树鼩	大鼠	小鼠
大体结构	单室腺胃	单室腺胃	单室腺胃	单室腺胃	单室腺胃	单室混合性胃	单室混合性胃
贲门腺	单分支管状腺分布于 1～4cm 宽的贲门区	有，范围广	少，范围小，腺细胞间夹有壁细胞	少，范围小	少，范围小	无	无
胃底腺	单管状或分支管状，上部主要由壁细胞和主细胞构成，下部由主细胞和少量壁细胞构成	管状，上部主要为壁细胞，下部为壁细胞与主细胞	管状，主细胞较少，壁细胞与颈黏液细胞交叉排列	管状，上部主要为壁细胞，下部为壁细胞与主细胞	管状，上部主要为壁细胞，下部主要为主细胞	管状，中部主要为壁细胞，上部及下部壁细胞与主细胞交叉排列	管状，中部主要为壁细胞，上部及下部壁细胞与主细胞交叉排列
幽门腺	多分支管状腺，腺腔较大，分布于近幽门 4～5cm 处	有分支	有分支，其间散在有淋巴细胞及孤立淋巴滤泡	有分支	无分支	有分支	有分支
胃底黏膜绒毛突起	无	无	无	有，指状、叶片状	有，指状	无	无
胃底表面上皮细胞	柱状黏液细胞，胞质顶部含大量黏原颗粒，PAS 染色黏原颗粒呈强阳性	高柱状黏液细胞，核上区有少量阿利新蓝染色（Alciablue staining，AB）弱阳性物质，灰蓝色，可见 PAS 阳性颗粒	高柱状黏液细胞，核上区有大量 AB 强阳性物质	矮柱状黏液细胞，核上区基本无 AB 阳性物质	矮柱状黏液细胞，核上区有少量 AB 弱阳性物质	鳞状细胞	鳞状细胞
黏膜肌	薄，内环、外纵，某些部位外层有环形肌	较厚，内环、外纵 2 层	厚，内环、外纵 2 层	薄，内环、外纵 2 层	薄，内环、外纵 2 层	薄，内环、外纵 2 层	较薄，单层纵行
肌层	内斜、中环、外纵 3 层	内斜、中环、外纵 3 层	内斜、中环、外纵 3 层	内环、外纵 2 层	内环、外纵 2 层	内环、外纵 2 层	内环、外纵 2 层

2. 固有层

胃黏膜固有层很厚，含有大量胃腺，腺体间分布有少量富含网状纤维的结缔组织，除成纤维细胞外，还有较多淋巴细胞和一些浆细胞、肥大细胞、嗜酸性粒细胞及散在的平滑肌细胞。胃腺根据分布位置和结构的不同，分为胃底腺、贲门腺和幽门腺（表 3.5）。

1）胃底腺（fundic gland）

胃底腺位于胃底部和胃体部，因分泌盐酸也称泌酸腺。数量多，是分泌胃液的主要腺体。呈单管状或分支管状，腺体分颈、体、底三部分。颈部与胃小凹相连，体部占胃腺的大部分，底部到达黏膜肌层。构成胃底腺的细胞包括有主细胞、壁细胞、颈黏液细胞、干细胞和内分泌细胞。

（1）主细胞（chief cell）：又称胃酶细胞，是胃底腺最重要的细胞成分，数量最多，主要分布于腺体的体部和底部。胃体部的胃底腺主细胞较多，胃底部及幽门腺中的主细胞较少，贲门腺中无主细胞。主细胞呈柱状或锥形，细胞核圆形，位于基底部。核下方有板层状粗面内质网和游离核糖体，因此此部位胞质强嗜碱性，细胞顶部染色淡。电镜下，粗面内质网和高尔基体发达，并含有粗大的酶原颗粒。酶原颗粒在分泌时靠近细胞膜顶部并与之融合，释放出胃蛋白酶原，在盐酸作用下变成胃蛋白酶，参与蛋白质分解。因此主细胞又称为胃酶细胞。胃蛋白酶在 pH 为 2 的环境中活性最强。婴儿和幼畜的主细胞还可分泌凝乳酶，参与乳汁的消化吸收。

（2）壁细胞（parietal cell）：分泌盐酸和内因子，又称泌酸细胞，主要位于胃底腺的体部和颈部，底部稀少，以胃小弯侧的胃底腺分布最多。细胞体积大，呈圆形或锥形，锥尖朝向腺腔，细胞底部紧贴基膜，胞质强嗜酸性。细胞核小，圆形，位于中央，可有双核。电镜下细胞游离面的细胞膜内陷，形成迂曲分支的分泌小管，小管腔面伸出许多微绒毛。分泌小管的膜中有大量质子泵（H^+、K^+-ATP 酶）和 Cl^- 通道，能分别把壁细胞内形成的 H^+ 和从血液摄取的 Cl^- 输入小管，二者结合后形成盐酸进入腺腔。壁细胞有极为丰富的线粒体，为泌酸过程提供大量 ATP。细胞静止时含有大量表面光滑的小管和小泡，称为微管泡系统，膜结构与分泌小管相同。细胞进行分泌活动时，微管泡系统突入细胞内分泌小管管腔，形成微绒毛。胃内盐酸的作用为：激活胃蛋白酶原成为胃蛋白酶；提供胃蛋白酶水解蛋白质的适宜环境；刺激胃肠内分泌细胞和胰腺的分泌；杀菌和抑菌。正常的胃液酸度可杀死部分病原微生物，幼龄动物胃内缺乏盐酸，因此对病原体如致病性大肠杆菌更敏感。多种物质如乙酰胆碱、胃泌素和组胺可调节壁细胞的泌酸功能。人和猴的壁细胞分泌内因子（intrinsic factor），为糖蛋白，在胃内与食物中的维生素 B12 形成复合物，使其在肠道内不被酶分解，并能促进回肠的吸收，供红细胞生成所需。

（3）颈黏液细胞（mucous neck cell）：分布于胃底腺颈部，数量少，夹在其他细胞之间。猪的颈黏液细胞分布于腺体各部。细胞呈楔形，顶宽底窄，核扁圆形、深染，位于细胞基底部，胞质内充满小的黏原颗粒，着色淡。颈黏液细胞主要分泌可溶性的酸性黏液，PAS 染色细胞内可见桃红色颗粒。主细胞 PAS 染色不着色，可以此鉴别。颈黏液细胞阿利新蓝染色呈弱阳性，表面黏液细胞为阴性。

（4）干细胞（stem cell）：分布于胃小凹深部和胃底腺颈部，细胞较小，矮柱状，普通 HE 染色难以分辨。干细胞增殖活跃，可分化为胃黏膜上皮细胞，或其他胃底腺细胞。人的壁细胞和主细胞寿命约为200 天，颈黏液细胞寿命约为一周。胃小凹深部的上皮可向上迁移，迅速修复损伤的上皮。

（5）内分泌细胞：胃肠道的内分泌细胞常单个散在分布于上皮或腺体内，有时也可见三五成群，分泌不同产物的细胞可分布在一起。消化管内分泌细胞呈锥形、卵圆形、柱状或不规则形，细胞核多为圆形，异染色质较多。细胞器不发达，因此在 HE 切片中染色较浅。胞质中有丰富的游离核糖体、粗面内质网、高尔基体及微丝微管系统，在基底部胞质中含有大量成簇的分泌颗粒，分泌颗粒周围有界膜包绕，颗粒内有一个位于中央或偏位的核芯，核芯与界膜之间有不同宽度的晕轮。分泌颗粒的大小和形态变异很大，直径 $50\sim500\mu m$。各类细胞内的颗粒大小、数量、形状、电子密度、有无核芯及晕轮、免疫组织化学染色均有所不同，可作为鉴别不同类型内分泌细胞的指征。胃体、胃底部的细胞主要分布在胃腺的下 1/3，胃窦黏膜中的内分泌细胞主要位于中部。

胃肠内分泌细胞一般可分为开放型和封闭型两种。人的消化管内分泌细胞大部分为开放型，底部膨大，顶部狭窄伸达管腔，可感受肠管内食物、消化液和酸碱度变化的刺激，有化学感受器功能，基底部可接受来自体液的刺激。封闭型细胞（如 A 细胞、D 细胞和 D1 细胞）顶端不暴露于肠腔，基底部沿基膜伸出突起，可感受局部组织内环境的变化和肠腔内容物压力的刺激。胃肠道的内分泌细胞释放激素的方式与一般内分泌细胞有所不同，除一般内分泌方式外，常有旁分泌作用，可直接或通过微循环或组织液作用于周围的细胞。有的胃肠道内分泌细胞还可将分泌物排入管腔。胃肠道内分泌细胞合成和释放的肽类激素主要有以下作用：调节消化腺分泌和消化道运动；调节其他激素的释放；刺激消化道组织的代谢和促生长，也称为营养作用；保护消化器官等（表 3.6）。

表 3.6 人与几种动物消化道内内分泌细胞的分布和功能比较

细胞种类	分布		产物	主要作用	备注
	胃	肠			
D 细胞	胃体、胃底、胃窦	小肠、结肠	生长抑素	对其他内分泌细胞有局部抑制作用	在胃肠道内分布广泛，以胃窦部最多，在肠内越向下越少
D1 细胞	胃体、胃底、幽门	小肠、结肠	血管活性肠肽	促进血管扩张；促进离子和水的分泌，增加肠管运动；抑制胃酶分泌；刺激胰岛素和高血糖素分泌	
肠嗜铬细胞	胃体、胃底、幽门	小肠、大肠	5-羟色胺、P 物质、亮啡肽	促进血管平滑肌收缩；增强肠管的运动；促进唾液和胰液分泌	数量最多；胃肠道中唯一的亲银细胞
ECL 细胞	胃体、胃底		组胺	刺激胃酸分泌；扩张血管，增加毛细血管的通透性；使平滑肌发生痉挛性收缩；增强去甲肾上腺素对胃黏膜急性损伤的保护作用	
ECI 细胞	胃		P 物质	刺激平滑肌活动	
G 细胞	幽门	十二指肠、空肠	胃泌素、ACTH 样物、脑啡肽	胃泌素刺激胃酸分泌，营养胃黏膜，刺激胃运动 脑啡肽调节消化管运动，刺激胃液分泌，抑制小肠液和胰液分泌	人、犬、猪、猫的 G 细胞多见于幽门腺的中 1/3，兔、鼠等动物的 G 细胞分布于腺体的下半部
IG 细胞		十二指肠、空肠	胃泌素	刺激胃酸分泌	
I 细胞		十二指肠、空肠	胆囊收缩素、促胰酶素	促进胰酶分泌、胆囊收缩	
K 细胞		十二指肠、空肠、回肠	抑胃肽	抑制胃酸分泌	
L 细胞		小肠、大肠	肠高血糖素	促进肝糖原分解	
M 细胞		十二指肠、空肠	肠胃动素	增强肠管运动	
N 细胞		空肠、回肠、大肠	神经降压肽	抑制胃肠运动和胃液分泌，促进胰液分泌，延缓胃排空	
P 细胞	胃窦	十二指肠	铃蟾肽	刺激 G 细胞和 I 细胞的分泌	
PP 细胞		十二指肠、大肠	胰多肽	抑制胃肠运动、胰液分泌和胆囊收缩	
S 细胞		十二指肠、空肠	促胰液素	促进胰腺导管和胆管分泌水与碳酸氢盐	猪、犬肠道中的 S 细胞比人多
TG 细胞		十二指肠、空肠	四肽激素	不明确	
X 细胞	胃体、幽门		不明确	不明确	犬、猪、鼠、兔等动物 X 细胞比人多

胃底腺的内分泌细胞主要是肠嗜铬细胞（enterochromaffin cell，ECL 细胞）和 D 细胞。肠嗜铬细胞经重铬酸钾或铬酸固定后，胞质呈黄色，称阳性嗜铬反应，因此称嗜铬细胞。肠嗜铬细胞分泌的组胺主要作用于邻近的壁细胞，强烈促进其泌酸功能。D 细胞分泌生长抑素，可直接抑制壁细胞的功能，也可通过抑制 ECL 细胞间接作用于壁细胞。

胃肠道内分泌细胞的种类繁多，作用广泛，与机体其他内分泌细胞及神经系统之间的关系极为复杂。消化管内和其他器官弥散分布的内分泌细胞以及某些内分泌腺的细胞、神经细胞，均能合成和分泌肽类与胺类物质，有共同的标志物如嗜铬粒蛋白（chromogranin）、突触蛋白（synapsin）、神经元特异性烯醇化酶（NSE）和蛋白基因产物 9.5（PGP9.5），这些内分泌细胞和神经元统称为神经内分泌细胞（neuroendocrine cell，NE 细胞），取代了原来"APUD（amine precursor uptake and decarboxylation）"系统的概念。

2）贲门腺（cardiac gland）

贲门腺分布于胃与食管连接处以下宽 1～4cm 的环状贲门区，位于固有层，为管状腺，腺体较弯曲。

腺体短，管腔较大。腺细胞为柱状，细胞核圆形，位于基底部。分泌物主要为黏液。腺细胞间有时夹有壁细胞（犬）或主细胞（猪）及内分泌细胞。

3）幽门腺（pyloric gland）

幽门腺分布于胃幽门部，胃小凹较深。胃底腺与幽门腺之间无明显界限。幽门腺为分支较多而弯曲的管状黏液腺。腺腔较大，腺细胞呈柱状，细胞核扁圆形，位于细胞基底部，胞质内有黏原颗粒，分泌黏液。幽门腺中还有很多 G 细胞（gastrin cell），产生胃泌素，可刺激壁细胞分泌盐酸，也能促进胃肠黏膜细胞增殖。

三种腺体分泌物混合，称为胃液，成人每日分泌 1.5～2.5L 胃液，pH 为 0.9～1.5，含有大量盐酸、胃蛋白酶、黏蛋白、水、NaCl、KCl 等。

3. 黏膜肌层

黏膜肌层由内环、外纵两层平滑肌构成，可见由黏膜肌层伸出的平滑肌纤维分布于胃腺之间，其收缩有利于腺体分泌物排出。

（二）黏膜下层

黏膜下层为疏松结缔组织，含有较多血管、淋巴管和黏膜下神经丛，以及大量淋巴细胞、嗜酸性粒细胞、肥大细胞等。黏膜下层中的小动脉发出毛细血管进入黏膜层，来自黏膜的小静脉在此汇聚成网。老年人还可见成群的脂肪细胞。猪的黏膜下层有孤立淋巴小结。

（三）肌层

肌层较发达，可分为内斜、中环、外纵三层平滑肌。各层间有少量结缔组织和肌间神经丛。在贲门和幽门处环形平滑肌增厚，形成贲门括约肌和幽门括约肌。

（四）外膜

外膜为浆膜，包括表面的间皮和间皮下的薄层结缔组织。

二、多室胃

反刍动物的胃是多室胃，分为瘤胃（rumen）、网胃（reticulum）、瓣胃（omasum）和皱胃（abomasum）。前三个胃总称为前胃，黏膜层没有腺体，功能主要是通过发酵和机械作用消化粗纤维，同时进行特殊的吸收活动；皱胃是第 4 个胃，也称为真胃，黏膜层有腺体，功能相当于其他动物的单室胃。

（一）瘤胃

黏膜表面形成大小不等的角质乳头，哺乳期乳头不发达，开始食用粗饲料后瘤胃乳头迅速发育。瘤胃乳头表面为角化复层扁平上皮，角质层形成对抗粗糙纤维性食物的保护层；中轴是固有层结缔组织，含有丰富的弹性纤维。缺乏黏膜肌层，固有层与黏膜下层的结缔组织接续。肌层由内环、外纵两层平滑肌构成，环形肌伸入瘤胃内壁形成肉柱，在外表面则形成沟。肉柱在瘤胃的运动中起重要作用。外膜为浆膜。

瘤胃对食物起暂时储存和浸软的作用，不对其进行消化。瘤胃中的钠、钾、氨和尿素等物质可被上皮吸收。

（二）网胃

黏膜和黏膜下层向管腔突出形成纵横交错的蜂窝状皱襞，皱襞两侧又伸出纵向的嵴。黏膜表面具有许多锥状小乳头。黏膜的组织结构与瘤胃基本相似，黏膜上皮为角化的复层扁平上皮，在大的皱襞顶端中央有一条平滑肌带，平滑肌带在皱襞交接处可走向另一条皱襞，形成一个连续的肌带网，并与食管黏膜肌层连续。黏膜下层为疏松结缔组织。肌层分为内环、外纵两层平滑肌，与食管和食管沟肌层相连。网胃黏膜的蜂窝状皱襞可使食物滚成丸状，借肌肉的收缩活动这些食团重新返回口腔进行咀嚼，然后进入瓣胃。混杂于饲料中的金属异物易于进入网胃底部，因为网胃的强力收缩，可能会穿破胃壁，造成创伤性网胃炎，甚至损伤周围组织。

（三）瓣胃

黏膜和黏膜下层形成高低不一的皱襞，称为瓣叶。瓣叶上遍布大量短小的乳头状嵴。黏膜复层扁平上皮的浅层角化。黏膜肌层很发达，并在瓣叶顶部变粗大。黏膜下层很薄。肌层由内环、外纵两层平滑肌构成。肌层的内环肌伸入大的瓣叶，形成中央肌层，并在瓣叶顶部与黏膜肌层融合。外层为浆膜。

（四）皱胃

皱胃又称真胃，占胃总容积的 7%~8%，前端与瓣胃相连，后端狭窄，称幽门部。皱胃壁黏膜光滑、柔软，含有胃腺，分泌胃液，参与消化。皱胃结构与单室胃相似。环绕瓣胃口的狭带为贲门腺区，此区很小，黏膜色淡，内有贲门腺。胃底和大部分胃体为胃底腺区，呈灰红色，内有胃底腺。胃底部有 13~16 条永久性皱襞。胃底腺较短，有较长的腺颈部。幽门腺区相对较宽，颜色淡而稍黄，内有幽门腺，腺体较长。

三、禽类的胃

禽类的胃分为腺胃（glandular stomach）和肌胃（muscular stomach）。腺胃内腔小，主要功能是分泌胃液，并作为食物通向肌胃的通道。

（一）腺胃

腺胃的壁分为黏膜、黏膜下层、肌层和外膜。因黏膜固有层含有许多大型腺体，腺胃的壁较厚。

1. 黏膜

黏膜表面有许多肉眼可见的圆形乳头，鸡的腺胃黏膜有 30~40 个乳头。乳头的中央为固有层复管腺的开口。黏膜由黏膜上皮、固有层和黏膜肌层组成。

1）黏膜上皮

黏膜上皮为单层柱状上皮。胞质弱嗜碱性，可分泌黏液。黏膜上皮常与固有层共同形成黏膜皱襞。

2）固有层

固有层由结缔组织构成，其中有两种腺体：浅层的单管腺和深层的复管腺。浅层的单管腺很短，衬覆单层立方和柱状上皮，可分泌黏液，开口于黏膜皱襞间的凹陷处。深层复管腺相当于家畜的胃底腺，体积较大，穿入黏膜肌层，并将黏膜肌层分为内、外两层。腺上皮细胞的形态与功能状态有关，储存大量分泌颗粒时为立方形，颗粒排空时变为柱状。细胞核圆形或卵圆形，位于细胞基底部。细胞质嗜酸性，HE 染色呈鲜红色，胞质中有明显的嗜酸性颗粒。细胞的游离端常与相邻的细胞互不接触，使整个腺体上皮呈锯齿状外观，细胞与细胞之间的缝隙为细胞间分泌小管。家禽腺胃复管腺的细胞兼具壁细胞和主细胞的特征，既可分泌盐酸，又能分泌胃蛋白酶。

3）黏膜肌层

黏膜肌层由纵行的平滑肌组成，深层复管腺将其分隔成两层，分布于浅层单管腺与深层复管腺之间的一层较薄，位于深层复管腺深部的较厚。深层复管腺之间也有来自黏膜肌层的散在的平滑肌纤维。

2. 黏膜下层

黏膜下层不发达，局部缺失。

3. 肌层

肌层较薄，由较厚的内环肌和薄的外纵肌构成。

4. 外膜

外膜为浆膜。

（二）肌胃

禽类的肌胃由于内腔中常有砂砾存在，因此又称为砂囊（gizzard）。肌胃的两侧隆起，表面被覆白色闪光的腱组织，在前端和后端的盲囊上，各有一块不甚发达的中间肌，背侧和腹侧各有一块强大的侧肌，分别伸向两侧的腱膜。十二指肠开口于肌胃的背侧。肌胃壁分为黏膜层、黏膜下层、肌层和外膜。

1. 黏膜层

黏膜表面由厚层类角质膜覆盖。类角质是砂囊腺的分泌物，磨损后可以得到不断的补充和周期性更新。黏膜层由黏膜上皮和固有层组成，无黏膜肌层。

1）黏膜上皮

黏膜上皮为单层柱状上皮，形成许多漏斗形的隐窝，隐窝的底部为砂囊腺的开口处。

2）固有层

固有层由结缔组织构成，富含细胞成分。其中有单管腺，为砂囊腺，常 10～30 个成群地排列在一起，并共同开口于黏膜隐窝的底部。砂囊腺衬有单层立方上皮，细胞核圆形，胞质嗜碱性，其中含有许多细小的颗粒。腺腔狭窄，常充满液体分泌物，经黏膜隐窝流出，遍布于黏膜表面。来自腺胃的盐酸透过类角质层进入到该处时，使它们发生硬化，从而形成新的类角质，以补充表层被磨损的部分。

2. 黏膜下层

黏膜下层由较致密的结缔组织构成，其中含有较多的胶原纤维和一些弹性纤维，还有血管和神经等。此外，有些砂囊腺的底部也可以延伸到黏膜下层。

3. 肌层

腺胃的肌层非常厚，全部由环形的平滑肌组成，其中有交错分布的结缔组织，以胶原纤维为主。肌层分为 4 块，即两块厚的侧肌和两块较薄的中间肌，彼此借腱组织连接，形成肌胃两侧的中央腱膜，称为腱镜。在腱镜的中央部分无肌层，此处黏膜下层直接与腱组织相连。

4. 外膜

外膜为浆膜。

由于肌胃具有发达的肌层，肌胃腔内有砂砾，黏膜表面的类角质又提供了粗糙的摩擦面，因此肌胃成为一种很好的研磨装置，主要功能是机械消化。因为食物由腺胃移到肌胃时，已经混有胃液，所以也可以进行有限的化学消化。

第五节 小 肠

小肠（small intestine）进一步消化来自胃的食糜，是食物消化、吸收的主要部位。在胰液、胆汁和肠腺分泌的消化酶作用下，食物中的大分子物质变为小分子，被肠上皮细胞吸收，吸收的营养物质进入血液和淋巴。小肠也是口服药物被吸收的主要部位。因为犬胃肠道容量较大，可以模拟给予人类用药的剂型。但是犬小肠腔内的 pH 比人约高 1，所以和人相比，药物的吸收速度会有不同，特别是对于半数最大吸收 pH 在 5～7 的药物，在进行给药实验设计时需注意。食物在小型猪肠道通过的时间和肠道 pH 与人更为相近。

小肠分为十二指肠、空肠、回肠，各段的结构基本相似，但有一定的差异。

肠道的长度与体长的比例，不同动物差别较大，从 4 倍到 20 倍不等，肠道各段的比例也有明显差别（表 3.7）。

表 3.7　人和各动物肠道长度比较

种属	肠道长度
人	成人肠道约为体长的 4 倍，长 6~8m；小肠长 5~7m，空肠约占小肠长度的 2/5，有明显的环形皱襞，回肠为小肠最长的部分；大肠长 1.5m
小鼠	肠道较短，约为体长的 4 倍；小肠长约 47cm（43~51cm），空肠是小肠的最长部分；盲肠较短
大鼠	肠道约为体长的 4 倍；小肠长约 170cm，空肠是小肠的最长部分，长 70~140cm，回肠较短，约 4cm
金黄地鼠	肠道为体长的 4.5~6.5 倍；小肠全长为 33~44cm，大肠全长为 36~44cm
豚鼠	肠道较长，约为体长的 10 倍；十二指肠长约 12cm，小肠较长，约 100cm；盲肠极大，长 15cm，占腹腔容积的 1/3
兔	肠道很长，约为体长的 10 倍，为 5m 左右；十二指肠长约 50cm，空肠长约 200cm，回肠长约 40cm；盲肠特别大，比胃大数倍，占腹腔容积的 1/3 以上，呈蜗牛壳状弯曲
犬	肠道较短，为体长的 4~5 倍；小肠为 2~5m，大肠较短，长 60~75cm
猕猴	肠的长度与体长的比例为 5∶1~8∶1；小肠长 2~4m
猪	肠道较长，约为体长的 14 倍；小肠长 15~20m，大肠长约 4m
牛	肠道约为体长的 20 倍；小肠长约 40m，大肠长 6~10m
羊	肠道长，约为体长的 25 倍；小肠长约 25m，大肠长 7~10m
鸡	肠道短，仅为体长的 6 倍左右

食物的各种成分在小肠内被吸收的主要部位有所不同。单糖的吸收主要在十二指肠和空肠上段，蛋白质和脂肪的吸收主要在小肠上段，小肠上段也是吸收液体的主要部位，铁和钙等二价离子的吸收主要是在十二指肠与空肠近端，维生素 B12 的吸收主要是在回肠。

一、小肠的基本组织结构

小肠壁由黏膜层、黏膜下层、肌层和外膜 4 层构成。小肠的管腔面一般形成三级突起，从大到小依次为环形皱襞、小肠绒毛和上皮细胞微绒毛（纹状缘）。环形皱襞是由黏膜和黏膜下层突向管腔形成的结构，在十二指肠末段和空肠头段最发达，向下逐渐减少、消失，至回肠中段以下基本消失。人的环形皱襞从距胃幽门约 5cm 处的十二指肠开始出现，十二指肠降段和空肠近端最发达，高度可达 10mm，厚 3~4mm；从空肠远端开始逐渐减少和变低，至回肠中段以下基本消失。大鼠十二指肠有许多高约 1mm、宽约 5mm 的环形皱襞。反刍动物的小肠环形皱襞更明显，且为永久性的，马、猪、犬、猫等动物为非永久性的，当肠道扩张时皱襞消失。小肠绒毛是由黏膜上皮和固有层突向管腔形成的特殊结构，形状不一，在十二指肠和空肠头段最发达。微绒毛为黏膜上皮细胞表面的细密的指状突起。环形皱襞、小肠绒毛和微绒毛形成的三级突起可使小肠的消化与吸收表面积增加数百倍。绒毛根部的上皮和下方固有层中的小肠腺上皮相连续。小肠腺又称肠隐窝，呈单管状，直接开口于肠腔。

（一）黏膜层

黏膜层由内向外为上皮、固有层和黏膜肌层。

1. 上皮

黏膜上皮为单层柱状上皮。包括吸收细胞、杯状细胞和少量内分泌细胞。小肠腺还有帕内特细胞（Paneth cell）和干细胞。

1）吸收细胞（absorptive cell）

吸收细胞数量最多，占小肠上皮细胞的 90% 以上，主要功能是吸收被分解的营养物质。细胞呈柱状，核椭圆形，位于基底部，胞质中富含线粒体、高尔基体、粗面内质网和核糖体，可将细胞吸收的脂类物质混合成乳糜微粒，在细胞侧面释出。相邻细胞顶部有紧密连接，可阻止肠腔内物质由细胞间隙进入组织，保证选择性吸收的进行。细胞游离面伸出整齐密集的微绒毛，形成嗜酸性的纹状缘。每个细胞有 2000～3000 根微绒毛，使细胞游离面面积扩大约 20 倍。微绒毛表面有一层厚 0.1～0.5μm 的细胞衣，主要由细胞膜镶嵌蛋白的胞外部分构成，其中有参与消化碳水化合物和蛋白质的双糖酶与肽酶，还有吸附的胰蛋白酶、胰淀粉酶等，因此细胞衣是进行消化的重要部位。十二指肠和空肠上段的吸收细胞还向肠腔分泌肠激酶（enterokinase），可以激活胰腺分泌的胰蛋白酶原，使之转变为具有活性的胰蛋白酶。吸收细胞还参与分泌性 IgA 的释放过程。

2）杯状细胞（goblet cell）

杯状细胞散在分布于上皮细胞之间，形似高脚杯，细胞顶部膨大，内含大量黏原颗粒，底部纤细，有小而深染的不规则细胞核及少量嗜碱性胞质。杯状细胞可分泌黏液，有保护和润滑黏膜上皮的作用。肠道黏液覆盖肠上皮细胞表面的糖脂和糖蛋白受体，阻止病原体的黏附和毒素的破坏；黏液还可以保护上皮细胞免受肠内颗粒状粗糙物质的机械损伤；同时黏液可交联并包裹细菌，使细菌更易被消化系统清除。杯状细胞的数量，从十二指肠至回肠末端逐渐增加。

3）内分泌细胞（endocrine cell）

内分泌细胞少量分布于上皮细胞之间，肠腺底部较多。小肠内分泌细胞种类多，可分泌多种激素，如胆囊收缩素-促胰酶素（I 细胞）、促胰液素（S 细胞）、抑胃肽（K 细胞）、肠高血糖素（L 细胞）等。HE 染色中难以辨识，可通过免疫组织化学方法鉴别。

肠上皮细胞之间还有一些淋巴细胞，称为肠上皮内淋巴细胞，多位于上皮细胞基底部，以 T 淋巴细胞为主，来源和功能复杂，在免疫防御和免疫调节中发挥重要作用。

2. 固有层

固有层为疏松结缔组织，有大量小肠腺分布其中，以及丰富的毛细血管、淋巴管和神经。部分结缔组织伸入小肠绒毛中央，参与绒毛的构成。固有层有淋巴细胞、浆细胞、肥大细胞和巨噬细胞等，以淋巴细胞数量最多，可形成淋巴小结，有两种形式：孤立淋巴小结和集合淋巴小结，集合淋巴小结也称为派尔集合淋巴结（Peyer's patch）。人的十二指肠和空肠中多为孤立淋巴小结，而 Peyer's 结主要见于回肠。小鼠 Peyer's 结在小肠中均匀分布，大鼠 Peyer's 结多见于小肠远端。因此毒性病理学中对 Peyer's 结的评价需要注意取材的位置。淋巴小结向肠腔内突出，紧贴上皮，形成圆顶区。淋巴小结常有明显的生发中心，相邻小结之间有弥散淋巴组织，主要是 T 淋巴细胞。滤泡之间有毛细血管后微静脉分布。在集合淋巴小结分布的部位，黏膜表面不平，绒毛退化或消失，无杯状细胞，有特化的上皮细胞，因细胞表面有许多皱褶又称为微皱褶细胞（microfold cell，M cell）。M 细胞基部向上凹陷，形成中央腔，其中可见淋巴细胞、浆细胞和巨噬细胞。M 细胞可以从肠腔吞噬抗原并传递给中央腔内的淋巴细胞，再由这些细胞传递给固有层的淋巴细胞，引起淋巴细胞增殖，并通过淋巴循环和血液循环返回肠黏膜，产生浆细胞，浆细胞分泌的免疫球蛋白 A（IgA）与小肠黏膜吸收细胞分泌的糖蛋白结合，形成分泌性免疫球蛋白（sIgA），附着于上皮表面，起到重要的防御作用。M 细胞是呼吸道肠道病毒进入上皮的部位，也能运载霍乱弧菌和其他微生物。已发现人和鼠、犬、猴、鸡、兔、猪、牛等动物均有 M 细胞。M 细胞占集合淋巴小结表面上皮细胞的数量比例有种间差异，大鼠约占 7%，小鼠约占 10%，家兔最多，约占 50%。肠道固有层的肥大细胞可帮助调节血液流动、收缩平滑肌、肠道蠕动、肠上皮细胞分泌以及识别寄生虫、微生物和受体，并以旁分泌方式促进炎细胞释放细胞因子。

3. 黏膜肌层

黏膜肌层分为内环、外纵两层平滑肌。一部分内环肌进入绒毛中或肠腺之间。回肠集合淋巴小结常深入到黏膜下层。猪、犬的两层平滑肌之间有斜行肌纤维。大小鼠的小肠黏膜肌层较薄。

（二）黏膜下层

黏膜下层由疏松结缔组织构成，内含较大的血管、淋巴管、黏膜下神经丛、淋巴小结和脂肪等。十二指肠的黏膜下层有十二指肠腺。

（三）肌层

肌层由内环、外纵两层平滑肌构成。小肠的环形肌较厚，纵行肌较薄。环形肌收缩时，可使肠腔内压增高，推动肠内容物下行，纵行肌作用较小。两层平滑肌之间有结缔组织、血管和肌间神经丛。黏膜下神经丛和肌间神经丛一起构成肠神经系统，为植物性神经系统的组成部分。

（四）外膜

外膜除部分十二指肠肠壁为纤维膜外，其余为浆膜，由间皮和间皮下的结缔组织组成。

二、小肠黏膜的特殊结构

（一）小肠绒毛

小肠黏膜表面布满细小突起，即小肠绒毛（intestinal villus），由上皮和固有层向管腔突起形成，绒毛根部的上皮与固有层中的小肠腺上皮连接。不同肠段绒毛长度和形状不同。十二指肠绒毛最发达，呈叶状；空肠绒毛也较密集，细而长，呈指状；回肠绒毛数量较少，呈锥状。不同动物小肠绒毛长度不同，肉食动物肠绒毛细而长，草食动物肠绒毛较短。绒毛中轴的固有层中有一或两条纵行的毛细淋巴管，称中央乳糜管（central lacteal）。它以盲端起于绒毛顶部，向下穿过黏膜肌层，进入黏膜下淋巴管丛。中央乳糜管与脂类物质的吸收密切相关。中央乳糜管的内皮外缺乏基膜，周围有平滑肌纤维和丰富的有孔毛细血管。平滑肌收缩，可使绒毛缩短和摆动，加速营养物质的吸收和运输。

（二）小肠腺

小肠腺（small intestinal gland）也称肠隐窝（intestinal crypt），是小肠黏膜上皮在绒毛根部下陷至固有层形成的管状腺，一般为单管状腺，马为分支管状腺，可分为 2～4 支。肠腺导管开口于相邻绒毛之间。肠腺上皮由柱状细胞、杯状细胞、未分化细胞、帕内特细胞、内分泌细胞等组成，可有少量淋巴细胞分布于上皮细胞间。

柱状细胞是构成肠腺的主要细胞，又称分泌细胞，执行腺体的分泌功能，形态类似黏膜上皮的吸收细胞，但纹状缘退化。杯状细胞分泌黏液。

帕内特细胞又称潘氏细胞，为小肠腺的特征性细胞。小肠从近端到远端，潘氏细胞逐渐增多，人的潘氏细胞除小肠外，也见于盲肠和阑尾。潘氏细胞分布于肠腺底部，常三五成群，胞体较大，呈锥形，是一种分泌细胞。光镜下细胞顶部充满嗜酸性颗粒，可被伊红或偶氮桃红染成鲜红色，饥饿时颗粒更明显。电镜下，颗粒为圆形，直径为 1μm，有包膜。人的颗粒内为均质的高电子密度物质，大鼠的颗粒内可见板状类晶体，小鼠的颗粒内高电子密度内容物与包膜间有透明的晕轮。潘氏细胞的分泌颗粒含有与防御功能有关的蛋白质，包括隐窝蛋白、溶菌酶、磷脂酶 A2 及生长因子等，颗粒内容物释放入小肠腺腔，参与黏膜免疫。隐窝蛋白又称肠防御素，属于防御素家族的一类抗微生物肽，特异地表达于小肠腺的潘氏细胞。在小鼠可以检测到至少 6 种隐窝蛋白。隐窝蛋白作为一种抗微生物肽可杀伤微生物，保护肠腺免受肠道内栖生的菌落及经口进入肠道的李斯特菌、沙门氏菌等潜在病原体的侵袭。胎儿时期肠防御素的表达水平较低，可能是局部功能不成熟的表现。溶菌酶与补体及分泌性 IgA 共同产生溶菌作用。无菌条件饲养的动物，潘氏细胞的分泌活动停止，接种细菌后，可见细胞的脱颗粒现象。此外，潘氏细胞还可内吞肠内细菌和原虫。因此，潘氏细胞在调节肠道菌群平衡中发挥重要作用。潘氏细胞在清除重金属过程中可能也有重要作用。在正常情况下，潘氏细胞的分泌物缓慢释放，进食或乙酰胆碱刺激可加速其分泌。人及大鼠、小鼠、豚鼠、猴、牛、羊等潘氏细胞数量多，猪、犬、猫、兔等动物缺乏潘氏细胞（表 3.8）。潘氏细胞更新的周期为 3~4 周，但其本身没有分裂能力，由未分化细胞增殖分化而得到更新。

表 3.8　各动物及人小肠组织学特点比较

组织	特点
黏膜固有层淋巴组织	啮齿类动物如大小鼠除回肠有丰富的淋巴小结外，空肠段也有不规则的淋巴小结
黏膜肌层	猪、犬的内环、外纵两层平滑肌之间有斜行肌纤维
小肠腺	一般为单管状腺，马为分支管状腺，可分为 2~4 支；人及大鼠、小鼠、豚鼠、猴、牛、羊等潘氏细胞数量多，猪、犬、猫、兔等动物缺乏潘氏细胞
十二指肠腺	牛、绵羊、山羊、犬、大鼠、豚鼠和猪的腺泡为黏液性腺泡，兔和马为以黏液性腺泡为主的混合腺，人、猫、小鼠的腺泡细胞结构介于黏液性细胞和浆液性细胞之间，可称为浆黏液细胞 十二指肠腺一般分布于十二指肠前部，猪的十二指肠腺可延伸至空肠一段距离，马和牛的十二指肠腺可延伸至空肠数米

未分化细胞位于肠腺基底部，胞体较小，常见分裂象。胞质弱嗜碱性，除游离核糖体外，其他细胞器不发达。未分化细胞一边分裂增殖，一边向腺体顶端迁移，补充脱落的细胞，也可以分化为内分泌细胞或潘氏细胞。未分化细胞增殖分化并向绒毛顶部移动的过程中，细胞的微绒毛逐渐增多、变长，RNA含量减少，线粒体增多。越靠近绒毛顶端，细胞分化程度越高，至绒毛顶端，细胞逐渐退化萎缩而脱落，称为脱落带。肠道上皮细胞是人和动物体内更新速度最快的细胞。肠道上皮的快速更新有利于病原体的清除。人小肠近侧段上皮更新周期为 5~6 天。

（三）十二指肠腺

十二指肠腺（duodenal gland）又称布伦纳腺（Brunner's gland），分布于小肠前段的黏膜下层，为分支管泡状腺。十二指肠腺分泌物为碱性黏蛋白，分布于黏膜上皮表面，可抵御胃酸对十二指肠黏膜上皮的侵蚀。分泌物中还有淀粉酶、二肽酶和表皮生长因子，可参与食糜消化，促进小肠上皮细胞分裂增殖。十二指肠腺开口于小肠腺底部或直接开口于小肠绒毛之间的上皮表面。十二指肠腺在不同动物有不同形态。牛、绵羊、山羊、犬、大鼠、豚鼠和猪的腺泡为黏液性腺泡，兔和马为以黏液性腺泡为主的混合腺，人、猫、小鼠的腺泡细胞结构介于黏液性细胞和浆液性细胞之间，可称为浆黏液细胞。一般动物十二指肠腺分布于十二指肠前部，猪的十二指肠腺可延伸至空肠一段距离，马和牛的十二指肠腺可延伸至空肠数米（表 3.8）。

第六节　大　肠

大肠（large intestine）由盲肠、阑尾、结肠和直肠组成，是吸收水分和无机盐的主要场所，在此食物残渣形成粪便。有些动物的大肠也能进行纤维素的发酵和降解，吸收一些营养物质。犬的大肠与人的大肠相似，结构简单，呈管状，直径略粗于小肠，但与人相比，犬缺乏明确的乙状结肠。大鼠和小鼠的结肠分为上升段和下降段，缺乏明确的横结肠。多种动物小肠与大肠之间有盲肠，草食动物的盲肠一般比较长，其内的细菌可分解纤维素和制造维生素；肉食动物的盲肠小，呈小憩室状，与结肠相通，有些肉食动物如雪貂没有盲肠。家兔盲肠非常大，长度和体长接近，里面繁殖着大量细菌和原生动物。家兔回肠和盲肠相连处膨大形成一厚壁的圆囊，称圆小囊，为兔特有的结构。大鼠和小鼠采食种类灵活，盲肠大小介于兔和肉食动物之间（表 3.9）。

结肠内常有大量细菌繁殖，粪便中的细菌占固体总量的 20%~30%，主要是厌氧菌。结肠内的细菌有两种作用，一为消化作用，可使脂肪和蛋白质分解，植物纤维和糖类分解或发酵；二为营养作用，细菌可合成微量的 B 族维生素和维生素 K，对人体的代谢有重要作用。

一、盲肠、结肠、直肠

这三部分大肠组织学结构基本相同，除直肠外，由内向外依次为黏膜层、黏膜下层、肌层、外膜。

表 3.9　人和各动物大肠特点比较

种属	大肠特点
人	结肠长 100～150cm，有结肠袋和结肠带；结肠黏膜面可见横行皱襞；阑尾长约 9cm；直肠长 12～15cm，上 2/3 被覆浆膜，下 1/3 位于腹膜外，由筋膜和脂肪组织包绕；肛管长 3～5cm；盲肠和阑尾肠腺底端可见潘氏细胞
小鼠	小鼠与家兔、豚鼠等草食动物相比，肠道较短，大肠长度约为 14cm；结肠分为上升段和下降段，缺乏明确的横结肠；近端结肠黏膜面可见横行皱襞，中段黏膜较平坦，远端结肠及直肠为纵形皱襞；盲肠较短，长 3～4cm，呈 "U" 形，有蚓突；直肠短，仅 5mm，易发生直肠脱垂；大肠外表面光滑，无结肠袋和结肠带，也无脂肪组织
大鼠	结肠长约 10cm，分为上升段和下降段，缺乏明确的横结肠；近端结肠黏膜面可见横行皱襞，从浆膜表面可观察到，中段黏膜较平坦，远端结肠及直肠为纵形皱襞；盲肠是介于小肠和结肠之间的一个盲囊，长约 6cm，直径约 1cm；直肠长约 8cm，末端有 0.2cm 无腺体的皮区，是由腺黏膜向皮肤过渡的区域，有多大的皮肤腺开口于皮区，称为肛门腺，每个肛门腺由 20 多个皮脂腺泡组成；大肠外表面光滑，无结肠袋和结肠带，也无脂肪组织
豚鼠	盲肠发达，长 15cm，占腹腔容积的 1/3，以半环状的囊状肠管充满腹腔的腹面；盲肠表面有 3 条纵行带，将盲肠分成许多袋状隆起，称为肠膨起；在盲肠黏膜可找到大约 9 个平坦的白色区，直径约 1mm，为集合淋巴小结所在区域；结肠长约 70cm；直肠长 7～10cm
兔	盲肠非常大，长度和体长接近，比胃大数倍，占腹腔容积的 1/3 以上，呈蜗牛壳状弯曲，里面繁殖着大量细菌和原生动物，盲肠大部壁薄，有螺旋状活瓣，有 25 个弯曲，每个弯曲的间距约为 2cm，末端接着一个长约 10cm 的弯曲蚓突，壁厚，为淋巴组织，富含淋巴小结；回肠和盲肠相接处膨大形成一厚壁的圆囊，称圆小囊，长约 3cm，宽约 2cm，为兔所特有，囊内壁呈六角形蜂窝状，里面充满淋巴组织，黏膜不断分泌碱性液体，中和盲肠中微生物分解纤维素产生的各种有机酸，有利于消化吸收；结肠壁较薄，其中有 3 个肠纽，直接沿着脊椎稍弯曲后转向尾侧，在膀胱的背侧部开口于肛门，从外部可触到直肠内的粪粒
犬	大肠平均长度为 60～75cm，结构简单，呈管状，直径略粗于小肠，肠壁缺少纵带和囊状隆起；缺乏明确的乙状结肠；盲肠不发达，形状弯曲，由于肠系膜的固定，可保持弯曲状态
猕猴	盲肠很发达，为锥形的囊，无蚓突，不易得盲肠炎
雪貂	无盲肠和阑尾
猪	大肠长 3.5～6m；盲肠呈圆筒状，盲端钝圆，长 20～30cm，盲肠壁有 3 条肠带和 3 列肠袋；结肠长 3～4m；直肠在肛管前方形成明显的直肠壶腹，周围有大量的脂肪
鸡	大肠包括一对盲肠和直肠；直肠末端和尿殖道共同开口于泄殖腔；泄殖腔被两个环形褶分为粪道、泄殖道、肛道；粪道直接与直肠相连，输尿管和生殖道开口于泄殖道，泄殖腔对外的开口称为泄殖孔，也称肛门

（一）黏膜层

大肠黏膜较平滑，没有绒毛结构。在结肠袋之间的横沟处有半月形皱襞。黏膜上皮由柱状细胞和杯状细胞组成，与小肠相比，柱状细胞纹状缘短，杯状细胞数量明显增多。柱状细胞为吸收细胞，主要吸收水分和电解质，以及大肠内细菌产生的 B 族维生素和维生素 K。

固有层内有大量由上皮下陷而成的大肠腺，为长而直的单管状，由吸收细胞、大量杯状细胞、少量干细胞和内分泌细胞组成。人类盲肠和阑尾肠腺底部可见潘氏细胞。大肠腺的杯状细胞分泌的黏液含有较多酸性糖链。大肠腺的重要功能是分泌黏液、保护黏膜。大肠腺分泌物不含消化酶，但有溶菌酶。固有层内有散在的孤立淋巴小结，淋巴小结内常可见腺体。固有层内还可见嗜酸性粒细胞、肥大细胞、巨噬细胞和少量中性粒细胞。阑尾固有层的淋巴组织丰富，由大量淋巴小结和弥散淋巴组织构成，多伸入黏膜下层。

（二）黏膜下层

黏膜下层为富有弹性的疏松结缔组织，富含血管网，静脉丛无静脉瓣，有黏膜下神经丛。黏膜固有层及黏膜下层有较多嗜酸性粒细胞。

（三）肌层

肌层发达，由内环与外纵两层平滑肌组成，有肌间神经丛。环行肌节段性局部增厚，形成结肠袋，结肠袋的形成与摄食的种类有密切关系。纵行肌层局部增厚形成三条结肠带，带间的纵行肌菲薄，甚至缺如。啮齿类动物大肠外观平滑，无结肠袋和结肠带。

（四）外膜

盲肠、横结肠、乙状结肠的外膜为浆膜，人结肠浆膜外有较多脂肪细胞，形成肠脂垂。升结肠与降结肠的前壁为浆膜，后壁为纤维膜。直肠上 1/3 段的大部、中 1/3 段的前壁为浆膜，其余为纤维膜。

二、阑尾

人和哺乳动物的阑尾为盲肠的盲端突出物，细而弯曲如蚯蚓，又称蚓突。阑尾壁结构类似结肠，无环形皱襞及绒毛，腔面覆以单层柱状上皮，由吸收细胞和杯状细胞组成。固有层中有形状不规则的肠腺，也由吸收细胞和杯状细胞组成，肠腺底部有潘氏细胞和内分泌细胞。固有层有丰富的淋巴组织，为阑尾组织学特征，肠腺大部分埋在淋巴组织中。阑尾淋巴组织由大量淋巴小结和弥散淋巴组织构成，并伸入黏膜下层。黏膜下层较厚，由疏松结缔组织构成，有血管、神经，偶见脂肪组织。肌层较薄，也分内环、外纵两层。外膜为浆膜。阑尾在消化管免疫过程中起重要作用。

三、肛管

齿状线以上的肛管黏膜结构和直肠相似，肛管上段有纵行皱襞。在齿状线处，单层柱状上皮变为未角化的复层扁平上皮，大肠腺和黏膜肌消失。齿状线以下为角化复层扁平上皮，含有很多黑色素。近肛门的固有层中有环肛腺，为顶浆分泌的大汗腺。肛管黏膜下层的结缔组织中有丰富的静脉丛，无静脉瓣，人的肛门部位静脉丛易发生淤血、扩张形成痔。肌层由两层平滑肌组成，内环肌增厚形成肛门内括约肌。近肛门处，纵行肌周围有骨骼肌形成的肛门外括约肌。大鼠直肠末端有 0.2cm 无腺体的皮区，是由腺黏膜向皮肤过渡的区域，有多个大的皮脂腺开口于皮区，称为肛门腺，每个肛门腺由 20 多个皮脂腺泡组成（表 3.9）。

第七节　消化管的血管、淋巴管和神经

一、血管

消化管各段的血管分布基本相同。动脉进入外膜，穿过各层形成血管网络，后由黏膜层至外膜依次汇集成静脉离开消化管。

分布到食管各段的动脉经 1～3 级分支后，再发出升支与降支在食管外膜形成纵行的动脉吻合网。动脉分支穿过肌层进入黏膜下层，分别形成肌间吻合网和黏膜下层吻合网，从黏膜下层吻合网发出更小的分支进入黏膜固有层。食管的静脉不完全与动脉伴行，固有层浅层的毛细血管网在深层汇集成毛细血管后微静脉和微静脉，在黏膜下层汇集为黏膜下静脉丛，黏膜下静脉丛的分支穿过肌层和外膜，在食管的表面汇集成食管周围静脉丛，然后汇集成周围较大的静脉。

胃的血管来自胃动脉，其分支沿大、小弯穿过浆膜分布于胃的前后面。动脉穿过肌层时发出分支；主干在黏膜下层分支吻合成黏膜下动脉丛，由动脉丛向黏膜内垂直发出大量微动脉，在胃腺底部分支频繁形成毛细血管，并在腺体周围形成毛细血管网，毛细血管网向腺体的颈部延伸并形成毛细血管环，后者于胃小凹周围汇入毛细血管后微静脉，垂直穿入黏膜下层，汇入黏膜下静脉丛，沿途不断有毛细血管汇入。胃的黏膜下静脉丛除向黏膜发出分支外，还向肌层发出分支，沿肌纤维形成平行排列的毛细血管，各血管间均有横向吻合，汇入静脉丛。

小肠不同肠段肠壁内的血管分布基本相同。小肠的动脉沿小肠系膜进入肠壁，沿途发出分支营养各层，并在黏膜下层形成动脉丛，由动脉丛分别向黏膜和肌层发出微动脉，并逐级分支形成毛细血管。在黏膜层中，有的毛细血管围绕小肠腺形成毛细血管网，有的进入绒毛中。每根小肠绒毛一般只有一条微动脉沿绒毛中轴直达顶端，然后在上皮基底附近形成毛细血管网，汇集形成绒毛的毛细血管后微静脉，经绒毛的中心，行于肠腺之间汇入黏膜下静脉丛。绒毛内也有小动脉和小静脉的直接吻合，吻合支的动脉壁肌层较厚，受交感神经支配。当吻合的血管收缩时，血液由动脉进入毛细血管网；吻合的血管松弛时，血液由动脉直接进入静脉。绒毛内不同形式的血液循环有利于调节其吸收功能。肌层的血管来自黏膜下动脉丛，形成的毛细血管沿肌纤维的方向分布，通过毛细血管后微静脉与黏膜下静脉丛相连。

大肠血管穿过肌层，在黏膜下层内形成动脉丛，然后形成黏膜毛细血管网。毛细血管在黏膜浅层呈蜂窝状围绕肠腺，由此蜂窝状血管环发出小静脉汇入黏膜下静脉丛，与小动脉伴行。

二、淋巴管

消化管各段淋巴管的分布基本相同。盲端毛细淋巴管始于黏膜固有层结缔组织内，其结构与毛细血管不同，直径 10～20μm，内皮无孔、无基膜，利于大分子物质的进入。毛细淋巴管多在黏膜内腺体的基底部附近吻合成小淋巴管，穿过黏膜肌层，在黏膜下层内吻合成较大的淋巴管网，淋巴小结周围的吻合网尤为丰富。黏膜下淋巴管丛发出较大的集合淋巴管，穿过肌层和浆膜，与消化管周围的淋巴管相连。肌层与浆膜中的毛细淋巴管也汇入集合淋巴管。集合淋巴管具有瓣膜结构。

食管的淋巴管在走行过程中与胸腔气管的淋巴管有分支吻合。胃的淋巴管多与血管伴行，起源于固有层胃腺间的结缔组织，汇入黏膜下层的淋巴管，沿途与肌层、浆膜的淋巴管汇合离开胃注入胃附近的淋巴管。小肠内的淋巴管与脂肪吸收密切相关。小肠的淋巴管始于绒毛中轴盲端的毛细淋巴管，称中央乳糜管，每一绒毛内一般只有一条中央乳糜管，十二指肠的绒毛内可有 2 条甚至多条中央乳糜管，并互相连通。中央乳糜管较一般淋巴管粗大，直径可达 40μm，管壁周围有网状纤维及少量纵行平滑肌纤维，在绒毛根部的肠腺之间，中央乳糜管与此处的毛细淋巴管吻合成网。所有的这些淋巴管的管腔均不规则，腔面可见微绒毛与微皱褶伸入管腔。

三、神经

支配胃肠道的神经包括交感神经的节后纤维、迷走神经的节前纤维和消化管壁内固有的神经丛。

消化管的交感神经来自腹腔神经节、肠系膜上神经节和主动脉肾神经节发出的节后纤维组成的腹腔丛及各副丛，由丛发出分支伴随胃肠的血管进入消化管管壁内，分布于血管平滑肌和腺体。交感神经的作用是使血管收缩，抑制消化管黏膜内的腺体分泌。迷走神经的节前纤维也伴随系膜血管进入消化管管壁内，与消化管管壁内神经丛的神经元形成突触。迷走神经纤维多数是兴奋性胆碱能纤维，少数是抑制性纤维。抑制性纤维释放的递质多为肽类物质，称为肽能神经，其释放的递质包括血管活性肠肽（VIP）、P 物质、脑啡肽和生长抑素等。VIP 的作用主要是舒张平滑肌和血管，加强肠腺的分泌。消化管管壁内还有感觉神经纤维的分布。胃肠道的传入神经既有迷走神经（进入脑干），又有交感神经（进入脊髓），分布分散，如 T2-L2 的脊神经既分布到胃，也分布到小肠和结肠。

消化管管壁内广泛的神经丛构成肠神经系统（enteric nervous system，ENS），被认为是一个相对独立的整合系统，在调节胃肠活动中起十分重要的作用。肠神经系统又称局部神经装置，由食管到肛门的整个消化管管壁内的神经细胞、神经胶质细胞及与其相互联系的神经纤维构成，控制和调节胃肠道的运动、血流、分泌、吸收、水与电解质的转运及激素的释放。消化管管壁内的神经丛主要包括肌间神经丛和黏膜下神经丛，肌间神经丛主要与胃肠蠕动有关，黏膜下神经丛主要与胃肠的分泌和吸收功能有关。消化管其他各层也有小的神经丛。肌间神经丛与黏膜下神经丛由神经元与无髓神经纤维束构成，其他神经丛均仅有较疏散的神经纤维网，各神经丛之间以节间束相连。胃肠神经元按照不同的功能可以分为以下几种：调节胃肠道运动的神经元，调节跨上皮液体交换的神经元，调节胃酸分泌的神经元，调节血液供应的神经元，影响黏液分泌的神经元，调节胃蛋白酶、胃肠激素分泌的神经元，影响免疫的神经元等。

第八节 唾 液 腺

唾液腺（salivary gland）是导管开口于口腔的腺体的总称，分为大唾液腺和小唾液腺。人以及大多数哺乳动物有 3 对大唾液腺，分别为腮腺、下颌下腺和舌下腺。3 对大唾液腺均为复管泡状腺，腺泡表面包有结缔组织被膜，被膜结缔组织将腺体分为许多叶和小叶。小叶间的结缔组织内有导管、血管和神经。腺体实质由腺泡和导管构成。腺泡为分泌部，分泌物依次注入闰管、纹状管和小叶间导管，经总导管开口于口腔。

兔有 4 对大唾液腺,分别为耳下腺(腮腺)、下颌下腺、舌下腺和眶下腺,其他哺乳动物一般没有眶下腺。犬的唾液腺发达,有 4 对大唾液腺,除腮腺、下颌下腺、舌下腺外,还有一对颧腺,位于眼球的后下方,有几条腺管开口于对着上颌白齿的外侧面。犬因为缺乏汗腺,天热时可分泌大量唾液以散热。大鼠大唾液腺发达。大、小鼠的下颌下腺是最大的唾液腺,腮腺(小鼠腮腺又称耳下腺)较为弥散,由结缔组织和脂肪分为多叶,腮腺的边缘自下颌下腺的腹背侧延伸至耳根(表 3.10)。人腮腺最大,呈锥形,被膜发育良好,由小叶间隔分为多叶。

表 3.10 各动物唾液腺特点比较

动物种类	唾液腺特点
小鼠	有 3 对大唾液腺:耳下腺、下颌下腺、舌下腺;下颌下腺为最大的唾液腺;腮腺较为弥散,由结缔组织和脂肪分为多叶,腮腺的边缘自下颌下腺的腹背侧延伸至耳根;下颌下腺中,在闰管和纹状管之间有一段结构特殊的弯曲小管,称为颗粒曲管,其有明显的性别差异,雄鼠至性成熟时颗粒曲管长而弯曲,分支多,雌鼠颗粒曲管则相对发育较差
大鼠	大唾液腺发达,包括腮腺、下颌下腺、舌下腺;下颌下腺最大,位于颈部腹面,两侧腺体在腹中线接触,长 1.6cm,宽 1～1.5cm,厚 0.5cm;舌下腺紧靠下颌下腺前外侧面,颜色较深;性成熟期后,下颌下腺颗粒曲管的发育无性别差异,其余特点与小鼠相似
兔	有 4 对大唾液腺,分别为耳下腺(腮腺)、下颌下腺、舌下腺和眶下腺,哺乳动物一般没有眶下腺,眶下腺为兔的特点;腮腺开口于上颌第 2 前白齿相对的颊黏膜处;眶下腺位于眼眶底部前下角,呈浅黄色,导管开口于上颌第 3 上齿根的内面
犬	唾液腺发达,有 4 对大唾液腺,除腮腺、下颌下腺、舌下腺外,还有一对颧腺,位于眼球的后下方,有几条腺管开口于对着上颌白齿的外侧面;因为缺乏汗腺,天热时可分泌大量唾液以散热
其他动物	猪和肉食动物腮腺内有小的黏液性细胞群;牛、绵羊、山羊、马、骡和猪的下颌下腺以黏液性腺泡占多数;马的唾液中不含唾液淀粉酶,牛唾液中唾液淀粉酶含量也很少;在反刍动物,大量的唾液可使瘤胃内食物液化,利于发酵,并可中和发酵的酸性产物,为瘤胃中的细菌创造碱性环境

除三大唾液腺外,口腔内还有许多小唾液腺,位于口腔黏膜的固有层、黏膜下层或肌层内,依所在位置命名,如唇腺、颊腺、舌腺、颚腺、舌颚腺等。腺体小,无明显的被膜,导管短,缺乏闰管和纹状管。

唾液腺分泌的唾液,含有黏蛋白、球蛋白、唾液淀粉酶、溶菌酶、无机盐、水分等,具有湿润口腔黏膜、软化食物、清洁口腔的作用,并有微弱的消化作用,唾液淀粉酶可将食物中的淀粉分解为麦芽糖。马的唾液中不含唾液淀粉酶,牛唾液中唾液淀粉酶含量也很少。在反刍动物,大量的唾液可使瘤胃内食物液化,利于发酵,并可中和发酵的酸性产物,为瘤胃中的细菌创造碱性环境。唾液腺中的溶菌酶具有杀菌作用。唾液腺间质中的浆细胞分泌的 IgA 与腺细胞产生的蛋白质分泌片结合,形成分泌性 IgA,随唾液排入口腔,具有黏膜的免疫功能。

腮腺起源于原始口腔的外胚层,下颌下腺和舌下腺起源于原始咽底部的内胚层。各个唾液腺的发生过程基本相似,在腺体发生的部位,上皮细胞增殖并下陷到间充质内,形成上皮细胞索。随后,上皮细胞索远端反复分支,分支末端膨大形成细胞团,最终形成腺泡;上皮细胞索内出现管腔,发育为各级导管。唾液腺的被膜和腺体内的结缔组织支架来自上皮细胞索周围的间充质。

一、大唾液腺的一般结构

大唾液腺为复管泡状腺,由实质和间质构成,外覆结缔组织被膜,被膜的结缔组织伸入腺体内,将腺体分成许多叶和小叶。实质包括大量腺泡和各级导管,间质为疏松结缔组织,有血管和神经穿行。

(一)腺泡

腺泡(acinus)又称腺末房,为腺体的分泌部,由单层立方形或锥形细胞构成。根据腺细胞的类型,腺泡可分为浆液性腺泡、黏液性腺泡和混合性腺泡。腺上皮与基膜之间,以及部分导管上皮与基膜之间,有肌上皮细胞(myoepithelial cell),扁平,有多个突起,胞质内有肌动蛋白丝。肌上皮细胞的收缩有利于分泌物排出。一个腺泡可有 1～3 个肌上皮细胞。

1. 浆液性腺泡(serous alveolus)

浆液性腺泡分泌物为稀薄的浆液,含唾液淀粉酶。腺细胞呈锥形或柱状,围成圆形腺泡,细胞核靠近基底部，细胞顶部含嗜酸性分泌颗粒，HE 染色呈红色，称为酶原颗粒，细胞基底部的胞质呈强嗜碱性，HE 染色为蓝色。电镜下细胞核上区可见发达的高尔基体，参与蛋白质的分泌，核下区可见丰富的粗面内质网和核糖体，参与蛋白质合成；细胞顶部可见大量分泌颗粒（浆液性颗粒），呈球形，直径 $1\sim2\mu m$，有膜包被。大多数动物腮腺的浆液性颗粒结构简单，内含致密的均质性物质，可见致密小球。浆液性腺泡的分泌物较稀薄，含唾液淀粉酶和溶菌酶，具有消化食物和抵御细菌入侵的作用。

2. 黏液性腺泡（mucous alveolus）

黏液性腺泡分泌物为黏稠的液体，主要成分为黏蛋白。腺细胞为不规则锥形，胞质内含有大量黏原颗粒，PAS 染色呈强阳性。在 HE 染色切片中，由于分泌颗粒被溶解，胞质着色较浅，呈空泡状。细胞核扁圆形，居细胞底部。电镜下胞质顶部可见粗大的黏原颗粒和高尔基体，基部和胞质两侧有粗面内质网与线粒体。黏原颗粒为低电子密度的小囊泡，有明显的界膜，内容物均质透明，含有中性糖蛋白和酸性黏液物质如硫黏蛋白或唾液黏蛋白。

3. 混合性腺泡（mixed alveolus）

混合性腺泡由浆液性腺细胞和黏液性腺细胞共同组成。常见混合性腺泡主要由黏液性腺细胞组成，数个浆液性腺细胞位于腺泡的底部或附于腺泡的末端，在切片中呈半月形排列，故称浆半月（serous demilune）。浆液性腺细胞的分泌物可经黏液性细胞间的小管释入腺泡腔内。

（二）导管

唾液腺的导管是反复分支的上皮性管道，末端与腺泡相连，可分为以下几段。

1. 闰管（intercalated duct）

闰管直接与腺泡相连，管径较细，分布于小叶内，管壁为单层扁平或立方上皮，相邻细胞的侧面凹凸相嵌，并借桥粒相连。人腮腺闰管最长，下颌下腺较短，舌下腺几乎无闰管。肌上皮细胞的突起由腺泡伸向闰管的起始部。闰管上皮中有未分化细胞，需要时可分化为腺细胞、肌上皮细胞或纹状管的上皮细胞。

2. 纹状管（striated duct）

纹状管与闰管相连接，也称分泌管（secretory duct）。管壁为单层高柱状上皮。细胞核圆形，居细胞中上部，胞质嗜酸性，细胞基底部有嗜酸性的纵行纹理。电镜下，纵纹是细胞基底部的质膜褶皱以及褶间胞质内纵行排列的长形线粒体。人下颌下腺纹状管的质膜皱褶最长。细胞侧面基部也有皱褶，与相邻细胞基底面以及侧面的皱褶相互嵌合。这些皱褶的突起再发出次级突起，也伸向相邻细胞的突起之间，这种特化的结构扩大了细胞基底面和侧面的表面积。纹状管上皮细胞能主动吸收分泌物中的 Na^+，将 K^+ 排入管腔，并可重吸收或排出水分，因此可调节唾液中的电解质含量和唾液量，并可使唾液呈低渗。纹状管的分泌活动受醛固酮调节。人、犬、猫、豚鼠及大鼠等动物的下颌下腺纹状管细胞含有激肽释放酶。纹状管细胞也参与类固醇的代谢活动。

啮齿类动物特别是大小鼠的下颌下腺中，在闰管和纹状管之间有一段结构特殊的弯曲小管，由单层柱状上皮细胞构成，上皮细胞顶部胞质内出现许多嗜酸性分泌颗粒，称为颗粒曲管细胞（granular convoluted tubule cell），这段导管称为颗粒曲管。颗粒曲管细胞可分泌多种生物活性多肽，如表皮生长因子、神经生长因子、内皮细胞生长刺激因子、红细胞生成素、骨髓集落刺激因子、肾素、激肽释放酶、生长抑素、酯肽酶、消化酶等。部分多肽已经制成商品试剂。大鼠及小鼠的颗粒曲管随性成熟而发育，由纹状管演变而成。小鼠的颗粒曲管有明显的性别差异，雄鼠至性成熟时颗粒曲管长而弯曲，分支多，雌鼠颗粒曲管则相对发育较差。雄鼠下颌下腺的重量可达雌鼠的两倍。大鼠性成熟期后，颗粒曲管的发育无性别差异（表3.10）。人和动物的下颌下腺也分泌数种多肽，经导管排入口腔，随唾液进入胃肠，再被吸收入血。

3. 小叶间导管和总导管

纹状管汇合形成小叶间导管，走行于小叶间结缔组织内。小叶间导管逐级汇合并增粗，最后形成一条或几条总导管，开口于口腔。小叶间导管上皮为单层矮柱状上皮，逐渐变为假复层柱状上皮，在近口腔开口处过渡为复层扁平上皮，与口腔上皮相连续。

二、大唾液腺的结构特点

（一）腮腺

腮腺（parotid gland）为人体最大的唾液腺，位于耳前下方，导管开口于口腔颊部。人和大部分动物的腮腺为浆液腺，猪和肉食动物腮腺内有小的黏液性细胞群。人幼年时腮腺内也有黏液性细胞。腮腺闰管较长，分泌管较短。分泌物中含大量唾液淀粉酶。犬的腮腺为浆液黏液型腺体，能分泌酸性和中性黏液物质。啮齿类动物的腮腺主要分泌中性黏液物质。

（二）下颌下腺

下颌下腺（submandibular gland）位于下颌骨下缘内侧，导管开口于舌下。下颌下腺为混合腺，既有浆液性腺泡，又有黏液性腺泡。混合的程度因不同动物而异，一般以浆液性腺泡为主。人的下颌下腺浆液性腺泡与黏液性腺泡的比例约为12∶1，牛、绵羊、山羊、马、骡和猪的下颌下腺以黏液性腺泡占多数。下颌下腺闰管短，纹状管发达。分泌物含黏液较多，唾液淀粉酶较少。肾上腺素可刺激下颌下腺的分泌并可使腺泡肥大。

（三）舌下腺

舌下腺（sublingual gland）较小，位于腭舌骨肌上方，总导管单独或与下颌下腺的总导管汇合后开口于舌系带根部两侧。啮齿类动物的舌下腺为黏液腺，人的舌下腺为混合腺，以黏液性腺泡占多数，浆液性腺泡常排列成半月形位于黏液性腺泡底部。舌下腺没有闰管，纹状管也较短。

三、唾液腺的增龄性变化及其他病变

人腮腺的增龄性变化比较明显，老年人腮腺25%～50%的腺体组织被脂肪和纤维结缔组织代替，下颌下腺也有类似改变。老年人的唾液腺腺泡、闰管和纹状管常出现一些较大的上皮细胞，胞质内含有嗜酸性颗粒，由正常上皮细胞变化而来，随年龄增长而增多，又称为消耗细胞，除作为老年指征外，无重要意义。大鼠腮腺分泌性蛋白的合成量随年龄增长而下降。老年大鼠下颌下腺的颗粒曲管长度和导管上皮的高度，以及其所含的分泌颗粒数量也随年龄增长而减少。老龄雌性BDF1小鼠可见自发性涎腺炎，与抑制性/细胞毒性T淋巴细胞的比例随年龄增长而下降有关。有自身免疫倾向的小鼠，如NZB/NZW、SL/Ni，也可发生自发性涎腺炎。非人灵长类动物的唾液腺对电离辐射等不良刺激的反应与人类相似，耐受性差。

第九节 胰 腺

胰腺（pancreas）表面为薄层疏松结缔组织被膜，被膜的结缔组织伸入腺实质，将胰腺分成许多小叶。人、猴、犬和豚鼠的胰腺为致密型，局限于十二指肠上段的凹陷内。犬的胰腺较小，适于做胰腺摘除手术。小鼠、大鼠和兔的胰腺为肠系膜型，较为弥散地分布在十二指肠系膜中，被肠系膜脂肪结缔组织和淋巴结分隔（表3.11）。低等动物的胰腺不形成独立的器官，而散在于肠系膜中。胰腺主要由腺泡和导管组成，小叶间的结缔组织内有血管、淋巴管、神经和导管走行。胰腺由外分泌部和内分泌部组成。外分泌部为复管泡状腺，为重要的消化腺，分泌多种消化酶。胰腺的外分泌部还有药物代谢酶P450家族及谷胱甘肽-*S*-转移酶。内分泌部为胰岛，分布于腺泡之间，由多种内分泌细胞构成，成年动物的胰岛约占胰腺体积的 1%～2%。

表3.11　人和各动物胰腺特点比较

种属	胰腺特点
人	为致密型；胰岛较小，直径 50μm±29μm；胰岛在胰腺内分布较均匀，多位于小叶内；胰岛中 B 细胞约占 55%，A 细胞较多，约占 37%；胰岛细胞可单个散在于腺泡内；胰岛细胞和血管侧都有基膜，为双层基膜
小鼠	为肠系膜型，较为弥散；胰岛较大，直径 116μm±80μm；雄鼠胰岛数量多于雌鼠，雌鼠孕期胰岛大小和数量增长；胰岛在胰腺内分布不均匀，部分位于小叶内，部分位于小叶间；胰岛以 B 细胞为主，约占 75%，A 细胞约占 18%；胰岛内只血管侧有基膜
大鼠	为肠系膜型，较为弥散，呈长条状，分成两叶，右叶紧连十二指肠，左叶在胃的后面与脾相连；胰岛数量 400～600 个，胰腺左叶的头部及相邻部位数量最多，直径 100～200μm；主胰管贯穿胰腺全长，在胰头部与胆总管汇合，开口于十二指肠乳头；胰岛细胞比例与小鼠相似，但不同区域的胰岛各类细胞比例有所不同；胰岛内只血管侧有基膜
兔	为分散而不规则的脂肪状腺体，散在于十二指肠 "U" 形弯曲部的肠系膜上，分布于脾、胃大弯、横结肠、十二指肠之间，呈扁平状，浅粉红色，颜色质地均似脂肪，长为 15～20cm，宽为 2～3cm；仅有一条胰导管开口于十二指肠升部开始 5～7cm 处，距离幽门约 40cm，远离胆管开口，为兔的特点
豚鼠	位于十二指肠弯曲部的肠系膜上，呈乳白色脂肪样的片状，分头部和左右两叶，并与胃大弯相接
犬	小，分左右 2 支，位于胃与十二指肠之间的肠系膜上，乳黄色，柔软狭长，形如 "V" 形；有一大一小两条胰管，小导管开口于胆管的近旁，或与胆管汇合为一个开口，大导管开口于胆管开口后方 3～5cm 处；易摘除
其他特点	小鼠、大鼠和豚鼠的胰岛多位于胰腺小叶间，少数位于小叶内，而人、猪、牛、狗、兔的胰岛一般位于小叶内 胰岛细胞呈团索状分布，牛的胰岛细胞排列成板状 人、大鼠、小鼠和兔的 B 细胞主要位于胰岛的中央，A、D 细胞位于胰岛的周边部；马和猴的 A、D 细胞居于中央，B 细胞位于周边；人、犬和豚鼠胰岛内的 B 细胞与其他内分泌细胞混杂，排列成小梁状

胰腺来自胚胎前肠尾端。前肠尾端的内胚层细胞增生，形成两个憩室，分别称为背胰芽和腹胰芽。背、腹胰芽的上皮细胞增生，形成细胞索。细胞索反复分支，末端形成腺泡，与腺泡相连的各级分支形成各级导管。背胰芽和腹胰芽分别发育成背胰和腹胰，各有一条贯穿腺体全长的导管，称为背胰管和腹胰管。随后背胰和腹胰融合，腹胰形成胰头下份和钩突，背胰形成胰头上份、胰体和胰尾，腹胰管和背胰管远侧段沟通，形成主胰导管，与胆总管汇合后，开口于十二指肠乳头。在胰腺发育过程中，部分细胞脱离上皮细胞索，形成腺泡间的细胞团，这些细胞团后来分化为胰岛并于胚胎中后期行使内分泌功能。

一、外分泌部

外分泌部（exocrine portion）为复管泡状腺，由腺泡和导管两部分组成。外分泌部分泌胰液，为碱性液体，pH 为 8.2～8.5，含有胰蛋白酶原、糜蛋白酶原、胰淀粉酶、胰脂肪酶、核酸分解酶等，有重要的消化功能。外分泌部还分泌胰蛋白酶抑制因子，可防止胰蛋白酶原和糜蛋白酶原在胰腺内被激活。例如，某些致病因素使胰蛋白酶原在胰腺内激活，可导致胰腺组织分解，引起急性胰腺炎。

（一）腺泡

腺泡为浆液性腺泡，腺泡细胞呈锥形，细胞核圆形，位近基底部，含有 1 或 2 个核仁，啮齿类动物可为双核。细胞底部位于基膜上，基膜与腺泡细胞之间无肌上皮细胞。邻近胰岛的腺泡细胞较大，富含酶原颗粒，染色较深，含较多的脂肪酶；离胰岛较远的腺泡细胞含有较多的淀粉酶。电镜下可见腺泡细胞基部有许多纵行排列的线粒体、丰富的粗面内质网和核糖体，在 HE 染色切片上，此处胞质呈嗜碱性。腺泡细胞核上区高尔基体发达，细胞合成的酶前体蛋白经高尔基体组装于酶原颗粒内。酶原颗粒是包有界膜的密度高而均质的圆形颗粒，平均直径 0.6μm，含有多种酶，如胰蛋白酶原、胰凝乳酶原、羧肽酶、RNA 酶等。酶原颗粒的界膜含有较高水平的脂质，类似细胞的质膜，通透性低，可防止酶的渗出，对界膜外的胞质有保护作用。酶原以胞吐的方式排出，释放至腺泡腔而始终不与胞质接触。酶原颗粒数量随消化和分泌活动变化而变化，进食后颗粒减少，饥饿时颗粒增多。酶原颗粒中的消化酶，多数在进入十二指肠后被激活。腺泡腔内还可见一些较小的细胞，细胞质少，染色淡，核圆形或卵圆形，称为泡心细胞（centroacinar cell），是延伸入腺泡腔内的闰管上皮细胞。电镜下可见泡心细胞的细胞器很少。泡心细胞和腺泡细胞相邻的质膜较平直，近腔面处有闭锁小带，腔面的质膜形成少量微绒毛。

（二）导管

导管包括闰管、小叶内导管、小叶间导管和主导管。闰管起始于泡心细胞，管腔小，上皮为单层扁平或立方上皮细胞，结构与泡心细胞相同，基膜与泡心细胞的基膜相连接。闰管逐渐汇合形成小叶内导管，小叶内导管管腔增大，上皮为单层立方上皮。小叶内导管在小叶间结缔组织内汇合成小叶间导管，小叶间导管管腔进一步增大，上皮为单层柱状上皮。小叶间导管再汇合成一条主导管，主导管上皮为单层高柱状上皮，上皮内可见杯状细胞，偶见内分泌细胞。主导管贯穿胰腺，在胰头部与胆总管汇合，开口于十二指肠乳头。导管的上皮表面覆盖一层黏液，可保护深层的组织免受胰蛋白酶的消化。胰液中的水和电解质主要由导管上皮细胞（包括泡心细胞）分泌，电解质以碳酸氢盐的含量最高，使胰液呈弱碱性，可中和进入十二指肠的胃酸，保证肠黏膜的正常生理活动。主胰管从胰尾至胰头行经胰腺全长，沿途接受小导管汇入，约 70%的主胰管先与胆总管汇合后再通入十二指肠，因此胆道疾病可能诱发胰腺病变。兔只有一条胰导管，开口于十二指肠升支开始5～7cm处，远离胆管开口，为兔的特点。犬有一大一小两条胰管，小导管开口于胆管的近旁，或与胆管汇合为一个开口，大导管开口于胆管开口后方3～5cm处。大鼠的主胰管贯穿胰腺全长，在胰头部与胆总管汇合，开口于十二指肠乳头。

二、内分泌部

胰腺的内分泌部称为胰岛（pancreatic islet），是由几种内分泌细胞组成的细胞团，散在分布于腺泡之间，人的胰岛细胞也可单个散在于腺泡内。人有 17 万～200 万个胰岛。人的胰岛在胰腺内分布较均匀。啮齿类动物的胰岛分布不均匀，胰尾部胰岛最多，胰头和胰体部较少，部分胰腺小叶可没有胰岛，小鼠、大鼠和豚鼠的胰岛多位于胰腺小叶间，少数位于小叶内，而人、猪、牛、狗、兔的胰岛一般位于小叶内。胰岛大小不一，小的仅由 10 多个细胞组成，大的有数百个细胞。小鼠胰岛较大，直径为 $116\mu m \pm 80\mu m$。胰岛细胞呈团索状分布，牛的胰岛细胞排列成板状（表 3.11）。胰岛细胞索间有丰富的有孔毛细血管，胰岛周围和胰岛内有少量结缔组织。

胰岛细胞由胰腺导管上皮内的未分化细胞即干细胞分化而来。成人胰腺干细胞分布于各级导管上皮和胰岛内，常是胰腺癌的发生之处。成人胰腺的小导管上皮细胞仍可发育成腺泡细胞和胰岛细胞。腺导管上皮的部分细胞反复分裂，逐渐与上皮细胞分离，聚集成团，向管壁外膨出，细胞团足够大时，连同基膜一起脱离管壁，形成独立的胰岛。

胰岛细胞多呈不规则索状排列，细胞之间有桥粒、紧密连接和缝隙连接，细胞索之间为丰富的有孔毛细血管。胰岛细胞之间的紧密连接可防止激素在间质内扩散，使其进入毛细血管。胰岛与腺泡之间由少量网状纤维分隔。胰岛主要有 A、B、D、PP 4 种细胞，还有少量 D1 细胞和 C 细胞。HE 染色切片中不易区分各种细胞。除 B 细胞外，其他几种细胞也见于胃肠黏膜内，它们的形态相似，都合成和分泌肽类或胺类物质，在发生上也有共同性，因此将胃、肠、胰腺内这些性质类似的内分泌细胞统称为胃肠胰内分泌系统（gastro-entero-pancreatic endocrine system），简称 GEP 系统。

（一）胰岛细胞

1. A 细胞

A 细胞又称 α 细胞，占胰岛细胞总数的 15%～35%，啮齿类动物胰体和胰尾部的胰岛内分布较多，多分布在胰岛周边，细胞体积较大，胞质内含有粗大的颗粒，有嗜银性，Mallory-Azan 染色呈鲜红色，胞核圆形，偏于细胞一侧，染色浅。A 细胞分泌高血糖素（glucagon），又称高血糖素细胞。高血糖素的作用是促进肝细胞内的糖原分解为葡萄糖，并抑制糖原合成，使血糖浓度升高。电镜下，A 细胞的分泌颗粒数量多，较大，呈圆形或卵圆形，致密核芯常偏于一侧，颗粒被膜与核芯之间的晕轮较窄。粗面内质网常扩大成池，游离核糖体丰富，高尔基体不发达。人胰岛中 A 细胞的比例高于啮齿类动物。

2. B 细胞

B 细胞又称 β 细胞，数量较多，占胰岛细胞总数的 55%～75%，主要位于胰岛的中央。B 细胞核较小，胞质内有较多细颗粒，易溶于水，无嗜银性，Mallory-Azan 染色呈橘黄色。电镜下，B 细胞内分泌颗粒大小不等，常见杆状或不规则形晶状核芯，核芯与被膜之间有较宽的清亮间隙。B 细胞分泌胰岛素（insulin），故又称胰岛素细胞。胰岛素的主要作用是促进细胞吸收血液内的葡萄糖，同时促进肝细胞将葡萄糖合成为糖原或转化为脂肪。因此胰岛素的作用是使血糖降低。胰岛素和高血糖素协同作用，使血糖水平保持稳定。

3. D 细胞

D 细胞又称 δ 细胞，数量少，约占胰岛细胞总数的 5%，散在于 A、B 细胞之间，与 A、B 细胞紧密相贴。电镜下 D 细胞内细胞器较少，分泌颗粒较大，圆形或卵圆形，无明显的致密核芯，Mallory-Azan 染色呈蓝色。D 细胞分泌生长抑素（somatostatin），以旁分泌方式或经缝隙连接直接作用于邻近的 A 细胞、B 细胞或 PP 细胞，抑制这些细胞的分泌功能。生长抑素也可进入血循环对其他细胞的功能起调节作用。

4. PP 细胞

PP 细胞数量很少，除了存在于胰岛内，还可见于外分泌部的导管上皮内及腺泡细胞间，胞质内也有分泌颗粒。PP 细胞分泌胰多肽（pancreatic polypeptide），对消化系统有抑制作用，可抑制胃肠运动、胰液分泌及胆囊收缩。

5. D1 细胞

D1 细胞数量少，占胰岛细胞总数的 2%～5%，主要分布在胰岛周边，少数分布在胰腺外分泌部和血管周围。D1 细胞分泌血管活性肠肽，可促进胰腺腺泡细胞的分泌活动，抑制胃酶的分泌，刺激胰岛素和高血糖素的分泌。

6. C 细胞

C 细胞数量少，不含分泌颗粒，可能是未分化细胞，能分化为 A、B 细胞等。

（二）胰岛细胞的分布

不同动物各种细胞在胰岛的分布情况有所差别。大鼠、小鼠和兔的 B 细胞主要位于胰岛的中央，A、D 细胞位于胰岛的周边；马和猴的 A、D 细胞居于中央，B 细胞位于周边；人、犬和豚鼠胰岛内的 B 细胞与其他内分泌细胞混杂，排列成小梁状。鸟类的胰岛细胞分为两型，即亮型和暗型，亮型胰岛也称 B 胰岛，主要含 B 细胞，还有 D 细胞；暗型胰岛也称 A 胰岛，主要含 A 细胞和 D 细胞。鸟类的胰腺一般有 4 个叶，两型胰岛见于胰腺各叶。鸡和鹌鹑的 4 个叶中都有 B 胰岛，但仅有两个叶有 A 胰岛。两型胰岛分开，可作为研究胰岛素分泌的模型。

三、胰腺的血管、淋巴管和神经

（一）血管

胰腺主要由腹腔动脉和胰十二指肠上动脉的分支供血，它们的分支进入小叶间结缔组织，沿途发出小支进入小叶内，称为小叶内动脉。小叶内的毛细血管为有孔型，分布于腺泡周围和胰岛内。胰腺内的动脉与静脉伴行，静脉血汇入门静脉。在部分动物如猴、犬、兔、鼠、马发现胰岛与胰腺外分泌部之间有血管吻合，胰岛小叶内动脉发出 1 或 2 支入岛小动脉进入胰岛，形成分支蟠曲的毛细血管。胰岛内的毛细血管具有血窦样结构，外径比外分泌部的毛细血管粗，血压也较高。毛细血管分布于胰岛细胞索之间，并与胰岛细胞紧贴，仅以各自的薄层基膜相隔。啮齿类仅血管侧有基膜。胰岛内的毛细血管汇集成数支出岛血管，呈放射状离开胰岛，在腺泡周围再次形成毛细血管。由于出岛血管的起止两端均为毛细血管，因此总称为胰岛-腺泡门静脉系统（islet-exocrine portal system）。这种血液循环方式使胰岛可以调节外分泌腺的功能活动。腺泡周围的毛细血管汇合成小叶内静脉，进入小叶间结缔组织。

（二）淋巴管

胰腺实质内的毛细淋巴管很丰富，小淋巴管与血管伴行，汇合成较大的淋巴管。胰腺的淋巴管输入胰十二指肠淋巴结、肠系膜上淋巴结和胰脾淋巴结。这些淋巴结的输出淋巴管大部分输入主动脉前的腹腔淋巴结和肠系膜上淋巴结，也有可能走行于小网膜内到达肝淋巴结。

（三）神经

腺泡周围和胰岛周围有来自内脏神经和迷走神经的交感与副交感神经纤维形成的神经丛，称为腺泡周围神经丛和胰岛周围神经丛。神经纤维伸入腺泡细胞之间和胰岛细胞之间。在小叶间结缔组织内可见到一些神经元，在胰岛内近腺泡处可见单个神经元，它们可能是副交感神经元。在胰岛外周的结缔组织中有较大的神经节，可能是交感神经节。交感神经兴奋，使胰液分泌减少，副交感神经兴奋，促进胰液分泌。胰岛内分泌功能也受神经系统的调节，交感神经兴奋，促进 A 细胞分泌，使血糖升高；副交感神经兴奋，促使 B 细胞分泌，使血糖降低。

胰腺内也有感觉神经末梢。有些动物（如猫）在胰头处的结缔组织内有环层小体。没有环层小体的动物胰腺内可见到与胰岛细胞紧邻的粗大神经末梢，可能是感觉神经末梢。

四、胰腺外分泌和内分泌的关系

胰腺内、外分泌部的关系十分密切。由于胰腺微循环的血流是先经过胰岛，再到外分泌部，因此胰岛分泌的高浓度激素首先作用于外分泌部的腺泡。

胰岛素能促进外分泌部的腺泡细胞合成蛋白质，并刺激腺泡细胞的生长和分化。胰岛素也影响胰蛋白酶和胰脂肪酶的合成。胰岛素使腺泡对胆囊收缩素的敏感性增强，可促进腺泡细胞分泌增强。因此邻近胰岛周围的腺泡比远离胰岛的腺泡大，分泌功能也较旺盛。

胰多肽对胰腺的外分泌部有抑制作用，尤其影响碳酸氢盐和胰蛋白酶的分泌，使胰液减少。

五、影响胰腺分泌的因素

（一）胰腺外分泌的影响因素

胰腺腺泡细胞的分泌活动受神经、激素和食物的影响。刺激迷走神经或给予胆碱能药物，能促进腺泡细胞分泌胰液；切断迷走神经或使用阿托品等抗胆碱能药物，可使胰液分泌减少。胰岛激素对腺泡细胞的分泌有重要的调节作用。胃肠激素也参与调节腺泡细胞的分泌活动，如促胰液素可增强导管细胞的分泌作用，增加胰液中水和重碳酸盐的分泌量。促胰酶素可刺激腺泡细胞分泌颗粒的排出。进食也影响胰腺的分泌活动。高淀粉和高酪蛋白食物可分别使胰淀粉酶和胰凝乳酶的分泌增多，但高脂肪食物不影响胰脂肪酶的分泌。

（二）胰腺内分泌的影响因素

胰岛的分泌活动也受进食的影响，并受胃肠激素和神经的调节。胰岛 B 细胞膜上有葡萄糖受体，进食后血糖升高，可使 B 细胞合成和分泌胰岛素。口服葡萄糖对胰岛素分泌的影响大于静脉注射，可能与食物直接刺激胃肠内分泌细胞，从而影响 B 细胞的分泌有关。血糖降低到一定水平，胰岛素通过反馈作用抑制 B 细胞的分泌，同时刺激 A 细胞释放胰高血糖素，使血糖回升。胰岛素和胰高血糖素协调作用使血糖保持相对稳定。胃肠内分泌细胞产生的肽类激素对胰岛素和胰高血糖素的释放具有明显的增强作用，如促胰酶素对胰岛 B 细胞和 A 细胞都有促进分泌的作用，肾上腺素对 B 细胞的分泌有抑制作用。

胰岛受交感和副交感神经纤维支配，交感神经支配 A 细胞分泌胰高血糖素，副交感神经支配 B 细胞分泌胰岛素。在安静状态下，副交感神经使 B 细胞和 A 细胞分泌少量胰岛素与胰高血糖素，交感神经也使 A 细胞分泌少量胰高血糖素。在机体处于紧张状态时，交感神经的兴奋性增高，促使 A 细胞分泌大量胰高血糖素，B 细胞的分泌受到抑制。

第十节　肝

肝是机体最大的腺体，在哺乳动物，肝占体重的 1%～4%，草食动物肝占体重比例较低，肉食动物较高。成人肝约占体重的 2%。

肝包膜表面光滑，实质由肝小叶构成。肝小叶是宽 1～2mm 的六边形结构，中心有一中央静脉，为肝静脉的分支。肝小叶间有少量结缔组织。猪、骆驼、浣熊、猫等动物小叶间结缔组织发达，肝小叶界限明显；其他动物肝小叶间结缔组织少，小叶界限不清。在相邻的几个肝小叶之间有门管区。门管区包含肝动脉和门静脉分支、胆管、神经与淋巴管，间质为纤维结缔组织。肝内的胆管系统起始于肝小叶中心肝细胞间的胆小管，胆小管的管壁由相邻肝细胞的细胞膜组成。在肝小叶边缘处，胆小管汇集成闰管（或称 Hering 管），之后汇入小叶间胆管。小叶间胆管向肝门方向汇集，最后形成肝管，肝管再汇合为肝总管。肝总管与胆囊管汇合形成胆总管，胆汁经胆总管排入十二指肠。胆囊具有贮存与浓缩胆汁的功能。马、大象和大鼠没有胆囊。（表 3.12）

表 3.12　各动物肝特点比较

动物种类	肝特点
小鼠	肝分 4 叶：中叶、左叶、尾叶和右叶；肝占体重的 3%～5%；门管区结缔组织较少，不易形成肝硬化模型；进食后肝小叶中央部的细胞因糖原及水积聚而浅染
大鼠	分 4 叶：中叶、左叶、尾叶和右叶；肝占体重的 2%～3%；再生能力强，切除 60%～70% 后可再生，是研究器官移植和细胞增殖调控的理想模型；SD 大鼠对造成人类肝胆汁淤积的药物反应不敏感
兔	重 60～80g，分 6 叶：外侧左叶、外侧右叶、内侧左叶、内侧右叶、方叶、尾状叶；在内侧左右叶之间有胆囊；从左叶出来的一支肝管较粗，从其他叶出来的肝管较细
豚鼠	分 5 叶：外侧左叶、外侧右叶、内侧左叶、内侧右叶、尾状叶（尾状突起和乳头突起）
地鼠	分 6 叶，左 2 叶，右 3 叶，中间有 1 个很小的叶，胆囊在这个小叶的上端
犬	比较大，相当于体重的 3%，分 6 叶：左外叶、左内叶、右外叶、右内叶、方叶、尾状叶（乳头叶）；左外叶最大，为卵圆形，左内叶最小，为梭形
猕猴	分 6 叶：外侧左叶、内侧左叶、外侧右叶、内侧右叶、右中心叶及尾状叶
树鼩	分为左右外侧叶和中央叶，在肝中能合成维生素 C
猪	较大，占体重的 1.5%～2.5%，以三个深的叶间切迹分为 6 叶：左外叶、左内叶、右内叶、右外叶、方叶和尾状叶；肝小叶间结缔组织发达，界限明显，肉眼可见，为 1～2.5mm 大小的暗色颗粒

肝由前肠发生而来。前肠末端腹侧壁内胚层上皮增生，形成一个囊状突起，称肝憩室或肝芽，是肝和胆囊的原基。肝憩室迅速增大，末端膨大，分为头、尾两支。头支较大，为肝的原基，尾支较小，为胆囊的原基。头支快速生长，上皮细胞增殖，形成许多分支并相互吻合成网状的细胞索，即肝索，后来分化成肝板、界板和各级肝内胆管。原始横膈中的间充质分化为肝内结缔组织和肝被膜。肝憩室尾支发育为胆囊和胆囊管。肝憩室根部发育为胆总管，最终开口于十二指肠背内侧。

一、肝小叶

肝小叶是肝形态和功能的基本结构单位，为多面棱柱状。成人的肝小叶高约 2mm，宽约 1mm，肝内有 50 万～100 万个肝小叶。肝小叶之间由少量结缔组织分隔。在肝小叶的横切面上，肝细胞以中央静脉为中心放射状排列成板状，称为肝板，也称为肝细胞索，肝板之间为肝窦。肝板有分支，相互连接成网状，肝板上有许多小孔，使肝窦互相连接。在肝小叶的边缘，肝细胞排列成环状结构，称为界板，与小叶间隔连接。

（一）肝细胞

肝细胞是构成肝小叶的主要成分。成人肝细胞的总数约为 25×10^{10} 个，占肝内所有细胞的 80%。肝细胞体积较大，直径 20～30μm，呈多面体形，界限清楚，胞质嗜酸性，内含大量 PAS 染色呈阳性的糖原颗粒，并含有散在的嗜碱性物质。肝细胞核圆形，位于细胞中央，染色质较稀疏，染色浅，有 1 或多个明显的核仁。有的肝细胞有两个细胞核，有的肝细胞的核体积较大，为多倍体核，此类肝细胞的功能比较活跃。

肝细胞有三个面：血窦面、胆小管面和连接面。血窦面和胆小管面有发达的微绒毛，可增加肝细胞的表面积；相邻肝细胞之间有紧密连接、桥粒、缝隙连接等连接结构。肝细胞之间的缝隙连接使众多肝细胞相互偶联，增强了肝细胞的代谢和解毒能力。

肝细胞胞质内各种细胞器丰富而发达，并含有糖原、脂滴等内含物。细胞器和内含物的含量与分布常因细胞的功能状况或饮食变化而变动。小鼠进食后，肝小叶中央的细胞因糖原及水积聚而浅染，其他动物此现象不如小鼠明显。

肝细胞内粗面内质网（RER）非常发达，常呈层状成群分布于肝细胞核周边、近血窦面及线粒体附近，形成光镜下所见的嗜碱性颗粒。大多数血浆蛋白是在肝细胞的粗面内质网内合成的，在机体发生感染或创伤时，还分泌 α 和 β 球蛋白等急性反应物质。

肝细胞内滑面内质网（SER）分布广泛，膜结构上有多种酶系，如细胞色素 P450 酶系、细胞色素 b5 酶系、谷胱甘肽转移酶、环氧化物水解酶及葡萄糖醛酸转移酶等，可对众多有机物进行生物转化，使其由疏水性变为水溶性，经血液循环后随尿或胆汁排出。主要功能包括：合成胆汁、代谢脂肪、灭活各种固醇类激素、对有毒代谢产物和经肠道吸收的药物等进行解毒。某些致癌毒物、巴比妥类药物、固醇类激素以及病毒感染可诱发滑面内质网大量增生，增生的滑面内质网呈排列紧密的细管状，嗜酸性，因此又称嗜酸性小体。

肝细胞内高尔基体发达，每个肝细胞约有 50 个，主要分布在胆小管周围和细胞核附近，与胆小管质膜的更新及胆汁的排出有关。细胞分裂期高尔基体并入内质网，在分裂间期恢复原样。

肝细胞内线粒体数量很多，每个肝细胞 2000 个左右，约占细胞体积的 20%，遍布于胞质内，为细胞的功能活动提供能量。肝细胞线粒体的生理和病理性变化很大。老年动物的肝细胞线粒体常空泡化，嵴减少，色素增多。在饥饿、急性缺氧、营养不良、肝炎、中毒和胆汁淤积时，线粒体常急剧肿胀，直径可达 4～5μm。

肝细胞内溶酶体功能活跃，不断吞噬消化异物并自噬细胞内退化的线粒体、内质网及过剩的物质，因此结构多样，可含有多种被吞噬的物质。溶酶体的内容物可稳定、缓慢地释放入胆汁。溶酶体对肝细胞结构的更新和正常功能的维持起重要作用，还参与胆色素的代谢转运和铁的储存过程。溶血性疾病时，溶酶体内可见到大量含铁血黄素。在饥饿、病毒性肝炎、胆汁淤滞、缺氧或肝部分切除后，溶酶体大量增加，功能活跃，内含大量退化的细胞结构。

肝细胞内过氧化物酶体的数量和体积都较其他细胞大，对肝有保护作用。肝细胞过氧化物酶体中含有多种氧化酶，其中以过氧化氢酶和过氧化物酶为主。过氧化物酶体内的氧化酶可利用氧分子直接氧化底物，产生 H_2O_2，后者受过氧化氢酶的作用形成氧和水，可消除 H_2O_2 对细胞的毒性作用，因此过氧化物酶体有保护肝细胞的作用。大鼠的肝细胞过氧化物酶体中有类结晶柱状核芯，其中含有尿酸氧化酶。人肝细胞过氧化物酶体中无核芯，也不含尿酸氧化酶，因为人和灵长类为排尿酸动物。肝细胞过氧化物酶体还与脂类代谢、嘌呤代谢和酒精代谢有密切关系。过氧化物酶体中酶缺陷可引起严重的先天性疾病，如脂类代谢酶缺陷引起的长链脂肪酸堆积，可造成神经系统的损伤。急性细菌感染时，肝细胞过氧化物酶体数量和体积减小。

（二）肝窦

肝窦位于肝板之间，与肝板相间排列。由小叶间动脉和小叶间静脉来的血液从肝小叶的周边经肝窦流向中央静脉。肝窦为血窦，窦壁由有孔内皮细胞组成，内皮外缺乏基膜，有利于肝细胞从血液中摄取所需物质及排出分泌物。

肝窦腔内有定居的巨噬细胞，又称库普弗细胞（Kupffer cell），形态不规则，从胞体伸出突起附着在内皮细胞上，或穿过内皮窗孔和细胞间隙伸入窦周隙内。库普弗细胞内溶酶体发达，可吞噬和清除从胃肠进入门静脉的细菌、病毒和异物，处理抗原并传递给效应淋巴细胞，吞噬衰老的红细胞，并对瘤细胞有监视和抑制作用。

肝窦内还有肝大颗粒淋巴细胞，附着于内皮细胞或肝巨噬细胞上，表面有伪足样突起，穿过内皮细胞进入窦周隙，与肝表面的微绒毛接触。肝大颗粒淋巴细胞具有 NK 细胞活性，能溶解和杀伤多种肿瘤细胞和被病毒感染的肝细胞。

血窦内皮细胞与肝细胞之间有狭小间隙，称窦周隙或 Disse 隙，充满血浆，是肝细胞与血液之间进行物质交换的场所。肝细胞血窦面是肝细胞从窦周隙血浆中摄取物质和排出分泌物的功能面，形成许多微绒毛伸入窦周隙，使细胞表面积增加 6 倍。窦周隙内有散在的网状纤维和贮脂细胞，网状纤维起支持血窦内皮的作用，贮脂细胞又称 Ito 细胞，有储存脂肪和维生素 A 的作用，并可合成细胞外基质，分泌基质金属蛋白酶（MMP）及基质金属蛋白酶组织抑制剂（TIMP）。Ito 细胞小，形态不规则，扁平，有突起，附于内皮细胞外表面及肝细胞表面，在动物进食大量脂肪时变圆并含有较多脂滴，这种脂滴是细胞代谢的产物。在病理状况下，贮脂细胞增多，丢失维生素 A 并转化为肌成纤维细胞，表达 α 平滑肌肌动蛋白，并可合成胶原，参与肝纤维化。

（三）胆小管

胆小管是相邻两个肝细胞之间局部胞膜凹陷形成的微细管道，直径 0.5～1μm。胆小管在肝板内连接成网格状。肝细胞近胆小管处的胞质含 ATP 酶和碱性磷酸酶较多，这两种酶进行免疫组织化学染色可显示胆小管，胆小管也可用银浸染法显示。肝细胞分泌的胆汁排入胆小管。胆小管周围的相邻肝细胞膜形成紧密连接、桥粒等复合连接结构，封闭胆小管，使排入胆小管的胆汁不会从胆小管溢出至窦周隙；当肝细胞发生变性、坏死或胆管阻塞内压增大时，胆小管的正常结构被破坏，胆汁会溢入窦周隙，进而进入血窦，出现黄疸。肝细胞内的微丝和微管与胆汁的分泌及胆小管内胆汁流动有关，微丝和微管功能异常可导致胆汁淤积。

胆小管在肝小叶边缘与肝闰管相连接，闰管也称 Hering 管，管壁由 2 或 3 个立方形细胞围成。闰管穿过肝小叶界板，与小叶间胆管连接。

目前认为在末端胆小管存在可分化为肝细胞和胆管上皮细胞的双向祖细胞，当肝细胞和胆管上皮细胞受损严重时，这些祖细胞能够增生，在界板边缘形成嗜碱性小细胞岛和原始小管样结构，称为"胆管反应"。此种情况在啮齿类动物如大鼠的肝损伤时常见，称为卵圆细胞增生，增生的细胞呈圆形或卵圆形，分界不清，胞质少，嗜碱性，核圆形或卵圆形，浅染，核仁清楚。电镜下细胞器少，仅见少量内质网和小的线粒体，呈未分化细胞的特点。卵圆细胞增生是肝严重损伤的标志，对肝损伤的修复有重要意义。卵圆细胞被认为是化学致癌剂所致肝癌的始动细胞。

二、肝门管区

相邻肝小叶之间可见近三角形的结缔组织区域，称为门管区。门管区内主要有小叶间静脉、小叶间动脉和小叶间胆管，分别为门静脉、肝动脉和肝管在肝内的分支；门管区还有淋巴管和神经纤维分布。每个肝小叶的周围一般有 3～4 个门管区。

小叶间静脉管腔较大而不规则，壁薄，内皮外仅有少量散在的平滑肌。小叶间动脉管径较细，腔较小，管壁相对较厚，内皮外有几层环行平滑肌。

小叶间胆管管壁由单层立方细胞构成，管径 30～40μm，向肝门方向逐渐汇集，管径逐渐增大，上皮逐渐变为单层柱状上皮。上皮腔面有微绒毛，偶见纤毛。胆管上皮细胞有分泌和再吸收的作用，主要分泌重碳酸盐和氯，并受促胰液素的调节，使胆汁成分和 pH 发生变化。

与其他动物相比，小鼠门管区面积较小，结缔组织较少，即使受到严重的损伤，也难以出现典型的硬化改变（表 3.13）。

三、门管小叶和肝腺泡

经典肝小叶是以中央静脉为中心的结构和功能单位。后来根据肝血液循环和胆汁排出途径，提出了另外两种肝结构单位的概念，即门管小叶和肝腺泡。

门管小叶是以门管区内的胆管为中心的三角形柱状体，周围以三个肝小叶的中央静脉的连线为界。门管小叶内的胆汁从周边流向中央，汇入小叶中央的小叶间胆管。因此门管小叶的概念是强调肝的外分泌功能。

肝腺泡以门管区血管发出的终末分支为中轴。一个肝腺泡是由相邻两个肝小叶各 1/6 部分组成的，其体积约为肝小叶的 1/3。每个肝腺泡接受一个终末血管（门静脉系和肝动脉系）的血供，因而它是以微循环为基础的肝最小结构单位。肝腺泡内的血液从中轴流向两端的中央静脉。根据血流方向及肝细胞获得血供先后的微环境差异，将肝腺泡分为三个带：近中轴血管的部分为 I 带，最先获得富含氧和营养成分的血供，此处肝细胞代谢活跃，再生能力强；I 带的外侧为 II 带，肝细胞血供和营养条件次于 I 带；近中央静脉的腺泡两端部分为 III 带，因肝细胞血供和营养条件较差，细胞再生能力较弱，对药物和有毒物质造成的损伤也较敏感。肝腺泡概念强调肝微循环和肝细胞功能的差异，并与肝的病理损伤机制有关（表 3.13）。

表 3.13　肝小叶、门管小叶和肝腺泡

	经典肝小叶	门管小叶	肝腺泡
横断面形状	六边形或多边形	三角形	椭圆形或菱形
中轴	中央静脉	门管区的小叶间胆管	门管区血管的终末分支
边界	6 个门管区	3 个中央静脉	2 个中央静脉
范围	1 个肝小叶	3 个 1/6 经典肝小叶	相邻 2 个 1/6 经典肝小叶
血流方向	从周边（门管区）流向中央（中央静脉）	从中央（门管区）流向周边（中央静脉）	从中央（门管区血管的终末分支）流向两端（中央静脉）
功能特点	突出血流方向	强调肝的外分泌功能（分泌胆汁）	强调肝微循环与肝细胞功能的差异，对肝病理和毒理研究有实际意义

四、胆汁形成和排出途径

肝细胞分泌的胆汁进入胆小管，从肝小叶中央向周边流动，进入肝小叶边缘的 Hering 管，出肝小叶汇入小叶间胆管，然后经肝管离开肝。小叶内胆汁流动方向与血流相反，因此易于胆汁浓缩。肝管与胆囊管汇合成胆总管，开口于十二指肠。肝小叶中央的细胞合成胆汁酸能力较强，发生药物损伤时，胆小管内胆汁淤积易发生于小叶中央区。造成人类肝胆汁淤积的药物反应，在动物身上难以复制，且不同动物品系敏感性差异很大，SD 大鼠尤其不敏感。

五、肝的功能

（一）胆汁分泌功能

肝的主要外分泌功能是分泌胆汁。血液中的不溶性胆红素经肝细胞处理，形成与葡萄糖醛酸结合的可溶性胆红素。胆红素或释放入血由肾排出，或释放入胆小管内，与胆盐、胆固醇等合成胆汁，排入十二指肠。胆汁的重要成分胆汁酸可提高胆汁中脂质的溶解度，促进肠内脂类物质的消化吸收。

（二）代谢功能

肝有重要的代谢功能。从消化道吸收的营养物质进入肝后，在肝内进行蛋白质、脂肪和糖类的分解、合成、转换与储存，肝也储存维生素 A、D、K 及大部分 B 族维生素。肝可调节血糖浓度，负责机体约15%的蛋白质合成。肝也是氨代谢的主要部位。氨基酸分解可产生高毒性的氨，在肝内，经尿素循环将氨代谢转化为几乎没有毒性的尿素，尿素进入全身血液循环（血尿素氮）后随尿排出。肝还参与固醇类激素和甲状腺素的代谢及灭活。

（三）解毒功能

外源性化合物（如许多的治疗药物、杀虫剂）与内源性物质（如脂溶性类固醇）需要转化为水溶性形式才能从机体排泄。肝细胞滑面内质网的细胞色素 P450 酶在外源性化合物的加工代谢中起主要作用。随着年龄的增长，肝合成药物代谢酶的能力下降，生物转化能力降低，因而更容易受到毒性物质的损伤。药物代谢酶也有明显的性别差异。大、小鼠肝的功能还受到饮食、昼夜节律、笼具垫料及自发病变的影响。

（四）免疫功能

肝具有重要的免疫功能，参与全身、局部和黏膜免疫反应。与其他器官相比，肝的先天免疫细胞特别丰富。多种动物的肝都含有体内最大的单核巨噬细胞和自然杀伤细胞群。窦状隙的库普弗细胞是经肠道吸收的传染源、内毒素和异物进入全身循环的第一道防线。多种动物的血源性异物大多由库普弗细胞来清除，但偶蹄目动物（猪、山羊和牛）的这一功能是由肺泡毛细血管间的巨噬细胞来完成的。肝也参与体液免疫，即来自浆细胞的黏膜表面主要免疫球蛋白经肝转运和再循环进入胆道系统和肠道。

（五）造血功能

肝在胎儿时期是造血器官。成年人和动物的肝可合成血浆内的重要成分，如白蛋白、球蛋白、纤维蛋白原、凝血酶原和肝素等物质。

六、肝内的血液循环

肝的血液循环有两条：一条为门静脉，是功能血管，进入肝门后在肝内反复分支，形成小叶间静脉，行走于门管区，其分支称为终末门微静脉，从肝小叶周边注入肝窦，将门静脉血输入肝小叶；另一条为肝动脉，是营养血管，进入肝门后分支为小叶间动脉和终末肝微动脉，也注入肝窦。肝窦的血液汇入中央静脉，离开肝小叶后汇入小叶下静脉，行走于小叶间结缔组织内，许多小叶下静脉再汇成 2 或 3 支肝静脉，离开肝后汇入下腔静脉。

七、肝的增龄性改变

多倍体肝细胞和双核肝细胞呈明显的年龄性变化：胚胎期肝细胞增殖快，双核肝细胞少；出生后双核肝细胞数量急剧增加；此后随年龄增长至成年时期，双核肝细胞逐渐减少；随年龄增加，肝细胞总数逐渐减少，多倍体和双核肝细胞数量增加。老年大鼠中央静脉周围的肝细胞溶酶体酶活性较高；脂褐素在肝细胞中的蓄积随年龄增加而增加；常发生胆管增生、胆管周围纤维化等改变。

八、肝的再生能力

肝的重要特征之一是具有很强的再生能力。成年哺乳动物的肝是一种稳定的组织，正常状态下很少有肝细胞增殖。但在肝受到损伤时，尤其是肝大部（2/3）切除后，肝细胞表现出快速增殖能力。

大鼠在术后 1 周左右，残余 1/3 的肝即可恢复到正常肝体积并重建肝正常结构。由于肝具快速再生能力并且再生过程具明显的规律性，以及能精确调控自身体积的大小，大鼠肝大部切除实验成为研究器官移植和细胞增殖调控的理想模型。大鼠肝在大部切除（切除 2/3）术后 24h，合成 DNA 的肝细胞数量达到高峰，此后急剧下降。肝细胞分裂高峰出现在术后 36h 左右，细胞分裂指数达到 3%～4%，为正常肝的 600～800 倍，此时双核细胞数量急剧减少。36h 后，细胞分裂指数迅速下降。至术后第 5 天，肝恢复至正常大小。术后第 6 天，血窦在肝细胞间生长，逐渐重建正常肝板结构。当肝恢复原状后，肝细胞增殖停止，肝功能在此后几天迅速恢复正常。

肝切除后肝细胞的再生是一个非常复杂的过程，涉及多种与细胞增殖有关的基因的表达和转录因子的激活，以及肝内各种细胞和肝器官的复杂相互作用。肝大部切除后的再生依赖的是肝细胞群体的增殖反应而不是干细胞的增殖和分化，因此肝细胞有强大的再生潜能。肝炎和肝中毒损伤后肝的再生与肝大部切除后明显不同：肝细胞增殖反应较慢；出现卵圆细胞增殖，卵圆细胞可转化为小肝细胞；常见贮脂细胞增生，细胞外基质明显增多，肝板结构及与血窦的正常关系不易重建。

第十一节　胆囊和胆管

一、胆囊

胆囊是贮存和浓缩胆汁的囊状器官。胆囊壁由黏膜层、肌层和外膜三层组成。黏膜上皮为单层立方或柱状上皮，游离面有微绒毛，可吸收无机盐和水分，反刍动物的黏膜上皮细胞间有杯状细胞。固有层为结缔组织，有较丰富的血管、淋巴管和弹性纤维，并有腺体分布。牛胆囊固有层的腺体较多，肉食动物和猪腺体较少。肌层较薄，肌纤维排列不甚规则，环形肌较发达。外膜表面大部为浆膜，与肝连接的部分为纤维膜。胆囊的收缩排空受神经和激素的调节。交感神经兴奋可使胆囊松弛，迷走神经兴奋使胆囊肌收缩，排出胆汁。胆囊的收缩也受激素调节。进食后，小肠内分泌细胞分泌胆囊收缩素，入血随血流至胆囊，刺激胆囊肌收缩，排出胆汁。大鼠、马、象、骆驼、鹿、袋鼠没有胆囊。

二、胆管

肝管与胆总管的管壁较厚，由黏膜层、肌层和外膜组成。胆总管黏膜的上皮为单层柱状上皮，有杯状细胞，固有层内有黏液腺，肌层有斜行和纵行肌束，较分散。外膜为疏松结缔组织。胆总管的下端与胰管汇合之前，环形平滑肌增厚，形成发达的胆总管括约肌，胆总管与胰管汇合穿入十二指肠壁，局部扩大形成肝胰壶腹，也称 Vater 壶腹，此处的环形平滑肌增厚，形成壶腹括约肌，也称 oddi 括约肌。括约肌的舒缩作用，控制胆汁和胰液的排出。一些无胆囊的动物如马、象、骆驼、鹿、袋鼠和大鼠，胆总管末端无括约肌，大量稀薄的胆汁不断排出肠腔。人和其他灵长类以及小鼠、家兔、豚鼠等有胆囊动物，胆总管末端有明显的括约肌结构（表 3.14）。

表 3.14　各动物胆囊特点比较

	胆囊特点
大鼠	没有胆囊，肝分泌的胆汁通过胆总管进入十二指肠，受十二指肠括约肌的控制；来自各肝叶的胆管形成的胆总管较粗，胆总管括约肌几乎没有紧张度，因此胆囊没有浓缩胆汁和储存胆汁的功能；胆总管长 1.2～4.5cm，直径 0.1cm，在距幽门括约肌 2.5cm 处通入十二指肠，适宜作胆管插管模型
其他动物	马、象、骆驼、鹿、袋鼠无胆囊，胆总管末端无括约肌，大量稀薄的胆汁不断排出肠腔；人和其他灵长类以及小鼠、家兔、豚鼠等有胆囊动物，胆总管末端有明显的括约肌结构；牛胆囊固有层的腺体较多，肉食动物和猪腺体较少

参 考 文 献

成令忠, 钟翠平, 蔡文琴. 2003. 现代组织学. 上海: 上海科学技术文献出版社: 738-896.

李德雪, 林茂勇, 张乐萃. 2004. 动物比较组织学. 台北: 艺轩图书出版社: 159-198.

李和, 李继承. 2015. 组织学与胚胎学. 3 版. 北京: 人民卫生出版社: 216-254.

李宪堂. 2019. 实验动物功能性组织学图谱. 北京: 科学出版社: 116-138.

彭克美. 2005. 畜禽解剖学. 北京: 高等教育出版社: 60-90.

秦川. 2008. 医学实验动物学. 北京: 人民卫生出版社: 47-134.

沈霞芬, 卿素珠. 2015. 家畜组织学与胚胎学. 5 版. 北京: 中国农业出版社: 147-170.

施新猷. 2000. 现代医学实验动物学. 北京: 人民军医出版社: 45-141.

徐文漭, 李霞, 李涛, 等. 2003. 恒河猴、比格犬、树鼩、兔、大鼠及小鼠消化管的比较. 临床与实验病理学杂志, 29(11): 1211-1217.

杨璐璐, 罗燕. 2016. 肝大部切除后肝再生的研究进展. 世界华人消化杂志, 24(1): 67-74.

翟向和, 金光明. 2012. 动物解剖与组织胚胎学. 北京: 中国农业科学技术出版社: 95-131.

张昕, 李钧, 董凤英, 等. 2006. 5 种哺乳动物和人涎腺组织学及超微结构观察. 北京口腔医学, 14(1): 30-36.

周光兴. 2002. 比较组织学彩色图谱. 上海: 复旦大学出版社: 21-70.

Piper MT, Suzanne MD, Kathleen SM. 2018. Comparative Anatomy and Histology: A Mouse, Rat, and Human Atlas. 2nd ed. London: Academic Press: 191-250.

William DG, Gerald EC, Gerald PH. 1982. Histological Atlas of the Laboratory Mouse. New York: Plenum Press: 17-19.

第四章 呼 吸 系 统

呼吸系统（respiratory system）由鼻、鼻咽、喉、气管、主支气管和肺等组成。从鼻腔到肺内终末支气管，行使传导气体的功能，为导气部；从肺内呼吸性细支气管至肺泡，行使气体交换功能，为呼吸部。呼吸系统的作用是从外界摄入氧气，排出二氧化碳。除此之外，鼻还有嗅觉功能，喉有发音功能，肺有内分泌等非呼吸功能。

第一节 鼻

鼻是呼吸道的起始部位，又是嗅觉器官。人体的鼻由软骨和骨构成支架，上面附有结缔组织和肌肉。鼻外表面的皮肤较厚，皮下组织较少，富含皮脂腺和汗腺，尤以鼻翼和鼻尖部分分布最多。人的鼻腔被鼻中隔分为左右两半，腔面被覆一层黏膜。在鼻腔的外侧面有上、中、下三个鼻甲，鼻甲下方为鼻道。鼻腔前部称前庭，前庭的后部是固有鼻腔。鼻腔的黏膜富含血管丛，能对吸入的冷空气加温加湿。鼻腔和鼻窦在发声时起共鸣作用。

一、鼻前庭

鼻前庭是由鼻翼所形成的空腔。人的鼻前庭可分为前部的有毛区和后部的无毛区，有毛区的表面被角化的复层扁平上皮所覆盖，有粗大的鼻毛和皮脂腺及汗腺。鼻毛无竖毛肌，能阻挡吸入空气中的较大颗粒，是呼吸系统过滤吸入空气的第一道屏障。前庭部缺乏皮下组织，皮肤的深层与软骨膜直接相贴，组织致密，故此处发生疖肿时疼痛剧烈。无毛区的上皮也是复层扁平上皮，但未角化，在近呼吸部的固有层有少量混合腺及弥散的淋巴组织。

小鼠的鼻前庭主要指鼻孔后至主鼻道前较宽阔的区域，由弹性软骨支撑。前庭部被覆复层鳞状上皮，接近鼻孔部分的表层角化，与内侧呼吸部黏膜相接部位的固有层中有小型腺体，起到湿润作用。大小鼠鼻前庭与人类最大的区别是没有毛囊。马的鼻前庭有毛囊和皮脂腺结构。猪鼻孔小，呈圆形，鼻端与上唇构成吻突。

二、固有鼻腔

固有鼻腔是鼻腔的主要部分，表面由黏膜覆盖，与吸入空气有较大的接触面积，有加湿加温的作用。

人的固有鼻腔较狭窄，宽 1～2mm，高约 2cm，狭窄的空间可使吸入的空气与鼻黏膜充分接触。空气内直径大于 $10\mu m$ 的颗粒可被表面黏液所黏附，经上皮表面纤毛的定向摆动通过咽部排出。除吸附颗粒物外，黏液还能吸附一部分可溶性气体，起到一定的净化空气的作用，从而保护下呼吸道。根据黏膜的结构和功能可将固有鼻腔分为呼吸部和嗅部。

（一）呼吸部

呼吸部是上鼻甲以下的部分。

人呼吸部的总面积为 $120～160cm^2$，活体呈粉红色。与鼻前庭连接处的呼吸部黏膜上皮为复层柱状上皮，其余的大部分呼吸部黏膜上皮为假复层纤毛柱状上皮，主要由柱状细胞、杯状细胞和基底细胞组成。

1. 柱状细胞

细胞呈高柱状，可分为有纤毛和无纤毛两种细胞类型。

纤毛柱状细胞：该细胞朝向呼吸道的表面大概分布有 200 多根纤毛，长 5.5～7μm，直径为 0.35～0.4μm。纤毛顶端呈圆锥形，干部细长，伸出细胞表面，纤毛基部位于细胞顶部的胞质内，附近常有线粒体分布。纤毛可定向摆动，其协调的运动将上皮细胞表面的黏液朝着一定的方向推动。鼻中隔前部与下鼻甲处的上皮细胞纤毛向咽部摆动，能将黏着的细菌或尘埃颗粒等异物推向咽部经口咳出。除纤毛外，纤毛柱状细胞的表面还分布有细而长的微绒毛，微绒毛表面覆有细胞衣，内含糖蛋白、糖脂和蛋白多糖，可能具有保护细胞以及辅助物质转运和细胞识别的功能。纤毛柱状细胞的核呈椭圆形，常染色质丰富，核仁明显。胞质内线粒体丰富，粗面内质网较少。人鼻黏膜纤毛柱状细胞及固有层的黏液腺细胞内含有特征性的小颗粒，多数呈板层样结构。

无纤毛柱状细胞：细胞的游离面有微绒毛，有较多的分支，排列不规则。微绒毛的表面覆有明显的糖衣，细胞顶部胞质中含有较多的细胞器，如高尔基体和线粒体，还有明显的滑面内质网。

2. 杯状细胞

杯状细胞呈柱状，在上皮中的分布不均匀。细胞表面有少量短而粗的微绒毛，微绒毛表面覆盖细胞衣。杯状细胞性状各异，主要表现在黏原颗粒的数量、分布部位及分泌状况等方面。细胞核位于基部，周围有丰富的粗面内质网和游离核糖体，线粒体散在，核上方有高尔基体和黏原颗粒。当细胞顶部充满黏原颗粒时，局部增宽，并向腔面微微隆起。杯状细胞的黏原颗粒中含有酸性糖蛋白，以出胞方式释放后，覆盖于细胞表面，参与表面黏液毯的组成。鼻甲上皮内的杯状细胞比鼻中隔上皮内的多。过敏性鼻炎患者的杯状细胞增多。

3. 基底细胞

基底细胞是一种干细胞，细胞较矮，顶部被邻近的细胞所覆盖，有较强的增殖和分化能力。通常分为两类，一类细胞较小，呈圆形或多边形，是静止型基底细胞（resting basal cell），核内异染色质较多，核仁明显，胞质内有张力细丝、游离核糖体、线粒体和小泡等；另一类形态较长的是未分化型基底细胞（differentiating basal cell），核内异染色质较少，胞质内含有较多的核糖体、张力细丝和线粒体，此类细胞又称为中间细胞（intermediate cell），能分化为纤毛细胞或杯状细胞。

呼吸部上皮的基膜较厚。固有层为疏松结缔组织，内含有丰富的血管、神经和腺体。固有层内除成纤维细胞外，还有巨噬细胞、肥大细胞、嗜酸性粒细胞和嗜碱性粒细胞等多种细胞，其中肥大细胞和嗜碱性粒细胞参与Ⅰ型变态反应，与人过敏性鼻炎有关。

呼吸部的黏膜内有 4 种腺体，即浆液腺、黏液腺、浆黏液腺和黏浆液腺。根据黏膜各部的腺体分布密度差异，分为高密度区、中密度区和低密度区。浆液腺高密度区分布于鼻中隔前部、中鼻道、中鼻甲中后部和鼻骨内面的中下部；黏液腺和混合腺主要位于低密度区，较均匀地分布于整个黏膜。腺体的分泌物排入鼻腔，与上皮杯状细胞的分泌物共同形成一层黏液覆于黏膜表面。

呼吸部鼻黏膜血供丰富，微循环构型复杂。鼻腔上 1/3 部由颈内动脉的分支眼动脉供应，下 2/3 部则由颈外动脉的蝶腭动脉供应。动脉在骨膜浅部反复分支后互相吻合，然后垂直走向黏膜深层直达上皮基底面。血管走行沿途发出弓形动脉，并彼此吻合形成微动脉拱（arteriole arcade），在上、中、下三个鼻甲处清晰可见。鼻道黏膜内的毛细血管网密集，网眼不规则。固有层内有丰富的静脉丛，使黏膜表面形成许多小隆起并随着静脉吻合的开放和关闭而呈现周期性的充血变化，黏膜损伤时容易出血。黏膜血液供应的形态学特征和腺体分布的状况，以及对吸入呼吸部内的空气加温加湿，对维持鼻腔的生理功能具有重要作用。

另外，鼻黏膜有防御能力，其分泌物内含有溶菌酶、干扰素和多种免疫球蛋白。同时由于鼻黏膜的上皮细胞表面具有丰富的微绒毛，上皮下又有大量的有孔毛细血管和毛细淋巴管网等，因此鼻黏膜对外来的物质具有较强的吸收功能。

人的鼻黏膜呼吸部内有交感神经、副交感神经和感觉神经。下鼻甲黏膜内有胆碱能神经节细胞聚集而成的微神经节（microganglia）。此外，鼻黏膜内还有一些神经丛，根据性质称为非肾上腺素能非胆碱能（non-adrenergic non-cholinergic，NANC）神经，通常鼻黏膜的 NANC 神经行走于自主神经和感觉神经中。

大小鼠的呼吸部上皮为假复层纤毛柱状上皮，大部分为纤毛细胞和杯状细胞。与人相比，大小鼠的呼吸部黏膜上皮除了上述几种细胞外，还有立方细胞和刷细胞。立方细胞的顶部向鼻腔的腔面隆起，表面有较短的微绒毛，数量较少，顶部胞质内含有滑面内质网、线粒体和少量的粗面内质网，细胞的侧面不平整，相邻细胞间有紧密连接。刷细胞形状类似梨，上窄下宽，表面有较长的微绒毛，胞质内有较多的微丝、微管和清亮的小泡，还有线粒体、粗面内质网和高尔基体，细胞核旁有成对的囊泡，囊泡膜上没有核糖体。

（二）嗅部

嗅觉是一种主观性感觉，难以定量测量，人的嗅觉功能与很多动物相比，并不发达。人嗅黏膜位于上鼻甲及其相对应的鼻中隔部分，活体呈棕黄色，与粉红色的呼吸部黏膜形成明显的区分，但交界处并不规则。嗅部黏膜由嗅上皮（olfactory epithelium）和固有层组成。

1. 嗅上皮

嗅上皮起源于外胚层的嗅基板，其结构和功能因嗅细胞的存在而显得较为特殊。嗅上皮是假复层柱状上皮，较呼吸部上皮略厚，主要由三种细胞构成，即嗅细胞、支持细胞和基细胞，也有观察显示可能还存在微绒毛细胞。

1）嗅细胞

嗅细胞（olfactory cell）属特化的双极神经元，是嗅觉传导通路中的第一级神经元，也是机体唯一暴露于外界的神经元，有感受刺激和传导冲动的能力。嗅细胞具有再生能力，因此也有人将其定义为类神经元。嗅细胞呈长梭形，镶嵌在支持细胞之间，分为树突、胞体和轴突。细胞核呈圆形，位于嗅上皮的中层，核内染色质致密，核仁明显。成熟的嗅细胞表达嗅觉标记蛋白（olfactory marker protein，OMP）。

嗅细胞的树突末端较细，终端膨大呈球形，称为嗅泡（olfactory vesicle），其内有纵行的微丝。嗅泡表面伸出纤毛，长约 50μm，称为嗅毛（olfactory cilia），嗅毛之间有微绒毛。人的每个嗅泡有 10～30 根嗅毛，为不动纤毛，不能活动，其远端常倒向一侧，交织成网状的嗅毛层，浸于嗅黏膜表面的黏液层内，使嗅毛与气味物质的接触面积增大。嗅细胞的纤毛膜含有气味受体（odorant receptor，OR），负责与吸入气味分子发生化学反应。

嗅细胞的轴突伸入固有层内，穿过基膜，无分支和髓鞘，集合成束后由神经膜细胞包裹形成嗅丝（olfactory filament），即嗅神经。嗅神经穿过颅骨筛板终止于嗅球，与嗅球内的僧帽细胞和刷细胞的树突形成突触小球（synaptic glomerulus）。

小鼠鼻腔内大约有 200 万个嗅细胞，500～1000 个气味受体基因，在人类中大约有 1000 个序列。它们分布在基因组的多个簇中，其中一半以上是伪基因。

2）支持细胞

支持细胞（supporting cell）是一种特殊的室管膜上皮细胞，呈高柱状，位于嗅细胞之间。细胞表面有微绒毛，细胞核呈圆形，位于嗅上皮的浅部，核染色较浅，大部分细胞器集中分布于细胞顶部胞质内。支持细胞对嗅细胞的活动起到一定的调节作用。研究推测支持细胞的功能有：分隔嗅细胞，使每个嗅细胞成为一个单独的功能单位；保持电位恒定，分泌酸性或中性黏蛋白，维持细胞外钾浓度；支持、保护和引导作用，对新生的嗅细胞起到营养和引导生长的作用；物质转运和吞噬作用，通过吞饮或酶解作用，将上皮表面黏液内的气味分子转运到基底部。

3）基细胞

基细胞（basal cell）位于嗅上皮的基部，细胞单行排列，体积较小，呈锥形，核圆形、居中，异染色质丰富，胞质内细胞器较少，微丝含量丰富。基细胞可分为球形和水平状两种，通常认为球形基细胞是嗅细胞的前体，在上皮损伤后的修复过程中不断分裂分化形成嗅细胞。

4）微绒毛细胞

胎鼠鼻嗅上皮和呼吸部上皮的浅部有一种细胞称为微绒毛细胞，数量较少，外形如蝌蚪。细胞着色浅，基部较大，上端形成狭窄的颈部。细胞核大而圆，富含常染色质，染色较浅。推测微绒毛细胞是嗅上皮内的一种感觉细胞。

2. 固有层

嗅上皮的基膜较薄，固有层也较薄，无明显的静脉丛，可见嗅神经、三叉神经的分支和嗅腺。嗅腺（olfactory gland）又称鲍曼腺（Bowman's gland），为分支管泡状腺，是浆液腺，腺细胞呈锥形，腺泡由细而长的肌上皮细胞包绕。嗅腺导管细而短，腺泡分泌的浆液经导管排出至上皮表面，可溶解空气中有气味的物质，刺激嗅毛，引起嗅觉。嗅腺不断分泌浆液可清洗上皮表面，保持嗅细胞感受刺激的敏感性。

人嗅觉有生理性差异，通常男性的嗅觉灵敏度低于女性，成人嗅觉较儿童差，某种嗅素连续刺激下可引起嗅觉减退。人的嗅黏膜总面积约为 $2cm^2$，但个体差异较大。

小鼠和人鼻黏膜上皮最显著的区别在于气道中嗅上皮的分布，小鼠嗅上皮主要分布于小鼠远端鼻道的筛状鼻甲、鼻梁、侧壁和鼻中隔，小鼠鼻腔嗅上皮的面积比例远高于灵长类，约为 50%，因此嗅觉非常灵敏。人的嗅上皮仅分布在鼻腔中背侧通道的一小块区域内，占鼻腔总面积的 3%。

嗅黏膜的颜色随动物种属的不同而异，如马和牛呈淡黄色，猪呈棕色，山羊呈黑色，绵羊呈黄色，多数肉食动物呈灰白色。某些动物的嗅黏膜面积较大，如犬的嗅黏膜面积约为 $100cm^2$，能分辨上万种不同浓度的气味，其嗅觉能力是人的 1200 倍。

三、鼻甲

人鼻腔的外侧面有三个骨性解剖结构，分别是上、中、下三个鼻甲，鼻甲下方为上、中、下鼻道。上鼻甲和中鼻甲是筛骨内侧壁的组成部分，下鼻甲为一单独的骨性结构，外侧与上颌骨相连。鼻甲中间的鼻道是一些重要鼻窦的开口。鼻甲的主要功能是维持鼻腔内阻力，调节空气流量，保证正常呼吸；调节吸入空气的温度、湿度以及滤过和清洁作用，以满足下呼吸道生理要求。鼻甲在慢性炎症的刺激下会发生代偿性病理肥大，产生相应的临床症状，尤以下鼻甲常见。鼻甲黏膜上皮受外界刺激后可从含杯状细胞的假复层纤毛柱状上皮转变为复层立方上皮或复层鳞状上皮。

小鼠和人在鼻气流模式上存在显著差异，主要是由于鼻甲的数量和形状有物种特异性变化。小鼠和其他啮齿类的鼻甲具有复杂的折叠和分支模式，主要与嗅觉功能和牙列等的进化压力有关。小鼠复杂的鼻甲与上颌鼻甲骨使其对空气中颗粒和气体的过滤、吸收及处理能力增强，被认为能更好地保护下呼吸道。在小鼠鼻腔的下半部分，筛状鼻甲形状高度复杂，有嗅觉神经上皮细胞分布，满足了其嗅觉功能需要。小鼠鼻腔的表面积与体积比大约是人类的 5 倍，这主要是由于小鼠鼻甲骨具有复杂性。大鼠具有三对内鼻甲，第二对内鼻甲分为两个螺旋叶。

四、附属嗅觉器官

小鼠鼻腔中还有三种附属嗅器官，这些附属嗅器官在人中未完全发育。

（一）犁鼻器

犁鼻器（vomeronasal organ，VO）也称 Jacobson 器官，是成对的管状憩室，位于小鼠近鼻中隔（nasal septum，NS）腹侧部。是由上皮形成的管道，横切面呈半月形，每个憩室的侧壁由厚的呼吸上皮覆盖，而内壁由嗅上皮覆盖。犁鼻器的感觉神经元有较长的微绒毛，但缺乏嗅上皮嗅觉神经元的纤毛。与小鼠主鼻腔中的嗅觉神经元类似，这些嗅觉神经元含有嗅觉标记蛋白。犁鼻器的一个主要功能是检测信息素，对正常的生殖生理和行为至关重要。人的犁鼻器于胚胎 5～6 周时形成，至胚胎末期或婴儿期退化消失。豚鼠和大鼠的犁鼻器被覆嗅上皮，但上皮内无基细胞，固有层内无嗅腺。

（二）鼻中隔 Masera 器

鼻中隔 Masera 器（septal organ of Masera，SOM）是小鼠鼻中另一个小而独特的化学感受结构，为一小块嗅上皮，嗅觉标记蛋白呈阳性的嗅觉神经元被呼吸上皮包围，成对位于鼻中隔腹侧连接口腔和鼻腔的鼻腭管开口处，连接口腔和鼻腔，约占小鼠主鼻腔嗅上皮面积的 1%。鼻中隔 Masera 器的神经元投射连接到主嗅球的不同区域。当鼻内气流无法到达鼻腔背侧区域的主要嗅黏膜时，鼻中隔 Masera 器可能通过安静呼吸时感知空气中的气味而具有报警功能。此外，它还可以探测口腔的气味，并作为食物的化学感受器。在人鼻子中还没有发现鼻中隔 Masera 器。

（三）鼻中隔 Grüneberg 器

鼻中隔 Grüneberg 器（septal organ of Grüneberg，SOG）位于啮齿类动物鼻中隔的背侧头端。在其中发现了表达嗅觉标记蛋白的感觉神经元的第三个附属群体。由于该副嗅觉器官位于最前端鼻切面的吻侧，光镜下在常规的小鼠鼻腔组织切片无法看到。与鼻中隔 Masera 器类似，鼻中隔 Grüneberg 器的轴突投射到主嗅球。不同于嗅上皮、犁鼻器和鼻中隔 Masera 器的嗅觉神经元都是腔表面上皮的一部分，鼻中隔 Grüneberg 器的嗅觉神经元位于嗅觉标记蛋白呈阴性的上皮下固有层中。虽然鼻中隔 Grüneberg 器的功能尚不清楚，但它的吻侧位置表明，它可能参与了不同气味的早期检测。

五、鼻旁窦

人有 4 对鼻旁窦，即上颌窦、额窦、筛窦和蝶窦。上颌窦在上颌骨体内，开口在中鼻道，窦的最低处比开口低；额窦位于额骨鳞部内，开口于中鼻道；筛窦即筛骨迷路中多数空泡，分为三群，与鼻腔相通，前中群开口于中鼻道，后群开口于上鼻道；蝶窦位于蝶骨体内，开口于蝶筛隐窝。窦壁内衬有黏膜，与鼻腔黏膜相连续，结构也近似。窦的黏膜上皮为假复层纤毛柱状上皮，杯状细胞较少，固有层较薄，并与骨膜相连接，黏膜内的腺体较少，为混合腺。上皮纤毛的摆动将窦内的分泌物排向鼻腔，有湿润和温暖气体的作用。

啮齿类动物的鼻窦只有上颌窦（maxillary sinus），开口在中鼻道；家兔、狗还可见额窦（frontal sinus）。

啮齿类动物鼻腔与灵长类的区别：①啮齿类动物包括大小鼠，因为会厌与软腭紧贴，所以只能通过鼻腔呼吸；②啮齿类动物鼻甲比较复杂，表面积与鼻腔容积的比例约为灵长类的 5 倍；③灵长类鼻腔结构比较简单，主要行使呼吸功能，嗅上皮面积仅占鼻腔总面积的 3%，嗅觉不敏锐，而小鼠鼻腔结构较为复杂，主要行使嗅觉功能，其嗅上皮面积占到鼻腔总面积的 50%，比例远高于灵长类，因此嗅觉非常敏锐。人与实验动物等鼻组织结构比较见表 4.1。

表 4.1　人与实验动物等的鼻组织结构比较

结构	人	大小鼠等实验动物	畜禽等其他动物
鼻	解剖结构相对简单，以呼吸功能为主，鼻腔和口腔均可呼吸	解剖结构复杂，以嗅觉为主要功能，啮齿类动物只能通过鼻腔呼吸	猪的鼻孔小，鼻端与上唇构成吻突
鼻前庭	鳞状上皮，近鼻孔处有毛囊	鳞状上皮，大小鼠鼻前庭没有毛囊	马的鼻前庭有毛囊和皮脂腺结构
鼻甲	鼻甲结构相对简单，总表面积为 150～200cm^2，简单的漩涡结构对空气中颗粒物和气体的过滤拦截作用有限	鼻甲结构卷曲复杂，总表面积约为 2.9cm^2，相对表面积为人类的 5 倍，同时复杂的结构为下呼吸道提供了更好的保护；树鼩有 6～8 个鼻甲	

续表

结构	人	大小鼠等实验动物	畜禽等其他动物
鼻上皮	鼻鳞状上皮相对较厚，移行上皮有四五层细胞厚，由至少 5 种不同的细胞类型组成；与小鼠不同的是，灵长类动物的呼吸道上皮覆盖了鼻腔的大部分，而且要厚得多，细胞类型的分布也因物种不同而异；大约 3% 的人鼻腔被嗅觉上皮细胞所覆盖；人与小鼠嗅觉上皮细胞组成相似	鼻鳞状上皮相对较薄，移行上皮与人相近似，但只有一至两层细胞厚，由三种细胞类型组成；小鼠和人的非嗅觉鼻上皮以呼吸道上皮为主；大约 50% 的小鼠鼻腔被嗅觉上皮所覆盖，因而其嗅觉功能较强	嗅黏膜的颜色随动物种属的不同而异，如马和牛呈淡黄色，猪呈棕色，山羊呈黑色，绵羊呈黄色，多数肉食动物呈灰白色；某些动物的嗅黏膜面积较大，如犬的嗅黏膜面积约为 100cm^2
嗅觉器官	人的副嗅觉器官发育不全，功能也不健全	鼻腔内除嗅细胞外，还有三种副嗅觉器官：犁鼻器、鼻中隔 Masera 器和鼻中隔 Grüneberg 器	
淋巴组织	淋巴组织在人鼻咽中较为丰富，由扁桃体和其他淋巴组织形成 Waldeyer's 环	淋巴上皮和鼻相关淋巴组织呈局灶性聚集，分布有限	
鼻旁窦	多个鼻旁窦，包括上颌窦、额窦、筛窦和蝶窦	小鼠的双侧上颌窦是唯一的鼻旁窦；家兔、狗的鼻旁窦还可见额窦	马有 4 对鼻旁窦（上颌窦、额窦、蝶窦和筛窦）

第二节　鼻　　咽

　　鼻咽壁由内向外分为 4 层，即黏膜、黏膜下层、肌层和外膜。黏膜上皮有复层扁平上皮、假复层纤毛柱状上皮和复层柱状上皮 3 种类型。鼻咽前壁接近后鼻孔处和顶部为假复层纤毛柱状上皮，其余约 60% 为复层扁平上皮；后壁的 80%～90% 为复层扁平上皮，其余为假复层纤毛柱状上皮。鼻咽两侧壁和咽扁桃体为复层扁平上皮与假复层纤毛柱状上皮交替分布。鼻咽和口咽交界处为复层柱状上皮。鼻咽黏膜的大部分复层扁平上皮未角化，人 50 岁以后，后壁、侧壁和咽隐窝处的复层扁平上皮可出现角化现象。固有层内胶原纤维和弹性纤维较多，主要呈纵行排列，且有大量血管和淋巴组织。黏膜下层为薄层疏松结缔组织，内有混合腺。肌层为骨骼肌，由斜行和纵行的肌纤维交织而成。外膜是以疏松结缔组织为主构成的纤维膜。

　　除了之前描述的 4 个主要鼻上皮类型（复层扁平上皮、假复层纤毛柱状上皮、复层柱状上皮、嗅上皮），淋巴上皮（lymphoepithelium，LE）是另一种特殊类型的鼻气道上皮。淋巴上皮覆盖在含有不连续的簇状淋巴组织的固有层上，即鼻相关淋巴组织（NALT）。在小鼠中，淋巴上皮和鼻相关淋巴组织局限于鼻腔侧壁腹侧的鼻咽管。淋巴上皮由柱状纤毛细胞、少量杯状细胞和大量无纤毛柱状细胞组成，其微绒毛与肠道和下呼吸道中胃肠道及支气管相关淋巴组织中的微绒毛相似。在非人灵长类动物的鼻咽气道中也存在淋巴上皮和鼻相关淋巴组织，且比小鼠更为丰富。人的鼻咽、软腭、扁桃体、口咽、舌根及咽侧壁等的淋巴组织组成咽淋巴环，又称韦氏环（Waldeyer's ring）。

　　人和其他直立行走的灵长类动物的咽是弯曲的，而小鼠和其他头部细长的啮齿类动物的咽相对比较直。啮齿类动物包括大小鼠、豚鼠和兔等，因为会厌与软腭紧贴，碰触鼻部会引起动物不适，在进行气管插管等操作时应谨慎。

第三节　喉

　　喉是呼吸器官，又是发声器官，上接咽腔，下连气管。喉由甲状软骨、环状软骨、会厌软骨、杓状软骨和小角软骨构成支架，并通过韧带、肌肉和关节相连接。喉腔面衬以黏膜，侧壁有上下两对黏膜皱襞，上一对是室襞，下一对是声襞，皱襞间隙分别为前庭裂和声门裂。上、下皱襞间的空腔称喉室，声襞下方为喉下腔。

一、会厌

　　会厌呈叶片状，表面覆以黏膜，中间是会厌软骨（弹性软骨）。会厌舌面和喉面上半部的黏膜上皮是复层扁平上皮，偶见味蕾，喉面的基部为假复层纤毛柱状上皮。固有层为疏松结缔组织，富含弹性纤维，含有混合腺和淋巴组织。固有层的深部与会厌软骨的软骨膜相连。

二、喉室

喉室的大部分覆以假复层纤毛柱状上皮，纤毛朝向口腔方向摆动。固有层为疏松结缔组织，内含大量弹性纤维，还有淋巴组织。黏膜下层的结缔组织与软骨相连，内含丰富的单管黏液腺和大的分支管泡状混合腺。

（一）室襞

室襞又称假声带，黏膜表面为假复层纤毛柱状上皮，含杯状细胞。固有层和黏膜下层都是疏松结缔组织，富含混合腺和淋巴组织。

（二）声襞

声襞又称真声带，可分成膜部和软骨部。膜部是声带发生振动的主要部位，也是声带小结、息肉和水肿等病变的好发部位。黏膜表面是复层扁平上皮，成人声带复层扁平上皮覆盖的范围是从声带游离缘向声带上面延伸 $1\sim2$mm，向声带下面延伸 $1.5\sim3$mm，其余部分则由假复层纤毛柱状上皮覆盖。固有层较厚，可分成三层。浅层是纤维较少的疏松结缔组织，炎症时容易发生水肿；中层以弹性纤维为主；深层以胶原纤维为主。中层和深层共同构成的致密板状结构称为声韧带，是与发音相关的主要结构之一。

固有层下方是声带肌，是一种特殊的骨骼肌，无明显的肌腱和肌腹，含有红肌、白肌和中间型肌纤维。在人的一生中，声带结构不断地发生变化。从新生儿至 20 岁时，声带处于生长发育阶段，各层结构不断分化和完善。至 30 岁时，声带出现退行性变化，上皮变薄，固有层的浅层出现水肿，中层因弹性纤维萎缩而变薄，深层随胶原纤维增多而变厚，声带肌的肌纤维变细，数量减少，尤其是白肌纤维的数量减少更为明显。

小鼠和人喉部的软骨与肌肉组织基本相似。在小鼠中，覆盖在声带上的上皮细胞要薄得多，呈低长方体到鳞状。

反刍动物、肉食动物及猪的会咽部上皮内含有味蕾。马的喉侧室上皮为假复层柱状纤毛上皮，猪和肉食动物则为复层扁平上皮。在猪和小反刍动物会厌的基部两侧常有会厌旁扁桃体，猫中也有发现。

兔的声带很不发达，发声甚为单调。恒河猴与人不同的是在甲状软骨与舌骨之间有一较大的喉囊（sacculus laryngis），成年雄性长 $2.5\sim3.5$cm，宽 $1.5\sim2.5$cm；雌性较小，长约 1.5cm，宽约 0.9cm；开口于喉腔前庭，其黏膜与喉黏膜相续。鼻咽、喉组织结构比较见表 4.2。

表 4.2 人与实验动物等的鼻咽、喉组织结构比较

结构	人	大小鼠等实验动物	畜禽等其他动物
鼻咽部	有持续的软骨支持在鼻咽部形成咽鼓管圆枕，管壁黏膜下有淋巴组织	大小鼠缺乏软骨支持，有淋巴组织	反刍动物、肉食动物及猪的会厌上皮内有味蕾；反刍动物咽部固有层内有孤立淋巴小结，马、猪等较少
咽扁桃体	形成广泛分布的扁桃体组织，界限清晰	大小鼠有淋巴细胞的聚集，未形成扁桃体	马的喉侧室上皮为假复层纤毛柱状上皮，猪和肉食动物喉侧室覆盖的是复层扁平上皮
会厌	喉部表面接近基部，不是常见的损伤部位	喉部表面接近基部，大小鼠、豚鼠和兔等会厌与软腭紧贴，为常见的受损部位	
声襞	被覆非角化鳞状上皮，发音在人的听阈之内	被覆低立方上皮到鳞状上皮；小鼠声带能发出超声波，很少能出现高音；兔声带很不发达，发音很单调；恒河猴的甲状软骨与舌骨之间有一个较大的喉囊	
味蕾	大多数分布于舌头，很少在其他腔/咽部存在	大小鼠广泛分布于咽、喉，包括会厌，较少分布于舌头	
喉软骨	没有"U"形软骨，喉软骨通常表现为与年龄相关的钙化/化生	大小鼠有"U"形软骨，喉软骨很少钙化/化生	

第四节　气管和支气管

气管下端分成左、右主支气管，分别从肺门进入左、右两肺，是肺外的气体通道。气管和支气管的管壁结构相似，均由黏膜、黏膜下层和外膜组成。

鸟类的气管很长。爬行类动物的气管也相当发达。两栖类的气管较短。小鼠的呼吸频率为 250～350 次/min，基础代谢率高，与此相适应，小鼠呼吸道管腔的相对直径较宽。

一、黏膜

黏膜上皮是假复层纤毛柱状上皮，由纤毛细胞、杯状细胞、基细胞、刷细胞和神经内分泌细胞等构成。固有层为疏松结缔组织，纤维细密，弹性纤维较多，有浆细胞、淋巴细胞和粒细胞等，还有血管、淋巴管、神经以及淋巴组织。杯状细胞分泌的黏液与黏膜下层内气管腺分泌的黏液常覆盖在纤毛柱状上皮的表面，以黏附吸入空气中的尘埃，起到净化吸入空气的作用。啮齿类的弹性纤维层很不明显，羊也只有一些稀疏不成层的散在纤维。

（一）纤毛细胞

纤毛细胞（ciliated cell）呈柱状，核位于细胞中部。纤毛细胞的结构与鼻呼吸部上皮细胞相似。纤毛长度随支气管分支管道口径的变小而逐渐变短。纤毛运动呈连续的波浪状，称异步现象（metachrony）。纤毛之间有短微绒毛，相邻纤毛依次按一定顺序有规律地向咽侧摆动，将上皮表面的黏液及附着在其上的尘埃和细菌等异物推向咽部并排出。纤毛上的黏液毯以每分钟约 5mm 的速度向同一方向移动。

纤毛具有净化呼吸道的重要功能，纤毛运动需适宜的温度、湿度和酸碱度。慢性支气管炎患者的纤毛运动能力减弱。长期吸烟者，纤毛细胞的纤毛会减少或消失。

（二）杯状细胞

杯状细胞（goblet cell）的数量较纤毛细胞少，细胞顶部胞质内有大量黏原颗粒，基部胞质内有粗面内质网和高尔基体，细胞游离面有微绒毛。黏原颗粒以出胞方式排出的黏蛋白，与壁内腺体的分泌物共同分布在纤毛顶端组成黏液层。慢性支气管炎患者的杯状细胞呈现区域性增多，黏液分泌亢进，管腔内黏液增多，黏膜下层的混合腺（主要为黏液腺）肥大并增生。

（三）基细胞

基细胞（basal cell）呈锥形，较小，位于上皮基部。它是一种未分化的干细胞，胞质内细胞器较少，有增殖能力，可增殖分化形成其他上皮细胞。

（四）刷细胞

刷细胞（brush cell）散在分布，在大鼠和豚鼠的气管及支气管中较多，人则较少。细胞呈柱状，游离面有排列整齐的密集微绒毛，形如刷子，故得名刷细胞。细胞核呈圆锥形，位于基部，核上区有高尔基体、粗面内质网、糖原颗粒、溶酶体、微丝和发达的滑面内质网，在顶部胞质内还有许多吞饮小泡。细胞功能尚不清楚，可能有吞饮黏液的功能。此外，在刷细胞顶部胞质内还可见基粒前体物质，因此，它又可能是未成熟的纤毛细胞。刷细胞的基底部还与感觉神经末梢形成上皮树突突触（epitheliodendritic synapse），所以还有人认为其可能是一种感受器细胞。

（五）神经内分泌细胞

神经内分泌细胞（neuroendocrine cell）又称小颗粒细胞（small granule cell），散在分布于整个呼吸道的黏膜上皮内，包括喉、气管直至支气管的各级分支。细胞较矮小，基部位于基膜上，顶端狭窄成尖形突向管腔。有些细胞顶端常有短微绒毛。神经内分泌细胞与相邻细胞以紧密连接和桥粒形式相连接。用镀银法可显示在神经内分泌细胞的胞体和突起内均有细小嗜银颗粒，分泌 5-羟色胺和多肽激素，属 APUD（amine precursor uptake and decarboxylation）系统。在不同动物的发育阶段，颗粒的大小有很大的差异。

与大鼠和小鼠相比，豚鼠和兔的气管杯状细胞较多。小鼠的气管中 Clara 细胞最多（49%），其次为纤毛柱状细胞（39%）、基细胞（10%）。大鼠和小鼠气管的杯状细胞较少（不到 1%）。人气管黏膜主要为纤毛柱状细胞（49%），其次为基细胞（33%），有较多的杯状细胞（9%）。

上皮与固有层之间有明显的基膜，是气管上皮的特征之一。固有层为细密结缔组织，含有许多淋巴细胞、浆细胞和肥大细胞。在固有层和黏膜下层的移行处弹性纤维丰富，但在 HE 染色切片上不易分辨。固有层内有较多的血管和淋巴管。

二、黏膜下层

黏膜下层由疏松结缔组织组成，与固有层之间无明显分界。此层胶原纤维多，弹性纤维少。气管腺腺细胞顶部胞质中常充满电子密度较低的黏原颗粒，胞核位于细胞基部。黏液性腺细胞和上皮内的杯状细胞所分泌的黏液共同形成黏液层，铺于气管上皮表面。气管腺（tracheal gland）的浆液性腺细胞游离面具有少量微绒毛，胞质内含有大量由单位膜包绕的电子致密颗粒。浆液性腺细胞分泌稀薄水样分泌物，于黏液层之下形成浆液层，可在纤毛摆动时起润滑作用。

黏膜下层组织内含血管、淋巴管、神经和较多的混合腺，还有淋巴组织和浆细胞等。浆细胞能合成 IgA 和 J 链（糖蛋白）。其与上皮细胞产生的分泌片（secretary component）结合形成分泌型 IgA（sIgA），释放入上皮表面的糖衣内，可破坏或抑制吸入管腔内的抗原性物质。

小鼠肺内支气管上皮下为很薄的固有层，黏膜下层没有腺体，也没有软骨环。人的固有层内有大量的淋巴细胞，但在无特定病原体（specific pathogen free，SPF）级的实验动物中，固有层淋巴细胞较少，随年龄增长或是接触病原体后，其固有层的淋巴细胞会增多。

各种实验动物气管腺的分布、数量和体积有着较大差异：小鼠仅在气管和喉的交界处有腺体；大鼠气管前 1/3 部有腺体；兔的气管内只有靠近喉的部位可见腺体，其他部位没有腺体；猴气管腺存在于整个气管。

三、外膜

外膜由透明软骨环和结缔组织构成。软骨环呈马蹄形，缺口朝向气管的背侧，缺口处有平滑肌束和结缔组织，软骨环之间以弹性纤维构成的膜状韧带相连。人和常见实验动物的气管环数见表 4.3。平滑肌主要呈环形排列，还有斜行和纵行的。当平滑肌收缩时，可使气管的口径缩小，咳嗽反射时有助于清除痰液。在较小的支气管中，软骨环变成不规则的软骨片。软骨起支持作用，能保持管腔通畅。慢性支气管炎时，各级支气管尤其是中、小型支气管的软骨片可发生不同程度的萎缩和变性。支气管壁软骨片病变，可使管壁变薄，支持力减弱，特别是在小支气管处容易发生管壁塌陷或折叠，这可能是形成慢性肺气肿的重要原因之一。

表 4.3 人与实验动物等的气管环数比较

	人	小鼠	大鼠	豚鼠	土拨鼠	兔	猫	犬	牛	马	树鼩
气管环数	12～20	15	18～24	35～44	23	48～50	38～43	40～45	48～60	50～60	21～22

第五节 肺

肺是机体与外界进行气体交换的器官，也是一个重要的代谢器官。肺内侧面的肺门是支气管、血管、淋巴管和神经的进出处。胸膜脏层覆盖在肺表面，并在肺门处反折与胸膜壁层相续，两层之间的腔隙称胸膜腔。

肺分为肺实质和肺间质，肺实质是指肺内支气管的各级分支直至肺泡；肺间质是指肺内结缔组织、血管、淋巴管和神经等。支气管从肺门入肺后，形成一系列分支管道，形似一棵倒置的树，故称支气管树。人支气管的分支通常为 24 级，以气管为零级，主支气管为一级，以此类推。支气管的分支称为叶支气管，人的右肺分为 3 支，左肺分为 2 支；叶支气管向下分支为段支气管，左右各 10 支；段支气管向下再继续分支，内径在 2～3mm 的通常称为小支气管，内径 1mm 左右的称为细支气管；细支气管的分支称为终末细支气管，内径约为 0.5mm。从叶支气管到终末细支气管，称为肺的导气部；终末细支气管以下的分支，包括呼吸性细支气管、肺泡管、肺泡囊和肺泡，称为肺的呼吸部。

人的每个细支气管及其分支和肺泡构成一个肺小叶（pulmonary lobule），每叶肺有 50～80 个肺小叶，肺小叶为不规则的多边形，每一边长为 1.0～2.5cm，相邻小叶间为结缔组织构成的间隔，以肺叶周边部分的小叶间隔最清晰，肉眼即可辨认。肺小叶是肺病理变化的基础，有些影响终末气道的病变通常起始于小叶的中央部，然后向小叶周边部蔓延。

小鼠的左肺仅有 1 叶，右肺分为上、中、下和副 4 个肺叶。大鼠的左肺仅 1 叶，右肺分为前、中、后三叶和较小的副叶。豚鼠的左肺由尖叶、中间叶和后叶 3 个叶组成，右肺由尖叶、中间叶、附叶和后叶 4 个叶组成。兔肺不发达，这与兔活动少、运动强度低，相应的呼吸强度也较低相吻合；兔左肺小于右肺，大约是右肺的 2/3，和心包偏左相关；左肺分为前后两部分，分别是心叶和膈叶；右肺由前向后分为 4 部分，分别是尖叶、心叶、膈叶和一个小的中间叶（插入纵隔腔内）；兔患巴氏杆菌病（出血性败血病），剖检可见肺充血、出血和脓肿，肺叶与胸腔内膜粘连，有胸水，气管与喉头黏膜有小点出血等病理改变。雪貂左肺分为头、尾 2 叶，右肺分为头、中、尾、副 4 叶；右肺的副叶不规则，与横膈膜形状一致，围绕着腔静脉尾部呈曲线状；雪貂末端细支气管的分级数介于狗和人之间。猪左肺分为 3 叶，右肺分为 4 叶。恒河猴左肺分为上、中、下 3 叶，右肺分为上、中、下和奇 4 个叶。

小叶结缔组织发达与否因动物种类不同而异，在牛、羊、猪较发达，马次之，肉食动物则较不发达。家畜中牛和猪的肺小叶最明显，羊和马次之。人和常见实验动物等的肺分叶见表 4.4。

表 4.4　人与实验动物等的肺分叶比较

肺叶	人	小鼠	大鼠	豚鼠	土拨鼠	兔	雪貂	猫	犬	猪	牛	恒河猴	树鼩
左	2	1	1	3	1	2	2	3	3	3	3	3	3/4
右	3	4	3	4	4	4	4	4	4	4	4	4	

一、肺导气部

肺导气部包括肺内支气管、小支气管、细支气管和终末细支气管。

小鼠的气道是非对称的单轴分支形式，由大的气道逐渐分支为小气道。而人的气道是对称的叉状分支形式，大的气道以 45°角对称地分成两个小气道。小鼠的肺内支气管没有软骨，因此支气管和细支气管之间的分界不像人的分明。小鼠缺乏呼吸性细支气管，终末细支气管直接分支为肺内导管。与其他哺乳动物相比，豚鼠支气管末端的肌层较厚，且呈螺旋状排列。

（一）肺内支气管和小支气管

支气管入肺后，管壁内的软骨环变成不规则的软骨片，管壁结构与气管以及肺外支气管相似，由黏膜、黏膜下层和外膜构成。黏膜上皮为假复层纤毛柱状上皮，由纤毛细胞、杯状细胞、基细胞和小颗粒细胞组成。从肺内支气管分支至小支气管，管径逐渐变细，管壁变薄；上皮变薄，杯状细胞逐渐减少，上皮基膜变明显；固有层变薄，弹性纤维变发达；黏膜下层疏松结缔组织内含的腺泡逐渐减少；外膜结缔组织内不规则软骨片逐渐减少，软骨片之间出现呈环形、斜形或螺旋状排列的平滑肌层。

（二）细支气管

细支气管（bronchiole）内径约为 1mm，管壁内的腺体和软骨片很少或消失，平滑肌逐渐增多形成完整的一层。假复层纤毛柱状上皮逐渐变成单层纤毛柱状上皮，上皮内尚可见少量的杯状细胞。

（三）终末细支气管

终末细支气管（terminal bronchiole）内径为 0.5mm 左右。上皮为单层（纤毛）柱状或立方上皮，杯状细胞、腺体和软骨片均消失，平滑肌呈完整环形。平滑肌有改变管径和调节肺泡内气流量的作用。

细支气管和终末细支气管的黏膜上皮内有有纤毛细胞与无纤毛细胞两种，无纤毛细胞除少量是基细胞、刷细胞、K 细胞（Kultschizky cell）外，大多数是克拉拉细胞（Clara cell），又称为细支气管细胞（bronchiole cell）；此外，还有神经上皮小体（neuro-epithelial body，NEB）。

1. 克拉拉细胞

克拉拉细胞呈高柱状，游离面突向管腔，表面有少量微绒毛。克拉拉细胞的功能推测有三种：细胞分泌稀薄的分泌物，参与构成上皮表面的黏液层，分泌液内含有蛋白质和水解酶，能分解黏液，防止其堆积于管腔，影响气体流通，还有降低表面张力的作用；细胞内含有细胞色素 P450 酶，可对许多药物和外来毒性物质进行生物转化，有减毒的作用；当支气管上皮受损时，克拉拉细胞能够增殖分裂，形成纤毛细胞。

大鼠、小鼠和豚鼠的气道分支至细支气管末端时，克拉拉细胞的数量能占到上皮细胞总数的 60%～80%，胞质内滑面内质网较丰富。克拉拉细胞是小鼠气道的主要分泌细胞，产生表面活性成分和保护气道黏膜的物质。小鼠的气道上皮内杯状细胞很少。与来自无特定病原体（SPF）设施的小鼠相比，来自普通环境的小鼠体内产生黏液的杯状细胞数量较多。大鼠的克拉拉细胞内分泌颗粒呈杆状或盘状，含晶状结构；而小鼠的呈圆形，基质均匀。猴的克拉拉细胞较小，胞核大，滑面内质网与糖原颗粒均较少。家兔与小牛的克拉拉细胞内具有糖原颗粒；犬与牛的克拉拉细胞内分泌颗粒与滑面内质网均少；猫克拉拉细胞内的分泌颗粒呈卵圆形。

2. K 细胞

K 细胞又称嗜铬细胞和/或嗜银细胞，或 Feyrter 细胞，具有特殊的分泌功能，属神经内分泌细胞，主要分布在肺细支气管上皮内，胞质内有密集的具致密核芯的小泡。组织病理学研究认为，K 细胞可发展成肺支气管癌和肺小细胞癌细胞。肺神经内分泌细胞在胎儿第 20 周时数目达到最大值，细胞成熟，能分泌多种胺类和肽类物质。至出生后 1 个月，细胞数量开始下降，成人时维持在最低水平。肺神经内分泌细胞还有旁分泌作用，能调节周围上皮细胞的分化和分泌。肺的神经内分泌细胞有 72%分布在支气管分支的上皮，24%分布在细支气管上皮，且几乎完全分布在细支气管末端上皮，仅有约 4%分布在肺泡管上皮。正常情况下，其分布情况不随年龄增长而改变，但经常接触烟雾者其神经内分泌细胞增多，分泌的神经肽也增多。

神经上皮小体：人和其他哺乳动物、爬行类、鸟类和两栖类的支气管至终末细支气管的上皮内，尤其是在近支气管分支处的上皮内散在分布着一些孤立的特化神经内分泌细胞团，细胞之间分布传出及传入神经末梢，这种特化的细胞团被称为神经上皮小体。小体一般呈球形或卵圆形，底部位于基膜上，顶部向管腔内突出，且常被其他无纤毛细胞的胞质突起所覆盖，细胞表面有微绒毛。神经上皮小体的细胞由神经支配，基底部含有嗜银颗粒，与 K 细胞一同属于 APUD 系统。HE 染色中，神经上皮小体细胞的胞质着色较浅，易与其他上皮细胞区别；细胞的胞核呈圆形或卵圆形，异染色质呈颗粒状，附于核膜内面，常染色质分散在核内，核仁明显。小体受神经支配，可能为化学性的、伸张性的、压力性的和触觉性的神经感受器，通过中枢神经系统产生反射活动。

兔神经上皮小体细胞既有与含透明小泡的神经末梢（为传入神经末梢和胆碱能传出神经末梢）形成的突触，也有与含颗粒小泡的神经末梢（可能为肾上腺素能传出神经末梢）形成的突触。在大鼠、田鼠、豚鼠和猫的神经上皮小体内还发现有生长抑素样肽，可能对其他肽类的分泌起抑制作用。猴肺内有 4 种神经上皮小体：含 5-羟色胺，含 5-羟色胺和铃蟾肽样肽，含 5-羟色胺和生长抑素样肽，以及含 5-羟色胺、铃蟾肽样肽和生长抑素样肽。

上皮性浆液细胞被认为是大鼠所特有，其分泌物黏稠程度低于黏液性细胞的分泌物，因此大鼠呼吸道各段表面的液体黏稠度较低。

二、肺呼吸部

终末细支气管以下的分支为肺呼吸部，包括呼吸性细支气管、肺泡管、肺泡囊和肺泡。每个终末细支气管分出两支或两支以上的呼吸性细支气管，是导气部向呼吸部的过渡。呼吸道组织构造变化见表4.5。

表 4.5　呼吸道部分构造变化

结构		上皮类型			杯状细胞	黏膜下层腺体	骨	软骨	平滑肌	弹性纤维
		层数	形态	纤毛						
鼻		假复层	柱状	有	丰富	丰富	有	有	无	无
鼻咽							无	透明和弹性软骨	无	有
喉										
气管						有		"C"形软骨	"C"环张开端	
支气管	大				有			块状软骨	十字交叉的螺旋状肌束	
	小				少许	少许				
细支气管	规则	假复层	柱状	有	散在	无		不规则软骨片		
	终末	单层			无					
	呼吸性		立方							
肺泡管			扁平	无				无	有	
肺泡									无	

（一）呼吸性细支气管

呼吸性细支气管（respiratory bronchiole）是终末细支气管的分支，每个终末细支气管可分支形成 2 或 3 个呼吸性细支气管，起始部直径在 0.5mm 以下，管壁结构具有从导气部向呼吸部演变的特征，即管壁不完整，有散在的肺泡开口。该部位的管壁上皮由单层纤毛柱状上皮移行为单层柱状或立方上皮，无杯状细胞。上皮外有薄层的胶原纤维、弹性纤维以及分散的平滑肌。

大鼠、小鼠、豚鼠及兔没有明显的呼吸性细支气管，因此终末细支气管常直接转变为肺泡管。人与小鼠气道和肺的结构比较见表4.6。

（二）肺泡管

肺泡管（alveolar duct）是呼吸性细支气管的分支，管道直径平均为 0.1mm。肺泡管的管壁完全由肺泡组成（约 20 个），故自身管壁结构很少，仅存在于相邻肺泡开口之间，此处常膨大并突向管腔，上皮为单层扁平或立方上皮，上皮下有弹性纤维、网状纤维和少量平滑肌。肌纤维环绕在肺泡开口处，收缩时使管腔明显缩小。构成肺泡管的肺泡约占肺泡总量的一半。

（三）肺泡囊

肺泡囊（alveolar sac）与肺泡管相连续，一个肺泡管分支形成 2 或 3 个肺泡囊。结构与肺泡管相似，是许多肺泡共同开口形成的囊腔。与肺泡管不同的是在肺泡开口处无环形平滑肌，仅有少量结缔组织，故无膨大结构。

表 4.6 人与小鼠气道和肺的结构比较

		人	小鼠
大体	肺叶	左 2、右 3	左 1、右 4
	气道分级	17～21	13～17
	气道分支	叉状分支	单轴分支
	主气道直径（mm）	10～15	1
组织	终末气道直径（mm）	0.6	0.01
	呼吸性细支气管	有	很少或没有
	肺实质/肺容积（%）	12	18
	肺泡（μm）	200～400	39～80
	血-气屏障厚度（μm）	0.62	0.32
气道上皮细胞	气管上皮		
	上皮厚度（μm）	50～100	11～14
	纤毛细胞占比（%）	49	39
	Clara 细胞占比（%）		49
	杯状细胞占比（%）	9	<1
	基细胞占比（%）	33	10
	其他细胞成分占比（%）		1
	肺内近端上皮		
	上皮厚度（μm）	40～50	8～17
	纤毛细胞占比（%）	37	28～36
	Clara 细胞占比（%）		59～61
	杯状细胞占比（%）	10	<1
	基细胞占比（%）	32	<1
	其他细胞成分占比（%）	18	2～14
	终末细支气管		
	上皮厚度（μm）	未知	7～8
	纤毛细胞占比（%）	52	20～40
	Clara 细胞占比（%）		60～80
	杯状细胞占比（%）		0
	基细胞占比（%）	<1	<1
	其他细胞占比（%）	13	0

（四）肺泡

肺泡（pulmonary alveoli）是气道的终端部分，为形如半球的薄壁囊泡，开口于呼吸性细支气管、肺泡管和肺泡囊，是肺进行气体交换的场所。成人肺泡的总量有 3 亿～4 亿个，但有个体差异。人肺泡的内径为 200～250μm，全肺的肺泡总面积在呼气时约为 30m²，吸气时可达到 70～80m²，深吸气时可达 100m²。肺泡壁很薄，由表面的单层扁平上皮和深层的结缔组织构成，根据上皮细胞形态和功能的差异分为 I 型细胞和 II 型细胞。

1. I 型肺泡细胞

I 型肺泡细胞（type I alveolar cell）又称扁平肺泡细胞（squamous alveolar cell），细胞扁平，形态不规则，胞体含核部分略厚，其余部分较薄，在光镜下较难辨认。细胞结构简单，核小而致密，核周胞质内含有少量小线粒体、高尔基体和内质网；周边的胞质内细胞器很少，仅有散在的微丝和微管。I 型肺泡细胞总数较少，约占上皮细胞总数的 25.3%，但其形态扁平，能覆盖到 97% 的肺泡表面，是肺与血液进行气体交换结构的组成部分。I 型肺泡细胞是高度分化的细胞，无分裂增殖和自我修复的能力，损伤后主要通过 II 型肺泡细胞增殖补充。

2. II 型肺泡细胞

II 型肺泡细胞（type II alveolar cell）又称颗粒肺泡细胞（granular alveolar cell），散在分布于 I 型肺泡细胞间及相邻肺泡间隔结合处。II 型肺泡细胞较小，呈立方形，表面稍突向肺泡腔。细胞核大而圆，胞质染色较浅，胞质中常见空泡。II 型肺泡细胞数量较 I 型肺泡细胞多，约占上皮细胞总数的 74.7%，但仅覆盖约 3%的肺泡表面。II 型肺泡细胞的体积比 I 型肺泡细胞的小很多，在细胞游离面有较多的短微绒毛，尤其在细胞边缘部更多。细胞膜表面有 MPA（Maclura pomifera agglutinin）凝集素，对 α-半乳糖残基有特异性反应。相邻细胞以紧密连接或中间连接相连，胞质内有较多的线粒体和粗面内质网，还有多泡体、溶酶体和板层体。

胞质内的板层体又称嗜锇板层小体（osmiophilic lamellar body），呈圆形，直径 0.2～1μm，内含呈同心圆或平行排列的板层结构，电子密度较大，其主要成分是磷脂、蛋白质和糖胺多糖。成熟板层小体转移至细胞膜处，通过胞吐方式分泌内容物。分泌物参与形成肺泡表面活性物质（pulmonary surfactant，PS），覆盖于肺泡表面的气-液交界面上。PS 中的 8%～10%为脂质特异性结合蛋白，称表面活性物质相关蛋白（surfactant associated protein，SP），它在 PS 的功能和表达中具有极其重要的作用。SP 可分为 SP-A、SP-B、SP-C 和 SP-D 4 种亚型。PS 中的糖类主要有半乳糖、甘露糖、唾液酸、岩藻糖和半乳糖胺，它们以糖脂或糖蛋白的形式存在，所起作用可能是引导蛋白质转运至一定的亚细胞结构上。

PS 能降低肺泡表面张力，还能维持肺泡结构相对稳定，调节肺顺应性，降低呼吸功，保持呼气末肺泡扩张状态，并增高间质静水压，降低跨血管壁的静水压梯度，促使肺泡内液体经间质进入血管和淋巴管内，保持肺内液体平衡，防止肺水肿和增强肺防御功能等。发育 30 周的胎儿肺泡上皮细胞才开始分泌 PS，而不满 30 周出生的早产儿的肺泡缺乏 PS，肺泡表面张力大，加之血氧不足，肺泡毛细血管通透性大，血液中的血浆蛋白和液体渗出，在肺泡表面形成一层透明样物质，使肺泡难以扩张和进行气体交换，发生进行性呼吸困难，称为新生儿肺透明膜病（neonatal hyaline membrane disease），又称呼吸窘迫综合征（respiratory distress syndrome，RDS）。

II 型肺泡细胞除了主要分泌 PS 外，还能合成纤连蛋白（FN）、IV 型胶原、纤维蛋白溶酶原激活因子（PAF）、表皮生长因子（EGF）、层粘连蛋白、花生四烯酸、血小板激活因子及某些溶酶体酶如碱性磷酸酶（ALP）等，故而与炎症介质的产生和调节以及肺泡上皮的基膜相关。

肺泡壁两种肺泡细胞所占比例有种属差异，人和大鼠肺 I 型细胞较 II 型细胞数量少，I 型细胞约占上皮细胞总数的 25.3%和 34.1%；而猴肺 I 型细胞较 II 型细胞数量多，I 型细胞约占上皮细胞总数的 60.4%。猴 II 型肺泡细胞的发育过程与人和啮齿类基本一致，不同之处在于其分化的时间，在 62 天胎龄时首次出现，此时细胞已具备合成表面活性物质和细胞外基质的能力。蛙和蝾螈的肺泡细胞是简单的鳞状上皮细胞，内有嗜锇性包涵体，且肺泡腔内具有嗜锇性螺旋膜状物。

三、肺泡隔与肺泡孔

（一）肺泡隔

相邻肺泡之间的结构称肺泡隔（alveolar septum），由密集的毛细血管网和少量薄层结缔组织构成。毛细血管属连续型，内皮细胞厚 0.1～0.2μm，在细胞核处略厚。细胞内的细胞器多位于核周，可见粗面内质网、线粒体、高尔基体以及较多的吞饮小泡。吞饮小泡是内皮细胞的主要特征之一，是内皮细胞转运大分子物质的主要方式。相邻内皮细胞之间以紧密连接相连接，但仍有一定的通透性。肺泡隔内的毛细血管紧贴肺泡上皮细胞，两者的基膜大部分相融合；有些部位的两层基膜之间有间隙，间隙中有较多的弹性纤维及少量网状纤维、胶原纤维和基质，还有成纤维细胞、巨噬细胞、浆细胞和少量肥大细胞等。

肺泡和毛细血管之间的气体交换需经过 PS、I 型肺泡细胞及其基膜、薄层结缔组织、毛细血管基膜和内皮细胞等，它们组成血-气屏障（blood-air barrier，BAB），在人其总厚度为 0.2～0.5μm，气体弥散速度与血-气屏障的厚度成反比。肺泡细胞之间及毛细血管内皮细胞之间都有紧密连接，有利于防止血管内液体和蛋白质渗出，保障肺泡有效的换气功能。

（二）肺泡孔

肺泡孔（alveolar pore）是沟通相邻肺泡之间的小孔。小孔呈圆形或卵圆形，直径 10～15μm，周围有少量弹性纤维和网状纤维环绕，是沟通均衡相邻肺泡内气体的通道。当某支气管阻塞时，气体可通过肺泡孔扩散，建立侧支通气；但在肺部感染时，炎症也可通过肺泡孔扩散。

肺泡孔的形态、大小及数量随动物种类不同而异，犬的肺泡孔直径最小的为 1μm；牛的肺泡孔数目很少，且小叶间隔完整，导致侧支通气很有限。

四、肺巨噬细胞

肺巨噬细胞（pulmonary macrophage，PM）分布广泛，数量较多。根据分布部位可分为肺泡巨噬细胞（AM）、间质巨噬细胞（IM）、胸膜巨噬细胞、血管壁巨噬细胞、支气管壁巨噬细胞；此外，肺内还有树突状细胞。肺巨噬细胞来源于骨髓干细胞，其以单核细胞形式进入肺间质，然后分化为巨噬细胞。细胞体积较大，形态不规则，胞质丰富。细胞表面有明显的微皱褶和突起，胞质内有高尔基体、内质网和线粒体，还有较多的溶酶体、吞饮小泡、多泡体和空泡等。

AM 分布在肺泡上皮表面的衬液中，被 PS 覆盖，是体内唯一与空气直接接触的巨噬细胞群，该细胞在肺泡内游走，组成肺组织第一道防线。IM 占肺巨噬细胞总数的 20%～50%，与其他间质细胞及细胞外基质密切接触，组成肺的第二道防线。异物颗粒穿过肺泡上皮进入间质内，往往停留时间较长，数天甚至数年才会消失。

肺巨噬细胞吞噬吸入的灰尘颗粒后称为尘细胞（dust cell），其胞质内充满大小不等的尘粒。尘细胞常位于肺泡隔及各级支气管的附近。尘细胞可与黏液一起，由纤毛摆动推送经气管排至喉头咳出，也可经淋巴管进入肺门淋巴结内，或者沉积于肺间质中。心力衰竭肺淤血时，肺内大量红细胞被巨噬细胞吞噬，巨噬细胞内储存有血红蛋白转变成的含铁血红素颗粒，又称为心力衰竭细胞（heart failure cell）。

五、肺的血管

肺内的血管分为肺循环血管和支气管循环血管，肺循环血管是肺进行气体交换的功能血管，而支气管循环血管则是肺的营养血管。

小鼠肺内可见厚壁的细动脉，动脉管壁有明显的平滑肌层，此在小鼠为正常结构，人出现高血压时才见此现象。大鼠肺动脉管壁较薄，而肺静脉管壁因为有心肌细胞存在而较厚，肺静脉管壁的心肌细胞由心脏延续而来，此结构特征也使来自心脏的病原体易于到达肺部。人肺实质内的肺静脉沿着小叶间隔分布，而小鼠肺实质内的肺静脉则回到支气管树并沿支气管树分布。

（一）肺循环

肺动脉从肺门入肺，其分支与肺内支气管树的各级分支伴行，最终在肺泡隔内形成毛细血管网，行使气体交换的功能。人肺动脉的前 6 级分支属弹性动脉，管腔较大，管壁相对较薄，6 级以后的分支较多且较细。肺动脉在直径为 1mm 左右时演变成肌性动脉。前毛细血管的平滑肌较少，无明显的括约肌，前毛细血管和毛细血管网的血管管壁比体循环中的同类血管要薄。毛细血管内皮为无孔型，与肺泡壁上皮相邻近。为了行使快速交换肺泡与血液间氧气和二氧化碳的功能，肺内毛细血管网的面积很大。肺毛细血管的血容量能达到肺总血容量的一半。

肺静脉发起于呼吸性细支气管、肺泡管、肺泡及肺胸膜处的毛细血管，汇集成的小静脉并不与肺动脉伴行，而是走行于肺小叶间的结缔组织内，引流相邻肺小叶的血液后汇集成较大的静脉，此时才与肺动脉分支伴行，最终在肺门处汇合成 4 条肺静脉。肺内小静脉的管壁较薄，直径大于 100μm 的小静脉管壁中膜才出现平滑肌，并有少量的弹性纤维。

肺动脉的内皮细胞较毛细血管的厚，细胞呈椭圆形盘状，其长轴顺应血流方向；而肺静脉内皮细胞呈鳞状，表面有许多微绒毛或小突起，可增大细胞的表面积。内皮细胞的胞质内富含细胞器。

小鼠弹性肺动脉是具有中间层的大动脉，由同心圆弹性层和平滑肌细胞层交替组成。鼠肺动脉的内皮细胞还能分泌精氨酸-加压素，具有维持血压的作用。

（二）支气管循环

支气管动脉起自胸主动脉或肋间动脉和锁骨下动脉，数目和位置的变异较大。动脉的管径较肺动脉细，但肌层较厚，为肌性动脉。动脉自肺门支气管后侧入肺，其分支分别供应从支气管到呼吸性细支气管管壁的肺动脉、肺静脉、肺内结缔组织、肺门淋巴结以及胸膜等。支气管动脉分支传入支气管分支管道的外膜，伸入肌层形成毛细血管网，并在此处向内发出分支，形成黏膜毛细血管网。毛细血管的内皮为有孔型，通透性较大，有利于大分子物质的转运。一条支气管动脉分支可分布在一个以上的肺小叶内，即每个肺小叶可以接受一条以上的小动脉的供血，因此当一条支气管动脉分支发生阻塞时，可由其他的支气管动脉分支供血。

支气管循环的静脉血部分汇入肺静脉，部分汇集成支气管静脉。此外，肺内还有各种类型的交通支血管，如支气管动脉与肺动脉的交通支，支气管静脉与肺静脉的交通支，以及肺动脉与肺静脉的交通支等。

六、肺的淋巴管

肺内的淋巴管主要分为浅丛和深丛两组。浅丛分布在肺胸膜内，形成数支淋巴管输入肺门淋巴结。淋巴管内有瓣膜，使淋巴仅向肺门方向流动而不能逆流。深丛淋巴管分布于支气管树的管壁内及肺动脉和肺静脉周围，形成数支淋巴管输入肺门淋巴结。

七、肺的神经

肺的神经包括交感神经和副交感神经（即感觉神经和内脏神经）。神经纤维在肺门处形成肺丛，随支气管和血管入肺，沿途可见神经细胞。传入神经纤维在肺泡、细支气管、支气管和胸膜组织内形成感觉神经末梢，通过肺丛经迷走神经传入延髓孤束核。

交感神经和副交感神经分布于细支气管与支气管管壁平滑肌、血管周围及腺体中。交感神经属于肾上腺素能神经纤维，兴奋时能抑制腺体分泌，使细支气管和支气管平滑肌松弛，血管平滑肌收缩。副交感神经则属于胆碱能神经纤维，兴奋时能刺激腺体分泌，使细支气管和支气管平滑肌收缩，血管平滑肌松弛。在 II 型肺泡细胞、肺泡管的管壁内和肺泡隔内均有神经末梢分布。

除了肾上腺素能神经和胆碱能神经以外，肺内还有不被肾上腺素能或胆碱能受体拮抗剂所阻断的神经，称为非肾上腺素能非胆碱能（NANC）神经。这类 NANC 神经末梢释放神经肽类等神经递质，具有诱导支气管收缩/舒张的双相作用，分别称兴奋性 NANC（excitatory NANC，eNANC）神经和抑制性 NANC（inhibitory NANC，iNANC）神经。血管活性肠肽（VIP）可能是肺内 iNANC 的神经介质之一，对胆碱能神经释放乙酰胆碱起抑制作用。

豚鼠、猪、猫和马以及人的呼吸道 iNANC 神经扩张支气管的作用可能主要通过 NO 实现，在 NANC 神经内存在 NO 合酶（NOS），推测 NO 可能是 NANC 神经内的一种重要递质。

八、肺的代谢功能

肺除了具有呼吸功能外，还参与多种物质的代谢和转化。肺体积巨大，血供丰富，血管内皮细胞的酶活性很强，肺内还有神经内分泌细胞，因此肺能合成、释放或代谢多种生物活性物质，简要叙述如下。

（一）5-羟色胺

肺导气部上皮内的神经内分泌细胞能分泌 5-羟色胺、降钙素或铃蟾肽等胺类及肽类物质。5-羟色胺能引起血管和支气管收缩，增强肺血管的通透性，并刺激肺呼吸。同时肺对 5-羟色胺类物质的灭活率非常高，是体内 5-羟色胺类物质灭活的主要场所。

（二）组胺

肥大细胞广泛分布在肺间质内，细胞内含有大量的组胺。当过敏原刺激浆细胞产生的 IgE 结合于肥大细胞表面时，使其处于致敏状态。在 I 型变态反应中，IgE 与致敏肥大细胞相结合使细胞发生脱颗粒反应，从而释放大量组胺。组胺可以引起支气管平滑肌收缩，黏膜水肿，黏液分泌增多，肺血管收缩，血小板聚集并释放前列腺素类介质，使毛细血管内皮肿胀和微血栓形成。

（三）去甲肾上腺素

血液通过肺循环时去甲肾上腺素可被血管内皮细胞摄取，主要是毛细血管内皮细胞和静脉内皮细胞。吸收的去甲肾上腺素可被内皮细胞内的单胺氧化酶及儿茶酚胺甲基转移酶所分解。

（四）血管紧张素

血管紧张素是一种肽类血管活性物质，有三种类型：AT-1、AT-2 和 AT-3。肺血管内皮细胞含有血管紧张素转换酶，可将 AT-1 转换成 AT-2。AT-2 有很强的收缩血管作用，可使体循环的小动脉收缩，并可加强前列腺素和 5-羟色胺对肺血管的收缩作用，但对支气管的收缩作用较弱。因此肺血管的收缩和舒张运动在整个机体的血压调节中具有一定的作用。

（五）激肽

激肽是一组作用很强的血管活性多肽，其中以缓激肽（bradykinin，BK）为主，它可引起体循环血管扩张，肺动脉扩张和肺静脉收缩。缓激肽对支气管平滑肌也有一定的收缩作用，且作用较组胺更强。肺血管内皮细胞中也含有可灭活缓激肽的酶。

（六）血管活性肠肽

肺内含有血管活性肠肽（VIP），主要存在于呼吸道和血管平滑肌及呼吸道腺体周围的神经元与神经末梢内，VIP 可使支气管和血管的平滑肌舒张。

（七）前列腺素

肺是体内合成和降解前列腺素（prostaglandin，PG）的重要器官。肺内含有的脂类物质以磷脂为主，肺组织和肺泡表面活性物质内含有的微量花生四烯酸是合成前列腺素的前体。前列腺素可使肺血管收缩，心输出量增大。外源性的前列腺素 PGF2a 还具有很强的收缩支气管的作用。

（八）心房肽

心房肽（atriopeptin）又称为心房利钠尿多肽（ANP），具有排钠、利尿、扩血管和降血压的作用。肺是产生 ANP 的重要组织之一，可起到一定的生理作用：排钠利尿，扩张肺动脉和支气管，使肺泡表面活性物质的分泌增多。

（九）表皮生长因子

人和大鼠的胎肺以及成年大鼠肺组织均表达表皮生长因子（EGF）与 EGF 受体。肺组织内的 EGF 能调节肺的正常发育，使胎肺合成 PS 增多，促进总磷脂、饱和磷脂酰胆碱和磷脂酰甘油合成。此外，EGF

可抑制肺巨噬细胞迁移，减少病变区域巨噬细胞的聚集，降低炎症反应，防止发生过强的免疫反应。

（十）NO

肺内可产生大量 NO 衍生物——过氧亚硝基阴离子（peroxynitrite anion），推测 NO 的作用可能是由过氧亚硝基阴离子介导。呼吸道组织内存在组织性 NO 合酶（cNOS）和诱导型 NO 合酶（iNOS）。

九、肺的增龄性变化

肺组织的形态结构随着生长发育发生一定的变化，随年龄增长也会出现改变，人在 60 岁以后这种改变尤为明显，出现支气管口径增粗、软骨钙化、管壁变硬和弹性减弱等组织学变化。老年肺的主要形态特征有呼吸部管道扩大，肺泡囊和肺泡腔扩大，管壁弹性组织退化，毛细血管网减小，肺泡孔增多。另外，老年肺内的胶原纤维增多，肺泡隔内及内皮细胞与肺泡上皮细胞间形成弹性板和胶原层。这些组织学改变使得老年肺的功能出现下降，主要表现为肺活量下降，气体弥散功能减弱，氧饱和度降低及通气反应能力下降。

与人类似，老年动物的肺组织也会有形态学的改变。老年大鼠（24 月龄以上）肺的超微结构中 II 型肺泡细胞的变化较为显著，细胞游离面的微绒毛减少，板层小体嗜锇性减弱，板层结构模糊或消失，成为空泡状或均质性低密度的条索状结构。这些细胞结构的改变导致 PS 减少，肺泡表面张力相对增大，肺泡回缩力增强，呼吸性细支气管至肺泡呈代偿性扩张，容易形成肺气肿。

第六节　其他特殊呼吸器官

一、家禽的特殊呼吸器官

鸡的鼻孔位于上喙基部，鼻腔较狭，鼻腺（nasal gland）不发达，位于鼻腔侧壁。鸭、鹅等水禽的鼻腺较发达，位于眼眶顶壁及鼻侧壁。鼻腺在调节机体渗透压方面起重要作用。鼻腔由鼻中隔分为左右两半，内有前、中、后三个鼻甲。眶下窦是唯一的鼻旁窦，呈三角形，位于眼球的前下方。

喉位于鼻咽的底壁。禽类只有环状软骨和勺状软骨，没有会厌软骨和甲状软骨，喉腔内无声带。喉软骨上分布有扩张和闭合喉口的肌性瓣膜，此瓣膜平时开放，仰头时关闭，故鸡吞食、饮水时常仰头下咽。

鸡的气管较长而粗，由"C"形的软骨环构成。进入胸腔后在心基上方分为两个支气管，分叉处形成鸣管。气管黏膜下层富含血管，可借蒸发散热调节体温，气管是重要的调节体温的部位。鸡的气管和肺外支气管黏膜上皮是由纤毛细胞、杯状细胞与基细胞组成的假复层纤毛柱状上皮。鸭的基细胞核周围有较多的粗面内质网，胞周隙较大，其中有很多胞质突起，表明其功能比较活跃，鸭黏液性细胞中的分泌颗粒有电子致密斑。禽类肺略呈扁平四边形，不分叶，位于胸腔背侧，从第 1～2 肋骨向后延伸到最后肋骨。其背侧面有椎肋骨嵌入，形成几条肋沟，脏面有肺门和几个气囊的开口。

家禽的呼吸系统中较为特殊的气管有鸣管、副支气管（parabronchi）、气囊（air sac）和气骨（air bone）。

鸣管又称后喉，位于气管和支气管的分叉交接点，是禽类的发声器官，由数个气管环和支气管环以及一块鸣骨组成。因管壁中的软骨较为扁小或缺失，其管径较气管和支气管狭窄，近支气管处有鸣膜（内外两层）和鸣骨。表面黏膜上皮为复层扁平纤毛上皮，仅含少量立方上皮细胞。当禽类呼吸时，空气经过鸣膜之间的狭缝振动鸣膜而发声。公鸭鸣管形成膨大的骨质鸣管泡，故发声嘶哑。鸣禽的鸣管由多个扩大的软骨环及其间的鸣膜组成，分叉处还有一呈锲状的鸣骨，某些鸟类的气管外侧还附有特殊的鸣肌，可以调节鸣膜的紧张度，从而改变鸣声，发出悦耳多变的声音。

副支气管也称为三级支气管（tertiary bronchi），直径约为 1mm，是构成家禽肺大部分的实质，各副支气管可自由相互吻合，形成副支气管网，并可向外延伸成气囊气管。因此，禽类肺内的导气部不像哺乳动物那样形成支气管树，而是形成互相联通的管道。副支气管的管壁为辐射状的大漏斗状微管道，并反复分支形成毛细气管网，在这些毛细气管的管壁上有许多膨大部，即肺房，相当于哺乳动物的肺泡。

气囊是禽类特有的器官，可分前、后两群。气囊是一种盲囊，囊壁很薄、无血管，主要由两层上皮细胞组成，内面覆以立方上皮细胞，外面为扁平的间皮上皮细胞，中间有纤维组织。气囊不能进行气体交换，但可以贮存新鲜空气。当吸气时，新鲜空气进入肺和气囊，呼气时，气囊内的空气流入肺内进行二次气体交换，以满足禽体新陈代谢的需要。这就是鸟纲动物的"双重呼吸"。气囊的其他重要功能还有：增加肺通气量，满足禽体旺盛的新陈代谢需要；储存空气，便于潜水不呼吸的情况下储存气体进入肺内进行气体交换；飞行时调节身体重心，利于水禽在水上漂浮；依靠强烈的通气作用和大的蒸发表面，有效地散发体热，调节体温。鸡有9个气囊、1对颈气囊、1个锁骨间气囊、1对胸前气囊、1对胸后气囊、1对腹气囊。

二、鱼类的特殊呼吸器官

斑马鱼和剑尾鱼为常用的水生实验动物品系，其主要呼吸器官是鳃，所需的氧气从水中获得。

鳃由咽部后端两侧发生，胚胎时期形成鳃裂，前后鳃裂以鳃间隔分开，鳃间隔基部有鳃弓支持，鳃间隔两侧发生鳃片。成年鱼的鳃对称排列于咽腔两侧，由鳃弓、鳃隔、鳃片等组成。鳃小片是鳃的基本结构和功能单位，一般由单层上皮细胞包围着结缔组织的支持细胞组成。鳃弓下有两支血管分布在鳃区，背面是出鳃动脉，腹面是入鳃动脉。入鳃动脉发出入鳃丝动脉，沿鳃小片基部水平地分出细支形成微血管网，即窦状隙，窦状隙的血液再经出鳃丝动脉汇入出鳃动脉。在鳃小片上还分散着一些黏液性细胞及其他腺细胞。

为了适应氧气不足的特殊环境，鱼类逐渐演化形成的辅助呼吸器官包括皮肤、气囊、肠管和鳔等。绝大多数的硬骨鱼类具有囊袋状的鱼鳔，由鳔体、气道和气腺组成，不但具有呼吸功能，还有调节身体密度、感觉和发声功能。

第七节　胸　　膜

肺的外表面和胸壁的内表面被覆胸膜。肺胸膜包裹肺实质，壁层胸膜贴附在胸壁内侧。胸膜由单层立方间皮细胞位于一层富含胶原蛋白和弹性纤维的结缔组织上组成。胸膜的结缔组织内含有淋巴管网，可以防止液体在胸膜间隙积聚。

小鼠的胸膜较人要薄，由单层间皮细胞构成，其壁层胸膜较脏层胸膜厚，弹性纤维较少，有脂肪细胞存在。小鼠肺表面淋巴系统的特征不明显。

人和不同动物呼吸系统的组织学比较见表 4.7。

表 4.7　呼吸系统的组织学比较

结构		人	大小鼠等实验动物	畜禽等其他动物
鼻	鼻前庭	由鼻翼形成的空腔，有毛囊	鼻孔后至主鼻道间的区域，大小鼠鼻前庭没有毛囊	猪的鼻孔小，鼻端与上唇构成吻突；鸡的鼻孔位于上喙基部；马的鼻前庭有毛囊和皮脂腺结构
	鼻腔 呼吸部	与鼻前庭连接处为复层柱状上皮，其余为假复层纤毛柱状上皮	大小鼠呼吸部上皮为假复层纤毛柱状上皮，大部分为纤毛细胞和杯状细胞，还有立方细胞和刷细胞	
	嗅部	嗅黏膜总面积约为 2cm^2	小鼠嗅黏膜面积占鼻腔总面积的一半；犬的嗅黏膜约为 100cm^2，能分辨上万种不同浓度的气味	嗅黏膜的颜色随动物种属的不同而异，如马和牛呈淡黄色，猪呈棕色，山羊呈黑色，绵羊呈黄色，多数肉食动物呈灰白色
	鼻甲	结构简单，对空气中颗粒物和气体的吸附作用较小	结构复杂，小鼠鼻甲相对表面积为人类的 5 倍，能够为下呼吸道提供很好的保护；树鼩有 6~8 个鼻甲	
	鼻窦	包括上颌窦、额窦、筛窦和蝶窦	小鼠仅有双侧上颌窦，家兔、狗还有额窦	马有 4 对鼻旁窦，禽类只有一对眶下窦
	附属嗅觉器官	发育不良，功能不全	特有的鼻腔结构有犁鼻器、鼻中隔 Masera 器和鼻中隔 Grüneberg 器	

续表

结构		人	大小鼠等实验动物	畜禽等其他动物
鼻咽		可以通过鼻腔或口腔呼吸，有以扁桃体组织构成的Waldeyer's环	啮齿类动物会厌与软腭紧贴，只能通过鼻腔呼吸；淋巴组织局部聚集，分布有限；小鼠咽部有味蕾	反刍动物、肉食动物及猪的会厌上皮内有味蕾；反刍动物咽部固有层内有孤立淋巴小结，马、猪等较少
喉		既是呼吸器官又是发声器官，声带被覆的上皮有多层细胞，明显比小鼠厚	兔声带不发达；恒河猴在甲状软骨与舌骨之间有一个较大的喉囊，开口于喉腔前庭	马的喉侧室上皮为假复层纤毛柱状上皮，猪和食肉动物喉侧室覆盖的是复层扁平上皮
气管和支气管	黏膜	假复层纤毛柱状上皮，由纤毛细胞、杯状细胞、基细胞、刷细胞和神经内分泌细胞等组成	大鼠和豚鼠的气管及支气管中刷细胞较人多	
	黏膜下层	气管固有层内有大量的淋巴细胞，为黏膜相关淋巴组织的一部分	SPF级动物的气管固有层淋巴细胞很少，随年龄增长或接触病原体，可使固有层的淋巴细胞增多；大小鼠、豚鼠和兔除靠近头端的一小段气管内有少量腺体外，其余部位黏膜下层内无气管腺；猴气管腺存在于整个气管	
	外膜	由透明软骨环和结缔组织构成		
肺	肺叶	左肺2叶，右肺3叶	大小鼠、土拨鼠左肺1叶，右肺4叶；豚鼠左肺3叶，右肺4叶；兔左肺2叶，右肺4叶；雪貂左肺2叶，右肺4叶；犬左肺3叶，右肺4叶；树鼩左肺3或4叶，右肺4叶；恒河猴左肺3叶，右肺4叶	猫、猪、牛左肺3叶，右肺4叶
	肺导气部	包括肺内支气管、小支气管、细支气管和终末支气管	大小鼠和豚鼠的细支气管末端克拉拉细胞的数量占到上皮细胞总数的60%~80%；犬和猴等大动物的肺内支气管有黏膜平滑肌，以纤毛细胞和杯状细胞为主	小牛的克拉拉细胞内具有糖原颗粒，牛的卡拉拉细胞内分泌颗粒与滑面内质网均少
	肺呼吸部	终末细支气管以下的分支为肺呼吸部，包括呼吸性细支气管、肺泡管、肺泡囊和肺泡	大小鼠、豚鼠及兔没有明显的呼吸性细支气管，因此终末细支气管常直接转变为肺泡管	
	肺泡	肺I型肺泡细胞较II型肺泡细胞数量少	猴肺I型肺泡细胞较II型肺泡细胞数量多	
	肺血管	肺动脉从肺门入肺，与肺内支气管树各级分支伴行，在肺泡隔内形成毛细血管网；肺静脉发起于肺呼吸部的毛细血管，汇集成小静脉，走行于肺小叶的结缔组织内	鼠肺动脉的内皮细胞能分泌精氨酸-加压素，具有维持血压的作用；小鼠肺内可见厚壁的细动脉，动脉管壁有明显的平滑肌层	
	肺神经	交感神经和副交感神经	豚鼠、猪、猫和马以及人的呼吸道iNANC神经扩张支气管的作用可能主要通过NO实现	

参 考 文 献

陈嘉绩. 1995. 兔肺的肺叶支气管、肺段支气管及支气管肺段. 中国兽医杂志, (4): 26-27.

成令忠, 钟翠平, 蔡文琴. 2003. 现代组织学. 上海: 上海科学技术文献出版社: 897-925.

黄行许, 唐珊珊, 朴英杰. 1996年. 鸭鸡气管和肺外支气管黏膜组织结构比较. 第一军医大学学报, (2): 96-98.

李德雪, 林茂勇, 张乐萃. 2004. 动物比较组织学. 台北: 艺轩图书出版社: 147-158.

李和, 李继承. 2015. 组织学与胚胎学. 3版. 北京: 人民卫生出版社: 255-267.

李康. 1984. 呼吸系统内分泌样细胞. 四川解剖学杂志. 50-55.

李宪堂. 2019. 实验动物功能性组织学图谱. 北京: 科学出版社: 140-154.

彭克美. 2005. 畜禽解剖学. 北京: 高等教育出版社: 91-98.

彭艳章, 叶智彰, 邹如金, 等. 1991. 树鼩生物学. 昆明: 云南科技出版社: 195-354.

秦川. 2017. 实验动物比较组织学彩色图谱. 北京: 科学出版社: 83-100.

秦川. 2018. 中华医学百科全书——医学实验动物学. 北京: 中国协和医科大学出版社.

沈霞芬, 卿素珠. 2015. 家畜组织学与胚胎学. 5 版. 北京: 中国农业出版社: 171-178.

王水斌, 张汉武, 杨雅琪, 等. 2016. 正常 BALB/c 小鼠鼻部解剖组织学特点的实验研究. 中国临床解剖学杂志, 34(4): 428-431.

尹伊俐, 王恩彤, 顾瑞金. 1992. 呼吸道的黏液纤毛系统, 国外医学耳鼻咽喉科学分册: 156-158.

周光兴. 2002. 比较组织学彩色图谱. 上海: 复旦大学出版社: 71-94.

Bal HS, Ghoshal NG. 1988. Morphology of the terminal bronchiolar region of common laboratory mammals. Lab Anim, 22(1): 76-82.

Bensch KG, Gordon GB, Miller LR. 1965. Studies on the bronchial counterpart of the Kultschitzky (argentaffin) cell and innervation of bronchial glands. J Ultrastruct Res, 12(5): 668-686.

Choi HK, Finkbeiner WE, Widdicombe JH. 1988. A comparative study of mammalian tracheal mucous glands. Lab Anim, 197: 76-82.

Elizabeth F, McInnes EF. 2012. Background Lesions in Laboratory Animals A Color Atlas. Edinburgh: Elsevier Ltd.

Piper M, Treuting PM. 2018. Comparative Anatomy and Histology: A Mouse, Rat and Human Atlas. 2nd ed. London: Elsevier Ltd: 71-94, 121-134.

第五章 泌 尿 系 统

泌尿系统由肾（kidney）、输尿管（ureter）、膀胱（urinary bladder）及尿道（urethra）组成，是体内重要的排泄系统。肾是具有排泄作用的器官。机体在新陈代谢过程中产生的代谢废物和多余的水分，主要是通过血液循环运至肾，通过滤过、重吸收和分泌等复杂的生理过程，形成尿液，经输尿管、膀胱和尿道排出体外。肾通过对尿生成过程的调节，改变水及无机离子的排出量，可维持机体水和电解质的平衡；通过排出氨和氢离子，调节机体的酸碱平衡。另外，肾还能产生多种生物活性物质，如产生肾素，参与调节血压；产生红细胞生成素，促进红细胞生成；活化维生素 D_3 等。因此，泌尿系统参与维持机体内环境的相对稳定。

泌尿系统和生殖系统的主要器官均起源于胚胎早期的间介中胚层。人胚第 4 周初，体节外侧的间介中胚层随胚体侧褶的形成，逐渐向腹侧移动并与体节分离，形成两条纵行的细胞索，称生肾索（nephrogenic cord），其头侧呈分节状，称生肾节（nephrotome）。第 5 周时，由于生肾索继续增生，从胚体后壁突向体腔，沿中轴线两侧形成左右对称的一对纵行隆起，称尿生殖嵴（urogenital ridge），是泌尿、生殖系统发生的原基。以后尿生殖嵴的中部出现一纵沟，将其分成外侧粗而长的中肾嵴（mesonephric ridge）和内侧细而短的生殖腺嵴（gonadal ridge）。

第一节 肾

肾呈豆形，其外侧缘隆凸，内侧缘中部凹陷，凹陷处称为肾门（renal hilum），肾门是肾血管、淋巴管、神经和输尿管出入之处。肾为一对位于腹腔后壁脊柱两侧的致密的实质性器官，表面有被膜，由致密结缔组织构成，也称纤维膜，马、犬和猪被膜内层的平滑肌纤维散在分布，反刍动物可形成平滑肌层，猫的被膜中没有平滑肌。正常情况下，被膜易于剥离，肾发生病变时，此膜与肾实质粘连，不易剥离。成年男性每个肾重 120～170g，长约 11cm，宽约 6cm，厚约 2.5cm，成年女性的肾略轻、略小。大鼠肾长 15～25mm，宽 10～15mm，厚约 10mm，成年大鼠肾的重量为体重的 0.51%～1.08%（平均值为 0.65%），依年龄和性别而有所不同；小鼠肾长 6～12mm，宽 5～8mm，厚约 5mm。啮齿类肾位于背壁两侧，右肾稍高，呈赤褐色蚕豆状，180～280g 的大鼠肾重 0.73～1.2g。肾的类型随动物种类的不同而异，如羊、犬和兔为表面平滑的单乳头肾，兔的单个肾重 5～10g，呈卵圆形，长 3～4cm，宽 2～2.5cm，色暗红而质脆，位于腰部腹膜下，紧贴在脊柱两侧，右肾靠前，位于末肋和前 1、2 腰椎横突的腹面，左肾靠后外侧，位于第 2、3、4 腰椎横突腹面。牛为表面有沟的多乳头肾。猪为表面平滑的多乳头肾。犬肾较重，相当于体重的 1/200～1/150，中等体型的犬，一侧肾重 50g 左右，两肾均呈蚕豆形，表面光滑，右肾位于前三个腰椎椎体下方（有的向前可达最后胸椎），前一半位于肝压迹内，由于左肾腹膜附着部较松弛，其位置没有右肾恒定，此外不受胃的盈虚程度影响（当胃近于空虚时，左肾位于相当于第 2、3、4 腰椎椎体的位置，与右肾相平行。禽类的肾呈红褐色，位于腰荐骨与髂骨形成的肾窝内，质软且脆，呈长条状，可分前、中、后三部分；肾的表面无脂肪囊和完整的被膜，无典型的肾锥体和肾叶结构，也无明显的周边皮质与中央髓质之分，没有肾盏、肾盂和肾门；血管、神经和输尿管从不同部位进出肾。鱼类的肾分为前、中、后 3 部分，即前肾、中肾和后肾；前肾也称为头肾，在鱼类的胚胎时期为主要的泌尿器官，成年以后组织结构发生变化，成为类淋巴组织，是斑马鱼重要的免疫器官和造血器官，其作用相当于高级脊椎动物的骨髓。鱼类肾的中、后部分合称为体肾，是成年鱼的泌尿器官，后部延伸出输尿管，具有排泄功能。各种动物的肾重量与体重见表 5.1。

表 5.1　人及各种动物（成年）的肾重量（脏器湿重）与体重

种属	体重	肾
人	男 70kg	130g
马	440kg，雄＞雌 20kg	670g，右＞左
牛	500kg	600～700g，多数左侧大
猪	110kg	200～250g
比格犬	雄 10kg	46g
小鼠	雄 35g	710mg

在肾的纵剖面上，其实质分浅层的皮质（cortex）和深层的髓质（medulla）两部分。髓质主要由10～18个锥体形的结构构成，该结构称为肾锥体（renal pyramid），髓质呈淡红色条纹状。肾锥体的底部较宽，与皮质相连，顶部呈乳头状，突入肾小盏（minor renal calice），称肾乳头（renal papillae）。肾乳头顶端有许多小孔，为乳头孔（papillary foramina），肾内产生的尿液经此孔排入肾小盏。每个肾锥体及其周围的皮质组成一个肾叶（renal lobe），伸入肾锥体间的皮质称为肾柱（renal column），髓质呈放射状伸入皮质，构成髓放线（medullary ray），髓放线之间的皮质称为皮质迷路（cortical labyrinth），每条髓放线及其周围的皮质迷路组成一个肾小叶（renal lobule），小叶之间有血管走行。在不同的脊椎动物中，肾的大小取决于肾单位（nephron）的数目，每个肾的肾单位可由几百个到数千个，在哺乳动物可达百万个。动物种类不同，肾单位数量不同，奶牛800万个，犬100万个，猫18万个，兔20万个，小鼠每个肾有肾单位2万多个。成年大鼠的每个肾约有3万个肾小体，肾小体直径为100～140μm，成熟雄性小鼠肾小体的数量比雌性小鼠及出生不久的雄性小鼠要多，其肾小体的直径也大。人每个肾有100万个以上肾单位，且肾单位的数目终生不变。小鼠肾皮质内的肾小球特别小，包围肾小球的鲍曼囊显示出性别差异，成年雌性小鼠的鲍曼囊壁表面是鳞状上皮，但成年雄性小鼠该囊壁表面是立方上皮。大鼠的肾无此性别异型。大鼠的肾只有一个肾乳头和一个肾盏，使其可有效地用于进行肾套管插入术的研究，其肾皮质中存在肾单位使其广泛地作为活体微穿刺中研究肾单位转运的模型。大鼠的泌尿系统可发生自发性反流疾病，较似人的肾盂肾炎发生机制，可采用把细菌注入泌尿系统的方法复制；而小鼠体积小，一般不采用；兔由于体积较大，可多次采血和收集尿液，造模时也常选用。

一、肾的组织结构

（一）肾实质

肾实质分为皮质和髓质两部分。肾皮质和髓质的厚度比例在不同的动物是不一样的，这与动物浓缩尿液的能力有关，髓质越厚，浓缩尿液的能力越强。皮质位于肾的外周，由髓放线和皮质迷路组成。肾皮质主要为肾小体和肾小管，肾小体由肾小球及包围在其外周的肾小囊组成，并且每个肾小体有两极，微动脉出入的一端称为血管极，与肾小管相连的一端称为尿极。显微镜下观察，肾实质主要由一系列上皮性管道组成，称泌尿小管。泌尿小管之间有少量结缔组织及血管、神经，称肾间质。泌尿小管可分为肾单位和集合小管两部分。肾的整体组织形态上，啮齿类动物之间未见明显差异，大鼠的肾小球体积比小鼠的要大一些。大鼠肾小球及肾小管的基膜较小鼠的厚，特殊染色中基底膜更清晰；小鼠包围肾小球的鲍曼囊显示出性别差异，成年雌性小鼠的鲍曼囊壁表面是鳞状上皮，但在成年雄性小鼠该囊壁表面是立方上皮。大鼠则没有此性别异型。

（二）肾单位

肾单位包括肾小体和肾小管两部分。肾单位可分为2种，即浅表肾单位（superficial nephron）和髓旁肾单位（juxtamedullary nephron）。肾小体主要由血管球（glomerulus）和肾小囊（renal capsule）构成。肾小管可分为近端小管和远端小管，近端小管与肾小体相连，盘曲在肾小体附近的一段称为近端小管曲部。

近端小管离开皮质走行进入肾锥体的部分称近端小管直部。直部管腔变细的一段，称为细段。远端小管的细段反折上行，管径增粗，走行于肾锥体，称为远端小管直部。远端小管直部离开髓质，盘曲在其所属的肾小体周围的一段，称远端小管曲部，与集合小管相接。近端小管直部、细段、远端小管直部共同构成"U"形袢状结构，称髓袢（medullary loop）。由皮质向髓质方向下行的一段称为髓袢降支（descending limb），由髓质向皮质方向上行的一段称为髓袢升支（ascending limb）。由于泌尿小管各段在肾内按一定规律走行，因此在肾的组织切片中，皮质迷路主要由肾小体、近段小管曲部、远端小管曲部构成，髓放线及髓质主要由近段小管直部、细段、远端小管直部及集合小管构成。禽类皮质肾单位数量较多，长 6～8mm，全部盘曲在皮质部，由肾小体、近曲小管、中间段和远曲小管组成，无髓袢结构。肾小体呈球形，体积较小，直径约 65μm，其内的血管球结构较简单，毛细血管的分支少且彼此间较少吻合，缠绕在一团致密的系膜细胞周围。禽类的髓质肾单位数量较少，长约 15mm，靠近髓质分布，肾小体较大，直径约 100μm。中间段较长，3～4mm，形成髓袢进入髓质。

1. 肾小体

肾小体呈圆球形，有两个极，小动脉出入的一端称血管极（vascular pole），血管极相对的一端称尿极（urinary pole）。大鼠的肾小体直径为 10～20μm，约为小鼠肾小体直径的 2 倍，但单位面积内肾小体数量少，约为小鼠单位面积肾小体数量的一半。每个肾小体又可分为血管球和肾小囊两部分，血管球为蟠曲的毛细血管，包在肾小囊中，由入球小动脉（afferent glomerular arteriole）分支而成。毛细血管汇集成一条出球小动脉（efferent glomerular arteriole），从血管极处离开肾小体。入球小动脉粗，出球小动脉细，因此血管球内具有较高的血压。禽类的入球小动脉和出球小动脉的管径无明显差异。当血液流经血管球毛细血管时，大量水分和小分子物质滤出血管壁进入肾小囊，一般情况下，肾小体滤过膜只能通过相对分子量 70 000 以下的物质。肾小体血管极处有血管球系膜（glomerular mesangium），广泛地联系着每根毛细血管，它与毛细血管共同位于肾小体血管极处。肾小体系膜实际包括球外系膜和球内系膜两部分，但通常所说的血管球系膜是指球内系膜（intraglomerular mesangium）。球内系膜位于血管球毛细血管之间，属于毛细血管的支持成分。球内系膜由球内系膜细胞（intraglomerular mesangial cell）和系膜基质组成。球内系膜细胞形态不规则，胞核圆而小，染色深，细胞质内含 PAS 阳性物质。透射电镜下观察，此种细胞呈星形，表面有许多长短不一的突起。这种突起的功能不详，有人认为伸至血管腔中的突起可能与营养物质摄取有关。当患有肾小球肾炎时，球内系膜细胞增生，可引起血管球的纤维化。目前认为，球内系膜细胞除形成基质外，还有吞噬作用，能清除血液滤过时滞留在血管球系膜上的大分子物质，并参与基底膜的更新。此种细胞内有肌动蛋白组成的微丝，故具有收缩能力。血管球内皮细胞腔面覆有一层细胞衣，富含带负电荷的唾液酸糖蛋白，其基底面大部分与系膜直接接触。电镜下，基底膜可分为内疏层（lamina rara interna）、致密层（lamina densa）和外疏层（lamina rara externa）3 层，致密层较厚，电子密度较高，内疏层、外疏层薄，电子密度较低。基底膜内主要含有 IV 型、V 型、VI 型胶原蛋白，硫酸乙酰肝素蛋白多糖和包括层粘连蛋白、巢蛋白及纤连蛋白在内的糖蛋白成分，形成以 IV 型胶原蛋白为骨架的分子筛。

肾小囊由肾小管起始端膨大凹陷而成，具有双层壁，呈杯状包绕血管球。其外层壁称壁层（parietal layer），由单层扁平上皮组成。内层壁称脏层（visceral layer），两层之间的腔隙为肾小囊腔（capsular space），与近端小管管腔相通。脏层细胞形态不规则，胞体上伸出许多大小不等的突起，故称足细胞（podocyte）。

足细胞胞体较大，胞体上伸出几个大的初级突起，每个初级突起又分出许多指状的次级突起，又称足突（foot process）。相邻足细胞或足细胞本身的次级突起常互相穿插镶嵌，呈栅栏状，紧贴在血管球毛细血管基底膜外。突起之间有间隙，称裂孔（slit pore），孔上覆有一层薄膜，称裂孔膜（slit membrane），厚 4～6nm，足细胞突起内含有较多的微管和微丝，微丝收缩可使突起活动而改变裂孔宽度。足细胞朝向肾小囊腔面的细胞膜表面覆有一层糖衣，内含多种带负电荷的唾液酸糖蛋白，可防止足细胞与肾小囊壁层上皮贴附，维持足突的指状镶嵌构型及足突间裂孔的宽度。足细胞有多种重要的功能，如合成基底膜的所有蛋白质成分，参与基底膜的更新；有剧烈的胞吞活动，参与清除沉积在基底膜上的沉淀物，以维持基底膜的通透性；对血管球毛细血管起支持作用；借助于血管活性物质，调节血管球的滤过率等。

极周细胞（peripolar cell）最早是由 Ryan 等（1979）在绵羊肾内观察到的，此后在各种动物及人的肾内均有发现。极周细胞的数量、大小和形态有明显的种间差异，如羊肾的极周细胞数量多，犬、牛的数量少。极周细胞最早在后肾"S"形小管一端出现，其数量随胚胎发育而增多，出生后若干天达到最高峰，此后逐渐减少，并稳定于一定数目范围。极周细胞位于肾小囊壁层上皮与足细胞的移行处，通常每个肾小体有 1～10 个极周细胞，细胞的基部贴附在肾小囊基底膜上，游离面朝向肾小囊腔。极周细胞呈圆形，胞质富含有膜包被的圆形颗粒，颗粒直径 $0.1～0.5\mu m$，含血浆蛋白、甲状腺素视黄质运载蛋白（transthyretin）和神经元特异性烯醇化酶，其来源和意义不明，极周细胞的确切功能尚不清楚。

滤过膜（filtration membrane）是血管球毛细血管内的血浆滤入肾小囊腔需经过的三层结构，或称为滤过屏障（filtration barrier）：①毛细血管有孔内皮；②基底膜；③足细胞之间的裂孔膜。滤过膜的三层结构对血浆成分具有选择性的滤过作用。一般情况下，分子量在 70kDa 以下的物质如多肽、葡萄糖、尿素、电解质、水等易通过滤过膜，而大分子物质不能通过或被选择性通过。毛细血管内皮及足细胞表面均有一层带负电荷的唾液酸糖蛋白，基底膜内有带负电荷的硫酸肝素，这些带负电荷的成分可排斥血浆内带负电荷的蛋白质，防止血浆蛋白滤出。若滤过膜受到损伤，则导致临床上常见的蛋白尿或血尿。有报道称在成年食蟹猴肾活检材料中发现有典型肾小球肾炎的组织学与免疫荧光变化的比例较高，由免疫复合物介导的肾小球肾炎的自发病例在犬和猫中也观察到，从结构与发病机制上来看，这些动物可以用于制备膜性肾小球肾炎动物模型，有助于对人肾炎进一步理解。

2. 球旁复合体

球旁复合体（juxtaglomerular complex）主要包括球旁细胞（juxtaglomerular cell）、致密斑（macula densa）和球外系膜细胞（extraglomerular mesangial cell）三部分，位于肾小体血管极处，大致排成三角形。①致密斑：远端小管在靠近肾小体血管极处，紧贴肾小体一侧的上皮细胞增高、变窄形成一斑块状隆起。致密斑的细胞呈高柱状，排列紧密。一般认为，致密斑是一种离子感受器，可感受远端小管腔内钠离子浓度的变化并将信息传递给球旁细胞和球外系膜细胞，调节其分泌活动。②球旁细胞：位于入球微动脉管壁上，由入球微动脉管壁中膜平滑肌细胞转化而成。主要功能是合成和分泌肾素。③球外系膜细胞：位于入球小动脉、出球小动脉和致密斑围成的三角形区域内。可能起传递信息作用，将致密斑的"信息"转变成某种"信号"，并将其传递给其他效应细胞。禽类球旁复合体的结构与哺乳动物类似。球旁复合体的结构与功能见表 5.2。

表 5.2　球旁复合体的结构与功能

	光镜下形态	超微结构	功能
致密斑	20～30 个细胞构成，细胞着色浅，核椭圆形，常位于细胞顶部，由于细胞较窄，因此致密斑处的细胞核较多	细胞游离面有许多微绒毛或微褶皱，偶见单根纤毛；细胞间近腔面的侧面有类似远端小管细胞间的紧密连接；线粒体短小，高尔基体不发达，内质网和核糖体散在于胞质内	作为化学感受器，能感受小管液内 Na^+ 浓度变化，并将"信息"传递给球旁复合体的其他细胞；作为离子转运细胞，以 NaCl 转运依赖的方式产生若干介质（NO、前列腺素等），调节电解质平衡和肾素分泌
球旁细胞	常 4 或 5 个细胞成群分布，细胞体积较大，呈立方形或多边形，核较大，圆形或卵圆形，着色浅，胞质丰富，弱嗜碱性	其结构特征是胞质内充满大量分泌颗粒；胞质内有少量肌丝，有类似平滑肌的密斑样结构，细胞内粗面内质网丰富，游离核糖体散在，高尔基体发达，线粒体数量中等	合成和分泌肾素，释放的肾素经小动脉周围的肾间质进入血液循环，通过肾素-血管紧张素系统的作用，调节机体的血压、血容量和电解质的平衡
球外系膜细胞	胞核呈长椭圆形，胞质少，较清亮	可见粗面内质网、高尔基体以及少量分泌颗粒，胞质内尚有微丝，膜上有类似平滑肌的密斑样结构；球外系膜基质的电子密度较肾小管周围间质的高	似乎在致密斑与效应器之间起必要的功能联系作用，转换致密斑传来的信息，并扩布至各效应细胞

（三）肾髓质

肾髓质（renal medulla）位于肾的深部，由 10～18 个肾锥体构成，呈淡红色条纹状。肾锥体的底部较宽并稍向外突，与皮质相连，两者分界不清；肾锥体的顶部钝圆，伸入肾小盏内，为肾乳头，每个肾乳头顶端有 10～25 个小孔，为乳头孔，是集合管的开口，肾内产生的尿液由集合管经此孔排入肾小盏。许多乳头孔排成筛状，故此区域又名筛区（area cribrosa）。肾锥体间的皮质，称为肾柱。每个肾锥体与周围相连的皮质组成一个肾叶，肾叶间有叶间血管走行。每个肾锥体代表胚胎时期的一个肾叶。牛、猪的肾髓质有许多明显的肾椎体；在马和羊，因为在动物进化过程中，数个肾锥体融合在一起，所以肾椎体不明显。大鼠、小鼠和兔等动物的肾内只有一个肾锥体，故只有一个肾叶，称为单叶肾或单锥体肾（unilobar 或 unipyramidal kidney）。人的肾有 10～18 个肾锥体，故有相应数量的肾叶，称为多叶肾或多椎体肾（multilobar 或 multipyramidal kidney）。胚胎时期，人的肾分叶明显，出生后约一年，分叶已不明显。

（四）肾小管

1. 近端小管和远端小管

肾小管主要包括近端小管（proximal tubule）和远端小管（distal tubule），近端小管是肾小管中最长的部分，75%的肾小球滤过作用发生于此，它的功能与其上皮细胞有密切关系。其曲部简称为近曲小管（proximal convoluted tubule），在生理状况下，由于滤液进入管腔，近曲小管呈扩张状态，若血流受阻，则滤液减少，管腔缩小或闭合。在实验动物中，兔是已知的唯一一种肾小管能容易地被切开而基膜不受损伤的哺乳动物。光镜下观察，近曲小管管腔小，管壁由单层立方或锥形细胞围成。细胞体积大，分界不清（相邻细胞的侧突相互交叉），靠近细胞基部，细胞质嗜酸性；上皮细胞胞质内富含糖原，强嗜酸性，其游离面有刷状缘（brush border），基部有纵纹（longitudinal striation），即质膜内褶，内褶之间有大量纵行排列的线粒体，质膜内褶和线粒体共同构成光镜下的纵纹。近端小管是原尿重吸收的重要场所，原尿中 85%以上的 Na^+、水和全部的葡萄糖、小分子蛋白质、多肽、氨基酸及50%的碳酸氢盐、磷酸盐以及维生素等均在此重吸收。远端小管是髓袢升支的延续，皮质内数量较少，仅穿插在近端小管之间。远端小管较近端小管细，由一层立方细胞围成。其主要功能是对盐进行再吸收，在酸碱平衡中起着重要的作用。光镜下特点是管壁上皮细胞为立方细胞，体积较小，管腔相对较大，细胞质弱嗜碱性，染色较浅，核圆，位于细胞中央或靠近腔面，细胞游离面无刷状缘，基部有纵纹，细胞分界较清。远端小管可重吸收水、Na^+，排出 K^+、H^+、NH_3 等，对维持体液的酸碱平衡起重要作用。电镜下观察，管壁上皮细胞表面有少量短小的微绒毛，基部质膜内褶发达，褶内有许多纵行排列的线粒体，质膜内褶上有许多 Na^+/K^+-ATP 酶，可将钠离子泵入管外间质。肾小管功能受激素的影响，肾上腺皮质分泌的醛固酮能促进其重吸收 Na^+，排出 K^+；垂体后叶的抗利尿激素能促进其对水的重吸收，使尿液浓缩，尿量减少。远端小管上皮细胞仅有少量不规则的微绒毛，故与近端小管相比缺少刷状缘，在 PAS 染色中管腔内无粉红色刷状缘，且胞质染色较浅，易与近端小管区分。大鼠的小管基膜较小鼠的厚。

2. 髓袢

髓袢（medullary loop）又称 Henle 袢或肾单位袢，是由近端小管直部、细段（thin limb）和远端小管直部三者构成的"U"形袢，由皮质向髓质方向下行的一段称髓袢降支，对溶质不通透，对水的通透性很强，15%～25%的滤过液通过水通道（水通道蛋白）被重吸收。由髓质向皮质方向上行的一段称髓袢升支，为远端小管的起始段，对水不通透，主要负责 Na^+、K^+、Ca^{2+}、Mg^{2+}、Cl^-的重吸收。髓袢包括以下结构：细段又称中间小管，构成髓袢的第二段，包括较短的降支，位于浅表肾单位，而弯曲部和升支均由远直小管组成，管径较细，直径 12～15μm，被覆单层扁平上皮，厚 1～2μm，电镜下，细胞游离面有少量微绒毛，基底面有少量质膜内褶。直小血管（vasa recta）呈细而长的"U"形，缠绕邻近的近端小管或远端小管；髓袢升支被覆矮立方上皮，切面呈圆形；集合管系（collecting tubule system）被覆立方上皮，但形状不规则，乳头管（papillary duct）直径较大，被覆圆柱上皮，是由皮质走向髓质肾锥体乳头孔的小管，下行过程中不断汇合成较大的管，管径逐渐变粗，管壁逐渐变厚。人肾小管细段的上皮只有一种细胞，在动物如兔、大鼠、小鼠的细段有两种类型的上皮细胞，第一种细胞结构比较复杂，细胞的侧缘和基底部发出许多突起，细胞的游离面有短小的微绒毛样结构，但数量很少，长短不一；第二种细胞结构简单，无分支状突起。短的髓袢细段上皮细胞属第二种类型，长的髓袢上皮细胞类型因动物而异，一般来说，细段的降支以第一种类型的细胞较多，而升支以第二种类型的细胞为多。禽类的髓袢由薄壁段和厚壁段组成，薄壁段较短，连接近曲小管，直行向髓质部延伸，并过渡为厚壁段，厚壁段折成袢状，再直行返回皮质与远曲小管（distal convoluted tubule）相接。薄壁段管径较细，约 18μm，管壁衬以矮立方上皮，厚壁段管径增粗，管壁衬以立方上皮。

3. 集合管系

集合管系包括弓形集合小管、皮质集合小管和髓质集合小管三段。后者在肾锥体内下行至肾乳头，称乳头管。肾盂（renal pelvis）上皮由单层立方或假复层柱状上皮细胞构成，并与肾乳头上皮相接续，上皮下含结缔组织和内纵、外环 2 层平滑肌。构成集合小管管壁的细胞可分为两型，即暗细胞和亮细胞。暗细胞（dark cell）也称闰细胞（intercalated cell），着色深，电镜下游离面有许多短小的微绒毛样突起，胞质内有大量小的卵圆形线粒体和丰富的核糖体，细胞质电子密度较大，基底部有许多短小的质膜内褶。亮细胞（light cell）也称主细胞（principal cell），着色浅，电镜下游离面仅有少量微绒毛突起，胞质中线粒体等细胞器较少，细胞质电子密度较小，质膜内褶不发达。暗细胞数量少，夹杂在亮细胞之间，常分布于集合小管的近端，尤以弓形集合小管中最多，以后随直集合小管下行，暗细胞的数量逐渐减少，至乳头管暗细胞消失，全为亮细胞。一般认为暗细胞代表功能活跃的细胞，通常靠近肾乳头的开口处，立方上皮转变为变移上皮。犬的乳头管全长都是柱状上皮，在马和反刍动物，移行上皮沿乳头管延伸的比其他家畜更远些。集合小管的功能与远端小管相似，其功能也受醛固酮和抗利尿激素的调节。禽类的集合小管分为小叶周集合小管和髓质集合小管。小叶周集合小管纵向排列在每个肾小叶周围，沿途通连许多连接小管，向髓质延伸。髓质集合小管位于髓质的髓袢之间，并不断汇合，数量随之减少，然后穿出髓质，与相邻肾小叶的集合小管进一步汇合，形成输尿管的二级分支，最后合并成几条输尿管的一级分支通连于输尿管。集合小管的管壁起初为单层立方上皮，逐渐过渡为单层柱状上皮，接近输尿管时变为假复层柱状上皮。在上皮细胞的胞质内含有许多 PAS 阳性的酸性黏多糖颗粒，其内的物质具有润滑泌尿导管系统、防止不溶性尿酸盐沉积、保证尿路畅通的作用。哺乳动物肾内各级肾小管和集合管系的比较见表 5.3。

表 5.3　哺乳动物肾内各级肾小管和集合管系的比较

	近端小管	细段	远端小管	集合管系
管壁上皮细胞	单层，锥体形，胞体较小，管腔不规则；胞质染色深，嗜酸性；核圆形，位于细胞基底部	单层，扁平状，管径小；胞质染色浅，弱嗜酸性；核卵圆形，突向管腔	单层，立方形，胞体小，管腔大；胞质染色浅，弱嗜碱性；核圆形，位于细胞中央或近腔面	单层，立方形或高柱状，细胞分界清楚；胞质明亮；核圆形，染色深
刷状缘	明显	无	无	无
细胞连接	侧面有连接复合体和侧突	紧密连接发达	有侧突	紧密连接发达
功能	重吸收水和营养物质，分泌排出氨、马尿酸、肌酐等	有利于水分及离子透过	浓缩尿液，吸钠排钾	吸收滤液中水分，形成终尿

（五）肾间质

肾泌尿小管之间的少量结缔组织为肾间质（renal interstitium），是肾血管和肾小管间的区域，由疏松的结缔组织构成，细胞之间的基质含量很丰富。皮质中结缔组织含量较少，主要是一些网状纤维和胶原纤维交织分布于各种实质成分之间。间质中细胞以成纤维细胞最多，其次为巨噬细胞。通过电镜观察发现兔肾皮质的间质中细胞可分为两种：一种是成纤维细胞，另一种属于单核吞噬系统的大单核细胞。哺乳动物的皮质和髓质之间还有特殊的网状结缔组织带。细胞间质含量丰富，有利于渗透扩散，肾血管周围也有较多的网状纤维，具有支持作用。皮质内的结缔组织少，越接近肾乳头结缔组织越多。肾间质中除一般结缔组织成分外，尚有多种特殊的细胞，称为间质细胞（interstitial cell）。间质细胞除了能形成基质外，还可分泌前列腺素 E2。前列腺素 E2 具有抑制髓祥升支的氯离子泵对氯的吸收、抑制集合小管对钠的重吸收、抑制抗利尿激素的作用，并可增加肾乳头血流量。间质细胞有多种，主要为成纤维细胞、巨噬细胞和载脂间质细胞。成纤维细胞数量较多，可合成间质内的纤维和基质；巨噬细胞数量较少，除了有吞噬功能外，还参与降解髓质内的硫酸糖胺聚糖；载脂间质细胞是髓质间质内的重要细胞成分，细胞呈不规则形或星形，胞质内含嗜锇性脂滴及多种细胞器，这种细胞可合成间质内的纤维和基质，具有产生和分泌前列腺素、肾髓质血管降压脂，收缩细胞突起内微丝的作用，可促进肾间质血管内的血液流动，有利于重吸收水分的转运，促进尿液浓缩。健康大鼠的泌尿小管周围间质含量较少，占皮质体积的 7%～9%。

（六）肾盏和肾盂

肾盏（renal calix）和肾盂为肾内排尿道。肾盏的上皮与乳头管上皮相移行，上皮较薄，只有 2 或 3 层细胞，属变移上皮。上皮外有少量环形平滑肌，收缩时使尿液向下流动。肾盂的上皮有 3 或 4 层细胞，平滑肌可分为内纵和外环两层。

二、肾的增龄性变化

肾组织结构存在增龄性变化，新生儿两肾总重约 50g，随着年龄的增长，重量逐渐增加，至成年期两肾重量约为 270g。此段时间内，肾小体的数量、体积，血管球基膜的厚度以及肾间质的数量均随年龄变化而逐渐增加。约 50 岁以后，肾的重量、体积逐年减少，至 80 岁左右，肾的总重量可减少 20%，至 90 岁左右，肾体积可减少 40%。这些变化主要出现在肾皮质。老年后皮质内的肾小体数目减少，至 80 岁时衰退的血管球数约为总数的 40%。这种血管球退变现象，可能是生理性退化，也可能是由生命活动中长期积累的某些伤害所致。随着年龄增长，功能性血管球数量减少的现象一般在男性更为明显。老年人的血管球体积趋向增大，近端小管上皮细胞相对减少，刷状缘结构退化，细胞内自噬体增多，溶酶体酶的合成减少，酸性磷酸酶活性减退，基底膜厚度增加，血管球系膜含量也随年龄增长而增多。伴随肾结构的变化，肾功能也发生变化，如肾小球滤过率逐年下降，肾对饮食钠限制的适应性减退，对 Na^+ 急性增加的适应性降低。肾小管功能变化也使泌 K^+ 功能失调，导致相对的高钾血症。

大鼠由 8 个月龄开始就逐渐出现肾自发性病变，而且随鼠龄增长病变随之加重，如肾小球肿大、萎缩或纤维化，肾小球囊壁层上皮增生，肾小管上皮细胞透明变性、钙盐沉着等，肾间质炎性细胞浸润或纤维化。

三、肾的比较组织学

与人的肾结构不同，动物的肾类型随种类的不同而异，如羊、犬和兔为表面平滑的单乳头肾，牛为表面有沟的多乳头肾，猪为表面平滑的多乳头肾。小鼠肾皮质内的肾小球特别小，包围肾小球的鲍曼囊显示出性别差异，成年雌性小鼠的鲍曼囊壁表面是鳞状上皮，但在成年雄性小鼠该囊壁表面是立方上皮。大鼠的肾无此性别异型。从肾的整体组织形态上来看，啮齿类动物之间未见明显差异，大鼠的肾小球体积比小鼠的要大一些。大鼠的肾小球及肾小管的基膜较小鼠的厚，特殊染色中基膜更清晰。大鼠的肾只有一个肾乳头和一个肾盏。牛、猪的肾髓质有许多明显的肾椎体；在马和羊，因为在动物进化过程中，数个肾锥体融合在一起，所以肾椎体不明显。大鼠、小鼠和兔等动物的肾内只有一个肾锥体。哺乳动物的皮质和髓质之间还有特殊的网状结缔组织带。细胞间质含量丰富，有利于渗透扩散，肾血管周围也有较多的网状纤维，具有支持作用。人、常见实验动物及畜禽肾的比较组织学见表 5.4。

表 5.4　人、常见实验动物及畜禽肾的比较组织学

	人	实验动物	畜禽
肾表面与分叶	多叶结构，表面平滑	单叶结构，表面平滑	牛：表面有沟多乳头；猪：表面平滑多乳头；羊、犬：表面平滑单乳头；马、犬和猪肾被膜内层含有散在的平滑肌纤维，反刍动物形成平滑肌层
肾乳头	多乳头多肾椎体	单乳头单肾椎体	同上，家畜的肾表面与分叶相连
肾皮质	被膜下区包含近端小管；余下的皮层包含肾小球、近曲和远端小管和 Henle's 袢	外区包含肾小球和近端小管；内区包括远端小管直部	富含血管，皮质和髓质的厚度比例在不同家畜因浓缩尿液的能力不同而不同
Bowman's 囊壁	扁平上皮	小鼠：雄性立方上皮，睾酮依赖　大鼠：雌雄均为矮立方上皮	扁平上皮
平均基底膜厚度；肾小球毛细血管基底膜层	320～340nm；不明显	小鼠 80～200nm；大鼠 335～414nm；小鼠非常明显，大鼠明显	家畜肾小体基底膜比其他部位的基底膜厚 3 倍以上
近端小管	近端小管细胞质类似啮齿类动物，上皮细胞含有顶端细胞质小泡	小鼠：近端小管上皮细胞含大量线粒体，雄性可能含有脂质空泡；大鼠：近端小管与小鼠相似，年轻雄性大鼠的上皮细胞可含有透明滴（α-2u 球蛋白）	管径较粗，管壁由单层椎体形细胞组成，管腔小而不规则，上皮细胞界限不清，游离面有明显的刷状缘，基底面有纵纹
远端小管	立方形，与近端小管相比嗜酸性减弱，无刷状缘	与近端小管类似，刷状缘不明显	立方形，嗜酸性减弱，细胞游离面微绒毛少，无刷状缘
髓质内带的管束	相对结构简单，Henle's 袢与血管分离，只包含直部	结构复杂，Henle's 袢混合着大量的直部的升支、降支	多乳头肾的髓质有许多肾椎体，单乳头肾的肾锥体不明显

第二节　输　尿　管

　　输尿管是把肾生成的尿液输送到膀胱的细长管道，左、右各一条，起自肾盂，出肾门（renal hilum）后，沿腹腔顶壁向后伸延，终于膀胱。

一、输尿管的组织结构

　　输尿管为肌性管腔，管壁厚，形成多条纵行皱襞，管壁的横断面呈星形，表面为较厚的变移上皮（transitional epithelium），上皮为 4 或 5 层细胞，基膜不明显。输尿管各层由内向外依次为黏膜层（mucosa layer）、黏膜下层（submucous layer）、肌层（muscular layer）及外膜（adventitia），输尿管壁厚度随动物的种类不同而异，在马属动物，输尿管壁内含有管泡状黏液腺。管壁收缩时基层细胞呈柱状，表面细胞为立方形，胞质丰富，游离面胞质浓缩形成壳层，有 1 或 2 个核。光镜下上皮基膜不明显，内有散在的淋巴组织。肌层分内、外两层。输尿管下段，肌层增厚并形成内纵、中环和外纵 3 层，由于肌层呈蠕动性收缩，可将尿液输送至膀胱。近膀胱开口处的黏膜折叠成瓣，当膀胱充盈时，瓣膜受压封闭输尿管开口，以防止尿液倒流。外膜为疏松结缔组织，含有较大的血管并发出分支至肌层，在黏膜内形成毛细血管网，然后集合成静脉传出输尿管。大鼠和小鼠的输尿管无明显差别，犬、兔的输尿管与人的一样，黏膜下层增厚，黏膜表面有皱襞形成，这个特征在兔的输尿管中极为明显。从输尿管的横断面可观察到啮齿类动物的输尿管有呈环状的黏膜基膜。电镜下观察可见输尿管表层上皮细胞游离面有许多微褶和沟，沟内陷入胞质形成囊泡，胞质内微丝、粗面内质网和线粒体含量丰富。细胞侧缘和基部具有交错排列的指状突和质膜内褶。相邻表层细胞有连接复合体，此结构是防止液体大分子渗透的屏障。基膜具有基板及薄层网板。大鼠的输尿管全长 4.0～5.5cm，由于左右肾位置存在差异，右输尿管比左管长约 0.5cm，外径约 0.03cm。输尿管的上端起于肾盂，沿腰肌腹面下降进入盆腔，在膀胱的背外侧注入膀胱。禽类的输尿管管壁由黏膜层、肌层和外膜构成。黏膜上皮为假复层柱状上皮，固有层中常见弥散淋巴组织或淋巴小结。肌层由内纵、外环平滑肌构成，至泄殖腔附近出现一层外纵肌。

二、输尿管的比较组织学

人的输尿管位于腹膜后部，于膀胱三角进入膀胱；小鼠的输尿管极窄，位于腹膜后部，于膀胱三角进入膀胱；大鼠的输尿管窄，直径 0.3mm；犬、兔的输尿管与人的一样，黏膜下层增厚，黏膜表面有皱襞形成，这个特征在兔的输尿管中极为明显；家畜的输尿管位于腹膜后部，于膀胱三角进入膀胱，在马属动物，输尿管壁内含有管泡状黏液腺。人、常见实验动物及畜禽输尿管的比较组织学见表 5.5。

表 5.5　人、常见实验动物及畜禽输尿管的比较组织学

人	实验动物	畜禽
位于腹膜后部，于膀胱三角进入膀胱	小鼠：极窄，位于腹膜后部，于膀胱三角进入膀胱；大鼠：窄（直径0.3mm）	位于腹膜后部，于膀胱三角进入膀胱

第三节　膀　　胱

膀胱为锥形囊状肌性器官，位于骨盆腔的前部，其大小和形状随着尿液在其中的充盈程度而改变。成年人膀胱位于骨盆内，为一贮存尿液的器官。婴儿膀胱位置较高，位于腹部，其颈部接近耻骨联合上缘；到 20 岁左右，由于耻骨扩张，骶骨的演变，伴随骨盆的倾斜及深阔，膀胱即逐渐降至骨盆内。空虚时膀胱呈锥形，充满时形状变为卵圆形，顶部可高出耻骨上缘。成人膀胱容量为 300～500ml 尿液。膀胱底的内面有三角形区域，称为膀胱三角，位于两输尿管口和尿道内口三者连线之间。膀胱的下部有尿道内口，膀胱三角的两后上角是输尿管开口的地方。啮齿类动物膀胱位于腹腔后端，雌性通到尿道口，雄性经生殖孔通体外。

一、膀胱的组织结构

膀胱壁分为 3 层，即黏膜层、肌层和浆膜层。黏膜上皮为极薄的一层变移上皮，和输尿管及尿道黏膜彼此连贯。黏膜在三角区由于紧密地和下层肌肉连合，因此非常光滑，但在其他区域则具有显著的皱襞，膀胱空虚时上皮厚 8～10 层细胞，表层细胞大，呈矩形；膀胱充盈时上皮变薄，仅 3 或 4 层细胞厚，细胞变扁。黏膜层有腺组织，特别是在膀胱颈部及三角。变移上皮表层的腔面细胞膜有许多多角形的斑（plaque），这些多角形的斑约占腔面细胞膜表面积的 73%，斑内细胞膜的外层较厚，8～11nm，内层较薄，约 1nm，斑与斑之间的细胞膜光滑，为一般细胞膜结构。在近腔面的细胞胞质中有许多囊泡和细丝，囊泡由细胞膜内陷而成，大小不等，呈梭形或圆形。胞质细丝交织成网，一端附着在斑的内层膜上，起支持牵拉作用。在表层细胞之间有广泛而较深的紧密连接和桥粒，可防止尿液在细胞间扩散和加强细胞间连接。相邻细胞的膜形成指状相嵌和折叠，以适应膀胱的扩张和收缩活动。当膀胱扩张时，细胞膜伸展，细胞变扁，其扩张程度受细丝限制。当膀胱收缩时，细胞变高，细胞膜在斑间发生折叠。与啮齿类动物相比，犬、兔和人的膀胱黏膜上皮有差异，犬和兔黏膜上皮无论膀胱呈收缩或膨胀状态，常见多层结构，地鼠黏膜在膀胱三角显著增厚。实验动物在活检时，膀胱应在同一状态下（收缩或膨胀）取材，便于观察比较。黏膜肌层因动物的种类不同而异，马的较发达，反刍动物、犬和猪的特别薄，常常仅见有散在的平滑肌细胞，猫无黏膜肌层，黏膜下层为疏松结缔组织，内含血管及小神经节。肌层：①逼尿肌，为膀胱壁层肌肉的总称，由平滑肌构成。各层肌束分界不清楚，大致为内纵行（inner longitudinal）平滑肌、中环形（outer circular）平滑肌和外纵行（outermost longitudinal）平滑肌 3 层相互交错，中环形肌在尿道内口处增厚形成括约肌。②膀胱三角区肌，是膀胱壁层以外的肌肉组织，起自输尿管纵行肌纤维，向内、向下、向前呈扇状展开。向内伸展部分，和对侧肌彼此联合成为输尿管间嵴，向下、向前伸展至后尿道的部分，为贝氏肌，另有一组左、右肌纤维在三角区中心交叉成为三角区底面肌肉。浆膜层为蜂窝脂肪组织，包围着膀胱后上两侧和顶部。浆膜被覆膀胱的范围随动物种类不同而异，犬、猫和猪的膀胱完全

由浆膜被覆，马膀胱的整个背面覆有浆膜，而腹面只有一半的部位覆有浆膜，在反刍动物，被覆膀胱的浆膜比马的更向后，膀胱颈部为疏松结缔组织所构成的外膜。禽类无膀胱，输尿管直接连通泄殖腔。

二、膀胱的比较组织学

与人的膀胱结构相比较，啮齿类动物膀胱位于腹腔后端，雌性通到尿道口，雄性经生殖孔通体外；与啮齿类动物相比，犬、兔和人的膀胱黏膜上皮有差异，犬和兔黏膜上皮无论膀胱呈收缩或膨胀状态，常见多层结构，地鼠黏膜在膀胱三角显著增厚；马的黏膜肌层较发达，反刍动物、犬和猪的特别薄，常常仅见有散在的平滑肌细胞，猫无黏膜肌层。人、常见实验动物及畜禽膀胱的比较组织学见表5.6。

表5.6 人、常见实验动物及畜禽膀胱的比较组织学

人	实验动物	畜禽
位于骨盆腔的前部，膀胱空虚时上皮厚8~10层细胞，表层细胞大，呈矩形；膀胱充盈时上皮变薄，仅3或4层细胞厚，细胞变扁	膀胱位于腹腔后端，雌性通到尿道口，雄性经生殖孔通体外；地鼠膀胱三角的黏膜显著增厚	犬和兔的膀胱黏膜呈多层结构，马的黏膜肌层较发达，反刍动物、犬和猪的薄，散在平滑肌细胞

第四节 尿 道

尿道是从膀胱通向体外的管道。男性尿道细长，起始于膀胱的尿道内口，止于尿道外口，包括前列腺部、膜部和阴茎海绵体部，男性尿道在尿道膜部有一环行横纹肌构成的括约肌，受意识控制，称为尿道外括约肌，男性尿道兼具排尿和排精功能。女性尿道粗而短，起始于尿道内口，经阴道前方开口于阴道前庭，女性尿道在会阴穿过尿生殖膈时，有尿道阴道括约肌环绕，为受意志控制的横纹肌。

一、雄性动物尿道的组织结构

雄性动物的尿道较雌性尿道长，雄性尿道由前列腺部、膜部及阴茎海绵体部组成。前列腺部由前列腺包围，背壁和尿腔相通并有前列腺囊。膜部是尿道中最短、最窄的一段。海绵体部四周为海绵体组织。前列腺部有一对射精管（ejaculatory duct）和数根前列腺管（prostatic duct）的开口，尿道背部上皮向腺窝内分支形成尿道腺（urethral gland），前列腺部的发达程度随动物不同而不同，牛、羊的较为发达。雄性尿道黏膜有很多皱襞，尿道上皮在前列腺部是变移上皮，在膜部是复层柱状上皮，在海绵体部是单层或复层柱状上皮，开口处是复层扁平上皮，其余部分为假复层柱状上皮。上皮下可见基膜，基膜下为固有层，由疏松结缔组织构成，含丰富弹性纤维、毛细血管网及薄壁静脉。黏膜肌层不明显，所以固有层和黏膜下层界限不明显。肌层由外环、内纵两层平滑肌组成，猫、犬、马的尿道肌完全围绕尿道前列腺部，但在牛、羊，尿道肌只在腹侧和外侧围绕尿道，而在背侧则与含有大量弹性纤维的结缔组织相连。啮齿类动物、犬及兔与人相比，它们的尿道背侧有阴茎骨（os penis）。动物种属不同其尿道结构也有差异，如猪、羊和牛的尿道阴茎部由变移上皮构成，马的尿道阴茎部由复层立方或复层柱状上皮组成，有时可见变移上皮斑。牛的固有层中含有淋巴组织，猪和马的则含有分散的尿道腺。

二、雌性动物尿道的组织结构

雌性尿道较雄性短，尿道壁可分为4层，即黏膜层、黏膜下层、肌层和外膜。黏膜有许多纵行皱襞，上皮在近膀胱处是变移上皮，中部为假复层柱状上皮，在尿道后半部为复层扁平上皮。固有层及黏膜下层内血管丰富，由含大量弹性纤维的结缔组织构成，其外周也可见类似海绵体构造的组织，尿道腺散在分布于其间。肌肉间有静脉、结缔组织及许多弹性纤维。雌性和雄性动物（包括人）的尿道肌层走向正好相反，雄性为外环、内纵，雌性为内环、外纵分布。在尿道外口处，又附加一层环行横纹肌，形成尿道外括约肌。在肌层之间，有丰富的毛细血管和结缔组织。外膜为疏松结缔组织，与阴道外膜及周围的纤维结缔组织相延续，含有许多血管和神经丛。

三、尿道的比较组织学

雄性猫、犬、马的尿道肌围绕尿道前列腺部，在牛、羊，尿道肌只在腹侧和外侧围绕尿道，而在背侧则与含有大量弹性纤维的结缔组织相连；啮齿类、犬及兔与人相比，它们的尿道背侧有阴茎骨；猪、羊和牛的尿道阴茎部由变移上皮构成，马的尿道阴茎部由复层立方或复层柱状上皮组成，有时可见变移上皮斑；牛的固有层含有淋巴组织，猪和马的则含有分散的尿道腺。雌性和雄性动物（包括人）的尿道肌层走向正好相反，雄性为外环、内纵，雌性为内环、外纵分布。人、常见实验动物及畜禽尿道的比较组织学见表5.7。

表5.7 人、常见实验动物及畜禽尿道的比较组织学

	人	实验动物	畜禽
雄性尿道	由前列腺部、膜部及海绵体部组成	啮齿类动物、犬及兔与人相比，尿道背侧有阴茎骨	前列腺部：牛、羊的较为发达；牛、羊的尿道肌在腹侧和外侧围绕尿道；猪、羊和牛的尿道阴茎部由变移上皮构成，马的尿道阴茎部由复层立方或复层柱状上皮组成；牛的固有层含有淋巴组织，猪和马的则含有分散的尿道腺
雌性尿道	雌性的尿道较雄性短，尿道壁4层：黏膜层、黏膜下层、肌层和外膜	黏膜上皮为变移上皮，尿道后半部为复层扁平上皮；固有层及黏膜下层含大量弹性纤维，尿道腺散在分布于其间	雌性尿道较雄性短，尿道壁4层：黏膜层、黏膜下层、肌层和外膜

参 考 文 献

成令忠, 钟翠平, 蔡文琴. 2003. 现代组织学. 上海: 上海科学技术文献出版社: 926-967.

李德雪, 林茂勇, 张乐萃. 2004. 动物比较组织学. 台北: 艺轩图书出版社: 241-256.

李和, 李继承. 2015. 组织学与胚胎学. 3版. 北京: 人民卫生出版社: 268-282.

李宪堂. 2019. 实验动物功能性组织学图谱. 北京: 科学出版社: 155-173.

秦川. 2017. 实验动物比较组织学彩色图谱. 北京: 科学出版社: 101-116.

沈霞芬, 卿素珠. 2015. 家畜组织学与胚胎学. 5版. 北京: 中国农业出版社: 179-186.

周光兴. 2002. 比较组织学彩色图谱. 上海: 复旦大学出版社: 95-112.

Elizabeth F, McInnes EF. 2012. Background Lesions in Laboratory Animals A Color Atlas. Edinburgh: Elsevier Ltd.

Piper M, Treuting PM. 2018. Comparative Anatomy and Histology: A Mouse, Rat and Human Atlas. 2nd ed. London: Elsevier Ltd: 275-302.

RyanGB, Cochlan JP, Scoggins BA. 1979. The granulated peripolar epithelial cell: a potential secretory component of the renal juxtaglomerular complex. Nature, 277(5698): 655-656.

第六章　雄性生殖系统

雄性生殖系统分为内生殖器和外生殖器。内生殖器包括生殖腺即睾丸（testis），生殖管道即附睾（epididymis）、输精管（deferent duct）、射精管（ejaculatory duct）和雄性尿道，副性腺即精囊（seminal vesicle）、前列腺（prostate gland）和尿道球腺（bulbourethral gland）等。睾丸产生精子和分泌雄性激素，精子先贮存于附睾，当射精时经输精管、射精管和尿道排出体外。精囊、前列腺和尿道球腺的分泌物参与精液的形成，有供给精子营养、利于精子活动及润滑尿道等作用。外生殖器包括阴囊和阴茎。

生殖系统和泌尿系统的主要器官均起源于胚胎早期的间介中胚层，人胚发育第 5 周，由于生殖索继续增生，从胚体后壁突向体腔，沿中轴线两侧形成左右对称的一对纵行隆起，称为尿生殖嵴，是泌尿、生殖系统发生的原基。尿生殖嵴的中部出现一纵沟，将其分为外侧粗而长的中肾嵴和内侧细而短的生殖腺嵴。第 6 周时，原始生殖细胞沿着后肠的背系膜迁入生殖腺嵴的初级性索，此时的生殖腺尚无性别分化，称为未分化性腺。性腺的分化取决于迁入的原始生殖细胞是否含有 Y 染色体，Y 染色体的短臂上有性别决定基因，称为 Y 性别决定区（sex determining region of the Y，SRY），而 SRY 基因的产物为睾丸决定因子（testis determining factor，TDF）。第 7 周时，初级性索进一步向生殖腺沟深部增殖，并与表面上皮分离，发育为睾丸索（testicular cord），并由其分化为细长弯曲的襻状生精小管。此时的生精小管为实心细胞索，内含两种细胞，即由原始生殖细胞分化来的精原细胞和由初级性索分化来的支持细胞。其末端断裂吻合成睾丸网。第 8 周时，表面的间充质分化为一层较厚的致密结缔组织，即白膜。生精小管之间的间充质分化为睾丸的间质和间质细胞，后者分泌雄激素。生精小管的这种结构状态持续至青春期前。

第一节　睾　　丸

睾丸位于阴囊内，左、右各一。睾丸是稍扁的卵圆形器官，表面光滑，分为上、下端，内、外侧面和前、后缘。睾丸上端被附睾头遮盖，下端游离；内侧面较平坦，与阴囊纵隔相贴，外侧面较隆突，与阴囊壁相依；前缘游离，后缘有睾丸的血管、神经和淋巴管出入，并与附睾和输精管睾丸部相接触。成人睾丸大小约 4.5cm×2.5cm×3cm，重约 12g。新生儿的睾丸体积相对较大，性成熟期以前发育较慢，随着性成熟迅速生长发育，老年人的睾丸随着性功能的衰退而萎缩变小。成年大鼠睾丸重 2.0～3.5g，由生精小管、直精小管及间质组成，大鼠的腹股沟管终生保持开放，睾丸于 40 日龄左右开始下降。成年雄兔的睾丸重约 2g。因动物种类不同，睾丸的位置也有差异，可分为三种类型：第一类是终生留在腹腔，如多数食虫类、象类和鲸类等。第二类是在生殖期间睾丸临时下降到阴囊，阴囊腔保留与腹腔的联系，生殖期过后睾丸仍缩回到腹腔，如啮齿类、少数食虫类、水獭、蝙蝠、骆驼和若干猿类。第三类是动物由母体产出后，睾丸即下降至阴囊中，阴囊腔与腹腔联系关闭，睾丸终生不再缩回腹腔，如有袋类、鳍脚类、多数肉食类、有蹄类和猿猴类。马、猪、犬和猫多发生隐睾，绵羊、山羊和牛则较少出现。禽类的雄性生殖器官缺少副性腺、精索和阴囊。

一、睾丸的组织结构

（一）睾丸实质概述

睾丸表面有睾丸被膜包裹，睾丸被膜由外向内包括鞘膜脏层、白膜（tunica albuginea）和血管膜三层。睾丸鞘膜脏层为浆膜，覆盖在睾丸表面。浆膜的深面是白膜，厚而坚韧，由富含弹性纤维的致密结缔组织构成。白膜在睾丸后缘增厚形成睾丸纵隔，由睾丸纵隔发出许多放射状的睾丸小隔（septum），伸入睾丸实质并与白膜相连，将睾丸实质分为许多锥形的睾丸小叶，每个小叶内含有 1～4 条高度蟠曲的生精小管（seminiferous tubule）。生精小管在近睾丸纵隔处汇合成直精小管（straight seminiferous tubule），直精小管进入睾丸纵隔内相互吻合形成睾丸网（rete testis）。睾丸网集合成 10～15 条睾丸输出小管，出睾丸后缘上部进入附睾头。血管膜位于白膜内面，薄而疏松，由睾丸动脉分支及与其伴行的静脉构成，与睾丸实质紧密相连，并深入到生精小管间，血管膜内的血管是睾丸实质血液供应的主要来源。生精小管间的结缔组织为睾丸间质。精索呈扁的圆锥形索状，基部附着于睾丸和附睾上，顶端达腹股沟管腹环。精索内除输精管外，还有血管、淋巴管、神经及平滑肌束等，精索的外表面被有固有鞘膜。在马的睾丸白膜中还有少量的平滑肌纤维。在白膜中，许多睾丸动脉、静脉的分支集中形成血管层。实验动物睾丸白膜在头端因有大的静脉而明显增厚，犬和兔的睾丸白膜较厚，而啮齿类动物的睾丸白膜则很薄。马和猪的血管层位于白膜的深层，而犬和羊的在浅层。肉食动物、马和猪的睾丸小隔发达，牛、羊和猫的薄而不完整。禽类的睾丸位于腹腔内，由短的系膜悬于腹腔顶壁、肾前端的腹侧面，紧贴腹气囊，其温度稍低于腹腔，有利于精子发生。禽类睾丸表面被覆浆膜和薄层白膜，白膜的结缔组织伸入内部，分布于生精小管之间，形成不发达的间质，睾丸内无睾丸纵隔和睾丸小隔，故无睾丸小叶结构。

（二）生精小管

成人的生精小管每条长 30～70cm，直径 150～250μm，管壁由复层生精上皮构成。生精上皮（spermatogenic epithelium）由两类形态结构和功能都不相同的细胞组成，一类是生精细胞（spermatogenic cell），另一类是支持细胞。上皮下方有基膜，基膜的外侧有胶原纤维和一些梭形的肌样细胞，肌样细胞的收缩有利于精子的排出。生精小管界膜（limiting membrane）包绕生精小管，界膜分为 3 层。最外层是成纤维细胞，对界膜起一定的修复作用；中层为能收缩的肌样细胞，细胞呈星形或细长形，核长而不规则，胞质中除含有线粒体、发达的高尔基体、粗面内质网、游离核糖体和大量的吞饮小泡外，还具有平滑肌细胞的特征；内层为基膜，厚约 80nm，紧贴在支持细胞和精原细胞的基底面，有时可见基膜有少许结节状突起突入生精小管。生精小管界膜在生精小管上皮和睾丸间质之间的物质交换中起重要作用，界膜具有明显的舒缩运动，界膜的收缩使生精小管维持一定的张力，促进精子向附睾方向输送。犬与其他实验动物及人之间比较，其睾丸切片中的生精小管经常呈不规则形，圆形较少见。在猪，管周细胞有基板围成的完整鞘，在牛则不明显。老年实验动物，尤其是啮齿类动物往往有睾丸废进性萎缩，生精小管中的各级生精细胞表现出和毒性反应一样的形态学变化，仅见支持细胞保留在基膜上，各级生精细胞均有损伤。

生精小管的上皮是一种特殊的复层生精上皮，上皮外有一薄层基膜，基膜外有一层肌样细胞，其结构与平滑肌细胞相似，可收缩，有助于生精小管内精子排出。直精小管很短，是生精小管在近睾丸纵隔处变成的直管。其上皮为单层立方或短柱上皮，无生精细胞。马和猪的某些生精小管终止于睾丸的外周，并以长的直精小管与睾丸网相连接。牛的直精小管上皮能够吞噬精子，而且含有大量的巨噬细胞和淋巴细胞。直精小管进入睾丸纵隔内分支吻合形成的网状管道为睾丸网，其管壁衬以单层立方上皮，管腔大，不规则。睾丸网中流动着的少量液体称为睾丸液，其部分为支持细胞所分泌的曲精小管管腔液，其余部分来源于透过血-睾屏障的组织液。直精小管和睾丸网起运输精子的作用。

睾丸网位于睾丸纵隔中，是一个相互沟通、交织成网的管道系统。管腔大小不等，也不规则，管壁衬以单层立方或矮柱状上皮，上皮下有完整基膜，睾丸网上皮分泌功能较弱。睾丸网的一侧与直精小管相接，另外一侧与输出小管相连。牛的睾丸网上皮为双层立方上皮，细胞的游离面有微绒毛或纤毛，具有分泌功能。马、禽的睾丸网可穿出白膜，形成睾丸外的睾丸网。睾丸网最后汇合成数条睾丸输出小管。睾丸组织结构主要特点见表 6.1。

表 6.1 睾丸组织结构主要特点

	管腔	上皮	肌层	功能
生精小管	不规则	生精细胞和支持细胞形成特殊生精上皮	无肌层，有肌样细胞	生成精子
直精小管	规则，细	柱状或立方	无	运输精子
睾丸网	网状，大而不规则	单层立方	无	分泌、营养、运送精子
输出小管	小，不规则	假复层纤毛柱状上皮和单层柱状上皮	少量平滑肌	分泌、营养、运送精子

1. 生精细胞

生精细胞包括精原细胞（spermatogonium）、初级精母细胞（primary spermatocyte）、次级精母细胞（secondary spermatocyte）、精子细胞（spermatid）和精子（spermatozoon）。由精原细胞经过一系列连续的增殖分化发育成为精子的过程称为精子形成（spermiogenesis）。精子发生的过程包括精原细胞的增殖分化、精母细胞的减数分裂和精子形成三个阶段。在人类，从精原细胞发育成精子，需要 64 天±4.5 天。大鼠的生精上皮更新周期为 13 天，家兔为 10 天，小鼠为 8.6 天。精子发生过程中，一个精原细胞增殖分化产生的各级生精细胞，其胞质未完全分开，由胞质桥相连，形成同步发育的细胞群，但从生精小管全长来看，精子发育是不同步的，因此在睾丸组织切片上，可见生精小管不同切面具有不同发育阶段的生精细胞组合。生精细胞核中的组蛋白随精子的发育过程而变化。组蛋白存在于精原细胞、精母细胞和早期精子细胞内，从晚期精子细胞阶段开始，组蛋白逐渐被精核蛋白所取代。精核蛋白又称鱼精蛋白，是一种富含精氨酸和胱氨酸残基的碱性蛋白，可抑制 DNA 转录，使细胞核结构更稳定，有利于精子正常受精。

1）精原细胞

精原细胞是生精细胞中最幼稚的生精干细胞，位于生精上皮基底层，紧靠基膜；胞体较小，呈圆形，核圆，染色质细密。在青春期前，生精小管中的生精细胞仅有精原细胞。青春期开始，在脑垂体产生的促性腺激素作用下，精原细胞不断增殖发育。①一部分始终保持原始的干细胞状态，称 A 型精原细胞，分为暗 A 型精原细胞（type A dark spermatogonia，Ad）和亮 A 型精原细胞（type A pale spermatogonia，Ap），Ad 型精原细胞的核呈椭圆形，核染色质深染，核中央常见淡染的小泡，Ap 型精原细胞核染色质细密，有 1 或 2 个核仁附在核膜上，Ad 型精原细胞是生精细胞中的干细胞，经过不断分裂增殖，一部分 Ad 型精原细胞继续作为干细胞，另一部分分化为 Ap 型精原细胞，再分化为 B 型精原细胞（type B spermatogonia）。②发育分化为 B 型精原细胞的生精细胞经过数次有丝分裂后，分化发育为初级精母细胞。在小鼠，将未分化的精原细胞划分为由不同数目细胞组成的克隆，即由单细胞组成的单个 A 型精原细胞（the A single spermatogonia，As）、2 个细胞组成的成对 A 型精原细胞（the A paired spermatogonia，Apr），以及由 4 个、8 个、16 个甚至 32 个细胞组成的链状 A 型精原细胞（the A aligned spermatogonia，Aal）。当 As 分裂时，其子细胞或者相互分离成为 2 个新的干细胞，或者由细胞间桥连接成为 Apr，后者进一步分裂成为 Aal。

2）初级精母细胞

初级精母细胞位于精原细胞的管腔侧，常为数层，胞体大，直径约 18μm，呈圆形，核大而圆，染色质粗大。初级精母细胞进行 DNA 复制，经历复杂而历时较长的分裂前期，同源染色体分离，分别进入两个子细胞中。人的初级精母细胞的核型为 46XY；完成第一次成熟分裂，形成两个次级精母细胞。由于此阶段历时较长，大约持续 22 天，因此在生精小管的切面中常见到处于不同增殖阶段的初级精母细胞。

3）次级精母细胞

次级精母细胞位于近管腔处，体积较初级精母细胞小，核圆形，染色质呈网状，染色较深。次级精母细胞无 DNA 复制，姊妹染色单体分离分别进入两个子细胞。次级精母细胞的核型为 23X 或 23Y；迅速完成第二次成熟分裂，形成两个精子细胞；由于次级精母细胞存在时间短，持续 6～8h，因此在睾丸切片上不易见到。

4）精子细胞

精子细胞更接近管腔，体积小，直径约 8μm，呈圆形，核圆形，着色深。人的精子细胞核型为 23X 和

23Y。精子细胞不再分裂，经形态改变形成精子。此过程称为精子发生。精子形成过程复杂，包括：①精子细胞染色质高度螺旋化，核浓缩并移向细胞的一侧，成为精子头的主要结构；②由高尔基体形成囊泡覆盖于精子头形成顶体（acrosome）；③位于顶体对侧的中心粒发出轴丝，形成精子尾部的主要结构；④线粒体聚集、缠绕在尾部中段形成线粒体鞘；⑤多余胞质汇向尾侧最后脱落。精子是经过一定周期发育形成的，其周期按生殖细胞分化程度不同分为若干阶段，如大鼠14个、小鼠12个、地鼠和犬8个、人6个。形成精子需4~5个周期，每个周期小鼠234h，大鼠311h，犬265h，人380h左右，所以精子生成一般需40~60天。

5）精子

精子形似蝌蚪，长约60μm，分头、尾两部分。头部嵌入支持细胞顶部胞质中，尾部游离于生精小管内。精子形成后，脱离管壁进入管腔。精子头部呈扁梨形，由高度浓缩的核和覆盖头前 2/3 的顶体组成。其形状因动物种类不同而异，猪、牛和羊的精子头部为扁卵圆形，马的则为正卵圆形，人和犬的为梨形，爬行类和鸟类多为螺旋形，两栖类为柱形或针形，鱼类的多为圆球形、针头形或螺旋形。顶体为特殊的溶酶体，内含顶体素、透明质酸酶等多种水解酶。精子尾部又称鞭毛，是精子的运动器官，可分为颈段、中段、主段及末段4部分。构成尾部全长的轴心是轴丝，由呈 9+2 排列的微管组成。颈段短，起连接作用；中段的中轴是轴丝，轴丝外有 9 根纵行外周致密纤维包绕，外侧再包一层线粒体鞘，线粒体鞘的圈数因动物种类不同而异，牛70余圈，猪65圈，犬38~42圈，兔47圈，貂64~65圈，啮齿类80~100圈；主段最长，由轴丝、纤维鞘构成；末段仅有轴丝。常见实验动物的精子大小比较见表6.2。

表 6.2　常见实验动物的精子大小比较（μm）

动物种类	精子头部长度	精子头部直径	精子全长
小鼠	8.7	3.0	108
大鼠	11.7	—	183
兔	8.0	5.0	—
犬	6.5	3.5~4.5	55~65
猪	7.2~9.6	3.6~4.8	49~62

2. 支持细胞

支持细胞又称 Sertoli 细胞，外形极度不规则，呈长锥体形，基底部位于基膜上，顶部达管腔。支持细胞的侧面和管腔面镶嵌着各级生精细胞，致使光镜下细胞轮廓不清，依据大而浅染的细胞核和清晰的核仁辨认。成人的支持细胞不再分裂，数量恒定。电镜下，支持细胞呈不规则锥体形，基部紧贴基膜，顶部伸达管腔，侧面和腔面有许多不规则凹陷，其内镶嵌着各级生精细胞，胞质内高尔基体较发达，有丰富的粗面内质网、滑面内质网、线粒体、溶酶体和糖原颗粒，并有许多微丝和微管，相邻的支持细胞侧面近基部的胞膜形成紧密连接，将生精上皮分为基底室（basal compartment）和近腔室（adluminal compartment）两部分。支持细胞具有多种功能：①支持、营养和保护生精细胞；②运输生精细胞和释放精子；③参与构成血-睾屏障；④分泌雄激素结合蛋白、生精小管管腔液及少量雌激素；⑤吞噬、消化退化的生精细胞和精子形成过程中产生的残余胞质。成年公羊支持细胞约占睾丸总体积近1%，公牛近5%，公猪为 20%~30%，该比值在季节性发情动物（如骆驼和牦牛）中会随季节变化，羊的睾丸支持细胞还可合成一种糖蛋白，称为簇集素（clusterin）。睾丸各级生精细胞和支持细胞的比较见表6.3。

（三）血-睾屏障

血-睾屏障（blood-testis barrier）是生精小管管腔内外进行物质交换的一道可透性屏障。组成：①支持细胞间的紧密连接和生精小管的基膜，②睾丸间质中结缔组织，③毛细血管的基膜及内皮。作用：①形成和维持生精上皮分裂与分化的特定内环境；②阻止血浆中的药物、毒素、免疫因子等物质进入曲精小管；③阻止精子相关抗原逸出曲精小管而引发自身免疫反应。正常情况下，支持细胞对热、电离辐射和各种毒素等的刺激有一定的耐受性，因此血-睾屏障相对稳定。但是高温、腮腺炎病毒感染、输精管结扎及雌激素升高等皆可增加血-睾屏障的通透性或破坏其结构，从而削弱雄性生育力。

表 6.3　睾丸各级生精细胞和支持细胞的比较

	外形	细胞核	细胞质	功能
精原细胞	呈圆形或卵圆形	呈圆形或卵圆形,染色较深,有 1 或 2 个核仁	核糖体较丰富,其他细胞器不发达	一部分留作干细胞,另一部分发育成初级精母细胞
初级精母细胞	大而圆	大而圆,与精原细胞相比,染色质变粗	细胞器较发达	完成第一次成熟分裂后发育成次级精母细胞
次级精母细胞	呈圆形	较小,呈圆形,染色较深	细胞器较发达	变态成为精子
精子细胞	呈圆形	小,呈圆形,着色深	胞质少,含许多线粒体,有明显的高尔基体和中心体	受精,遗传后代
精子	呈蝌蚪状,分为头、颈、尾三个部分	较致密,形状各异	胞质很少,头部的核前端有顶体,后端有核后帽;颈部有中心粒;尾部分中段、主段和末段,轴丝由周围 9 对二联微管和中央一对微管组成	支持、保护、营养生精细胞,吞噬残余体,合成雄激素结合蛋白,分泌少量雄激素
支持细胞	高柱状或椎体形,细胞轮廓不清	呈卵圆形或三角形,核仁明显	有丰富的滑面内质网、线粒体、高尔基体、溶酶体和微丝,还有糖原、脂滴等	

（四）睾丸间质

睾丸间质是位于生精小管之间的疏松结缔组织,内含睾丸间质细胞以及丰富的血管、淋巴管。睾丸间质细胞也称 Leydig 细胞,单个或成群分布,细胞体积较大,呈圆形或多边形,核圆居中,核仁清楚,胞质嗜酸性。间质细胞是一种内分泌细胞,组织化学方法显示其胞质中有 3β-羟类固醇脱氢酶、葡萄糖-6-磷酸脱氢酶、乳酸脱氢酶、酸性磷酸酶等。电镜下间质细胞具有分泌类固醇激素细胞的超微结构特点,滑面内质网丰富,相互连接成膜性管道,小管直径 60～120nm,高尔基体发达,线粒体大而丰富。青春期后,在垂体分泌的促性腺激素作用下,可分泌雄激素（androgen）。雄激素可促进精子发生和雄性生殖器官发育,维持雄性的第二性征和性功能。马和猪的间质细胞较多,羊的较少。人的间质细胞数量和睾丸容积之比与犬的相似。人的睾丸间质细胞内有不完全晶状包涵体。豚鼠的睾丸间质组织含血管、间质细胞群、结缔组织和淋巴窦,淋巴窦的内皮壁通过薄层胶原纤维和生精小管周围的细胞分隔。透射电镜观察发现啮齿类睾丸间质间有广泛的淋巴间隙,每个生精小管均被"精管周围淋巴窦"包绕,间质和生精小管无细胞连接,相邻的淋巴窦则借间质的网眼自由相通,由此可见分泌物等必须经过淋巴才能达到曲精小管。

二、睾丸的增龄性变化

睾丸的增龄性变化主要是生精小管的变化。人幼年时睾丸尚未发育完全,生精小管较细,无管腔。10 岁后渐出现管腔,管壁仅为精原细胞和支持细胞。青春期时生精小管管径增粗,精原细胞不断分裂增殖,出现各种生精细胞。老年生精小管趋于萎缩,但仍有少量精子生成。老年啮齿类动物的睾丸常发生废进性萎缩,体积和质量均发生改变,生精上皮变薄,睾丸重量减轻。生精小管结构改变,层数减少,而且各级生精细胞发生退行性改变,表现出和毒性反应类似的形态学变化:间质细胞发生退行性变化,空泡增多,间质内胶原纤维增生,界膜增厚,血管壁增厚及硬化,多数血管堵塞,睾丸支持细胞功能减退,常见 Leydig 细胞增生。啮齿类动物睾丸生精小管萎缩随日龄增长而出现,一般 6～12 个月即可出现,18 个月以后多见,在形态学方面与药物诱发的睾丸萎缩不易区分,往往伴有间质细胞弥漫性增生,间质细胞瘤在 F344 大鼠中最为多见,间质细胞瘤前期的增生是局灶性的。

哺乳动物睾丸的不同细胞群对不同毒物的敏感阈有所不同。生殖细胞对化学物质的刺激是非常敏感的,抗肿瘤药丙卡巴肼能严重损害仓鼠精子的顶体浆膜和头部的核,烷化剂能快速有效地阻止细胞分裂,从而抑制精子生成。支持细胞对化学物质的刺激具有中等敏感性,杀真菌剂 DBCP 能引起包括人在内的许多物种的不育,可能是通过抑制支持细胞导致的不育,也可能通过抑制精子线粒体电子转移链的 NADH 脱氢酶而影响精子代谢导致不育。间质细胞对环境毒物则相当敏感。长爪沙鼠睾丸的激素分泌有自己的特点,在黄体生成素（luteinizing hormone,LH）作用下,睾丸间质细胞不仅释放雄激素,还释放黄体酮（孕激素）,两者的释放呈明显的正相关,与大鼠和小鼠相比,沙鼠的睾丸间质细胞对 LH 更敏感,可利用长爪沙鼠进行睾丸分泌激素的相关研究以及研究动物性别形成控制机制。

三、睾丸的比较组织学

马的睾丸白膜中有少量的平滑肌纤维。实验动物睾丸白膜在头端因有大的静脉而明显增厚，犬和兔的睾丸白膜较厚，而啮齿类动物的睾丸白膜则很薄。马和猪的血管层位于白膜的深层，而犬和羊的在浅层。马的睾丸纵隔仅分布于睾丸前端。肉食动物、马和猪的睾丸小隔发达，牛、羊和猫的薄而不完整。犬与其他实验动物及人比较，其睾丸切片中的生精小管经常呈不规则形，圆形较少见。在猪，管周细胞有基板围成的完整鞘，在牛则不明显。猪、牛和羊的精子头部为扁卵圆形，马的则为正卵圆形，人和犬的为梨形，爬行类和鸟类多为螺旋形，两栖类为柱形或针形，鱼类的多为圆球形、针头形或螺旋形。马和猪的间质细胞较多，羊的较少。人的间质细胞数量和睾丸容积之比与犬的相似。人的睾丸间质细胞内有不完全晶状包涵体。豚鼠的睾丸间质组织含血管、间质细胞群、结缔组织和淋巴窦，淋巴窦的内皮壁与薄层胶原和曲精小管周围的细胞分隔。人、常见实验动物及畜禽睾丸的比较组织学见表6.4。

表6.4 人、常见实验动物及畜禽睾丸的比较组织学

	人	实验动物	畜禽
睾丸	被白膜覆盖的复合管状腺体，生精小管组成：支持细胞、生殖细胞（精原细胞、精母细胞、精子细胞等）和间质（间质细胞）	啮齿类动物基本结构同人类似	基本结构同人类似；马睾丸白膜中有少量的平滑肌纤维，在白膜中，睾丸动脉、静脉的分支集中形成血管层；马和猪血管层位于白膜的深层，而犬和羊的在浅层；羊支持细胞约占睾丸总体积近1%，公牛近5%，公猪20%~30%，季节性发情动物（如骆驼和牦牛）会随季节变化
生精周期	从精原细胞发育成精子，需要64±4.5天	大鼠的生精上皮更新周期为13天；小鼠为8.6天	家兔为10天
精子在附睾运行时间	人精子在附睾中运行时间约2周	大鼠精子在附睾中运行时间约11天	精子完全通过附睾管的时间因动物不同而异，大多数哺乳动物需要10~15天

第二节 附 睾

附睾为一对细长的扁平器官，紧贴睾丸的后上部。上端膨大为附睾头，中部为附睾体，下端变细为附睾尾。附睾尾急转向后内上方移行为输精管。附睾头由睾丸输出小管蟠曲而成，输出小管末端汇成一条附睾管，迂回蟠曲构成附睾体和附睾尾。精子沿附睾起始段、头部、体部运行，最后到达并储存于附睾尾直至精子排出。精子完全通过附睾管的时间因动物不同而不同，大多数哺乳动物需要10~15天，人精子在附睾中运行时间约2周。附睾的功能异常可影响精子的成熟，导致不育。

一、附睾的组织结构

附睾由输出小管和附睾管组成。输出小管和附睾管的起始段是附睾进行重吸收的主要区域，大约95%的水分在此处被重吸收，附睾管上皮细胞主要是主细胞，有旺盛的分泌功能，可分泌离子、甘油磷酸胆碱和唾液酸等有机小分子，其含量从头部至尾部逐渐升高。附睾上皮细胞还可分泌数十种与精子成熟有关的蛋白质和多肽。附睾头部远端和体部上皮细胞能摄取血液中的肉毒碱并转运至腔内，使附睾液内的肉毒碱浓度由头部至尾部逐渐增高。相邻细胞近腔面的紧密连接，是构成血-附睾屏障的结构基础。

（一）输出小管

输出小管（efferent duct）起始端与睾丸网相连，远端汇入附睾管；位于睾丸后上方，共10~15条，构成附睾头的大部分。管壁上皮由高柱状有纤毛细胞群和矮柱状无纤毛细胞群相间排列而成，因而管腔面不规则呈波浪形。上皮基膜外有散在平滑肌。矮柱状细胞有吸收和消化管腔内物质的作用；高柱状细胞游离面有大量纤毛，纤毛的摆动及平滑肌的节律性收缩，使精子向附睾管方向移动。无纤毛细胞较多，电镜下，核近基底部，核上区有一系列膜性管状结构，还有较多的多泡体、空泡样结构以及许多小泡，这些小泡与细胞从管腔中摄取液态和固态物质有关。输出小管头端无纤毛细胞的小泡与末端的不同，前者浅染，内有絮状物，后者嗜锇性强，酸性磷酸酶阳性，具溶酶体特征。核上区有散在分布的粗面内质网、线粒体和微丝、微管。核下区有丰富的脂滴、少量粗面内质网和线粒体。脂滴常和溶酶体融合。有纤毛细胞较高，基部稍窄，游离面有大量纤毛及少量微绒毛，核染色较浅，胞质中有溶酶体、微丝束和丰富的线粒体。与无纤毛细胞一样，有纤毛细胞也参与对管腔内物质的重吸收。

（二）附睾管

附睾管（epididymal duct）极度蟠曲，其近端与输出小管相连，远端与输精管相续，构成附睾的体部和尾部。管壁上皮为假复层柱状上皮，管腔规则、平坦，充满精子和分泌物，由主细胞（principal cell）、基细胞（basal cell）、顶细胞（apical cell）、窄细胞（narrow cell）、亮细胞（light cell）和晕细胞（halo cell）构成。主细胞数量多，在附睾头段为高柱状，后渐变矮，至附睾尾段时为立方状；细胞游离面有成簇排列的、粗而长的纤毛，因不运动故称静纤毛；主细胞具有吸收睾丸液、分泌甘油磷酸胆碱、糖蛋白等物质的功能。基细胞矮小，呈锥形，位于上皮深层，基细胞与主细胞之间有许多桥粒，基底部与基膜有较大接触面。顶细胞狭长，顶部稍宽，游离面有少量微绒毛，顶部胞质内含有大量线粒体。窄细胞呈高柱状，较其他细胞窄，核长而致密，近细胞游离缘，游离面有少量短的微绒毛，顶部胞质有丰富的小泡和多泡体，线粒体丰富，基部窄，贴于基膜上。亮细胞顶部胞质内充满大小不等的囊泡和空泡、顶部小管、溶酶体和致密颗粒，核圆形，浅染，核仁明显，游离面有少量微绒毛；亮细胞有很强的吞饮功能。晕细胞位于上皮基部，光镜下该细胞胞质有一圈透亮的环状区域，故而得名；目前认为晕细胞是附睾上皮内的辅助性 T 淋巴细胞、细胞毒性 T 淋巴细胞和巨噬细胞；晕细胞可能参与附睾局部的免疫功能，能阻止精子抗原与循环血液接触。上皮基膜外有薄层平滑肌，其节律性收缩导致附睾管缓慢蠕动，推动精子缓慢移向附睾尾并贮存于此。附睾管各段所含的各种细胞比例不相同，表现出细胞分布存在区域性差异。大鼠附睾上皮组织中的主细胞、基细胞和顶细胞来自于一种柱状细胞，这种柱状细胞源于未分化的干细胞，分化为狭窄细胞，其在附睾起始段以外的部分可分化为亮细胞。在主细胞近腔面的紧密连接处形成血-附睾屏障（blood-epididymis barrier），以维持附睾内环境稳定。附睾管组织结构主要特点见表 6.5。

表 6.5　附睾管组织结构主要特点

	管腔	上皮	肌层	功能
附睾管	大而规则	假复层柱状上皮，有静纤毛	环形平滑肌	贮存精子至最后成熟

二、附睾的比较组织学

哺乳动物的附睾结构基本相似。猴的附睾形态和许多哺乳动物相比，其结构及功能有明显的区域性差别，头部能吸收管腔内液体，尾部贮存精子。精子在附睾内运行期间，在附睾管分泌的甘油磷酸胆碱、肉毒碱、唾液酸及类固醇等的作用下，发生了一系列形态和机能变化，当它们到达附睾尾就已获得完全的受精能力。一旦充分成熟，精子便可以在附睾尾贮存很长的一段时间，要比在同样温度下进行精子体外培养贮存的时间长得多。精子在附睾内运行时间的种属差异见表 6.6。

表 6.6　精子在附睾内运行时间的种属差异

种属	运行时间（天）		
	附睾头	附睾体	附睾尾
人	1		4
猴	1	4	5
大鼠	3	3	5
兔	3	1	5
羊	1	3	8
牛	3.5	1	6
猪	3	2	6
马	1	1.5	5.5

第三节　输　精　管

输精管为附睾管的直接延续，全长 40～50cm，直径约 3mm。管壁厚，肌层较发达而管腔细小，质韧而硬。输精管壶腹的下端逐渐变细，在前列腺底的后上方与精囊的排泄管汇合成射精管，其为穿行于前列腺内的一段输精管道。射精管为输精管道最短的一段，长约 2cm，斜穿前列腺实质，开口于尿道的前列腺部。

一、输精管的组织结构

输精管是附睾管的延续部分，其壁厚腔小，管壁由黏膜层、肌层和外膜组成。黏膜表面为较薄的假复层柱状上皮，无黏膜下层，黏膜表面有纵行的皱襞，上皮在输精管起始段为假复层柱状上皮，然后逐渐转变为单层柱状上皮，上皮下为固有层。输精管的膨大部固有层中有单分支管泡状腺，其分泌物参与精液形成，猪缺乏该腺体。肌层厚，人由内纵、中环、外纵的平滑肌组成，马、牛、猪为内环、中纵、外斜的平滑肌，分层不明显，羊为内环、外纵两层平滑肌。射精时肌层强力收缩，有利于精子快速排出。外膜为纤维膜，内有血管和神经。射精管黏膜表面多皱襞，固有层中弹性纤维很多，并有静脉丛；肌层和外膜与前列腺的被膜成分相混。输精管组织结构主要特点见表 6.7。

表 6.7　输精管组织结构主要特点

	管腔	上皮	肌层	功能
输精管	管腔小而壁厚	假复层柱状上皮或单层柱状上皮	平滑肌层厚	运输精子

二、输精管的比较组织学

猪缺乏输精管膨大部固有层中的单分支管泡状腺。马、牛、猪输精管的肌层为内环、中纵、外斜的平滑肌，分层不明显；羊为内环、外纵两层平滑肌。大鼠的输精管全长为 5～6cm，直径约为 2.5mm。

第四节　副　性　腺

副性腺包括成对的精囊和尿道球腺及单个的前列腺。副性腺和生殖管道的分泌物与精子共同组成精液（semen）。大鼠的副性腺很发达，由输精管腺、精囊、前列腺、尿道球腺、尿道腺和包皮腺组成。大鼠雄性生殖系统有许多高度发育的副性腺，包括精囊、一个尿道球腺、一个由凝固腺（背前叶）和腹叶及背侧叶组成的前列腺，大鼠的腹股沟管终生保持开放，其睾丸在 40 日龄时开始下降。兔的副性腺包括精囊、前列腺、旁前列腺和尿道球腺 4 部分。犬的前列腺发达，无精囊和尿道球腺。动物交配后，留在雌性动物阴道内的阴栓，就是由雄性动物的副性腺分泌物在遇空气后凝固而成，具有阻塞精子倒流外泄的作用，大鼠的阴栓长为 4mm×6mm，在 12～24h 脱落。常见实验动物、家畜及人副性腺的器官种属差异见表 6.8。

一、副性腺的组织结构

（一）精囊

精囊为一对长椭圆形的前后略扁的囊状器官，主要由迂曲的小管构成，因而表面凸凹不平，呈结节状。精囊上端游离，较膨大；下端细直，为排泄管，与输精管末端汇合成射精管。精囊位于膀胱底后方，输精管壶腹的外下侧。精囊的壁由内向外分黏膜层、肌层和外膜。黏膜突向腔内形成皱襞，皱襞分支并交织成网，使管腔呈蜂窝状，由此增大了腺体的分泌面积。上皮为假复层柱状上皮，由主细胞和基细胞组成。

表 6.8　常见实验动物、家畜及人副性腺的器官种属差异

种属	前列腺	精囊	尿道球腺
大鼠	+	+	+
小鼠	+	+	+
仓鼠	+	+	+
豚鼠	+	+	+
兔	+	+	+
犬	+	−	−
猫	+	−	+
马	+	+	+
绵羊	+	+	+
猪	+	+	+
猴	+	+	+
人	+	+	+

注：+，有；−，无

肌层由两层平滑肌组成，其细胞的生长与增殖受雄激素的影响。射精时，平滑肌收缩，将精囊分泌物排入射精管内。精囊分泌白色或淡黄色液体，含果糖、前列腺素等成分。果糖能被精子利用，为精子运动提供能量。精囊液是精液的主要组成部分，在射出的精液中，约 70% 来自精囊腺。啮齿类动物的精囊发达，常与凝固腺相连。不同啮齿类动物精囊差异不大。兔的精囊与啮齿类动物及人相比，呈盘曲而扁平的小囊结构，同样有黏膜层、肌层及外膜三层结构；精囊的黏膜上皮为单层柱状上皮，上皮细胞核细长，很容易与基细胞混淆，黏膜向内突起形成许多高大的皱襞，黏膜表面是假复层柱状上皮，上皮细胞胞质内含有许多分泌颗粒和黄色的脂色素，黏膜外有薄的平滑肌层和结缔组织外膜。肉食动物无精囊，猪的精囊发达，马属动物的精囊呈囊状。

大鼠的精囊和凝固腺构成了成对的大腺体，背腹扁平，位于膀胱的背外侧，腺体的背侧与直肠相接，凝固腺位于精囊的后方背侧，有导管开口于精阜的两侧。

（二）前列腺

前列腺是不成对的实质性器官，呈前后略扁的栗子形，质硬，色稍灰红。上端宽大称前列腺底，与膀胱颈相接，并有尿道穿入，近底的后缘处有一对射精管穿入；下端尖细，称前列腺尖，向前下方与尿生殖膈相接；底与尖之间为前列腺体，体的后面平坦，在正中线上有一纵行浅沟称前列腺沟，前列腺肥大时，此沟消失。前列腺的排泄管开口于尿道前列腺部，其分泌物是精液的主要成分。

人的前列腺一般分为 5 叶，即前叶（位于尿道前方）、中叶（位于尿道和射精管之间）、后叶（位于射精管后下方）及两侧叶（紧贴尿道两侧）。老年人激素平衡失调导致前列腺结缔组织增生而引起的前列腺肥大，常发生在中叶和侧叶，压迫尿道引起排尿困难。前列腺表面由一层结缔组织与平滑肌组成的被膜所包被。被膜伸入前列腺实质成为基质，构成前列腺的支架。基质成分约占前列腺重量的 1/3。前列腺的实质由 30~50 个复管泡状腺构成，汇成的 15~30 条腺管开口于尿道前列腺部的精阜两侧。腺组织以尿道为中心排列成三个环行区带：内带，位于尿道周围，称黏膜腺；中间带，位于尿道周围的外围部，称为黏膜下腺；外带，居最外侧，是前列腺的主要部分，称主腺。主腺最大，分泌量占首位，受雄激素的影响；黏膜腺和黏膜下腺较小，受雌激素的影响。腺泡上皮为高低不等的单层柱状或假复层柱状上皮，主要为主细胞和基细胞。腺泡腔不规则。腔内可见嗜酸性的前列腺凝固体，凝固体钙化则成为前列腺石。基质由结缔组织和平滑肌细胞组成。各成分的比例随年龄增长而不同：胶原纤维自 50 岁起增加，平滑肌纤维与弹性纤维逐渐减少。

啮齿类动物前列腺分为背、腹 2 叶，背叶位于尿道背侧，腹叶位于尿道腹侧，啮齿类的储精囊位于膀胱附近，呈倒八字形。兔的前列腺在膀胱颈部位、尿道周围，分叶复杂，大致分为 5 部分，前部是一个小的腺叶，后部有一对分叶甚多的浅裂状腺体，尿道两侧为旁前列腺，后部前列腺最发达，与前列

囊密切相关，形成一个整体，呈囊状。腺体仅有一种，是与前列腺囊相连的囊管泡状腺，黏膜上皮多数呈乳头状，为嗜酸性立方柱状上皮，上皮细胞核卵圆形，位于细胞基底部，管腔周围为丰富的平滑肌，管腔中常见前列腺石（prostatic stone）。犬的前列腺和兔的一样仅有一种，其外被覆着一层厚的纤维肌性被膜，包围尿道底部，为球状的复管泡状腺，较多的纤维结缔组织将前列腺分成许多小叶，腺上皮为单层柱状上皮，胞质内充满嗜酸性颗粒。兔的前列腺腔内可见分泌物浓缩形成的圆形嗜酸性板层状小体，称为前列腺凝固体，凝固体随年龄的增长而增多，甚至钙化为前列腺石。豚鼠的前列腺位于精囊腺后端中部、精囊和输精管基部的外侧，由两对腺叶组成，一对小的腹面叶和一对大的背面叶。家畜前列腺分为腺体部（壁外部分）和扩散部（壁内部分），马、犬、猫腺体部大，扩散部小；牛、猪则相反；羊无腺体部。常用实验动物前列腺的组织结构并不完全相同，啮齿类动物与人及其他动物之间在腺上皮形态方面有一定差异，且啮齿类动物前列腺的间质很少。对进行分组实验使用实验动物较多的研究，前列腺取材部位要一致，随着日龄增长，大鼠的前列腺炎比较多见，犬有时可见前列腺肥大。

成年人的前列腺分泌稀薄的乳白色液体，其中含有锌、钙、柠檬酸、酸性磷酸酶等成分。这些成分与精子的运动、顶体反应等功能活动有关。前列腺液呈弱酸性（pH 为 6.5）。在射出的精液中，前列腺液约占 30%。

前列腺的结构与年龄密切相关，儿童时期，前列腺很小，无真正的腺管；10 岁后开始形成腺泡；青春期腺泡迅速发育，同时支架组织增多；30 岁时，腺泡内上皮向内折叠；45～50 岁，前列腺开始退化，但尿道周围的腺体开始增生；老年时，黏膜腺和黏膜下腺增生压迫尿道，引起排尿困难。啮齿类动物前列腺会出现增龄性局灶性腺泡萎缩，伴随上皮细胞变扁平和分泌物减少或消失，与药物造成的局灶性萎缩的区别在于，药物的作用更容易出现弥漫性变化，并且与间质扩张有关。犬随年龄的增加，往往由于激素平衡失调，出现自发性前列腺增生和肥大，外观表面呈结节状，切面为黄色海绵状不规则小叶结构，上皮细胞高柱状且明显增生，呈绒毛状或乳头状，增生的细胞面向腔内。大鼠随增龄前列腺腹叶常见增生，但背叶很少发生。兔的前列腺凝固体随年龄的增长而增多，甚至钙化为前列腺石。

（三）尿道球腺

尿道球腺是埋于尿生殖膈肌肉内的一对豌豆样的球形小腺体，在猪、猫等为复管状腺，在马、牛、羊等为复管泡状腺。尿道球腺的排泄管细长，开口于尿道球部。人的尿道球腺为复管泡状腺，腺体被结缔组织分隔成多个小叶。小叶间结缔组织含横纹肌和平滑肌。腺泡上皮为单层立方或柱状上皮，分泌清亮而黏稠的液体，内含半乳糖、唾液酸等。分泌液参与构成精液。

大鼠的尿道球腺与其他动物和人不同，常见腺管扩张成腔，腔内有含小血管的结缔组织，还有一些分泌物；腺管呈乳头状，腔周围的腺上皮（glandular epithelium）细胞胞质淡染。小鼠腺管腺上皮细胞较矮，胞质淡。兔尿道球腺分为上部尿道球腺和下部尿道球腺，两者构造相同，位于直肠两侧，埋在坐骨海绵体肌和球海绵体肌之间的结缔组织中，腺体及其导管均有 1 或 2 层立方上皮，大多数腺泡都由柱状立方上皮细胞聚集而成。猫的尿道球腺围以球腺肌，狭而短的管状分泌部为猫尿道球腺所特有。

（四）包皮腺

包皮腺（preputial gland）位于阴茎外侧的皮下脂肪组织中，是棕黄色的背腹向扁平的腺体，是特化的皮脂腺（sebaceous gland）。包皮腺的腺泡似皮脂腺，属全分泌性的复腺；腺泡开放到无数小管，小管再集合成一个粗大的中央排出管。包皮腺的腺泡和腺管都被覆复层上皮，靠近开口处的腺上皮角化。腺体外衬有含结缔组织的被膜，被膜伸入腺实质内形成间隔，将腺体分成许多小叶。

兔的包皮腺是位于包皮开口处皮下组织内的皮脂腺，同时阴茎两侧有一对腹股沟腺（inguinal gland），是兔的独有结构，其组织结构与小鼠包皮腺相似，也是一种皮脂腺。大鼠、小鼠的包皮腺是位于包皮两侧皮下组织内的较大的皮脂腺，也呈小叶构造，腺体周围包着薄的结缔组织；沿基膜走向最外侧的腺上皮细胞呈立方形，胞核为圆形；靠内的细胞较外侧的大而高，核小而浓染，腺体内含大量脂滴。大鼠腺体内除脂滴外，还含有大量浓染的嗜酸性颗粒，导管内充满含有脂滴的分泌物。其他啮齿类动物及犬的包皮腺外观呈大的腺块状，包皮的皮下大多数均可见散在分布的皮脂腺，其组织结构和细胞形态与小鼠相似。老年动物的包皮腺可完全消失，腺体中充满脂肪并常有囊肿。

二、副性腺的比较组织学

啮齿类动物的精囊发达，常与凝固腺相连。不同啮齿类动物精囊差异不大。兔的精囊与啮齿类动物及人相比，为扁平的小囊结构，分为黏膜层、肌层及外膜三层结构，黏膜上皮为单层柱状上皮。肉食动物无精囊，猪的精囊发达，马属动物的精囊呈囊状。

常用实验动物前列腺的组织学结构并不完全相同，啮齿类动物与人及其他动物之间在腺上皮形态方面有一定差异，且啮齿类动物前列腺的间质很少。

大鼠的尿道球腺常见腺管扩张成腔，腔内有含小血管的结缔组织和分泌物，腺管上皮呈乳头状，腔周围的腺上皮细胞胞质淡染。小鼠腺管腺上皮细胞较矮，胞质淡。兔尿道球腺大多数腺泡都由柱状立方上皮聚集而成。猫的尿道球腺围以球腺肌，特有管状分泌部。

兔的独有结构为阴茎两侧有一对腹股沟腺。大鼠、小鼠的包皮腺是呈小叶构造的皮脂腺。大鼠腺体内含有大量浓染的嗜酸性颗粒，导管内充满含有脂滴的分泌物。人、常见实验动物及畜禽副性腺的比较组织学见表 6.9。

表 6.9　人、常见实验动物及畜禽副性腺的比较组织学

	人	实验动物	畜禽
前列腺	一般分为 5 叶，即前叶、中叶、后叶及两侧叶	前列腺分为背、腹 2 叶，位于尿道背侧和腹侧，储精囊位于膀胱附近，呈倒八字形；豚鼠的前列腺位于精囊腺后端中部、精囊和输精管基部的外侧，由两对腺叶组成，小的腹面叶和大的背面叶	前列腺分为腺体部（壁外）和扩散部（壁内）；马、犬、猫腺体部大，扩散部小，牛、猪则相反，羊无腺体部；兔前列腺在膀胱颈部位、尿道周围，分叶复杂，大致分为 5 部分
尿道球腺	复管泡状腺，腺体被结缔组织分隔成多个小叶；上皮为立方上皮，大多数腺泡由柱状立方上皮聚集而成	大鼠的尿道球腺与其他动物和人不同，常见腺管扩张成腔，内有含小血管的结缔组织；小鼠腺管腺上皮细胞较低，胞质淡而明	在猪、猫等为复管状腺，在马、牛、羊等为复管泡状腺；兔尿道球腺分为上部和下部尿道球腺，腺体及其导管均有 1 或 2 层立方上皮

第五节　阴　茎

阴茎（penis）可分为头、体、根 3 部分。后部为阴茎根，附着于尿生殖膈，固定于耻骨弓，为固定部；中部为阴茎体，呈圆柱状，借阴茎悬韧带悬垂于耻骨联合的前下方，为可动部；前端膨大部为阴茎头，头的尖端有呈矢状位的尿道外口。头与体的交界处有一环状沟，称阴茎颈。

一、阴茎的组织结构

阴茎由两条阴茎海绵体（corpus cavernosum penis）和一条尿道海绵体（corpus cavernosum urethrae）构成，外面包以筋膜和皮肤。阴茎海绵体位于阴茎的背侧，左右并列构成阴茎的主体，其前端变细嵌入阴茎头后面的凹陷内，后端分为两个阴茎脚，分别附着于耻骨弓，被坐骨海绵体肌覆盖。尿道海绵体位于阴茎海绵体的腹侧，尿道贯穿其全长。尿道海绵体前端膨大为阴茎头，后端膨大为尿道球，固定于尿生殖膈的下面，表面由球海绵体肌包被，肌肉收缩压迫尿道球部，参与排尿和射精。

阴茎海绵体和尿道海绵体的外面，各自包有一层厚而致密的纤维膜，分别称阴茎海绵体白膜和尿道海绵体白膜。海绵体为勃起组织，由许多海绵体小梁和腔隙组成，腔隙与血管相通。反刍动物在阴茎基部有正中隔，其余部分没有，犬的阴茎全长都有正中隔，但马、猫的正中隔不连续，因此横切面上背侧的两个阴茎海绵体似乎合并为一个。啮齿类动物及兔与人相比，它们的尿道背侧有阴茎骨存在，阴茎骨前端为阴茎骨软骨部，阴茎周边为阴茎海绵体。马、犬的阴茎头发达，犬还具有阴茎骨。

雄性尿道除排尿外还兼有排精功能，起自膀胱的尿道内口，终于阴茎头的尿道外口，成年雄性尿道全长 16～22cm，管径平均为 5～7mm。尿道全长分为 3 部，即前列腺部、膜部和海绵体部。临床上将前列腺部和膜部称为后尿道，海绵体部称前尿道。

雄性尿道的分部如下：①前列腺部，为尿道穿经前列腺的部分，管腔最宽，长约 3cm。在尿道后壁中线上，有一纵行隆起称尿道嵴，尿道嵴中部有一纺锤状隆起称精阜，精阜中央有一凹陷称前列腺小囊，前列腺小囊的两侧为射精管的开口。在精阜及其附近的黏膜上，有许多前列腺排泄管的开口。②膜部，为尿道穿经尿生殖膈的部分，是 3 部中最短的一段，长约 1.5cm，在穿过尿生殖膈时，被尿道括约肌环绕。膜部管腔狭窄，位置较固定，外伤性尿道断裂易在此部发生。③海绵体部，为尿道最长的部分，长约 15cm，纵贯尿道海绵体。此段的起始部位于尿道球内，略膨大，称尿道球部，有尿道球腺排泄管的开口。在阴茎头处尿道管腔扩大，称尿道舟状窝。

二、阴茎的比较组织学

兔的阴茎两侧有一对腹股沟腺，是兔的独有结构，与小鼠的包皮腺相似，也是一种皮脂腺，呈小叶构造；啮齿类动物及兔与人相比，它们的尿道背侧有阴茎骨存在，阴茎骨前端为阴茎骨软骨部，阴茎周边为阴茎海绵体。马、犬的阴茎头发达，犬还具有阴茎骨。反刍动物在阴茎基部有正中隔，其余部分没有，犬的阴茎全长都有正中隔，但马、猫的正中隔不连续。人、常见实验动物及畜阴茎的比较组织学见表 6.10。

表 6.10　人、常见实验动物及畜阴茎的比较组织学

	人	实验动物	畜
阴茎	阴茎由两条阴茎海绵体和一条尿道海绵体构成，外面包以筋膜和皮肤，无阴茎骨	兔的阴茎两侧有一对腹股沟腺，是兔的独有结构，与小鼠的包皮腺相似；啮齿类动物尿道背侧有阴茎骨	反刍动物阴茎基部有正中隔，其余部分无，犬的阴茎全长有正中隔，马、猫的正中隔不连续；马、犬的阴茎头发达，犬有阴茎骨

参 考 文 献

成令忠, 钟翠平, 蔡文琴. 2003. 现代组织学. 上海: 上海科学技术文献出版社: 968-1001.

李德雪, 林茂勇, 张乐萃. 2004. 动物比较组织学. 台北: 艺轩图书出版社: 257-269.

李和, 李继承. 2015. 组织学与胚胎学. 3 版. 北京: 人民卫生出版社: 283-297.

李宪堂. 2019. 实验动物功能性组织学图谱. 北京: 科学出版社: 174-193.

秦川. 2017. 实验动物比较组织学彩色图谱. 北京: 科学出版社: 117-138.

沈霞芬, 卿素珠. 2015. 家畜组织学与胚胎学. 5 版. 北京: 中国农业出版社: 187-194.

周光兴. 2002. 比较组织学彩色图谱. 上海: 复旦大学出版社: 113-138.

Elizabeth F, McInnes EF. 2012. Background Lesions in Laboratory Animals A Color Atlas. Edinburgh: Elsevier Ltd.

Piper M, Treuting PM. 2018. Comparative Anatomy and Histology: A Mouse, Rat and Human Atlas. 2nd ed. London: Elsevier Ltd:
335-363.

第七章　雌性生殖系统

雌性生殖器官由卵巢（ovary）、输卵管（oviduct）、子宫（uterus）和阴道（vagina）构成。卵巢是产生卵细胞和具有内分泌功能的器官，输卵管是输送卵细胞和卵受精的部位，子宫是孕育胎儿的器官。女性生殖器官有明显的年龄性变化，10 岁以前，生殖器官生长迟缓；10 岁以后，生殖器官和乳腺逐渐生长。至青春期（12～16 岁），生殖器官迅速发育成熟，卵巢开始排卵并分泌性激素，子宫出现周期性变化，乳房增大，显示女性特征。青春期及其后约 30 年为性成熟期，具有生育能力。在月经周期和妊娠期间，卵巢、输卵管和子宫的结构与功能均有明显改变，这些改变主要受下丘脑-垂体-卵巢性腺轴的神经内分泌系统的调节。妇女一般在 40 岁即开始进入更年期，卵巢的功能逐渐低下，生殖器官逐渐萎缩，月经渐停，进入绝经期，绝经的年龄通常在 50 岁左右。

小鼠是多次发情的动物，每 4～5 天出现一个发情周期，在动情前期和动情期，排卵时阴道内的活动性上皮发育到顶点。上皮的退化性变化发生在动情后期，随后动情间期是一个静止期。可以用阴道上皮的变化判断发情周期，常用于测定雌性小鼠交配和受精最适宜的时机。老龄小鼠发情周期不规则，季节与日粮因素以及遗传背景也影响发情周期。

禽类的卵巢与输卵管均不相连，卵在卵巢成熟后，先排到体腔，然后进入输卵管，再通过泄殖腔排到体外；哺乳动物则排到子宫，孕育胚胎，然后分娩；鸟类的卵巢、输卵管一般是左侧特别发达，右侧的退化。

原始生殖细胞含有 XX 染色体时，未分化性腺自然发育为卵巢。人胚第 10 周后，深入未分化性腺的初级性索退化，被基质和血管代替，成为卵巢髓质。此后，未分化性腺的表面上皮又一次向深层增殖形成新的细胞索，称次级性索（secondary sex cord）或皮质索（cortical cord）。皮质索继续增殖扩大并与上皮分离，构成卵巢的皮质。表面上皮下方的间充质形成白膜。第 16 周时，次级性索开始断裂，形成许多孤立的细胞团，其中央是一个由原始生殖细胞分化而来的卵原细胞，周围是一层由皮质索细胞分化而来的小而扁平的卵泡细胞，二者构成原始卵泡。出生时，卵巢内有 100 万～200 万个原始卵泡，其中的卵原细胞已分化为初级卵母细胞，并停止在第一次减数分裂的前期。初级卵母细胞不能自我复制，因此出生后卵巢内的初级卵母细胞不再增多。

雌性生殖系统比较医学研究显示，在一般毒性研究中，因为大鼠是多次发情动物，且发情周期相对较短，在实验设施中饲养简单，易于密切观察，所以大鼠是生殖毒性实验初步研究的首选实验动物。在生殖生理研究中，可利用兔易被诱发排卵的特点进行各种研究，如雄兔的交配动作或静脉注射绒毛膜促性腺激素（80～100 单位/只）均可诱发排卵，使兔人工授精后进行生殖生理学研究。灵长类动物的生殖生理特性与人类非常接近，是人类避孕药物研究理想的动物模型，可作为胆固醇型避孕剂、非类固醇型避孕剂、子宫内留置器研究的动物模型。猕猴还可成为进行宫颈发育不良、雌性激素评价、胎儿发育迟滞、子宫内膜生理学、淋病、妊娠肾盂积水、胎盘吸引术、妊娠毒血症、子宫肿瘤、输精管切除术等研究的动物模型，模拟配子发生过程、着床过程和卵子发育过程的动物模型，研究性周期、性行为、妊娠期和分娩后早期血液动力变化的动物模型。

第一节　卵　巢

卵巢呈扁椭圆形，一侧为卵巢门，借卵巢系膜与阔韧带相连，血管、淋巴管和神经从门进出卵巢。成人卵巢长 2.5～5cm，宽 1.5～3cm，厚 0.6～1.5cm，重 5～8g。大鼠、豚鼠、兔的卵巢均较小鼠卵巢表面光滑，兔的卵巢呈长条状，输卵管直行，卵巢与子宫、输卵管并未在同一水平方向上，而是弯折向下。人自 35 岁以后卵巢体积逐渐缩小，至绝经后渐缩至原体积的 1/2。大鼠的卵巢完全被脂肪性卵巢囊包围，人的卵巢没有卵巢囊。啮齿类动物的卵巢囊与腹膜腔通过一个隙状开口相通。

一、卵巢的组织结构

卵巢覆有一层与腹膜相连续的单层扁平或立方形的表面上皮（superficial epithelium），以往误认为原始生殖细胞起源于此，故曾将它称为生发上皮。排卵时表面上皮局部破损，2~4 天即修复。上皮下方为薄层致密结缔组织构成的白膜。卵巢实质分为外周较宽的皮质及中央的髓质，但马则相反，皮质在中央，髓质在外周。皮质内有不同发育阶段的卵泡、黄体和闭锁卵泡等，卵泡间的基质含大量梭形的基质细胞，胶原纤维较少，网状纤维较多。髓质由疏松结缔组织构成，与皮质之间无明显分界。血管、淋巴管及神经从卵巢门进入卵巢。卵巢门基质中有门细胞（hilus cell）及少量平滑肌。实验动物卵巢组织比较表明，兔的各级卵泡数量最多，其次为昆明小鼠次级及成熟卵泡数量较多，SD 大鼠黄体及白体数量最多，SD 大鼠、比格犬卵巢门明显。人卵巢表面上皮下无基膜，而啮齿类动物基膜则非常明显。马卵巢的表面上皮仅存在于排卵窝处，其余部分均被覆浆膜。

（一）卵巢实质

皮质位于卵巢的外周，其中含有许多不同发育阶段的卵泡（ovarian follicle），包括原始卵泡（primordial follicle）、初级卵泡（primary follicle）、次级卵泡（secondary follicle）、成熟卵泡（mature follicle）和闭锁卵泡（atretic follicle）。卵巢的中央主要含有血管、神经和平滑肌，称卵巢髓质。近卵巢门处的结缔组织中有少量平滑肌束和门细胞，门细胞的结构与睾丸间质细胞相似，为多边形或卵圆形，直径 14~25μm，核圆形，核仁清楚，胞质呈嗜酸性，含有脂滴、脂色素、结晶体以及碱性磷酸酶、酸性磷酸酶和非特异性酯酶等，并具有分泌类固醇激素细胞的超微结构特征。

卵泡从胚胎时期开始发育，以后数量逐渐减少；青春期后，在垂体分泌的卵泡刺激素（FSH）和黄体生成素（LH）刺激下，有一批卵泡发育，其中一部分发育成熟并排卵；卵泡的发育分为原始卵泡、初级卵泡、次级卵泡和成熟卵泡 4 个阶段。哺乳动物因年龄和动情周期的变化，卵巢内会出现不同数量的卵泡和黄体。啮齿类动物等因无月经，其卵子未受精时的黄体称周期性黄体（periodic corpus luteum），而在人类称为月经黄体（atretic corpus luteum）。

1. 原始卵泡

原始卵泡位于皮质浅层，数量多，体积小，直径 55~75μm，是处于静止状态的卵泡，呈球形，由一个初级卵母细胞和周围一层扁平的卵泡细胞构成。原始卵泡不随年龄的增长而变化。在许多哺乳动物中，原始卵泡成小群分布，称为生殖细胞巢，这种现象在新生初期更明显。初级卵母细胞圆形，直径 50~70μm，核大、圆形，直径 22~24μm，染色浅，呈泡状，故常称为生发泡，停滞于第一次减数分裂的前期（核网期）。电镜下观察，人卵母细胞核膜的核孔明显，核内细小的异染色颗粒沿核膜分布，网状的核仁 1 至数个，核内的 RNA 及蛋白质细小颗粒聚集成核仁样小体。胞质结构与卵原细胞相似，细胞器丰富，细胞器在核的一端聚集成一个大的核旁复合体（paranuclear complex），中央是中心体，周围环绕着内质网与高尔基体，外周有许多线粒体。核周也有许多线粒体，它们呈圆形或卵圆形，有时呈玫瑰花样排列，中间为无定形或细小的颗粒状物质，含有 mRNA。在核旁复合体内或在其附近可见成层排列的滑面内质网，有时呈同心圆状，称为环孔片层（annulate lamella），多者可近百层，近核膜处可见环孔片层与外核膜相连，环孔片层可能与核和胞质间物质转运有关。胞质内还有成簇分布的核糖体以及多泡体和溶酶体，后者参与卵母细胞及卵泡细胞间物质的转运。至原始卵泡后期，卵母细胞的核旁复合体结构分散，粗面内质网可排列成环状。卵母细胞膜与卵泡细胞膜彼此相靠，两者之间的间隙最宽处仅 200nm，2 种细胞均有突起伸入细胞间隙，细胞突起上可见吞饮活动，细胞间有许多缝隙连接。在反刍动物、猪和马，卵泡散在分布，在肉食动物则聚集成群，大熊猫则兼有两种类型。禽类原始卵泡于胚胎时期形成，位于皮质深层，由中央一个大的初级卵母细胞和周围一层扁平的卵泡细胞构成，周围有基膜。雏禽的原始卵泡数量较多，随着卵巢的发育，由于生长卵泡的急剧增多和其所占位置不断扩展，致使原始卵泡显著减少。

2. 初级卵泡

初级卵泡的特点是初级卵母细胞（primary oocyte）增大，核糖体、粗面内质网增多，出现皮质颗粒（溶酶体）。卵泡细胞增生，变为立方形或柱状，为多层，最内层形成放射冠。原始卵泡生长成为初级卵泡的结构变化特点是：初级卵母细胞增大，卵泡细胞增生，卵母细胞及卵泡细胞（follicular cell）间出现透明带（zona pellucida），卵泡膜（follicular theca）开始分化。卵泡生长中，最先出现的是卵母细胞体积增大，初级卵泡时期的卵母细胞几乎达到最大体积，而在次级卵泡至成熟卵泡时期其增长则是微小的。卵母细胞增大时核也增大，核孔增多，以利核与胞质间的物质转运。胞质变化也很显著，胞质内的细胞器分布发生变化，核旁复合体消失，环孔片层也大多消失，多泡体渐多，高尔基体增多，自核旁分散至近细胞膜处，这与透明带和皮质颗粒的形成有关，如已证实大鼠透明带成分是由卵母细胞高尔基体产生的。透明带位于初级卵母细胞与放射冠之间：由ZP1、ZP2、ZP3（ZP3为精子受体）三种蛋白质构成，由卵泡细胞和初级卵母细胞共同分泌。卵泡细胞的突起穿入透明带，与初级卵母细胞的微绒毛或胞膜接触，并有缝隙连接，传递营养和信息分子。禽类的初级卵泡发生早，于出壳时即可见到，位于皮质浅层。初级卵母细胞的体积不断增大，在核周围的胞质内出现少量卵黄物质，并随卵泡的发育逐渐增多。周围的卵泡细胞变为单层立方形至柱状。在卵黄膜与卵泡细胞之间有一层均质状结构，称为卵周膜（perivitelline membrane），相当于哺乳动物的透明带，由卵泡细胞的分泌物形成。卵母细胞的卵黄膜连同部分胞质形成许多暂时性的微细突起，称为放射带（zona radiata），此结构不同于哺乳动物的放射冠（corona radiata），是卵母细胞结构的一部分。放射带伸入卵周膜内，将营养物质摄入卵母细胞内，参与卵黄物质的形成。在接近排卵时放射带消失。卵泡细胞在游离面形成许多细长的突起伸入放射带的凹陷部。卵泡周围的基膜明显，在基膜外有一层肌样细胞环绕，无卵泡膜。

3. 次级卵泡

次级卵泡的卵泡细胞增至6～12层。卵泡腔形成，腔内充满卵泡液，含营养成分、激素和多种生物活性物质。初级卵泡继续生长增大和分化，卵泡细胞间出现一个新月形的腔，称为卵泡腔，这种卵泡称为次级卵泡，又称囊状卵泡（antral follicle）。次级卵泡的发育有赖于垂体促性腺激素的调节，胎儿及青春期前的卵泡对垂体激素敏感，在FSH的作用下卵巢内可出现次级卵泡，但由于下丘脑和垂体的功能尚未完全发育成熟，促性腺激素分泌水平不能达到临界平衡，因此卵泡不能成熟。卵丘由初级卵母细胞、透明带、放射冠及部分卵泡细胞突入卵泡腔形成。卵泡腔周围的卵泡细胞形成卵泡壁，称颗粒层（stratum granulosum），卵泡细胞改称颗粒细胞。初级卵泡和次级卵泡合称生长卵泡（growing follicle）。卵泡周围形成卵泡膜，内层基质细胞分化为多边形或梭形的膜细胞，具类固醇激素分泌细胞的特征，合成雄激素，透过基膜，在颗粒细胞转化成雌激素。外层有平滑肌纤维。青春期以后，下丘脑和垂体周期性释放激素，卵泡才能发育至成熟。次级卵泡的直径可达10～20mm。当卵泡直径达到200μm时，相邻卵泡细胞之间出现一些小间隙，内含卵泡液，随着卵泡的增大，卵泡液增多，小间隙逐渐合并成一个大卵泡腔。卵泡腔扩大时，卵母细胞渐居于卵泡的一侧，并与其周围的卵泡细胞一起突向卵泡腔，形成卵丘（cumulus oophorus）。此时卵母细胞直径可达100～150μm。雏禽于第10天可见卵泡周围的卵泡细胞由单层增殖为复层，即为早期次级卵泡，此时的卵泡移行至皮质深层，卵黄物质进一步增多。卵泡细胞增至2～3层，细胞呈立方形，其构成的结构称为颗粒层，卵泡细胞称为颗粒细胞。卵泡周围的结缔组织分化形成薄的卵泡膜。晚期次级卵泡的体积显著增大，并逐渐移向皮质浅层乃至突出于卵巢表面。

4. 成熟卵泡

成熟卵泡是次级卵泡发育的最后阶段，又称三级卵泡，即囊状卵泡发育的第三阶段。该阶段指从初级卵母细胞核膜破裂至排卵（0 日至第 1.5 日）。每个月经周期一般只有 1 个卵泡成熟，该卵泡体积明显增大，直径可达 20mm 以上，并向卵巢表面突出。在 LH 峰出现的同时，卵母细胞恢复减数分裂，核仁消失，核染色质聚缩成不规则的染色体，此时核膜破裂（又称生发泡破裂）消失。胞质内的粗面内质网减少，线粒体变长，有的呈哑铃形，基质致密，嵴呈管状或泡状，滑面内质网呈不同大小的管状及囊泡状。恒河猴成熟卵泡的卵母细胞中，可见线粒体平行排列，其间有扩大的滑面内质网网池，有时线粒体围绕脂滴呈花环状排列，外周为滑面内质网，组成线粒体-滑面内质网-脂滴复合体。这种结构出现于卵母细胞减数分裂的恢复与完成时期，与分泌甾体激素细胞的结构特点相似，其功能意义尚不清楚。此时期的卵丘细胞松散，细胞圆形或卵圆形，突起减少，细胞间缝隙连接消失，桥粒减少，胞质中细胞器减少，脂滴呈高电子密度，细胞明显退变。卵丘细胞间充满基质，这些物质是由透明带物质扩散而来的，扫描电镜下呈海绵样结构。近排卵时，卵丘与卵泡壁分离，并与卵母细胞一起漂浮于卵泡液中，此时卵泡液增多，颗粒细胞停止分裂，卵泡壁变薄，颗粒层仅有 2 或 3 层颗粒细胞，细胞内与甾体激素新陈代谢有关的酶活性增高，基膜消失。在排卵前数小时，卵泡膜中的毛细血管突入颗粒层。从初级卵泡发育至形成成熟卵泡人约需 85 天。从囊状卵泡发育至排卵约需 2 个月。牛的成熟卵泡直径可达 15~20mm，马的可达 50~70mm，羊和猪的约 10mm，犬和猫的约 2mm。在家畜中，除犬和马之外，第一次减数分裂都是在排卵前不久完成的，而犬和马的两次减数分裂都是在排卵后完成的。禽类的晚期次级卵泡能继续发育，而初级卵母细胞内卵黄物质大量积聚，体积不断增大，卵泡移行并突出于卵巢表面，借一细小的卵泡柄与卵巢相连，即为成熟卵泡。在成熟卵泡与卵泡柄相对的另一端，表面有一个 2~3mm 宽的淡色带，称为卵泡带（follicular zone），此处无白膜和卵泡膜外层，故较薄。常见实验动物与人的卵子大小比较见表 7.1，各级卵泡发育特点比较见表 7.2。

表 7.1　常见实验动物与人的卵子大小比较（μm）

种属	直径（不含透明带）
小鼠	75~88
大鼠	70~75
豚鼠	75~85
兔	120~130
猫	120~130
犬	135~145
猪	120~140
人	130~140

表 7.2　各级卵泡发育特点比较

各级卵泡		发育特点
原始卵泡		卵母细胞为初级卵母细胞，其周围为单层扁平的卵泡细胞
生长卵泡	初级卵泡	初级卵母细胞增大，卵泡细胞变为单层立方形或柱状细胞
	次级卵泡	初级卵母细胞周围的卵泡细胞为复层立方形或柱状细胞，卵母细胞与卵泡细胞之间出现透明带，卵泡膜不明显
	三级卵泡	卵母细胞仍为初级卵母细胞，透明带增厚，卵泡中出现新月形的卵泡腔，形成放射冠和卵丘，颗粒层明显；卵泡膜分为内、外两层，内膜有内分泌功能
成熟卵泡		体积达到最大，向卵巢表面突出，卵泡腔最大；初级卵母细胞完成第一次减数分裂，成为次级卵母细胞而排出

5. 排卵

成熟卵泡破裂，次级卵母细胞从卵巢排出的过程称为排卵（ovulation）。排卵前，成熟卵泡向卵巢壁突出，形成卵泡小斑；卵丘与卵泡壁分离。排卵时，小斑破裂，卵泡膜外层平滑肌纤维收缩，次级卵母细胞连同放射冠、透明带和卵泡液排出。排卵时由于垂体释放黄体生成素（LH），血中 LH 浓度急剧上升，导致卵泡破裂将卵排出。排卵后 24h，次级卵母细胞若不受精，即退化消失；若受精，则继续完成第二次减数分裂，形成单倍体的卵细胞和一个第二极体。在大多数动物，放射冠细胞因精子的作用而消散在输卵管内，而反刍动物的放射冠细胞则于排卵时消失。

卵泡排卵后，残留在卵巢内的卵泡壁细胞转变为一个含丰富血管的内分泌腺，腺细胞内含有胡萝卜素氧化物，肉眼观呈黄色，称黄体（corpus luteum）。卵若未受精，形成的黄体称月经黄体，维持 10～14 天即退变；若卵受精，则形成妊娠黄体（corpus luteum of pregnancy），于妊娠 3 个月后功能缓慢减退，由胎盘取代。黄体的主要功能是分泌孕激素与一些雌激素。在 LH 作用下黄体进入血管形成期，结缔组织和血管突入颗粒层并形成丰富的毛细血管网，颗粒细胞迅速增大，变为颗粒黄体细胞（granulosa lutein cell），较大，呈多角形，胞质中有脂滴，细胞染色浅，具类固醇激素分泌细胞的超微结构特点，分泌孕激素。这类细胞位于黄体的中央部，数量多。膜细胞则转变为膜黄体细胞（theca lutein cell），分布于黄体周边部并随结缔组织伸入颗粒黄体细胞之间。膜黄体细胞较小，呈圆形或多角形，数量少，核及胞质着色均比颗粒黄体细胞深，与颗粒黄体细胞协同作用分泌雌激素。若卵未受精，黄体则逐渐退化，称假黄体；大鼠和小鼠生成的黄体不能分泌孕激素，立即退化，黄体退化时，结缔组织增生，黄体细胞凋亡，细胞变小，核固缩，胞质染色浅，内有许多空泡状脂滴，继而黄体细胞自溶，残片被巨噬细胞吞噬。若受精，黄体继续发育，称真黄体，分泌大量孕激素、雌激素和松弛素。黄体退化后被致密结缔组织取代，成为斑痕样的白体（corpus albicans）。大鼠、小鼠、犬卵泡成熟即可自然排卵，而兔、猫卵泡成熟后不能自然排卵，受到交尾刺激方能排卵，如不交尾卵泡很快闭锁退化。黄体退化导致黄体酮分泌减少，引起新的卵泡发育，进入下一个性周期。大鼠发情周期为 4～6 天，小鼠的发情周期为 4～5 天，兔的发情周期为 8～15 天，豚鼠为 12～18 天（平均 16.5 天），均无月经，其卵子未受精时的黄体称周期性黄体，此时黄体细胞排列紧密，胞质少而嗜酸。牛的一个发情周期中，可见有 2～3 次、每次有 3～6 个卵泡同期生长到 5mm 以上，即有 2～3 个卵泡波出现。母马在一个发情周期中一般只有一个卵泡波，约 1/3 的母马可出现 2 个卵泡波。马的黄体发育较为特殊，初期黄体约在妊娠 40 天内起作用，以后退化，妊娠 40～120 天，卵巢受胎盘促性腺激素的刺激而产生大的卵泡，大卵泡排卵后形成继发黄体，继发黄体维持到妊娠的 180 天后退化消失，妊娠的其余时间黄体酮靠胎盘分泌。马、牛和肉食动物黄体细胞内含黄色脂色素，所以黄体呈黄色，而羊和猪的黄体细胞缺乏这种色素，故黄体呈肉色。禽类排卵时，卵泡带裂开，卵母细胞从此排出。初级卵母细胞于排卵前完成第一次减数分裂，卵巢排出的是次级卵母细胞。第二次减数分裂待受精后完成。

从胎儿时期至出生后，整个生殖期绝大多数卵泡在发育的各个阶段停止生长并退化，退化的卵泡称闭锁卵泡。初级卵母细胞自溶消失。死亡的卵泡细胞或颗粒细胞被巨噬细胞和中性粒细胞吞噬。透明带塌陷，存留一段时间后消失。膜细胞可形成间质腺，分泌雌激素。

（二）卵巢髓质

髓质由疏松结缔组织构成，与皮质之间无明显分界。人卵巢基质中的间质细胞可能由基质细胞转化而来且数量极少，啮齿类动物的间质细胞则来源于闭锁卵泡的内膜细胞，这种细胞又称为间质腺细胞（interstitial gland cell）。人卵巢表面上皮下无基膜，而啮齿类动物基膜则非常明显。原始卵泡和初级卵泡退化时，卵母细胞形态变为不规则形，染色质固缩呈块状，卵泡细胞变小而分散，最后卵母细胞和卵泡细胞均自溶消失。次级卵泡和成熟卵泡闭锁时，卵母细胞死亡消失，透明带皱缩，卵泡壁塌陷，卵泡膜的血管和结缔组织深入颗粒层及卵丘，膜细胞增大，形成多边形上皮样细胞，胞质中充满脂滴，形成黄体细胞并被结缔组织和血管分隔成分散的细胞团索，称为间质腺。啮齿类和肉食动物的间质腺比较发达。一般认为，间质腺细胞来源于闭锁卵泡的内膜细胞。间质腺细胞的形态结构类似黄体细胞，细胞体积大，呈多边形，胞质中含有许多脂滴。电镜下观察成年兔的间质腺细胞，其胞质中有丰富的滑面内质网，周边部的滑面内质网常以脂滴为中心呈轮状排列，粗面内质网较少，脂滴分布于整个胞质中，高尔基体常近核分布，线粒体丰富，基质致密，嵴较少。免疫组织化学分析显示，间质腺细胞呈 β-羟甾脱氢酶强阳性，此酶与甾体激素合成有关。以上结构特点表明，间质腺细胞有分泌甾体激素的功能，它可分泌孕激素、雌激素和雄激素，随动物种类不同而异。人的间质腺发育较差，1 岁婴儿卵巢间质腺细胞较多见，至青春期，随月经出现和黄体发育间质腺细胞多衰退。成人卵巢的间质腺细胞数量少，散在分布于基质中，主要分泌雌激素。啮齿类动物的间质腺较大，近年有人在猫卵巢中观察到间质腺肿瘤，兔卵巢中间质腺细胞非常发达，在基质中到处可见，犬与其他实验动物相比，其卵巢组织结构受发情周期的影响变化最大。

（三）卵巢的激素分泌

在卵泡发育成熟过程中，卵泡壁细胞分泌甾体激素和多种肽类生物活性物质，甾体激素包括雌激素（estrogen）、孕激素（progestogen）和少量雄激素（androgen）。在卵巢周期的早期，两侧卵巢静脉血内的甾体激素水平无明显差别，至周期的中期和后期，有大卵泡或黄体一侧的卵巢产生的 17β-雌二醇、雄烯二酮、睾酮、17α-羟孕酮和黄体酮比对侧高得多。卵泡的分泌物主要是雌酮和雌二醇，而黄体酮和 17α-羟孕酮主要是黄体分泌的。

二、卵巢的增龄性变化

实验动物卵巢可随日龄增加而出现生理性萎缩，卵巢炎也偶尔可见，卵巢肿瘤以颗粒细胞瘤或畸胎瘤为多见。老龄的大鼠和小鼠常见卵泡囊肿，而犬和猴则少见。卵巢可出现间质腺增生与基质纤维化而表现为卵巢萎缩。

三、卵巢的比较组织学

实验动物卵巢组织比较表明，兔的各级卵泡数量最多，其次为昆明小鼠次级及成熟卵泡数量较多，SD 大鼠黄体及白体数量最多，SD 大鼠、比格犬卵巢门部明显。人卵巢表面上皮下无基膜，而啮齿类动物基膜则非常明显。大鼠的卵巢被脂肪性卵巢囊包围。马卵巢的表面上皮仅存在于排卵窝处，其余部分均被覆浆膜。牛的成熟卵泡直径可达 15～20mm，马的可达 50～70mm，羊和猪的约 10mm，犬和猫的约 2mm。在家畜中，除犬和马之外，第一次减数分裂都是在排卵前不久完成的，而犬和马的两次减数分裂都是在排卵后完成的。大鼠、小鼠、犬卵泡成熟即可自然排卵，而兔、猫卵泡成熟不能自然排卵，受到交尾刺激方能排卵，如不交尾卵泡很快闭锁退化。大鼠发情周期为 4～6 天，小鼠的发情周期为 4～5 天，兔的发情周期为 8～15 天，豚鼠为 12～18 天（平均 16.5 天），均无月经，其卵子未受精时的黄体称周期性黄体，此时黄体细胞排列紧密，胞质少而嗜酸。啮齿类和肉食动物的间质腺比较发达。

家禽的卵巢有以下结构特点：①表面上皮向实质内凹陷形成许多深浅不一的沟，在沟的底部有的可见分支；②于育成期和产卵期形成隆起的卵巢小叶，致使卵巢的表面凹凸不平，每个卵巢小叶的表层为表层上皮和白膜，内部的周边是皮质，中间为髓质，不同小叶的髓质与卵巢中央的髓质相连通；③卵泡内无卵泡腔、卵泡液、放射冠和卵丘，也无明显的透明带；④晚期次级卵泡和成熟卵泡突出于卵巢表面，借卵泡柄与其相连；⑤排卵后的卵泡壁很快退化，无黄体形成；⑥卵巢皮质的基质内有间质细胞，髓质内有弥散淋巴组织或淋巴小结。人、常见实验动物及畜禽卵巢的比较组织学见表 7.3。

表 7.3　人、常见实验动物及畜禽卵巢的比较组织学

	人	常见实验动物	畜禽
卵巢生殖上皮	卵巢表面上皮下无基膜	卵巢表面上皮下基膜非常明显	马卵巢表面上皮仅存在于排卵窝处，其余部分均被覆浆膜
卵巢间质	成人卵巢的间质腺细胞数量少，散在分布于基质中，主要分泌雌激素	间质腺较大	肉食动物的间质腺比较发达
性周期	月经	大鼠为 4～6 天，小鼠 4～5 天，兔 8～15 天，豚鼠 12～18 天（平均 16.5 天），均无月经	牛的发情周期有 2～3 个卵泡波出现；每马一般只有 1 个卵泡波，约 1/3 的母马可出现 2 个卵泡波

第二节　输　卵　管

输卵管是运送生殖细胞和卵受精的场所，它在精子的获能、受精卵正常卵裂和生存方面都有重要作用。外侧端为较大的腹腔口，内侧端与子宫腔的上角相连。管壁由内向外分为黏膜层、肌层和浆膜。输

卵管分漏斗部、壶腹部、峡部和子宫部。漏斗部为输卵管末端的膨大，游离缘有许多指状突起，形似伞状，又称输卵管伞，其中有一突起较长，沿阔韧带边缘连接卵巢；壶腹部长而宽，弯曲而不规则，壁较薄，是受精的部位；峡部直而细，壁厚，腔窄；子宫部行穿于子宫壁内，短而窄。比格犬输卵管上皮高度发达，呈乳头状，上皮交织成网。

一、输卵管的组织结构

输卵管壁由黏膜层、肌层和浆膜组成。黏膜有纵行而分支的黏膜皱襞（mucosal fold），壶腹部皱襞多，高大而有分支，使管腔不规则；由单层柱状上皮和固有层构成，固有层为薄层结缔组织；上皮由分泌细胞和纤毛细胞构成，受卵巢激素的作用而出现周期性变化。纤毛细胞的数量在输卵管各段不同，输卵管伞最多，随移向子宫端逐渐减少，哺乳动物包括人的输卵管上皮的纤毛都是有节奏地向子宫方向摆动，但兔输卵管峡部一些纵行嵴表面的纤毛细胞，其纤毛的摆动朝向卵巢，而邻近嵴上的一些纤毛细胞的纤毛摆动则朝向子宫。猪及反刍动物有的部分黏膜上皮为假复层柱状上皮，猪和马的壶腹部黏膜层和黏膜下层的混合层有高的皱褶。输卵管上皮细胞可合成并分泌某些有利于胚胎正常发育的胚胎营养因子（embryotrophic factor）。输卵管肌层为内环、外纵平滑肌，输卵管漏斗部肌层薄，壶腹部环行肌明显，纵行肌散在分布，峡部肌层最厚，由内环和外纵 2 层平滑肌组成；人输卵管峡部内 V3 处，环形肌内侧还有一层纵行肌。输卵管系膜中也有平滑肌，收缩时有牵拉输卵管的作用。卵子在输卵管中运行，除与纤毛摆动及输卵管液的作用有关外，还与平滑肌的收缩有关，尤其在通过峡部时平滑肌的收缩作用更明显。输卵管浆膜由间皮和富含血管的疏松结缔组织组成。

禽类输卵管长而弯曲，产蛋期长而粗，管壁厚，休产期较短且细。根据输卵管的结构和功能不同，可将其分为 5 段，从前向后依次为漏斗部、膨大部、峡部、子宫部和阴道部。管壁结构均分为黏膜层、肌层和外膜 3 层，黏膜由上皮和固有层构成，缺黏膜肌层，上皮表面有纤毛，黏膜表面有皱襞。肌层由平滑肌构成，多为内环、外纵。外膜为浆膜。①漏斗部（infundibulum）为禽类输卵管的起始部，前端扩展成漏斗状，称为输卵管伞，其游离缘有薄而柔软的皱襞。向后逐渐过渡为狭窄的漏斗管，黏膜表面形成纵行皱襞，可出现次级及三级皱襞。漏斗部的中央为输卵管的腹腔口，当卵细胞自卵巢排出时，伞部可将其卷入，并在此受精。不管受精与否，蛋均可形成。漏斗部的黏膜被覆单层纤毛柱状上皮，由纤毛细胞和分泌细胞组成。漏斗管的固有层内有管状腺，其分泌物参与系带的形成。伞部的肌层为平滑肌束，至漏斗管形成内环、外纵 2 层。②膨大部（magnum）亦称为蛋白质分泌部，是输卵管最长且弯曲度最大的一段，其特点是管径大，管壁厚，腔面形成高大宽厚的皱襞，黏膜被覆单层纤毛柱状或假复层纤毛柱状上皮，亦由纤毛细胞和分泌细胞组成。固有层内有大量管状腺，其分泌物形成系带和蛋白。③峡部（isthmus）短而细，管壁较薄，结构与膨大部相似。固有层内腺体的分泌物是一种角蛋白，可形成蛋的内、外壳膜。④子宫部也称壳腺部（shell gland），为一永久性的扩大囊，腔面形成长而弯曲的叶状皱襞，多纵行。黏膜被覆假复层纤毛柱状上皮，也是由纤毛细胞和分泌细胞组成。固有层内有短而细的分支管状腺，其分泌物形成蛋壳，基层发达。蛋在子宫部停留的时间可长达 18～20h。⑤阴道部（vagina）呈 S 形弯曲，黏膜有许多高而薄的纵行皱襞。固有层内有少量单管状腺，亦称阴道腺，可分泌某些糖类和脂类物质。阴道腺的腺腔具有贮存精子的作用，精子在此能存活 2～3 周。肌层较厚，尤以内环肌发达。常见实验动物的射精部位、受精部位等的比较见表 7.4。

二、输卵管的比较组织学

哺乳动物及人的输卵管上皮纤毛均有节奏地向子宫方向摆动；兔输卵管峡部一些纵行嵴表面的纤毛细胞，其纤毛的摆动朝向卵巢，而邻近嵴上的一些纤毛细胞的纤毛摆动则朝向子宫。猪及反刍动物部分黏膜上皮为假复层柱状上皮，猪和马的壶腹部黏膜层和黏膜下层的混合层有高的皱褶。人、常见实验动物及畜禽输卵管的比较组织学见表 7.5。

表 7.4　常见实验动物的射精部位、受精部位等的比较

种属	射精部位	精子向输卵管移动耗时	抵达输卵管膨大部的精子数	精子获能所需时间（h）
猪	子宫颈及子宫	30min（输卵管）；2~6h（输卵管上部）	80~1000	2~6
绵羊	阴道	2~30min（膨大部）；4~8h（膨大部）	240~5000	1.5
犬	子宫角	2min 至数小时	5~100	
猫	阴道及子宫颈		40~120	1~2
兔	阴道	3~6h	250~500	6~12
豚鼠	子宫体	15min（输卵管中央部）；3~4h（输卵管上部）	25~50	4~6
仓鼠	子宫角	2~60min（膨大部）	少数	2~3
大鼠	子宫角	15~30min	5~100	2~3
小鼠	子宫角	15min	>17	1~2

表 7.5　人、常见实验动物及畜禽输卵管的比较组织学

	人	常见实验动物	畜禽
输卵管	人输卵管上皮纤毛均有节奏地向子宫方向摆动	兔输卵管峡部一些纵行嵴表面的纤毛细胞，其纤毛摆动朝向卵巢，而邻近嵴上的一些纤毛细胞的纤毛摆动则朝向子宫	猪及反刍动物有的部分黏膜上皮为假复层柱状上皮；猪和马的壶腹部黏膜层和黏膜下层的混合层有高的皱褶

第三节　子　宫

子宫为前后略扁的倒置梨形器官，分底、体、颈三部分。子宫体与颈之间的狭窄部分为峡部，非妊娠期长约 1cm，其上端为子宫颈管内口，下端为子宫体和子宫颈内膜移行部。子宫的大小和形状可因年龄增长和是否生育而异，成年未生育妇女的子宫腔长 7~8cm，最宽处 4~5cm，子宫壁厚约 2.5cm。经产妇子宫体积与重量均增大。子宫体与子宫颈长度的比例也因年龄增长而变化。胎儿期子宫长度为宫颈的 3/10，儿童期的宫体长度为宫颈的 1/2，青春期时两者等长，生育期妇女子宫体长度比宫颈大一倍，老年时期这两部分等长。常用实验动物与人的子宫有区别，人的子宫为单子宫型，而啮齿类动物、兔、犬等动物均为双子宫型，两个子宫角的腔是完全分开的，两个子宫颈外口独立地开口于阴道，并深埋于突入阴道的黏膜褶内，这些黏膜褶突入阴道腔的部位称为子宫阴道部。子宫组织结构比较，比格犬内膜层及肌层厚，而昆明小鼠内膜层及肌层薄，子宫内膜层腺体密度比较，树鼩子宫内膜层腺体密度大。

一、子宫的组织结构

（一）子宫壁各层组织结构

子宫内膜（endometrium）由上皮和固有层构成。上皮与输卵管黏膜上皮相似，也由纤毛细胞和分泌细胞构成，纤毛细胞数量少，分泌细胞数量多，固有层较厚，除含有较多的网状纤维、淋巴细胞、巨噬细胞、肥大细胞、浆细胞以及丰富的血管、淋巴管和神经外，还含有大量的分化程度较低的梭形或星形细胞，称为基质细胞（stromal cell），其核大而圆，胞质较少，可合成和分泌胶原蛋白。上皮类型随动物种类和发情周期不同而异，马、犬、猫等动物为单层柱状上皮，猪和反刍动物为单层柱状或假复层柱状上皮，上皮细胞有分泌功能，游离面有静纤毛。在灵长类，子宫内膜分为两层，表层称功能层（functional zone）（由致密层和海绵层共同构成），每次月经期功能层都发生脱落。固有层的浅层有较多的细胞成分及子宫腺（uterine gland）导管。细胞以梭形或星形的胚性结缔组织细胞为主，细胞突起相互连接，固有层中还含有巨噬细胞、肥大细胞、淋巴细胞、白细胞和浆细胞等。动情期子宫内膜中有大量组织液出现，称为子宫内膜水肿（endometrial edema）。固有层的深层中细胞成分较少，但布满了分支管状的子宫腺及其导管（牛、羊的子宫肉阜处除外）。马的子宫腺是分支和卷曲的，而这在肉食动物中则很少见到分支。腺壁由有纤毛或无纤毛的单层柱状上皮组成，常见的实验动物子宫

腺一般不达肌层，靠近子宫体的子宫颈部与子宫阴道部黏膜上皮相同，均为复层扁平上皮，犬子宫颈上端的子宫内膜上皮为单层柱状上皮，兔的子宫颈则有一层纤毛上皮（又称子宫颈上皮）。子宫腺分泌物为富含糖原等营养物质的浓稠黏液，称子宫乳，可为着床前附植阶段早期胚胎提供所需营养。子宫肉阜（caruncle）是反刍动物固有层中圆形加厚部分，有数十个乃至上百个，内含丰富的成纤维细胞和大量的血管。羊的子宫肉阜中心凹陷，牛的子宫肉阜为圆形隆突。子宫肉阜参与胎盘的形成，属胎盘的母体部分。

子宫内膜的血管来自于子宫动脉的分支，子宫动脉进入子宫壁后，分支走行至肌层的中间层，由此发出许多与子宫腔面垂直的放射状小动脉，在进入内膜之前，每条小动脉分为两支：短而直的分支，营养基底层，不受性激素的影响，称为基底动脉；主支称螺旋动脉（spiral artery），在子宫内膜内呈螺旋状走行，至功能层浅层形成毛细血管网和窦状毛细血管，然后汇入小静脉，经肌层汇合为子宫静脉，螺旋动脉对性激素的刺激敏感，反应迅速。

子宫肌层（myometrium）由发达的内环、外纵平滑肌组成。在两层间或内层深部存在大量的血管及淋巴管，这些血管主要是供给子宫内膜营养，在反刍动物子宫肉阜区特别发达。常用实验动物的子宫肌层与人相同，但在子宫角靠近子宫体处，两个子宫角的肌层合成一个中间隔，称为纵隔，在肌层外侧有成对的子宫颈旁神经节（paracervical ganglion）。

子宫外膜（perimetrium）属浆膜性结构，由疏松结缔组织外覆间皮构成。在结缔组织中有时可见少数平滑肌纤维存在。

（二）子宫颈

子宫颈短而壁厚，黏膜和黏膜下层的混合层有高的纵行皱襞，并具有二级和三级小皱襞。子宫颈壁由外向内分为纤维膜、肌层和黏膜层。纤维膜为纤维结缔组织；肌层平滑肌较少且分散，结缔组织较多；黏膜形成许多大而分支的皱襞，相邻皱襞之间的裂隙形成腺体样的隐窝，在切面上形似分支管样腺，有人称之为子宫颈腺。黏膜上皮为单层柱状上皮，由少量纤毛细胞和较多分泌细胞及储备细胞（reserve cell）构成，储备细胞较小，散在于单层柱状上皮细胞和基膜之间，分化程度较低，有增殖修复功能，上皮纤毛向阴道摆动，可促使相邻分泌细胞的分泌物排出并使分泌物流向阴道。宫颈阴道部的黏膜光滑，上皮为复层扁平上皮，细胞内含有丰富的糖原，宫颈外口处单层柱状上皮移行为复层扁平上皮。大多数动物的子宫颈上皮为单层柱状上皮，夹有杯状细胞，可分泌黏液，在发情期及妊娠期，分泌量增加，并流入阴道。犬子宫颈黏膜上皮为复层扁平上皮，猪的90%以上为复层扁平上皮。固有层中一般无子宫腺，但肉食动物有子宫腺。子宫颈的肌层发达，由内环、外纵平滑肌构成。环行肌特别厚，并含有大量弹性纤维。外覆浆膜。动物不同，子宫颈的环行肌结构不同：在小的反刍动物和猪，子宫颈环行肌皱褶和突出的部分增厚内翻；在马和牛，增厚的环行肌形成子宫颈阴道部；犬的子宫颈阴道部的子宫外口由环行的阴道肌包围；子宫颈组织结构比较，昆明小鼠、SD大鼠、比格犬子宫颈黏膜上皮均为鳞状上皮，并且无子宫颈固有黏液腺体，日本大耳白兔及树鼩黏膜上皮均为黏液柱状上皮，呈乳头状排列，并且具有子宫颈固有黏液腺体，但数量较少。

（三）子宫的增龄性变化

实验动物子宫病变因品系不同而异，常见有子宫内膜息肉，有的品系大鼠子宫内膜腺癌较多见，但在人常见的子宫肌瘤在大鼠、小鼠中很少见，子宫肌腺病在老龄小鼠和兔中可以见到，好发乳腺癌的SHN小鼠子宫肌腺病发病率较高。

（四）子宫内膜周期性变化

女性自青春期开始，子宫底部和体部的内膜功能层在卵巢分泌的激素作用下，开始出现周期性变化，即每28天左右发生一次内膜剥脱出血、增生、修复过程，称为月经周期（menstrual cycle）。某些实验动物在卵巢雌激素和孕激素的周期性作用下子宫内膜也发生周期性变化：①发情前期（proestrus），在雌激素作用下，上皮细胞和基质细胞增生，子宫内膜上皮为高柱状的柱状上皮，胞核位于细胞中央，细胞排列整齐，分裂象少见，内膜胚性结缔组织增生变厚，血管增多，内膜水肿、充血甚至出血，黏膜固有层内有较多中性粒细胞及淋巴细胞浸润。②动情期（estrus），卵泡成熟并排卵，雌激素达高峰，动物有性行为，子宫内膜增生、充血水肿，红细胞渗出，上皮多为带空泡的柱状上皮，其间可见子宫腺上皮，子宫腺分泌活动旺盛，为胚胎的附植做准备，固有层内胶原纤维大量增加，内膜上皮细胞及子宫腺上皮细胞均能见到核分裂象。③发情后期（metestrus），卵巢形成黄体，分泌黄体酮。子宫内膜上皮为柱状上皮，子宫腺上皮细胞核分裂象多见，细胞核排列极不规则，细胞嗜碱性增加，胞质内有空泡。固有层毛细血管少量出血，但会被吞噬吸收。如果发情后不妊娠，则子宫内膜开始退化。对于牛来说，则发生子宫固有层的微出血，固有层的毛细血管破裂，在表面上皮下面蓄积成血疱，后来血疱破裂，血液及黏膜一起脱落入子宫腔中，被吞噬和吸收。④发情间期（anestrus），内膜柱状上皮由高向矮过渡，黏膜固有层中纤维细胞少见，黄体大量分泌黄体酮，子宫腺大量分泌子宫乳，可维持妊娠。若未妊娠，子宫内膜随黄体变化而变薄。大鼠性周期的子宫内膜变化见表 7.6。

表 7.6　性周期的子宫内膜变化（大鼠）

	动情前期	动情期	发情后期	发情间期
内膜上皮细胞	中型，矮到高圆柱状	大型，高圆柱状	大型，高圆柱状	小型，立方形到圆柱状
核质比	约 1.5	2 以上	约 2	1 以下
核分裂象	极少见	几乎没有	很常见	极少见
空泡变性及坏死	无	被覆上皮、子宫腺常见	被覆上皮偶见	极少
间质细胞（固有层）	纺锤形，非活动性	纺锤形，非活动性	纺锤形，非活动性	圆形到卵圆形，活动性

二、子宫的比较组织学

比格犬内膜层及肌层厚，而昆明小鼠内膜层及肌层薄，子宫内膜层腺体密度比较，树鼩子宫内膜层腺体密度大。马的子宫腺是分支和卷曲的，肉食动物很少见到分支。常见的实验动物子宫腺一般不达肌层，子宫颈部与子宫阴道部黏膜上皮均为复层扁平上皮，犬的宫颈上端的子宫内膜上皮为单层柱状上皮，兔的子宫颈上皮为一层纤毛上皮。子宫肉阜是反刍动物固有层中圆形加厚部分，有数十个乃至上百个，内含丰富的成纤维细胞和大量的血管，羊的子宫肉阜中心凹陷，牛的子宫肉阜为圆形隆突。子宫肌层在反刍动物子宫肉阜区特别发达。常用实验动物的子宫肌层与人相同。大多数动物的子宫颈上皮为单层柱状上皮，有杯状细胞，可分泌黏液，犬子宫颈黏膜上皮为复层扁平上皮，猪的 90% 以上为复层扁平上皮。肉食动物有子宫腺。昆明小鼠、SD 大鼠、比格犬子宫颈黏膜上皮为鳞状上皮，无子宫颈固有黏液腺体，日本大耳白兔及树鼩黏膜上皮为黏液柱状上皮，呈乳头状排列，具有子宫颈固有黏液腺体。人、常见实验动物及畜禽子宫的比较组织学见表 7.7。

表 7.7　人、常见实验动物及畜禽子宫的比较组织学

	人	常见实验动物	畜禽
子宫	为单子宫型	啮齿类、兔、犬为双角子宫，两个子宫角的腔是完全分开的，独立开口于阴道	为双角子宫
子宫内膜	由单层柱状上皮和固有层组成，上皮与输卵管黏膜上皮相似，也由纤毛细胞和分泌细胞构成，纤毛细胞数量少，分泌细胞数量多	比格犬内膜层及肌层厚，昆明小鼠内膜层及肌层薄；树鼩子宫内膜层腺体密度大	马、猫等子宫内膜上皮为单层柱状上皮，猪和反刍动物为单层柱状或假复层柱状上皮，游离面有静纤毛；反刍动物固有层子宫肉阜有数十个乃至上百个，内含成纤维细胞和血管，羊的子宫肉阜中心凹陷，牛的子宫肉阜为圆形隆突
子宫颈	由纤维膜、肌层和黏膜层构成；纤维膜为纤维结缔组织；肌层平滑肌较少且分散，结缔组织较多；黏膜有许多大而分支的皱襞	犬子宫内膜上皮为单层柱状上皮；兔子宫颈上皮为纤毛上皮；昆明小鼠、SD 大鼠、比格犬子宫颈黏膜上皮为鳞状上皮，无子宫颈固有黏液腺体；兔及树鼩黏膜上皮均为黏液柱状上皮，呈乳头状排列，具有较少子宫颈固有黏液腺体	短而壁厚，黏膜和黏膜下层的混合层有高的纵行皱襞，并具有二级和三级小皱襞；大多数家畜的上皮为单层柱状上皮，夹有杯状细胞，可分泌黏液

第四节　阴　　道

阴道是从子宫颈延伸到前庭的管道。管壁由内向外也由黏膜层、肌层和外膜组成。

一、阴道的组织结构

阴道壁由黏膜层、肌层和外膜组成。黏膜向阴道腔内突入形成许多横行皱襞，由上皮和固有层构成。上皮较厚，为非角化的复层扁平上皮，一般情况下表层细胞内虽含有透明角质颗粒，但不出现角化。在卵巢分泌的雌激素作用下，上皮细胞内聚集大量糖原。浅层细胞脱落后，糖原在阴道杆菌作用下转变为乳酸，使阴道保持酸性，有一定的抗菌作用。阴道上皮的脱落和新生与卵巢活动周期有密切的关系，因而根据阴道脱落上皮细胞类型可推知卵巢的功能状态。固有层由富含弹性纤维和血管的结缔组织构成，其浅层较致密，深层较疏松。肌层由内环、外纵的平滑肌构成。阴道外口处有骨骼肌构成的括约肌。外膜由富含弹性纤维的致密结缔组织构成。

和其他动物（包括人）相比，地鼠的阴道黏膜较厚，阴道下半部黏膜上皮通常是角化复层鳞状上皮，阴道上半部黏膜有周期性变化。地鼠发情后期阴道的柱状上皮明显发育，兔的阴道黏膜上皮看不到与大、小鼠相同的变化。同样，犬的阴道没有柱状上皮形成。在阴道向子宫移行的子宫颈部（cervix uteri），大鼠、小鼠、地鼠和犬的阴道上皮（vaginal epithelium）与人相似，直接移行为柱状的子宫上皮，兔的宫颈上皮（cervical epithelium）为单层纤毛上皮。阴道黏膜上皮随发情周期不同而显示出不同的组织学改变，但阴道口上皮不随发情周期而变化，兔阴道没有此种变化。妊娠时啮齿类动物的阴道形成含有丰富黏液的复层柱状上皮细胞，而兔的单层柱状上皮细胞内有空泡形成。牛阴道的前端有明显的环形皱襞，上皮表层有柱状细胞和含 PAS 阳性物质的杯状细胞。马的上皮通常是复层扁平上皮，上皮下为一层疏松结缔组织，无腺体，内含有弥散的淋巴组织和血管。肌层环行、纵行的平滑肌排列不规则，相互交错，外口变为阴道括约肌。在猪、犬和猫，环行肌层内侧有薄的纵行肌层。外膜由疏松结缔组织构成，与相邻器官的结缔组织相连，属纤维膜结构。

雌性啮齿类动物阴核腺位于阴核两侧，黄褐色，椭圆形，是来自皮脂腺的全分泌腺，靠近腹股沟区乳腺。和雄性动物的包皮腺一样，甾体和垂体激素调控阴核腺生长与功能。组织学上，阴核腺是全质分泌性腺体，为树枝状管泡样结构，腺泡基底侧有基细胞，腺泡细胞含有嗜酸性颗粒，几个腺泡被纤维组织围成小叶样结构，腺泡开口于小导管，多个小导管融合形成中央导管，最后形成排泄管开口于尿道末端的阴核顶部，腺泡间质血管丰富，内覆鳞状上皮。阴核腺导管管腔有鳞状上皮覆盖，有时可发生角化。老龄动物阴核腺常见萎缩及局部增生等改变。

二、发情周期阴道黏膜的变化

各种动物的阴道黏膜上皮随发情周期的变化而出现有规律的增生、角化和脱落，可根据阴道涂片的细胞学变化来确定发情周期的各个阶段，从而掌握配种、授精的最佳时机。犬的各阶段阴道涂片特点为：①休情期，有许多不着色的未角化上皮细胞；少数几个大的着色细胞，其核发生固缩；还有少数中性粒细胞和淋巴细胞。②发情前期，有许多红细胞（来自子宫）；许多大而角化的细胞构成角质层。③发情期，有一些红细胞和许多角化细胞，随着发情进展，角质层崩解，角化细胞发生皱缩、变形，并常常有细菌侵入。④发情后期和间情期，上皮细胞角化程度低，外观很像未染色的活细胞；在发情后期的第 3 天，中性粒细胞最多，而后逐渐消失，直到发情后的第 10～20 天重新出现。

大鼠和小鼠性成熟后发情周期每隔 4～5 天昼夜节律性重复一次，在这个过程中卵巢的卵泡、子宫和阴道上皮都表现出周期性的变化。但阴道门的上皮不随发情周期而改变。发情前期 12h，有成熟卵泡，子宫增大，黏膜加厚，子宫腺长度增加，阴道上皮增厚达 8～12 层，浅表 3 或 4 层以下的细胞出现角化颗粒，为角化复层扁平上皮，颗粒层（stratum granulosum）和透明层（stratum lucidum）都很清楚。发情24～30h，成熟卵泡破裂排出卵子，子宫黏膜极度肥厚，腺体增大，阴道上皮细胞达 6～10 层，浅表 3～5 层角化。动情后 6h，卵巢内出现黄体，子宫缩小，阴道角质层（cornified layer）完全脱落，上皮变薄。发情后 54～60h，卵泡不大，子宫小，黏膜薄，血管较少，阴道上皮逐渐增厚，可达 10 层，上皮细胞间有许多白细胞。大鼠性周期的阴道上皮变化见表 7.8。

表 7.8　性周期的阴道上皮变化（大鼠）

	发情前期	动情期	发情后期	发情间期
阴道上皮				
黏液层	2 或 3 层	无	无	无
角质层	无	有	无	无
颗粒层	2 或 3 层	1 或 2 层	无	无
生发层	7～9 层	7～8 层	5 或 6 层	8 或 9 层
阴道涂片	含有黏液的中型有核上皮细胞	仅见大型角化上皮细胞	少数大型角化上皮细胞和多数中性粒细胞	中性粒细胞和大型角化及中型有核上皮细胞

三、阴道的比较组织学

与其他动物（包括人）相比，地鼠的阴道黏膜较厚，阴道下半部黏膜上皮通常是角化复层鳞状上皮，阴道上半部黏膜有周期性变化。地鼠发情后期阴道的柱状上皮明显发育。犬的阴道没有柱状上皮形成。大鼠、小鼠、地鼠和犬的子宫颈部阴道上皮与人相似，直接移行为柱状的子宫上皮细胞，兔的宫颈上皮为单层纤毛上皮。妊娠时啮齿类动物的阴道形成含有丰富黏液的复层柱状上皮，而兔的单层柱状上皮细胞内有空泡形成。牛阴道的前端有明显的环形皱襞，上皮表层有柱状细胞和杯状细胞。马的上皮通常是复层扁平上皮，其下为一层疏松结缔组织，无腺体，内含有弥散的淋巴组织和血管。在猪、犬和猫的环行肌层内侧有薄的纵行肌层。啮齿类动物阴核腺是全质分泌性腺体，位于阴核两侧，黄褐色，椭圆形，是来自皮脂腺的全分泌腺，腺泡细胞含有嗜酸性颗粒。人、常见实验动物及畜禽阴道的比较组织学见表 7.9。

表 7.9　人、常见实验动物及畜禽阴道的比较组织学

	人	常见实验动物	畜禽
阴道	黏膜形成很多纵行皱襞，表面为复层扁平上皮；表层细胞角化不明显，细胞内含有脂滴及糖原	地鼠的阴道黏膜较厚，阴道下半部黏膜通常是角化复层鳞状上皮，阴道上半部黏膜有周期性变化；子宫颈部大鼠、小鼠、地鼠和犬的阴道上皮与人相似，直接移行为柱状的子宫上皮；兔的宫颈上皮为单层纤毛上皮；啮齿类动物阴核腺是全质分泌性腺体	牛阴道的前端有明显的环形皱襞，上皮表层有柱状细胞和含 PAS 阳性物质的杯状细胞；马的上皮通常是复层扁平上皮，上皮下为一层疏松结缔组织，无腺体，内含有弥散的淋巴组织和血管；在猪、犬和猫的环行肌层内侧有薄的纵行肌层

参 考 文 献

成令忠, 钟翠平, 蔡文琴. 2003. 现代组织学. 上海: 上海科学技术文献出版社: 1002-1039.

李德雪, 林茂勇, 张乐萃. 2004. 动物比较组织学. 台北: 艺轩图书出版社: 270-280.

李和, 李继承. 2015. 组织学与胚胎学. 3 版. 北京: 人民卫生出版社: 298-313.

李宪堂. 2019. 实验动物功能性组织学图谱. 北京: 科学出版社: 194-211.

秦川. 2017. 实验动物比较组织学彩色图谱. 北京: 科学出版社: 139-164.

沈霞芬, 卿素珠. 2015. 家畜组织学与胚胎学. 5 版. 北京: 中国农业出版社: 195-203.

周光兴. 2002. 比较组织学彩色图谱. 上海: 复旦大学出版社: 139-164.

Elizabeth F, McInnes EF. 2012. Background Lesions in Laboratory Animals A Color Atlas. Edinburgh: Elsevier Ltd.

Piper M, Treuting PM. 2018. Comparative Anatomy and Histology: A Mouse, Rat and Human Atlas. 2nd ed. London: Elsevier Ltd: 303-334.

第八章 神 经 系 统

本章分为神经组织、中枢神经系统和外周神经系统三节进行描述。

神经组织章节主要叙述神经元的分化发育、形态与分类、神经元和突触的结构与特性，介绍神经胶质细胞、神经纤维、神经干细胞等，并比较常见实验动物与人以及不同动物间神经组织的异同。

中枢神经系统章节围绕大脑皮质、小脑皮质、脊髓、脑脊膜、脉络丛、脑脊液与血脑屏障叙述，周围神经系统章节主要介绍神经节与周围神经末梢，并以小肠肌间神经丛为例比较常见实验动物与人以及不同动物之间神经系统的异同。

第一节 神 经 组 织

神经组织是构成人体神经系统的主要成分，广泛分布于各组织器官内，联系、调节和支配各器官的功能活动，使机体成为协调统一的整体。神经组织主要由神经细胞（nerve cell）和神经胶质细胞（neuroglial cell）组成，两种细胞的形态和功能虽有差别，但它们是密切相关的统一体。

神经细胞又称神经元，是神经系统的形态和功能单位，具有感受体内外刺激、整合信息和传导神经冲动的能力。神经元是高度分化的具有接受刺激和传导信息作用的细胞，可分为胞体、突起和终末三部分。胞体是神经元功能活动的中心，细胞核位于胞体内，胞体的细胞质称核周质（perikaryon），内含各种细胞器、内含物及参与信号传递的物质。突起自胞体伸出，分为树突（dendrite）和轴突（axon），各种神经元突起的长短、数量与形态不同。长的突起组成神经纤维，短的突起参与组成中枢的神经毡（neuropil）和外周的神经丛。一些突起的终末分布于外周器官，组成神经末梢，感受来自体内外的刺激，或支配效应器（肌纤维、腺细胞等）活动。

突触是神经元之间或神经元与非神经元效应器之间的连接部位，具传递和分析整合信息作用。神经元通过相互之间形成的突触彼此连接，形成复杂的神经网络和通路，把接收到的化学信息或电信息加以分析或储存，并可将信息从一个神经元传给另一个神经元，或传递给骨骼肌细胞、平滑肌细胞和腺细胞等效应细胞，以产生效应，实现神经系统的各种功能包括高级神经活动。此外，某些神经元还有内分泌功能，如位于下丘脑的某些能分泌激素的神经元。

神经胶质细胞遍布于神经元胞体之间和突起之间，数量超过神经元的10倍。参与构成神经元生长分化和功能活动的微环境。虽然它们不具有传导神经冲动的特性，但神经胶质细胞也有突起，它们参与神经元的一些生理活动，不仅对神经元起支持、保护、营养和绝缘等作用，而且对脑内神经递质和活性物质的代谢等有重要的影响。

一、神经元

（一）神经元的分化发育

神经系统是动物在进化过程中逐步产生的。单细胞动物虽具有反应性和特异性，但这些活动存在于整个细胞体。例如，阿米巴虫在接受刺激时就是以整个细胞来进行反应的，并无特殊分化的神经构造。而多细胞动物就有不同的细胞分工，产生了细胞形态的分化。但在单胚层动物尚无特殊分化的感觉细胞。只有在动物发展到两胚层时，才由外胚层分化出神经组织，完成接受刺激并把冲动传导到效应器的功能。随着动物的进化，机体由简单构造发展到具有很多器官系统时，神经系统也由分散到集中，由网状（如腔肠动物）、链状（三胚层无脊椎动物）到管状（脊椎动物所特有），由脑化到皮质化不断地发展完善。

人类神经系统起源于胚胎时期的神经管（neuronal tube）和位于神经管两侧的外胚层神经嵴（neuronal crest），神经管分化为中枢神经系统，神经嵴主要分化为周围神经系统。最初的神经管上皮是假复层柱状上皮，称神经上皮（neuroepithelium）。上皮的腔面和基底面分别有薄层的内界膜和外界膜，上皮细胞呈锥形、梭形和柱状，细胞核位于不同平面，故形似复层。神经上皮中的长梭形细胞可复制 DNA（S 期），继而细胞向内界膜方向缩短，胞核也随之靠近内界膜，此时的细胞处于 G_2 期。后与邻近细胞的连接渐消失，细胞渐变圆，紧贴内界膜，进入 M 期。上皮细胞分裂完成后，细胞间又重建连接结构，细胞渐变长，核又向外界膜移动，细胞恢复为长梭形或楔形后再次进入增殖周期。由于细胞不断增殖，处于不同的周期，形态不断变化，核的位置也随细胞周期而深浅往返移动。处于 M 期的细胞贴近内界膜，组成 M 带；核近外界膜的细胞处于 S 期，组成 S 带；介于 M 带与 S 带之间的是 I 带（中间带）。在神经上皮细胞不断增殖过程中，细胞也进行迁移和分化。M 带的分裂中期细胞的纺锤体如与表面垂直，分裂后的 1 个子细胞即向神经上皮的深部迁移，并分化为最早的神经元——成神经细胞（neuroblast），它们与内、外界膜的胞突附着消失，并迁入中间层，成为无分裂能力的无极成神经细胞（apolar neuroblast）。随后，细胞朝内、外界膜方向伸出突起，形成双极成神经细胞（bipolar neuroblast）。此时的神经细胞已开始合成神经递质，并具有电兴奋性。这些双极成神经细胞进一步根据所处的部位迁移分化为中枢神经系统各部位所特有的神经细胞。神经管管壁增厚后，可分为 3 层：仍保留在神经上皮内并不断增殖的细胞组成室管膜，迁移至深部的神经元组成中间层（或称套层），伸向外侧的神经元突起组成边缘层。在神经元生长分化过程，仅部分神经元仍保持继续发育的能力，胞质内陆续出现较多的微管、微丝和神经丝等细胞骨架结构，并最终与靶细胞建立联系，其他许多神经元则因未与靶细胞建立连接而逐渐死亡。神经上皮内很早已有神经元和神经胶质的母细胞存在，它们分别分化为神经元和神经胶质细胞。神经发生及神经回路的建造不仅存在于胚胎时期，还持续到出生后的早期，而神经元的发育、功能完善和改建一直贯穿于整个生命过程。室管膜覆盖于脑室和脊髓中央管的腔面，中间层则发展为脑和脊髓的灰质，边缘层的神经元突起包以髓鞘而呈白色，构成脑与脊髓的白质。神经管头端的神经元，大部分移向外表面，构成大脑和小脑皮质，小部分保留在深层，构成白质中的核群。脊髓的神经元则居于神经管（中央管）周围，形成灰质。神经管深部两侧的神经嵴细胞群产生的成神经细胞迁移到外周，产生外周神经系统中的几种神经元，如背根神经节细胞、双极听觉细胞、自主神经节细胞、肾上腺髓质嗜铬细胞和神经胶质细胞。神经嵴细胞的迁移具有时空性，先发生在头端，再向尾端推进。少突胶质细胞起源于神经管的腹侧部，在以后的发育过程中迁移而遍布于中枢神经系统的白质。

（二）神经元的形态与分类

神经元形态多样，一般只有一个轴突，但嗅球的颗粒细胞和视网膜的无长突细胞则没有轴突。不同神经元的树突数目和形态有很大差异，一般接受刺激多或与其他神经元联系较多的神经元，树突分支也较多。根据神经元传导刺激的方向，其可分为传入神经元、传出神经元和中间神经元。根据细胞突起的多少，可把神经元分为单极、假单极、双极和多极神经元等几类。长轴突的神经元又称高尔基 I 型神经元，短轴突的则为高尔基 II 型神经元。前者的长轴突伸入白质或部分灰质，组成投射纤维；后者的短轴突则主要终止在局部灰质内，与邻近神经元连接。高尔基 II 型神经元的数量随动物的种系进化而逐渐增多，与复杂的高级神经活动关系密切。根据神经元释放的神经递质（neurotransmitter）或神经调质（neuromodulator），其可分为胆碱能（choline）、胺能（amine）、肽能（peptide）和氨基酸能（amino acid，AA）神经元。

神经元胞体是细胞代谢的中心，其体积差异甚大并与代谢强度有关，如小脑的颗粒细胞的胞体直径为 5～8μm，而大脑皮质的大锥体细胞的直径可达 120μm。体积较大的神经元常有较长的轴突。神经元的大小也与表面突触的数目有关，如小脑浦肯野细胞体积大，树突发达，表面约有 200 000 个突触。

常见的实验动物如啮齿类、兔、犬、雪貂、恒河猴和家畜等神经元的结构形态与人的类似。大小鼠大脑皮质神经元的尼氏体不如脑干等部位神经元的尼氏体清晰。KM 小鼠和 BALB/c 小鼠星形胶质细胞的神经丝（neurofilament）较 F344 和 SD 大鼠粗短。

（三）神经元的结构与特性

神经元胞体内含细胞核，核周质内含各种细胞器和内含物。细胞突起分树突和轴突，树突通常将兴奋传至胞体，轴突则将兴奋从胞体传出。

1. 细胞膜及其生物学特性

神经元的细胞膜与其他细胞的相似，也是镶嵌有蛋白质的脂质双层膜性结构。根据膜蛋白的分布部位及其与脂质双层的关系可分为整合膜蛋白、周围膜蛋白和固定在脂质上的膜蛋白三大类。膜蛋白构成通道、载体和受体，它们在感受刺激和兴奋传递中起重要作用。膜表面的糖蛋白如神经细胞黏附分子（neural-cell adhesion molecule，NCAM）是含大量唾液酸的糖链，与细胞识别和连接有关；膜表面也有大量糖脂，如神经节苷脂（ganglioside）是神经元细胞膜的特征性成分，其糖链可伸入细胞外基质，协助细胞的识别活动。神经节苷脂本身也是一类膜受体，为破伤风毒素、干扰素和5-羟色胺（5-HT）等的受体。

神经元在静止时，膜内外维持一定的电位差，称膜电位，即膜外为正电荷，膜内为负电荷，膜呈极化（polarization）状态。当膜受到某种刺激时，膜上的离子通道开放，Na^+大量进入细胞内，K^+移向细胞外，造成膜内、外电位差发生即刻性改变，由原来的内负外正的电荷状况变为内正外负，出现极化消失现象（去极化，depolarization），接着又很快复原（复极化，repolarization）。从膜电位变化开始到快速而可逆的转换直至复原的过程，称为动作电位（action potential）。只有在受刺激后能发生动作电位的细胞，才是具有兴奋性的细胞。神经细胞接受刺激后产生的动作电位沿细胞膜扩散，动作电位的移动即是神经冲动的传导。

离子出入质膜，是受膜上某些特殊的蛋白质控制的，它对特定的离子进出起控制作用，通常称这类蛋白质为离子通道。通过膜电位控制离子通道开关的，称电压门控通道（voltage-dependent channel）；通过化学性信号激活膜受体而控制离子通道的，称为化学门控通道（chemical-dependent channel）。

1）电压门控通道

各种离子都有其专用的通道，即膜上镶嵌的某种特殊蛋白质，它们的构型发生改变时，可容许某种离子顺浓度梯度通过。例如，Na^+进入细胞只能通过Na^+通道。在细胞兴奋时经过每个Na^+通道进入细胞的Na^+可达10^8个/s，比逆浓度梯度转运Na^+的钠泵要快1000倍。这种通道的开放是在电压门控通道蛋白处于"激活"状态下发生的，当电位的改变足以引起通道蛋白构型改变时，通过蛋白质的移位或转动控制离子的进出。早期应用的电压钳（voltage clamp）和20世纪70年代开始应用的膜片钳（patch clamp）技术，为离子通道的性能研究提供了许多资料。近年来已能把编码通道蛋白的基因分离和克隆，促进了对离子通道结构和活动的了解。

2）化学门控通道

这类通道均与细胞膜上的受体蛋白有关。受体蛋白可以两种方式影响离子通道的开放。当化学信息作用于某种本来就与通道耦合的受体时，受体在接受相应化学物质刺激的同时，可使离子通道的构型变化而开放，导致膜电位的变化；也有些受体不一定与离子通道耦合，而是与相应的化学物质结合后，引起胞质中的第二信使环腺苷酸（cAMP）和肌醇三磷酸（IP3）等浓度改变，反过来再作用于膜上的离子通道蛋白，引起动作电位的产生。

2. 细胞核

大多数神经元只有一个大而圆的细胞核，少数神经元有两个核。有的细胞核有凹陷，如小脑浦肯野细胞的核常有很大的凹陷，朝向主树突根部。核的大小与细胞体积无固定比例。通常大神经元的胞质较丰富，小神经元的核周质很少，核质比相应较大。神经元细胞核染色质颗粒较少，常染色质丰富，因此典型的神经元胞核常描述为空泡状，但是这种核只常见于较大的神经元。以往认为，小脑的浦肯野细胞、海马回的锥体细胞及大脑皮质的Betz细胞等的核，DNA含量较其他体细胞多1倍或1倍以上；但实验证明，这些细胞仍是二倍体细胞。自胚胎期至老年不同年龄的神经元，DNA含量没有差异。

已证明人的神经元也不是多倍体细胞，而果蝇和某些海螺的神经元却有16倍体甚至32倍体现象。

神经元的核仁明显，大而圆。通常每个胞核内只有 1 个核仁，但也有 2～3 个核仁的。女性的神经元核内，呈小球状的异染色质附于核仁上或核膜内侧，即巴尔小体（Barr body），它是 X 染色体，曾以此作为性别检测的形态指标。但在不同的动物中，雌雄个体含巴尔小体的细胞比例有很大差异，如雌性和雄性小鼠的细胞有 80%～90% 的核仁均有这种小体，而猫的浦肯野细胞，则只有 40% 的雌性有此种小体，雄性则无；雄猴的细胞也无此小体。故动物细胞中与核仁相连的巴尔小体的出现，可能与种属的关系较大。

光镜下常见某些神经元的核内有内含物，如猫的嗅觉系统及鼠的耳蜗核神经元的核内常见一些小棒状结构，称棒状小体，而在其他核群中则较罕见。还有些内含物呈膜状，内含直径约 7nm 的平行细丝，上面可附有少量类脂和蛋白质，但未见有 RNA 或 DNA。棒状小体随神经元所受刺激增强而增多，如用抑制蛋白质合成的药物作用神经元后，再刺激神经元，棒状小体则不增多。故认为这种内含物可能是由细胞核内原有的蛋白质亚单位形成的。这种内含物多出现于视、听系统的神经元，可能是由于这些神经元即使在睡眠状态下也不停止活动。

3. 核周质

神经元核周质与树突和轴突内的细胞质有所不同。核周质内富含尼氏体、滑面内质网、高尔基体、线粒体、溶酶体、多泡体、脂褐素颗粒、微管和神经丝、微丝、纤毛与中心粒及其他内含物。

1）尼氏体（Nissl body）

尼氏体最初被发现存在于猫面神经核的神经元内。光镜下呈嗜碱性小体或细粒。不同神经元的尼氏体形态和大小不一，如脊髓前角运动神经元的尼氏体较大而多，呈现虎斑样，而小脑浦肯野细胞等的尼氏体多呈细粒状。尼氏体的粗细与神经元的大小并无明显的直接关系，但神经元在正常状态下，尼氏体一般都有比较固定的形态。当神经元受损伤或代谢功能发生障碍时，尼氏体即出现形态变化，甚至溶解。电镜下尼氏体没有明显的边界，由许多平行排列的粗面内质网及其间的游离核糖体组成。规则排列的粗面内质网间距为 0.2～0.5μm，多聚核糖体则排列成行，呈环形或螺旋状；组成多聚核糖体的核糖体数一般为 5 或 6 个，多者可达 30 多个，这也是神经元结构的特征之一。尼氏体的主要功能是合成蛋白质，包括复制细胞器和产生与神经递质有关的蛋白质及酶。有人估计轴突末端蛋白质有 98% 来自核周质，通过快速的轴突运输把所合成的蛋白质送至神经终末。神经元内的蛋白质每天约更新 1/3。

在大、小鼠脊髓前角运动神经元胞质内，尼氏体呈较粗大的斑块状。HE 染色中神经元尼氏体不是很明显；在甲苯胺蓝染色中，可见神经元细胞核及胞质内深蓝染色的斑块；改良甲苯胺蓝染色可见神经元胞质、细胞核质及基质均呈粉红色，而尼氏体斑块依然呈蓝色。有些神经元中内质网和多聚核糖体很少，如猴视皮质中的星形细胞和小锥体细胞就没有多聚核糖体，其他细胞器也都比较简单，它们可能是暂时停止合成蛋白质的神经元，当恢复合成功能时，胞质中便开始出现少量多聚核糖体。神经元的粗面内质网有时可叠成板层状小体，囊泡的间距为 30～40nm，核糖体均附于板层状小体表面的囊泡上。

2）滑面内质网

滑面内质网常与粗面内质网相连续，神经元内的滑面内质网很发达，如小脑浦肯野细胞的滑面内质网几乎充满于尼氏体之间。内质网的囊泡有时很宽大，膜上有小孔，可容微管通过。滑面内质网从胞体延伸至树突和轴突，纵行于突起内，并随突起而分支。还可见滑面内质网分布于质膜下方，常呈宽而扁的有孔膜囊，与质膜紧贴，称膜下囊泡（hypolemmal cistern），这也是神经元的特征之一。粗面内质网很少分布于细胞膜下方，因此神经元的滑面内质网分布较粗面内质网广泛。根据膜下囊泡所在位置，推测这些囊泡可能与运输从膜进入细胞内的离子有关。神经元的膜下囊泡甚常见，轴突质膜下方也常见此类囊泡，其功能意义还有待探讨。大脑皮质神经元的树突棘内，还常见滑面内质网囊泡平行层状排列，形成树突棘器。

3）高尔基体

神经元的高尔基体位于核周质中部，它们环核排列，并可伸至一级树突分支内，而轴突内则缺如。它们的结构与一般细胞的相似，但它们的极性（即成熟面与生成面的方向）不甚明显，其外层囊泡有许多排列整齐的圆孔，且易被锇酸浸镀着色。叠成多层的盘状囊泡周围分布有直径为 20～60nm 的圆形或椭圆形的小泡及空泡等，故常难于辨别其生成面或成熟面。此外，还有些含直径为 80～200nm 的致密核芯大颗粒囊泡，广泛分布在高尔基体附近，有学者在含许多大颗粒囊泡的脑匀浆中获得了丰富的去甲肾上腺素，故认为这些囊泡是用于储存去甲肾上腺素的。虽蓝斑核等处的神经元富含去甲肾上腺素，但不一定有此类大颗粒。现已知直径为 120～200nm 的大颗粒囊泡含神经分泌物，而直径为 80～120nm 的小颗粒囊泡可能是只含酸性磷酸酶的未成熟的溶酶体。

高尔基体参与生成含肽类或其他递质的神经分泌颗粒，将生成的递质和某些特异性的酶，连同载体蛋白，以囊泡的形式送至轴突。虽然在突触处可回收部分释放的递质，但递质主要是在胞体内合成和补充。神经元的某些递质，如乙酰胆碱、γ-氨基丁酸（GABA）和某些氨基酸等，也可在神经终末合成或再循环，它们并不一定是高尔基体的直接产物，但是与合成这些物质有关的酶，如胆碱乙酰化酶等则要由高尔基体集聚后输送至神经终末。

4）多泡体

多泡体为有膜包裹的小体，体积较大，直径约为 0.5μm，在胞体和树突与轴突内均可见。它由许多小泡集合而成，多认为是小泡生成过程中某一阶段的形态表现。

5）溶酶体

神经元内均可见溶酶体，直径为 0.3～0.5μm，有些神经元内的溶酶体直径可达 1～2μm。

6）线粒体

线粒体呈杆状或细线状，直径为 0.1～0.5μm，某些核群的神经元内可见较多分支状线粒体，在胞体内随机分布。体外培养的神经元，可见线粒体经常处于动态中，形状和大小不时改变，并在胞质中缓慢地翻转或做快速的跳跃运动，大多数是顺着尼氏体、神经丝或微管排列方向，从一个区域移向另一个区域。

7）微丝、神经丝和微管

它们在神经元内构成支架，并与细胞运动和信号转导有关。光镜下所见的神经原纤维（neurofibril）就是微丝、微管和神经丝在核周质成束分布而成，接近胞突处，分别集中伸入突起，渐成平行排列。微丝的直径约 7nm，是肌动蛋白聚合而成的细丝，也可见较短而分散的微丝。神经丝是神经元内的中间丝，直径约 10nm，界于微丝和微管之间，由三种蛋白质（NF-L、NF-M 和 NF-H）组成。微管的结构与一般细胞内所见者无异，直径约为 25nm，壁厚约 6nm，它们构成细胞骨架，参与物质运输。微管蛋白是微管的主要组成成分，由 α 和 β 两种微管蛋白组成异二聚体，还有一些其他蛋白质也参与微管结构装配，它们占微管质量的 10%～15%，总称为微管相关蛋白（microtubule-associated protein，MAP）。大多数 MAP 都有增强微管稳定性或刺激微管装配的作用。神经组织含有丰富的 MAP。MAP可分为非马达 MAP（nonmotor MAP）和马达 MAP（motor MAP）两大类。非马达 MAP 种类多，它们控制胞质内微管的装配。神经元的树突和轴突内含有不同类型的 MAP。例如，轴突含有称为 Tau的一种特异性 MAP，使微管密集成束；树突内含多种类型的 MAP，使微管形成疏松的微管束。MAP对神经突起形成有重要作用。MAP 的磷酸化作用对某些疾病也有重要的影响。例如，阿尔茨海默病（Alzheimer's disease，也称老年痴呆）患者的脑皮质和海马区神经元胞质内出现的神经原纤维缠结，就是由大量异常磷酸化的 Tau 组成的。在这种情况下，Tau 不能促使微管联结，却呈现出螺旋状，与其他蛋白质聚集在一起，形成神经原纤维缠结，对神经元造成损害。存在于神经元内的 MAP 在发育的不同阶段表达的类型也不同，比如有不同蛋白的表达，形态上可能相同。马达 MAP 包括驱动蛋白（kinesin）和动力蛋白（dynein）两个超家族蛋白，它们在轴突运输中起载体和供能转换的作用。

8）纤毛和中心粒

在大脑皮质及视网膜的内核层与节细胞层，都曾发现有些神经元具有纤毛。每个神经元一般只有一根纤毛，纤毛内的微管数与上皮细胞的纤毛不同，缺中央一对微管，在纤毛顶端，其中一对周围微管稍移向内。纤毛根部也与基粒相连，并逐渐移行为具横纹的小根。在基粒旁边还有一条染色较致密的副基粒（parabasal body）。纤毛位于神经毡之中，周围都是神经元及胶质细胞的突起。这种纤毛可能不具运动功能，一般认为它是神经上皮细胞分化后残留的结构。此外，还发现神经元的纤毛基粒是与一个中心粒呈直角排列的。有时也见神经元内有两个成直角的中心粒，但这种神经元不具纤毛。

9）其他内含物

核周质中可见一种直径为 5μm 的板层体（laminated body），板层明暗相间，每一条暗线是一片平行排列的小管，相邻的板层间距为 70~100nm，在暗板之间有胞质和一条双层的中间线（intermedial line）。板层体外周的暗线似与粗面内质网的囊泡相连。组织化学分析其含有蛋白质、类脂和多糖等，但不含核酸。其功能不明。

在大鼠外侧前庭核的 Deiters 细胞（Deiters cell）内含许多直径为 0.1~6μm 的包涵体，内含 10nm 直径的长丝，其作用不明。有人在电镜下见到一种纤维性的线状小体（nematosome），在光镜下它是一种嗜碱性染色小体，直径约 0.9μm，表面没有膜，由密集的纤丝或颗粒组成，组织化学分析提示可能含非组蛋白和少量核糖核酸。它们常与滑面内质网或小泡相连，并可能与突触后膜的致密物质联系。线状小体可见于耳蜗腹核、黑质、视上核、弓状核等的神经元内。

脂褐素为一种黄棕色的色素，人从 6 岁开始，神经元内即可见脂褐素，随年龄增长而增多。脂褐素并不普遍存在于神经元内，如视上核神经元直至老年也不出现，而在下橄榄核的神经元和脊髓前角的运动神经元，则随年龄的增长而恒定地增多，当脂褐素的含量达到一定程度，RNA 含量便逐渐减少。脂褐素增多的原因还不清楚，有人认为神经元活动减少可促进脂褐素的堆积。某些动物如大鼠有两种脂褐素：一种多见于年轻大鼠，它们单独分布在胞质中，易为苏丹黑着色，呈 PAS 阳性，并有黄绿色的自发荧光；另一种则见于老年大鼠，为尼罗蓝着色的团块，有金黄色的自发荧光，电镜下可见含有致密颗粒的小体，边缘有空泡，现认为是一种未能排出色素的溶酶体。

4. 树突

神经元有一个或多个树突，一般自胞体发出后即反复分支，逐渐变细，分支上常有多种形状的小突起，通称树突棘（dendritic spine）。棘长短不一，可呈小毛样、叶片状或小球状。树突分支状况与神经元的形态相关，小脑浦肯野细胞的主树突的几级分支排列成扁平扇形，伸向皮质表面，各级分支上布满上万个小芽样树突棘。大脑锥体细胞向皮质表面伸出一条粗大的顶树突，基部放射状伸出多条基树突，形成锥体细胞的特殊形态。一般来说，树突分支多及树突上有较多树突棘的神经元接受的冲动信息多；反之，树突分支少而短的神经元接受的冲动较少。

树突内的胞质与核周质的结构基本相同，也含有尼氏体、线粒体、滑面内质网、微丝、神经丝和微管等。在光镜下主树突或树突一级分支内的尼氏体呈长条形，随树突分支而渐变小，至细小的分支内则消失。但在电镜下，很小的树突内仍可见粗面内质网和多聚核糖体。线粒体多为长条形，有些可长达 9μm，也有短杆状、圆形或分支形态的线粒体。滑面内质网纵行于树突内，偶见环行囊泡，有时也形成膜下囊泡。浦肯野细胞树突的膜下囊泡能与伴刀豆球蛋白 A 结合，表明囊泡内含有糖蛋白，而树突中轴的平滑囊泡则无此现象，这与核周质中的平滑囊泡不同，故认为膜下囊泡可储存糖蛋白以备膜糖蛋白的更新。粗树突内的微管显著，较规则地纵向分布。微管之间由网状的细线相连，可能与小泡、线粒体及其他物质在树突内的移动有关。树突内的神经丝较少，通常集成小束，在一些大运动神经元及 Betz 细胞的树突内神经丝较多，呈束状或散在分布。

树突棘的形状不一，其数量及分布因不同的神经元而异。例如，大脑锥体细胞的顶树突，树突干上无树突棘，其分支上的棘渐增多，至分支终末处，每 100μm² 的表面积内约有 37 个树突棘。每个锥体细胞平均约有树突棘 4000 个，占树突和胞体总面积的 43%。Palay 等计算了灵长类视皮质的 V 层锥体细胞，每个典型的细胞有 35 865 个树突棘，其中 77% 位于基树突上。

树突棘在光镜下有不同的形态，故常有树突棘、棘突、棘刺、小芽等不同之谓。在电镜下可见树突棘分两部分，即与树突连接的颈部（或基部）及末端的卵圆球部。棘长约 2μm，其形状大致可有 3 种：第一种颈部细长，终末为小球形；第二种颈部短粗，末端为大球形，似覃状；第三种则颈部和末端大小几乎一致。小树突上的树突棘常较大，而大树突上的棘则较小。在电镜下还常见树突棘内有细微的丝状物，滑面内质网伸入树突棘，这些膜性囊在棘内可形成 2 或 3 层的板层，其间有少量致密的物质，这种结构称为棘器（spine apparatus）。在一些大的树突棘中往往有 2 或 3 个棘器，棘器还可见于树突干及轴突的起始段。

树突棘的数量、形态和分布并非固定不变，如摘除眼球后，视皮质锥体细胞顶树突远端 3/5 的树突棘消失。还有实验证明，小鼠视皮质神经元的部分树突棘是依赖光刺激而发生的，部分则不依赖光刺激。在 Patan 综合征的女婴大脑皮质中，除神经元数目减少外，树突棘也减少，棘的形状如细长的毛，长达 4～8μm，形态不规则。关于树突棘的功能问题，过去偏向于认为它主要是增大树突的表面积以接受更多的轴突终末。近年研究小脑皮质浦肯野细胞的树突棘，发现树突棘参与构成了兴奋性突触，而无树突棘的树突干上则有抑制性突触。当树突棘的突触后膜兴奋发生去极化，微量电流经过树突棘柄而有所减弱，但各个树突棘电流的汇集及受树突干抑制性突触的影响，神经元最终发生电位改变。因此树突棘对调整神经元的兴奋性可能起积极作用。

5. 轴突

除视网膜的无长突细胞等特殊神经元外，所有神经元都有一个轴突。轴突较细而长，表面光滑无棘，直径较恒定。轴突分支少，通常是在距胞体较远或近终末处才有分支，多呈直角分出，直径一般与主干相同。光镜下观察，轴突内无尼氏体，可借此与树突鉴别（表 8.1）。位于中枢和外周的轴突，有的有髓鞘包裹，有的无髓鞘。胞体发出轴突的部分称为轴丘（axon hillock），光镜下该区为一半圆形无尼氏体的浅染区，用特殊染色法可见神经原纤维在此聚集走向轴突。电镜下轴丘内有少量粗面内质网及多聚核糖体，随着轴突的延伸，粗面内质网和多聚核糖体逐渐减少，直至消失。轴突起始段长为 15～25μm，长度随神经元不同而异，此处的质膜上有一些特殊结构，电镜下见质膜增厚，膜下有一层颗粒状的厚 15～20nm 的致密层（膜下致密层），并似与环行的微丝相连。膜上常附有对称性突触，当神经元胞体出现兴奋性的电位变化时，该起始段出现外向电流，且密度较大，故在此处暴发第一个动作电位。

表 8.1 树突和轴突比较

	数量	形状	棘突	尼氏体	轴丘	细胞膜上受体	功能
树突	大部分神经元有多个	粗短，有分支	有	有	无	有，多	接受刺激
轴突	1个	细长，无分支，有侧支	无	无	有	一般无	传出冲动

神经元的轴突是传递兴奋的重要结构，突起伸向与之接触的其他神经元胞体、轴突或树突。轴突的生长具有方向性，它沿一定的路线生长，精确地抵达与之相关的细胞，形成严密的神经网络。神经元发育或再生时，其突起的末端膨大，称为生长锥（growth cone）。生长锥是一种运动活跃的阿米巴样结构，它发出宽阔扁平的板状或片状伪足（lamellipodium）在基质上爬行生长，向与之相联系的神经元或其他细胞延伸。板状伪足内有许多杆状微棘（microspike）向外指向板状伪足的边缘，从板状伪足的前缘还发出许多微小细长的突起，即丝状伪足（filopodium），其呈现连续活泼的伸缩运动。免疫组织化学法可清楚地看到肌动蛋白主要集中在板状伪足的基部并伸入丝状伪足内，沿着板状伪足的外缘也分布有丝状肌动蛋白。而微管集中在轴突的中央区，板状伪足内没有微管。应用缩时电影术可见生长锥活跃地伸缩，生长锥的活动，可通过肌动蛋白的解聚和聚合作用获得一定的运动，但从其运动的速度和范围来看，可能还有肌球蛋白参与及 ATP 供能。生长锥内也含有肌球蛋白，并认为其作用与横纹肌中的肌动蛋白和肌球蛋白的情况相似，引起板状伪足和丝状伪足的回缩运动。

轴突的胞质称轴质（axoplasm），蛋白质的含量约占轴质干重的 80%，其中 20% 是微丝、神经丝和微管，它们纵行于轴突内。微丝主要分布在轴膜下，较短，常见与轴膜相连。神经丝形成细胞内主要的结构网架并沿着轴突长轴平行排列，支持着伸长的轴突。微管常是数条集合成束，主要分布于轴突中央。利用快速冷冻蚀刻复型术，可见神经丝之间、神经丝与微管之间，以及微管和神经丝与膜性细胞器之间，都由无数短细的横桥（cross bridge）相连。轴膜下隙的微丝也由细长的横桥网与神经丝和微管相连。由此可见，轴突中的微丝、微管和神经丝皆以横桥连接，形成轴质中的网架结构。

6. 轴浆流与轴突运输

许多实验证明轴突内的物质是流动的，称此为轴浆流（axoplasmic flow）。轴突内物质以一种双向性形式运输，称轴突运输（axonal transport）。运输速度较快的称快速运输（fast transport），较慢的称慢速运输（slow transport）。慢速运输的速度为 0.1～0.2mm/天，是从胞体走向终末的单向性（离心性）顺行运输，也就是由微管、微丝和神经丝在胞体更新后所组成的网架（微小梁网架）以此速度缓慢地自胞体移向终末。快速运输的速度为 100～400mm/天，双向性运输轴质内膜性细胞器、蛋白质（包括酶）和含神经递质的小泡等结构。分子生物学的研究证明，微管是具有极性的，当 α 和 β 微管蛋白聚合成微管时，微管两端的蛋白质聚合速度不同，通常其"负"极朝向神经元胞体，而"正"极则向着终末，在它的表面还含有 MAP。其中有动力蛋白，它是一种巨大的蛋白质（相对分子量>1 000 000），由 9～10 条多肽链组成。它具有两条重链组成的球形头，各连一条细柄，若干小亚基（轻链）组成分子的基部。头部与微管表面联结，基部携带运输物。胞质动力蛋白是朝向微管的负极移动的，如在神经细胞，胞质动力蛋白是按逆行轴突运输（retrograde axonal transport）方向移动，即从轴突终末到胞体。当 ATP 结合微管时，动力蛋白解离，同时解离出另一种蛋白质——驱动蛋白。驱动蛋白是 1985 年从乌贼巨轴突中分离出来的一种马达蛋白，是一种大分子蛋白质，由两条重链和一对轻链组成，重链的一端形成两瓣的头，可与微管表面连接，其作用是产生动力。重链的另一端张开，与一对轻链一起形成扇状的尾，但分子尾部的序列各异，可能与它们运输的物质不同有关。驱动蛋白是一种向正极移动的微管马达。一个驱动蛋白分子沿着微管移动的速度是与 ATP 浓度成比例的，如将涂有驱动蛋白的乳胶珠放在含 ATP 的分离微管上，可见胶珠以 0.5μm/s 的速度沿微管顺向移位；但在只有动力蛋白、ATP 和微管的情况下，乳胶珠却可以 3 倍于顺行的速度（1.5μm/s）逆行运输。可见无论是顺行或逆行运输都是与微管有关的。具有 ATP 酶活性的横桥可使 ATP 水解，横桥构型也发生变化，微管与小泡等之间相互作用，使小泡定向移位。现认为横桥的构型改变是周期性的，它具有"V"形臂，两个臂轮流活化，不断推动小泡等向一定方向移动。至于小泡等膜性结构做顺行或逆行运输，可能取决于：①不同类型的膜结构或其表面物质有差别，它只能与不同的横桥结合，驱动蛋白或动力蛋白与膜结构受体连接后运输移位；②所有被运输的膜性结构上均含有驱动蛋白和动力蛋白，但只有其中一种可活化而起作用。

二、突触

突触（synapse）是指一个神经元与另一个神经元或非神经细胞之间一种特化的连接，是传递信息的功能部位，突触传递神经信息通常是有一定方向的。构成突触的相邻细胞膜特化结构，对信息进行收集、调整和传递，所以各种神经活动包括低等动物对外界刺激的反应和高等动物的认知活动都有突触参加，故突触的结构和功能一直是神经生物学研究的热点。1897 年 Sherrington 从生理学角度提出突触的概念。在 20 世纪 50 年代揭示突触的超微结构之前，对各种方法显示出来的突触性终扣（terminal bouton）曾有过不少质疑。在 20 世纪初期至 50 年代，生理学及药理学研究都证明脊椎动物周围神经系统的突触均以某些化学物质作为神经传导的递质，但认为在中枢神经系统则是通过电传导的。直至 50 年代以后，用细胞内记录等方法才证实了中枢神经系统的突触也是以化学递质传导为主的。按突触的形态与功能相联系的分类法，突触可分为兴奋性（Ⅰ型）和抑制性（Ⅱ型）两种。突触形态的多样性以及它与功能的关系，需进行电镜、组织化学、分子生物学与生物化学等各方面的深入研究，才能较圆满地解决。

（一）突触的分类

常见的突触分类是以信息在突触的传导方向为依据的，如冲动从轴突通过突触传到树突的称为轴-树突触，依此类推则可有轴-轴、轴-体（胞体）、体-体、体-树、体-轴、树-轴、树-树、树-体等突触。通常以前三者较常见。但近年来发现不少从树突向轴突及从树突向胞体传导信息的事例，并且发现同一突触互相传导信息的相互性突触。

根据突触传导信息的方式，可把突触分为三大类型：以释放神经递质传导冲动的化学突触（chemical synapse）；通过缝隙连接的低电阻传导冲动的电突触（electrical synapse）；一个突触内同时存在以上两种类型的混合突触（mixed synapse）。其中以化学突触最多见，分布也最广泛，它们的形态结构也是多种多样的。也有以突触内含有的突触小泡的形态进行分类的，突触小泡分清亮的和含致密核芯的两大类。在清亮型突触小泡中，按其形状又可分为圆形小泡——s 型（spherical）突触，扁平小泡——f 型（flattened）突触，椭圆形小泡——e 型（elliptical）突触，不规则圆形小泡——is 型（irregular spherical）突触等。含致密核芯小泡的突触又分为颗粒型（g 型，granular）突触和大颗粒型（lg 型，large granular）突触。关于突触小泡形态与所含神经递质的相关性一直存在争论，一般认为，s 型小泡直径 20～40nm，多含乙酰胆碱，有时也含氨基酸；f 型小泡直径 30～60nm，多含 γ-氨基丁酸（GABA）、甘氨酸等；g 型小泡直径 40～100nm，多含儿茶酚胺；而 lg 型小泡直径 100～160nm，多含肽类神经分泌颗粒。

突触前后膜致密物质厚度不等的为 I 型非对称突触（兴奋性），其突触间隙约为 30nm，可见于轴-树突触；突触前后膜致密物质较少而厚度对称的为 II 型对称突触（抑制性），其突触间隙约为 20nm，多见于轴-体突触。I 型突触在脑中较多，含圆形清亮小泡（直径为 30～60nm），而 II 型突触较少，多含直径 10～30nm 的 e 型或 f 型小泡。常用实验脊椎动物突触的分类一致。

在人与常用实验动物中，突触的形态结构大体相似。但是突触数目、对称和非对称突触所占的比例不同。例如，大脑皮质中哺乳动物非对称突触和对称突触的比例一般浮动在 80%～90% 和 10%～20%。研究证实，人皮层（89% 和 11%）、大鼠（89% 和 11%）和小鼠（84% 和 16%）中非对称和对称突触的比例具有显著的一致性。非对称突触数目在小鼠通常低于大鼠和人，尤其是在大脑皮质第 IV 层。

一个给定的轴突末端可与一个（单个突触）或两个或多个突触后元件（多个突触）形成一个不对称或对称的突触。绝大多数轴突末端与所检测的三个物种的突触后元件形成单突触（人类 99.7%，大鼠 99%，小鼠 97.6%），但在某些层上，物种间存在显著差异。例如，第 IV 层多突触所占比例最大，分别为人类 0.7%、大鼠 1.6% 和小鼠 4.5%（每立方毫米分别为 800 万、2900 万和 1.73 亿个多突触）。而在第 I 层中，人没有轴突末端形成多个突触，而在大鼠和小鼠中分别为 0.7% 和 0.9%（每立方毫米为 1200 万和 1300 万个突触）（表 8.2 和表 8.3）。

表 8.2　常见实验动物与人皮层突触的比较

	人颞叶皮层	大鼠后肢体感皮层	小鼠体感皮层	小鼠视觉皮层
完整突触总数（个）	2 195	2 523	2 054	897
每 100μm² 皮层中非对称突触及对称突触共占有的范围（均值±s.e.m.）	11～18（14.9±0.7）	9～21（17.9±2.2）	22～35（28.2±1.4）	24～38（29.4±1.8）
每 100μm² 皮层中全部突触共占有的范围（均值±s.e.m.）	20～36（29.9±0.79）	32～46（38.9±0.95）	50～57（63.1±1.96）	40～64（51.3±2.1）
所有突触的突触间隙长度（均值±s.e.m.）	0.28±0.01	0.29±0.01	0.22±0.01	0.21±0.09
每立方米皮层中非对称突触及对称突触的总密度（均值±s.e.m.）（10⁸）	5.42±0.28	6.46±0.26	12.83±0.65	14.46±0.93
每立方米皮层中全部突触的总密度（均值±s.e.m.）（10⁸）	10.94±0.34	13.97±0.33	29.31±1.02	25.19±1.16
非对称突触所占比例（%）	89	89	84	89
对称突触所占比例（%）	11	11	16	11
每立方毫米皮层中神经元的总数（个）	24 186	54 468	120 315	
每 30μm（底面直径）×25μm（高度）的圆柱体的皮层内含有的神经元数量（个）	48	78	109	
每个神经元内的突触总数量（个）	29 821	18 015	21 983	

注：s.e.m. 为标准差，所有的突触都包括非对称、对称和未分类突触，引自 De Felipe et al.，2002

整个皮层的突触密度并不均匀，不同物种的不同皮层区域之间存在层次性差异。研究发现，虽然人脑总的突触数量更多，但是人的平均突触密度（10.94 亿/mm³）比大鼠（13.97 亿/mm³）和小鼠（29.31 亿/mm³）的都要低。此外，与大鼠和人相比，小鼠各皮层的突触密度明显要高，如躯体感觉皮层和视觉皮层（25.19 亿/mm³）。将非对称突触和对称突触分别进行分析时，与大鼠和人进行比较，小鼠各皮层的非对称突触密度和对称突触密度均显著要高，大鼠非对称突触的第 IV 和 VI 层密度也显著高于人。但大鼠与人各层间无统计学差异。其中人（6500 万/mm³）、大鼠（6200 万/mm³）的大脑皮质第 IV 层对称突触密度与小鼠（3.54 亿/mm³）差异最大，人、大鼠、小鼠各层突触的比较见表 8.3。

表 8.3 常见实验动物与人大脑皮质各层中突触的比较

层别	厚度（μm；均值±s.e.m.）	神经元数量（10⁶/mm³）	AS 数量（10⁶/mm³）	SS 数量（10⁶/mm³）	UC 数量（10⁶/mm³）	全部突触数量（10⁶/mm³）	AS（%）	SS（%）
人								
I	235±13.5	8 333±1 531	136	29	176	341	82.4	17.6
II	295±10.5	45 563±3 010	147	19	181	347	88.6	11.4
IIIa	405±16.5	20 964±2 709	144	19	174	337	88.3	11.7
IIIb	370±14.1	5 090±1 804	171	20	186	377	89.5	10.5
IV	285±10.2	46 167±4 073	136	15	155	306	90.1	9.9
V	552±34.0	23 076±1 734	127	14	142	283	90.1	9.9
VI	480±26.7	16 774±1 875	110	10	84	204	91.7	8.3
I～VI	2 622	24 186	971	126	1 098	2 195	88.5	11.5
大鼠								
I	123±4.9	3 472±1 273	158	40	296	494	79.8	20.2
II、III	457±9.4	61 670±3 996	206	22	241	469	90.4	9.6
IV	152±7.0	90 965±5 911	192	17	215	424	91.9	8.1
Va	209±10.2	44 868±3 450	201	24	192	417	89.3	10.7
Vb	321±8.8	35 536±3 068	172	19	184	375	90.1	9.9
VI	565±11.5	64 286±4 520	169	10	165	344	944	5.6
I～VI	1 827	54 483	1 098	132	1 293	2 523	89.3	10.7
小鼠								
I	69±3.7	18 229±2 915	199	35	264	498	850	15.0
II、III	235±9.9	13 7645±6 410	178	22	231	431	89.0	11.0
IV	208±4.6	18 1362±6 142	145	43	285	473	77.1	22.9
V	248±6.1	77 765±6 282	125	23	191	339	84.5	15.5
VI	451±14.1	12 2092±7 161	125	23	165	313	84.5	15.5
I～VI	1 210	120 315	772	146	1 136	2 054	84.1	15.9

注：AS，非对称突触；SS，对称突触；UC，未分类突触，所有的突触包括以上三者，引自 De Felipe et al.，2002

Cragg（1967）系统比较了小鼠和猕猴的运动与视觉区域，发现神经元密度与每个神经元所含突触数量成反比。此外，他还发现，在这两个物种的特定区域之间，每个神经元的突触比例呈现出相反的趋势。在运动皮层中，猕猴的神经元密度较低（16.1×10⁶ 神经元/mm³；60 000 突触/神经元），每个神经元所含突触数量也比啮齿类（64.4×10⁶ 神经元/mm³；13 000 突触/神经元）大得多，这可能与猕猴运动能力，尤其是攀爬等复杂运动能力强于啮齿类有关。另外，在视觉皮层中，猴子的神经元密度比小鼠大，突触/神经元比例比小鼠小（110.3×10⁶ 神经元/mm³，5600 突触/神经元 vs. 92.4×10⁶ 神经元/mm³，7000 突触/神经元），人、大鼠与小鼠大脑皮层突触数目的比较详见表 8.4。

（二）化学突触

化学突触是神经系统中最常见的细胞连接，它由突触间隙、突触前（细胞）成分与突触后（细胞）成分组成。突触前成分释放神经递质，使突触后成分发生兴奋或抑制，以调整神经冲动的传导。神经递质的种类甚多。目前在中枢及周围神经系统中发现的肽类递质有数百种，并证明在突触前、后成分中有多种神经递质的受体。进一步了解发现神经递质既可作用于与离子通道相连的受体蛋白，也可作用于与离子通道无关的受体蛋白，然后促使第二信号系统活化而产生效应。此外，有的神经肽通过不同受体使第二信号系统活化，产生一种较长的效应，这种作用称为神经调节（neuromodulation），具有这种功能的神经肽又可称为神经调质（modulator）。例如，蛙自主神经节内的突触在释放乙酰胆碱的同时，也释放肽类物质促黄体素释放素（LHRH）；在突触后膜上至少含有 3 种受体，即能快速反应并连接离子通道的 N 受体，反应较慢并连接第二信号 G-蛋白的 M 受体，以及反应很慢的 LHRH 受体。在乙酰胆碱作用于 N、M 受体的同时，其还通过 LHRH 受体引起突触后成分的慢反应，并产生弥散至邻近细胞的不定位作用以调整乙酰胆碱的快速作用。

表 8.4　常见实验动物与人皮层突触数目的比较

层别	AS 数量/每个神经元	SS 数量/每个神经元	全部突触数量/每个神经元
人			
I	83 883	19 188	103 071
II	14 886	2 007	16 894
IIIa	32 573	4 436	37 009
IIIb	50 266	6 951	57 217
IV	14 379	1 806	16 186
V	26 806	3 561	30 367
VI	25 482	2 811	28 293
I~VI	26 096	3 711	29 807
大鼠			
I	286 409	76 766	363 175
II、III	15 992	1 831	17 823
IV	10 493	969	1 162
Va	19 484	2 428	21 912
Vb	22 588	2 734	25 322
VI	12 545	756	13 301
I~VI	16 127	1 891	18 018
小鼠			
I	143 438	26 593	170 031
II、III	15 647	2 086	17 733
IV	14 952	4 524	19 476
V	23 068	4 444	27 512
VI	15 561	3 093	18 654
I~VI	17 595	3 538	21 133

注：AS，非对称突触；SS，对称突触，引自 DeFelipe et al., 2002

在许多动物（包括腔肠动物、环节动物、节肢动物、软体动物、低等和高等脊椎动物）中都发现某些神经元之间存在缝隙连接和电传递，但大多数突触传递是靠化学传递。

1. 突触前成分

突触前成分（presynaptic element）包括突触前膨大和突触前膜两部分。突触前成分在光镜下为直径约 0.5μm 至数微米不等的纽扣形结构，称为终扣。突触前膨大内含有与轴突相同的结构，尤多见突触小泡。一个突触内一般只含有一种小泡，但也可见几种类型的小泡共存于一个突触前膨大内。20 世纪 60 年代即从脑组织匀浆中分离出包括突触前膜、后膜及间隙的完整结构，称为突触小体（synaptosome），并证明突触小体内可含有不同的递质。70 年代的研究发现，刺激神经可使突触小泡减少，突触前膨大缩小；停止刺激后小泡又增多，突触前膨大也恢复原状。表明当神经冲动到达突触前膨大时，小泡与突触前膜融合，把小泡内的递质释放到突触间隙，小泡减少，这种递质释放方式为量子释放（quantum release），即每个小泡内含一定量的递质分子，每个小泡是一个单位且具量子的特性。

突触前膨大内还含有线粒体，它们除提供能量外还含有乙酰辅酶 A，在乙酰转移酶的作用下生成乙酰胆碱；线粒体内还有单胺氧化酶（monoamine oxidase，MAO），参与降解单胺类递质。神经丝不伸入突触前膨大，而微管则伸入其内，这可能与其需运送突触小泡至前膜有关。用磷钨酸染色后，电镜下可见突触前膜的膜下致密物质上有六角形的致密粒（dense particle）附着。致密粒的直径约 60nm，相邻致密粒中点之间的距离为 100nm，在突触前膜胞质面的平面观呈现为网格状，称此为突触前网格（presynaptic grid）。大鼠小脑中的突触前膜上有 1～10 个致密粒。每个致密粒周围有 6 个突触小泡环绕，称为突触小泡网。在突触前膜的垂直切面观，可见每个致密粒之间由 1 或 2 个小泡相间。在致密粒染色较深时，可见它突入胞质内的，故又称为致密突起（dense projection）。突触前膜上也有受体，参与回收剩余的递质。

2. 突触间隙

突触间隙（synaptic cleft）是突触前、后膜之间的间隙，宽度因突触不同而异，一般宽 15～30nm。间隙内含有黏合质，有时还可见间隙内有整片的致密斑片，并有细丝横跨间隙。突触间隙中含有蛋白质和多糖类，其中以唾液酸为主，构成唾液酸糖蛋白和唾液酸糖脂，它们似与神经冲动的传导有重要关系。如用神经唾液酸苷酶处理突触小体来分解唾液酸，突触前、后膜及间隙的着色性均下降，证明突触间隙内含有唾液酸。唾液酸糖蛋白与细胞识别有关，故突触间隙内的糖蛋白也可能与神经元识别有关。

目前的研究显示绝大多数哺乳动物突触间隙横断面长度范围在 0.20～0.40μm。在不同物种之间及同一物种的某些层内，存在突触间隙的层次性差异。与人和大鼠相比，小鼠皮层各层非对称突触间隙长度明显缩短（人和大鼠为 0.30μm，小鼠 0.23μm）。除了人大脑皮质的第 V 层非对称突触间隙长度（0.27μm）显著短于大鼠第 Va 层（0.31μm）和第 Vb 层（0.30μm）外，人和大鼠各层突触间隙之间无统计学差异。除第 I 层外，人、大鼠、小鼠相应各层之间突触间隙长度均有统计学差异。此外，相比较大小鼠，人的对称突触间隙长度在各层之间都有显著差异（除第 I、IV、VI 层外）。在非对称突触间隙长度方面，相比较人、大鼠，小鼠各层均有统计学差异（除第 V 层外）（表 8.5）。

表 8.5　人、小鼠、大鼠三个物种中突触间隙的测量值（μm）

层别	非对称突触	对称突触	未分类突触	全部突触
人				
I	0.29±0.01	0.25±0.01	0.25±0.01	0.27±0.01
II	0.31±0.01	0.30±0.02	0.29±0.01	0.30±0.01
IIIa	0.31±0.01	0.29±0.02	0.27±0.01	0.29±0.01
IIIb	0.29±0.01	0.22±0.01	0.29±0.01	0.29±0.01
IV	0.29±0.01	0.23±0.02	0.25±0.01	0.27±0.01
V	0.27±0.01	0.20±0.02	0.27±0.01	0.26±0.01
VI	0.30±0.01	0.22±0.02	0.27±0.01	0.28±0.01
I～VI	0.30±0.01	0.25±0.01	0.27±0.01	0.28±0.01
大鼠				
I	0.30±0.01	0.27±0.01	0.28±0.01	0.28±0.01
II、III	0.30±0.01	0.28±0.02	0.30±0.01	0.30±0.01
IV	0.29±0.01	0.28±0.02	0.29±0.01	0.29±0.01
Va	0.31±0.01	0.30±0.02	0.30±0.01	0.30±0.01
Vb	0.30±0.01	0.30±0.04	0.29±0.01	0.29±0.01
VI	0.29±0.01	0.29±0.02	0.28±0.01	0.28±0.01
I～VI	0.30±0.01	0.28±0.01	0.29±0.01	0.29±0.01
小鼠				
I	0.24±0.01	0.22±0.01	0.21±0.01	0.22±0.01
II、III	0.26±0.01	0.23±0.02	0.24±0.01	0.25±0.01
IV	0.21±0.01	0.20±0.01	0.19±0.01	0.20±0.01
V	0.24±0.01	0.22±0.02	0.21±0.01	0.22±0.01
VI	0.20±0.01	0.18±0.02	0.20±0.01	0.20±0.01
I～VI	0.23±0.01	0.21±0.01	0.21±0.01	0.22±0.01

注：表格中数值均来源于体感皮层的中心部位，引自 DeFelipe et al., 2002

3. 突触后成分

突触后成分（postsynaptic element）包括突触后膜和突触后致密区（postsynaptic density，PSD）。突触后成分的特点是在突触后膜胞质面有致密的物质附着，II型突触较I型突触的致密物质着色浅，常见细丝状物包埋在内，PSD 远较突触前膜明显。PSD 是指在电镜下所见的突触后膜胞质面聚集的一层均匀而致密的区域，致密区厚约 50nm，呈圆盘状或呈有孔的不规则状，直径为 300～500nm。有孔的不规则 PSD 多出现在空间记忆（spatial memory）力较强的动物，故似与空间记忆有某种关系。在 PSD 下方约 50nm 处还排列有一些直径为 20～25nm 的致密小体，称突触下致密小体，数量 3～9 个。当树突棘被轴突终末包围时，小体成单层，构成树突棘的中轴，称为嵴突触（crest synapse）。电镜下可见 PSD 和树突棘内细胞器间的相互联系，如在某些情况下滑面内质网池（cistern）可靠近 PSD 的边缘。

PSD 处聚集有 30 多种蛋白质，如微管蛋白（tubulin）、肌动蛋白（actin）、神经丝蛋白、胞衬蛋白（fodrin）、磷酸二酯酶、蛋白激酶以及一些高分子蛋白质等，其中大多数是与突触传递有紧密联系的蛋白质。胞衬蛋白与肌动蛋白连接在一起，形成丝状或网状结构并与质膜相连，推测对维持细胞形态和调节细胞运动具有一定作用。

突触 PSD 处密集地聚集着受体，PSD 的一部分与离子通道和后膜受体相连，可能对突触后信号转导的整合和分析起作用。PSD 含有多种调节分子，如钙调素（calmodulin）、Ca^{2+}/钙调素激酶 II、蛋白激酶 A、蛋白激酶 C、酪氨酸激酶等。钙调素激酶 II 在 PSD 中含量特别高，占 PSD 蛋白质总量的近一半，并可自身磷酸化，推测它可能在突触部位起记忆的分子开关作用。不同浓度的 Ca^{2+} 可以控制钙调素激酶 II 和磷酸化酶的激活与失活。调控钙调素激酶 II 的活性，从而进一步影响与学习记忆密切相关的 NMDA 受体和 AMPA 受体。目前已获得钙调素激酶 II 表达缺失的突变小鼠，其表现为不能产生长时程增强（long-term potentiation，LTP）及明显的空间学习障碍。

PSD 的形态结构有很大的可塑性，如外形、大小、厚度、是否穿孔等都可随着突触的功能活动状况的改变而不同。例如，持续光照可引起大鼠视交叉上核内 PSD 减少或消失，而持续黑暗则导致突触后膜下致密小体增多。PSD 的可塑性还与脑内微环境中化学物质的变化有关，在抗胆碱药物东莨菪碱（scopolamine）所致记忆障碍小鼠模型中，海马 CA 区的 I 型突触 PSD 厚度极显著变薄。

（三）神经递质

化学突触中含有的神经递质是传递信息的介质。所谓神经递质必须符合下列条件才能被确认：①在突触前神经元内含有该递质的合成酶系和递质前体；②递质储存在突触小泡内，小泡内的递质在突触前膨大受到神经冲动刺激时，可释放到突触间隙内；③递质作用于突触后膜的相应受体而传导冲动；④递质在酶的作用下失活或被重摄取；⑤利用拟似递质物质或用受体阻断剂分别能加强或阻断该递质的传导作用。神经递质分非肽类和肽类两大类（表 8.6）。非肽类递质有乙酰胆碱、单胺类及氨基酸类。肽类递质严格来说未必完全符合神经递质的全部条件，多具调质的特点，但它仍在中枢神经活动中起重要作用，这是一类有待深入探索的递质，通称神经肽（neuropeptide）。两类递质各有特性，非肽类递质含量较高，相对分子量较小，合成较快，与相应受体的亲和力强；肽类递质含量少，相对分子量较大，合成速度较慢，与受体亲和力低。神经细胞还能释放一些称为调质的化学物质，它们不经过突触通道作用于突触前、突触后或靶细胞胞体，而是通过第二信号系统来传递信息，协调神经递质的释放和影响突触后电位的大小，其作用较缓慢而持久。因此递质与调质的区别是视其与靶细胞的关系而定的。应用免疫组织化学方法的研究发现，在一个轴突终末内可存在一种经典递质与 1～3 种神经肽共存，或几种神经肽共存的现象。

（四）特殊形式的化学性突触

化学突触除一般由树突、胞体、轴突三者相互组成外，还有特殊形态的突触连接，如连续突触（serial synapse）、复合的突触排列（complex synaptic arrangement）等。它们对加强突触的兴奋性、抑制性或去抑制可能有一定的意义。

表 8.6　神经递质分类

类别		名称
非肽类	胆碱类	乙酰胆碱
	单胺类	多巴胺、5-HT、组胺
	氨基酸类	谷氨酸、天冬氨酸、甘氨酸、GABA
肽类	下丘脑释放激素	生长抑素、促甲状腺释放激素等
	神经垂体激素	加压素、催产素
	垂体肽	β-内啡肽等
	胃肠肽	血管活性肠肽、P 物质、脑啡肽、胰岛素、生长抑素等
	心肽	心房利钠尿肽
	其他	缓激肽、降钙素、神经肽 Y、甘丙肽、K 物质等

（1）连续突触：指在很短距离内，由两个以上突触连接起来组成的串状突触。串状突触可以由不同类型的突触组成，即一个终末本身既是突触后成分，同时在另一个区域成为突触前成分。

（2）复合的突触排列：包括嵴突触和交互突触（reciprocal synapse）。前者的树突形成嵴状的突触后结构，它同时与几个同类型或不同类型的突触前膜接触；后者则是在两个相邻的神经元之间，突触后膜可延续成为突触前膜。

（3）平行突触（parallel synapse）：在两个神经元之间的接触面上，出现两个以上的突触点，它们传导冲动的方向是一致的，即两个以上的突触前膜和突触后膜分别位于相邻的两个细胞上。这种突触是平行的关系，因此在同一连接面上，突触的数目越多，功能越明显。

（4）带状突触（ribbon synapse）：在某些神经细胞内有一条带状或棒状的致密物质，许多突触小泡附在带的表面，这种特殊的突触多见于脊椎动物的视细胞和松果体内。

（5）中途突触（en passant synapse）：在沿轴突行进的途中，轴膜与相邻的神经元胞体、树突或轴突接触，形成许多突触。这种突触多见于无髓神经纤维，但也可出现于有髓神经纤维的郎飞结处。

（五）电突触

电突触主要是指两个神经元之间的缝隙连接。相邻两个神经元之间只有 2nm 的距离，相邻膜的连接蛋白（connexin）组成直径约 2.5nm 的微小通道，可容离子和小分子物质通过，如可观察到荧光素、中性红及相对分子量为 1800 的过氧化物酶等通过这种小通道从一个神经元进入另一个神经元。这种连接电阻低，传导速度快，冲动可以直接从突触前传向突触后，不出现化学突触的传导延搁现象。电突触的传导方向取决于两个神经元之间的关系而不依赖递质，故可双向传导。电突触多见于无脊椎动物，脊椎动物中也有发现，如可见于哺乳动物的外侧前庭核及三叉神经中脑核内。另外，哺乳动物大脑皮质的星状细胞、小脑皮质的篮状细胞均有电突触。

（六）混合型突触

混合型突触即在相邻的神经元之间同时存在化学突触和电突触，见于多种动物的周围及中枢神经系统，如鱼类脊髓前柱神经元、鸡睫状神经节及鼠外侧前庭核等。现认为这种突触可能是由电突触传导冲动，使化学突触能更有准备地接受信息的传导；但也有人认为由于电突触传导是双向性的，当化学突触引起突触后电位变化时，通过电突触构成环路，对化学突触起加强或减弱作用。

（七）突触的发生及其可塑性

在两个相接触的神经元末端形成突触之前，膜上没有任何特殊变化。在突触逐渐形成时，突触后膜上先出现高密度的受体蛋白，对神经递质的敏感性增高。这种变化出现后若切断神经，也不能完全逆转恢复原有的状态，特别是突触后膜维持的时间更长。由此可见，突触一旦形成，神经元的性质也就有了一定的变化。但轴突与所接触的神经元形成突触是有严格选择性的，不是一经接触便形成突触。例如，把金鱼中脑的被盖切除，将其上下位置倒转再原位植入，视神经轴突的再生生长仍可无误地与原有的靶细胞形成突触。有人在交感神经节的培养中，也观察到神经元突触的形成与神经元的分化有明显的关系。大鼠出生前的交感神经节神经元已能产生去甲肾上腺素，如单纯培养这些神经元，它们可继续分化发育为肾上腺素能神经元；若将它们与其他非神经细胞一起培养，或用培养非神经细胞的培养液进行培养时，这些细胞却分化为胆碱能神经元，并具有相应的突触。此外，分化过程中还发现了过渡形态的神经元，它们在生理上同时具有肾上腺素能及胆碱能性质。以上实验提示，神经元在发育过程中的某一阶段，其化学性质的分化是具可塑的，其递质及突触的生成可随之发生改变。当然，神经元的分化和可塑性变化也受中枢传递信息的影响，并与神经元接触的细胞及周围的离子浓度都有密切关系。神经-肌肉接头是一种特殊的突触形式，具有易观察的特点，为研究突触发生和可塑性变化提供了方便。在神经-肌肉接头再生过程中，突触的基膜上有诱导突触前、后成分特化的物质。Nitkin 等（1987）从一种电鱼富有突触的电器基膜上提取了一种与突触分化有关的蛋白质，称为 Agrin；如果把可溶性 Agrin 加到体外培养的肌管内可引起肌膜上乙酰胆碱受体的积聚。据此他们推测 Agrin 有诱导突触分化的作用。进一步的研究证明，Agrin 由运动神经元轴突终末释放并可与肌细胞表面相应受体结合，可使原本分散乙酰胆碱受体移动聚积在相对应轴突终末部位肌膜上，进而诱导突触形成。总之，决定神经元分化以及它们所形成突触的影响因素非常多，有待深入研究，以进一步了解神经组织的可塑性问题。

（八）神经递质的释放和重摄取

神经递质以及与其合成有关的酶，绝大部分是在神经元的核周质内合成，经轴突运输至突触处，然后进行释放、灭活、重摄取等活动。一些结构简单的递质，如乙酰胆碱和 GABA 等可在突触前膨大内合成。神经冲动传至突触，引起突触小泡靠近突触前膜，以胞吐方式将递质释放到突触间隙内。Ca^{2+} 与递质释放有一定关系，当冲动传至突触前成分时，膜外的 Ca^{2+} 进入膜内，Ca^{2+} 浓度升高，可能使微管与小泡活动加强，以利于突触小泡与突触前膜接触和释放递质。如果 Ca^{2+} 减少，则可抑制递质的释放。

研究表明，突触前膜的电压门控 Ca^{2+} 通道有不同的类型，如 N 型、L 型及 T 型等，它们的分布有所不同，T 型和 N 型在突触区而 L 型在突触外区。可能不同突触释放不同的递质有不同的 Ca^{2+} 通道。当突触前膨大去极化后，电压门控 Ca^{2+} 通道开放，Ca^{2+} 进入通道并与 Ca^{2+} 的受体结合，触发小泡的出胞活动，使递质释放。突触前膜的活性区（active zone）是释放神经递质的特异位置。电镜下活性区宽约为 0.5μm，包括特异的突触前膜区、邻近的突触小泡、细胞骨架和局部回收小泡膜的结构。活性区与突触后膜含受体的区域是相对的。小泡之所以能集中在活性区可能与连在小泡表面的突触素有关，通过它与膜上的胞衬蛋白或细胞骨架相连，阻止小泡与膜的接触；一旦 Ca^{2+} 含量增高，突触素解离，细胞骨架即不能起粘连小泡的作用，小泡与突触前膜接触并释放递质。

突触间隙内的递质约有 1/4 与突触后膜受体相结合，其余大部分递质则被相应的酶灭活，或部分被重摄取入突触前膨大内，重新被利用形成突触小泡。例如，乙酰胆碱释放至突触间隙后，小部分与相应的受体结合，大部分被间隙内的乙酰胆碱酯酶灭活，或重吸收入突触前膨大，以保证神经传导的精确性。去甲肾上腺素（NE）作用受体蛋白后，立即被重吸收入突触前膨大内，被儿茶-O-甲基转移酶（catechol-O-methyhransferase，COMT）及单胺氧化酶分解，再经利用重新生成突触小泡。递质被吸收回轴突终末是以胞吞的方式进行的，胞吞作用形成的囊泡表面有衣被，称为有被小泡（coated vesicle），小泡大小一致，表面有一层五角形或六角形亚单位组成的外衣，表面看犹如蜂巢。有被小泡脱去衣被便成为突触小泡，衣被则可参与构成突触前膜上的致密突起。多巴胺（DA）、5-HT 和 GABA 等递质可被吸收回轴突终末重新利用，但神经肽释放后不能被回收，新的神经肽需要在细胞体内先合成较大的蛋白质前体，再经酶不断剪切，最后产生有活性的分子送到轴突终末储存于突触小泡内。

20 世纪 80 年代以后，对突触小泡如何包装、储存和调节释放递质的问题进行了大量研究。现已知有多种蛋白质与此有关，如突触体素（synaptophysin）、突触素（synapsin）、突触小泡膜蛋白（synaptobrevin/VAMP 和 synaptotagmin）、突触融合蛋白（syntaxin）、轴突蛋白（neurexin）和 Rab3A 等。

（九）突触传递的调节

神经元受刺激产生的动作电位沿胞突传送至突触前结构，使突触小泡释放递质，作用于突触后膜的受体，使突触后膜出现去极化，并扩散向整个神经元。这种使神经元发生兴奋的突触后膜电位变化称为兴奋性突触后电位（excitatory postsynaptic potential，EPSP）。倘若突触后膜同时又与一个或多个抑制性神经元（产生抑制性递质甘氨酸或 GABA 等）发生突触联系，突触后膜就会出现静息电位方向的超极化膜电位变化，这种电位变化称为抑制性突触后电位（inhibitory postsynaptic potential，IPSP）。由于突触后膜不能产生动作电位而使神经元呈抑制状态，这种情况称为突触后抑制（postsynaptic inhibition）。表明神经冲动传导的抑制是必须通过一个或多个抑制性神经元来实现的。此外，还可以通过轴-轴突触，使其中一个轴突的动作电位变弱，减少释放递质，这种在突触之前即发生抑制效果的现象称突触前抑制（presynaptic inhibition）。脑内存在着复杂的局部环路，通过兴奋性突触或抑制性突触的反馈，使神经元发生兴奋或抑制。神经元受刺激后产生兴奋或抑制效应具有同等重要意义，神经活动中通过突触前或后的抑制，调节神经元兴奋性强度，是保持神经系统正常生理活动所必需的。

三、神经胶质细胞

神经胶质细胞（neuroglial cell）简称胶质细胞，是神经组织内除神经元以外的另一大类细胞。胶质细胞分布在神经元胞体和突起之间或神经纤维束内，其数量比神经元的数量大得多，据统计，胶质细胞与神经元的数目之比为 10∶1～50∶1，中枢神经系统的胶质细胞重量约为总重量的 1/2。

胶质细胞也是具有突起的细胞，胞体体积一般比神经元小，故在常规染色标本上往往只见到其细胞核。在光镜下观察胶质细胞的整体形态，可借助经典的金属浸镀技术（metallic impregnation technique）或免疫细胞化学方法。虽然胶质细胞与神经元一样具有突起，但其胞突不分树突和轴突，也没有传导神经冲动的功能。胶质细胞和神经元这两大类细胞之间存在着十分密切的相互关系，胶质细胞不仅对神经元有支持、分隔、绝缘、营养、修复等多种功能，而且积极参与神经元的活动，调节神经元的代谢和离子环境，对神经系统的发育和正常生理活动以及病理变化都具有重要作用。

胶质细胞与神经元共同起源于神经外胚层，但与神经元不同的是其可终生保持分裂繁殖的能力。中枢神经系统的胶质细胞可分为两大类：一类为大胶质细胞（macroglia cell），是中枢神经系统主要的胶质细胞成分，包括星形胶质细胞（astrocyte）和少突胶质细胞（oligodendrocyte）；另一类包括小胶质细胞（microglia）、室管膜细胞（ependymal cell）和脉络丛上皮细胞。周围神经系统的胶质细胞主要有周围神经内的施万细胞（Schwann cell）和神经节内的被囊细胞（capsular cell）。此外，包绕有被囊感觉神经末梢轴突终末的终末神经膜细胞，包裹运动神经末梢轴突终末的终末胶质细胞，感觉上皮内的各种支持细胞和神经丛内除神经元外的具突起小细胞（或称间质细胞，interstitial cell）等，均属周围神经系统的胶质细胞。

（一）星形胶质细胞

用经典的金属浸镀技术显示星形胶质细胞呈星形，从胞体伸出许多长而分支的突起。胶质细胞的突起末端常膨大形成脚板（foot plate）或称终足（end foot），贴附在邻近的毛细血管壁上，毛细血管表面积的 85%～99% 是被星形胶质细胞的脚板所覆盖，故这些脚板又有血管足（vascular feet）、血管周足（perivascular feet）等名称。靠近脑和脊髓表面的星形胶质细胞的脚板，贴附在软膜内表面，彼此连接构成软膜下的一层胶质界膜（glia limitans），也称软膜-胶质膜（pia-glial membrane）。此界膜外表面（即界膜与软膜之间）与基板接触，此基板起源于胚胎神经上皮的原始基板，它包裹着脑和脊髓。

星形胶质细胞是最大的胶质细胞，光镜下其细胞核也比其他胶质细胞的核大，呈圆形或卵圆形，染色质细小分散，故染色较淡，核仁不明显。胞质中没有尼氏体，但具有一般的细胞器，其中最突出的是含有许多微细交错排列的胶质原纤维，伸入胞突中平行走向。根据原纤维的含量及胞突的形状，胶质细胞可分为纤维性星形胶质细胞和原浆性星形胶质细胞两型。前者富含原纤维，胞突长而直，分支较少，也称蜘蛛细胞（spider cell），多分布在神经元轴突丰富的区域，如脑及脊髓的白质；后者含较少原纤维，胞突分支较多而短曲，形似绒球，也称苔状细胞（mossy cell），多分布在脑及脊髓的灰质。原纤维的超微结构是一种直径 8～10nm 的中间丝，称胶质丝（glial filament），组成胶质丝的蛋白质是相对分子量为 55 000 的胶质原纤维酸性蛋白（glial fibrillary acidic protein，GFAP）。GFAP 存在于正常的星形胶质细胞、反应性星形胶质细胞和星形胶质细胞瘤细胞的胞质中。所以，GFAP 是星形胶质细胞的一种标志蛋白，可用它来识别星形胶质细胞，神经病理学家则用它来识别星形胶质细胞来源的肿瘤。

电镜下星形胶质细胞的特点是胞质内含有大量胶质丝，细胞核内常染色质较多，整个细胞显得色浅，胞质也富含糖原颗粒。纤维性星形胶质细胞的突起呈长圆柱形，而原浆性星形胶质细胞的突起呈薄片状，并常包裹着神经元及其突触（突触间隙处除外）。星形胶质细胞的脚板与血管内皮细胞之间相隔一层基板，脚板质膜与基板接触处有半桥粒结构。同样，脑和脊髓表面的胶质界膜与基板接触处也有半桥粒结构。相邻星形胶质细胞之间存在缝隙连接和中间连接，相邻脚板之间也有缝隙连接。星形胶质细胞之间的细胞间隙极狭窄，宽为 15～20nm，缝隙连接处更狭窄，仅宽约 3nm。

与啮齿类等较低等实验动物相比，人等灵长类动物大脑中的星形胶质细胞的超微结构复杂性和 GFAP+细胞表型多样性都有显著的增加。人原浆性星形胶质细胞比啮齿类动物星形胶质细胞大几倍，GFAP+阳性细胞是其 10 倍以上。人大脑皮质中有 4 类 GFAP+细胞。用 GFAP 对人大脑进行免疫标记，并对大脑皮质各层进行分析，结果显示第 I 层由层间星形胶质细胞的胞体组成，层间星形胶质细胞是灵长类动物特有的。层间星形胶质细胞的分支在第 II～IV 层延伸，可达到毫米级别，其特征是形态曲折。原浆性星形胶质细胞最常见，分布于第 II～VI 层。白质中可见纤维性星形胶质细胞，并有许多重叠的现象。人纤维性星形胶质细胞明显大于啮齿类动物，直径约为啮齿类动物的 2.14 倍。

1. 特殊型星形胶质细胞

除上述典型的星形胶质细胞外，还有几种特殊类型的星形胶质细胞，如小脑的贝格曼胶质细胞（Bergmann's cell）、视网膜的米勒细胞（Müller's cell）、垂体的垂体细胞（pituicyte cell）、室管膜层的伸长细胞（tanycyte cell）和胚胎时期的放射状胶质细胞（radial glial cell）等。小脑的贝格曼胶质细胞又称 Fananas 细胞或高尔基上皮细胞，是小脑皮质的一种原浆性星形胶质细胞，其胞体位于浦肯野细胞层，细胞核呈圆形或卵圆形，核周质比一般星形胶质细胞致密，含有大量游离核糖体。从胞体发出几个有短侧支的上行突起，穿过分子层直达小脑叶片表面，在这里，突起末端扩大成脚板并彼此连接形成胶质界膜。贝格曼胶质细胞的上行突起称贝格曼纤维，内含胶质丝束。在小脑皮质的组织发生中，贝格曼纤维有引导颗粒细胞从外颗粒层经分子层迁移到浦肯野细胞层深部（即颗粒层）的作用。垂体细胞分布在垂体的神经部，细胞突起有很多分支，形态多样，其长的胞质突起常伴随轴突（无髓神经纤维）平行行走。许多垂体细胞的突起终止在邻近神经终末之间的毛细血管壁上或附近。神经终末与垂体细胞之间也可形成突触样连接，后者可影响垂体细胞的活动。

2. 星形胶质细胞的功能

星形胶质细胞是中枢神经系统主要的胶质细胞。近些年的研究揭示了此类细胞的许多重要功能作用。

1）支持和隔离作用

早在 1895 年 Weigert 已提出星形胶质细胞在中枢神经系统内起支持作用。中枢神经系统内神经元之间及其突起之间的空隙几乎全由星形胶质细胞填充，脑和脊髓的神经组织与其他组织相邻的界面（如血管壁及脑与脊髓表面），也均有星形胶质细胞的脚板排列成行构成的连续界膜或鞘，细胞之间有许多连接结构。星形胶质细胞及其突起内富含胶质丝，白质内的细胞突起常以垂直方向与神经纤维交错，构成似经纬线的编织物。以上这些结构充分说明星形胶质细胞在中枢神经系统内起支持作用，其间分布神经元及其突起。此外，星形胶质细胞还有分隔脑及脊髓内部各区域的作用，它们也分隔神经元，特别是分隔成群的突触，起隔离和绝缘作用，星形胶质细胞虽然包裹着突触群，但不插入突触间隙内，这种包裹使得突触能够处在一个相对稳定的环境中。在中枢神经系统内常见成群的轴突终末终止在一个神经元的某一局部（如树突干）上，这些轴突终末被星形胶质细胞的突起包裹，形成突触小球（synaptic glomerulus），使之与其他神经元及其突起分隔，可防止对邻近神经元产生影响。在一群神经元的表面常有不同来源的传入神经终末，这些终末分别被星形胶质细胞的突起呈鞘样覆盖，从而避免彼此间的影响和干扰。大多数中枢神经元轴突的起始段及郎飞结的"裸区"，也被星形胶质细胞的突起包裹。这种隔离和绝缘作用主要由原浆性星形胶质细胞的薄片状突起完成。

2）调节神经元的代谢和离子环境

星形胶质细胞能摄取神经元释放的神经递质或神经调质，并参与神经递质的代谢。例如，谷氨酸和GABA 分别是脑内重要的兴奋性（前者）和抑制性（后者）神经递质，当它们被相应的神经元释放到突触间隙后，包括与突触后膜相应受体作用后的递质都需迅速排除，才能保持突触传递的敏感性。星形胶质细胞可通过相应的高亲和载体摄取递质，通过细胞内含有的谷氨酰胺合成酶（glutamine synthetase）把摄入的谷氨酸和 GABA 转变为谷氨酰胺，后者再被转运到神经元，作为制造谷氨酸和 GABA 的主要前体原料。所以，星形胶质细胞对脑内谷氨酸和 GABA 的代谢具有重要的作用。星形胶质细胞还含有非特异性胆碱酯酶，能降解乙酰胆碱。星形胶质细胞通过摄入并灭活某些兴奋性神经递质，可使这些兴奋性递质在细胞外保持低浓度，保护神经元免受细胞毒性作用。此外，星形胶质细胞也能释放摄入的或合成的某些神经递质如 GABA、牛磺酸（taurine）、血管加压素（vasopressin）和血管紧张素（angiotensin）等，使神经元网络能够平稳地发挥作用。

神经元周围环境的离子组成及其稳定性，对神经元正常生理活动至关重要。神经元膜内、外侧的Na^+、K^+流是产生神经冲动（动作电位）的原因。当神经元发生兴奋时，神经元内的 K^+ 流入细胞外间隙，细胞外间隙过多的 K^+ 很快被星形胶质细胞吸收，从而使细胞外间隙内 K^+ 浓度不会明显升高，以保持 K^+ 的平衡，故可把星形胶质细胞看作是神经元外的"K^+库"，星形胶质细胞也因吸收细胞外间隙过多的 K^+ 而发生去极化，其膜电位可比神经元的高（在脊椎动物，可高达-90mV，而神经元一般为-75～-70mV）。冷冻蚀刻电镜技术和细胞电压钳技术均显示星形胶质细胞膜表面有高密度、多类型的K^+通道，说明它对 K^+ 有高的通透性。进入胶质细胞内的 K^+ 可通过细胞间的缝隙连接很快地扩散。此外，星形胶质细胞膜上还有电压门控 Ca^{2+}通道、Na^+通道和阴离子通道。由于星形胶质细胞的突起充填在神经元之间，其脚板包围毛细血管，因此中枢神经系统内的细胞间隙比其他器官内的狭窄得多，宽仅为 15～20nm。这些细胞间狭窄的迂回曲折的通道，不仅为营养物质从血管和脑脊液到神经元之间的扩散提供一个细胞间通路，而且是离子（如 Na^+和 K^+）和某些小分子物质从细胞间迅速扩散到脑室或蛛网膜下腔脑脊液的通道。虽然在星形胶质细胞之间有连接结构，但这些连接结构不是闭锁式的紧密连接，而是可让小分子物质及离子通过的缝隙连接。所以，即使星形胶质细胞的脚板形成连续完整的一层，物质仍能从它们之间通过。有证据指出，脑脊液与脑之间的物质交换比毛细血管与脑之间更迅速。星形胶质细胞缝隙连接的分子是一种连接蛋白 43（connexin 43），星形胶质细胞之间丰富的缝隙连接把众多的星形胶质细胞连成一个网状的胶质细胞集合体，能迅速缓冲胶质细胞因摄入离子或神经递质而造成的局部高浓度。

3）具有神经递质受体

神经元通过释放的神经递质与相应受体作用而产生各种复杂的反应。颇有意义的是，星形胶质细胞也具有很多神经递质的受体，如肾上腺素、GABA、谷氨酸、5-HT、乙酰胆碱受体和一些神经肽、嘌呤和激素等受体。因此，神经递质同样可引起星形胶质细胞产生复杂的反应，影响星形胶质细胞的代谢。对神经元而言，GABA 是一种抑制性递质，而谷氨酸是兴奋性递质，但无论是 GABA 还是谷氨酸作用于星形胶质细胞后均引起膜发生去极化反应。星形胶质细胞膜上的神经递质受体，最普遍的是 β-肾上腺素受体，它的密度甚至比神经元的更高，尤其是β1 亚型受体。当肾上腺素受体与特异性神经递质结合后，可激活腺苷酸环化酶，产生大量 cAMP，促使星形胶质细胞内储存的糖原分解为葡萄糖，以供神经元利用。此外，还能刺激星形胶质细胞释放牛磺酸（一种抑制性神经递质），局部调节神经元的活动，增强细胞合成神经营养因子如神经生长因子（nerve growth factor，NGF）等的能力，增强细胞的氧化代谢、能量代谢能力和 ATP 酶活性。星形胶质细胞也有 α（α1 和 α2）-肾上腺素受体，刺激 α1 受体可引起磷酸肌醇（phosphoinositide）分解，产生第二信使肌醇三磷酸（IP3）和二酰甘油（diacylglycerol，DAG），前者控制细胞内 Ca^{2+} 的转运，后者激活蛋白激酶 C（protein kinase C，PKC）。在发育未成熟的星形胶质细胞膜上有大量的肾上腺素能受体，随着细胞的成熟，受体的数目明显减少。星形胶质细胞膜上的 5-HT$_2$ 受体和乙酰胆碱 M 型受体受刺激后，都可引起细胞内磷酸肌醇分解。星形胶质细胞膜上的神经肽受体如血管紧张素 II（angiotensin II，Ang II）受体，与 Ang II 结合后可加速磷脂酸肌醇（phosphatidyl inositol）的水解。神经细胞膜上也有 Ang II 受体，它与 Ang II 结合后引起 cGMP 水平降低，影响细胞内儿茶酚胺水平和单胺氧化酶对儿茶酚胺的代谢，故 Ang II 对神经元具有神经调质的作用，对星形胶质细胞则是激活其与生长因子有关的生化信使系统，故 Ang II 很可能是一种星形胶质细胞的促生长因子。胶质细胞还表达非神经系统所特有的某些物质的受体，如嘌呤和一些激素的受体。星形胶质细胞上的嘌呤受体被激活后可升高胞内的 cAMP。一些类固醇激素可直接作用于星形胶质细胞核，对细胞的生长、分化和代谢起长时程的调节作用。

4）合成和分泌各种生长因子及细胞外基质

星形胶质细胞能够合成分泌包括 NGF 在内的多种神经营养因子、成纤维细胞生长因子、表皮生长因子（EGF）、血小板源性生长因子（PDGF）、胰岛素样生长因子（IGF）、转化生长因子-β（TGF-β）等。它们对神经系统发育时期细胞的存活、增殖、迁移、生长和分化，成年时期细胞功能的维持，损伤后细胞的可塑性变化和再生都有重要的作用。星形胶质细胞还分泌及表达与 CNS 内炎症和免疫反应有关的细胞因子（cytokine），如几种白细胞介素（IL）、γ-干扰素、肿瘤坏死因子（TNF）等，在启动、传播、调节和抑制免疫及炎症反应中起主要作用。神经系统的细胞外基质是神经元和胶质细胞生活的微环境。星形胶质细胞表达的细胞黏附分子（cell adhesion molecule，CAM）主要有神经细胞黏附分子（neural CAM，NCAM）、神经-钙黏附蛋白（N-cadherin）和胶质细胞源性连接蛋白（glia-derived nexin，GDN）。星形胶质细胞分泌到细胞外基质去的基质黏附分子（substrate-adhesion molecule，SAM）有层粘连蛋白和某些蛋白多糖等，它们有引导（或限制）神经元迁移和促进（或抑制）神经突起生长等作用。

5）抗原提呈作用

在机体的免疫系统中，B 淋巴细胞可借其表面的膜抗体识别外来抗原，并与之结合而引起免疫应答。但 T 淋巴细胞识别外来抗原需要依靠一些抗原提呈细胞（antigen-presenting cell）的帮助，这些细胞把摄入的抗原分解为小分子后再与其膜上的 MHC-II 结合，然后才提呈给 T 淋巴细胞（主要是辅助性 T 淋巴细胞）。这样 T 淋巴细胞才能识别该抗原，并与之相互作用引起免疫应答。星形胶质细胞是脑内的抗原提呈细胞，它与体内其他的抗原提呈细胞如巨噬细胞、树突状细胞等一样，细胞膜上具有此类细胞特有的 MHC-II 类蛋白分子，后者能结合经处理过的外来抗原，将之提呈给 T 淋巴细胞。星形胶质细胞的 MHC-II 类蛋白分子还可能与多发性硬化症（multiple sclerosis，是一种自身抗原侵袭某些有髓神经纤维轴突的疾病）和其他涉及免疫系统的疾病有关。

6）修复作用

中枢神经系统受损伤后，损伤部位会出现反应性星形胶质细胞（reactive astrocyte）增生。反应性星形胶质细胞不仅数目增多，体积也增大，代谢加强，其突起数目及细胞间连接也增多，缝隙连接更多见。增大的星形胶质细胞的核比正常细胞的大，胞质内含大量丝及糖原、脂肪等内含物，也可见到被吞噬的髓鞘碎片，溶酶体增多，细胞的代谢活动增强。反应性星形胶质细胞不仅吞噬损伤处溃变的细胞碎屑，还能释放大量神经营养因子和细胞因子，刺激神经元及其突起的生长。反应性星形胶质细胞产生的细胞外基质成分也能够营造有利于损伤轴突再生的微环境。但大量增生的星形胶质细胞易于形成胶质瘢痕（glial scar），阻碍髓鞘的形成和再生轴突的延伸。

7）引导神经元迁移

在神经系统发育时期，星形胶质细胞有引导神经元向一定部位迁移的作用，使神经系统建立完善的层次和网络性连接。引导神经元迁移的胶质细胞有放射状胶质细胞和贝格曼胶质细胞等。放射状胶质细胞是胚胎时期最早出现的胶质细胞，也称室管膜星形胶质细胞（ependymal astrocyte）或早期伸长细胞（early tanycyte）。它们的胞体位于脑室壁（即早期神经管壁的神经上皮层），细胞基底部伸出细长的有短侧突的放射状突起，伸向脑表面，突起可引导发育中的神经细胞从神经上皮层迁移到其最终部位。放射状胶质细胞的基底突起以后消失，即成为覆盖脑室（或脊髓中央管）的室管膜细胞；但某些部位的细胞基底突起没有消失，即成为伸长细胞。

贝格曼胶质细胞位于小脑皮质。胚胎时期的小脑始基称小脑板（cerebellar plate），最初由神经上皮层、套层和边层组成。神经上皮层的部分细胞迁移到小脑板的表面并增殖，形成外颗粒层。小脑板套层的成神经细胞，近表面者分化为浦肯野细胞和高尔基细胞，在深部者分化为小脑中央核（齿状核等）。后来，小脑表面的外颗粒层细胞沿贝格曼纤维（贝格曼胶质细胞的长突起）向内迁移，抵达浦肯野细胞层的深部，形成内颗粒层。出生后，外颗粒层因大量细胞内移而变得细胞稀少，即成为小脑皮质的分子层，内颗粒层也随而改称为颗粒层。所以，贝格曼胶质细胞构成小脑的纤维支架，对外颗粒层细胞的大量内移主要起到引导作用。

此外，在胼胝体发生中，也观察到星形胶质细胞起"桥梁"作用，引导神经纤维从一侧脑的半球生长至另一侧脑半球。若缺乏星形胶质细胞形成的"桥梁"，则不能形成胼胝体，即两大脑半球神经纤维均不能生长到对侧。但若植入一块有星形胶质细胞生长的塑料滤膜，则神经纤维会重新生长。若将胼胝体切断，然后放置上述的星形胶质细胞滤膜，也可引导神经纤维生长到对侧脑半球，重建胼胝体。在引导神经元迁移的过程中星形胶质细胞不仅起了机械性的"桥梁"作用，其细胞表面的黏附分子和识别分子对神经元的迁移也起着积极的介导作用。

3. 星形胶质细胞与一些疾病的关系

脑损伤后，星形胶质细胞增生，形成胶质瘢痕。胶质瘢痕不仅妨碍再生轴突的生长（再生轴突很难越过胶质瘢痕），而且可能与癫痫（epilepsy）发作有关。由于反应性星形胶质细胞调节神经元代谢和离子环境的功能发生紊乱，神经元兴奋后细胞外间隙的高浓度 K^+ 不能被星形胶质细胞吸收，高浓度 K^+ 使神经元去极化，兴奋性增高，从而导致神经元发生癫痫样放电。星形胶质细胞功能受损后不能正常地摄取神经递质，若过多地摄取 GABA 使 GABA 水平下降可导致癫痫发作。用药物阻断星形胶质细胞对神经递质 GABA 的吸收，可保护实验动物不出现由声音诱发的癫痫发作。以上说明星形胶质细胞与癫痫有一定的关系。脑损伤时，星形胶质细胞膜上的一些连锁转运离子系统如 Na^+ 和质子（H^+）、Cl^- 和 HCO_3^- 偶联交换转运增多，致使 Na^+ 和 Cl^- 在星形胶质细胞内积蓄，同时带进水分，星形胶质细胞发生肿胀。使用一种非利尿药物抑制上述转运离子系统，可减轻实验动物的星形胶质细胞肿胀并降低由此导致的脑外伤死亡率。

帕金森病（Parkinson's disease）和亨廷顿病（Huntington's disease）均是运动性障碍疾病，前者的症状是出现震颤和强直，后者是运动过多。这些症状的出现与星形胶质细胞所产生的某些物质有关。曾观察到当静脉注射被 MPTP（l-methy-4-phenyl-l,2,3,6-tetrahydropyridine）污染的药物后，会发生震颤麻痹症状，这是由于星形胶质细胞内含有一种单胺氧化酶，把 MPTP 变成有毒的 MPP^+，后者可损害中脑多巴胺能神经元而引起震颤麻痹。星形胶质细胞内还含有一种与合成喹啉酸（quinolinic acid，是色氨酸的代谢产物）有关的酶，称 3-HAO，若此酶活性增高，可产生大量喹啉酸，过量的喹啉酸有毒，导致特定神经元死亡而出现亨廷顿病的症状。所以，星形胶质细胞与上述两种病均有直接关系。

星形胶质细胞在脑内谷氨酸和 GABA 代谢中占重要地位。星形胶质细胞在其特有的谷氨酰胺合成酶的作用下，把摄入的谷氨酸加氨形成谷氨酰胺，所以在此代谢过程中要消耗氨。星状胶质细胞的此种代谢作用，可避免游离氨在脑内积聚，故星形胶质细胞对脑起解毒保护作用。如果星形胶质细胞损伤，氨在脑组织内积聚，损害脑，可引起神经功能紊乱，如肝硬化严重的患者，肝失去解毒功能，包括氨在内的许多毒素经血液循环进入脑，直接损害星形胶质细胞，加剧氨在脑内积聚，患者出现各种神经症状甚至昏迷，即所谓肝性脑病（hepatic encephalopathy）。

星形胶质细胞与精神病也可能有关系，许多治疗精神病的药物如抗焦虑和抗抑郁药物，是通过与星形胶质细胞上相应受体相互作用后，影响其内代谢过程而起作用的。另外，星形胶质细胞参与阿尔茨海默病中老年斑的形成。所以，无论在正常生理还是病理情况下，星形胶质细胞所起的作用及其所处的地位，已远远超越过去的认识。

4. 大胶质细胞的起源和分化

大胶质细胞与神经元共同起源于神经外胚层。一般认为，神经管管壁的神经上皮生成成神经细胞，成神经细胞向外迁移，形成套层，并分化为神经元。神经元的轴突伸出套层外形成边缘层。当成神经细胞的生成停止后，神经上皮才开始生成成胶质细胞（glioblast）。成胶质细胞迁移入套层，分化为星形胶质细胞和少突胶质细胞，分化为前者的成胶质细胞称成星形胶质细胞（astroblast），分化为后者的称成少突胶质细胞（oligodendroblast）。所以认为，胶质细胞的发生比神经元晚。但是近年研究认为，早在神经板时期，组成神经板的神经上皮细胞就开始向神经元和胶质细胞两个方向进行分化。放射状胶质细胞是最早出现的大胶质细胞，它们有引导发育中的神经元迁移到最终部位的重要作用，当大部分的辐射状胶质细胞失去其细长的基底突起时，便成为室管膜细胞。辐射状胶质细胞也产生星形胶质细胞和少突胶质细胞。至于辐射状胶质细胞是否由不同的亚型分别产生星形胶质细胞和少突胶质细胞尚不清楚。免疫组织化学研究提示神经管室层是有星形胶质细胞和少突胶质细胞前体细胞存在的，但体外培养研究指出生后发育存在一种能产生星形胶质细胞和少突胶质细胞的双潜能细胞。

在体外培养中，所有已分化的星形胶质细胞均呈 GFAP 阳性，少突胶质细胞则呈半乳糖脑苷脂（galactocerebroside, GC）阳性，故两者很容易区别。但星形胶质细胞对破伤风毒素（tetanus toxin, TT）及两种单克隆抗体 A2B5 和 Ran-2 的反应不一样，有些呈阳性，有些呈阴性；因而根据细胞免疫学反应把星形胶质细胞分为 I 型和 II 型两型：I 型星形胶质细胞呈 GFAP$^+$、TT$^-$、A2B5$^-$ 和 Ran-2$^+$；II 型星形胶质细胞呈 GFAP$^+$、TT$^+$、A2B5$^+$ 和 Ran-2$^-$。同时认为 I 型细胞属原浆性星形胶质细胞，II 型细胞属纤维性星形胶质细胞。这两型细胞代表两个不同的胶质细胞谱系（glial lineage），是分别由两种免疫学上不同的前体细胞产生的。I 型细胞发生较早，其前体细胞的免疫学反应是 GFAP$^-$、Ran-2$^+$。II 型细胞发生较晚，其前体细胞是 GFAP$^-$、GC$^-$、A2B5$^+$。II 型的前体细胞不仅分化为 II 型星形胶质细胞，而且分化为少突胶质细胞，即 II 型星形胶质细胞和少突胶质细胞具有共同的前体细胞，所以称此种前体细胞为双潜能胶质祖细胞（bipotential glial progenitor cell）或 O-2A（少突胶质细胞-II 型星形胶质细胞）祖细胞。双潜能胶质祖细胞的分化可受环境因子的控制，如在体外培养中，培养液含有血清时，此祖细胞分化为 II 型星形胶质细胞，若无血清则分化为少突胶质细胞。

此外，I 型星形胶质细胞分泌的可溶性因子及某些生长因子也可影响 O-2A 祖细胞的繁殖和分化。

（二）少突胶质细胞

在金属浸镀标本上，此类细胞的突起比星形胶质细胞的小和少，故称为少突胶质细胞。但特异性的免疫细胞化学染色显示少突胶质细胞的突起并不是很少，而且分支极多。

1. 少突胶质细胞的类型和形态结构

根据少突胶质细胞的分布和位置，可分为束间少突胶质细胞（interfasicular oligodendrocyte）、神经元周少突胶质细胞（perineuronal oligodendrocyte）和血管周少突胶质细胞（perivascular oligodendrocyte）三种。血管周少突胶质细胞成群位于血管附近。束间少突胶质细胞分布在脑和脊髓白质的神经纤维束之间，排列成行，细胞体长形，在胎儿和新生儿脑及脊髓的白质内很多，但在髓鞘形成过程中迅速减少。神经元周少突胶质细胞分布在灰质区，细胞呈星形，常位于神经元周围，与神经元的胞体密切连接，特别是与较大的神经元相连，故此类细胞又称神经元周卫星细胞（perineuronal satellite cell）。但必须指出的是，神经元胞体与这类细胞之间常由星形胶质细胞的薄片状突起分隔；此外，这类细胞并不全是位于神经元的胞体旁，也有的位于神经毡内，或靠近神经元的树突，这类细胞也能形成灰质内神经纤维的髓鞘。

神经毡是指中枢神经系统灰质内神经元的树突、轴突和胶质细胞的突起相互交织连接所形成的复杂网络区域。在一般金属浸镀光镜标本上不能显示其精确结构，故看起来这些突起的混合物好像杂乱无章。但用电镜观察，证明这些突起的交织连接是十分特异和精密的，不同脑区的神经毡有不同的构筑。因大部分突触连接均发生在神经毡内，故认为神经毡在神经组织的联系功能（communication function）中很重要，它为神经细胞突起之间的突触接触和功能上的相互作用提供了一个巨大的空间。

电镜下，少突胶质细胞染色较星形胶质细胞深，核呈圆形、卵圆形或不规则形，异染色质居多，大多密集于近核膜处。细胞质较少，但含细胞器较多，有大量游离核糖体及粗面内质网，高尔基体明显，线粒体也较多。少突胶质细胞含胶质丝和糖原较星形胶质细胞少，但在核周及突起内有大量的微管。星形胶质细胞有大量胶质丝而少突胶质细胞有大量微管，是电镜下区别这两种细胞的主要根据；但神经元及其突起内也有丰富的微管，故有时很难分辨少突胶质细胞与神经元的树突，一般可根据少突胶质细胞不形成突触以及它的胞质较神经元树突的致密来区分。根据电镜下少突胶质细胞的致密度不同和胞核异染色质聚集情况的差异，其可分为亮型、中间型和暗型三种。用 ^{3}H-胸腺嘧啶核苷标记法研究指出亮型少突胶质细胞的分裂最活跃，并很快分化为中间型细胞，故其数量最少，随着少突胶质细胞的成熟其从中间型变为暗型，所以暗型少突胶质细胞数量最多，中间型数量居中。这 3 种细胞可能分别代表不同的发育阶段和成熟程度。少突胶质细胞可合成连接蛋白 32 和 45（connexin 32，connexin 45），形成缝隙连接。少突胶质细胞的缝隙连接还存在于包裹形成髓鞘的细胞膜上，有人认为，借此缝隙连接少突胶质细胞和包裹的轴突可直接进行信息的交流。

2. 少突胶质细胞的功能

中枢神经系统有髓神经纤维的髓鞘是由少突胶质细胞形成的，故形成髓鞘是少突胶质细胞的主要功能。在髓鞘形成中，少突胶质细胞的突起接近神经元的轴突，突起末端扩展成扁平薄膜，与周围有髓神经纤维相同，反复包卷轴突，质膜的胞质面相对融合，形成较粗的主致密线，质膜的外侧面融合形成较细的周期内线，出现粗、细线相间排列的螺旋板层，即髓鞘。髓鞘的厚度取决于少突胶质细胞突起包卷轴突的周数。轴突愈粗，包卷的周数愈多，髓鞘愈厚；一般是轴突直径每增大 0.2μm，则多一层髓鞘板层。少突胶质细胞有许多突起，因此，每个细胞可形成不止一条神经纤维的髓鞘结间体，大鼠视神经的一个少突胶质细胞能形成 40～50 个结间体。少突胶质细胞的突起与结间体相连处极薄，甚至在电镜下也只是偶尔见到，所以一般情况下见不到少突胶质细胞突起与髓鞘之间相连的关系。

中枢有髓神经纤维的郎飞结"裸区"，轴突膜的结构与轴突起始段一样，在轴膜下有膜下致密层。轴膜外表面没有少突胶质细胞覆盖，但由星形胶质细胞的突起包裹，轴膜与星形胶质细胞突起之间隔有 20nm 宽的细胞外间隙。在郎飞结处偶尔可见轴突终末附着，轴突的侧支也是由郎飞结处发出。在结旁区，可看到两端的髓鞘板层因含胞质而形成的舌状胞质囊（胞质索）贴附在轴膜上，胞质囊和轴膜之间仍留有不超过 3nm 宽的狭窄间隙，轴膜表面有几个短突伸入间隙。

脑和脊髓最初出现的神经纤维是无髓鞘的。人胚约第 14 周开始形成髓鞘，出生前 3 个月髓鞘形成才加速，至出生后仍有大量髓鞘继续形成。少突胶质细胞可以每天 5000μm^2 的速度产生髓鞘。髓鞘形成的进程与神经系统的功能成熟（如形成神经通路）程度相关，如人中枢神经系统控制随意运动的主要下行通路，其髓鞘形成是在出生时才开始，至每条纤维都形成髓鞘，则要在小儿行走时才完成。此后不再形成新的结间体，只是现存的结间体随着脑和脊髓的发育及神经纤维的生长而增长。中枢神经系统的有髓或无髓神经纤维，其外面均无基板，即无神经膜管形成。

少突胶质细胞除形成髓鞘外，尚有一些类似星形胶质细胞的功能，如摄取神经递质 GABA，在神经系统损伤时参与吞噬活动等。少突胶质细胞还有抑制神经元突起生长的作用，如在体外培养中可观察到神经元轴突末端的生长锥一旦与少突胶质细胞接触，生长锥的运动立即停止，甚至塌缩；若与星形胶质细胞接触则不出现此现象。少突胶质细胞的这种抑制作用与其表面的膜蛋白有关，中枢髓鞘的膜蛋白也有此抑制作用。因此认为，少突胶质细胞的此种抑制性机制阻碍中枢神经的再生。一些中枢神经髓鞘膜蛋白中的抑制因子，如神经抑制因子-35、-220、-250 等已被分离出，用这些抑制因子可制备出相应的抗体。在 CNS 损伤时，这些抗体能有效地中和抑制因子，有助于再生轴突的生长。在中枢神经系统发生中，少突胶质细胞的分化和髓鞘形成的时间在不同的神经纤维束与不同的脑区有差别，这种抑制机制可能起一种"界限"（boundary）性的生理作用，可防止轴突长入其他纤维束内。

（三）小胶质细胞

碳酸银浸镀法显示中枢神经系统内存在一类不同于大胶质细胞的小胶质细胞。这种细胞比大胶质细胞小，胞核长形或三角形，染色较少突胶质细胞的核为深，胞质很少，突起细长有分支，分支上有许多棘状突起。细胞分布在灰质和白质，但灰质内更多，常位于近胶质界膜及血管处。有学者认为，大脑皮质 5%～10% 的胶质细胞是小胶质细胞，它们起源于中胚层，是来自软膜、血管壁和脉络丛等处的细胞，当胚胎血管形成时，它们随毛细血管进入脑和脊髓。小胶质细胞有吞噬能力，中枢神经系统损伤时出现的巨噬细胞，大部分起源于小胶质细胞。电镜下，小胶质细胞染色深，核扁平或锯齿状，异染色质多，胞质内溶酶体较多。

但是长期以来对小胶质细胞的存在和起源争论甚多。许多实验发现，中枢神经系统损伤时出现的巨噬细胞，并不是主要起源于小胶质细胞，它们大部分（约 2/3）是来自血液循环中的单核细胞。另外，早期电镜观察辨认不出小胶质细胞，因此有人怀疑小胶质细胞是否存在。后来改进了电镜研究方法，证实了小胶质细胞的存在。对小胶质细胞起源的争论，归纳起来主要有两方面，一方面认为起源于中胚层，另一方面则认为起源于外胚层。起源于中胚层的观点认为，小胶质细胞是骨髓造血干细胞的后裔，这些造血干细胞在胚胎发育早期进入 CNS，产生单核细胞谱系细胞，再由单核细胞转变为小胶质细胞遍布 CNS；或者，造血干细胞是在骨髓产生单核细胞，然后单核细胞侵入 CNS，在 CNS 转变为小胶质细胞，如同单核细胞进入组织中转变为巨噬细胞那样。起源于外胚层的观点认为，小胶质细胞跟其他胶质细胞一样起源于神经外胚层，来源于共同的胶质干细胞-成胶质细胞。成胶质细胞居于神经管的室层，后来移至室下层。小胶质细胞谱系是成胶质细胞谱系的一个分支。

小胶质细胞的功能：在正常情况下，小胶质细胞是静止的分支状细胞，但在脑部严重受损时，分支状小胶质细胞可缩回其突起，细胞变圆，成为 CNS 中巨噬细胞发挥吞噬作用，以清除组织溃变区的血块及死亡细胞碎屑。除吞噬作用外，小胶质细胞也具有免疫功能，它是 CNS 的抗原提呈细胞和免疫效应细胞。正常脑表达的 MHC 抗原水平是十分低的，静止的小胶质细胞或许能低水平表达 I 类 MHC 抗原，而大多数神经元通常是没有或者很少有这种抗原的，但当神经系统损伤，一些炎症性或非炎症性途径均可诱导星形胶质细胞和小胶质细胞表达 MHC 抗原。所以，在 CNS 内，星形胶质细胞和小胶质细胞均能提呈蛋白质抗原给 T 淋巴细胞，而小胶质细胞是其中最显著和有效的抗原提呈细胞。

CNS 发生各种疾患或损伤时，均可出现反应性小胶质细胞。反应性小胶质细胞能释放许多与 CNS 外巨噬细胞释放的相同化学物质，其中一些对细胞是危险的，能引起或加重诸如脑卒中（中风）、阿尔茨海默病、多发性硬化症和其他使人致残的神经溃变性疾病等。引起 AIDS 的人类免疫缺陷病毒（human immunodeficiency virus，HIV）不攻击神经元，但感染小胶质细胞，刺激小胶质细胞增加，产生炎症细胞因子和神经毒性因子。阿尔茨海默病患者脑内的 Abeta 淀粉样蛋白可能促使小胶质细胞进入激活状态，从而产生过量的神经毒性因子，因而能破坏神经元。小胶质细胞能产生 Abeta 淀粉样蛋白的前体物质——淀粉样前体蛋白（amyloid precursor protein，APP）。APP 在代谢过程中可被蛋白酶裂解产生 Abeta 淀粉样蛋白，激活的小胶质细胞释放的反应性氧物质促使 Abeta 淀粉样蛋白的进一步聚集，形成老年斑的核心。这样的聚集又会导致另外的小胶质细胞激活，产生更多的 Abeta 淀粉样蛋白，形成更多的老年斑，由此出现一种恶性循环。

（四）室管膜细胞

室管膜细胞是一种立方形、柱形或扁平的上皮细胞，覆盖脑室和脊髓中央管，此单层上皮称室管膜，它是胚胎神经上皮的遗留物。室管膜的厚度因部位不同而异，有些部位很薄甚至不存在，有些部位却是高柱形的上皮细胞。

室管膜具有许多分区，各分区构造不同，分区差别在第三脑室最明显。扫描电镜观察，兔、鼠、豚鼠、貂和人第三脑室的室壁可清楚地分为上、中、下 3 部分。上部的覆以具有纤毛的室管膜细胞，纤毛长而致密；下部的纤毛稀少；中间部为移行部。动物种属不同，移行部的移行情况有差异，如兔、鼠和貂的移行是突然的，而人和豚鼠的移行是逐渐的。第三脑室底前半部的室管膜细胞有纤毛，并且由前向后纤毛的密度不断增大，但至"U"形移行带时纤毛突然消失。第三脑室底后半部的室管膜细胞则具有微绒毛和小泡状突起，此处的室管膜除室管膜细胞外，还有伸长细胞和室管膜上皮细胞等。

松果隐窝的室管膜在袋鼠可分为三个带，中央为具有微绒毛和小泡状突起的室管膜细胞与室管膜上细胞，周边为具有纤毛的室管膜细胞，中间为移行带。

室管膜细胞表面有许多微绒毛，胚胎时期的室管膜细胞还有纤毛，但出生后仅脑室部分室管膜细胞保留有纤毛，其余部位的均消失。纤毛的划动有推送脑脊液的作用。细胞侧面近顶部与相邻细胞间有缝隙连接及中间连接，一般没有闭锁式的紧密连接，故溶质极大的蛋白质分子可通过室管膜细胞间进入脑实质。室管膜细胞的胞核呈规则的卵圆形，有核仁，电镜下可见异染色质较多，胞核呈锯齿状。胞质顶部有丰富的线粒体，其他的超微结构类似星形胶质细胞，粗面内质网很少，有微丝束。某些地方的室管膜细胞的基底部变细形成细长的突起，不同程度地伸到深部的神经毡内，这种形态的细胞称伸长细胞。室管膜细胞与深部的神经毡之间没有基膜，但由一室管膜下层（subependyma）与神经毡隔开。室管膜下层内含星形胶质细胞的突起及一些小细胞。这些小细胞比室管膜细胞小，胞核一般染色较深，也有染色浅者，细胞通常圆形，胞质内含游离核糖体。用 ^{3}H-胸腺嘧啶核苷研究表明室管膜下层是一个繁殖活跃的区域，并常见细胞有丝分裂，故认为此层是由分裂活跃的未成熟细胞组成的。有些胶质细胞可能起源于生后的室管膜下层，然后迁移到周围。还有人认为室管膜下层细胞可发生脑肿瘤。低等动物的室管膜下层有再生的能力，实验切除部分脑组织，此层能再生形成部分的脑。同时在低等脊椎动物，室管膜细胞与神经末梢有密切的关系，因而可能具有感受器的功能。近年研究发现，神经干细胞主要存在于脑某些部位的室管膜下层。

（五）伸长细胞

胚胎时期的室管膜细胞和低等脊椎动物的室管膜细胞，其基底部都有一个或多个长的放射状突起，伸到室管膜下层及神经毡内。在发育早期，这些基底突起可穿过神经管壁全层而止于外界膜，它们对发育中的神经系统不仅起一定的支持作用，而且可防止脑室腔塌陷，并为神经元提供迁移的路线。这些细胞便是早期伸长细胞，也称放射状胶质细胞或室管膜星形胶质细胞。在种系发生上，伸长细胞可看作是胶质细胞的最原始型。它们也存在于哺乳动物的视网膜和小脑，分别以米勒细胞（在视网膜）和贝格曼胶质细胞（在小脑）的形式出现，起引导神经元迁移的作用。

出生后，大部分早期伸长细胞的基底突起消失，成为室管膜细胞，但第 3 脑室和第 4 脑室周缘的某些特定区域仍保持原来的情况，即仍存在具有基底突起的伸长细胞。散布在第 3 脑室周缘的这些特殊区域合称为室周器，它包括正中隆起、漏斗隐窝、丘隐窝器、水管隐窝器、连合下器、缰室管膜、缰连合器、穹窿下器、终板血管器或称柱间结节。第 4 脑室周缘的包括最后区和分隔索。

伸长细胞表面（脑室面）有许多微绒毛和小泡，纤毛很少。电镜下其细胞核不规则形或卵圆形，胞质比室管膜细胞略暗，内无微丝束，但有很多微管和游离核糖体，粗面内质网很少，高尔基体、溶酶体和线粒体均普遍可见。细胞侧面近顶部与相邻细胞之间有紧密连接，而不是一般室管膜细胞之间的缝隙连接，细胞之间也有桥粒。有的伸长细胞的基底突起可分几个细支，都终止在邻近毛细血管和神经元上。伸长细胞的分布和形态特点表明，这类细胞在血管、神经元与脑脊液之间起主动运输物质的作用，它们能把脑脊液内的物质运输给邻近毛细血管和神经元，也可把毛细血管内或神经元释放的物质运输到脑室脑脊液内。伸长细胞还可能具有控制腺垂体细胞分泌激素的作用。腺垂体细胞分泌激素进入血液循环受下丘脑某些肽能神经元产生的释放因子（包括各种释放激素和释放抑制激素）控制，这些释放因子经垂体门静脉系统的毛细血管进入腺垂体而作用于腺细胞，从而控制其分泌活动。下丘脑还有一类起调节内分泌活动作用的神经元，它们大多属胺能神经元。这些胺能神经元与肽能神经元之间有轴-体或轴-轴突触连接，故肽能神经元的活动可受胺能神经元的调节。下丘脑的伸长细胞，其基底突起既终止于垂体门静脉系统的毛细血管，也与胺能神经元有连接。这样，伸长细胞和胺能神经元均可控制腺垂体的分泌活动。伸长细胞一方面把脑脊液内的激素及其他化合物主动运输到垂体门静脉系统的毛细血管，通过血液循环调节腺垂体细胞的分泌活动；另一方面可把下丘脑神经元释放的神经活性物质送到脑脊液内，再流到其他脑室，透过室管膜来影响更多的神经元。伸长细胞表面有高浓度的某些神经肽受体，其基底突起内常见大量类似神经分泌细胞内的囊泡和颗粒。

（六）脉络丛上皮细胞

脑室壁的某些部位（第 3、4 脑室顶部及两侧脑室的一部分）特别薄，保持胚胎时期的特征。此处富含血管的软脑膜与室管膜直接接触，并形成皱襞突入脑室，好像绒毛样的突起，称脉络丛（choroid plexus），室管膜成为具有分泌脑脊液（cerebrospinal fluid，CSF）功能的脉络丛上皮，故脉络丛是脑脊液的主要来源部位。

脉络丛上皮由单层柱状或立方细胞组成。上皮细胞表面有许多不规则的微绒毛，但无纤毛，胞质内有大量线粒体、溶酶体和吞饮小泡，高尔基体明显。细胞侧面和基底面有许多镶嵌的胞质突起，相邻细胞近顶端有紧密连接和中间连接，呈环状封闭细胞间隙，构成血-脑脊液屏障（blood-CSF barrier）。上皮下由基膜与薄层结缔组织分隔，结缔组织富含血管，其毛细血管内皮有许多窗孔，故血浆成分包括蛋白质能自由地通过毛细血管壁进入结缔组织间隙，但这些物质受脉络丛上皮细胞构成的血-脑脊液屏障所阻，不能进入脑室。

（七）神经膜细胞

神经膜细胞是周围神经系统主要的胶质细胞，又称施万细胞（Schwann cell）。神经膜细胞包裹所有的周围神经纤维，周围有髓神经纤维的髓鞘是由神经膜细胞质膜形成的。另外，神经膜细胞形成髓鞘的方式与中枢神经系统的不同。中枢有髓神经纤维的髓鞘是少突胶质细胞突起末端薄膜包卷轴突形成；但在周围神经系统，轴突陷入神经膜细胞的沟内，沟两侧质膜合成系膜，后者拉长并螺旋包绕轴突而形成髓鞘，形成髓鞘的细胞称为髓鞘形成神经膜细胞。若系膜没有螺旋包绕轴突，则无髓鞘形成，是为无髓神经纤维，这类神经膜细胞称为成鞘神经膜细胞。髓鞘形成神经膜细胞表达髓鞘脂联结蛋白（MAG），而成鞘神经膜细胞不表达 MAG，但表达 GFAP、NGF 受体和黏附分子 L1。所有包裹周围神经纤维的神经膜细胞又被基板包裹，基板外是神经内膜和细胞外基质。

在发生上，神经膜细胞起源于神经嵴。未成熟的神经膜细胞是大而圆的细胞，细胞核卵圆形，胞质致密。当它们从神经嵴迁移出来的时候，细胞呈梭形，随后变不规则形，成串地沿着生长中的神经纤维束生长、繁殖并形成髓鞘，一个神经膜细胞只形成一节髓鞘（即一个结间体）。在无髓纤维，一个神经膜细胞可包裹不止一条轴突。在成熟的有髓纤维，神经膜细胞的胞核呈扁卵圆形，一般位于细胞中部，居髓鞘外面。胞质是薄而不连续的，分布在髓鞘外面（向基板面）和内面（向轴膜面）。在结旁区的舌状胞质囊和指样突起，髓鞘板层内的髓鞘切迹以及核周区等处才有较多的胞质。细胞质内含有一般的细胞器如粗面内质网、高尔基体、微管、微丝、线粒体和溶酶体等，大部分的粗面内质网和高尔基体位于核周区。

周围神经损伤时，神经纤维发生溃变，神经膜细胞大部分质膜（髓鞘）分解，但细胞极少死亡。此时，神经膜细胞不仅吞噬溃变物质，还不断大量增殖，在损伤处形成细胞桥连接两断端的神经纤维，并在基板包裹的管道内形成纵行连续的细胞索，称为宾格内带（Büngner band）。细胞桥和细胞索均有引导再生轴突沿一定方向生长的作用。近年来还认识到神经膜细胞能合成和分泌多种神经营养因子和细胞外基质（extracellular matrix，ECM），后者包括 I、III、IV 和 V 型胶原蛋白、层粘连蛋白、纤维粘连蛋白、巢蛋白（entactin）和硫酸乙酰肝素蛋白多糖（heparan sulfate proteoglycan）。这些细胞外基质都是基板的主要成分，故神经膜细胞也有组构基板的能力。NGF 和 ECM 特别是层粘连蛋白，对神经元突起的生长及神经再生均有促进作用。

（八）被囊细胞

神经节内的神经元胞体常被一层小的扁平细胞包裹，这层细胞称被囊细胞。被囊细胞的胞质与神经膜细胞的相似。在光镜下其胞质不明显，但在电镜下可见被囊细胞的深面凹凸不平，与神经元的不规则表面相互嵌合。相邻被囊细胞又以胞质突起呈不同程度的重叠。与神经膜细胞一样，被囊细胞外面也有基板。在脊神经节，被囊细胞完全包裹神经元的胞体，故此处无突触。被囊细胞还包绕神经元轴突起始的蟠曲段（轴突呈"T"形分支前的蟠曲段），并形成一节或若干节髓鞘，直到"T"形分支处才被神经膜细胞所替代。在自主神经节，被囊细胞较少，没有完全包裹神经元胞体，故节前纤维的轴突终末能与自主神经节节细胞胞体形成突触。

几种神经胶质细胞的形态特点与功能如表 8.7 所示。

表 8.7　几种神经胶质细胞的比较

细胞种类	形态特点	细胞核特点	功能
星形胶质细胞	呈星形，突起多，短粗或细长，有分支	核大，卵圆形，染色质少，色浅	形成神经胶质界膜，并能修复损伤
少突胶质细胞	圆形或卵圆形，突起少，分支少	核较小，圆形，染色质较多，色深	在中枢神经系统形成髓鞘，有营养和防御作用
小胶质细胞	长椭圆形，有带小棘的树枝状突起，胞质少	核最小，圆形，染色质较多，色深	吞噬
室管膜细胞	立方形或柱状，表面有微绒毛或纤毛，基底部有长突起	核圆形或椭圆形	支持、保护
神经膜细胞	圆筒状，展开时似梯形扁囊，包在轴索周围	核椭圆形	在周围神经系统中形成髓鞘和神经膜
被囊细胞	扁平，成单层包在神经元周围	核圆形，染色质深	在神经节内形成被囊，有营养和保护功能

四、神经纤维

神经纤维是由神经元的长突起和包在它外面的神经胶质细胞组成的。它们在中枢神经系统内构成各种上行、下行或联系各脑区的传导束和联合纤维，在周围神经系统则构成分布于各器官和组织的脑神经、脊神经与自主神经。按神经元突起是否有髓鞘物质包裹，将神经纤维分为有髓神经纤维（myelinated nerve fiber）和无髓神经纤维（unmyelinated nerve fiber）两大类。按纤维的直径及其传导速度，又可把纤维分为 A、B、C 三类，A、B 两类是有髓神经纤维，C 类是无髓神经纤维（表 8.8）。有髓神经纤维的传导速度与其直径成正比，无髓神经纤维的传导速度则是与其直径的平方根成正比。

表 8.8　神经纤维的分类

神经纤维种类		亚类	纤维直径（μm）	传导速度（m/s）	来源或去向
A 类（有髓神经纤维）	传入纤维	I	10～20	50～100	Ia 肌梭传入纤维 Ib 腱器官传入纤维
		II	5～15	20～70	表皮机械感受器 肌梭梭内肌传入纤维
		III	1～7	5～30	痛温觉传入纤维 血管感觉神经末梢
	传出纤维	α	9～20	50～100	骨骼肌纤维
		β	9～15	30～85	梭外肌，梭内肌（有侧支供应）
		γ	4.5～8.5	20～40	梭内肌 γ1 支配快肌，γ2 支配慢肌
B 类（有髓神经纤维）			≤3	3～15	自主节前纤维
C 类（无髓神经纤维）		IV	0.2～1.5	0.3～1.6	自主节后纤维 内脏和躯体感觉纤维等

（一）有髓神经纤维

在胚胎发生过程中，神经管分化形成的少突胶质细胞沿神经元的长突起排列，参与形成中枢神经系统神经纤维的髓鞘；神经嵴细胞分化形成的神经膜细胞，又称施万细胞或鞘细胞（sheath cell），沿进出中枢的神经元长突起排列，参与形成周围神经系统神经纤维的髓鞘。构成神经纤维的神经元长突起通称为轴索。

1. 髓鞘的形成

中枢和周围神经系统的有髓神经纤维的形成方式和形态结构有所不同。在鸡胚周围神经髓鞘的生成过程中，神经膜细胞最初为卵圆形，它以不同的速度沿神经元突起的生长而迁移，并转变为梭形有突起的细胞，表面出现基膜。神经膜细胞最初并未完全包裹成束的轴突，当近段的神经纤维趋于形成时，神经膜细胞分裂增多，并逐渐包裹小束的轴突，将其与周围组织分隔开。人胚约第 11 周时，神经膜细胞便开始伸入轴突束内，进一步把轴突分隔为小束，每一个神经膜细胞可包裹 1 或 2 个轴突小束，每个轴突小束也可由几个神经膜细胞共同包裹。神经纤维继续发育，逐渐变为每个神经膜细胞包裹一根轴突。随着神经膜细胞的不断分裂增生，许多神经膜细胞便在髓鞘生成之前沿生长的轴突排列。

电镜观察可见神经膜细胞表面出现一条沟，轴突陷于沟内，随着沟的深陷，沟两边的质膜相贴形成轴突系膜（mesaxon）。轴突系膜渐变长，并绕轴突做顺时针或逆时针方向旋转，包绕 3～4 周之后，原保留于相邻系膜之间的少量胞质大部分消失，以致系膜的胞质面相贴，构成在神经纤维的横切面上可见的着色深的粗线，称主致密线（major dense line）。如果系膜间仍保留少量胞质，系膜不相贴，两层系膜间的胞质间隙便形成神经纤维上的髓鞘切迹（incisure of myelin），又称施-兰切迹（Schmidt-Lanterman incisare）。在髓鞘板层生成过程中，系膜两层质膜间原有的宽 12～14nm 的间隙，以后变窄为 2～2.5nm，构成板层间较细的线条，称为周期内线（intraperiod line）。由一个神经膜细胞的轴突系膜环绕轴突形成的粗细线条相间的板层结构包绕一段轴突，此段结构称为结间体（internode）。光镜下所见的髓鞘物质，实为神经膜细胞的质膜板层结构。神经膜细胞含核部分及与轴突相贴近处均保留有少量胞质，核多位于结间体的中段。相邻的结间体相互连接，连接点即为郎飞结。

中枢有髓神经纤维的髓鞘较薄，是由少突胶质细胞的突起生成的。发育早期可见轴突与少突胶质细胞突起的膜性结构之间有糖蛋白聚集，可能与两者之间的识别有关。

2. 髓鞘的结构

用脂肪染色法可显示髓鞘，光镜下可见髓鞘紧贴轴突表面。固定后的有髓神经纤维，髓鞘内的蛋白质成分常呈网状，称神经角蛋白（neurokeratin）。20 世纪 60 年代以后的 X 射线衍射和偏振光研究证实，髓鞘主要是由蛋白质和类脂质呈同心圆板层结构。

以梯度密度离心法从脑匀浆中分离髓鞘，在电镜下可见髓鞘是由质膜组成的明暗相间的主致密线和周期内线结构，中枢神经系统的髓鞘干重约 70% 是包括胆固醇、磷脂和糖脂（含半乳糖的脑苷脂占 20%）的类脂质。髓鞘含有两种特殊的蛋白质，即髓鞘碱性蛋白（myelin basic protein，MBP）和蛋白脂蛋白（proteolipid protein），其他蛋白质较少，尤其缺乏一般质膜所含的离子通道蛋白。髓鞘碱性蛋白能在酸性溶液中溶解，约占髓鞘蛋白质总量的 1/3，它可能与髓鞘的主致密线形成有关，因它们位于质膜的内层。蛋白脂蛋白易溶于有机溶剂，也占髓鞘蛋白质的 1/3，现认为它大部分埋在类脂双层中而有利于稳定类脂双层的结构，此外，髓鞘中还含有髓鞘糖蛋白（myelin glycoprotein）和酶，后者可能与髓鞘类脂的合成和降解有关。在周围神经系统中，类脂约占髓鞘成分的 80%，蛋白质含量较低，但有一种称 P_0 的蛋白质占总蛋白质量的 55%，一种与中枢神经的碱性蛋白相类似的 P_1 蛋白和只在周围神经中存在的碱性 P_2 蛋白含量均较少。

神经膜细胞分段连续包绕轴突，使有髓神经纤维似由成串的结间体组成，因此，结间体是有髓纤维的基本结构单位。结间体的长短和直径与神经膜细胞有关。据计算，周围神经的轴突直径与有髓神经纤维直径之比约为 0.6；中枢的髓鞘一般较薄，轴突与神经纤维直径比为 0.75。结间体长度 300～1500μm，为轴突直径的 100～200 倍。由此可见，轴突越粗，髓鞘越厚，同时结间体越长。神经纤维结间体随年龄的增长而伸长，如胎儿坐骨神经的结间体较短，随人体的发育生长，神经渐长，结间体的长度也相应变长。一般长神经的结间体比短神经的长，如坐骨神经的结间体比面神经的长。

神经膜细胞的轴突系膜环层包绕轴突，胞质仅见于髓鞘板层的内、外两面和髓鞘切迹内。神经膜细胞核位于细胞周边胞质内，约在结间体中段，在细胞的表面还覆盖有一层基膜。在轴突系膜的起始点，以往认为两层膜融合为一，但用高分辨率电镜观察，可见这两层膜之间仍有 2nm 的间隙，胶体镧可进入轴突系膜的间隙内。冷冻蚀刻复型法发现，在轴突系膜和髓鞘切迹闭合处都有紧密连接，中枢有髓纤维的内、外轴突系膜间都有纵行的紧密连接，胶体镧可窜入系膜两层质膜之间，而铁蛋白不能进入，故认为小分子物质可通过紧密连接。轴突系膜间隙内也含有类似基膜上的糖蛋白物质。

3. 郎飞结的结构

一条周围神经纤维上相邻神经膜细胞之间并非为紧密相接，细胞间有小段轴突裸露，与神经膜细胞间隙相通，此处较狭窄的环形区称郎飞结（Ranvier node）。中枢有髓神经纤维由少突胶质细胞参与组成，其郎飞结结构与周围神经稍有差异。

神经膜细胞除在髓鞘板层的内、外侧及髓鞘切迹内有较多胞质并互相通连外，在细胞的两端近郎飞结处也保留有较多胞质，此处的质膜不参与形成轴突系膜，构成主致密线的两层单位膜在此处因胞质较多而分开，在郎飞结旁形成环行的胞质索。因此在神经纤维的纵切面上，可见结旁区两层单位膜因分离而形成的舌状胞质囊，它们都贴附在轴突膜上，其压迹使轴突膜呈波浪形。郎飞结及结旁区轴膜离子通道蛋白特别丰富，大量的电压依赖 Na^+ 通道被膜下的一种锚蛋白 G（ankyrin G）固定在轴膜上，当轴膜去极化时这些通道开放，有利于有髓神经纤维的跳跃式传导。神经膜细胞膜与轴突膜之间的间隙宽 12nm，结旁区的舌状胞质囊与轴膜间的间隙变窄，仅为 2.5～3.0nm。较细的神经纤维，其神经膜细胞边缘的舌状胞质囊多与轴突膜相贴；而在粗神经纤维，由于髓鞘厚，其舌状胞质囊相应增多，有些胞质囊叠在其他囊上而不与轴突膜直接相贴。舌状胞质囊内有微管与小泡等结构。有些研究还发现，在轴突表面有长约 15nm 的致密突起伸入轴突膜与神经膜细胞膜之间的间隙内，相邻致密突起的中间间距为 25～30nm。以前曾认为它们是紧密连接结构，但根据冷冻蚀刻复型法观察，轴膜表面的致密突起呈螺旋状斜列。镧盐示踪实验可见致密突起之间有镧盐分布，显示这些突起是轴膜与神经膜细胞膜之间的接触点；辣根过氧化物酶可进入轴膜外的该间隙，但不容铁蛋白通过。致密突起间形成的螺旋状狭窄通道可能起延缓分子及离子进行交换的作用。

近郎飞结处称结旁区（paranodal region），神经膜细胞胞质较多，形成纵向的胞质柱，其内的线粒体数较结间体胞质中的多 10～20 倍，胞质柱使髓鞘板层向内凹陷，故在结旁区的横切面上，髓鞘板层不呈环形而呈星形或十字花形。由于神经膜细胞外表还有由糖蛋白组成的基膜，因此在基膜与轴膜间有一个比较宽大的基膜下间隙，里面含有一些黏多糖类的间隙物质，可能具有与神经纤维外的阳离子相结合的作用。指样突起存在于间隙物质内，推论指样突起可将神经膜细胞产生的能量转送至轴膜。在指样突起与"裸露"的轴突相接触的轴膜下方 10nm 处，有厚约 20nm 的膜下致密层，结构与轴突起始段相似，意义不明。中枢神经系统的有髓神经纤维郎飞结的结构不及周围神经那样复杂，没有指样突起等结构。

郎飞结的长度因动物不同而异，一般为 0.8～14μm。有人认为郎飞结的完整性有赖于 Ca^{2+} 的存在。若用低钙培养液培养感觉神经元的有髓纤维，在轴膜外间隙中有液体积聚，并使郎飞结变长，由于结周的舌状胞质囊也被积聚的液体拉长变薄，结果轴膜与神经膜细胞膜之间的连接消失。培养液中加入 Ca^{2+}，郎飞结又可恢复正常。这种变化也可由胰蛋白酶的作用引起。郎飞结的结构之所以受到重视，主要是因为生理实验证明有髓神经的传导速度较快，原因是冲动能从一个结跳到另一个结而进行跳跃式传导（saltatory conduction）。对跳跃式传导的形态学基础尚有待研究。

（二）无髓神经纤维

通常直径 1μm 以下的神经纤维都是没有髓鞘的。神经膜细胞纵向衔接，包裹轴突，每个细胞可包裹 5～15 条轴突，多者可达 21 条。这些轴突不同程度地被包埋在神经膜细胞表面凹陷所成的纵沟内。神经膜细胞长 200～500μm，核多位于中段的胞质中。包裹轴突的方式，既可以陷在沟内，也可深埋在沟中而形成短的轴突系膜，但系膜不形成髓鞘板层。在自主神经中还可出现几条轴突同时包在一条纵沟内，至近终末处，神经膜细胞消失而成为裸露的轴突。在嗅神经可见小束的轴突共有一个系膜，系膜还可呈分支状融合。中枢的无髓神经纤维没有明显的鞘膜，往往与有髓神经纤维混合一起。下丘脑的无髓神经纤维往往被星形胶质细胞的突起分隔成束。

（三）神经的结构

神经（nerve）由许多神经纤维集合在一起构成，遍布全身各器官和组织。一条神经内可以只含有感觉（传入）神经纤维或运动（传出）神经纤维，但大多数神经是同时含有感觉、运动和自主神经纤维的。在周围神经损伤的修复过程中往往需要将同种类型的神经断端对接才有利于神经的再生，再生的神经抵达正常靶组织并恢复功能。在结构上，神经内同时含有髓和无髓两种神经纤维。由于有髓神经纤维的髓鞘含髓磷脂，肉眼观神经通常呈白色。每条神经纤维外包裹有薄层疏松结缔组织，称神经内膜（endoneurium）。若干神经纤维又被结缔组织分隔成大小不等的神经纤维束，包裹每束神经纤维的结缔组织称神经束膜（perineurium）。神经束膜的外层是结缔组织，内层则由多层扁平上皮细胞组成，称为神经束膜上皮（perineural epithelium），上皮细胞之间有紧密连接，每层上皮都有基膜。神经束膜上皮对进出神经的物质具屏障作用，如标志蛋白就不能通过此屏障进入神经内部，可防止外来因素的干扰。包裹在神经外面的致密结缔组织称神经外膜（epineurium）。神经内的血管较丰富，神经外膜内的纵行血管发出分支进入神经束膜，进而在神经内膜形成毛细血管网。神经内膜也含有淋巴管。

五、神经干细胞

当蝾螈与其他较低等动物的脑受到损伤时，它们具有很强的神经再生能力，但哺乳动物 CNS 再生的能力很低。长期以来大多数神经生物学家认为，神经细胞高度分化后失去了分裂增殖的能力，同时在中枢神经系统缺乏使神经元再生的干细胞。这种观点现已被证实是错误的。大量的研究证明，神经干细胞（neural stem cell，NSC）不仅存在于胚胎时期，而且存在于成年动物 CNS。在正常的发育过程中神经干细胞最早出现于胚胎时期神经板中，为柱状细胞，当形成神经管时这些柱状细胞不断增殖，形成假复层，称为神经上皮（neuroepithelium），位于神经管外围的细胞则为成神经细胞，以后逐渐分化和迁移形成神经系统的各种不同的神经元和某些神经胶质细胞。神经干细胞同其他组织的干细胞一样具有自我增殖（self-renewal）和多向分化（multipotentiality）的特点。早在 1965 年 Altman 与 Das 就描述过在成年鼠的海马内有新的细胞生成，但不能证明新细胞是神经元。直到 1992 年，成年鼠大脑中依赖 EGF 生存的神经干细胞才被分离出来，至此有了神经干细胞直接存在的证据，此后，又分离出依赖 EGF 和 bFGF 生存的神经干细胞。在成年地鼠脑海马内发现新生神经元。在恒河猴脑海马内也有新神经元发生现象。大鼠小脑和嗅球的颗粒神经细胞于出生后继续增多，小脑颗粒神经细胞的增生时间是出生后至第 21 天，嗅球颗粒神经细胞的发生主要在出生后，可持续到成年期。成年人是否具有神经发生的能力一直是个未解之谜，直到最近在人脑海马区也发现有新的神经细胞生成。成年哺乳动物大脑海马齿状回和脑室室管膜下区是神经干细胞的密集区。

体外培养的神经干细胞能够自我增殖呈集落生长，并分化为神经元与神经胶质细胞。在合适的环境下神经干细胞还可以分化为非神经系的细胞，如 TGF-β 可诱导神经干细胞产生平滑肌细胞。如果把神经干细胞植入骨髓，它们可以分化为血细胞，而移入肌肉则可产生肌细胞。神经干细胞在发育过程中表达多种阶段性标志蛋白，巢蛋白（nestin）是目前广泛用于鉴定神经干细胞的标志蛋白，巢蛋白属中间丝家族，在发育的神经系统的神经上皮细胞中高度表达。一旦干细胞分化为神经元或神经胶质细胞后则表达分化后细胞所特有的标志蛋白，如神经元表现为神经丝蛋白（neurofilament，NF）阳性，而神经胶质细胞则为胶质原纤维酸性蛋白（GFAP）等阳性。

在体示踪标记研究也证明神经干细胞能够分裂、增殖、迁移、分化。已发现成年哺乳动物大脑室管膜下区的神经干细胞可逐渐迁移到嗅球，并取代已死亡或正在死亡的颗粒神经元。长期以来人们一直在探索通过细胞移植来修复神经退行性疾病和损伤造成的神经组织缺损。如果用适当的方法从患者体内获取某些干细胞，经体外培养扩增形成大量细胞，再经过诱导形成特定的神经元或胶质细胞，由于细胞来源于宿主自身，作为移植物再植入患者体内也不会引起免疫排斥，将是一种有希望用于临床的方法。有实验报道，植入啮齿类动物脑内的神经干细胞不仅可以分化为神经元，而且可以进一步与其他神经元形成功能性的突触。神经干细胞的发现已引起科学家的极大兴趣，可以预计，随着神经干细胞研究的深入，必将在中枢神经发育、基因功能表达以及细胞移植治疗神经系统退行性疾病与损伤修复等领域中取得重大进展。

哺乳动物胚胎的神经干细胞在脑内主要位于 7 个部位：嗅球、侧脑室脑室带（室管膜上皮）、脑室下区、海马、脊髓、小脑（后脑的一部分）和大脑皮质。成年动物脑内神经干细胞主要分布在海马齿状回、纹状体和环绕侧脑室的室脑膜下层。在不同物种中，上述部位神经干细胞的形态和数量不同。在脑和脊髓中有限制性神经前体细胞分布，这些细胞主要分布于海马、纹状体、脑室下区、嗅球以及发育中的大脑皮质、脊髓及小脑皮质外颗粒层。

在成年啮齿类动物的中枢神经系统中，比较明确的有三组干细胞，分别位于：①邻近脑室的脑组织，称为脑室带（ventricular zone）。脑室带中室管膜上皮细胞本身就可能是神经干细胞。室管膜上皮细胞衬在脑室壁的表面，具有纤毛，之前的研究认为它不会分裂，与血-脑屏障功能有关；而近来有一些研究证明它们具有干细胞的特性。在室管膜上皮细胞层的深层即室管膜下带或脑室下区（subventricular zone），细胞种类混杂多样，包括神经母细胞（尚未成熟的神经元，可以迁移到嗅球）、前体细胞和星形胶质细胞等。这一邻近脑室的脑组织在胚胎发育时期是细胞积极分裂的神经组织生发部位，到了动物成年时期，该部位体积大大缩小，但仍含有神经干细胞。②连接侧脑室和嗅球的条带区域，又称喙嘴侧流。在啮齿类，侧脑室的干细胞通过此条带区不断向嗅球迁移，使感受嗅觉信息的嗅球神经元不断得到更新。③海马（人和鼠海马干细胞的存在部位都是齿状回的颗粒下层）。

FGF 依赖干细胞主要分布在脊髓。从发生看，脊髓的神经干细胞主要源于神经管腹侧假复层神经上皮，之后，这些细胞从中央管向外线膜扩展至远端。这些神经干细胞表达神经上皮所特有的标志物——巢蛋白或巢素，但不表达其他与分化有关的标志物。之后神经上皮干细胞按照特异的时空程序发育分化为神经元、少突胶质细胞和星形胶质细胞。在脑内主要分布的是 EGF 依赖神经干细胞，但同时有少量 FGF 依赖神经干细胞。

第二节　中枢神经系统

神经系统主要由神经组织构成，分为中枢神经系统和周围神经系统两部分。中枢神经系统由脑和脊髓组成，周围神经系统由神经节、神经与神经末梢共同构成。在功能上，神经系统又可分为躯体神经系统和自主神经系统。躯体神经系统由中枢神经系统和周围神经系统的躯体部分组成，包括躯体中除内脏、心肌和腺体以外的运动与感觉神经。自主神经系统由中枢和周围神经系统的自主部分组成，包括支配内脏、心肌和腺体的非随意运动传出系统，还包括感受内脏疼痛、自主反射的感觉传入系统。自主神经系统还可进一步分为交感神经系统和副交感神经系统以及支配胃肠道的胃肠神经系统。

神经系统的功能活动主要通过无数神经元建立的神经网络来实现。神经系统能对外环境中的变化产生应答，控制并整合各器官和系统的功能活性，在维持机体内环境稳态、保护机体完整统一性中起主导作用。

一、神经系统的演化

最简单的神经系统是神经网，是由神经细胞的很细的神经纤维交织而成的，它在腔肠动物中广泛存在。刺激作用于机体的某部分所引起的反应可传到刺激点以外一定的距离。如果在短时间内重复刺激则产生易化作用（faciliation），反应可以传播得更远。在这种神经网中没有发现传导的方向性，传导速度为 $0.1 \sim 1.0 \mathrm{m/s}$。许多神经细胞胞体聚集在一起形成神经节是神经系统进化过程中一个重要的进步。神经节在腔肠动物中已有发现，在更高水平的动物中普遍存在。神经节中神经细胞胞体之间通过轴突的侧支形成多方面的联系。在有体节的无脊椎动物中，每一体节都有一个神经节。每个神经节既调节本体节的反射机能，也与邻近几节的反射活动有关。一系列的神经节通过神经纤维联系在一起形成神经索。环节动物和节肢动物都有腹神经索。

神经系统的另一个重要发展是动物体前部的几个神经节趋向于融合形成"脑"。这些融合在一起的神经节的结构更加复杂，而且对其他神经节有不同程度的控制作用。脑相对中枢神经系统后部的优势，在于身体前部大量的感受器将感觉输送至脑内，此外脑还调节中枢的发展。在进化过程中，神经系统中神经细胞的数目越来越多，章鱼（头足类）的神经系统是无脊椎动物中最发达、最复杂的，仅在脑内就约有 1 亿个神经元。脊椎动物神经系统的神经元数目更多，结构更复杂。

二、脊椎动物中枢神经系统的发育

脊椎动物的中枢神经系统是由外胚层内陷形成的神经管发展而成的。在发育的早期，神经管的前端膨大形成三个原始脑泡：前脑（prosencephalon）、中脑（midbrain，mesencephalon）和菱脑（rhombencephalon）。神经管的其余部分发育成脊髓（spinal cord）。三个脑泡继续发育，前脑分化为端脑（telencephalon，即大脑 cerebrum）和间脑（diencephalon），中脑不再分化，菱脑分化为后脑（metencephalon，即小脑 cerebellum）和髓脑（myelencephalon，即延髓 medulla oblongata）。

端脑（即大脑）一般可分为两部分，前端突出，形成一对嗅叶，后部为大脑半球。哺乳动物的大脑半球十分发达，形成许多沟、回以增加表面积。在大脑半球的外表面有一层厚约 3mm 的灰质，为大脑皮质，主要是由神经细胞胞体和无髓神经纤维构成。间脑在大脑后方，左右两侧有厚壁，称为丘脑或视丘。间脑下部发出一个脑漏斗与垂体连接。中脑的主要部分是一对视叶，是动物的视觉中枢，哺乳动物有 4 个，称为四叠体。菱脑分化出的小脑，位于延髓的背侧，高等动物分化成两个小脑半球。延髓也是菱脑的一部分，是脑部分化最少的部分，但有重要的机能。脊髓在延髓之后，呈圆柱形，由神经管发展而成，但因管壁增厚，所以中央的管腔极细。脊髓背腹两面的正中线上各有两条纵沟，分别称为背沟和腹沟。脊髓的中心部分为灰质，外周部分为白质，与大脑及小脑中灰、白质分布的情况正好相反。脊髓中的灰质略呈"H"形，是神经细胞胞体集中的区域。白质主要由有髓神经纤维组成。

当神经管形成时，从神经管和外胚层分离出的一些细胞位于神经管两侧与外胚层之间，这些细胞称为神经嵴细胞（neural crest），它们分化形成外周神经系统 4 种主要成分中的 3 种，即背根节、内脏神经节和施万细胞。第 4 种成分由运动神经从神经管中长出。

在高等脊椎动物中，除大脑与小脑外，脑的其他几部分（包括延髓、脑桥、中脑与间脑）统称脑干。禽类无明显的脑桥。脑干是大脑、小脑与脊髓联系的必经途径，是许多神经元与神经元发生突触联系的地点（接替站）。在中枢神经系统内，机能相同的神经元的胞体和轴突一般都是集中组织在一起的。机能相同的神经元集中在一起形成神经中枢（又称反射中枢），对某一特定的生理机能起调节作用。这些神经元的胞体集中的区域呈灰色，形成灰质层、灰质团（又称神经核）。除嗅神经和视神经外，其他脑神经的神经核分布在脑干的各部分。机能相同的轴突集中在一起形成神经束，这是传导冲动的路径。这些神经束又分上行（感觉）和下行（运动）两类。脑干的中央部分是网状结构，其中神经元的胞体与纤维并不集中成神经核或神经束而是交织成网状。

（一）大脑皮质

人脑具有复杂的结构。整个人脑的神经细胞多达 1100 亿个。大脑皮质分左、右两半球，中间以白质（如胼胝体）相连。大脑半球表面为灰质，又称皮质。深部为白质或称髓质。人的大脑皮质表面有许多脑回和脑沟，从而扩大了皮质的表面积。大脑半球借这些沟裂分为 5 叶，即额叶、颞叶、顶叶、枕叶和岛叶。在大脑发育过程中，主要的沟回在妊娠期迅速发展并在婴儿出生时完全形成。随着大脑在婴幼儿期间的进一步发育，大脑沟回的形状和深度继续发生相对变化直至成年。

鸟类的大脑皮质是核团结构，而不是像哺乳动物那样分层并具有脑沟和脑回。然而在认知、语言和使用工具方面强于哺乳动物，是因为鸟类大脑皮质的容量约占整个端脑容量的 75%。沟底的皮质较薄。具有沟回的脑是一部分大型哺乳动物的独有特征。啮齿类几乎无沟回。家畜的脑沟主要有外侧嗅沟、大脑外侧裂（薛氏裂）、薛氏外沟、薛氏上沟、薛氏前沟、斜沟、对角沟、缘沟（矢状沟）、外缘沟、内缘沟、十字（中央）沟、眶沟、冠状沟、压沟、袢状（套）沟和胼胝体沟等，这些沟是划分脑回和大脑分叶的重要界限。大脑皮质回/沟折叠方式在雪貂和其他动物间高度保守，尽管外侧沟尾部有一些常见的小变异，但总体来说雪貂大脑回折叠方式类似于其他的肉食动物，尤其是雪貂与猫的大脑皮质沟/回折叠形式和功能性结构组成特别相似。大脑皮质尾部包含一系列的由喙部向尾部延伸的沟、回。这些结构中最靠近背内侧的是外侧回，横向扩展/延伸，外侧沟将外侧回和薛氏上回分开。这些脑回包含躯体感觉区和视觉区，与灵长类的类似。

恒河猴间脑、脑干和小脑与人的相似，但小脑（相对自身比例）较发达。端脑背外侧面各叶与人相似，通过外侧沟、中央沟和月状沟（由顶枕裂在大脑背外侧面的延续形成）分为额、顶、枕和颞叶；额、顶颞叶有较多沟、回，但枕叶的沟、回不发达。额叶通过上面的一条额上沟和下面的一条直沟分为额上、中、下回，中央沟和中央前沟之间的是中央前回；顶叶通过顶内沟分为顶前回和顶后回，中央沟和中央后沟之间的是中央后回；颞叶通过颞上沟和颞下沟分为颞上、中、下回；枕叶较其他叶显得更平滑。端脑内侧面可见与胼胝体沟平行的胼胝体缘沟，该沟与嘴沟（位于胼胝体膝腹侧）、膝状沟（位于胼胝体膝前）共同构成扣带沟。胼胝体缘沟腹侧为胼胝体缘回，背侧的前部为额上回内侧部，后部为旁中央小叶。后部的距状沟向下后、下前呈分叉状分支而成为前距状沟和后距状沟，该沟的前背侧为楔叶，后腹侧为舌回。端脑底部各叶沟、回的发育与人的相似，但其进化程度不如人的发达。

人脑机能区包括运动区、感觉区、语言区，并形成网络。动物没有语言区。成年人大脑皮质的表面积约 2200cm², 体积 500～600cm³, 脑重 1500g, 占体重的 1/50, 人脑的绝对量大大超过其他高等动物。黑猩猩的脑重量大约 400g, 约为体重的 1/150, 其大脑皮质约为人大脑皮质面积的 1/4。大猩猩的脑重量大约是 540g, 而成年恒河猴大脑重量仅为 93.40g±5.8g。

人脑与常见啮齿类实验动物脑的比较见表 8.9。

大脑皮质由许多大小不等的神经元和神经胶质细胞以及神经纤维构成，有 150 亿～200 亿个神经元。每一个神经细胞都同其他神经细胞相连接，并和感觉器官的神经末梢相联系，形成"等级式"的网络结构。神经元分层排列，除某些脑区外，一般分为 6 层，各层神经元的形态及排列密度和相互间联系都有一定的特点。

1840 年 Baillarger 首次应用放大镜观察大脑皮质，继而用高尔基银染法结合光镜观察大脑神经元及其神经纤维的形态。到 19 世纪末，用组织化学和放射性核素标记等技术研究大脑皮质神经元及其神经纤维的相互联系。至 20 世纪中期，用电镜观察大脑皮质，详细研究了大脑的微细结构与功能的关系。近 20 多年来应用细胞内记录大脑皮质神经元生物电的方法，可研究单个神经元的功能活动，尤其是发明了膜片钳技术，可从分子水平研究大脑神经元质膜上某一离子通道的功能。现已能测定单个大脑神经元的蛋白质与磷酸含量，以及酶的活性和突触的神经递质。应用免疫组织化学和免疫电镜技术，可对大脑皮质神经元进行分类以更确切地了解其功能。近年对神经元的衰老和可塑性及其轴突的再生等都有新的研究进展。

1. 大脑皮质的神经元类型

虽然大脑皮质含有大量的神经元，但按细胞的形态可分为三大类：锥体细胞、颗粒细胞和梭形细胞。

1）锥体细胞

锥体细胞是大脑皮质最具特征性的数量最多的神经元，可分小、中、大三型。胞体呈锥形或三角形，核大而圆，核仁明显。胞体越大，其胞质内的尼氏体越明显。小型锥体细胞胞体高度 10～12μm, 中型锥体细胞胞体高度 45～50μm, 大锥体细胞又称贝茨细胞（Betz cell），胞体高度 80～120μm, 在人的大脑中央前回贝茨细胞的形态最典型。从锥体细胞的顶尖发出一条较粗的顶树突，垂直伸向皮质的表面，沿途发出斜行侧支，顶树突的顶端接近皮质表面，分支较多并形成簇，称终末簇（terminal tuft），其分布范围为 150～300μm²。锥体细胞的基部发出一些水平走向的树突，称基树突，其分支向四周扩展，呈放射状，形似雨伞的骨架。树突的表面积约占细胞总面积的 90%。锥体细胞的轴突起自细胞的基部或近胞体的基树突，轴突垂直下行至白质，常发出返行旁支与基树突的树突棘形成 I 型突触，也可与其他神经元形成 I 型突触。锥体细胞的轴突长短不一，大锥体细胞的长轴突离开皮质进入髓质，组成投射纤维（projection fiber）、联合纤维（association fiber）和连合纤维（commissural fiber）。投射纤维下行至脑干或脊髓各平面，最长的可达脊髓的骶节段，长达 1m。联合纤维走向同侧大脑半球皮质的其他区域。连合纤维则组成胼胝体等走向对侧大脑半球皮质。短轴突不超出所在皮质的范围。

表 8.9 常见实验动物与人脑比较

	小鼠	大鼠	人
大体			
有清晰外部标志的脑叶	无	无	有
脑沟和脑回	无	无	有，更复杂
嗅球/旧皮层	大	大	小
小脑前叶	横向伸展范围小	横向伸展范围小	大幅横向伸展
副绒球结叶	大	大	不明显
小脑中间部/蚓	小	小	外侧部更大
垂体	由前叶（腺垂体）和后叶（神经垂体）组成；中间部和神经部都起源于远端部	与小鼠相同	与小鼠相同
松果体	小，圆；位于大脑半球和小脑之间界面的脑表面	与小鼠相同	小叶内基质延伸形成似松果的结构，位于第三脑室后壁，接近大脑中心
组织学			
大脑皮质	主要是旧皮层	主要是旧皮层	主要是新皮层
皮层中间神经元	相对重要性低	相对重要性低	形状和连接方式多样复杂，在学习记忆、感觉运动及神经精神疾病中都发挥重要作用
皮层下中枢对大脑皮质控制的独立性	相对更独立	相对更独立	联系更紧密，独立性差
视觉皮层	靠外侧	靠外侧	更接近中线
功能性皮层	主要皮层	主要皮层	主要皮层且相互联系
白质	占比少	占比少	占比多
黑质细胞	黑色素含量低	黑色素含量低	含明显的黑色素
主要感觉皮层	支配嗅觉和面部-胡须体觉	支配嗅觉和面部-胡须体觉	支配手和面部（嘴唇和舌）
海马	位于大脑背侧	位于大脑背侧	位于大脑腹侧
基底节	尾状核和壳核在一起，也称尾状壳核/尾壳核	尾状核和壳核在一起，也称尾状壳核/尾壳核	独立的尾状核和壳核
小脑核团	相对集中	相对集中	分布更离散
内侧和外侧丘系	小	小	大
下橄榄核	小	小	大
随年龄增长常出现矿化的脑区	外侧丘脑	松果体	松果体、脑实质
脑膜	薄	薄	厚，高度发育
垂体中间部	形态独特，大	形态独特，比小鼠小	一薄层细胞，可出现胶体囊肿
松果体	不分叶，个体差异小	不分叶，个体差异小	分叶，细胞排列成玫瑰花丛/簇状，老年可出现矿化

锥体细胞的树突棘特别丰富，并以顶树突的终末簇最多，基树突也有许多树突棘分布。据研究发现，猫大脑皮质锥体细胞的树突棘在树突上的分布是不均匀的。树突主干上有 0～2 个/100μm^2，树突干的周围分支有 1～25 个/100μm^2，树突的终末部有 1～27 个/100μm^2。猫大脑皮质的每个锥体细胞平均约有 4000 个树突棘。恒河猴纹状皮质内，每个较大的锥体细胞估计有 36 000 个树突棘。短尾猿大脑皮质第 IV 层的一个锥体细胞约有 60 000 个突触，这些突触多数是在树突棘上形成。树突棘多由与树突相连的树突颈部（或柄部）及其末端呈卵圆形的头部组成。人和猿的大脑运动皮质、视皮质与感觉皮质中的锥体细胞树突棘可

分为三型：①细长型（thin-shaped spine），棘柄的直径约 0.5μm 或更细，并向外伸展略弯曲，长约 1.7μm；棘头直径为 0.5～1.0μm。②蘑菇型（mushroom-shaped spine），棘柄较粗，棘头比较大，直径约 1.5μm。③芽型（stubby-shaped spine），棘柄粗而短，玉蜀黍样。树突棘内有少量线粒体和多聚核糖体，还可见一些膜性扁平囊组成的棘器。树突棘内还含有相当多的肌动蛋白和肌球蛋白，据认为这两种蛋白质与树突棘的形态变化相关。树突棘的重要性在于增大神经元接受信息的表面积。有学者认为，树突棘颈部的长度和宽度发生变化可调控突触信息传递速度。棘柄长度增大，可减慢突触电流从棘头传递到树突的速度；棘柄长度缩短则可加快突触电流的传递速度。另外，树突棘的大小变化，也可能会影响树突棘内外离子的交换。树突棘的形态发育与大脑皮质的功能有密切关系。观察胎儿和新生儿听皮质第 V 层锥体细胞顶树突树突棘的数目及其分布，发现树突棘随发育进程而增多。婴儿大脑皮质发育异常时，其锥体细胞顶树突树突棘的形态异常，如有些棘可长达 4～8μm，棘与棘之间相互交错，排列紊乱；有些棘细而长，头部明显增大，芽型和蘑菇型稀少。提示智力减退与大脑皮质神经元树突棘的发育受到抑制有关。

分布在锥体细胞各部分的突触类型是不同的。胞体上一般只有对称突触；树突干上既有对称突触，也有非对称突触；近胞体的树突上多数是对称突触，树突棘上多数是非对称突触，少数是对称突触。然而，锥体细胞的轴突终末无论在大脑皮质内或在皮质下形成的突触都是非对称的。

2）颗粒细胞

颗粒细胞的胞体大多较小，直径 4～8μm，呈多边形或三角形。细胞质少，胞核染色较深。轴突较短，树突分支呈星状，故又称为星形细胞（stellate cell）。人大脑皮质特征之一是颗粒细胞发育旺盛，数量很多。颗粒细胞是大脑皮质种系发生更为进化的一种细胞类型，与脑的高级活动有关。根据颗粒细胞的形态及其所含神经递质的不同，其又可分为水平细胞、棘星形细胞、篮状细胞、吊灯样细胞、双刷细胞、神经胶质样细胞、爪状细胞和上行轴突细胞等。

（1）水平细胞（horizontal cell）：位于皮质的第 I 层，是一种小的梭形细胞，由胞体发出 1 或 2 条略粗而短的水平树突及几条斜行分支的树突。树突在第 I 层内伸展，表面有少量树突棘分布。轴突由树突干发出，分成两支，沿皮质表面平行方向伸展。水平细胞的轴突较长，与锥体细胞顶树突的分支形成突触。

（2）棘星形细胞（spiny stellate cell）：位于皮质的第 III 层和 IV 层，其许多同等长度的树突从胞体呈放射状发出使细胞外形呈现星状。树突表面也像锥体细胞那样有较多树突棘，与丘脑来的特异性传入纤维终末形成兴奋性突触，但没有顶树突。轴突大多较短，与附近的锥体细胞形成突触。

（3）篮状细胞（basket cell）：树突表面仅有少量树突棘，有些甚至没有棘。根据胞体的大小可分为小篮状细胞和大篮状细胞两种。小篮状细胞分布在大脑皮质的第 II 层和 III 层，胞体直径 8～12μm。大篮状细胞分布在第 III 层和 V 层，胞体较大，直径可达 20μm。轴突由胞体发出，其分支呈水平方向伸展，长达 800μm。小篮状细胞的轴突分支达第 II 层和 III 层，大篮状细胞的轴突分支可达第 III 层至 V 层。轴突终末分支呈篮状或网状，包绕锥体细胞胞体及其顶树突首段，形成轴-体甚至轴-树 II 型突触。还有一种形态似柱形的篮状细胞，这种细胞见于猴的感觉-运动皮质。篮状细胞是 GABA 能神经元，是一种抑制性神经元。

（4）吊灯样细胞（chandelier cell）：见于猬、小鼠、兔、猫、猴及人的颞叶皮质，主要分布在皮质的第 II 层和 III 层，胞体呈卵圆形，树突有少量树突棘。轴突分支呈丛状，终末分支呈球形下垂，形如吊灯，其终末分支与锥体细胞的轴突起始段形成轴-轴突触，每个吊灯样细胞的轴突侧支可与几百个锥体细胞的轴突起始段发生联系，故又称轴-轴细胞（axo-axonic cell）。吊灯样细胞是 GABA 能神经元，可能有调节及抑制锥体细胞传出信息的作用。癫痫患者的锥体细胞轴突起始段的 II 型突触消失，此处被星形胶质细胞的突起包绕，故认为此 II 型突触的消失可能是由吊灯样细胞轴突终末病变所致。

（5）双刷细胞（double bouquet cell）：见于人的大脑皮质，胞体位于第 II 层和 III 层，呈卵圆形或梭形，胞体直径 8～15μm。树突由胞体的两极发出：一部分树突上行延伸到第 I 层，长达 300～400μm；另一部分树突下行与胞体的长轴方向一致。轴突在起始段分支成束，形似马尾。轴突下降至第 IV 层和 V 层，呈一狭窄的柱形，轴突上有膨体。双刷细胞含有胆囊收缩素、速激肽（tachykinin）和生长抑素等，它们与 GABA 共存，是一种 GABA 能神经元。双刷细胞的轴突终末与其他神经元的树突干或树突棘形成对称突触。

（6）神经胶质样细胞（neurogliaform cell）：见于人的大脑皮质，胞体位于第 II～IV 层，树突较短并有致密的分支而呈丛状。轴突短，分支与树突相似，形成局部轴突丛，树突丛与轴突丛互相交织。神经胶质样细胞也被认为是 GABA 能神经元。

（7）爪状细胞（clutch cell）：见于猴的纹状皮质，胞体位于皮质的第 II 层，呈卵圆形，直径 8～15μm。爪状细胞的树突无棘。轴突由胞体发出，基部有分支，多数终末分支在第 IV 层伸展，范围 100～300μm；有些分支可达第 V 层和 VI 层。轴突上有许多膨体，轴突终末分支呈爪形，与棘星形细胞和小锥体细胞的胞体、树突干和树突棘形成 II 型突触。爪状细胞也属于 GABA 能神经元，在局部回路中起抑制作用。

（8）上行轴突细胞（ascending axonic cell）：或称 Martinotti 细胞，是一种小型的多极神经元。胞体分布在皮质的第 II～VI 层。树突短而有分支，并有树突棘。轴突垂直行向表面，伸至第 I 层内，沿途发出分支呈水平方向伸展，终末分支在各层。

3）梭形细胞

梭形细胞（fusiform cell）的胞体呈梭形，树突自胞体上、下两端发出，分别垂直进入分子层和下行达皮质深层。轴突起自下端树突的主干，其终末分支与锥体细胞形成突触。位于第 VI 层的梭形细胞胞体较大，其轴突进入髓质组成投射纤维或连合纤维，属于高尔基 I 型神经元。

综上所述，大脑皮质的投射纤维和连合纤维是由大锥体细胞与大梭形细胞等高尔基 I 型神经元的轴突形成的。篮状细胞、吊灯样细胞、神经胶质样细胞、棘星形细胞、上行轴突细胞等均属于高尔基 II 型神经元，它们均与皮质的内部联系有关，是皮质内的中间神经元。

2. 大脑皮质的分层

大脑皮质的神经元分布呈层状，但各层之间无明显分界。新皮质的细胞构筑具有基本相同的 6 层结构。在尼氏染色的切片中可根据细胞的大小、形态和排列密度不同，从皮质的浅层至深层依次分为分子层、外颗粒层、外锥体细胞层、内颗粒层、内锥体细胞层和多形细胞层。用魏格尔特染色可显示皮质内神经纤维的分布情况。

1）分子层

分子层（molecular layer）厚约 200μm，位于软脑膜下，神经纤维丰富，细胞较少，含有水平细胞等。此层内有来自深层锥体细胞和梭形细胞的顶树突与上行轴突细胞的垂直轴突，以及来自同侧大脑半球、对侧大脑半球和丘脑等传入纤维的终末分支。这些树突和轴突的分支组成致密的切线纤维丛，所以又称为丛状层。马的分子层最发达。

2）外颗粒层

外颗粒层（external granular layer）厚约 200μm，含有神经胶质样细胞、小篮状细胞、吊灯样细胞和棘星形细胞等颗粒细胞以及小锥体细胞的胞体。其内的树突、轴突和邻近层内的锥体细胞顶树突等交错形成神经毡。皮质深层细胞的轴突上行至第 II 层，广泛形成突触连接和复杂的皮质内回路。

3）外锥体细胞层

外锥体细胞层（external pyramidal layer）厚约 450μm，约占皮质厚度的 1/3，主要由中锥体细胞构成。可分为两个亚层，浅层的锥体细胞较小，深层是较大的中锥体细胞。细胞的顶树突伸至分子层，轴突进入髓质，主要组成联合纤维或连合纤维。轴突终末至同侧大脑半球皮质内的称联合纤维，至对侧大脑半球的称连合纤维。一般动物此层较薄。有些外锥体细胞的轴突做 180°的折转，伸向分子层的表面，这种细胞又称马丁诺提氏细胞（Martinotti cell）。此层也含有篮状细胞等颗粒细胞的胞体。一些水平走向的有髓纤维在浅层构成 Kaes-Bechterew 带。

4）内颗粒层

内颗粒层（internal granular layer）一般厚约 200μm，感觉皮质的内颗粒层尤为发达。多数皮质区此层的细胞分布密集，主要含有篮状细胞、爪状细胞和神经胶质样细胞等颗粒细胞，也有小锥体细胞。许多颗粒细胞的短轴突在此层内分支，与来自其他皮质区和皮质下区或邻近层的神经纤维形成突触。从丘脑来的特异性传入纤维，在此层水平分支形成致密的横行纤维丛，称贝亚尔惹氏带（Baillarger's band），与此层的神经元形成突触。

5）内锥体细胞层

内锥体细胞层（internal pyramidal layer）厚约 250μm，主要含有大型和中型锥体细胞，小型较少，还有上行轴突细胞和篮状细胞等颗粒细胞。运动皮质的此层有贝茨细胞，其轴突组成皮质脊髓束。此层细胞及其他层细胞的树突和轴突相互交错，连同神经胶质细胞的突起组成致密的神经毡。来自其他皮质区的联合纤维在此层分支成水平纤维，组成贝亚尔惹氏带。

6）多形细胞层

多形细胞层（polymorphic layer）厚约 250μm，含多种类型细胞，以梭形细胞为主，还有锥体细胞和颗粒细胞。梭形细胞的长轴与皮质表面垂直，其细胞体大小不同。胞体较大的树突可延伸到分子层，而胞体较小的树突则在此层或仅上行到第 IV 层内分支，也可在本层内直接与来自丘脑的传入纤维侧支终末形成突触。梭形细胞的轴突伸入髓质，组成投射纤维和连合纤维。位于此层深处的一些颗粒细胞的轴突，可进入邻近脑回组成短的弓状纤维。

3. 大脑皮质的神经递质和神经调质

大脑皮质内的神经递质有氨基酸类（如谷氨酸、天冬氨酸、γ-氨基丁酸和甘氨酸）、单胺类和乙酰胆碱；神经调质则多为神经肽。某些氨基酸，如谷氨酸是脊椎动物中枢神经系统兴奋性突触和昆虫、甲壳动物兴奋性神经肌肉节点释放的递质，GABA 是脊椎动物中枢神经系统（大脑皮质、小脑）的抑制性递质，甲壳动物抑制性运动突触的递质也是 GABA，甘氨酸是中枢神经系统内的另一种抑制性递质，对运动神经元起抑制作用，它的受体可被士的宁阻断。

1）氨基酸类

（1）谷氨酸和天冬氨酸是两种主要的兴奋性神经递质。应用免疫细胞化学方法显示，大鼠大脑皮质的体感觉区，除第 I 层外，各层均有谷氨酸阳性神经元分布，其中主要是锥体细胞。已有证据显示，谷氨酸和天冬氨酸是大脑皮质多数投射神经元（主要是发出投射纤维的锥体细胞）的主要神经递质，这些神经元形成皮质脊髓束、皮质纹状体束、皮质丘脑束和皮质脑桥束等传导通路。在大脑皮质内，可见谷氨酸和天冬氨酸共存于兴奋性突触的突触前成分内，两者常同时释放。谷氨酸通过突触后膜的氨基酸受体起作用，这些受体包括 N-甲基-D-天冬氨酸受体（NMDA receptor）、α-氨基羟甲基 噁唑丙酸受体（AMPA receptor）和海人藻酸受体（Kainate receptor）。它们在大脑皮质的分布不同，海人藻酸受体在第 V 层和 VI 层较为密集，而 NMDA 受体和 AMPA 受体主要集中在第 I 层和 III 层。谷氨酸和天冬氨酸的作用可能与记忆有关。

（2）γ-氨基丁酸（GABA）是由谷氨酸脱羧酶（glutamate decarboxylase，GAD）催化谷氨酸脱羧而生成，可通过检测谷氨酸脱羧酶的活性探知 GABA 的存在。通过免疫细胞化学方法显示，篮状细胞、爪状细胞、双刷细胞、吊灯样细胞和神经胶质样细胞等颗粒细胞是 GABA 能神经元，它们分布在大脑皮质各层，以第 II 层和 IV 层较密集。GABA 的作用是通过突触后膜的 GABA 受体介导的，大鼠大脑皮质第 II～IV 层的 GABA 受体含量最高，第 V 层和 VI 层的含量较低。含有 GABA 的轴突终末一般与锥体细胞的树突干和胞体形成 II 型突触（抑制性突触），在其树突棘和轴突起始段也可见 II 型突触。GABA 能颗粒细胞（中间神经元）在大脑皮质的局部回路中起重要的抑制性调节作用。一个锥体细胞上既有兴奋性突触，也有抑制性突触，如果所有的抑制性突触的总和超过兴奋性突触的总和，就不能促使该神经元的轴突起始段产生动作电位，此时的神经元表现为抑制；反之，则发生兴奋。甘氨酸也是一种抑制性神经递质。

2）单胺类

大脑皮质含有单胺类神经递质，如 5-HT、多巴胺和去甲肾上腺素等，这些神经递质的出现是皮质下单胺类神经元发出的轴突，经过内侧前脑束或脑干皮质束直接投射到大脑皮质的结果，而皮质本身的神经元是不合成单胺类神经递质的。

（1）5-HT 能神经纤维来自中脑内侧及背侧中缝核的神经元，经内侧前脑束到达大脑皮质的第 IV～VI 层，以第 IV 层最致密。5-HT 能轴突较细，并有串珠样的膨体，约有 5% 的膨体与皮质内的树突棘和树突干形成突触，其余大量膨体内的 5-HT 直接释放到细胞之间。大脑皮质第 III 层和 IV 层含有大量的 5-HT 受体。神经生理学的研究认为，5-HT 能神经纤维可降低大脑皮质神经元自发的兴奋性。

（2）多巴胺能神经纤维来自中脑内侧黑质和被盖腹侧区神经元，神经纤维经中脑皮质束投射到大脑皮质的额叶。这种投射纤维的分布是稀疏的，是一种细的无髓神经纤维，轴突有不规则的膨体，这些膨体既可形成突触，也可直接释放突触小泡内的多巴胺到细胞间隙。多巴胺通过多巴胺受体起作用，很可能在脑的认知功能方面起重要作用。

（3）去甲肾上腺素能神经纤维来源于延脑和脑桥的蓝斑核，该核团的神经元发出轴突经内侧前脑束进入大脑皮质，分布于第 I～VI 层。各层的纤维走向不一，第 VI 层内的纤维呈水平方向，第 IV 层和 V 层内的纤维斜行，第 II 层和 III 层内的纤维呈放射状，在第 I 层内形成致密的纤维丛。去甲肾上腺素能神经纤维的轴突有许多排列规则的膨体，呈串珠样。膨体呈球形，直径约 $1\mu m$，膨体之间的间隔约 $0.28\mu m$。约有 5% 的膨体形成轴-树突触，其余的膨体直接分泌去甲肾上腺素到细胞间隙。去甲肾上腺素受体主要分布在大脑皮质第 I 层、II 层和 VI 层，额叶前区、运动区和躯体感觉区内的去甲肾上腺素受体要比顶叶、颞叶和枕叶内的更为丰富。去甲肾上腺素能神经纤维和脑啡肽能神经元共同调控精神与情绪活动。

3）乙酰胆碱

大脑皮质神经元并不发出胆碱能神经纤维，但应用乙酰胆碱酯酶（acetylcholinesterase，AChE）和胆碱乙酰基转移酶（choline acetyltransferase，ChAT）免疫组织化学方法，可显示大脑皮质含有许多的胆碱能神经纤维，因为这两种酶只存在于胆碱能神经元胞体及其神经纤维内。研究表明，大脑皮质的胆碱能神经纤维起源于皮质下苍白球的腹侧部神经元，并弥散地投射到额叶、顶叶和视皮质等区域。

皮质内各层的胆碱能神经纤维的分布是不一样的，一般来说，在第 I 层的密度最高，其次是第 II 层和 III 层。这些神经纤维的轴突终末内含有乙酰胆碱，通过突触后膜的毒蕈碱受体（M 受体）和烟碱受体（N 受体）两类胆碱能受体起作用。大脑皮质神经元主要表达 M 受体，如顶叶皮质各层内均有 M 受体，而 N 受体较少。免疫组织化学分析显示，M 受体或 N 受体主要存在于第 II 层、III 层和 V 层锥体细胞胞体与顶树突上。胆碱能神经纤维与靶神经元接触形成 I 型突触（兴奋性突触），对锥体细胞有明显的兴奋作用。有研究认为，大脑皮质内乙酰胆碱的作用可能与学习和记忆等活动过程有关。

4）神经肽

应用免疫细胞化学法研究大脑皮质各种神经肽的分布，证明大脑皮质内主要有血管活性肠肽、胆囊收缩素、生长抑素、P 物质、神经肽 Y 和脑啡肽等。

视皮质内约有 3% 的神经元呈血管活性肠肽（VIP）阳性，这些细胞主要分布于第 II～IV 层，含 VIP 的神经纤维也以第 II～IV 层最多，其纤维终末多形成轴-树非对称突触。大脑皮质内含有 VIP 受体。VIP 神经终末作用于 VIP 受体，促使细胞生成 cAMP 增多，从而使大脑皮质产生兴奋，同时使皮质内血管扩张。

大脑皮质内呈胆囊收缩素（CCK）阳性的细胞有水平细胞、梭形细胞、双刷细胞、篮状细胞和锥体细胞等。这些细胞分布在额叶、顶叶、颞叶和枕叶皮质各层，以第 II 层和 III 层内较多。近年认为，CCK 可与某些神经递质共存于一些神经元内，起兴奋或抑制作用，如 CCK 与谷氨酸共存于锥体细胞内，起兴奋作用；CCK 与 GABA 共存于篮状细胞内，起抑制作用。CCK 还与其他神经递质或神经调质共存，如与多巴胺、5-HT、去甲肾上腺素等递质共存；或与生长抑素或 P 物质等调质共存。因此，CCK 作为一种神经调质，它与多种递质或调质共存，可能对大脑皮质的活动起协同或调节作用。

含生长抑素（SOM）的神经元分布于大脑皮质的各层内。皮质各层也有 SOM 阳性神经纤维，此类纤维的轴突有很多的膨体。第 I 层内的 SOM 阳性纤维呈水平方向，其他各层的纤维呈不同方向走行。SOM 与去甲肾上腺素共存，也与 GABA 共存。SOM 阳性细胞有的是中间神经元，有的是皮质传出神经元。免疫组织化学结合顺行追踪法显示，大脑皮质内的 SOM 阳性纤维投射至皮质下，如脑岛皮质的 SOM 阳性神经元的轴突投射到脊髓。阿尔茨海默病患者大脑皮质的 SOM 阳性细胞减少，SOM 阳性纤维及其终末

10%～25%出现肿胀。

P物质阳性细胞分布于大脑皮质第II层和III层，其中的阳性神经纤维呈串珠状膨大。P物质可与5-HT共存。P物质也与阿尔茨海默病有关，因患者大脑皮质内P物质阳性细胞及其纤维均减少。

神经肽Y阳性细胞分散在皮质的第II～VI层。皮质各层均有神经肽Y阳性纤维，以第I层较多。神经肽Y可与GABA共存。阿尔茨海默病患者大脑皮质的神经肽Y阳性细胞和纤维数目也减少。神经肽Y对大脑皮质的血管有收缩作用。

从上述内容可知，有的神经肽为神经递质，而多数神经肽则起神经调质作用。神经肽多与神经递质共存于细胞内，或几种神经肽共存于一种细胞内，一个细胞也可接受两种或两种以上递质或调质的作用，并可能表现不同的反应。因此，大脑皮质的神经肽可能与神经递质起协同作用，调控大脑皮质对信息的处理与反应。

4. 大脑皮质神经元回路与垂直柱

1）大脑皮质神经元回路

神经元通过突触连接形成各种信息传导通路，称神经元回路（neuronal circuit）。大脑皮质是最高级的中枢，皮质内有数量庞大的神经元，神经元的树突和轴突及其形成的突触及神经胶质细胞突起，共同构成复杂的神经毡。机体内、外的大量信息由皮质下传入大脑皮质，通过皮质神经元回路的传递、整合和贮存等过程形成感觉，从而作为知觉、学习和记忆等高级神经活动的基础。大脑皮质的传出神经元将信息冲动传出，通过皮质下核团及周围神经，支配和控制机体的各种功能活动。

神经元回路由多个神经元组成。较简单的回路由几个神经元构成，如从丘脑来的特殊感觉传入纤维（丘脑皮质束）主要终止在皮质第IV层，直接与锥体细胞或经1或2个颗粒细胞（中间神经元）间接与锥体细胞形成突触，再由锥体细胞长的轴突组成的投射纤维传出神经冲动，产生反应。大脑皮质高级神经活动的回路较为复杂，多由许多神经元相互连接所构成，形成复杂的局部回路（local circuit）。局部回路是指大脑皮质内的短轴突中间神经元的突触连接和信息传导通路。随着生物进化和个体发育，大脑皮质的颗粒细胞数量及其树突和轴突的分支连接不断增多，渐趋复杂，如视皮质的局部回路的中间神经元比例，兔为31%，猫为35%，恒河猴为45%。大脑皮质的颗粒细胞有的是兴奋性的，如棘星形细胞等，有的是抑制性的，如篮状细胞等。这些中间神经元相互连接，传递信息，或与锥体细胞建立兴奋性或抑制性突触。研究表明，大脑皮质内的信息传递路径可能是从第IV层到第II层和III层，再到第V层，最后到达第VI层；或者从第IV层到第II、III和V层，最后到第VI层。各种信息传入大脑皮质，通过这种局部回路的传递和处理，产生高级神经活动，并经锥体细胞传出，产生相应的反应。

2）皮质垂直柱

20世纪50年代一些生理学家的研究发现，当刺激某些神经纤维或皮肤的一定区域时，大脑感觉皮质全层的一定柱形结构内的神经元产生相应的兴奋性反应。他们认为，皮质的这种柱形结构可能是皮质结构和功能的基本单位，并称此为垂直柱（vertical column）。此后，陆续证明大鼠、猫和猴等的躯体感觉皮质、视皮质、听皮质和运动皮质都存在这种垂直柱结构。同一个垂直柱内的神经元都具有相同或近似的周围感受野，而且这些神经元都对同一类型的刺激起放电反应。各皮质垂直柱的大小不等，一般宽200～500μm，约为一个或几个神经元的宽度。它由传入纤维、中间神经元和传出神经元相互连接在一起形成，实际上构成了一个复杂的皮质内局部回路。有学者提出大脑皮质垂直柱可分为两种：皮质与丘脑相关的垂直柱和皮质与皮质相关的垂直柱。

皮质与丘脑相关的垂直柱：丘脑的特殊感觉传入纤维伸至大脑的相关皮质区，在第IV层内分支扩展为200～500μm，与柱形结构内的相关锥体细胞和颗粒细胞发生联系。传入纤维的终末与锥体细胞和颗粒细胞形成兴奋性突触，这些颗粒细胞又可与锥体细胞的顶树突或基树突形成兴奋性或抑制性突触，最后经锥体细胞的轴突传出神经冲动。因此，锥体细胞是皮质垂直柱的结构核心，颗粒细胞则形成垂直柱的核心回路（core circuit）。[3]H-脯氨酸注入猫眼球内，发现标志物经视神经传至外侧膝状体，再传至纹状皮质，以第IV层最明显，呈柱形分布。但目前已证实，这种皮质与丘脑相关的垂直柱数量较少，仅占皮质垂直柱的 1%。

皮质与皮质相关的垂直柱：联合纤维或连合纤维进入大脑皮质相关区域的第 I～VI 层，并在其内分支，分支范围和与皮质神经元形成连接的区域也呈柱形结构。这种垂直柱宽 200～300μm。联合纤维或连合纤维先与第 IV 层的颗粒细胞形成突触，再由颗粒细胞的轴突与第 V 层的锥体细胞形成突触，后者的返行轴突侧支又与第 II 层和 III 层的锥体细胞形成突触，第 II 层和 III 层的锥体细胞下行轴突再与第 V 层的锥体细胞形成突触。电镜观察结果表明，垂直柱内颗粒细胞形成的突触多数是兴奋性突触，少数是抑制性突触。传入的信息通过这样反复的传递，最终使皮质传出神经元产生兴奋性或抑制性活动。

皮质与皮质相关的垂直柱不及皮质与丘脑相关的垂直柱那样有明确的范围。应用放射性核素或辣根过氧化物酶标记技术显示，进入额叶的连合纤维垂直柱与联合纤维垂直柱是相互重叠的，垂直柱的宽度主要取决于传入纤维的分支范围。这些垂直柱还可以通过颗粒细胞和锥体细胞的基树突使兴奋横向扩布，影响邻近垂直柱的神经元活动。此外，皮质与皮质相关的垂直柱和皮质与丘脑相关的垂直柱也有相互重叠的情况。垂直柱的重叠可能有利于信息的处理与扩展。

5. 大脑皮质的可塑性和老年性变化

1）大脑皮质的可塑性

大脑皮质神经元的结构、分布及其形成的突触联系的数量和范围都相对固定，但这并不是一成不变的。

当机体的内、外环境发生变化或在复杂的功能训练基础上，皮质神经元原有的结构及其形成的突触联系可出现一定程度的改变，这些现象称为皮质可塑性（cortical plasticity）。发育时期的大脑皮质可塑性较大，成年大脑已发育成型，其可塑性则较小。经人工训练后的大鼠，其视皮质是增厚的，其中的神经元树突分支增多 10%，并出现新生的树突棘。有学者认为，大脑皮质神经元形成的突触结构的可塑性变化，可能是学习和记忆的结构基础。皮质的功能活动增强，可促进建立新的突触结构，如经训练的动物大脑皮质的突触数量增多。反复的技能训练，信息不断传入大脑皮质，促使神经元的突触释放神经递质，如谷氨酸和天冬氨酸等兴奋性递质。不断进行技能训练，导致不断释放神经递质，如此反复，建立在突触联系上的信息得以贮存，最终建立记忆。例如，在猫的大脑外侧裂上回植入电极，反复电刺激几周后，发现对侧大脑皮质第 II 层和 III 层内的锥体细胞顶树突变得较粗大，其终末发生分支。受刺激的同侧皮质对电刺激也产生反应，可见树突棘和突触的数量增多，新形成的突触是非对称突触。切断猴子颈 2 至胸 4 的背根，会造成其上肢臂部和手部的传入信息不能到达大脑皮质特定区域。数年后，这个原本已丧失感觉的皮质区域竟能对邻近皮肤区域（如脸部和颏部）的刺激作出相应的反应。这表明邻近皮肤区域的传入信息可到达已发生了重建的上述皮质区域。总之，当一个特定皮质区域正常的传入信息被剥夺后（如传入神经被切断，无信息传入），该皮质区域原有的组构则会发生变化，试图从邻近的感受区获得新的传入信息。

大脑皮质的可塑性变化实际上是神经元的可塑性变化，这种可塑性也受到某些生物活性物质的影响，如星形胶质细胞分泌的层粘连蛋白能促进中枢神经系统（CNS）的发育。有学者认为，中枢神经系统（CNS）含有中枢神经营养因子（CNS neurotrophic factor, CNS-NTF）。这些因子是低相对分子量的蛋白质，对神经元的发育、存活和生长均有促进作用。神经营养因子也可出现在脑损伤处。大脑损伤后的再生过程，有些也是一种可塑性表现。大鼠大脑皮质损伤后，邻近创伤处的皮质内出现神经元的分裂象，表明创伤可能引起某些生物活性物质的变化而导致神经元分裂，上述分裂的细胞具有神经元的特性。这些分裂的神经元有可能来自脑内迁移而来的神经干细胞。脑创伤可导致皮质微环境发生变化，诱导神经干细胞发育分化为神经元前体细胞。

2）大脑皮质的老年性变化

随着年龄的增长，大脑重量逐渐下降。人从 20 岁到 90 岁，大脑的重量减少 10%。老年人的大脑皮质可出现不同程度的萎缩，以额叶和颞叶尤为明显。至 60 岁以上，大脑皮质的神经元数目已有不同程度的减少，最明显的是额叶、中央前回和视皮质。到 90 岁时，额上回和颞上回的神经元丢失近 45%；皮质各层的神经元均减少，第 II 层和 IV 层尤为明显，以颗粒细胞减少为主；在额叶和颞叶中回，发出联合纤维的神经元大约减少 20%。进入老年时期，神经元胞质也出现明显变化，如额叶皮质锥体细胞胞质所含的类脂质、色素颗粒和脂褐素等都有增多。测定不同年龄皮质神经元内的脂褐素含量，若 20 岁时的含量为（+），则 50 岁时为（++），80 岁时为（+++）。人 50 岁时，神经元内的色素颗粒成分多于类脂滴；80 岁时，类脂滴明显增多，脂滴外形不规则，但色素颗粒在胞质仍占优势。老年人大脑皮质神经元树突棘出现不同程度的减少甚至消失，尤以芽型树突棘退变最明显；轴突终末分支也减少。17 月龄大鼠树突棘上的非对性突触数量已开始减少，但对称轴-树突触至老年时仍存在。另外，突触前成分的突触小泡、微管和线粒体均减少。

老年人的大脑有两种类型的神经元：一类是衰退神经元（regressing neuron）；另一类是长寿神经元（surviving neuron）。后者的数量占优势，这类神经元不发生老年性变化，树突仍可生长发育，主要是树突的终末分支增长，这恰与树突早期发育相似。如果按大脑有 26 亿个神经元估算，树突每年增长总计 4.77×10^7 mm，每个神经元顶树突每年增长 1.99μm，基树突每年增长 2.78μm，Gispen 称此种现象为补偿反应（compensatory response）。即使是 90 岁的老年人，大脑皮质内的长寿神经元数量依然占据优势。诚然，随着人的年龄增长，确实失去了不少的神经元，但可能能触发长寿神经元发生补偿反应。这种由神经元丢失而导致邻近长寿神经元树突增长的机制，目前还不清楚。从可塑性的观点看，即使余下数量有限的神经元，但仍有可塑性的潜能。老年人如果做些力所能及的工作，可能会促进长寿神经元的功能活动，有利于健康长寿。

非人灵长类老年性大脑变化与人相似，但其脑实质内可见紫蓝色沙砾样钙化，大脑小血管管壁周围有两团紫蓝色矿化小体。

（二）小脑皮质

小脑的主要功能是调节肌张力，调整肌群的协调动作和维持身体的平衡。此外，小脑还与运动的学习、记忆和可塑性有关。小脑与脑的其他部分有广泛的纤维联系，它与大脑皮质及皮质下运动神经核共同合作，实现其功能。小脑表面有许多平行的横沟，将小脑分隔为许多叶片，每个小叶片均由皮质和髓质构成。皮质（灰质）位于表层，髓质（白质）位于深部。小脑髓质内有小脑中央核，即顶核、球状核、栓状核及齿状核。

鼠类和人大脑在小脑解剖学上是有宏观差异的。人相对于啮齿类动物具有膨大的侧小脑半球，这与其四肢发育良好，特别是与手指的广泛独立运动的适应性相关。此外，由于小脑小叶的长度和数量都在增加，人的小脑小叶比啮齿类动物的大许多。与人相比，啮齿类动物的小脑深核也相对较小，边界也不清晰。尽管在小脑结构上存在这些数量上的差异，但人和啮齿类动物小脑的基本功能是相似的。

1. 小脑皮质的结构

小脑皮质的结构较大脑皮质简单，每个叶片的结构基本相似。小脑皮质从外至内可明显分为 3 层：分子层、浦肯野细胞层和颗粒层。皮质内有 5 种神经元：浦肯野细胞、颗粒细胞、高尔基细胞、星形细胞和篮状细胞。颗粒层中含有大量的颗粒神经元，其轴突向分子层表面延伸，啮齿类颗粒层的密度小于人颗粒层。人和啮齿类动物的浦肯野细胞层是由一排大的浦肯野神经元及大量的树突状突起组成的。鼠浦肯野细胞比人浦肯野细胞小，胞质少。因此，分子层丰富的神经纤维网络主要由颗粒细胞轴突和浦肯野细胞树突组成。浦肯野细胞是小脑皮质内唯一的传出神经元，其他 4 种细胞均为联合神经元。小脑皮质的传入纤维有 3 种：攀缘纤维、苔藓纤维和单胺能纤维。前两者是兴奋性纤维，后者是抑制性纤维。

1）浦肯野细胞层

浦肯野细胞层由排列规则、形态相似的浦肯野细胞构成，位于分子层和颗粒层之间。人小脑皮质约有 15 000 000 个浦肯野细胞，它们是小脑皮质中最大的神经元。浦肯野细胞的胞体似细颈瓶状或梨状，直径约 30μm，核呈圆形，染色质少，核仁明显，尼氏体分布于核周，呈同心圆排列。电镜下可见胞体内有较发达的滑面内质网，它们相互吻合成松散的网状，胞体的周边部滑面内质网扩大成宽而不规则的囊状，并富含大小不一的溶酶体。细胞核朝向树突的一面核膜有皱褶凹陷，凹陷处的细胞质富含粗面内质网。从浦肯野细胞顶部发出的粗大主树突和 2~3 条次级树突分支伸向皮质的表面，在分子层反复分支，呈扁薄的扇状铺展在与小脑叶片长轴垂直的平面上。同一区内所有细胞的树突均朝向同一方向，同一排相邻的浦肯野细胞的树突可互相重叠，人小脑一个浦肯野细胞的扇形树突面积约为 300μm×500μm。平行纤维（parallel fiber）垂直地穿过一排排浦肯野细胞的树突。除主树突和几个次级树突外，所有树突的远端分支上都密布树突棘，每个浦肯野细胞约有 180 000 个树突棘，树突棘与平行纤维连接形成突触。浦肯野细胞是小脑皮质的主要细胞，它接受传入小脑的全部冲动（信息）。浦肯野细胞树突分支的复杂性及其排列形式，大大增加了它与其他神经元接触的机会。据估计，一个浦肯野细胞树突及其树突棘的总面积可达 200 000μm^2，可与平行纤维形成 200 000～300 000 个突触。近年的研究表明，浦肯野细胞的不同部位分别与不同的传入纤维连接形成突触，其主树突和次级树突与攀缘纤维形成突触，远端树突分支上的树突棘与平行纤维形成突触，胞体和轴突起始段与篮状细胞的轴突形成突触。浦肯野细胞的轴突构成小脑皮质的唯一传出纤维，它从细胞的底部发出，穿过颗粒层进入白质，形成有髓神经纤维，其直径 2～7μm，轴突大多终止于小脑深部核群（齿状核和顶核）。一个浦肯野细胞的轴突约形成 500 个终末膨大，约可与小脑深部核群 35 个神经元形成突触。浦肯野细胞轴突的侧支还可与高尔基细胞和篮状细胞胞体形成突触。

形态学和生理学的研究证明，浦肯野细胞是 GABA 能神经元，它释放的 GABA 能抑制小脑深部核群的活动。免疫组织化学研究表明，浦肯野细胞除含有 GABA 外，有些细胞可分别含有牛磺酸（taurine）、生长抑素（somatostatin）、脑啡肽（enkephalin）或促胃动素（motilin）等，这些化学物质的生理作用仍有待进一步研究。

2）颗粒层

此层由密集的颗粒细胞和一些高尔基细胞（Golgi cell）构成。颗粒细胞的数量很多，人小脑有 10^{10}～10^{11} 个，为浦肯野细胞的 7000 倍左右。核呈圆形或椭圆形，直径 5～8μm，染色深，胞质很少，形似小淋巴细胞。在这些深染密集的颗粒细胞之间，可见一些形状不规则的淡染结构，它相当于电镜下的小脑小球（cerebellar glomerulus）。颗粒细胞的胞体向四周伸出 4 或 5 个短树突，长约 30μm，其末端分支如爪，在小脑小球与苔藓纤维的终末形成突触。小脑小球是一个球状的结构，猫小脑的颗粒层每立方毫米内约含 98 000 个小脑小球，颗粒细胞与小球的数量比为（27～28）∶1。小脑小球的结构主要包括：①以膨大的苔藓纤维为中心，纤维内有神经丝和微管及线粒体，轴膜下可见突触小泡；②颗粒细胞树突的爪状终末；③高尔基细胞轴突的终末；④高尔基细胞的近端树突。一个苔藓纤维的膨大可与 20 多个颗粒细胞的爪状树突终末形成突触，高尔基细胞的轴突与颗粒细胞的树突形成突触，有时它的近端树突又与小脑的苔藓纤维形成突触。整个小脑小球被一层胶质膜包裹。在小球内，苔藓纤维与高尔基细胞近端树突之间的突触是兴奋性突触，而高尔基细胞轴突与颗粒细胞树突之间的突触是抑制性突触。颗粒细胞的轴突垂直地走向皮质表面，在分子层呈"T"形分支，与叶片的长轴平行，故称平行纤维。一般深层颗粒细胞的平行纤维分布在分子层的深部，而浅层颗粒细胞的平行纤维分布在分子层的浅部，分子层深部的平行纤维较密集。平行纤维垂直地穿过成排的浦肯野细胞树突，一条平行纤维长 2～3mm，可与 400 多个浦肯野细胞的树突建立突触，但一条平行纤维只与每个浦肯野细胞的一个树突棘形成连接。由于浦肯野细胞的分支繁多，扁平地摊在与叶片长轴垂直的平面上，一个浦肯野细胞的扇形树突有 200 000～300 000 条平行纤维，故一个浦肯野细胞的树突棘可与 200 000～300 000 条平行纤维形成突触，所以每个浦肯野细胞接受很多颗粒细胞的支配和影响。平行纤维除与浦肯野细胞树突形成突触外，还可与篮状细胞、星形细胞和高尔基细胞形成突触。电生理研究证明，颗粒细胞是小脑皮质内唯一的兴奋性神经元。形态学和电生理学研究证明，颗粒细胞的神经递质是谷氨酸，平行纤维释放谷氨酸作用于浦肯野细胞，将冲动传给浦肯野细胞，同时传给星形细胞、篮状细胞和高尔基细胞。

高尔基细胞主要分布于颗粒层浅部，数量较少，约为浦肯野细胞的 1/10，形状略似浦肯野细胞，胞体直径 9～11μm，树突分支也较复杂，大部分伸入分子层，所不同的是这些分支向各方伸展，分支上的树突棘也较稀少。高尔基细胞与小脑皮质内的神经元有广泛的联系，至少可与 4 种不同的神经纤维接触形成突触：①树突的大部分分布于分子层，与平行纤维接触，主要以其树突棘与平行纤维形成突触，接受来自平行纤维的冲动。②少数树突下行到颗粒层深部与苔藓纤维形成突触，接受来自苔藓纤维的冲动。③攀缘纤维的侧支可与高尔基细胞的胞体和树突主干形成突触。以上 3 种突触均把兴奋性冲动传给高尔基细胞。④浦肯野细胞的轴突侧支可与高尔基细胞胞体形成突触，它对高尔基细胞起轻度抑制作用。高尔基细胞的轴突仅分布在颗粒层内，分支很密，但分布范围不大，在小脑小球内与颗粒细胞的树突分支形成抑制性突触。研究证明，高尔基细胞是 GABA 能神经元，它释放的 GABA 可抑制颗粒细胞的活动。

近年在哺乳动物和人小脑皮质颗粒层发现一种新的神经元，称单极刷细胞（unipolar brush cell）。以前曾把它称为浅染细胞（pale cell）、Rat-302 阳性细胞、II 型分泌颗粒细胞和单树突细胞。单极刷细胞与颗粒层其他两种神经元相比，具有如下特点：①胞体呈梨形，只发出一条树突，树突干粗而短，末端分支细密，呈刷状。②电镜下，可见胞体内含有致密核芯囊泡和化学成分还不清楚的非膜包的卷发状结构。③树突终末与单条苔藓纤维的终末和高尔基细胞的轴突形成突触，接受来自苔藓纤维和高尔基细胞的冲动。此外，其树突终末还与颗粒细胞的树突形成树-树突触，把信号传给颗粒细胞。④轴突在颗粒层内分支，其终末分支形成串珠样膨体，与颗粒细胞和高尔基细胞的树突形成突触，把冲动传给上述 2 种细胞。至于单极刷细胞含有什么神经递质或调质，目前仍不清楚，尚待进一步研究。

3）分子层

分子层的细胞较稀疏，有 2 种联合神经元。一种是小型多突的星形细胞，数目较多，分布于浅层；另一种是篮状细胞，约占分子层细胞总数的 15%，篮状细胞与浦肯野细胞数量比约为 1∶6，胞体较大，分布于分子层的深部，位于浦肯野细胞胞体的上方。两种细胞的树突都分布在与叶片长轴垂直的平面上，接受来自平行纤维的冲动。星形细胞的轴突较短（长约 40μm），篮状细胞的轴突较长（长 500～550μm），它们的走向均与叶片的长轴垂直，所不同的是星形细胞的轴突只与浦肯野细胞的树突分支形成突触，而篮状细胞的轴突与浦肯野细胞的胞体和轴丘形成突触。篮状细胞的轴突沿着与叶片长轴垂直方向行走过程中，沿途发出几个侧支伸向浦肯野细胞胞体，侧支末端形成复杂的网，笼罩着浦肯野细胞胞体。篮状细胞的轴突还可伸展到邻近的叶片。每个篮状细胞与 10～12 个浦肯野细胞胞体形成连接，而每个浦肯野细胞可接受约 20 个篮状细胞来的抑制性冲动。星形细胞和篮状细胞都是 GABA 能神经元，但星形细胞只含 GABA，而篮状细胞含有 GABA 和甘氨酸，两者共存于篮状细胞内。篮状细胞释放 GABA 或甘氨酸均能抑制浦肯野细胞。值得注意的是这两种细胞的轴突与平行纤维及浦肯野细胞树突分支的关系，它们三者构成互相垂直的纤维网，平行纤维可兴奋叶片纵轴的一系列浦肯野细胞，而篮状细胞和星形细胞的轴突可抑制叶片横轴的一系列浦肯野细胞。

2. 小脑皮质的传入纤维

小脑皮质的 3 种传入纤维中，攀缘纤维和苔藓纤维是兴奋性纤维，单胺能纤维是抑制性纤维。攀缘纤维几乎是浦肯野细胞特有的传入纤维，它直接作用于浦肯野细胞，引起该细胞强烈的兴奋；而苔藓纤维的作用是间接的，它通过颗粒细胞，一条苔藓纤维可引起许多浦肯野细胞兴奋。小脑皮质的 5 种神经元中（未包括单极刷细胞），只有谷氨酸能颗粒细胞是兴奋性神经元，其他 4 种均为 GABA 能抑制性神经元。5 种神经元在皮质内构成复杂的环路，最终对浦肯野细胞起兴奋或抑制作用，通过这些环路的相互作用，调节浦肯野细胞的活动。浦肯野细胞可接受 5 个方面传来的冲动，即攀缘纤维、平行纤维、星形细胞的轴突、篮状细胞的轴突及来自蓝斑核的去甲肾上腺素能纤维和中缝核的 5-HT 能纤维。前 2 种纤维对浦肯野细胞有兴奋作用，后 3 种则有抑制作用。进入小脑皮质的攀缘纤维直接与浦肯野细胞的主树突及其次级分支形成突触，电生理研究证明它有强烈兴奋浦肯野细胞的作用。攀缘纤维释放的递质作用于浦肯野细胞，攀缘纤维在兴奋浦肯野细胞的同时，它的侧支又可刺激星形细胞和篮状细胞，但这两种细胞对浦肯野细胞的抑制作用较弱。

1）攀缘纤维

攀缘纤维（climbing fiber）主要起源于延脑的下橄榄核，也可能来自脑桥核和内侧网状核。纤维较细，直径 2～3μm，穿入颗粒层后失去髓鞘，分支攀附于浦肯野细胞的主树突及其次级分支上，并与它们形成突触。

在大鼠，下橄榄核约有 48 000 个神经元，平均每个神经元约支配 7 个浦肯野细胞，攀缘纤维进入皮质后，每条纤维约可发出 111 条分支，其总长度约 1535μm，与 1 个浦肯野细胞的主树突和次级分支形成 288～1368 个突触。攀缘纤维除与浦肯野细胞的树突形成突触外，它的侧支还可与星形细胞、篮状细胞和高尔基细胞形成突触。近年研究提出，攀缘纤维的神经递质可能是天冬氨酸或谷氨酸。

2）苔藓纤维

苔藓纤维（mossy fiber）主要起源于脊髓和脑干的核群，如脊髓小脑背侧束、楔核、前庭核、脑桥核与内侧网状核，约占小脑髓质内有髓神经纤维的 2/3。纤维较粗，反复分支，一条苔藓纤维可分布于 2 个或更多的叶片内。轴突终末有许多膨大，长 100～300μm 的终末约有 44 个膨大。终末与颗粒细胞的树突分支形成突触，一条苔藓纤维约可与 880 个颗粒细胞连接，通过颗粒细胞平行纤维的作用，又可使更多的浦肯野细胞发生兴奋；同时，平行纤维也可影响很多高尔基细胞、星形细胞和篮状细胞，所以刺激苔藓纤维引起的反应比刺激攀缘纤维更广泛、更复杂。有关苔藓纤维的神经递质，目前仍不很清楚。免疫组织化学研究表明，部分苔藓纤维含乙酰胆碱，部分纤维分别含有 P 物质或生长抑素。有研究表明，来自前庭核和脑桥背侧核的苔藓纤维以乙酰胆碱为主要神经递质，与颗粒细胞和单极刷细胞形成突触，可能通过作用于其表面的烟碱（N）受体使它们兴奋。至于含 P 物质或生长抑素的苔藓纤维的起源及其生理作用，仍待进一步研究。

3）单胺能纤维

单胺能纤维（monoaminergic fiber）分别起源于蓝斑核与中缝核，前者含去甲肾上腺素，后者含 5-HT。它们自髓质进入皮质，散布于小脑皮质各层，与浦肯野细胞胞体及其树突形成突触，对浦肯野细胞起抑制作用。

（三）脊髓

脊髓为扁圆柱体，中央为大量神经元组成的灰质柱，周边为上下行纤维束组成的白质，头端连于脑，后端尖细，形成脊髓圆锥。脊髓圆锥与其周围的神经根合起来称马尾。脊髓通过上、下行神经纤维束受上位脑的调控，通过两侧背根与腹根组成的脊神经的反射活动管理躯干和肢体。脊髓横切面呈椭圆形，由中央灰质蝶状区和外缘白质组成，中央有脊髓中央管。脊髓中央管表面衬以室管膜上皮，室内含脑脊液。中央管周围有两类神经元：一类靠近室管膜，呈 AChE 阳性；另一类即远侧接触脑脊液神经元，呈单胺荧光反应。所有这些神经元的树突终末都接触脑脊液。不同种动物脊髓的接触脑脊液神经元树突终末发出的静纤毛数量不等，但动纤毛只有一根。静纤毛呈放射状深入脑脊液内，而动纤毛常与 Reinssner 纤维接触。这些神经元的轴突可直接或间接地伸至脊髓表面，从轴突终末释放神经分泌物，可能参与调节脊髓的血流、细胞间液和或脑脊液。不同种动物脊髓的接触脑脊液神经元有所不同，如鱼类的这种神经元很少；两栖类的则多于鱼类，而且静纤毛也很多，胞体基部常见有突触；爬行类动物的这种神经元树突较短，静纤毛也短而粗，树突和胞体上都可见突触；鸟类的这种神经元胞体各部均有突触；哺乳动物这种神经元的树突很长。总之，各类动物脊髓的接触脑脊液神经元的主要区别在于树突终末的大小、长短和结构，以及静纤毛的数量和形态不同。从两栖类到哺乳动物，这种神经元内的细胞器增多，静纤毛增长，而细胞的数目减少。

啮齿类动物和人的脊髓在解剖学上是相似的，仅存在一些细微的差异。与人相比，啮齿类动物的颈椎、胸椎和腰骶部的脊髓有一些不同的特征性表现：颈脊髓口径较大，因为它包含前肢和后肢的神经纤维束；颈（臂）膨大从脊髓 C5 段延伸至 T1 段。在啮齿类动物（椎体 T12 至 L1）中，腰骶扩大从脊髓 L2 段延伸至 L6 段；而在人中，腰骶扩大从 L2 段延伸至 S3 段。啮齿类动物和人的脊柱中有不同数量的椎骨。索的腹侧表面有纵沟，即腹中裂。人脊髓的背侧表面有一后中沟，这一结构在啮齿类动物中不明确（表 8.10）。

表 8.10 几种常见实验动物与人脊髓数目比较

种属	颈椎	胸椎	腰椎	骶椎	尾椎
小鼠	7	13	6	4	28
大鼠	7	13	6	4	27～30
兔	2	12	7	4～5	15～18
恒河猴/食蟹猴	7	12	7	3	12
人	7	12	5	5	4

1. 脊神经根

脊神经根为脊神经的起始部,由背、腹根组成,它们与脊髓交界的一短段神经纤维是由中枢型神经纤维逐渐转变为周围型神经纤维的中间类型,该段称为中枢-周围移行区。

背根(dorsal root)由传入神经纤维组成,系背根节的中枢支。它传导皮肤、深层结构与内脏来的感觉信息,包括有髓和无髓神经纤维。粗的有髓纤维称 A_α 传入纤维(A_α afferent fiber),直径为 6～20μm,传导速度最快,传导骨骼肌、肌腱与皮肤的感觉信息。细的有髓纤维称 A_δ 传入纤维,直径 1～5μm,传导速度较慢,分布于皮肤、骨骼肌与内脏的结缔组织。无髓纤维又称 C 传入纤维,最细,传导速度最慢,分布于各处结缔组织与内脏。

腹根(ventral root)主要由传出神经纤维组成。一些哺乳动物(包括人)腹根内也存在不少无髓纤维,已证实它们系背根节的中枢支,经腹根进入脊髓后角浅层。表明腹根除含传出神经纤维外,还含少量 C 传入纤维。腹根的传出纤维(efferent fiber)均为有髓纤维,其中粗的 A 纤维分布于骨骼肌,细的 B 纤维至自主神经节。此外,前角运动神经元轴突有侧支经腹根至背根节,与背根节神经元形成轴-体或轴-树突触。

中枢-周围移行区(CNS-PNS transitional zone)为脊髓与背、腹根交接处。在此处,中枢的神经纤维组织呈圆锥状延伸入周围神经纤维组织的中心,故此段包含中枢与周围两类神经纤维组织。移行区的中心部由中枢的神经纤维组成,外周部由周围神经纤维组成,两者之间由相当于脊髓表面外界膜的星形胶质层相隔,即胶质层也从脊髓表面向根丝内突入,其外表面才是中枢与周围神经纤维的分界。穿行于此分界处的有髓纤维多为郎飞结区。对一条有髓纤维而言,当它行进在中枢部时,由少突胶质细胞膜形成的髓鞘包绕,当它穿过胶质膜进入周围部后,即由神经膜细胞形成的两层鞘膜包绕,外有基膜与神经内膜包裹。还发现胶质层中的星形胶质细胞有突起,伸到周围部神经内膜的间隙中。无髓纤维在中枢部是裸露的,在周围部由神经膜细胞包裹。

2. 脊髓灰质

灰质(grey matter)位于脊髓中央,纵贯脊髓全长,横切面呈"H"形。"H"形的腹侧突起较粗,为前角(anterior horn),背侧为较细的后角(posterior horn),前、后角之间为中间带(intermediate zone)。人脊髓从胸 2 至腰 1 节段的中间带灰质向侧方突起,形成小的侧角(lateral horn)。两侧中间带由中央灰质(central grey)相连,其内有贯通脊髓的中央管(central canal)。白质以其与灰质的对应关系而划分为后索、侧索和前索。灰质内血管丰富,它主要是神经元胞体集中的部位。除胞体外,还有紧密交织的神经元突起和神经胶质细胞突起组成的神经毡(又称神经纤维网)。神经毡在光镜下呈丝网状,电镜下则为不同断面与大小的树突、无髓与有髓神经纤维及结构各异的突触和胶质突起,它们彼此紧密嵌合,相邻结构间仅有约 20nm 的细胞外间隙。灰质是脊髓功能活动的重要场所,不同部位的灰质除可根据神经元的形态、大小、结构等加以区分外,神经毡的结构,特别是突触结构也不同。

啮齿类动物和人的脊髓灰质在每个脊髓节段都以体位异构的方式组成。脊髓的蝶状灰质可分为背角(后角)和腹角(前角)。背角的神经元接收传入的感觉信号,而腹角的神经元将传出的运动脉冲分布到各个效应器官。脊髓白质包含多个双侧对称的神经纤维束,分布在后索、外侧索和前索之间。对于啮齿类动物和人的每个脊髓节段,大多数白质束都以体位异构的方式组成。背索的神经束不重叠,但其神经纤维束混合在一起,因此它们的位置只能近似标注出来。不同的白质束通常携带功能相似的信息,只是它们所支配的身体区域或所传递的信息数量不同。脊髓的血管供应包括腹动脉(人的脊髓前动脉),即从颈段延伸下来的单一连续通道,以及位于背根腹侧的双侧背侧动脉(人的脊髓后动脉)。

一个多世纪以来,人们将脊髓灰质划分为许多细胞群或神经核。一般来说,后角的细胞群为体感觉核,前角的细胞群属体运动核,中间带则主要为与内脏有关的核团。从背侧至腹侧主要有下列神经核。

(1)边缘核(nucleus marginalis):为后角尖部表面的一薄层灰质。此层的大多数神经元为小细胞,也散在少量稍大的细胞,它们的树突多与表面平行排列。

(2)胶状质(substantia gelatinosa):位居边缘核的腹侧,较厚,在颈腰膨大处特别发达。内含密集的小神经细胞与极少量有髓纤维为它的结构特点。

（3）后角固有核（nucleus proprius）：是居于胶状质腹侧的一个大神经核，它组成后角的主要部分。神经细胞一般较大。

（4）网状核（nucleus reticularis）：为居于后角腹外侧的小块灰质，因有神经纤维穿插其间，故呈网状。由小的与中等大的神经细胞组成。

（5）背核（nucleus dorsalis）：在人为居于颈8至腰1、2节段后角基部内侧的椭圆形灰质柱，主要由较大的神经元组成。

（6）背侧连合核（dorsal commissural nucleus）：是从尾髓延伸到胸7的一个神经核。近年的研究表明，该核团在骶髓尾段与尾髓内为一个位居中央管背侧灰质内的大核团，往头侧核团渐变细小，并分开为左右两个核团，位居背角内侧基部。此核为感觉核，主要接受背根来的内脏C传入纤维的信息，也有部分$A_δ$躯体传入纤维投射到此核。故有将此核与脑干孤束核相比拟的提法。

（7）中间内侧核（nucleus intermediomedialis）：较小，位于中间带内侧与中央灰质之间，主要由中小型神经元组成，与内脏活动有关。

（8）中间外侧核（nucleus intermediolateralis）：为中间带外侧的小核团，主要由中等大的神经细胞组成。在颈8至腰1节段，此核位于侧角内，主要属于交感系统的节前神经元；在没有侧角的骶2~4节段，细胞稍稀疏，主要属副交感节前神经元。它们主要为胆碱能神经元，其轴突为细髓纤维（B类纤维），主要随腹根分布到周围神经系统相应的自主神经节。近来发现，此核内还含二级内脏感觉神经元。

（9）前角运动核群（motor nuclei of anterior horn）：位居前角内，又可分为若干亚群。各亚群神经元轴突支配不同的骨骼肌组，但在不同的脊髓节段各亚群出现与否及其大小则有不同，如颈、腰膨大的亚群多而发达。一般来讲，从前角内侧至外侧的亚群依次支配脊柱、躯干、肢体近侧部、肢体远侧部的肌组。这些亚群均由大、中、小型神经元组成。大（α）、中（γ）型神经元为躯体运动神经元，属胆碱能神经元，其轴突经腹根分布到骨骼肌纤维。α运动神经元轴突分布于梭外肌（$A_α$纤维），γ运动神经元轴突分布于梭内肌（$A_γ$纤维）。小型细胞主要为中间神经元，其中可能包括生理上已证实的起抑制作用的闰绍细胞（Renshaw cell），此细胞接受α神经元返回侧支的冲动，后发出冲动抑制α神经元的活动。

20世纪50年代Rexed首先在猫脊髓尼氏染色厚切片上，根据神经元胞体的形状、大小与配布特点，将脊髓灰质从背侧到腹侧依次划分为大约彼此平行的10层。后角划分为I~VI板层，前角划分为VIII、IX板层，中间带为VII板层，中央灰质为X板层。这种板层的划分也在其他哺乳动物包括人得到了证实，不过板层结构在初生动物最明显。脊髓灰质的板层结构提供了脊髓功能活动更精确的结构分界，有利于溃变实验与电生理研究的开展，有利于脊髓功能与结构相结合的深入研究。目前已获得一些板层结构与功能关系的资料，如背根传入纤维在脊髓的终止板层的形态特征与突触联系，后角投射神经元（束细胞，fasciculus cell）在灰质板层的定位等。

脊髓下行束将运动信号传递给周围效应器官，皮质脊髓束是其中最著名的纤维束。在人中，这一巨大的神经束经历了进化上的扩张，它位于脊髓外侧束上，与远端肌肉系统灵活性的增强和运动能力的发展同步。与人不同的是，啮齿类动物的皮质脊髓束要小得多，位于背索上。因此，皮质脊髓束在人的运动控制中起着重要的作用，但在啮齿类动物的运动或操纵中并不起主要作用。相反，啮齿类动物的运动和姿势则依赖于红核脊髓束内的下行信号。红核脊髓束是第二重要的下行通道，它起源于中脑吻侧红核。在具有明显的外侧皮质脊髓束的动物中，红核脊髓束仅向外侧皮质脊髓通路的腹侧运行。人的红核脊髓束很小，运动功能主要由外侧皮质脊髓束所控制。

上行的脊髓束将感觉信息从周围器官传递到大脑。体表的感觉包括疼痛、位置、温度和触觉，而内脏的感觉仅限于疼痛和压力。上行束包含来自背根神经节的有髓轴突和脊髓神经元的轴突。在尾巴突出的动物（包括啮齿类动物）中，中线上的另一个背柱核，即Bishoff核，接受来自尾巴的传入投射。

脊髓由白质和包裹在白质中的中央灰质区组成。背角的神经元接收传入的感觉信号，主要是较小的神经元。腹角的神经元是大的锥体神经元，它为各种效应器官提供传出的运动脉冲。位于胸椎和腰椎上段脊髓背侧角与腹侧角边界处的中外侧柱区域包含交感神经系统的节前神经元，在人脊髓中更为明显。交感神经输出的边界是小鼠的T1到L2段，大鼠和人的T1到L3段。骶骨脊髓中间区外侧缘是一个不显眼的细胞柱，其中包含副交感神经系统的节前神经元。啮齿类动物的副交感神经输出边界在 L6 到 S1 段，而人的副交感神经输出边界在 S2 到 S4 段。最近的研究表明，这些骶自主神经元实际上具有交感神经功能。

随着动物体型的增大，脊髓白质的横截面积增长速度快于灰质，这反映了支配更大身体区域时所需的轴突数量增加。相对于啮齿类动物，这种情况在人的脊髓背索更为明显，背索是大多数触觉和本体感受冲动传递的主要通道。此外，由于精细感觉的细化和远端运动技能的进化，人背索中总白质含量所占的比例要大得多，几乎是啮齿类动物的两倍。

脊髓的尾端变细并在脊髓圆锥内终止。圆锥的延续部分是终端纤维，由纵向胶原束、弹性纤维和室管膜剩余部分组成。马尾，因酷似马尾而得名，由起源于圆锥之上但在脊柱内向尾部延伸的脊髓神经组成。脊髓横切面可见到包含感觉脊神经细胞胞体的背根神经节。啮齿类动物的尾椎骨远端比人的尾椎骨多出 22～26 节，尾巴上的神经系统由两条尾巴背面的神经组成（表 8.11）。

表 8.11 常见实验动物与人的脊髓比较

	小鼠	大鼠	人
大体			
主要的运动束	红核脊髓束	红核脊髓束	皮质脊髓束
腰骶膨大	L2-L6	L2-L6	L2-L3
脊神经	左右两侧各每节有约 15 个背侧和 15 个腹侧脊神经根	左右两侧各每节有约 15 个背侧和 15 个腹侧脊神经根	左右两侧各每节有 6～8 个背侧和 6～8 个腹侧脊神经根
坐骨神经起源	L3-L4	L4-L5	L4-S3
组织学			
皮质脊髓束	小，位于脊髓背柱，对运动功能影响小	小，位于脊髓背柱，对运动功能影响小	大，定位于脊髓外侧束，对运动功能发挥重要的调节作用，尤其对四肢远端的灵活性
红核脊髓束	较大，支配自主运动和维持姿势	较大，支配自主运动和维持姿势	较小，与皮质脊髓束协同作用
脊髓侧索/侧角	不突出	不突出	较突出
包含交感神经节前细胞体的节段	T1-L2	T1-L3	T1-L3
包含副交感神经节前细胞体的节段	L6-S1	L6-S1	S2-S4
Bishoff 核（位于长尾动物如短吻鳄、某些鸟类、长鼻袋鼠、大鼠、鼩鼱、蟒蛇和大食蚁兽等的背侧运动柱的中线核团）	无	有	无
周围神经结缔组织	少	少	丰富

3. 神经营养因子在脊髓的分布

神经营养因子（NTF）是维持神经元存活，促进其生长、分化并维持其功能的一些多肽或蛋白质。从 1958 年发现第一个 NTF——神经生长因子（NGF）以来，又相继发现了脑源性神经营养因子（brain-derived neurotrophic factor，BDNF）、神经营养素-3（neurotrophin-3，NT-3）、神经营养素-4/5（NT-4/5）、神经营养素-6（NT-6）、睫状神经营养因子（ciliary neurotrophic factor，CNTF）和胶质细胞株源性神经营养因子（glia-line derived neurotrophic factor，GDNF）等。由于 NGF、BDNF、NT-3、NT-4/5 和 NT-6 的分子结构中有完全相同的结构域，因此同属神经营养素家族。但它们也有明显不同的结构域，它们的组织分布、作用的神经元类型、起作用的发育时期，以及它们的受体结构等也不尽相同。此外，一些生长因子或细胞因子，如成纤维细胞生长因子（fibroblast growth factor，FGF）、胰岛素样生长因子（insulin-like growth factor，IGF）、转化生长因子-β（transitional growth factor-β，TGF-β）等也都具有神经营养活性。NTF 与神经系统的发育、老化、病变以及损伤后的再生均有密切关系，因此引起人们的广泛关注。

（1）NGF：在猫和大鼠脊髓内广为分布。各灰质板层内均有胞质、胞核呈 NGF 阳性的神经元和胶质细胞，以 IX 板层的躯体运动神经元和背角 I～III 板层的小神经元最明显，它们同时呈 NGF mRNA 阳性。在猴脊髓内，NGF 阳性的神经元在灰质各层中均有分布。小鼠颌下腺内近间管处的颗粒性曲小管上皮细胞也含有 NGF。因雄性小鼠的颗粒性曲小管较明显，故 NGF 含量较高，而雌性小鼠和青春期前的雄性小鼠则较低，仅为成年雄鼠的 1/10。体外培养的颌下腺也能合成 NGF。除小鼠颌下腺外，豚鼠前列腺、人胎盘也能产生 NGF。现已证实 NGF 对鸟类和哺乳动物某些神经元的发育生长是必不可少的。NGF 主要作用于神经嵴衍化来的交感神经节和背根神经节，而且在脑内也有作用，神经节的存活和生长都需要 NGF。

（2）BDNF：在人脊髓内主要分布于前角运动神经元、中间外侧核、背角神经元和少量胶质细胞内。猫脊髓背角各板层及前角内均有胞质 BDNF 阳性神经元，I、II 板层内还含有大量来自背根节的 BDNF 阳性神经膨体和终末，仅前角神经元呈 BDNF mRNA 阳性。BDNF 阳性细胞遍及健康猴脊髓灰质各层，在腹角、侧角以及中央管邻近区域均可见阳性神经元。

（3）NT-3：分布于大鼠脊髓前角运动神经元、背角 I～III 板层及中间带神经元和少量胶质细胞内；在神经元内，主要为胞核呈 NT-3 阳性，而前角运动神经元胞质呈弱阳性。NT-3 在猫脊髓内的分布与 NGF 基本相同，仅前角神经元呈 NT-3 mRNA 阳性。

（4）CNTF：在大鼠脊髓 CNTF 主要分布于前角和背角 IV、V 板层的神经元内，仅白质的胶质呈 mRNA 阳性。

（5）GDNF：是 1993 年才发现的一种新的 NTF。大鼠脊髓前角、背角、中间带和灰质联合的神经元以及室管膜上皮均呈 GDNF 阳性，以运动神经元及克拉克细胞核反应最强。I、II 板层内背腹走行的神经纤维及灰、白质中许多胶质细胞也有 GDNF 表达，且核的阳性信号更强。

（四）脑脊膜、脑血管、脉络丛和脑脊液

1. 脑脊膜

脑和脊髓外包围的结缔组织称脑脊膜。外层为硬膜，内层为软脑（脊）膜，后者包括蛛网膜和软膜。

1）硬膜

硬膜（pachymeninx，dura mater）为厚而致密、缺乏弹性的结缔组织膜。硬脑膜与硬脊膜在枕骨大孔处相延续，两者与其周围骨之间的关系有所不同。

硬脑膜　硬脑膜衬于颅腔，由两层组成，内层为脑膜性的，外层为骨膜性的。这两层除在静脉窦处分开外，其他部位均融合为一层。

硬脑膜向颅骨发出纤维性突起，硬膜血管也随之伸向颅骨。硬膜随年龄增大而变厚，颅骨骨折时常撕裂硬膜，撕下的硬膜外表面粗糙，内表面光滑。硬脑膜内层在脑神经出颅骨孔时形成管状鞘，与脑神经外膜融合。视神经的外膜与巩膜连接。硬脑膜内层向内折叠形成大脑镰、小脑幕、小脑镰和鞍隔。

硬脑膜的结构以胶原纤维为主，夹有弹性纤维。胶原纤维密集成束，排列成层，相邻两层的纤维束排列方向不同，呈篦笆状。硬脑膜的骨膜层和脑膜层的组织结构区别不大，脑膜血管的分支大多在骨膜层。硬脑膜内有少数分散的成纤维细胞，骨膜层有成骨细胞。在主要血管（如颈内动脉）穿过硬脑膜入颅时，胶原性的硬膜与血管外膜紧密结合。

硬脑膜的神经来源较丰富，大多来自三叉神经，可能还有迷走、舌下、面、舌咽等神经的分支，所有的脑膜神经都含交感神经的节后纤维。硬脑膜丰富的神经支配及脑膜内含的肥大细胞功能活跃，与血管性头痛的发病机制有关。一些哺乳动物硬脑膜的感受器有克劳泽终球（Krauseend bulb）、触觉小体和环层小体。

硬脊膜——椎管内的硬膜　分为外层的椎管骨膜和内层的硬脊膜，两者之间为硬膜外隙。

硬膜外隙（extradural space）：内含纤维脂肪组织和静脉丛，血管旁伴有神经纤维。结缔组织沿脊神经根出椎间孔。将液体注入骶部平面的硬膜外隙，可弥散上升至颅底；在脊神经附近注入局部麻醉药物，

可上、下扩散，影响邻近脊神经或到达对侧，均经过硬膜外隙。在进行脊髓手术时，因有硬膜外隙而不易破坏脊膜各层的解剖关系。

硬脊膜的结构：硬脊膜与硬脑膜略有不同，大致可分为三层，最外层为排列疏松的薄层（约 2μm）胶原纤维与少量弹性纤维，成纤维细胞的扁平突起分布于外层表面，与硬膜外隙明显分界。中层最厚，纤维性，富含血管而无神经支配，故硬膜穿刺一般无痛感。内层与蛛网膜相接处为一层硬膜边缘细胞（dural border cell，DBC），厚约 8 μm，细胞的特点为有长而迂曲并互相呈指状交错的胞质突起，形成大小不同的细胞外间隙，细胞之间有无定形物质，不含胶原蛋白，细胞与硬膜中层之间有一层基膜样结构。

传统认为，硬膜与蛛网膜之间有潜在的衬以间皮并含液体的硬膜下隙（subdural space），现证明蛛网膜紧贴于硬膜内面，"硬膜下腔"并不存在。硬膜最内层的硬膜边缘细胞之间连接少，细胞外基质内无纤维，为硬膜结构中最薄弱的一层。在病理或创伤情况下，此处细胞断裂而出现腔隙，该腔隙并不是在"硬膜下"，而是在 DBC 层内。

2）软脑膜——蛛网膜和软膜

蛛网膜（arachnoid mater）和软膜（pia mater）源自神经管周围的间充质，在胚胎发育和组织分化上关系密切，故常把它们合称为柔脑（脊）膜（leptomeninges）或软（膜）蛛网膜（pia arachnoid），两者之间隔以蛛网膜下隙（subarachnoid space），并以小梁（trabecula）相联系。小梁以胶原纤维为核心，内含血管，外包软脑膜。蛛网膜下隙充满脑脊液，脑与颅骨不紧靠处扩大为池（cistern）。软脑膜薄，大部分几乎呈透明状。脑神经和脊神经经蛛网膜下隙出脑神经孔或椎间孔时外包软脑（脊）膜。脑部蛛网膜覆盖脑表面，深入大脑纵裂，但不深入其他沟裂。脑回顶部的蛛网膜和软膜贴得最紧，蛛网膜横跨脑沟，而仅有软膜和血管进入脑内。

脑和脊髓的软脑膜均由蛛网膜细胞和胶原蛋白束组成。蛛网膜细胞（arachnoid cell）是特化的成纤维细胞，呈扁平或立方形，核卵圆形，常有一小而明显的核仁，胞质内含波形蛋白（vimentin）中间丝，并表达上皮膜抗原（epithelial membrane antigen）。细胞间以桥粒、缝隙连接相连，在蛛网膜外层有紧密连接。蛛网膜细胞有不同结构形态，如在蛛网膜和软膜中呈薄片状，在蛛网膜下隙包围胶原纤维核心形成小梁。蛛网膜细胞在脉络丛和脑膜瘤内，也偶见在蛛网膜自身内形成球形胶原蛋白螺环，以后钙化形成钙球或砂球样体（见脉络丛）。

蛛网膜：最外层的硬膜、蛛网膜界面由 5～6 层细胞组成，厚 2～5μm。细胞间有许多桥粒和紧密连接，阻止脑脊液渗透入蛛网膜，形成蛛网膜屏障细胞层（arachnoid barrier cell layer，ABC 层）。细胞胞质电子密度低，内含空泡、少量小线粒体、数量不等且排列混乱的中间丝，常见吞饮小泡自胞膜向内陷，胞核大，圆形至卵圆形，胞质突起排列紧密。细胞间宽约 20μm，无胶原蛋白、弹性纤维或微原纤维等。胞质中间丝连于中间连接和桥粒周围的浓缩胞质，ABC 层的内面常衬有一层约 40μm 厚的基板，与胶原性的蛛网膜网状细胞层明显分界。

蛛网膜网状细胞层（arachnoid reticular cell layer，ARC 层）的细胞排列疏松，胞质电子密度高，含中间丝、大量小线粒体，细胞核长。ARC 层内面衬以长而迂曲的扁平细胞，胞核深染，有少量线粒体、溶酶体和伪足状长突起。齿状韧带以胶原纤维为核心，外包软脑膜，外侧突起的尖端固定在相隔一定距离的硬脊膜上。

蛛网膜和硬膜边缘细胞层内无血管，其营养来自蛛网膜下隙的脑脊液或硬膜血管。脑和脊髓的软脑膜内有无髓神经纤维通过，主要支配蛛网膜下隙和软膜下隙（subpial space）内的血管。

软膜：为软脑膜深面包绕脑和脊髓表面的薄膜，由 1 或 2 层扁平细胞组成，细胞间有连接复合体。软膜由脑表面反折到蛛网膜下隙的血管表面，将蛛网膜下隙与软膜下腔、血管周隙分隔开。故而，长期有蛛网膜下隙与血管周隙（perivascular 或 Virchow-Robin space）相通之说，实际上是不确切的。软膜能阻止颗粒状物质自蛛网膜下隙进入血管周隙。动脉自蛛网膜下隙入脑时，外包的软膜形成血管周鞘，随血管入脑。血管周鞘逐渐变为断断续续，至毛细血管处渐消失。软膜虽薄，却形成一个调节界面，将血管周隙与周围的脑组织分开，可限制支配血管的神经所产生的递质扩散入脑，影响脑组织。在脑内静脉周围无类似的软脑膜。在蛛网膜下隙出血或婴儿软膜下隙出血时，血细胞均不能通过软膜。软膜的细胞还有吞饮作用，能摄入直径 1μm 以下的颗粒；还含有能降解神经递质的酶，如儿茶酚-O-甲基转移酶、谷氨酰胺合成酶（GS）。发生脑膜炎时，软膜下隙和蛛网膜下隙血管内的单核细胞及其他炎性细胞可穿过血管壁，并通过软膜细胞，进入蛛网膜下隙。

3）脑脊膜的作用

脑脊膜有以下几方面的作用。

在个体发生中，脑脊膜在调节其下方神经组织的生长发育方面起关键作用。人胚第 4 周时，神经管的形成使脑室系统与羊膜腔分隔，接着是脑脊膜的发生将中枢神经系统与身体其他部分分开。各种动物脑脊膜的起源不同，鸟类（某些哺乳动物）的脊膜源自体节中胚层（somitic mesoderm），脑干的脑膜源自头节中胚层（cephalic mesoderm），端脑脑膜源自神经嵴（neural crest）。脑脊膜的分化和蛛网膜下隙的形成较早，先于脑脊液的流动。脉络丛的上皮由神经管的上皮演化而来，而其间充质来自脑膜。

脑脊膜诱导神经胶质界膜的形成。中枢神经系统表面的神经胶质界膜由神经胶质细胞脚板（foot plate）和基膜组成。6-羟多巴胺（6-hydroxydopamine）破坏新生仓鼠小脑的脑膜细胞，24h 之内神经胶质界膜中的 I、III、IV 型胶原蛋白及与之相连的脊膜中的层粘连蛋白、IV 型胶原蛋白和纤维粘连蛋白的浓度大大降低。3 天之内，小脑叶片顶端表面的脑膜细胞重新出现，该处基膜的组织化学特性恢复，神经胶质细胞脚板形成胶质界膜。但脑裂中的脑膜细胞则不再出现，基膜及神经胶质界膜也不复形成。培养中的脑膜细胞产生 I、III、IV 型胶原蛋白及基质分子如纤维粘连蛋白、层粘连蛋白、巢蛋白（nidogen）和硫酸乙酰肝素蛋白多糖（HSPG）。这些发现表明，脑膜细胞产生细胞间质和基膜的分子成分，并促进星形胶质细胞突起形成脚板（或称终足），参与构成神经胶质界膜。另外，脑膜细胞可分泌甲状旁腺素相关蛋白（parathyroid-related protein），能促进星形胶质细胞分化。

脑脊膜产生脑脊液中的蛋白质及酶。新生大鼠的软脑膜可产生脑脊液中的一些蛋白质，主要有前列腺素-D-合成酶（prostaglandin-D-synthase）、胰岛素样生长因子-II（insulin-like growth factor，IGF-II）、IGF 结合蛋白-2（IGF-binding protein-2）、载脂蛋白（apolipoprotein）、β2-微球蛋白（β2-microglobulin）、半胱氨酸蛋白酶抑制剂（cystatin）、运铁蛋白（transferrin）、亲环蛋白 C（cyclophilin C）等。这些蛋白质在脑的新陈代谢中起重要作用。源自软脑膜，由脉络丛产生的酶包括碱性和酸性磷酸酶、镁依赖 ATP 酶（magnesium-dependent ATPase）、葡萄糖-6-磷酸酶（glucose-6-phosphatase）、硫氨焦磷酸酶（thiamine pyrophosphatase）、腺苷酸环化酶（adenylate cyclase）、氧化还原酶（oxidoreductase）、酯酶（esterases）、水解酶（hydrolase）、组织蛋白酶 D（cathepsin D）和谷胱甘肽-S-转移酶（glutathion S-transferase）。

脑脊膜的免疫作用。在透射电镜下可见脑脊膜各层的游离细胞中有许多具有巨噬细胞和树突状细胞结构特点的细胞，扫描电镜下可见游离细胞有大量胞质突起经软膜和蛛网膜的细胞层与脑脊液接触。脊膜和背根节各层都有 MHC-II 类抗原（major histocompatibility complex II antigen）阳性细胞，尤在紧临蛛网膜下隙、邻近硬膜血管、沿脊神经根和硬膜漏斗处最多。这些研究提示，蛛网膜下隙和背根节中有发育良好的免疫监视系统。

脑脊膜对轴突再生的作用。已知在脑垂体切除后，大细胞神经元与正中隆起重组的血管建立新的神经血液联系而形成垂体后叶样结构。为研究脑膜在此再生过程中的神经营养作用，Ishikawa 等（1995）将新生大鼠的脑膜组织植入成年大鼠的第 3 脑室，然后摘除宿主垂体，2 天后发现植入第 3 脑室的脑膜组织块上密布着血管紧张素免疫反应阳性的再生神经纤维，而植入脑皮质者则几无此反应。研究证明，垂体切除后，经脑膜处理的培养基能促进下丘脑中血管紧张素免疫反应阳性细胞存活及其轴突生长，证实了脑膜在轴突再生过程中所起的重要作用。

软脑膜是阻止脑肿瘤侵犯的屏障。原发性脑肿瘤有向周围脑组织广泛浸润的特点，但仅限于中枢神经系统内，鲜见脑肿瘤细胞转移至其他器官，而非神经性的肿瘤却常转移至中枢神经系统。将人脑肿瘤和/或非神经性恶性肿瘤组织分别与人脑膜细胞和脑细胞共同培养，发现脑肿瘤不侵犯脑膜细胞团而侵犯脑细胞团，非神经性的肿瘤则不断侵入并破坏脑膜细胞团。免疫组织化学研究显示软脑膜组织强烈表达纤维粘连蛋白、IV 型胶原蛋白和层粘连蛋白等基膜成分，但不表达神经元特异性烯醇酶或 S-100 蛋白。提示软脑膜细胞及与其相关的细胞间质可形成抵抗脑肿瘤侵犯的屏障，但对转移至脑的肿瘤则无屏障作用。

脑脊膜对脑的淋巴引流作用。近年来的研究说明脑脊膜与脑脊液重吸收经淋巴引流关系密切。大鼠的蛛网膜内淋巴管明显，硬膜内淋巴管密布，猴的硬膜外淋巴管发育良好（尤其是颈下段相当于臂丛平面），这些淋巴管可能是从蛛网膜下隙吸收脑脊液的通道。已证实脑实质的部分组织间液经脑内血管间隙沿脑血管（颈内动脉系）外膜中的"前淋巴管系统"（prelymphatic system）至大脑动脉环，沿动脉分支至嗅球下方的筛板，进入与鼻黏膜淋巴管相连的蛛网膜淋巴通道，然后引流入颈深淋巴结。扫描电镜和计算机图像处理系统发现，人胎儿硬脑膜和软膜间皮细胞间有直径 0.33～2.98μm 的圆形或椭圆形脑膜小孔（meningeal stomata），分散或成簇分布，经统计学分析，硬膜小孔的直径和分布密度分别为 1.34μm 和 381.5/0.1mm^2，软膜小孔为 0.88μm 和 195.06/mm^2；脑膜小孔可能为脑的前毛细淋巴管系统（prelymphatic capillary system），承担脑的淋巴引流。经脑淋巴引流量虽较小，但对清除不能通过血-脑屏障的物质，调节脑细胞外液的体积以维持脑的正常生理作用至关重要。

2. 脑血管

1）脑动脉

人颅内动脉虽与颅外动脉同样由内膜、中膜和外膜组成，但其中膜与外膜远较同等管径的颅外动脉薄，内膜厚度则相似。颅内和颅外动脉在中膜肌纤维与结缔组织的成分比例方面也存在差异，如管径相似的基底动脉与肠系膜上动脉相比，前者的平滑肌 10～20 层，肌纤维占管壁成分的 85%，胶原纤维占 12.5%，弹性纤维占 2.5%；另外，还见诱导型一氧化氮阳性胶质细胞的终足附于脑血管壁上，而周围未受损的脑实质中，未见诱导型一氧化氮阳性胶质细胞。

（1）颅内脑外动脉的结构。

内膜：血管腔面覆以无孔内皮，其细胞呈梭伏，长轴与血流方向一致，细胞表面有分布不均、长短不一的微绒毛。相邻内皮细胞间相互重叠 1～2μm，呈覆瓦状，细胞间隙宽约 20μm。内皮细胞游离面有一层糖蛋白，基底面有一层电子密度中等、厚 50～70μm 的基膜，基膜与内皮细胞基底面之间隔以一层电子密度较低、厚约 40μm 并有胶原细丝的基质。在毛细血管开口处，微动脉的内皮细胞较其他部分厚。蛛网膜下隙动脉的内弹性膜，内侧为与内皮的基膜直接相连的有机基质，呈细片状或细纤维状，外侧为与中膜交界的弹性纤维束，束间的窗孔内充满基质。内膜内还含有少数散在的平滑肌纤维，内膜的肌纤维和基质随年龄增长而增加。软膜动脉的内皮下层有两种成分，一为代表基膜的均质黏多糖，二为由直径约 20μm 的球状单位组成的无定形弹性蛋白，用磷钨酸可显示这些成分，形成完整的弹性膜，并随动脉口径减少而逐渐变薄。微动脉的内弹性膜常被肌-内皮连接（myo-endothelial junction）所隔断而不完整。至直径< 50μm 而中膜仅有一层平滑肌的终末微动脉时，内弹性膜完全消失。内膜中尚可见相隔一定距离的肌性增厚，在脑外动脉分支处的内膜内有几乎呈环行的平滑肌垫，突入管腔。有人用 NADPH-d 组织化学方法研究可见管径> 50μm 的脑血管内皮细胞内有一氧化氮合酶阳性物质，这种 NOS 阳性反应物质呈颗粒状位于胞核内或聚集在核的一端，呈三角帽状，或部分在核内、部分在胞质内核的一端，为内皮型一氧化氮合酶（eNOS）。这种分布可表示 eNOS 合成分解的过程。还可见 nNOS 阳性纤维分布于管壁内。这种管径> 50μm 的血管多见于脑表面，而小的脑血管可见 nNOS 阳性细胞紧贴管壁。在受神经毒损害的纹状体及胼胝体中，除纹状体内有诱导型一氧化氮合酶（iNOS）胶质细胞外，还见有 iNOS 阳性胶质细胞的终足附于脑血管壁上，而周围未受损的脑实质中，未见 iNOS 阳性胶质细胞。

中膜：基底动脉中膜有 10～12 层平滑肌。随血管口径减少，肌层渐少，至小的软膜微动脉仅有一层平滑肌。终末细动脉的平滑肌细胞为 2 或 3 个环行细胞所代替，成为毛细血管前括约肌。所有血管的中膜平滑肌细胞间有散在的弹性纤维和少量胶原纤维，除小动脉的平滑肌呈环行外，一般为螺旋状排列。在肌细胞两端没有基膜的结构，因此相邻的肌细胞间形成缝隙连接，称为肌-肌连接（myo-myo junction）。中膜基质内含有大量硫酸软骨素。

外膜：外膜为疏松结缔组织，含神经和营养血管。外膜结缔组织中胶原纤维多为纵行或环行，典型的脑外动脉外界为类似成纤维细胞的长梭形细胞形成的膜。在血管进入脑组织处，界膜与软脑膜的细胞之间有一膜性连接。脑外血管的神经供应见后述。

（2）脑内动脉的结构。

脑内的血管只见微动脉、微静脉和毛细血管。穿入脑组织的动脉起自蛛网膜下隙的主要血管，在穿入前，这些血管在蛛网膜下隙走行一短程。血管穿入脑实质后，其周围尚有由软膜形成的血管周隙，至毛细血管血管周隙便逐渐消失。

与人相比，大鼠、猫和犬的脑内动脉结构有以下主要特点。

微动脉内皮下层无完整的内弹性膜，可见分散的弹性物质。所有动脉都有一层连续完整的中膜，最厚的中膜有3层平滑肌细胞。当血管口径减小时，外膜细胞层逐渐变薄，且不完整。

后微动脉（metarteriole）肌细胞结构简单且不典型，细胞器较多，肌膜为断续的单层细胞，肌-内皮连接的数量和长度均增加。关于脑内血管的肌-肌连接和肌-内皮连接的功能意义，认为脑外血管可受神经支配或化学调节，而脑内血管的张力则主要受化学调节，可能是通过肌-内皮连接起作用。由于细胞间连接处的电阻小，离子可以从一个细胞转移至另一个细胞，细胞间可能传递一种代谢信息。肌-肌连接可传递细胞之间的冲动，肌-内皮连接可将兴奋传递到内皮细胞，并提示内皮细胞有收缩能力。

（3）脑动脉的年龄变化。

对猕猴大脑中动脉的研究显示，内皮细胞表面有分布不均、长短不一的微绒毛，随着增龄，内皮表面由光滑变得粗糙，核区隆突变得明显，细胞边界处可见"虫蚀样"缺损，微绒毛和微皱褶增高、增多；中膜平滑肌随着增龄出现细胞间隙增大，胶原纤维与基质成分增多，局灶性平滑肌坏死甚至整个平滑肌坏死，平滑肌面积所占比例下降，从而导致管壁弹性减弱、硬度增加。脑动脉的年龄变化最主要在于弹性膜，发育中的弹性膜包含纤维性的和无定形的两种成分，纤维成分出现较早，而无定形成分在发育后期才出现在纤维间的基质中，成熟的弹性膜内则无纤维性成分。在无动脉粥样硬化的老年人，脑血管弹性膜内可见退行性变化，内皮与内弹性膜之间的内皮下层基质增多，可见胶原纤维增多和嗜锇酸物质，内弹性膜变薄而不规则或断裂。在患动脉粥样硬化时，除上述退行性变化外，在中膜内可见靠近弹性膜的平滑肌细胞间有弹性组织碎片，这些碎片及弹性膜的小分支可侵入肌层，在中膜内形成一新月形的线，有人称之为弹性膜的复制，致内膜内常见典型的具有平滑肌特点的长细胞。中膜的平滑肌细胞内偶可含脂滴。故认为在动脉粥样硬化斑中见到内膜平滑肌细胞可能是由于弹性膜在中膜内复制而被并入粥样硬化斑，并非有人所提出的系由平滑肌细胞迁入或早就存在于内膜内导致。弹性膜在肌层内复制的机制也可解释常见的内膜局灶性增生（focal proliferation）伴以广泛的中膜移位而肌层明显变窄。

2）脑静脉

脑静脉壁比颅外静脉的薄，无瓣膜，大多数穿行蛛网膜下隙通入硬膜静脉窦。较大或中等静脉的内皮外有一层弹性膜，再外面为结缔组织，结缔组织内的弹性纤维形成细网，内、外层弹性纤维的网眼大，而中层的小，网眼内有走向不同的胶原纤维。在结缔组织内层有个别环行的平滑肌纤维，除近来研究发现水平方向的静脉窦（横窦和乙状窦）有平滑肌存在，并同时接受肾上腺素能和胆碱能神经支配外，其余硬膜静脉窦及大多数脑静脉无平滑肌，因此也无中膜。

脑浅静脉的弹性纤维发育良好，尤以大脑的浅静脉明显。基底静脉的弹性纤维较少，丘纹上静脉内也较少，脉络丛的小静脉则较多。大脑内静脉和大脑大静脉壁内有粗的胶原纤维，小的静脉缺乏明显的结缔组织支架，其主要结构是基膜和成纤维细胞。

脑内直径较大的静脉，只有一层很薄的肌细胞。微静脉中膜与后微动脉相似，分化较差，平滑肌细胞互相重叠，有时并不完全覆盖内皮细胞。由于微静脉直径大，因此易与微动脉区别。小的微静脉肌细胞为周细胞所代替，故难与毛细血管鉴别。

3）脑血管的神经分布

脑血管从较大的动脉到终末动脉、毛细血管及大小静脉均接受不同的神经支配，在血管外膜与中膜间可见无髓神经纤维迂曲环绕血管长轴，形成松散的血管周围神经网。

脑外血管的神经供应丰富，脑血管外膜外有神经束伴行，神经束每隔一定距离向血管壁内发出节段分支，当节段神经穿入外膜外界时，失去神经束膜，变为外膜神经，向肌膜方向发出分支，但不进入肌膜。用氯化金、免疫组织化学及计算机图像分析研究胎儿（24～40周）椎动脉壁的神经支配，大部分为交感神经节后纤维,在椎动脉表面的分布呈网状,神经纤维密度自尾端至头端递减,纤维深入血管外膜,在中膜中呈点状末梢。在基底动脉横切面上,常可见外膜的外周有 10 余个这种外膜神经小束,每束神经内含 6~40 条有髓纤维和许多无髓纤维,所以整个外膜内有数百条有髓和无髓神经纤维。在大脑中动脉的边缘支皮质动脉内有髓纤维较少,但有大量无髓纤维。随血管分支变小,神经纤维也减少,当动脉管径大小接近微动脉时,已没有有髓纤维,仅见单独的无髓纤维束局限于管壁内一小部分。然而,在软膜内的微动脉,即使小至 15μm 左右仅有一层平滑肌时,也始终有神经纤维。一条无髓神经纤维末梢的分布范围较广,在分布范围内,轴突外面没有神经膜细胞包绕,或仅有部分轴突被包绕,轴突末端含有线粒体和许多直径为 50~100nm 的高电子密度的小泡。

脑实质内血管同样有神经分布。应用免疫组织化学技术观察到人脑实质内直径 17μm 的毛细血管前微动脉有交感神经分布;大鼠的脑皮质内管径> 20μm 的血管均有交感神经分布,并且随着个体的发育,神经纤维分布形式由纵行、环行向网状发展,纤维密度由稀疏到稠密。大鼠脑实质内管径 20~45μm 的血管均有胆碱能纤维分布,纤维多呈单条细线状,密度明显低于软脑膜血管的胆碱能神经,小鼠与大鼠的类似。

大脑静脉系统也由神经支配。根据对人胎儿的观察,大脑大静脉的神经分布密度较高,有走行不规则的肾上腺素能神经分布,其他主干静脉的分布密度较小。在硬脊膜窦处则发现有肾上腺素能神经和胆碱能神经分布。血管活性肠肽(VIP)能神经在静脉中密度很低,且只存在于表浅的皮质静脉,其末梢在外膜内层;而 P 物质(SP)能神经纤维则位于脑静脉外膜的外层。

支配脑血管的神经纤维主要有三类:①含去甲肾上腺素和神经肽 Y 的交感神经丛;②含乙酰胆碱和血管活性肠肽等的副交感神经丛;③含 P 物质、神经激肽 A 和降钙素基因相关肽等的肽能神经。各类神经纤维所释放出的不同类型的递质,调节着脑血管的收缩与舒张,在脑血流的调控和脑脊液的分泌方面起着重要作用。虽然各类神经纤维都具有其不同的分布特点,但在某些支配血管的神经丛中,同时有几种神经纤维存在,这些神经纤维之间没有突触联系,但它们之间仍有可能通过末梢递质的释放直接发生作用,或通过递质的扩散而发生相互作用,最终影响单一神经纤维对脑血管的作用而刺激交感神经来减缓基底动脉的血流,并可导致一系列临床症状。

3. 脉络丛

脉络丛的结构以毛细血管网为中心,周围为结缔组织,外层覆以室管膜上皮即脉络丛上皮,后者具有活跃的分泌功能。人胚胎第 7~9 周时脉络丛开始形成,是位于左、右侧脑室内侧上方以及第 3、4 脑室顶的间充质,充满骨髓样细胞,有血细胞生成;至妊娠后期发育为富含血管的软脑膜组织,突入脑室形成复杂的皱褶,即脉络丛的绒毛。绒毛上皮为矮柱状或立方形,其细胞胞质内有丰富的线粒体和颗粒,游离面有许多微绒毛,为电子密度很低的突起,称息肉样缘(polypoid border)。从脉络丛毛细血管渗透出来的血浆过滤液,先扩散入结缔组织基质,然后经上皮细胞的侧面和底部进入细胞,通过胞质内的小泡输送到上皮细胞顶部的微绒毛。细胞分泌时,这些微绒毛以水泡样裂开方式将分泌物排入脑脊液中。相邻上皮细胞顶部之间有紧密连接,封闭细胞间隙,起屏障的功能。脉络丛绒毛中毛细血管有孔内皮的窗孔上有一层厚约 6nm 的隔膜,在内皮细胞之间有紧密连接。免疫组织化学研究显示脉络丛上皮细胞含有 S-100 蛋白和碳酸酐酶 C(carbonic anhydrase C),而室管膜不表达碳酸酐酶 C,可借此与之鉴别。脉络丛瘤上皮细胞可表达 GFAP 和类似中间丝的低分子量的细胞角蛋白(cytokeratin)。

人和其他动物脉络丛表面为丛上细胞(epiplexus cell)或称 Kolmer 细胞,脉络丛上皮和丛上细胞可吞饮脑室内的微粒与蛋白质。基质内除有吞噬细胞等细胞外,尚有大小不等(2~3μm 直至 60μm)的由胶原蛋白形成的螺环,外包软脑膜细胞的突起。

人脑脉络丛有明显的年龄变化,CT 显示在脉络丛的基质中可见到直径 30~50μm 的钙球(calcosphelite)或砂球样小体(psammoma body),系由羟基磷灰石(calcium hydroxyapatite)沉积于基质内脑膜细胞突起包绕的胶原蛋白螺环而形成。这种钙化的砂球样小体的发生率在 10 岁以内为 0.5%,40~50 岁为 35%,50~60 岁为 75%,70~80 岁为 80%。

F344、SD 大鼠和 BALB/c 小鼠、KM 小鼠、兔及豚鼠在脉络丛上皮细胞组织形态学上未见明显差异。

4. 脑脊液

脑脊液主要由脑室的脉络丛上皮产生，占80%~85%，其余是脑细胞外液经室管膜上皮渗透而来的。为无色水样清晰透明的液体，成人脑脊液约150ml，充满于脑室、脊髓中央管及脑和脊髓的蛛网膜下隙。脑脊液主要存在于蛛网膜下隙，脑室内仅有约25ml。蛛网膜下隙在小脑和延髓之间扩大为小脑延髓池，在脊髓末端扩大为终池，临床上常从终池抽取脑脊液诊断疾病或注入药物进行麻醉或治疗。脑室和蛛网膜下隙是连通的，脑脊液不断产生、流动和吸收，更新速度很快，更新一次需5~6h。成人每天产生脑脊液600~700ml，可见脑脊液每天可更新4~5次。脑室和蛛网膜下隙的脑脊液压力不同，并随体位而变化，但在时间上保持相对恒定。在平卧时，终池处脑脊液压力为0.98~1.46kPa（7.35~10.95mmHg），小脑延髓池处为0.78~1.37kPa（5.85~10.28mmHg），侧脑室为0.69~1.18kPa（5.18~8.85mmHg）；坐位时终池处为1.96~2.94kPa（14.7~22.1mmHg），侧脑室为0~0.39kPa（0~2.93mmHg）。脑脊液具有重要的生理功能，作为脑和脊髓的液体垫起保护作用，还能供给营养，清除代谢产物，并在神经内分泌系统的调节中发挥作用。

（五）血-脑屏障

1. 血-脑屏障简介

血-脑屏障（blood-brain barrier，BBB）是介于血液和脑组织之间的对物质通过有选择性阻挡作用的动态界面（dynamic interface）。血-脑屏障有三个主要功能：①保护脑免受血液循环内物质的影响；②特殊的转运系统，选择性地转运物质；③代谢或变更血液内的或脑产生的物质。它在维持脑的内环境和脑与外周信息及物质传递中有重要作用。许多化学、物理、生理和病理因素包括急性短时程高血压（如静脉内注射肾上腺素）都可破坏血-脑屏障，导致其开放。最易开放的部位是尾壳核和下丘脑，其次为丘脑、海马、扣带回等，开放最晚和最少的部位是新皮质。

血-脑屏障的结构包括毛细血管内皮及细胞间紧密连接、基膜、周细胞、星形胶质细胞脚板和狭小的细胞外隙，而屏障的结构基础是毛细血管的内皮。这些部分除具机械阻挡作用外，由于血-脑屏障还具有呈极性分布的电荷、特殊的酶系统和免疫反应等复杂成分，其可调节血液与细胞外液和脑脊液之间的物质交换，维持脑内环境的稳定。

构成血-脑屏障的毛细血管内皮细胞无窗孔，厚约0.1μm。在胚胎发育早期，脑毛细血管内皮细胞有皱襞，突入管腔和突出其底面，尤在相邻细胞交界处，其突向腔内的皱襞更明显，称为边缘褶（marginal fold），有使血流减慢的作用。具有屏障作用的脑毛细血管内皮细胞内的线粒体含量为无屏障作用者的2~3倍，可能与维持血管内外离子梯度相关。脑毛细血管内皮细胞内无肌动球蛋白（actomyosin），故对组胺的反应不是收缩而是增强吞饮作用。丁基环一磷酸腺苷和环一磷酸鸟苷及放射线照射都能使小泡活动增强；在高血压、缺氧等情况下，小泡数量明显增多。大部分小泡与细胞膜相连，小泡膜彼此相连时可融合形成与细胞膜相通的管道，运输物资。小鼠大脑皮质受损伤后，毛细血管内皮细胞内出现小管运输结构，中性粒细胞能以跨细胞（transcellular）方式通过血-脑屏障，而不是穿过内皮细胞间连接。

血-脑屏障在进化上相对保守，从无脊椎动物如果蝇到高等脊椎动物如灵长类都存在血-脑屏障类似结构。在果蝇中，血淋巴-脑屏障由亚神经鞘神经胶质细胞（subperineurial glial cell，SPG）构成，与脊椎动物血-脑屏障内皮细胞相似，这种神经胶质细胞表达类似的营养物质转运体和细胞连接结构。此外，perineurial神经胶质细胞也与subperineurial神经胶质细胞相互作用，共同维持血淋巴-脑屏障的通透性。在脊椎动物中，脑的结构大致可分为两类，其中I类大脑具有最少的远离脑室表面的神经元以及相对简单的神经元细胞结构，包括七鳃鳗、几种软骨鱼（如鲨鱼和银鳗）、非硬骨辐鳍鱼、肺鱼和两栖动物。II类大脑具有更多的神经元数目和更高复杂度以及发育过程中典型的远离脑室表面的神经元迁移，包括八目鳗类鱼、硬骨辐鳍鱼、爬行动物、鸟类和哺乳动物。在I类大脑中，血-脑屏障主要由内皮细胞屏障和胶质细胞屏障构成。其中板鳃亚纲如鲨鱼和鳐鱼的胶质细胞屏障相对原始，与果蝇的血淋巴-脑屏障的胶质细胞屏障相似。而在II类大脑如小鼠和人中，胶质细胞屏障主要由星形胶质细胞脚板构成。

血-脑屏障的毛细血管内皮细胞膜是以类脂质为基架的双分子层结构，膜的内面与非极性的细胞质相接，膜外面与极性的离子和水溶性物质接触。物质在通过血-脑屏障时受与血浆蛋白的结合、物质的理化特性、酶系统的调控等因素的影响。

相对于外周的血管内皮细胞，CNS 的血管内皮细胞具有很多重要的特性：①细胞间的连接更加紧密，从而极大地限制了物质的细胞旁运输。②表达的分子具有明显的极性分布，从而保证物质高效地定向运输。③表达更多的转运体，主要分为两类：表达在血管管腔面的向脑外运输物质的转运体，能够将脑内大量的脂质和有害物质运输到血液中；向脑内运输物质的转运体，能够将神经细胞生长和活动所必需的营养物质，如葡萄糖、氨基酸和丙酮酸等运输至脑内。④极低的白细胞黏附分子表达水平，从而极大地限制了外周免疫细胞进入 CNS，防止脑组织受到炎症反应的损伤。

脑内皮细胞间的紧密连接（TJ）是构成 BBB 的重要部分。跨膜蛋白、胞质附着蛋白及细胞骨架蛋白共同组成了 TJ。膜内在蛋白由闭合蛋白、咬合蛋白和连接黏附分子组成，还有闭锁小带蛋白（ZO-1、ZO-2、ZO-3）和其他蛋白等多种胞质辅助蛋白。跨膜蛋白的细胞内部分与胞质附着蛋白相连，细胞外部分与相邻细胞的跨膜连接蛋白相互作用。在哺乳动物内皮细胞内，只有 Claudin-1 和 Claudin-5 被证实存在，其中 Claudin-5 主要存在于血管内皮细胞，特别是脑毛细血管内皮细胞。Occludin 是一个调节蛋白，能改变细胞间的通透性，Occludin 可为穿越 BBB 提供电阻，可能在连接内形成水通道，从而可使不带电荷的溶质流动。

脑毛细血管基膜位于内皮细胞与星形胶质细胞脚板之间，厚 20～60nm，电子密度中等，含大量有胶原蛋白的氨基酸，极少原纤维性物质。用免疫组织化学方法测得基膜中的主要蛋白质为硫酸乙酰肝素蛋白多糖、IV 型胶原和纤维粘连蛋白等。在病理状态下（如脑肿瘤附近），毛细血管基膜物质溶解，血管外间隙增大。周细胞位于内皮外的基膜内，胞质内有各种细胞器和空泡。关于周细胞的来源，有人认为源于血管周围的间充质，随血管内皮进入脑；有人认为脑内无间充质，周细胞来自内皮细胞及自身增殖。脑毛细血管基膜破裂后，周细胞可进入神经组织，变为巨噬细胞，故提出周细胞有变为小胶质细胞的可能性。有人发现老年人脑内周细胞减少，原因尚不明，可能与衰老相关。

周细胞：组成 BBB 的血管内皮细胞被周细胞覆盖，血管内皮细胞和周细胞的比例达 3∶1 ～1∶1。周细胞在血管外，通过神经钙黏素、缝隙连接和紧密连接等方式与血管内皮细胞相连。血小板源性生长因子受体和神经元-胶质细胞抗原是周细胞的主要标志物。研究显示，CNS 的周细胞主要来自中胚层来源的间充质干细胞和神经上皮来源的神经嵴细胞。鸡胚的细胞移植实验证明，前脑的周细胞主要由神经上皮细胞分化而来，而中脑、脑干、脊髓和外周的周细胞则来源于中胚层。最近成年小鼠的研究显示，存在于循环系统中的骨髓前体细胞能够为 CNS 提供周细胞。

星形胶质细胞：其突起末端膨大成脚板，附贴于毛细血管外周，形成毛细血管外周胶质膜，电镜下可见星形胶质细胞脚板与毛细血管内皮之间有 20nm 间隙。胶质细胞的相邻脚板间有裂隙。免疫组织化学和形态测量学图像分析显示，人大脑皮质的 11.4% 为星形胶质细胞，后者在血管周围形成的突起的范围大小与血管床相似，这些突起实际上形成包围血管壁的鞘，仅 11% 血管壁未被星形胶质细胞突起包绕。

星形胶质细胞脚板内的大量线粒体可供给能量，可能是把毛细血管渗出的水分和一定的物质如葡萄糖、氨基酸和大颗粒物质再"泵"回血管内。胶质膜不是构成血-脑屏障的主要结构，但也不能排除星形胶质细胞有主动运输某些物质作用的可能性，在血-脑屏障中起辅助作用。应用星形胶质细胞特有的胶质原纤维酸性蛋白（GFAP）和谷氨酰胺合成酶定位分析的一系列研究发现，毛细血管内皮细胞、周细胞和星形胶质细胞三者关系密切。当单独培养毛细血管内皮细胞时，细胞的 γ-GTP 活性及 α-甲基氨基异丁酸（α-methyl aminoisobutyric acid，α-MEAIB）的极性转运消失，也没有 Na^+、K^+-ATP 酶及非特异性碱性磷酸酶（ALP）活性。但内皮细胞与星形胶质细胞共同培养时，内皮细胞膜上这些酶活性明显增强，并呈现与体内研究相一致的极性分布。星形胶质细胞还明显促进脑内皮细胞之间紧密连接的数量、长度及连接复合体的增多。将毛细血管内皮细胞分别与星形胶质或周细胞一起培养，发现周细胞对内皮细胞的趋化性较星形胶质细胞更强。另外，毛细血管内皮细胞的培养液能促进星形胶质细胞和周细胞的 DNA 合成，但对少突胶质细胞无效。以上实验表明，这三种细胞在血-脑屏障的发生、再生和分化中有相互依赖作用。此外，星形胶质细胞上也有 MHC-II 类蛋白分子，与毛细血管内皮细胞有同样的免疫反应。

软膜内的毛细血管与大脑皮质的毛细血管有许多类同的血-脑屏障性质，包括不能渗透电子密度高的示踪剂，内皮的高电阻及特殊的细胞超微结构等。为进一步比较软膜和皮质内的微血管，有人从发生学的角度采用 4 种血-脑屏障标志物利用免疫组织化学技术研究胚胎 16 天至成年鼠软膜与大脑皮质内的血管，发现 OX-47、EBA、GLUT-1 和 S-laminin 标志物均出现在软膜和大脑皮质的血管内。自 16 天胎鼠至成年有 GLUT-1 和 OX-47，自出生 7 天至成年有 EBA 和 S-laminin 出现在血-脑屏障内皮细胞中。软膜的毛细血管未被可诱导和/或保持皮质内的血-脑屏障标志的星形胶质细胞包绕，可能大脑皮质的星形胶质细胞衍生的因子从表面扩散出来，诱导软膜内血管产生血-脑屏障作用。

血液和细胞之间的物质交换都需通过细胞外液。中枢神经系统的细胞间隙很窄，仅 10~20nm 宽，一般认为脑细胞外隙为其他组织细胞外隙宽度的 25%以下（甚至仅 6%~15%），并随年龄增长而缩小，但仍是物质运输的主要通路。通过生理、生化、电镜和示踪剂等技术研究，确定脑细胞间隙内的蛋白多糖可对抗透明质酸酶的消化。由于脑细胞外基质的黏滞性大，可阻滞物质扩散，同时细胞外液的蛋白多糖有吸水能力而促进离子和小分子的扩散，两者可能起到屏障的协调作用。

2. 血-脑屏障的发生与成熟

人胚第 7 周时，脑内毛细血管呈窦状，以后以"出芽"方式发生。内皮细胞在发育早期厚薄不等，故管腔不规则，胞质丰富，含大量内质网、高尔基体、小泡和线粒体。随着血管的发育，内皮细胞变扁，细胞器减少，突起变短且减少，管腔渐变圆。

人脑早期的窦状毛细血管无基膜，血管外为低电子密度的宽大血管周隙，后来逐渐出现电子密度较高的物质。在胚胎第 9~10 周时已显示间断的厚度和电子密度不一的基膜物质，随胎龄增长，渐变为均匀一致。基膜一部分属于内皮，一部分（衬于神经毡）沿血管周围表面的星形胶质细胞突起。血管内皮来自中胚层间充质，星形胶质细胞源自神经外胚层，故血-脑屏障的基膜是血管内皮基膜与神经上皮基膜的融合。24 周胎儿的脑血管基膜较薄且均匀，电子密度中等，成体的基膜变厚。周细胞在人胚胎第 8~9 周时出现，胎儿早期的内皮细胞大部分为周细胞的胞突分支所包绕。在 12 周胎脑中可见星形胶质细胞突起垂直于脑毛细血管壁，突起末端随胎龄长大而膨大，其包绕血管壁的范围也随之增大。在小鼠血-脑屏障组织发生的研究中，除发现其组成部分的发育规律与人的相似外，在形态测量分析中，发现血管密度自胚胎期随胎龄增长而增高，出生后骤增，第 7 天时下降，以后随年龄增长血管密度渐增，血管平均截面积逐渐减小，管腔的体密度增大，内皮细胞核的体密度呈波浪形变化，周细胞数量逐渐减少，基膜逐渐完整增厚，各年龄组血管密度之差与血管壁厚度之差呈正相关。小鼠出生后 6 周，血-脑屏障的结构已与成年鼠的相似，说明其血-脑屏障的组织发生于出生后 6 周已趋成熟。但人的血-脑屏障在出生 6 个月后才渐成熟。有人根据新生儿和动物胚胎脑脊液中蛋白质含量较成年者高，新生儿胆红素能从血液进入脑和脑脊液，认为出生前和新生儿时期血-脑屏障尚未发育成熟。生化研究表明，人胎第 3 个月的脑毛细血管壁已有 ALP、NADH 四氮唑还原酶（NADH tetrazolium reductase）和 ATP 酶活性。白质的毛细血管在髓鞘形成后，ALP 酶活性减少，其他酶的活性增大，多巴脱羧酶和单胺氧化酶的活性也逐渐增大。近年分子生物学研究发现，抗多种药物的 P-糖蛋白（multidrug-resistance p-glycoprotein，Pgp，MDRI）是人血-脑屏障发生的早期标志，在血-脑屏障发挥正常功能中起重要作用。顶臀长（CR）30mm 人胚胎脑毛细胞血管内皮中表达此种 Pgp，顶臀长 123mm 胎儿脑内的表达强烈，在软膜血管中也有表达，但脉络丛血管（无血-脑屏障）中则无表达。常见啮齿类动物与人脑血管、脉络丛、室管膜与室周器官比较如表 8.12 所示。

第三节　周围神经系统

一、神经节

神经节分脑神经节、脊神经节和自主神经节。脑、脊神经节含有感觉神经元，Ⅴ、Ⅶ、Ⅷ、Ⅳ、Ⅹ

表 8.12　人、大鼠、小鼠的脑血管、脉络丛、室管膜及室周器官比较

	小鼠	大鼠	人
大体形态			
血管分布	未深入了解和描述，很少有研究提供深部脑血管 3D 分布	比较了解	充分了解和描述，由于脑叶和沟回，血管空间分布更复杂
胼胝体缘动脉	无相应血管	无相应血管	沿扣带回分布
脉络丛前动脉	供应脉络丛和丘脑	供应脉络丛、丘脑、小丘脑和海马	供应脉络丛、丘脑和海马
腹侧胼胝体	内侧眶额动脉	大脑前动脉分支（隔分支）	大脑前动脉分支（额极分支）
组织学			
脉络丛	较少折叠和分叶	较少折叠和分叶	广泛折叠和分叶，更多结缔组织
连合下器	有限的血管化	内皮细胞血管化，无窗孔	退化，无血管化

对脑神经均有神经节，其中 V、IX、X 对神经节等有运动神经纤维通过。脊神经节则是位于脊神经后根的一个梭形膨大部分。除脑神经节（螺旋节和前庭节）含双极的感觉神经元外，其余神经节都是由假单极神经元组成。自主神经节内的神经元都是多极运动神经元。自主神经节分两大类：一类是交感神经节，如组成交感链的椎旁节和椎前节；另一类是副交感神经节或神经丛，均分布在内脏器官附近或器官内。

（一）脑神经节和脊神经节

脑神经节的形状不定，其中的螺旋节深藏在蜗轴的骨质内，而脊神经节多呈梭形。节的表面覆以被膜，结缔组织成分与脑、脊神经的外膜相连续。假单极神经元多位于被膜下，近中央处的神经元往往被走行于神经节内的有髓神经纤维分隔成行。假单极神经元的胞体大小不等，直径为 20~100pm，外面包以一层卫星细胞，又称被囊细胞或套细胞（amphicyte）。神经元的单极突起往往在胞体旁的被膜细胞囊中盘绕成小球（glomerulus），压迫神经元的胞体。通常在一个神经节内，可见大小不等的神经元，大而圆的着色较浅，小的着色较深，Bunge 认为是由神经元内神经丝的多寡不一而致。常见胞体表面凹陷和有角形的突起，有时与卫星细胞的胞突相嵌，甚至在胞体表面是襟形或形成众多的短突起，不应该误认为是多极神经元。这些神经元的胞质内均有细胞器，但尼氏体则散在分布。

卫星细胞单层排列包裹在神经元胞体及轴突起始段的外周，其圆形或长形的胞核较致密，深染，在电镜下易于与神经膜细胞区别。在向着神经元的一面有很多质膜皱褶，有时是多层的，可与神经元胞体膜互相嵌合。卫星细胞外表面有基膜。

（二）自主神经节

自主神经节由大小和形状不同的多极神经元以及大量无髓及少量有髓神经纤维构成。表面覆有一层结缔组织被膜，并向内伸展形成小梁样的支架。神经元胞体分散于神经纤维之间，胞体内常有色素。此外，在内脏中也常见一些单独的或没有卫星细胞包裹的同类多极神经元。这些神经元直径为 20~60μm，伸出的突起少者 3 或 4 个，多者可达 20 个。神经细胞的核卵圆形，偏位，偶见双核甚至多核的细胞，胞质内含细而分散的尼氏体。大多数细胞胞体也围以一层卫星细胞。在电镜下可见胞体内有大量色素颗粒和许多致密的小体。自主神经节内的神经细胞常在卫星细胞囊内发出许多短的树突性分支，有些长树突则穿囊而出，参与组成神经丛。

节前纤维在神经节内反复分支形成细胞周围的分支网，与许多节后神经元的胞体和树突形成突触连接。神经节内的一些中间神经元，内含多巴胺（DA）和去甲肾上腺素（NE），当用甲醛蒸气处理时，在紫外线下出现强的儿茶酚胺类递质的亮光，这些细胞称为小强荧光细胞（small intensely fluorescent cell，SIF 细胞）。

所有节前纤维、副交感的节后纤维及支配汗腺分泌的交感节后纤维都是胆碱能神经；大多数交感神经的节后纤维是肾上腺素能神经。电镜下观察，这些神经纤维的轴突终末内均含有突触小泡。

二、神经末梢

神经末梢（nerve ending）一般是指周围神经纤维的轴突终末，它分布于全身各种组织或器官内。神经末梢包括接受体表和内脏感觉的感觉（传入）神经末梢（sensory nerve ending）及支配肌肉或腺细胞等效应器官的运动（传出）神经末梢（motor nerve ending）。生物进化过程中，机体为适应外界不同性质的各种刺激，分化形成多种多样的感觉神经末梢；而运动神经末梢的形态不及感觉神经末梢繁多。感觉神经末梢与其附属结构共同构成感受器（receptor），运动神经末梢则支配相应的效应器（effector）。

（一）感觉神经末梢

感觉神经末梢将接受的刺激转化为电信号或神经冲动，通过传入纤维传至中枢。单细胞的原生动物或腔肠动物（如水螅的神经细胞突起相连形成网状神经系统）对各种刺激可直接发生反应或引起整个身体的反应，但高等动物和人则具有专门感受某种特定刺激的各种感觉末梢，它们的形态结构各有特点，感受器结构的复杂程度也有很大差别，这在一定程度上反映了生物进化的痕迹。例如，嗅黏膜上皮的嗅细胞具有双极神经元的形态，它伸向上皮表面的胞质突起能直接接受外界的化学性刺激，并把刺激转化为冲动传向嗅觉中枢，这是一种最原始的感觉神经末梢的形态。味蕾的味觉细胞受到溶解或挥发形式的化学物质作用时，可引起与其形成突触的感觉神经末梢的兴奋，继而将兴奋传至中枢。感觉神经元的细胞体，通常在中枢附近聚集为神经节，神经元突起的周围支终末分化为特殊的感受装置，直接感受刺激，或通过特殊分化的上皮性感受细胞接受刺激；突起的中央支则进入中枢，与其他神经元形成连接。按照感觉神经末梢的分布位置及功能，其大致可分为三类：①外感受器，如分布在皮肤的各种感受器，感受各种机械性刺激如触和压以及温度的刺激等；也包括眼、耳、鼻等特殊感觉器官。外感受器直接与外环境接触，对机体适应其生存环境有重要作用。②本体感受器，是分布于骨骼肌、关节与肌腱的感受器，它们感受肌和肌腱的张力变化与关节的运动位置，使机体产生对身体各部相对位置的感觉。③内感受器，分布于内脏及血管，感受来自内脏的刺激。

按照感受器所接受刺激的性质，将感受器分为机械感受器、化学感受器和光感受器等。根据这种分类，皮肤内无被囊和有被囊的神经末梢以及毛囊、肌肉、腱和关节处的感觉末梢，均属机械感受器；而嗅黏膜、味蕾及动脉壁上感受血液化学成分的感受器，均属于化学感受器；眼视网膜则是光感受器，感受一定频率的电磁波刺激。感受疼痛的感受器比较特殊，属于伤害感受器，它们接受可能引起或已引起组织损伤的各种刺激。各种感受器的形态结构不同，种类甚多，可归结为游离的神经末梢和有被囊的神经末梢两种。猫、猪、犬和猴等灵长类具有 Merkel 触盘这一特殊游离神经末梢结构，它位于表皮深层，由厚的表皮和分布在真皮与表皮连接处的一层 Merkel 氏细胞构成，神经末梢呈盘状或板状附着在 Merkel 氏细胞基底部。Merkel 氏细胞是一种特化的上皮细胞，呈圆形或卵圆形，常有突起，普通染色难以辨认，用铬酸染色能清楚显示。电镜下，Merkel 氏细胞的胞质中含较多线粒体、游离核糖体和溶酶体，其结构特征是基部胞质中含有许多圆形有包膜的电子致密颗粒，与肾上腺髓质细胞内的颗粒相似。触盘是一种慢适应触觉感受器，有些学者根据细胞所含颗粒的特点，将其列入 APUD 细胞系。

（二）运动神经末梢

运动神经末梢是运动神经元轴突向周围发出的传出纤维的终末，与肌纤维或腺细胞形成连接，故它是神经元与非神经细胞间的一种突触性连接。运动神经末梢终止于骨骼肌、心肌、平滑肌和腺体，支配肌肉的收缩和腺细胞的分泌。运动神经末梢可分为躯体运动神经末梢和内脏运动神经末梢两大类。

1）躯体运动神经末梢

躯体运动神经末梢（somatic motor nerve ending）是终止于骨骼肌的运动神经末梢，神经元胞体位于脊髓灰质前角或脑干。神经元的轴突离开中枢成为传出神经纤维，其中直径为 $2\sim8\mu m$ 的较细的有髓神经纤维支配肌梭的梭内肌，而直径为 $12\sim20\mu m$ 的粗纤维支配梭外肌。神经纤维抵达骨骼肌纤维之前失去髓鞘并反复分支，每个分支终末与一条骨骼肌纤维建立突触连接，此连接区呈椭圆形板状隆起，称运动终板（motor end plate），又称神经肌肉接头（neuromuscular junction）。一条运动神经纤维的分支所支配骨骼肌纤维的数目多少不等，少者 1 或 2 条，多者可达 500 条以上，有的甚至达 2000 条之多。一个运动神经元的轴突及其分支和它们所支配的全部骨骼肌纤维，合称为一个运动单位（motor unit）。

运动终板是轴突终末与骨骼肌纤维构成的突触性连接，轴突终末呈葡萄样或斑块样膨大，此处的肌膜下方肌质丰富，有大量线粒体和细胞核聚集，在光镜下此区称为脚板，所积聚的大量核称脚板核（sole plate nuclei）。人们发现当支配骨骼肌纤维的轴突被切断后，聚集在突触肌膜下方的脚板核很快分散开来，当轴突再生，突触重建后，分散的脚板核又重聚在突触处肌膜下方。在电镜下，肌膜凹陷形成浅槽，轴突终末位于浅槽内，槽的横切面呈椭圆形，轴突终末表面的轴膜是突触前膜，富含电压门控钙离子通道。轴突终末内含有大量的突触小泡，圆形清亮，直径为 20～40nm，内含神经递质乙酰胆碱，常见一些突触小泡与突触前膜接触，还有许多线粒体，多为椭圆形，呈纵向排列。此外，轴突内还可见有衣小泡，可能是轴突前膜通过吞饮作用形成的小泡。未陷入浅槽内的轴膜表面覆以神经膜细胞演变来的终末胶质细胞的薄层胞质，其表面的基膜与肌膜浅槽边缘的基膜融合为一。与轴突终末相对的肌膜是突触后膜。突触前、后膜之间的缝隙为突触间隙，槽面与轴膜平行的部分称初级突触间隙（primary synaptic cleft），宽为 30～50nm。肌膜下陷形成许多深沟和皱褶，这些深沟称为次级突触间隙（secondary synaptic cleft）。突触间隙内含胆碱酯酶，还含有组成基膜的疏松的基质和黏多糖类细丝。位于初级突触间隙的基膜于肌膜浅槽边缘与轴膜表面的基膜融合为一层，次级突触间隙的基膜又分为两层。与次级突触间隙相间排列的肌膜皱褶称接头褶（junctional fold），接头褶分支呈放射状排列，使突触后膜表面积增大。突触后膜上有乙酰胆碱 N 型受体，由于突触后膜的表面积增大，因此可容纳较多受体。此型受体蛋白的相对分子量为 250 000，包括 4 种，共 5 个亚单位，其中两个 α 亚单位可与两个乙酰胆碱分子结合，其余亚单位则组成通道结构。通道在平时处于关闭状态，当乙酰胆碱与 α 亚单位结合后，蛋白质分子构型发生变化，致使通道开放，出现 Na^+ 内流和 K^+ 外流。肌膜（突触后膜）下肌质内聚集许多大而富含嵴的线粒体，还有高尔基体、粗面内质网和游离核糖体，故呈嗜碱性，表明肌膜下的肌质可合成某些特异性蛋白质如胆碱酯酶或乙酰胆碱受体蛋白，或生成新的膜蛋白。此外，还可见复合小泡和微管等组成的网，有些小泡样结构附于接头褶的膜上。

当神经冲动到达突触前终末时，该处膜发生去极化引起膜上钙通道开放，Ca^{2+} 从轴膜外进入膜内，使许多突触小泡移向突触前膜，以胞吐方式将小泡内的乙酰胆碱释放入突触间隙，它们一部分被胆碱酯酶分解，另一部分则与突触后膜上的乙酰胆碱受体结合，导致通道结构开放，引起 Na^+ 内流和 K^+ 外流，使肌膜电位发生变化，出现去极化，这就是终板电位。后者再使肌膜产生可传导的动作电位，进而触发肌纤维内收缩蛋白的相互作用，引起肌纤维的收缩。据推算，一次神经冲动能使 200～300 个突触小泡释放递质，每个突触小泡内含约 10 000 个乙酰胆碱分子，即约有 10^6 个乙酰胆碱分子被释放，乙酰胆碱与突触后膜的乙酰胆碱受体结合，3ms 内就会使突触后膜约 2000 个通道开放，从而引起终板电位。正常情况下，一次神经冲动所释放的乙酰胆碱以及所产生的终板电位的大小，超过引起肌纤维动作电位所需阈值的 3～4 倍，因此一次神经冲动总可引起一次肌收缩。

骨骼肌的类型不同，其运动终板的微细结构也有所不同。哺乳动物快肌（fast-twitch muscle）运动终板区的肌膜皱褶较长，且常有分支，突触小泡也较多；慢肌（slow-twitch muscle）运动终板区的肌膜皱褶少而浅，突触小泡也比快肌的少。真正的慢肌不呈现动作电位，但有持续收缩的能力，这种情况在哺乳动物不常见。运动神经元对支配的骨骼肌还具有营养作用，断神经后的骨骼肌通常都会发生萎缩。

2）内脏运动神经末梢

内脏运动神经末梢（visceral motor nerve ending）是自主神经节后纤维的终末，神经元胞体位于自主神经节或神经丛内，轴突组成节后纤维，分布到脏器的血管平滑肌、心肌和腺体。这类神经纤维较细，直径为 1μm，大多无髓鞘。神经纤维在效应器细胞之间多次分支，其终末常呈串珠样膨体（varicosity）。膨体内含有一定数量的囊泡，是神经递质释放的部位。一个神经元的轴突终末可以有 30 000 个左右的膨体，因此每个神经元有大量释放递质的部位。但膨体并不与效应细胞形成如同运动终板那样典型的突触结构，肌膜不凹陷成槽，也不形成沟和皱褶，无突触前和后膜的致密带。膨体与效应器细胞之间的间距较大，至少在 15～20nm，甚至可达 100nm 或更大，因此递质弥散距离大，传递冲动的时间长，对效应器官的影响较广泛。当神经冲动抵达膨体时，膨体释放递质，通过弥散方式作用于效应细胞膜的受体，使效应细胞发生反应。这种无典型突触结构的化学传递称非突触性化学传递（non-synaptic chemical transmission）。

内脏运动神经末梢释放的神经递质不同，有胆碱能、肾上腺素能、嘌呤能和肽能几种神经末梢。

胆碱能神经末梢的突触小泡都是圆形清亮的小泡。副交感神经节后纤维都是胆碱能纤维，支配汗腺的交感神经节后纤维和骨骼肌舒血管的神经纤维也是胆碱能纤维。末梢释放的乙酰胆碱与毒蕈碱受体（M 型受体，muscarinic receptor）结合，产生毒蕈碱样作用（M 样作用），包括导致心脏活动的抑制及支气管平滑肌、胃肠道平滑肌、膀胱逼尿肌和瞳孔括约肌收缩，以及消化腺分泌增强和汗腺分泌增强等。属于胆碱能纤维的还有交感神经和副交感神经的节前纤维及躯体运动纤维，它们与烟碱样受体（N 型受体，mcotinic receptor）结合，产生烟碱样作用（N 样作用），使交感和副交感神经节的神经元兴奋。

肾上腺素能纤维的终末含有致密核芯小泡，其直径约 50nm，有的直径可达 100nm。它们除含有去甲肾上腺素外，还有与去甲肾上腺素合成有关的酶，如多巴胺 β-羟化酶（DBH）。大多数交感神经节后纤维是肾上腺素能纤维，由于通过不同类型肾上腺素能受体 α 和 β 型受体产生作用，对效应器的作用或为兴奋性的，或为抑制性的。

长期以来，学者认为自主神经节后纤维只有胆碱能纤维和肾上腺素能纤维两大类。后来的研究证明，还存在嘌呤能（purinergic）和肽能（peptidergic）神经纤维，这类纤维主要存在于胃肠道和唾液腺、胰腺，以及肺血管壁、泌尿生殖管道和中枢神经系统等部位。此类神经纤维轴突末梢的串珠样膨体内含有体积较大的不透明的致密小泡，直径 80～200nm。嘌呤能神经末梢释放的递质是嘌呤化合物、腺苷三磷酸。用免疫组织化学和放射免疫方法研究证明，某些自主神经末梢的大颗粒囊泡含有血管活性肠肽（VIP）、生长抑素（SS）、胃泌素（gastrin，G）等肽类化合物。自主神经的肽能神经末梢有时释放的是一种神经肽，有时很可能同时释放几种神经肽。

支配腺体的运动终末也呈串珠样膨大，包绕在腺细胞表面，它们是交感或副交感纤维的终末支，兴奋时可促进或抑制腺的分泌。

（三）小肠肌间神经丛

内脏神经系统（visceral nervous system）是神经系统的一个组成部分，按照分布部位的不同，可分为中枢部和周围部。周围部主要分布于内脏、心血管和腺体，故名内脏神经。和躯体神经一样，内脏神经纤维根据传递神经冲动的方向不同分为传入神经和传出神经：内脏传入神经向中枢传递神经冲动，产生感觉，又称为内脏感觉神经；而传出神经由中枢向周围传递神经冲动，产生运动，又称为运动神经。故内脏神经系统也可分为内脏感觉神经系统和内脏运动神经系统。肠道神经系统是内脏神经系统的重要组成部分，调节肠道的蠕动、分泌和吸收等功能。本节将以小肠肌间神经丛为例，比较人与几种常用实验动物的小肠肌间神经丛的组织形态差异。

1）一般结构

小肠肌间神经丛位于小肠纵、环肌间的结缔组织内，肌肉的收缩能明显改变神经节的形状。小肠肌间神经丛由神经纤维束和神经节组成，呈与肠管共同始终的连续网格状结构。神经节多位于神经束的交叉处。根据组成神经节的神经节细胞的多少，大致可将神经节分为 3 种类型：大型神经节由 80～300 个神经细胞组成，此类神经节约占 65%；小型神经节含 3～30 个神经细胞，占 25%左右；中型神经节含 30～70 个神经细胞，此类神经节所占比例最小，约 10%。在神经束内，有时可见少数神经细胞单个存在。

随着动物从低等到高等，肌间神经丛由简单到复杂，神经节逐渐形成，神经元由分散到集中，其类型由单一到多样。神经丛中小细胞存在于各类脊椎动物，大的 Dogiel 细胞在两栖动物出现，在爬行类和鸟类开始发育完善。

人的神经节是由神经细胞、神经胶质细胞和两者的细胞突起组成的实体，内不含任何其他细胞或组织成分，如毛细血管、结缔组织或巨噬细胞。神经细胞包埋在错综交织的纤维网内。神经纤维网很少包围整个神经细胞，神经细胞至少有部分胞膜直接暴露于神经节外间隙。神经节外周被以一层均质的极薄的基板，再外为成纤维细胞的胞体或纤细的突起。神经节周结缔组织内富含血管、淋巴管，与肠道环肌间距离较大。神经细胞与神经胶质细胞之比大约 1/2，其超微结构特点与实验动物神经细胞相似，但胞质内可见散在的成团的脂褐素。

人小肠肌间神经丛的形态与超微结构和其他实验动物基本相似。从神经细胞的形态来看，存在明显的异质性（heterogenous）。国外不少学者曾试图对 ENS 进行神经细胞的分型，但因染色方法、实验技术及动物种属差异，很难得出共同分类标准，基本上仍停留在 Dogiel 提出的神经元分类。国内曾微等应用镀银染色法，将人肠肌间神经丛分为 4 型（详见下述）。20 世纪 80 年代，免疫组织化学技术引进肠道神经系统的研究，学者依据免疫反应的性质将其分为肽能神经元、胺能神经元、嘌呤能神经元和 NO 神经元等。人肌间神经丛的超微结构与中枢神经系统相似，因而有"小脑"之称，不同之处在于：在 CNS 形态与功能相同的神经细胞组成各种功能特殊的核团，而在 ENS 同一神经节内神经细胞显示具高度的不均一性。在人肌间神经丛，此特点尤为显著。三维重建技术显示人肠肌间神经节神经细胞的排列呈立体的饼状而不是单层细胞排列。人小肠肌神经丛神经细胞的另一特点为在胞质内含有丰富的脂褐素。一般认为脂褐素的形成与老化有关，多出现于代谢率高的心肌及神经细胞。有研究显示在中青年甚至是少儿尸检小肠肌间神经节细胞内也曾见到脂褐素堆积，而在小鼠、大鼠、豚鼠、兔的肌间神经节细胞内却未见到此种现象。

2）神经节细胞的类型

人的小肠肌神经节细胞的形态不一，嗜银程度也有很大差异，50% 左右的细胞核、核周质及突起均被银染，其他只有核与核周质被染。目前对肠神经元的形态学分型研究得较多，其中 3 种 Dogiel 细胞分型是较为经典的。①Dogiel I 型神经元：脑啡肽（ENK）神经元，某些免疫反应弱的血管活性肠肽（VIP）神经元，经秋水仙素处理后的神经肽 Y（NPY）神经元及少量 P 物质（SP）神经元。②Dogiel II 型神经元：某些 SP 神经元及某些生长抑素（SOM）神经元。③Dogiel III 型神经元：某些 SOM 神经元，未经秋水仙素处理的 NPY 神经元及某些免疫反应强的 VIP 神经元。

鸡的肌间神经丛中三级纤维束集中而清晰，形成规则的网络结构。神经节区域分明，大型神经节内可有 10 个 Dogiel 细胞，中小型神经节内也可见 Dogiel 细胞。I 型细胞呈多角形、星形、纺锤形及不规则形，直径为 18～40μm，有多条粗短的树突，一条明显的轴突。II 型细胞较少，呈多角形或梨形，直径约 20μm，浅嗜银，有 5 或 6 条长突起，树突与轴突不易区分。小多极神经元广泛分布于神经节内，直径 10～17μm，核较大，胞质浅嗜银，与哺乳动物的 Dogiel III 细胞特征相似。鸡的肌间神经丛与哺乳动物相似，无论是纤维束和神经节，还是神经元，都比较发达，构成了结构与机能较完善的肠神经系统成分。

早先的研究认为，Dogiel I 型细胞为运动神经元，II 型为感觉神经元。Gunn 将有长突起的小多极细胞划为 II 型，故认为 I 型和 II 型为运动神经元，具短突起的 III 型为感觉神经元。超微结构观察显示：I 型和 III 型为运动神经元，II 型中多极细胞也为运动神经元，双极为联络神经元，假单极为感觉神经元。上述差异的形成在于对不同运动的分类标准未能统一。大鲵和蟾蜍的 II 型细胞为双极或假单极，应划为联络神经元或感觉神经元；蛇和鸡的 II 型细胞中有多极细胞，应属运动神经元。小多极细胞在鱼类就出现，到鸟类最多，与哺乳动物的 III 型细胞一样，应属运动神经元.

Dogiel 对肠肌间神经丛中神经元的划分是以哺乳动物为基础的，后来这种划分标准被引用到非哺乳动物。而各类动物的细胞在形态和大小上均有差异，如鲤鱼小肠肌间神经丛内细胞个体较小，与 Dogiel I、II 型细胞的基本特征又不相符，并不宜用 Dogiel 标准划分。蔡文琴等依照被染色的神经细胞的形态，主要是突起的形态，将人小肠肌间神经节细胞分为 4 种类型。

I 型：胞体较大，呈卵圆形或三角形。树突多而短，末端呈短叉状或板状。

II 型：胞体呈卵圆形或梭形。突起细长，数目少，呈假单极、双极或多极，难以区分轴-树突。

III 型：胞体形状不规则。为树突多而长，有时呈辐射状发出。此型胞体及树突的形态复杂、变异较大。

IV 型：胞体呈椭圆形。树突少或无，长短不一，多起于远心极的锥形部。

还有些神经细胞难以列入分类内。

3）肌间神经丛神经细胞数

实验小动物消化道各段肌间神经元的定量研究报道较多，大动物报道较少。目前所报道的计数法多为单位面积铺片计数法，由于染色方法、铺片拉扯长度等因素影响，计数结果有较大差异。从现报道资料看，人小肠肌间神经元数为 $1375/cm^2$（表 8.13），接近于猴、羊等大动物，而明显低于小鼠、豚鼠等实验小动物的约 $10\ 000/cm^2$，但大动物小肠肠道神经细胞总数明显高于小动物。本实验未能测小肠全长，以教科书报道，人小肠全长为 6m，肠管直径大约为 2.7cm，则人小肠肌间神经元数再加上黏膜下神经丛的神经细胞数，将是一个相当可观的数目，说明 ENS 是神经系统中一个不可忽视的部分。

表 8.13　大鼠、兔与人回肠肌间神经节形态计量

种属	长轴（mm）	短轴（mm）	神经细胞数（个）	体积（mm³）
人	0.282 ±0.18	0.057±0.027	69.41 ±56.16	482.22
大鼠	0.101 ±0.06	0.020±0.009	7.90 ±6.59	211.93
兔	0.087±0.043	0.028±0.008	7.58 ±3.44	351.28

注：①节内神经细胞数比较：人 vs. 大鼠 $P<0.01$；人 vs.兔 $P<0.01$；大鼠 vs. 兔 $P>0.05$；②神经节体积比较：人 vs. 大鼠 $P<0.01$；人 vs.兔 $P<0.01$；大鼠 vs. 兔 $P<0.01$

人与大鼠、兔肌间神经丛的大小及其含有的神经元个数差异显著（表 8.13）。肌间神经节的排列呈立体的饼状，而不是单层细胞排列。人肌间神经节体积最大，其内所含神经元最多，说明人的肌间神经丛较兔、鼠更为复杂。随着动物从低等到高等，为与消化道的结构和机能相适应，小肠肌间神经丛也由简单到复杂，由分散到集中，细胞类型由单一到多样。不同动物种间及种内所含神经节体积大小差异极大，变异系数可达 50%，反映人、大鼠、兔作为哺乳动物，神经丛形态功能高度分化。

参 考 文 献

蔡文琴, 曾微, 武望景, 等. 1997. 人小肠肌间神经丛的形态学观察. 解剖学报, 1 (4): 29-33.

陈海芳, 廖进民, 李文德, 等. 2007. 恒河猴大脑与人类大脑的比较解剖学研究. 中国临床解剖学杂志, 25(4): 416-418.

陈秋生. 2002. 兽医比较组织学. 北京. 中国农业出版社: 166-183.

陈守良. 2012. 动物生理学. 4 版. 北京大学出版社: 99-125.

成令忠, 钟翠平, 蔡文琴. 2003. 现代组织学. 上海. 上海科学技术文献出版社: 375-475.

管立勋, 安霞, 刘际颖, 等. 2006. 不同动物十二指肠和回肠肌层及肌间神经丛的形态计量学比较. 泰山医学院学报, 27(6): 526-528.

李德雪, 林茂勇, 张乐萃. 2004. 动物比较组织学. 台北. 艺轩图书出版社: 85-113.

秦川. 2015. 实验动物比较组织学彩色图谱. 北京. 科学出版社: 166-188.

沈霞芬. 2000. 家畜组织学与胚胎学. 北京. 中国农业出版社: 74-87.

施新猷, 等. 2003. 比较医学. 陕西. 陕西科学技术出版社: 508-582.

杨举伦. 2007. 实验猴正常组织学图谱. 昆明. 云南科技出版社.

张育辉, 王东红. 1996. 小肠肌间神经丛的比较形态学观察. 陕西师范大学学报(自然科学版), 24(4): 75-78.

张育辉, 王东红. 1997. 鸡小肠肌间神经丛的胚后发育. 陕西师范大学学报(自然科学版), 1997(3): 82-85.

Cragg BG. 1967. The density of synapses and neurons in the motor and visual areas of the cerebral cortex. J Anat, 101(Pt 4): 639-654.

DeFelipe J, Alonso-Nanclares L, Arellano JI. 2002. Microstructure of the neocortex: comparative aspects. J Neurocytol, 31(3-5): 299-316.

Ishikawa K, Kabeya K, Shinoda M, et al. 1995. Meninges pla a neurotropic role in the regeneration of vasopressin nerves after hypophysectomy. Brain Res, 677(1): 20.

James GF, Robert PM. 2014. Biology and Diseases of the Ferret. 3rd ed. Iowa: Wiley Blackwell: 69-80.

Marek L, Andrzej H, Emilia W. 2018. Stem Cells and Biomaterials for Regenerative Medicine. Amsterdam: Elsevier: 34-43.

Neuropathology Database-Tokyo Metropolitan Institute of Medical Science. https://www.pathologycenter. jp/english/en_index. html

Nitkin RM, Smith MA, Magill C, et al. 1987. Identification of agrin, a synaptic organizing protein from torpedo electric organ. J Cell Biol, 105(6 Pt 1): 2471.

O'Brown NM, Pfau SJ, Gu C. 2018. Bridging barriers: a comparative look at the blood-brain barrier across organisms. Genes Dev, 32(7-8): 466-478.

Oberheim NA. 2009. Uniquely hominid features of adult human astrocytes. J Neurosci, 29(10): 3276-3287.

Piper MT, Suzanne MD, Kathleen SM. 2015. Comparative Anatomy and Histology. 2nd ed. Amsterdam: Elsevier: 403-443.

第九章　内分泌系统

第一节　内分泌系统概述

内分泌系统是机体的重要功能调节系统，通过分泌激素发布调节信息，全面调控与个体生存密切相关的基础功能活动。与神经系统、免疫系统的调节功能相辅相成，组成神经-内分泌免疫调节网络，分别从不同的方面调节和维持机体的内环境稳态。

研究证明，脊椎动物从低等的圆口类（鳗）、鱼类、两栖类（蛙）、爬行类（蜥蜴、龟）、鸟类（鸡、鸽子），到高等的哺乳类（鼠、兔、猪、羊、牛、猴），直到最高等的人，有各种内分泌组织，分泌各种具有特异性功能的激素，这些组织在大部分脊椎动物身上形成腺体，这就是内分泌腺。

这些腺体的组织细胞本身在各种脊椎动物身上大体是相同的，但是作为腺体来说，有的（如甲状腺）在较高等动物中具有腺体形态，而在低等动物中则散在于别的组织细胞间，不具有独立的腺体结构；反之，有的（如后腮腺）在低等水生动物（如鱼类）中是一类腺体，而在陆地生活的高等动物中则只见其散在于别的腺体组织之中，不具有腺体形态。人和实验动物内分泌脏器的重量比较见表 9.1 和表 9.2。

表 9.1　实验动物脏器平均重量（占体重）

种属	平均体重	甲状腺（%）	肾上腺（%）	脑垂体（%）	睾丸（%）	胰（%）
小鼠♂	29g	0.01	0.0168	0.0074	0.5989	
大鼠	201～301g	0.0097	♂0.015 ♀0.023	♂0.0025 ♀0.0041	0.87	♂0.34 ♀0.39
金黄地鼠	120g	0.006	0.02	0.003	0.81	
豚鼠	361.5g	0.0161	0.0512	0.0026	0.5255	
家兔	♂2900g ♀2975g	♂0.0310 ♀0.0202	♂0.001 ♀0.0089	♂0.0017 ♀0.0010	0.174	♂0.106 ♀0.171
猫	3.3kg	0.01	0.02			
犬	13kg	0.02	0.01	♂0.007 ♀0.008	0.2	0.2

表 9.2　脏器重量（g/100g 体重）

种属	体重	肾上腺	甲状腺	睾丸
人	♂42～84　♀46	0.005～0.03	0.005～0.08	0.04
小白鼠	0.023	0.03	0.01	0.60
大白鼠	0.25	0.05	0.001	0.87
金黄地鼠	0.075～0.088	0.006～0.007	0.006	1.30～1.90
豚鼠	♂0.26　♀0.43	0.07～0.08	0.006～0.02	0.53
兔	♂2.8　♀2.5	0.0095～0.0098	0.005～0.006	0.11
猫	3.3	0.02	0.01	
犬	♂13.2～18.9　♀12.4～16.5	0.006～0.013	0.003～0.009	0.15～0.28
猕猴属猴	♂3.3　♀3.6	0.02～0.03	0.01～0.02	0.54

一、一般结构

内分泌系统由独立的内分泌腺和分布于其他器官内的各种内分泌细胞所组成。在内分泌腺中，腺细胞排列呈索状、网状、团状或围成腺泡状，无输送分泌物的导管，有孔或窦状毛细血管丰富。分布于其他器官中的内分泌细胞有的聚集成群，如胰腺中的胰岛细胞、卵巢黄体细胞、睾丸间质细胞等；有的分散存在，如消化道、呼吸道、肾等器官内散在分布的内分泌细胞。

二、激素

激素是由内分泌腺或器官组织的内分泌细胞所合成和分泌的，以体液为媒介，在细胞之间递送调节信息的高效能生物活性物质。多数内分泌细胞通常只分泌一种激素，但也有少数可合成和分泌多种激素，如腺垂体的促性腺激素细胞可分泌尿促卵泡素和黄体生成素。同一内分泌腺可以合成和分泌多种激素，如腺垂体。同一激素可由多部位组织细胞合成和分泌，如生长抑素分别可在下丘脑、甲状腺、胰岛、肠黏膜等部位合成和分泌。

大多数内分泌细胞分泌的激素通过血液循环到达并作用于远处的特定细胞而发挥作用，少部分内分泌细胞的激素可直接作用于邻近的特定细胞，称旁分泌。每种激素经血液循环作用于的特定细胞或特定器官，称为该激素的靶细胞（target cell）或靶器官（target organ）。靶细胞具有与相应激素结合的受体，激素与特定受体结合后产生生物学效应。内分泌系统通过其产生的激素，与神经系统相辅相成，共同维持机体内环境的稳定，调节机体的生长发育和物质代谢，控制生殖，影响免疫功能和行为。

分泌含氮激素和类固醇激素的细胞比较：激素的化学性质决定了其对靶细胞的作用方式。根据其化学结构，激素分为含氮激素和类固醇激素两大类。含氮激素包括胺类激素（如肾上腺素、甲状腺激素等）及肽类和蛋白质类激素（如胰岛素、甲状旁腺激素和垂体前叶释放的各种激素等）；类固醇激素属于亲脂激素，且分子量小，有肾上腺皮质激素和性激素等。

分泌各类激素的细胞的特点是：分泌含氮激素的细胞起源于外胚层或内胚层，包括分泌氨基酸衍生物、胺类、多肽和蛋白质类激素的细胞，分布极广，体内绝大部分内分泌细胞均为分泌含氮激素的细胞。其超微结构特点与蛋白质分泌细胞相似，胞质内含有丰富的粗面内质网和发达的高尔基体，以及膜包被的分泌颗粒等。分泌类固醇激素的细胞均起源于中胚层，仅包括肾上腺皮质球状带、束状带和网状带的细胞及分布于性腺的内分泌细胞，卵巢和黄体的细胞，睾丸间质细胞等。这类细胞在 HE 染色切片中胞质呈嗜酸性或泡沫状。其超微结构特点是：胞质内含有丰富的滑面内质网，但不形成分泌颗粒；线粒体较多，其嵴多呈管、泡状；胞质内含有较多的脂滴。胆固醇等为激素合成的原料，其典型代表是黄体酮、醛固酮、皮质醇、睾酮、雌二醇和胆钙化醇。

近年来发现含氮激素与类固醇激素的作用机制有所不同（表 9.3）。含氮激素是作用于细胞膜的激素，此类激素到达靶细胞后，与细胞膜上的特异性受体结合而发生效应；类固醇激素是作用于细胞核的激素，此类激素可以渗透方式穿过靶细胞的细胞膜，与细胞质内的蛋白质相结合形成复合物，此复合物又通过核膜孔进入细胞核而发挥作用。表 9.4 列举了经典内分泌腺体及其所分泌的主要激素。表 9.5～表 9.7 分别总结了内分泌系统的大体解剖学、组织学和细胞的结构与功能。

表 9.3　分泌含氮激素细胞和分泌类固醇激素细胞的比较

	分泌含氮激素的细胞	分泌类固醇激素的细胞
来源	外胚层或内胚层	中胚层
分泌颗粒	有膜包被颗粒	无
内质网	有粗面内质网和高尔基体	丰富的滑面内质网
线粒体	板状嵴的线粒体	管状或泡状嵴的线粒体
脂滴	少	较多
受体位置	靶细胞的细胞膜上	靶细胞的胞质内
分泌激素	胺类激素、肽类激素、蛋白质类激素	肾上腺皮质激素、性激素

表 9.4　经典内分泌腺体及其所分泌的主要激素

内分泌腺体		主要激素
甲状腺		甲状腺素、降钙素、三碘甲腺原氨酸
甲状旁腺		甲状旁腺激素
肾上腺	皮质	皮质醇、醛固酮、雄激素
	髓质	肾上腺素、去甲肾上腺素、肾上腺髓质素
垂体	腺垂体	促甲状腺激素、促肾上腺皮质激素、尿促卵泡素、黄体生成素、生长激素、催乳素、促脂素、β-内啡肽、黑素细胞刺激素
	神经垂体	血管升压素（抗利尿激素）、缩宫素
松果体		褪黑激素
胰岛		胰岛素、胰高血糖素、生长抑素、胰多肽、促胃液素、血管活性肠肽、淀粉素
性腺	卵巢	雌二醇、黄体酮、抑制素、激活素、松弛素
	睾丸	睾酮、抑制素、激活素
下丘脑		促甲状腺激素释放激素、促肾上腺皮质激素释放激素、促性腺激素释放激素、生长激素抑制激素、生长激素释放激素、催乳素释放因子、催乳素抑制激素、黑素细胞刺激素释放因子、黑素细胞刺激素抑制因子
心血管系统		心房钠尿肽、内皮素、一氧化氮、硫化氢
肝		胰岛素样生长因子-1、25-羟维生素 D_3
胃肠道		促胃液素、胆囊收缩素、促胰液素、血管活性肠肽
肾		促红细胞生成素、1,25-羟维生素 D_3
胎盘		人绒毛膜促性腺激素、人绒毛膜生长激素

表 9.5　内分泌系统大体解剖学

	啮齿类动物	人
甲状腺	一对（两个腺体），峡部相连，常见异位	与啮齿类动物相似
甲状旁腺	一对（两个腺体），异位组织常见	两对，4 个腺体，常见异位
肾上腺	一对（两个腺体），副肾上腺常见	一对（两个腺体）
垂体	由前叶（腺垂体）和后叶（神经垂体）组成	与啮齿类动物相似
松果体	小，圆形；位于大脑的外表面、大脑半球和小脑之间	形状类似于松果，小叶间隔分成许多小叶，位于第 3 脑室的后壁，大脑的中央区域
副神经节	分布于颈部、胸部、腹部身体的正中线上	与啮齿类动物相似

表 9.6　内分泌系统组织学

	啮齿类动物	人
甲状腺滤泡	内衬非纤毛立方上皮细胞的球状结构，腔内含有嗜酸性胶体；偶见球状结构，内衬纤毛状和非纤毛状的上皮细胞，常角化，起源于鳃后体，可形成囊肿	与啮齿类动物相似
甲状腺 C 细胞	小鼠：常规染色不明显；比大鼠的少；位于小叶中央 大鼠：甲状腺上皮细胞及基底细胞之间的多形性细胞；较小鼠的多且明显；位于小叶中央	甲状腺上皮细胞及基细胞之间的多形性细胞
甲状旁腺	由主细胞构成，亮细胞活跃，暗细胞不活跃	由脂肪细胞、主细胞和嗜酸性细胞组成
肾上腺皮质	球状带、束状带	球状带、束状带和网状带
肾上腺 X 区域（皮质和髓质的交界处）	小鼠：雄性小鼠出生后发育，并在青春期退化；雌性小鼠孕期退化 大鼠：不明显	出生后细胞发生凋亡
肾上腺髓质	由嗜铬细胞和散在的神经节组织组成	与啮齿类动物相似
垂体远端部	由嗜酸性和嗜碱性分泌细胞及嫌色细胞组成	与啮齿类动物相似
垂体中间部	多边形细胞厚；与残余的囊相邻，内衬立方上皮	薄，与残余的囊相邻，内衬立方上皮
垂体神经部	下丘脑神经元胞体无髓鞘的轴突由改变的神经胶质垂体细胞支持	与啮齿类动物相似
松果体	主要由松果体细胞组成，神经胶质细胞较少	与啮齿类动物相似
副神经节	在颈部、胸部和腹部，沿身体的中轴分布，可变的、不连续的聚合物	与啮齿类动物相似

表 9.7 啮齿类动物和人的内分泌细胞功能比较

	啮齿类动物	人
甲状腺滤泡	分泌 T3 和 T4	与啮齿类动物相似
甲状腺 C 细胞	分泌降钙素	与啮齿类动物相似
甲状旁腺	分泌甲状旁腺激素	与啮齿类动物相似
肾上腺皮质	球状带分泌盐皮质激素；束状带主要分泌皮质酮；由于缺乏 17α-羟化酶，无性类固醇激素分泌	球状带分泌盐皮质激素；束状带主要分泌皮质醇；网状带分泌性类固醇激素
肾上腺髓质	主要分泌肾上腺激素	分泌肾上腺激素和去甲肾上腺激素
垂体远端部	嗜酸性细胞：GH 生长激素和催乳素；嗜碱性细胞：LH、FSH、ACTH、TSH	与啮齿类动物相似
垂体中间部	主要分泌 ACTH 和少量 α-促黑激素、β-内啡肽	未知
垂体神经部	储存由下丘脑产生的催产素和抗利尿激素（血管加压素）	与啮齿类动物相似
松果体	松果体细胞分泌褪黑激素	与啮齿类动物相似
副神经节	主动脉和颈动脉体化学感受器检测氧气、二氧化碳和 pH 的变化	与啮齿类动物相似

注：LH. luteinizing hormone，黄体生成素；GH. growth hormone，生长激素；FSH. follicle stimulating hormone，促卵泡激素；ACTH. adrenocorticotropic hormone，促肾上腺皮质激素；TSH. thyroid stimulating hormone，促甲状腺素

第二节 甲 状 腺

在啮齿类动物和人中，甲状腺（thyroid gland）通常位于胸骨舌骨肌和胸骨甲状肌之下，靠近喉软骨底部的气管外侧，红棕色蝴蝶状，一般分左、右两叶（lobe），中间以峡部（isthmus）相连。小鼠的甲状腺通常从后喉部开始向第 3 或 4 气管软骨环延伸，大鼠延伸至第 4 或 5 气管软骨环。小鼠的甲状腺重量为 1.5～2.6mg，成年小鼠每叶大小为 2mm×（1～2）mm×0.5mm；大鼠甲状腺重量随年龄的增长而增加，重量为 13～28mg，每叶大小可达 7mm×3mm×3mm（表 9.8）；人甲状腺的重量为 15～25g，大小为（5～6）cm×（2～2.5）cm×2cm。马和肉食动物的峡部不明显，由结缔组织构成；牛的由腺组织构成；猪的峡部厚而短，与左、右侧叶几乎融合成一个整体，位于气管的腹侧面。异位甲状腺组织可在沿颈椎中线的任何位置存在，包括人和啮齿类动物的前纵隔和心脏基底。大约 40% 的人可以看到中间峡部有三角形延伸，称为椎体叶。甲状腺是人体最大的内分泌腺，主要合成和分泌甲状腺激素与降钙素，也是唯一能将其所生成的激素大量储存在细胞外的内分泌腺，其储备量可满足机体长达 50～120 天的代谢需求。

表 9.8 常用实验动物甲状腺解剖特点

种属	腺体位置	腺体形态	腺体色泽
大鼠	从后喉部开始延伸至第 4 或 5 气管软骨环	左、右两个侧叶由横越气管腹部的峡部相连，呈蝴蝶状	粉红色
豚鼠	附着于第 4～7 气管环上，紧靠腮腺的外侧缘，轻度突起	腺体扁平，卵圆形	暗红棕色
犬	位于气管上端，疏松地附着于气管的表面，侧叶位于气管前段 6～7 气管软骨环两侧	侧叶长而窄，呈扁平椭圆形，峡部性状不定，大型犬一般宽度可达 1cm，中小型犬则经常无峡部	一般呈红褐色，腺组织坚实，表面有一层纤维囊，自囊壁向内分出小梁，深入腺体
兔	分布于甲状腺软骨的外表面，自甲状腺软骨的前角向后延伸至第 9 气管软骨环，疏松地附着于气管上	侧叶长而扁平，长约 17mm，宽约 7mm，每个侧叶均形成尖锐的角	红褐色，无管腺

树鼩甲状腺呈淡黄色，位于气管两侧，在第 2～4 气管软骨环之间，呈板状，表面包有薄层被膜，被膜伸入甲状腺实质内将其分成若干小叶。小叶内有滤泡和滤泡旁细胞，滤泡腔内可见红染胶质。

甲状腺在胚胎内分泌腺中发生最早。大多数甲状腺组织起源于舌基部盲肠孔区域的内胚层及第 IV 和 V 对咽囊的鳃后体，C 细胞来源于神经嵴。

一、组织结构

人和啮齿类动物的甲状腺表面均被覆薄层结缔组织被膜（表 9.9），结缔组织随血管和神经伸入腺实质，将其分成许多大小不等、界限不清的腺小叶，每个小叶内有 20～40 个甲状腺滤泡，滤泡间为疏松结缔组织，内含有大量毛细血管和散在的滤泡旁细胞。甲状腺的血管供给主要来自甲状腺的上、下动脉，甲状腺静脉丛产生甲状腺上、中、下静脉，流入颈内静脉和头臂静脉。甲状腺的体积随年龄的增长稍有增大，老龄动物甲状腺逐渐萎缩，重量也减轻。

表 9.9 人和其他动物甲状腺比较

	人	啮齿类动物		其他动物
		小鼠	大鼠	
重量	15～25g	1.5～2.6mg	13～28mg	
体积	（5～6）cm×（2～2.5）cm×2cm	2mm×（1～2）mm×0.5mm	7mm×3mm×3mm	
被膜	薄	薄		马的被膜和小叶不发达，牛和猪的被膜较厚且分叶明显
滤泡	新生儿及儿童滤泡大小均匀，多为圆形，成年人可见散在大滤泡	周边部的滤泡较中央部的大，至老年则相反		
C 细胞	相对集中分布，甲状腺中上 1/3 处	分布较广泛，主要位于甲状腺中央部		鸽子位于甲状腺周边部，中央部无；鸟类（鸡）及低等的脊椎动物无
甲状腺激素	高亲和力	主要以游离形式存在		

（一）被膜

甲状腺被覆薄层的致密结缔组织被膜，内含胶原纤维和弹性纤维。牛和猪的被膜及小叶间结缔组织比较发达且分叶明显，马的被膜和小叶不发达。

（二）滤泡

甲状腺滤泡是甲状腺的结构和功能单位，呈圆形、椭圆形或不规则形，滤泡大小不等，直径为 20～500μm，以小滤泡居多，一般甲状腺中央的滤泡比周围的小。新生儿及儿童的甲状腺中滤泡大小较均匀，多为圆形，随年龄的增长，滤泡的形态和大小差别也逐渐增大，成年人可见散在大滤泡，啮齿类动物甲状腺中周边的滤泡较中央的大，至老年则相反。滤泡由滤泡上皮细胞围城，其内为滤泡腔，滤泡腔内充满胶质（colloid），胶质是甲状腺激素的贮存库，主要成分是由腺泡上皮细胞分泌的一种糖蛋白，经碘化后以碘化的甲状腺球蛋白形式贮存在滤泡内，另外还包含了其他物质，如蛋白酶。甲状腺球蛋白 PAS 染色呈阳性，HE 染色呈嗜酸性，浓稠的胶质染色深，新形成的胶质染色浅。滤泡由纤毛细胞和非纤毛细胞排列而成，非纤毛细胞易发生角化，常形成囊肿。

二、细胞成分

人和啮齿类动物的甲状腺有两种主要的细胞成分：甲状腺滤泡上皮细胞和 C 细胞。大多数甲状腺组织起源于内胚层，C 细胞起源于神经嵴。

（一）滤泡上皮细胞

滤泡上皮细胞通常呈单层矮柱状至扁平立方形，平均高度 10～15μm，核为圆形或椭圆形，位于中央或靠近基底部，染色质呈粗颗粒状，有 1 或 2 个核仁。电镜下，细胞的腔面呈五角形或六角形，游离面可见少量短而不规则的微绒毛，在人、犬、啮齿类动物细胞游离面有时可见伪足样胞质突起，偶见单根纤毛。胞质内尤其在基底侧有较发达的粗面内质网，其内腔常呈扩张状态，线粒体较多，散在分布于细胞质内，高尔基体位于核上区或核周围。细胞顶部胞质内除有较多的溶酶体外，还有体积和电子密度不同的小泡，体积较小、电子密度中等的是分泌小泡，内含甲状腺球蛋白；体积较大、电子密度低的是胶质小泡。滤泡小泡与溶酶体融合后，形成体积大、电子密度不均匀的次级溶酶体。滤泡上皮细胞连接面具有典型的连接复合体，某些动物（如犬和猪）的上皮细胞间有类似胆小管的细胞间管道。滤泡上皮细胞基底面有完整的基膜，厚度为40~50μm，邻近的结缔组织内富含有孔毛细血管和毛细淋巴管。

滤泡上皮细胞的形态、胶质的性质和含量受多种因素的影响，包括年龄、饮食、性别，特别是内分泌状态。功能活跃时，滤泡上皮细胞呈柱状，滤泡腔内的胶质较少，胶质稀薄，染色较浅，弱嗜酸性，胶质边缘不整齐，有吸收空泡。不活跃的滤泡上皮细胞呈扁平状，腺腔扩张，充满浓稠胶质，强嗜酸性，胶体边缘光滑。幼龄小鼠滤泡小，随着年龄的增长，滤泡变大，老龄化动物滤泡融合形成大的滤泡，滤泡上皮细胞扁平，且滤泡大小不规则，滤泡间的结缔组织增多。

甲状腺滤泡上皮细胞是甲状腺激素合成和释放的部位。甲状腺激素（表9.10）的储存形式有两种，即三碘甲腺原氨酸（triiodothyronine，T3）和四碘甲腺原氨酸（tetraiodothyronine，T4）。甲状腺滤泡上皮细胞负责甲状腺球蛋白的合成及碘化钠的协同吸收。甲状腺球蛋白合成后，以小泡形式由高尔基体转运至细胞顶部，以胞吐方式分泌到滤泡腔内储存。碘在甲状腺过氧化物酶的催化下活化，浓度提高为血清碘浓度的30~40倍，释放到滤泡腔中后将甲状腺球蛋白碘化。在促甲状腺激素释放激素的作用下，滤泡上皮细胞以胞饮的方式将碘化的甲状腺球蛋白吸收入胞质内，并互相融合为胶质小泡。胶质小泡与溶酶体融合，使甲状腺球蛋白水解，释放T3、T4进入血液。垂体前叶分泌的促甲状腺激素（TSH）促进T3和T4的分泌，T3和T4的水平负反馈性地抑制TSH的分泌。下丘脑检测到低甲状腺激素水平时，释放促甲状腺激素释放因子（TRH），作用于垂体前叶，释放TSH。甲状腺激素作用的范围广，几乎遍及全身各组织、器官，且作用迟缓而又持久。由于甲状腺激素转运蛋白存在差异，啮齿类动物血清中T3和T4的半衰期明显短于人，大鼠中，T4和T3的半衰期分别为12~24h和6h，而在人中分别为5~9天和1天。啮齿类动物中，甲状腺激素主要以游离的形式存在，更利于新陈代谢和分泌；相反，人的甲状腺激素T4和T3具有高亲和力，在啮齿类动物中就不存在此种情况。

表9.10 甲状腺分泌的激素

激素名称	产生部位	功能
甲状腺激素	甲状腺滤泡上皮细胞	促进机体新陈代谢，提高神经兴奋性和促进生长发育
降钙素	滤泡旁细胞	增强成骨细胞活性，促进骨组织钙化，使血钙降低等

甲状腺滤泡上皮细胞的有丝分裂活动有昼夜节律性，与光照有关。啮齿类动物甲状腺滤泡上皮细胞在每天光照开始时有丝分裂增多，中午至午后三时之间达到最大值，后有丝分裂活动逐渐降低，午夜过后可减至最低值。

甲状腺激素的主要作用是促进机体的新陈代谢，提高神经兴奋性，促进生长发育，尤其对骨骼和中枢神经系统的生长发育影响最大。甲状腺激素能显著地促进细胞能量代谢，加速细胞内氧化速率，使耗氧量、产热量增加，增加基础代谢率。同时甲状腺激素几乎刺激所有的代谢途径，包括合成代谢和分解代谢，而且对代谢的影响复杂，常表现为双向作用。当幼年动物甲状腺功能低下时，不仅动物矮小，而且脑发育不全；在成年动物，则产生黏液性水肿等。甲状腺分泌过盛时，则引起甲状腺功能亢进。

（二）滤泡旁细胞

滤泡旁细胞又称亮细胞（clear cell，C细胞），起源于神经嵴，在发生期间哺乳类的通过鳃后体到达甲状腺。散在分布于整个腺体内，位于滤泡上皮细胞之间或滤泡间的结缔组织中，C细胞仅占甲状腺上皮细胞的0.1%。C细胞的形态、大小、数量和分布根据动物种属不同而异：人、猴、啮齿类动物等的C细胞呈卵圆形，于滤泡之间形成小的细胞群，或单个散在分布于滤泡上皮细胞之间；犬、猫等的C细胞一般呈球形或卵圆形，于滤泡之间形成大的细胞集团。人的甲状腺滤泡旁细胞分布相对集中，在甲状腺中上1/3处；啮齿类动物的滤泡旁细胞分布较广泛，但主要存在于甲状腺中央部，小鼠的C细胞不明显；而鸽子的滤泡旁细胞存在于甲状腺的周边部，中央部则无。鸟类（鸡）及低等的脊椎动物，甲状腺内无甲状旁腺细胞，这些动物具有称为鳃后体的结构，是专门分泌降钙素的器官。

HE 染色 C 细胞稍大，胞质着色稍淡，呈卵圆形、多边形或梭形。银染法可见胞质内有银染颗粒，三色染色，胞质颗粒表现为对苯胺蓝有亲和性。特别是在小鼠中，若不利用银染法或者免疫组织化学染色，滤泡旁细胞难以鉴别。降钙素免疫组织化学染色显示，滤泡旁细胞分布在小叶的中央，通常在甲状旁腺的附近。超微结构显示，位于滤泡上皮细胞之间的 C 细胞基部附着于基膜上，其顶部被相邻的滤泡上皮细胞所覆盖，并不与滤泡腔直接接触，胞质内含有致密的分泌颗粒。

C 细胞有季节性差异，如土拨鼠 C 细胞在春季具有大量的高尔基体、粗面内质网、游离的核糖体和少量的致密颗粒；在夏季体积变大，致密颗粒增多；秋季细胞的合成活动明显增强，粗面内质网呈涡状或平行排列，高尔基体变大，颗粒亦较春天的大；至冬季，高尔基体变小，粗面内质网稀少，颗粒呈现溶解现象。

C 细胞以胞吐方式释放颗粒内的降钙素（calcitonin）。降钙素是一种多肽类激素，是甲状旁腺激素（PTH）的拮抗剂，抑制破骨细胞对骨的重吸收，促进骨质的形成，使钙盐沉着于类骨质，并抑制胃肠道和肾小管吸收 Ca^{2+}，从而降低血钙水平，即与甲状旁腺激素协同作用，维持机体组织和血液中的钙稳态。此外，滤泡旁细胞还能分泌降钙素基因相关肽和生长抑素，后者可能对甲状腺激素和降钙素的分泌具有抑制作用。马、羊、犬、蝙蝠和土拨鼠等动物的滤泡旁细胞除分泌降钙素外，还合成并储存 5-羟色胺，它可能作为甲状腺内的信使，管理上皮细胞的活动。

第三节 甲 状 旁 腺

甲状旁腺（parathyroid gland）一般都很小，为微白至黄褐色扁的椭圆形小体，2~8 个。哺乳动物有两对，一对位于甲状腺左、右两叶的前外侧或埋于甲状腺内，另一对其位置因动物种属不同而有所差异，有的位于气管周围，有的位于胸腺表面或内部。雌性动物甲状旁腺一般比雄性动物大。人甲状旁腺有两对，常嵌在甲状腺的结缔组织囊内，称前、后甲状旁腺。有大于10%的人有多于 4 个甲状旁腺。人的甲状旁腺呈黄色或橙褐色，平均重量40mg，体积（3~6）mm×（2~4）mm×（0.5~2）mm。啮齿类动物有一对甲状旁腺，起源于第 III 对咽囊，通常位于甲状腺侧面的被膜下，与大鼠相比，小鼠的甲状旁腺位于浅表部位。两侧的甲状旁腺很少位于同一水平上，尤其是小鼠。大鼠的甲状旁腺为白色的椭圆形结构，体积约 2mm×2mm×2mm，重 2~4mg，雌性的甲状旁腺是雄性的两倍大小。猪有一对甲状旁腺，位于甲状腺前方，有时则埋在胸腺内，色深质硬。豚鼠甲状旁腺较小，长 2~3mm，扁平椭圆形，红棕色，埋在甲状腺侧叶筋膜内。犬的甲状旁腺分布在甲状腺附近的气管表面，有时往下移位至气管分叉处，是一种小腺体，体积相当于粟粒大，一般有 4 个，其中两个在甲状腺侧叶的深侧，常埋在甲状腺组织内，颜色较甲状腺浅，呈黄色。牛和猪的甲状旁腺间质较为发达。与啮齿类动物一样，人异位的甲状旁腺常嵌在甲状腺实质、胸腺、纵隔及食道后的结缔组织内。兔子的甲状旁腺位于甲状腺两侧的背面，深埋在甲状腺组织内，其位置有个体变异。树鼩的甲状旁腺每侧一个，位于甲状腺颅侧或中部外表面，稍被甲状腺覆盖，呈圆形或卵圆形，其实质由主细胞和嗜酸性细胞组成，并可见腺泡样结构。

甲状旁腺起源于第 III 和 IV 对咽囊，与胸腺原基有紧密的相关性。

一、组织结构

（一）被膜

甲状旁腺（表 9.11）表面包有致密结缔组织被膜，其厚薄随动物种属不同而异，如牛和猪的厚，犬和猫的薄。被膜中的结缔组织伸入腺体内形成小梁，把腺实质分成不规则的细胞团索。被膜结缔组织中毛细血管、神经纤维和小淋巴管也伴随小梁进入腺体内。人青春期前甲状旁腺间质内有少量的脂肪细胞，随着年龄的增加逐渐增加，占腺体体积的 40%～70%。

表 9.11 人和其他动物甲状旁腺比较

	人	啮齿类动物		其他动物
		大鼠	小鼠	
数量	两对，大于 10%的人有多于两对	一对		猪有一对甲状腺
平均重量	40mg	2～4mg		
体积	（3～6）mm×（2～4）mm×（0.5～2）mm	2mm×2mm×2mm		
副甲状旁腺	常见	常见		
腺细胞	主细胞、嗜酸性细胞	主细胞,几乎没有嗜酸性细胞	主细胞	牛、马、猴:主细胞、嗜酸性细胞

（二）腺体

实质内的单个腺体呈扁椭圆形，腺细胞排列密集呈团块状，或形成互相吻合的细胞索，偶尔排列成滤泡状，其间有丰富的有孔毛细血管、随年龄增多的脂肪细胞及少量结缔组织。

二、细胞成分

腺细胞主要有主细胞和嗜酸性细胞两种。人的腺细胞有主细胞和嗜酸性细胞两种；牛、马、猴的腺细胞也有两种；大鼠的甲状旁腺内几乎没有嗜酸性细胞；小鼠的腺细胞为主细胞。

（一）主细胞

主细胞（chief cell）是甲状旁腺中主要的细胞成分，数量多，呈不规则圆形或多边形，直径 7～12μm，排列成片状、索状、小梁状，核圆形，位于细胞中央，胞质丰富，呈嗜两性到嗜酸性，胞质内含有脂滴和分泌颗粒（嗜铬蛋白免疫组织化学染色呈阳性）。电镜下，胞质内含有丰富的粗面内质网、发达的高尔基体、线粒体等，并有被膜颗粒，还有一些糖原和脂滴。粗面内质网呈长条状，常平行排列。高尔基体位于核旁及周围胞质中，通常由 2～5 层扁平状池及小的囊泡组成，囊泡内常含细小的微粒状物质。啮齿类动物其主细胞根据功能状态分为暗细胞和亮细胞，暗细胞功能活跃，染色深，其分泌颗粒多，高尔基体发达；亮细胞功能不活跃，染色浅，其分泌颗粒少，高尔基体不发达。

主细胞合成和分泌甲状旁腺激素（parathyroid hormone，PTH）（表 9.12）。甲状旁腺激素是一种肽类激素，作用于骨细胞，促进破骨细胞生成并增强破骨细胞的溶骨作用，使骨盐溶解，同时通过增加小肠和肾小管对钙的重吸收，使血钙升高，参与维持钙稳态。甲状旁腺激素与降钙素共同调节和维持机体血钙的稳定。如果切除甲状旁腺，则血钙明显降低，神经肌肉的敏感性增强，因而动物发生抽搐，可导致死亡。

表 9.12 甲状旁腺激素的产生部位和功能

产生部位	功能
主细胞	刺激骨细胞性溶骨；增强破骨细胞的活动，使骨盐溶解；增加小肠和肾小管对钙的吸收，使血钙升高；与降钙素共同调节和维持机体血钙的稳定

（二）嗜酸性细胞

人的嗜酸性细胞（oxyphil cell）是构成甲状旁腺的一个小的上皮细胞群，来源于主细胞，功能不活跃。单个或成群散在分布于主细胞之间，数量较少，细胞较主细胞大且嗜酸性强，为多边形，直径为 12～20μm，胞质内有许多嗜酸性颗粒，核小而圆，染色深。细胞数目可随年龄增长而增加，无分泌功能。电镜下，细胞内可见显著而密集的线粒体，高尔基体和内质网不发达，无分泌颗粒，糖原颗粒及脂滴也少，散在分布于线粒体间。人的嗜酸性细胞在 7～10 岁时出现，随年龄增长而增多，但其功能仍不清楚。在正常情况下不是重要的内分泌细胞，但在甲状旁腺增生或腺瘤中，嗜酸性细胞有时能活跃地进行甲状旁腺激素的合成和分泌。小鼠中未观察到嗜酸性细胞。

（三）其他细胞

除主细胞和嗜酸性细胞外，在甲状旁腺内还可见到其他类型的细胞。一种称为过渡性细胞，它是介于主细胞和嗜酸性细胞之间的一类细胞，胞质内有细小颗粒，弱嗜酸性，细胞核比主细胞核小，染色较深。另一种称水样透明细胞，它是一种大的多边形细胞，具有明显的淡染胞质。这种细胞在正常甲状旁腺中数量很少，但在甲状旁腺增生时可能占有一定的比例。

第四节　肾　上　腺

肾上腺（adrenal gland）为一对，分别位于两侧肾的前端或上方，呈三角形或半圆形。小鼠的肾上腺体积约为 1mm×1mm×1mm，重量为 5～7.2mg；大鼠肾上腺呈褐色，质地结实，位于肾的前方内侧，和下腰肌的腹侧面相接，每侧肾上腺体积约为 6mm×5mm×3mm，重量为 21～32mg，大鼠肾上腺重量评估相当于脑重评估。雌性啮齿类动物肾上腺重量约比雄性肾上腺动物重 25%。豚鼠的肾上腺分别位于两肾前端的腹侧，呈黄褐色，轻度突起，柔软而质脆。人每侧肾上腺体积约为 5cm×3cm×1cm，重量为 8～13g，右侧肾上腺通常呈三角形，左侧肾上腺通常为月牙形。犬的肾上腺形状与其他动物不同，左侧肾上腺为不正的梯形，前宽后窄，背腹扁平；右侧肾上腺略呈菱形，两端尖细。兔子的该腺体为浅黄色不规则圆形体，体积宛如黄豆，每个肾上腺重 0.38～0.71g。

皮质和髓质在结构、功能和发生上均不同，但两者之间存在密切的关系。皮质起源于中胚层，受促肾上腺皮质激素的影响，分泌类固醇激素、盐皮质激素、糖皮质激素及少量性激素，调节机体的蛋白质代谢、糖代谢和水盐平衡，并对应激状态起反应，切除肾上腺，失去盐皮质激素，使肾不能保存钠，引起脱水，导致外周循环衰竭。髓质来自外胚层，起源于神经嵴，由交感神经系统控制，分泌含氮激素儿茶酚胺、肾上腺素和去甲肾上腺素，影响心率及血管平滑肌收缩等。啮齿类动物和人分泌的糖皮质激素不同，啮齿类动物分泌的糖皮质激素主要是皮质酮，人主要是皮质醇。

树鼩的肾上腺呈卵圆形，赭黄色，位于肾门颅侧，与肾相连。肾上腺外包被膜，实质明显区分为皮质和髓质两部分。皮质从外到内可分为球状带、束状带和网状带。球状带最厚，束状带最薄，网状带介于中间。髓质部细胞形成团块或呈网状，髓质中央有静脉。

啮齿类动物中，副肾上腺组织附在肾上腺皮质上，附着或散在于腹膜后的脂肪组织内，常见于左侧，某些品系的小鼠副肾上腺组织的发生率可达 60%。

一、组织结构

肾上腺分为被膜下浅色的皮质和中央较深的髓质。新鲜肾上腺，皮质含大量脂类，呈黄色，髓质为深红棕色。人和啮齿类动物皮质：髓质：皮质宽度约为 1：2：1（表 9.13）。肾上腺相关激素分泌情况如表 9.14 所示。人和啮齿类动物中，肾上腺皮质和髓质的连接处是不规则的，网状带和髓质之间无纤维组织结构或游离区域，皮质细胞索可延伸至髓质内。

（一）被膜

肾上腺表面包以致密纤维结缔组织被膜，被膜内有成纤维细胞、胶原纤维、弹性纤维等，某些动物还含有少量平滑肌。被膜的结缔组织伴随血管和神经伸入腺实质内，形成小梁。从被膜发出的薄的小梁传入皮质，但很少进入髓质。

小鼠肾上腺被膜下常可见 A 型梭形细胞或 B 型多角形细胞，最初平行于被膜增生，然后在束状带间垂直和水平向皮质与髓质的连接处增生，被膜下增生的程度与年龄、品系、激素水平和饲养条件有关。

（二）皮质

肾上腺皮质（adrenal cortex）起源于中胚层，位于肾上腺的外周，占肾上腺体积的80%～90%，由皮质腺细胞、血窦和少量的结缔组织构成。显微镜下，根据细胞排列方式和形态的不同，大多数哺乳动物包括人，皮质的结构从外至内可分为3层，即球状带、束状带和网状带，不同动物各带的体积比不一样。啮齿类动物皮质分4层：球状带、束状带、网状带和X区。

表9.13　人和其他动物肾上腺比较

	人	啮齿类动物		其他动物
		大鼠	小鼠	
平均重量	8～13g	21～32mg	5～7.2mg	
体积	5cm×3cm×1cm	6mm×5mm×3mm	1mm×1mm×1mm	
形状	右侧三角形，左侧月牙形	三角形或半圆形		犬左侧肾上腺为不正的梯形，前宽后窄，背腹扁平，右侧肾上腺略呈菱形，两端尖细
副肾上腺组织	常见	常见于左侧		
皮质	球状带、束状带和网状带	球状带、束状带、网状带和X区		
球状带	少量脂滴	比小鼠略厚，含脂滴多，且与束状带之间分界较清晰	较薄，部分区域不连续	兔球状带发达，细胞排列成索状 反刍动物呈不规则的团块状 马及肉食动物细胞呈高柱状，排列成弓形
束状带	富含脂滴	富含脂滴	脂滴稀少	
网状带	清楚		分界不清晰，常伸入髓质；不含17α-羟化酶	
糖皮质激素	皮质醇	皮质酮		
嗜铬细胞	分泌肾上腺素和去甲肾上腺素	85%分泌肾上腺素		一种

表9.14　肾上腺相关激素的产生部位和功能

激素种类	产生部位	功能
醛固酮	球状带细胞	调节机体的水、盐代谢；促进肾远曲小管和集合管重吸收Na^+与排出K^+；刺激胃、唾液腺和汗腺吸收Na^+，升高Na^+浓度，降低K^+浓度，维持正常血容量
糖皮质激素	束状带细胞	促使蛋白质和脂肪分解并转变成糖，并有抑制免疫反应、减轻炎症反应等作用
性激素	网状带细胞	包括雄激素和少量雌激素
肾上腺素	髓质	促小动脉收缩、心跳加快、血压升高
去甲肾上腺素	髓质	促小动脉收缩、心跳加快、血压升高

1. 球状带

球状带（zona glomerulosa）位于被膜下方，较薄，排列成拱形。人的球状带不完整，紧贴于被膜下方；小鼠的球状带细胞较薄，部分区域不连续，大鼠球状带较小鼠厚，且球状带与束状带之间分界清晰；兔球状带发达，细胞排列成索状。

2. 束状带

束状带（zona fasciculata）是球状带的延续，是皮质中最厚的部分，占皮质总体积的75%～80%。由垂直排列于被膜的多边形细胞组成。人肾上腺有的区域缺球状带，此处的束状带紧贴被膜。在马、犬、猫的球状带和束状带之间有一个中间带（zona intermedia）。

3. 网状带

网状带（zona reticularis）位于皮质的最内层，紧靠髓质，占皮质总体积的5%～7%。人的网状带较清楚，尽管大鼠比小鼠的分界明显，但啮齿类动物的网状带分界不清晰，常伸入髓质。猪和豚鼠的网状带非常明显。

4. X 区

啮齿类动物的嗜碱性 X 区与人胎儿相似，位于皮质和髓质的交界处，由分泌类固醇的细胞组成。雌雄小鼠的 X 区域发育程度和范围有很大的差异，与人胎儿相比，出生后不久此区域细胞发生凋亡和消失，在出生后大约 10 天开始发育，断奶后发育完全，后逐渐退化。在雌性小鼠中，X 区持续至妊娠期，后迅速退化，或大约 9 周时缓慢退化，某些品系的小鼠退化是通过脂质的空泡化完成的。雄性小鼠在青春期时消失，未见脂质的空泡化。据观察，X 区在未交配过的雌性动物的肾上腺上持续存在不同的时间，去势的雄性动物也存在此现象。雌性和雄性动物的 X 区的出现及消失与 20α-羟基脱氢酶有关。除了 3 周龄时去势的大鼠外，X 区在大鼠中不明显。小鼠肾上腺脂源性色素沉着使其表现为黄褐色，呈颗粒状至泡沫状，皮质和髓质连接处的细胞内有蜡样色素。小鼠在 X 区退化的过程中，色素逐渐累积，可作为大小鼠老龄化指标。

（三）髓质

肾上腺髓质（adrenal medulla）位于肾上腺中央，主要由排列成索或团的髓质细胞组成，细胞间有窦状毛细血管和少量结缔组织，髓质中央有中央静脉。人和啮齿类动物相似，髓质分别约占整个肾上腺体积和重量的 10% 和 20%。肾上腺髓质由嗜铬细胞和分散的神经节细胞组成。啮齿类动物和人肾上腺网状带与髓质的交界处不规则，皮质细胞索可伸入髓质，其他动物的皮质和髓质分界十分明显。某些品系的老龄化小鼠如 RFM、BALB/c，靠近髓质的皮质区域的细胞可见棕色色素形成。

（四）肾上腺的血管、淋巴管和神经

进入的肾上腺的动脉于被膜下形成微动脉网，其中有的分支形成窦状毛细血管，经皮质进入髓质，皮质球状带的窦状毛细血管相对稀少。其余被膜下微动脉直接穿过皮质进入髓质后再形成窦状毛细血管。在髓质，窦状毛细血管彼此通连，最后汇合成中央静脉，经肾上腺静脉离开肾上腺。肾上腺皮质的血液流经髓质时，所含较高浓度的糖皮质激素可增强嗜铬细胞的苯乙醇胺-N-甲基转移酶活性，促进去甲肾上腺素甲基化为肾上腺素，所在细胞成为肾上腺素细胞，以致髓质肾上腺素细胞远多于去甲肾上腺素细胞。由此可见，肾上腺皮质可明显影响髓质细胞激素的生成。

肾上腺的淋巴管分布于被膜，以及随被膜伸入实质内的结缔组织中。

肾上腺皮质由交感神经和副交感神经支配；髓质主要由节前交感神经支配，节前交感神经组织在髓质细胞周围形成密闭的神经纤维网。

二、细胞成分

（一）球状带细胞

球状带细胞（zona glomerulosa cell，ZGC）体积较小，为多边形，呈圆形簇状或小梁状排列，与垂直于束状带的细胞相连，胞质较少，一般呈嗜酸性，含一些散在的嗜碱性物质，胞质内含少量小的脂滴，核质比大，核为圆形，深染，含 1 或 2 个核仁。

电镜下，胞质内线粒体多，嵴为板状或管状；高尔基体发达，位于核附近；滑面内质网丰富，互连成网，分散在整个细胞质内，粗面内质网少；多聚核糖体较多，主要位于脂滴附近；含有大颗粒糖原，溶酶体较少。相邻细胞的细胞膜呈交错相接，邻近毛细血管的细胞表面有微绒毛。细胞团之间为窦状毛细血管和少量结缔组织。

球状带细胞的形态和排列方式因动物不同而有所差异，小鼠的球状带细胞较薄，部分区域不连续，大鼠球状带细胞含脂滴多，在球状带和束状带之间的薄层区域细胞含脂滴比较少；兔球状带发达，细胞排列成索状；反刍动物的排列成不规则的团块状；马及肉食动物的细胞呈高柱状，排列成弓形，其球状带与束状带之间有一细胞密集区，细胞小，核深染，此区范围小，称中间带，其余动物不明显或无此构造；猪为不规则排列。

球状带细胞分泌盐皮质激素（mineralocorticoid），主要为醛固酮（aldosterone），还有少量的去氧皮质酮（deoxycorticosterone）。去氧皮质酮的作用效果只有醛固酮作用效果的 3%。醛固酮的主要作用是调节机体的水、盐代谢，其靶器官包括肾、唾液腺、汗腺和胃肠道外分泌腺体等，尤以肾最为重要。醛固酮能促进肾远曲小管和集合管对 Na^+ 重吸收，并增加 K^+ 的排出。在 Na^+ 重吸收时，伴有水分的重吸收，因此具有调节水、盐代谢的作用。同时刺激胃黏膜、唾液腺分泌管和汗腺导管吸收 Na^+，从而使血 Na^+ 浓度升高、K^+ 浓度降低，维持血容量于正常水平。醛固酮的分泌受肾素-血管紧张素系统和血浆钾离子浓度的调节：肾球旁细胞分泌的肾素（renin）可使血浆中的血管紧张素原（angiotensinogen）变成血管紧张素（angiotensin），后者可刺激球状带细胞分泌盐皮质激素。

（二）束状带细胞

束状带细胞（zona fasciculata cell，ZFC）体积较大，界限清楚，与被膜垂直排列，形成单行或双行细胞索，由疏松的结缔组织和血窦分隔，呈放射状伸向髓质。细胞核呈球形，着色浅，胞质空泡状，嗜酸性，脂滴丰富，含有类固醇激素合成的底物。

雌性动物的核较大，胞质嗜酸性，也含有嗜碱性物质，外围部较多，胞质内含有丰富的脂滴和合成类固醇激素的细胞器。电镜下束状带细胞表面有许多微绒毛和小凹，这可能与摄取胆固醇有关；可见丰富的滑面内质网，占细胞体积的 40%～50%，常分布于线粒体和脂滴周围，有时可见滑面内质网小管与线粒体外膜直接相连，或开口于细胞外间隙；线粒体占细胞体积的 26%～36%，呈长形，嵴为管泡状；高尔基体发达，有溶酶体。相邻的细胞为紧密连接。

束状带细胞分泌糖皮质激素（glucocorticoid），主要为皮质醇（cortisol）和皮质酮（corticosterone）。在人以皮质醇为主，小鼠主要是皮质酮。糖皮质激素可调节糖类、蛋白质和脂肪三大营养物质的代谢，并有抑制免疫反应、减轻炎症反应、增加机体对有害刺激的耐受力等作用。束状带细胞的分泌活动受腺垂体细胞分泌的促肾上腺皮质激素的调控。

（三）网状带细胞

网状带细胞（zona reticularis cell，ZGC）排列成索，相互吻合成网，网间有窦状毛细血管和少量结缔组织。细胞呈多边形，较束状带细胞小，胞核也小，着色较深，胞质嗜酸性，内含少量的脂滴，靠近髓质的细胞内可见脂褐素颗粒。

网状带细胞主要分泌性激素，主要是雄激素，也分泌少量的雌激素和糖皮质激素，因此也受腺垂体促肾上腺皮质激素的调节。雄激素主要为脱氢表雄酮和雄烯二酮，它们的作用较弱，只有睾酮的 20%。小鼠的网状带细胞因不含 17-α 羟化酶，不能合成雄激素。

大多数组织存在糖皮质激素受体，因此糖皮质激素的作用广泛，其分泌受下丘脑-腺垂体-肾上腺皮质轴的调节，并有昼夜节律性，主要调节物质代谢、炎症、免疫、应激等重要生理过程。调节物质代谢，对机体的糖类、脂肪和蛋白质代谢都有明显的影响；由于糖皮质激素与醛固酮结构相似，作为醛固酮受体的部分激动剂，有一定的保钠、保水和排钾的作用；参与机体的应激反应，当机体受到的刺激达到一定强度时，糖皮质激素分泌增加；糖皮质激素可增强骨髓的造血功能，增加红细胞和血小板的数量，促进附着于血管壁的中性粒细胞进入血液循环，增加外周血液中性粒细胞的数量，抑制淋巴细胞的有丝分裂，促进淋巴细胞凋亡，减少淋巴细胞数目，并使淋巴结和胸腺萎缩。

肾上腺皮质三个带的腺细胞产生和分泌的激素都是类固醇激素，因此这些细胞都具有分泌类固醇激素细胞的超微结构特点，尤以束状带细胞最为典型，即胞质内均含有丰富的滑面内质网、管状嵴线粒体和脂滴，无分泌颗粒。

糖皮质激素和盐皮质激素易通过细胞膜进入细胞内，与胞质内的受体结合形成激素-受体复合物，该复合物进入细胞核内，与特异的 DNA 位点结合，调节靶基因的转录、翻译，产生相应的生物学效应。该过程需要较长的时间。糖皮质激素在数分钟甚至数秒内产生的快速效应，则是与细胞膜上的受体结合，通过第二信使介导实现的，这种效应与基因转录无关，称为糖皮质激素的非基因组作用。

（四）髓质细胞

髓质细胞（medullary cell，MC）又称嗜铬细胞（chromaffin cell），较大，为多边形，呈小梁状和球形排列，镜下不易观察，S100 蛋白免疫组织化学反应阳性。嗜铬细胞属于上皮样细胞，胞质丰富，嗜两性，细胞核圆形到椭圆形，染色质深染。超微结构中，胞质内含有丰富的贮藏颗粒。人的嗜铬细胞可以同时分泌肾上腺素和去甲肾上腺素。其他动物，嗜铬细胞可分泌肾上腺素（adrenaline）或去甲肾上腺素（noradrenaline），但不能同时分泌。啮齿类动物中，75%～85%的嗜铬细胞分泌肾上腺素，15%～25%的嗜铬细胞分泌去甲肾上腺素。肾上腺素细胞呈多边形，核呈圆形或椭圆形，位于细胞中央，不显自发荧光，其体积较大，数量多，嗜铬性弱，颗粒的致密核芯电子密度低，颗粒内含肾上腺素；去甲肾上腺素细胞显自发荧光，有嗜银性，其体积较小，数量少，嗜铬性强，颗粒的致密核芯电子密度高，形态常不规则，界膜和颗粒的致密核芯间有大的间隙，同时核芯常偏于界膜一侧，颗粒内含去甲肾上腺素。

嗜铬细胞在本质上起着修饰（没有树突或轴突）神经节后交感神经系统产生儿茶酚胺的神经元的作用。节前胆碱能内脏交感神经支配肾上腺髓质，刺激嗜铬细胞释放儿茶酚胺到血液中。

在人、猴、兔和豚鼠等的肾上腺中，髓质细胞只有一种类型，但细胞内含有两种不同类型的分泌颗粒。反刍动物的髓质可分为内、外两层，肾上腺素细胞分布于外层，去甲肾上腺素细胞分布于内层。大鼠的肾上腺素细胞和去甲肾上腺素细胞在髓质内是随机分布的，小鼠则是去甲肾上腺素细胞靠近皮质分布。

（五）交感神经细胞

肾上腺髓质部除髓质细胞外，尚有单个或成群的交感神经细胞分布于髓质细胞之间。细胞胞体较大，散在分布。

第五节　垂　体

垂体（hypophysis）位于蝶骨的蝶鞍垂体隐窝内，为一椭圆形小体，表面包以结缔组织被膜，以漏斗部与下丘脑相连。大体解剖取出大脑后，人和啮齿类动物的垂体仍保留在颅骨内。啮齿类动物脑内，单个冠状切面可同时看到垂体和松果体。垂体是机体内最重要的内分泌腺，能分泌多种激素，调控多种其他内分泌腺，其自身还受下丘脑的调控。

垂体由腺垂体和神经垂体两部分组成，两者有明显的区别。腺垂体（adenohypophysis）分为远侧部、中间部及结节部三部分，远侧部最大，中间部和结节部在组织学上不明显；神经垂体（neurohypophysis）分为神经部和漏斗部两部分，漏斗又由漏斗柄和正中隆起组成，后者与下丘脑相连，漏斗部在组织学上不明显。腺垂体远侧部位置居前又称垂体前叶，中间部与神经部合称垂体后叶。与人相比，啮齿类动物垂体形态学上分叶更分散，其各个分叶在胚胎学、功能学及形态学上均有不同。垂体来源于外胚层，由两个独立的原基融合而成，腺垂体起源于口咽部外胚层的 Rathke's pouch，神经垂体是由下丘脑的神经外胚层向腹侧突出的神经垂体芽发育而来，Rathke's pouch 和垂体芽互相靠拢，最后紧贴在一起组成垂体。

啮齿类动物中，外周的远侧部呈棕褐色至红褐色，中间的中间部和远侧部呈白色。小鼠垂体的体积约为 3mm×2mm×1mm，重 1～3mg。大鼠垂体的体积约为 6mm×5.5mm×3mm，重 7～16mg。豚鼠的大脑垂体腺属于多叶性腺体，扁平，体积为 2mm×2mm×0.3mm。人垂体的体积约为 13mm×10mm×6mm，重约 500mg。啮齿类动物和人，雌性的垂体比雄性的大。犬的垂体较小，呈圆形，外表面被一层纤维囊包绕。兔子的脑垂体很小，为一个椭圆形小体，其面积约为 5mm×3mm，重量仅 0.028g。树鼩的脑垂体位于蝶鞍内，没有垂体隐窝，垂体由腺垂体和神经垂体两部分组成，表面包有结缔组织被膜。腺垂体分为远侧部、中间部和结节部，神经垂体由神经部和漏斗部组成。

下丘脑与垂体既通过结构上延续相连，也可通过体液的方式相互联系，从而形成下丘脑-垂体功能单位，主要包括下丘脑-腺垂体系统和下丘脑-神经垂体系统两部分，该功能单位将神经和体液两种调节系统进行整合，从而协调机体的各种机能活动以维持内环境的稳态。

一、组织结构

（一）腺垂体

腺垂体是垂体最大也是最重要的部分，为双叶结构，内有丰富的腺细胞，其排列成团索状或围成滤泡，远侧部和中间部存在小滤泡或类似于滤泡腔的腔体。细胞间有丰富的有孔毛细血管和少量的结缔组织，除较大的血管周围有结缔组织外，在腺细胞和毛细血管周围一般仅有少量的胶原纤维和网状纤维。

1. 远侧部

远侧部（pars distalis）是啮齿类动物和人脑垂体中最大、功能最多样化的区域，每个细胞亚群都有不同的内分泌功能。由多种内分泌细胞组成，细胞排列成索状和巢状，间质含有丰富的毛细血管，以促进激素进入血液循环。在 HE 染色标本中，根据腺细胞染色性状的不同其可分为嗜色细胞（chromophil cell）和嫌色细胞（chromophobe cell）两大类。嗜色细胞又分为嗜酸性细胞和嗜碱性细胞（basophilic cell）。各类细胞所占的比例随动物种属、性别、年龄和生理状况的不同而异，一般嗜酸性细胞占 40%、嗜碱性细胞占 10%、嫌色细胞占 50%。电镜下三种腺细胞均具有分泌含氮激素细胞的超微结构特征，可根据分泌颗粒的大小、结构特点、数量和分布状况等不同，识别各种细胞。应用免疫细胞化学方法和电镜技术等，可依据嗜色腺细胞所分泌激素的不同区分出不同的腺细胞，并按所分泌的激素进行命名。

2. 中间部

中间部（pars intermedia）位于远侧部和神经部之间，为一纵行狭窄区域。由 Rathke's pouch 的后壁发育而成。人和灵长类动物的中间部薄且很不发达，仅占垂体的 2% 左右，常含囊肿，内含胶质，由扁平上皮细胞围成。小鼠中间部具有明显的形态学特征，细胞核卵圆形，深染，细胞质弱嗜碱性，泡沫状。小鼠中间部的细胞略大于腺垂体的细胞，小鼠的中间叶大。与人不同，小鼠的中间部分泌促肾上腺皮质激素（ACTH）和促黑激素。家畜的中间部较发达；骆驼的特别发达。中间部有嫌色细胞、嗜碱性细胞和少量大小不等的滤泡。滤泡由单层立方或柱状上皮细胞围城，内含胶质，呈嗜酸性或嗜碱性，其功能不明。人、猴、大鼠等中间部的滤泡可伸入神经部。电镜下，中间部的细胞可分为亮细胞和暗细胞。亮细胞数目较多，胞质丰富，胞质中富含滑面小囊泡；暗细胞较少，散在于亮细胞之间，胞核相对较大，胞质较少，滑面小囊泡很少。中间部的嗜酸性细胞分泌促黑素调节素（melanocyte stimulating hormone，MSH）和 β-促脂激素（β-LPH）。在两栖类，MSH 作用于皮肤黑素细胞，促进黑色素的生成和扩散，使皮肤颜色变深，但在哺乳类的作用不明。

3. 结节部

结节部（pars tuberalis）包围在神经垂体的漏斗柄周围，在漏斗柄的前方较厚，后方较薄或缺如。结节部的腺细胞呈索状排列于血管之间，细胞较小，主要为嫌色细胞，还有少量的促性腺激素细胞和促甲状腺激素细胞。由于垂体门微静脉从结节部通过，因此血管相当丰富。

4. 腺垂体的血管分布

垂体的血液供给主要来自垂体上动脉和垂体下动脉。其中垂体上动脉起源于大脑基底动脉环，它首先从结节部上端进入神经垂体漏斗部，在该处分支并吻合形成有孔毛细血管网，称为第一级（初级）毛细血管网。这些毛细血管继续延伸下行到结节部下端汇集形成多条垂体门微静脉，后者继续下行到达远侧部再次分支形成有孔毛细血管，称为第二级（次级）毛细血管网。两级毛细血管网及二者之间的垂体门微静脉共同构成垂体门脉系统（hypophyseal portal system）。远侧部的第二级毛细血管网最后汇集成小静脉，注入垂体周围的静脉窦。

（二）神经垂体

神经垂体与下丘脑直接相连，是中枢神经系统的腹侧延伸。主要由大量下丘脑分泌神经元的无髓鞘神经纤维、神经胶质细胞（垂体细胞）和支持毛细血管的结缔组织组成，与腺垂体的组织结构截然不同，不含腺细胞，因此不具备分泌功能，但可贮存下丘脑视上核和室旁核神经细胞的分泌物，如抗利尿激素和催产素。神经部的结缔组织分散，其内含有丰富的有孔毛细血管。

1. 神经纤维

室旁核和视上核等处有许多大型神经细胞，其结构与一般的神经细胞基本相同，特点是胞体内有许多球形分泌颗粒。分泌颗粒先在粗面内质网中形成，然后沿着神经纤维逐渐向外移动，直至把激素释放至毛细血管，神经细胞所具有的这种分泌活动称为神经内分泌。视上核和室旁核等处的神经内分泌细胞的轴突，汇成下丘脑-神经垂体束，为无髓神经纤维。神经内分泌细胞内的分泌颗粒沿轴突运输下行到神经部，途中分泌颗粒局部聚集，使轴突呈串珠样膨大，即膨体。这些膨体在 HE 染色标本中显示为大小不等的嗜酸性团块，称为赫林体（Herring body）。赫林体中分泌颗粒内所含的激素可释放入窦状毛细血管。由此可见，神经垂体只是储存和释放下丘脑所形成激素的部位，它与下丘脑在结构与功能上关系密切，共同组成下丘脑-神经垂体系统。轴突内有平行排列的微管及微丝。轴突膨大是向一侧突出，不是整个轴突呈梭形膨大，膨大内含神经分泌颗粒、线粒体、内质网、核糖体及溶酶体，微管和微丝则位于膨大的边缘。神经分泌颗粒也存在于轴突的其他处。人神经部有两种神经纤维：A 型纤维多，轴突内颗粒较大，直径 $100\sim300nm$，中心致密度不同，含有肽类激素；B 型纤维较少，轴突内的颗粒较小，直径 $50\sim100nm$，中心均匀致密，含儿茶酚胺。

视上核的神经内分泌细胞主要合成血管升压素，又称抗利尿激素，主要作用是增强肾远曲小管和集合管对水的重吸收，使尿量减少。当这种激素缺乏和不足时，可发生尿崩症；当超过正常含量时，小动脉（脑和肾血管除外）平滑肌收缩，因而血压升高。

室旁核的神经内分泌细胞主要合成催产素，能引起子宫平滑肌收缩，特别是对妊娠末期的子宫作用更明显，故又称子宫收缩素。此外，催产素还能引起乳腺肌上皮细胞和乳腺导管平滑肌的收缩，促进乳汁分泌。

2. 垂体细胞

垂体细胞（pituicyte）是神经部的胶质细胞，是神经部的主要细胞成分，分布于神经纤维之间。形成立方网络，围绕着单个或成束的轴突，具有一定的支持、营养、吞噬、保护作用，还参与神经纤维活动和激素释放的调节。在常规组织化学染色中可见形态多样的细胞核，而细胞膜及胞质不易观察到。电镜下，大鼠的垂体细胞分为两型，即原浆型垂体细胞和网状型垂体细胞。原浆型垂体细胞的细胞核和细胞质相对透亮，胞质中富含脂滴。这种脂滴在用锇酸单固定时易变型呈星状；用戊二醛和锇酸双固定时，脂滴常呈圆形。网状型垂体细胞有许多突起。两种垂体细胞的胞体常常内陷，把神经纤维、赫林体等包绕起来。原浆型和网状型垂体细胞中线粒体呈小的圆形或杆状，数量中等；粗面内质网呈囊、管状，散布于胞质各处。网状型垂体细胞在失水等情况下有吞噬作用。

二、细胞成分

在啮齿类动物和人中，大多数的细胞会合成和分泌一种激素，少数的细胞会合成和分泌两种激素，如促性腺激素细胞（表 9.15）。脑垂体（表 9.16）组织学上可鉴定出三种类型的细胞，即嗜酸性细胞、嗜碱性细胞和嫌色细胞。腺垂体激素分泌情况如表 9.17～表 9.19 所示。

（一）嗜酸性细胞

嗜酸性细胞数量较多，约占远侧部腺细胞总数的 40%，细胞轮廓清晰，呈圆形或卵圆形，中等大小，多成群分布，细胞核小而圆，胞质内含嗜酸性颗粒，颗粒常分布于边缘，颗粒大小依动物种属不同而异，如马、犬和猫的颗粒粗大，而猪、鼠、豚鼠的细小。老龄大鼠嗜酸性细胞减少，以雌性更为显著。嗜酸性细胞的颗粒 PAS 反应呈阴性，但能用酸性复红、橙黄 G 和偶氮洋红所着色。嗜酸性细胞包括生长激素细胞和催乳激素细胞。

表 9.15　根据电镜和免疫细胞化学技术，并根据各种细胞的形态、颗粒的大小等特点区分 6 种激素细胞

细胞种类	染色特性（光镜）	分泌颗粒特点（电镜）	免疫反应
催乳激素（LTH）细胞	嗜酸性	大小不一，形态多样，充满胞质	LTH（+）
生长激素（STH）细胞	嗜酸性	较大而致密均匀的球状颗粒，充满胞质	STH（+）
促甲状腺激素（TSH）细胞	嗜碱性	量小且少，分布于细胞的周边	TSH（+）
促性腺激素细胞	嗜碱性	中等球状致密颗粒，充满胞质	FSH（+）、LH（+）
促肾上腺皮质激素（ACTH）细胞	嗜碱性或嫌色	细胞小，量少，常沿膜排列，致密度不一	ACTH（+）
嫌色细胞	嫌色	无或含少量颗粒	（−）

表 9.16　脑垂体远侧部细胞比较

	嗜酸性细胞		嗜碱性细胞			嫌色细胞
数目	约占 40%		约占 10%			约占 50%
细胞形态	圆形、卵圆形或多角形		多边形、圆形或卵圆形			圆形或多角形
细胞质	内含粗大嗜酸性颗粒		内含嗜碱性颗粒			一般无颗粒，着色淡
分泌物性质	蛋白质，PAS 反应阴性		糖蛋白，PAS 反应阳性			
细胞分类	生长激素细胞	催乳激素细胞	促甲状腺激素细胞	促性腺激素细胞	促肾上腺皮质激素细胞	可能是未分化细胞，也可能是脱颗粒休止型嫌色细胞
分泌激素	生长激素	催乳激素	促甲状腺激素	①促卵泡激素；②黄体生成素或间质细胞刺激素	促肾上腺皮质激素	
功能	促进骨骼生长	促进乳腺发育及乳汁分泌	促进甲状腺滤泡上皮细胞合成和分泌甲状腺激素	①促进卵巢发育、睾丸内精子发生；②促进黄体发育或分泌雄激素	促使肾上腺皮质分泌糖皮质激素	

表 9.17　垂体相关激素的产生部位和功能

激素种类	产生部位	功能
催乳激素	催乳激素细胞	促进乳腺发育、发动并维持泌乳，调节性腺的功能，参与应激反应，调节免疫功能，参与生长发育和物质代谢的调节
生长激素	生长激素细胞	促进全身代谢及生长，调节机体新陈代谢，尤其是长骨骺端软骨中成软骨细胞的生长
促甲状腺激素	促甲状腺激素细胞	促进甲状腺发育，并作用于甲状腺滤泡上皮，促进甲状腺素的合成和释放
促卵泡激素	促性腺激素细胞	在雌性动物促进卵泡发育，在雄性动物则促进生精小管的支持细胞合成雄激素结合蛋白，以促进精子发生
黄体生成素	促性腺激素细胞	在雌性动物促进排卵和黄体形成，在雄性动物则促进睾丸间质细胞分泌雄激素
促肾上腺皮质激素	促肾上腺皮质激素细胞	促进肾上腺皮质束状带分泌糖皮质激素
促黑激素	促肾上腺皮质激素细胞	调节黑素细胞的活动
促脂解素	促肾上腺皮质激素细胞	作用于脂肪细胞，促进甘油三酯分解产生脂肪酸

表 9.18　各种内分泌激素的来源性状和功能

器官	分泌激素	产生部位	激素性状	激素功能
下丘脑	生长激素释放因子			刺激生长激素细胞分泌 STH
	生长激素阻抑因子		多肽（14aa）	阻抑 STH 分泌
	催乳激素释放因子		多肽（3aa）	可能与 TRF 相同
	催乳激素阻抑因子			阻抑 LTH 分泌
	促肾上腺皮质激素释放因子		多肽（41aa）	刺激促肾上腺皮质激素细胞分泌 ATCH
	促性腺激素释放因子		多肽（10aa）	刺激 FSH 和 LH 的分泌
	促甲状腺激素释放因子		多肽（3aa）	刺激促甲状腺激素细胞分泌 TSH

续表

器官	分泌激素	产生部位	激素性状	激素功能
腺垂体	生长激素	嗜酸性细胞	蛋白质（191aa）	刺激肾、肝形成和分泌 GH，以刺激长骨的生长
	催乳激素	嗜酸性细胞	蛋白质（198aa）	刺激乳腺生长，启动和维持乳汁分泌
	促肾上腺皮质激素	嗜碱性细胞	多肽（39aa）	维持肾上腺皮质束状带分泌糖皮质激素
	促脂解素	嗜碱性细胞	小多肽（α 为 55aa、β 为 90aa）	
	促卵泡激素	嗜碱性细胞	双糖蛋白链（α 为 90aa）	在雌性动物促进卵泡发育，在雄性动物则促进生精小管的支持细胞合成雄激素结合蛋白，以促进精子发生
	黄体生成素	嗜碱性细胞	双糖蛋白链（α 为 90aa、β 为 116aa）	在雌性动物促进排卵和黄体形成，在雄性动物则促进睾丸间质细胞分泌雄激素
	促甲状腺激素	嗜碱性细胞	双糖蛋白链（α 为 90aa、β 为 112aa）	刺激甲状腺上皮细胞的生长，分泌甲状腺素
神经垂体	催产素	垂体后叶分泌，下丘脑室旁核和视上核合成	肽	刺激乳腺导管周围细胞的收缩，以挤出乳汁；刺激怀孕子宫平滑肌的收缩，以利生产
	抗利尿激素	视上核和室旁核的神经细胞	肽	增加远曲小管和集合管的重吸收，以减少尿液；刺激小动脉壁平滑肌收缩，使血压升高

表 9.19　人和其他动物垂体比较

	人	啮齿类动物		其他动物
		大鼠	小鼠	
垂体中间部	很薄，发育差，退化	比较大，10~15 层	比较大，10~15 层	
垂体裂	有	有	有	马无
垂体前叶	生长激素细胞多（50%）	催乳激素细胞多（30%~50%）		
β-脂肪酸释放激素	垂体前叶远侧部分泌	垂体中间部、远侧部部分分泌	垂体中间部，远侧部部分分泌	
生长激素细胞分泌颗粒	直径为 250~600nm	平均直径在 280~300nm	平均直径在 280~300nm	猪平均直径在 280~300nm

1. 生长激素细胞

生长激素细胞（somatotroph）数量较多，占分泌细胞总数的 50%，常聚集成群，呈圆形、卵圆形或多角形，胞体较大，细胞核通常圆形或卵圆形，偏中心，有一个发育良好的核仁。正常状态下，常可见有丝分裂的各时象细胞。电镜下，该细胞胞质内含有大量电子密度高且均匀的圆形分泌颗粒，人的分泌颗粒直径为 250~600nm，鼠、猪、兔等的分泌颗粒直径为 150~400nm，平均直径在 280~300nm，高寒、高海拔地区，牦牛的分泌颗粒直径为 500~700nm，幼年动物的颗粒较少且小。高尔基体通常在细胞核的附近，它的发育状况随细胞分泌阶段有所不同，在分泌颗粒形成时，高尔基体的囊泡内有致密的嗜锇物质和膜包裹的未成熟分泌颗粒；在成熟细胞内，高尔基体由扁平的或略膨大的小囊组成，分布在核周围。线粒体为较规则的囊状，其内无颗粒。粗面内质网或为扁平的囊，或发育为平行的多层结构。有异质性的溶酶体。

生长激素细胞合成和分泌生长激素（growth hormone，GH），GH 是一种蛋白质类激素，广泛影响机体多种器官和组织的代谢过程，在蛋白质、脂类和糖类代谢过程中起重要调节作用。GH 具有种属特异性，不同种属动物的生长激素化学结构及免疫学特性等差别较大，除猴的生长激素外，从其他动物垂体中提取的生长激素对人无效。GH 促进机体生长，几乎对所有组织和器官的生长都有促进作用，尤其是对骨骼、肌肉和内脏器官的作用尤为显著。在未成年时期，生长激素分泌不足可导致垂体性侏儒症，分泌过多则引起巨人症；成年后生长激素分泌亢进则会发生肢端肥大症。其可调节新陈代谢，相对于对生长的调节，GH 对肝、肌肉和脂肪等组织新陈代谢的作用在数分钟内即可出现，促进蛋白质的合成代谢；为脂解激素，可促进脂肪的降解；继发于脂肪的动员，进而影响糖类代谢，减少葡萄糖消耗，升高血糖水平；通过促进胸腺基质细胞分泌胸腺素，参与调节机体免疫系统功能；具有抗衰老、调节情绪与行为活动等效应；

还参与机体的应激反应，是腺垂体分泌的重要应激激素之一。

2. 催乳激素细胞

雌雄动物的垂体前叶均有催乳激素细胞（mammotroph, prolactin cell），但在雌性动物较多，尤其在妊娠期和哺乳期的腺垂体，此种细胞功能旺盛。较生长激素细胞略大，通常单独存在，呈圆形、卵圆形或多角形。电镜下，胞质内的分泌颗粒较多、较大，呈椭圆形或不规则形；而在非妊娠期或哺乳期的雌性以及雄性的垂体，此种细胞较少。这类细胞主要分布在远侧部两侧的中央部分。胞内颗粒易被偶氮卡红染色。多数动物催乳激素细胞的内分泌颗粒是远侧部的体积最大，直径一般在 600～800nm，牦牛的直径可达到 1150nm，分散于胞质内。不成熟的颗粒包裹在高尔基体内，约 100nm，一般形态和大小变化较大。高尔基体也随分泌状态不同而变化。溶酶体增多时，可见溶酶体与分泌颗粒融合，细胞分泌受抑制。人的催乳激素细胞可分为两型，一类细胞较大，常沿毛细血管排列，颗粒直径 500～700nm；另一类细胞较小，散在或成团分布，颗粒直径 150～300nm，前者出现时为贮备期，后者出现时为活跃期。注射雌激素后分泌颗粒变大，细胞分泌活动增强。新生儿脑垂体的此种细胞很多，是母体雌激素发挥作用的结果。

催乳激素细胞合成和分泌的催乳激素（mammotropin, prolactin, PRL），也是蛋白质类激素，成人垂体中的 PRL 含量极少，仅为生长激素的 1/100。其可调节乳腺活动，促进乳腺发育并维持乳腺泌乳，血浆 PRL 在妊娠后期逐渐增高，至分娩时可升至最高峰；调节性腺功能，高水平的 PRL 可抑制卵巢的活动；在睾酮存在的条件下，PRL 能促进前列腺和精囊腺生长，增加睾丸间质细胞 LH 受体的数量，提高睾丸间质细胞对 LH 的敏感性，增加睾酮的生成量，促进雄性性成熟；参与应激反应，调节免疫功能，参与生长发育和物质代谢的调节。

（二）嗜碱性细胞

嗜碱性细胞数量少于嗜酸性细胞，约占远侧部腺细胞总数的 10%。嗜碱性细胞有两种，一种是醛-品红阳性，如分泌促甲状腺激素的促甲状腺激素细胞，一种是醛-品红阴性、周期性过碘酸阳性，如分泌促性腺激素的促性腺激素细胞。

细胞体积大，椭圆形或多边形，胞质内含嗜碱性颗粒，一部分集中分布于小的中央区，其余与嗜酸性细胞混杂散在分布。颗粒大小因动物种属不同而异，如犬比兔和猫的颗粒大。由于所分泌的激素都属于糖蛋白类激素，因此所分泌颗粒对 PAS 反应都显示强阳性，同时，全部嗜碱性细胞颗粒被阿利新蓝着色。包括促甲状腺激素细胞、促性腺激素细胞、促肾上腺皮质激素细胞。

1. 促甲状腺激素细胞

促甲状腺激素细胞（thyrotroph, thyroid stimulating hormone cell，TSH 细胞）数量少，仅占垂体细胞总数的 2%～3%，常沿毛细血管排列。呈多角形或不规则形，缺少较长的细胞突起，细胞核不典型。电镜下，胞质内分泌颗粒较小，呈球形或纺锤形，多分布在细胞的边缘，电子密度不等，颗粒外无明显的晕膜，直径在 100～400nm。细胞器不发达，高尔基体较小，由扁平的小囊组成；线粒体数量相当少，呈卵圆形；粗面内质网不发达，呈空泡状。很少看到其他细胞器。切除甲状腺或给抗甲状腺药物后，内质网扩大成大空泡，分泌颗粒减少，此种细胞称甲状腺切除细胞。

促甲状腺激素细胞分泌促甲状腺激素（thyrotropin, thyroid stimulating hormone，TSH）。TSH 能促进甲状腺发育，并作用于甲状腺滤泡上皮，促进甲状腺素的合成和释放。

2. 促性腺激素细胞

促性腺激素细胞（gonadotroph）胞体较大，呈圆形或椭圆形，沿血窦分布，散在于远侧部，以中部最多，在远侧部外侧的中央区和近中间部的表层存在所谓的"促性腺激素细胞带"。电镜下，胞质内含有中等电子密度的颗粒，直径 200～400nm，高尔基体不发达。切除生长腺后，促性腺激素细胞肥大，粗面内质网极度增大，甚至形成大空泡，将其他结构推向一侧，同时分泌颗粒数目增多，有些细胞的颗粒融合成一滴，外周围绕着含有细胞核和细胞器的薄层细胞质，其形态似戒指样，称为去势细胞。

促性腺激素细胞分泌促卵泡激素（follicle stimulating hormone，FSH）和黄体生成素（luteinizing hormone，LH）。应用免疫细胞化学双标法、免疫金双标电镜法研究发现，促性腺激素细胞有 3 种，即 FSH 细胞、LH 细胞和两种激素共存的 FSH/LH 细胞。FSH 在雌性动物促进卵泡发育，在雄性动物则促进生精小管的支持细胞合成雄激素结合蛋白，以促进精子的发生。LH 在雌性动物促进排卵和黄体形成，在雄性动物则促进睾丸间质细胞分泌雄激素，故又称间质细胞刺激素（interstitial cell stimulating hormone，ICSH）。当儿童的促性腺激素分泌亢进时，可发生性早熟；分泌低下时则导致肥胖性生殖无能综合征。摘除性腺或老龄雄性大鼠垂体中分泌促性腺激素的嗜碱性细胞肥大，胞质内形成胶体样空泡，核被挤压到边缘，称为去雄不育细胞。

3. 促肾上腺皮质激素细胞

促肾上腺皮质激素细胞（corticotroph，adrenocorticotropic hormone cell，ACTH 细胞）体积较小，呈星形或不规则形，并有许多突起插入其他细胞之间，或伸向血窦。细胞数量较少，为前叶细胞总数的 2%～5%。电镜下，胞质内的分泌颗粒较大，颗粒外有亮晕，即有一层膜包裹颗粒，其间有空隙，这种细胞是唯一的颗粒具有晕轮的细胞，出现这种现象依赖于固定方法，若仅以四氧化锇固定就会出现，若以戊二醛和四氧化锇连续固定就会消失。分泌颗粒分散在胞质中，有时沿胞膜排列，直径约为 200nm。细胞核通常偏中心，不规则。粗面内质网少，滑面内质网丰富，且在垂体前叶腺细胞中属于最多的。促肾上腺皮质激素细胞雌性动物多于雄性动物。

促肾上腺皮质激素细胞主要分泌促肾上腺皮质激素（adrenocorticotropin，adrenocorticotropic hormone，ACTH）、促脂解素（lipotropin 或 lipotropic hormone，LPH）及促黑激素（melanocyte-stimulating hormone，MSH）。ACTH 促进肾上腺皮质束状带分泌糖皮质激素。LPH 作用于脂肪细胞，促进甘油三酯分解产生脂肪酸。MSH 主要由哺乳动物垂体中叶分泌，但在人垂体中叶已经退化，是一种分子量较大的前体蛋白质，在垂体前叶，该分子主要裂解为 ACTH，中间叶则生成 MSH 和 β-内啡肽。在鱼类等低等动物中，MSH 的主要生理作用是促进黑素细胞内的酪氨酸转化为黑色素，同时使黑素色颗粒在细胞内分散，在黑暗背景下，MSH 分泌不受抑制，动物皮肤颜色变深；在白色背景下，分泌受抑制，动物皮肤颜色变淡。但在人和其他高等动物中，虽然 MSH 可一时性地增加色素合成，但在生理上并不起重要作用。

（三）嫌色细胞

嫌色细胞数量最多，约占远侧部细胞总数的 50%。细胞体积小，呈圆形或多角形，胞质少，着色浅，细胞界限不清楚，多位于远侧部中央。根据分泌颗粒的大小，在超微结构上也可区分嫌色细胞。电镜下，部分嫌色细胞胞质内含少量分泌颗粒，因此认为这些细胞可能是脱颗粒的嫌色细胞，或是嫌色细胞形成过程中尚处于初级阶段的细胞。

第六节 松 果 体

松果体（pineal body）又称脑上腺，形似松果。人的松果体为扁锥形，灰红色，分成许多不完全的小叶，体积为（5～8）mm×（3～5）mm×（3～5）mm，重 100～200mg，位于胼胝体的后下方，中脑左、右上丘形成的凹陷内，第 3 脑室的后上方，通过松果体柄与第 3 脑室后丘脑顶部相连接，第 3 脑室突向柄内形成松果体隐窝。啮齿类动物和人的松果体位置不同，啮齿类动物脑的冠状切面可同时观察到垂体和松果体。啮齿类动物的松果体位于大脑半球和尾丘交界处的大脑中线外表面，由软脑膜的延伸包裹，常附在脑膜上，呈圆形，白色，不分叶。小鼠的松果体很小，通常只能在组织切片中观察到，成年小鼠松果体的体积为 $97×10^6$～$105×10^6 \mu m^3$；大鼠松果体为 1～2mm³，重量为 0.5～1mg；雄性动物松果体大于雌性动物。犬松果体是一个小的卵圆形腺体，外面包绕一层纤维囊。兔的松果体又称脑上腺，是一个很小的腺体，呈杆状，位于脑背侧，重量仅为 0.016g。

松果体由大量松果体细胞和少量神经胶质细胞及其他一些间质成分组成，它的功能是产生吲哚胺和肽。人和啮齿类动物松果体的细胞成分来自于两个种群，绝大多数（95%）松果体细胞来自神经外胚层，为腺体的实质细胞。

一、组织结构

松果体表面包以软脑膜，软膜结缔组织伴随血管和无髓神经纤维伸入腺实质，将实质分成若干不规则的小叶，薄壁血管和无髓神经纤维行于其间。小叶间隔结缔组织中，可见成纤维细胞、淋巴细胞、浆细胞和肥大细胞，偶尔可见黑素细胞及横纹肌纤维，间质的结缔组织中网状纤维和胶原纤维较多，弹性纤维较少。小叶间隔的结缔组织随年龄增长而增多，使小叶变得更为清晰。

二、细胞成分

松果体实质主要由松果体细胞、胶质细胞和无髓神经纤维组成。

（一）松果体细胞

松果体细胞（pinealocyte）在形态、结构和功能上属于神经内分泌细胞，起源于神经外胚层。又称主细胞，占腺实质细胞总数的 90%～95%，成簇或成索状排列，胞体呈圆形或不规则形，核大而圆，有一个或多个核仁，胞质少，胞质略呈嗜碱性，常含脂滴。银组织化学染色，可见细胞有突起，短而细的突起终止于邻近细胞之间，长而粗的突起多终止在血管周围间隙。

电镜下，核为圆形或卵圆形，直径 7～10μm，核的电子密度类似神经细胞，染色质多位于周边，靠近核膜，在核凹陷处的胞质内有时可见粗面内质网、高尔基体和溶酶体。核膜由双层膜构成，核周隙宽 10～30nm，核孔直径 60～70nm，有隔膜，核仁呈高电子密度。细胞质内有丰富的线粒体，多为圆形，偶见杆状，直径 0.5～1.5μm，以具横嵴的为多，但在某些动物的松果体细胞中大的可达 5.8μm，小的仅 0.2～0.25μm，高尔基体发达，核糖体丰富，还可见溶酶体和脂滴，最大的脂褐素体直径可达 2.5μm，含有成束的微管和小圆形分泌颗粒，膨大的末端内含清亮小泡。松果体细胞间有中间连接、桥粒和缝隙连接结构。

小鼠松果体细胞幼年期最多，青年期最大，青年以后细胞逐渐减少，细胞间质逐渐增多。高尔基体、线粒体、内质网等以幼年期最为丰富，至老年期细胞变小，细胞器减少。细胞核随年龄增加而逐渐变小，异染色体增多。说明小鼠松果体幼年时生长发育最旺盛、代谢功能最活跃，青年时停止生长并开始衰退，但到老年时仍呈一定结构形式和功能状态。老龄啮齿类动物松果体细胞存在空泡变性。

松果体细胞对光敏感，合成和分泌褪黑激素，是昼夜节律的调节器。褪黑激素的合成和分泌与日照周期同步，并呈显著的昼低夜高的昼夜节律。夜间血浆中褪黑激素水平升高，组织学上松果体细胞肥大，可见多个核仁，胞质内有脂滴。

褪黑激素除调节机体功能的昼夜节律外，还参与调节多种生理活动，主要体现在对中枢神经系统和内分泌系统的影响，对免疫功能的调节及抗衰老等方面。正常生理状态下，松果体通过褪黑激素抑制中枢神经系统的多种活动，给人或动物注射褪黑激素，能引起脑电波变化导致镇静和睡眠，临床上可用褪黑激素治疗失眠。褪黑激素对内分泌系统有一定的抑制作用，可抑制生长激素的分泌，抑制肾上腺皮质、甲状腺以及甲状旁腺的功能。褪黑激素还具有保护细胞的功能，对心肌、脑组织、肾、肠黏膜以及血管内皮细胞等都发挥保护作用。此外，还有抗炎、抗肿瘤的作用，可以提高机体免疫系统的功能，并促进瘤细胞的凋亡。

（二）神经胶质细胞

松果体的神经胶质细胞（neuroglial cell）支持实质细胞，约占实质细胞总数的 5%，位于血管及松果体细胞索之间，主要为星形胶质细胞，小胶质细胞和少突胶质细胞少见。与松果体细胞相比，其胞体较小、细长、核小着色深，胞质突起伸至毛细血管间隙形成致密胶质网，或分布在松果体细胞之间。电镜下，胞质内可见粗面内质网及大量游离的核糖体，偶见糖原颗粒，微管少见，微丝较多，微丝直径为5～10nm，在胞体内成束或散在分布。

（三）神经纤维

松果体内的神经纤维主要为无髓神经纤维，也有少量的有髓神经纤维。这些纤维主要是来自交感颈上神经节的节后纤维，另外还有来自下丘脑等脑区的中枢神经纤维以及副交感神经纤维。这些纤维控制着松果体细胞的分泌活动。

（四）脑砂

脑砂为钙化的颗粒状结构，散在分布于松果体实质细胞间和间质中，有时可见于细胞内，为大小不等的圆形或球状小体，是松果体细胞分泌产物经钙化而形成的同心圆结构，直径0.8～1.0mm。通过透射电镜观察，其中心轴很暗，周围带明亮。其随年龄增长而增多，可能与机体衰老有关。许多哺乳动物包括人、恒河猴、貂等，以及鸟类的松果体中均有脑砂，但肉食、食虫、蝙蝠等动物的松果体中没有。

（五）松果体的功能

松果体（表9.20）在低等脊椎动物为光感受器，称为松果眼或第三眼。随着生长，感光作用减弱而变为神经内分泌器官，能分泌多种活性物质，如褪黑激素和一些松果体肽。褪黑激素不储存在腺体内的分泌颗粒内，而是合成后立即被释放（表9.21）。

表9.20 人和其他动物松果体比较

	人	啮齿类动物		其他动物
		大鼠	小鼠	
重量	100～200mg	0.5～1mg		
大小	(5～8) mm×(3～5) mm×(3～5) mm	1～2mm^3	(97～105) ×10^{6}μm^3	
位置	胼胝体的后下方，中脑左、右上丘形成的凹陷内，第3脑室的后上方，通过松果体柄与第3脑室后丘脑顶部相连接	大脑半球和尾丘交界处的大脑中线外表面，由软脑膜的延伸包裹，常附在脑膜上		
形状	扁锥形，分叶	圆形，不分叶		
松果体细胞	含脂滴	含脂滴		兔富含脂滴
空泡变		老年常见		

表9.21 褪黑激素产生部位和功能

产生部位	功能
松果体细胞	抑制促性腺激素的释放，防止性早熟；维持机体功能的昼夜节律，并主要对中枢神经系统和内分泌系统产生影响，对免疫功能进行调节及抗衰老等

哺乳动物中，松果体在交感颈上神经节和中枢神经系统的神经调控下分泌褪黑激素，其主要作用是对下丘脑-垂体-性腺轴进行调节，参与调节生物节律，抑制生殖，调节体温，对许多器官的功能具有高度整合调节作用。褪黑激素是一种胺类激素，即N-乙酰基-5-甲氧基色胺，对机体产生广泛的影响。①抑制性腺、甲状腺、肾上腺皮质等内分泌腺的功能：褪黑激素的抗性腺作用可能通过抑制垂体释放黄体生成素而产生。②镇静作用：褪黑激素在中脑和下丘脑分布较多，能促进抑制性神经递质γ-氨基丁酸和5-羟色胺产生，从而起到镇静和促进睡眠等作用。③增强免疫力：褪黑激素调节免疫反应的作用可能与其分泌具有昼夜节律有关。

禽类的松果体对光敏感。若人工延长光照，可使母禽提早产蛋。在两栖类，褪黑激素可与MSH相拮抗，使皮肤颜色变浅。

几种常见的内分泌腺比较如表9.22所示。

表 9.22　几种常见的内分泌腺比较

	分泌激素	产生细胞	分泌激素功能
甲状腺	T4 或 T3	滤泡上皮细胞	促进机体新陈代谢，促进机体各组织的生长、发育和胎儿及幼儿的神经系统发育，提高肠道对碳水化合物的吸收
	降钙素	滤泡旁细胞	增强成骨细胞活性，促进骨组织钙化，使血钙降低等
甲状旁腺	甲状旁腺激素	主细胞	刺激骨细胞性溶骨；增强破骨细胞的活动，使骨盐溶解；增加小肠和肾小管对钙的吸收，使血钙升高，抑制磷的重吸收；与降钙素共同调节和维持机体血钙的稳定
肾上腺皮质	盐皮质激素	球状带细胞	调节机体的水、盐代谢；促进肾远曲小管和集合管重吸收 Na^+ 与排出 K^+、刺激胃、唾液腺和汗腺吸收 Na^+，升高 Na^+ 浓度、降低 K^+ 浓度，维持正常血容量
	糖皮质激素	束状带细胞	促进新陈代谢，并有抑制免疫反应、减轻炎症反应等作用
	性激素	网状带细胞为主，束状带细胞少	包括雄激素和少量雌激素
肾上腺髓质	去甲肾上腺素	嗜铬细胞	交感神经兴奋剂，促进心跳加速、小动脉收缩、血压升高，减少血流至内脏和皮质
松果体	褪黑激素	松果体细胞	抑制促性腺激素的释放，防止性早熟；维持机体功能的昼夜节律，并主要对中枢神经系统和内分泌系统产生影响，对免疫功能进行调节及抗衰老等

第七节　副神经节

　　副神经节是一组起源于神经嵴的嗜铬神经内分泌细胞，分布于啮齿类动物和人的全身，呈灰粉红色，分为交感神经和副交感神经副神经节。交感神经副神经节分布于脊椎旁交感神经链和支配腹膜后及盆腔器官的神经。副交感神经副神经节充当化学感受器，主要分布于舌咽神经和迷走神经的颈胸支，包括颈鼓膜、眼眶、迷走神经、喉部、锁骨下副神经节以及颈动脉和主动脉体。这些化学感受器对血液中二氧化碳浓度、pH 和氧张力的变化很敏感，有助于调节呼吸和循环。颈动脉和主动脉体可以通过影响副交感神经来提高呼吸的深度、分钟通气量和速率，或者通过影响交感神经系统来提高心率和动脉血压。副神经节在数量和位置上高度可变，除了分布于颈动脉分叉处的双侧颈动脉体外，还分布于身体的中轴线上。副神经节的血管对伊文思蓝有很强的渗透性，可通过伊文思蓝染色确定其位置。人体颈动脉的重量与体重相关，可根据下面的公式进行估算：颈动脉体总重（mg）=0.29×体重（kg）+3.0。

　　啮齿类动物和人中，副神经节均由嗜铬细胞、多边形神经内分泌细胞和胶质细胞组成，被结缔组织分隔成许多离散的小叶。多边形神经内分泌细胞胞质嗜碱性，胞质中含有大量的膜结合颗粒。具有突触泡的神经末梢与神经纤维和肥大细胞关系密切。啮齿类动物不同的个体或不同的品系其颈动脉和主动脉体的大小不同；腹部副神经节在出生时发育程度最高，后逐渐散开、退化，以致 1 周后不再明显。

第八节　弥散神经内分泌系统

　　除了上述内分泌腺外，还有大量的内分泌细胞分布于其他器官之内，这些细胞分泌多种激素或激素样物质，在调节机体生理活动方面起着很重要的作用。

　　具有分泌功能的神经元和胺前体摄取和脱羧细胞（amine precursor uptake and decarboxylation cell，APUD 细胞）统称为弥散神经内分泌系统（diffuse neuroendocrine system，DNES）。

　　组成 DNES 的细胞分中枢和周围两大部分。中枢部分包括下丘脑-垂体轴的细胞和松果体细胞；周围部分包括分布在胃、肠、胆道、胰、呼吸道、排尿管道和生殖管道内的内分泌细胞，以及甲状腺的滤泡旁细胞、肾上腺髓质的嗜铬细胞、交感神经节的小强荧光细胞、颈动脉体细胞、血管内皮细胞、胎盘内分泌细胞、部分心肌细胞和平滑肌细胞等。这些细胞可产生胺类物质，如 5-羟色胺、组胺、去甲肾上腺素、肾上腺素、多巴胺、褪黑激素等；产生的肽类物质更多，如下丘脑的释放激素、释放抑制激素、血管升压素和缩宫素，腺垂体分泌的各种激素，以及许多内分泌细胞分泌的胃泌素、P 物质、生长抑素、铃蟾肽、促胰液素、缩胆囊收缩素、神经降压素、胰高血糖素、胰岛素、胰多肽、脑啡肽、血管活性肠肽、降钙素、甲状旁腺激素、肾素、血管紧张素、心钠素、内皮素等。

弥散神经内分泌系统将全身所有通过分泌胺类或肽类激素发挥调节作用的细胞归集在一起，进一步扩大了传统内分泌系统的作用范围。

DNES 细胞尤其是胃、肠、胰细胞常单个存在或成群存在于一些器官或组织中，含有不同肽类物质的细胞常存在于同一部位。

在光镜下，DNES 细胞分为"开放型"和"闭合型"。"开放型"细胞呈锥形、圆形或顶端略细的瓶状，细胞位于基膜上，其游离面有一丛微绒毛伸入腔内，"开放型"细胞是典型的具有内分泌功能的细胞，细胞受到适宜刺激后，从基部释放分泌物。"闭合型"细胞为分布在胃底腺的内分泌细胞，其顶端不暴露于腔面，而被其他上皮细胞覆盖，此型细胞能感觉局部环境的变化而释放分泌物。

常规 HE 染色切片，DNES 细胞胞质一般呈嗜酸性，染色较浅。超微结构的主要特点是胞质含有大小不一的分泌颗粒，颗粒多位于细胞基部，颗粒有界膜包裹，直径100～400nm，一般多为圆形，有些细胞的分泌颗粒有致密核芯，在核芯与界膜之间有一间隙。颗粒的大小、形状、电子密度及免疫组织化学反应等是鉴别细胞的主要指标。粗面内质网较稀疏，高尔基体不甚发达，线粒体呈中等量，说明在正常情况下细胞合成肽类的功能不是很活跃。

一、胰岛

胰腺的内分泌部又称胰岛（pancreas islet，PI），是散在于外分泌部腺泡之间的内分泌细胞团。不同物种及物种间，胰岛的大小、分布及组成不同（表 9.23）。小的胰岛仅由几个细胞组成，大的由数百个细胞围成团索状，也可见单个细胞散在于腺泡之间，细胞间有少量的结缔组织和丰富的有孔毛细血管。啮齿类动物胰岛占胰腺体积的 1%或 2%，人的胰岛占胰腺体积的 1%～4%。所有物种胰岛的数量与体重成正比。胰岛大小变异很大，一般来说，啮齿类动物胰岛的平均直径约为人胰岛的两倍，人、大鼠、小鼠特别是小鼠，胰岛分布广泛，可能有连续分布。成人胰腺约有 100 万个胰岛，约占胰腺体积的 1.5%，胰尾部较多。雄鼠胰岛数量多于雌鼠，雌鼠孕期胰岛大小和数量增长。在人和怀孕、肥胖或老龄化的啮齿类动物中偶尔可见异常大的胰岛。啮齿类动物的胰岛分布不均匀，部分胰腺小叶可见很少或没有胰岛。因此，在对胰岛进行组织学评估时，对啮齿类动物的胰腺进行正确、全面的取样尤为重要。另一个重要的区别是，啮齿类动物胰岛多位于小叶间（血管或导管周围），偶尔也存在于小叶内，而人以及猴、猪、犬、兔、牛和猫的胰岛一般位于小叶内，形成了鲜明的对比。

表 9.23　人和其他动物胰岛比较

	啮齿类动物		人
	小鼠	大鼠	
平均直径	116μm±80μm	100～200μm	50μm±29μm
位置	分布不均，大部分位于小叶之间	与小鼠相似	器官分布均匀，大部分位于小叶内
胰岛细胞	β细胞占主导（±75%）；α细胞少（±18%）；β细胞位于中央，α细胞和δ细胞位于外周	与小鼠相似，但因解剖位置不同而不同	β细胞少于啮齿类动物（±55%）；α细胞多于啮齿类动物（±37%）；胰岛细胞沿着血管随机分布
胰管	在进入十二指肠之前原发性胆管和胆管相连；多胆管常见	与小鼠相似	原发性胆管与十二指肠乳头相连；单副导管常见
胰岛微脉管系统	血管流入腺泡门脉系统和静脉传出系统；在胰岛中，仅有一层基底膜伴有血管	与小鼠相似；基底膜状态不确定	血管主要流入腺泡门脉系统；胰岛中，胰岛细胞和胰岛血管都有基底膜，形成双基底膜

胰岛起源于内胚层。胰岛的血管丰富，类似肾小球的毛细血管，供应胰岛的毛细血管约是供应胰腺外分泌部毛细血管的 5 倍。胰岛分泌的激素进入血液或淋巴，主要参与调节碳水化合物的代谢。

（一）组织结构

胰岛表面包以薄层网状纤维，由内分泌细胞组成，分布于腺泡之间，呈团索状分布，细胞间有少量的结缔组织和丰富的有孔毛细血管。

（二）细胞成分

胰岛细胞比外分泌部腺细胞小，呈多边形或圆形，大小不等；胞质染色浅，胞核圆形，位于细胞中央，染色质颗粒较密。人和啮齿类动物的胰岛由三种主要的内分泌细胞即 α 细胞、β 细胞、δ 细胞及少量的 ε 细胞和 PP 细胞或 F 细胞组成，HE 染色切片中，难以区分。胰岛细胞的准确识别依赖于适当的免疫组织化学或其他特殊的染色技术。电镜下可根据各类细胞分泌颗粒的形态特征将其区分。在物种间和物种内，胰岛内分泌细胞的组成和分布都有很大的差异，并随生理状态的变化而变化，但也存在一些基本的差异（表 9.24）。例如，在灵长类动物（包括人）中，含有混合型内分泌细胞的胰岛较多，啮齿类动物的胰岛主要由 β 细胞组成，与啮齿类动物相比，灵长类动物胰岛内的 β 细胞少。此外，啮齿类动物中，占主导地位的 β 细胞排列成簇状，位于胰岛的中央，并被其他胰岛细胞包围；而在人中，不同的胰岛细胞群混杂在一起，紧密且随机地与胰岛内的血管相关联。

表 9.24　胰岛产生不同激素的部位和功能

激素种类	产生部位	功能
胰高血糖素	α 细胞	促进肝细胞内的糖原分解为葡萄糖，抑制糖原合成，促使血糖水平升高
胰岛素	β 细胞	促进细胞吸收血液内的葡萄糖作为细胞代谢的主要能量来源，同时促进肝细胞将葡萄糖合成为糖原或转化为脂肪，使血糖水平降低
生长抑素	δ 细胞	抑制 α 细胞、β 细胞和 PP 细胞的分泌功能
胰多肽	PP 细胞	抑制胃肠运动、胰液分泌以及胆囊收缩
活性肽	D1 细胞	抑制胃酸和胃泌素的分泌

1. α 细胞

α 细胞一般多分布于胰岛的周边，细胞体积较大，常呈多边形，约占胰岛细胞总数的 20%，细胞质内含有许多粗大颗粒，这种颗粒不易溶于酒精，有嗜银性，用 Mallory-Azon 染色法染成鲜红色。胞核圆形，较大，染色质较少，偏居于细胞的一侧。电镜下，α 细胞的分泌颗粒数量多，较大，呈圆形或卵圆形，颗粒有膜包裹，颗粒内有一致密核芯，常偏于细胞一侧，颗粒被膜与核芯之间有明亮间隙，常呈半月形；线粒体较少，细长形，粗面内质网常扩大成池，游离的核糖体丰富，高尔基体不发达。

α 细胞分泌胰高血糖素（glucagon），是由 29 个氨基酸组成的小分子多肽，当外源性营养物质不足时，它可以促进糖原分解和脂肪分解，把储存在肝细胞、脂肪细胞内的能源动员起来，抑制糖原合成，促使血糖水平升高，满足机体活动的能量需要，防止低血糖的发生。低血糖、氨基酸能刺激胰高血糖素的分泌；而高血糖、脂肪酸则抑制胰高血糖素的分泌。胰高血糖素和胰岛素两者的相互拮抗和协调维持了血糖的稳定。

2. β 细胞

β 细胞主要分布于胰岛的中央，数量最多，约占胰岛细胞总数的 75%。β 细胞核较小，细胞质内含有许多较细的颗粒，易溶于酒精，无嗜银性，用 Mallory-Azon 染色法染成褐色或橘黄色。电镜下可见 β 细胞胞质内的分泌颗粒大小不等，内常见杆状或不规则形晶状致密核芯，颗粒被膜与核芯之间有宽而明显的低电子密度亮晕；线粒体较小，散在分布，圆形或细长状；粗面内质网多呈短管或小泡状，均匀分布在胞质内。胞质内的分泌颗粒形态因动物种类不同而有差别，犬、猫的颗粒为圆形，较大，但大小并不一致。啮齿类动物和兔的 β 细胞主要位于胰岛的中央，而人、豚鼠和犬的 β 细胞与其他内分泌细胞混杂，排列成小梁状。

β 细胞分泌胰岛素（insulin）和胰淀素（amylin），故又称胰岛素细胞。胰岛素是含 51 个氨基酸的多肽，主要作用是促进细胞吸收血液内的葡萄糖作为细胞代谢的主要能量来源，同时促进肝细胞将葡萄糖合成为糖原或转化为脂肪，使血糖水平降低。胰岛素和胰高血糖素协同作用，使血糖水平保持稳定。若胰岛发生病变，β 细胞退化，胰岛素分泌不足，或胰岛素受体减少，可致血糖升高并从尿中排出，即为糖尿病。胰岛 β 细胞肿瘤或细胞功能亢进，则胰岛素分泌过多，可导致低血糖症。

3. δ 细胞

δ 细胞数量少，约占胰岛细胞总数的 5%，散在分布于 α、β 细胞之间。用 Mallory-Azon 染色法染色，胞质内可见一些染成蓝色的分泌颗粒。电镜下，δ 细胞与 α、β 细胞经缝隙连接相连；胞质内分泌颗粒较大，呈圆形或卵圆形，内容物呈低密度均质状，无明显的致密核芯。

δ 细胞分泌生长抑素（somatostatin），主要作用方式有：通过血液循环对胰岛以及远处的靶细胞（如消化道）起作用；以旁分泌方式释放入细胞间隙内，通过弥散作用来调节邻近胰岛细胞的活动；或经缝隙连接直接作用于邻近的 α 细胞、β 细胞和 PP 细胞，抑制这些细胞的分泌功能。

4. PP 细胞

PP 细胞又称 F 细胞，数量很少，除了分布于胰岛内，还可见于外分泌部的导管上皮内及腺泡细胞间。电镜下，犬、猫的 PP 细胞的分泌颗粒较大，电子密度低；人的分泌颗粒较小，核芯密度中等，界膜与核芯之间的间隙窄而清亮。

PP 细胞分泌胰多肽（pancreatic polypeptide），是一种抑制性激素，对消化系统起抑制作用，可抑制胃肠运动、胰液分泌以及胆囊收缩。在发生炎症、肿瘤或糖尿病等胰腺实质性疾病时，PP 细胞数量可有不同程度的增多，血中胰多肽含量也升高。

5. ε 细胞

ε 细胞分泌胃饥饿素。

6. D1 细胞

D1 细胞又称 H 细胞，人胰岛内有 D1 细胞。D1 细胞在人的胰岛内较少，占胰岛细胞的 2%～5%，但在犬与豚鼠中较多，主要分布在胰岛的周边部，少数分布在胰腺外分泌部和血管周围。D1 细胞形态不规则，光镜下不易辨认，电镜下可见胞质内有细小分泌颗粒，电子密度中等。此细胞与 PP 细胞易混淆，区别在于其分泌颗粒的界膜与核芯紧贴。D1 细胞分泌血管活性肠肽（vasoactive intestinal polypeptide，VIP），可促进胰腺腺泡细胞的分泌活动，抑制胃酸和胃泌素的分泌，刺激胰岛素和胰高血糖素的分泌。

胰岛细胞中除 β 细胞外，其他几种细胞也见于胃肠黏膜内，它们的功能也相似，都合成和分泌肽类或胺类物质，故认为胰岛细胞也属 APUD 系统，并将胃、肠、胰腺内这些性质类似的内分泌细胞统称为胃肠胰内分泌系统（gastro-entero-pancreatic endocrine system），简称 GEP 系统。

胰岛内分泌功能受神经系统的调节，胰岛内可见交感和副交感神经末梢。交感神经兴奋，促进 α 细胞分泌，使血糖升高；副交感兴奋，促使 β 细胞分泌，使血糖降低。

表 9.25～表 9.27 分别介绍各种胰岛细胞的染色方法和比较以及胰岛组织学比较。

表 9.25　各种胰岛细胞的染色方法

细胞	染色方法	特点
胰岛细胞	HE 染色	胞质嗜酸性，胞核嗜碱性
α 细胞	Mallory-Azon 染色	胞质鲜红色
	胰高血糖素	胞质黄褐色
	电镜	分泌颗粒数量多，较大，呈圆形或卵圆形，颗粒有膜包裹，颗粒内有一致密核芯，常偏于细胞一侧，颗粒被膜与核芯之间亮晕窄，常呈半月形；线粒体较少，细长形，粗面内质网常扩大成池，游离的核糖体丰富，高尔基体不发达
β 细胞	Mallory-Azon 染色	胞质橘黄色或褐色
	胰岛素	胞质黄褐色
	电镜	分泌颗粒大小不等，内常见杆状或不规则形晶状致密核芯，颗粒被膜与核芯之间有宽而明显的低电子密度亮晕；线粒体较小，散在分布，圆形或细长状；粗面内质网多呈短管或小泡状，均匀分布在胞质内
δ 细胞	Mallory-Azon 染色	胞质蓝色
	生长抑素	胞质黄褐色
	电镜	与 α、β 细胞紧密相贴，细胞间有缝隙连接；胞质内分泌颗粒较大，呈圆形或卵圆形，内容物呈低密度均质状，无明显的致密核芯
PP 细胞	电镜	颗粒较大，界膜与核芯之间的间隙窄而清亮

表 9.26 胰岛细胞分布和功能的比较

细胞	比例	分布	大小	Mallory 染色法染色	分泌颗粒	分泌物	作用
α 细胞	20%	胰岛外周部	较大	胞质鲜红色	颗粒较小，中心部有致密的核芯，界膜与核芯之间有明亮间隙	胰高血糖素	升高血糖
β 细胞	75%	胰岛中心部	较小	胞质橘黄色或褐色	颗粒大小不等，内有圆形、方形与杆状致密类晶体，晶体与包膜之间有较宽的明亮间隙	胰岛素	降低血糖
δ 细胞	5%	散在于 α、β 细胞之间	较小	胞质蓝色	颗粒较大，界膜紧贴核芯，没有间隙	生长抑素	抑制 α、β 细胞的分泌
PP 细胞	很少	胰岛周围	小		颗粒较大，界膜与核芯之间的间隙窄而清亮	胰多肽	抑制肠胃蠕动，减弱胆囊收缩，增强总胆管括约肌收缩
D1 细胞	很少	胰岛周围	小		颗粒细小，界膜紧贴核芯，没有间隙	血管活性肠肽	使腺细胞分泌

表 9.27 胰岛的比较组织学

种属	胰岛细胞	细胞比例	特点
猪	α 细胞		具有特异性 α 颗粒，颗粒有不透亮的核芯，外面有膜紧密包裹
	β 细胞		含有 β 颗粒，颗粒核芯为类晶状体，并有宽的亮晕
	δ 细胞		卵圆形，颗粒致密度较低
	混合细胞		兼含有肼原和 β 颗粒的细胞
犬	β 细胞		分泌颗粒核芯也是类晶状体，在电镜下，类晶状体呈现为方形或六边形的网
猕猴	β 细胞	50%	分泌颗粒具有均匀一致的核芯，电子密度中等，少数颗粒核芯形状不规则；出生前后猕猴的胰岛中 β 细胞较少，仅占细胞总数的 30%，其细胞的分泌颗粒亦少，多数颗粒形状不规则，并且缺乏类晶状体核芯
	α 细胞	40%	和其他哺乳动物的相似
	δ 细胞	10%	和其他哺乳动物的相似

注：胰岛的形态结构及所含细胞的类型，因动物种类不同而异

二、睾丸间质细胞

睾丸间质是填充在精曲小管之间的疏松结缔组织，其内除有丰富的血管、淋巴管、神经和各种结缔组织细胞之外，还有一种内分泌细胞，即睾丸间质细胞。

睾丸间质细胞（leydig cell）成群分布，体积较大，圆形或多边形，具有丰富的嗜酸性细胞质，胞质内富含脂滴及色素颗粒，细胞核大而圆，居中，核仁大。人睾丸间质细胞的胞质内含有细长的晶体，此晶体可在光镜下观察到，只在人和布氏田鼠中发现，功能尚不清楚，长期饲喂雌激素，使间质细胞受到抑制，此包涵体即消失。犬的间质细胞占睾丸体积的 15%，较大的睾丸含有的间质细胞较多。人的间质细胞数量和睾丸体积之比与犬的相似。

豚鼠的睾丸间质细胞多为多边形，核呈卵圆形，富含滑面内质网和不规则的小管网，仅见有少许粗面内质网，中心粒和高尔基体紧密相连，线粒体呈杆状，分散在细胞质内，此外还含有微丝、微管及糖原。相邻的间质细胞借缝隙连接及桥粒相连。用扫描电镜及透射电镜观察，睾丸间质的结构间有广泛的淋巴间隙，每个精曲小管均被"精管周围淋巴窦"包绕，间质和精曲小管并无细胞连接，相连的淋巴窦借间质的网眼自由相通。

组织化学技术显示睾丸间质细胞的胞质中含有 3β-羟类固醇脱氢酶、葡萄糖-6-磷酸脱氢酶、酸性磷酸酶等。电镜下，间质细胞具有分泌类固醇激素细胞的超微结构特点，即有丰富的滑面内质网和带有管状嵴的线粒体，高尔基体发达，另外还有脂滴、脂褐素和蛋白质晶体（马和猪），牛、马的间质细胞内还有不同数量的糖原。

随着年龄的增长，大鼠睾丸间质细胞增生及肿瘤的发生率增加，在一些品系中如 F344 大鼠，2 岁龄时睾丸间质细胞增生和肿瘤的发生率接近 100%。这些病变通常是双侧发生，导致继发性的退行性改变。

睾丸间质细胞的主要功能是合成和分泌雄激素（androgen），包括睾酮（testosterone）、雄烯二酮（androsten-edione）、双氢睾酮（dihydrotes-tosterone）等。血液中的睾酮 90%以上由间质细胞分泌，其余由肾上腺皮质网状带细胞分泌的脱氢表雄酮、雄烯二酮转化而成。间质细胞的合成和分泌、雄激素的功能主要受腺垂体远侧部分泌的黄体生成素（又称间质细胞刺激素，ICSH）和催乳素调节。间质细胞膜上存在间质细胞刺激素受体，而该受体基因的表达受催乳素的诱导。

自青春期开始，间质细胞功能活跃，分泌睾酮启动和维持精子发生，促进外生殖器和性腺的发育与成熟，刺激男性第二性征的发育，维持性功能。成年期，睾酮分泌稳定，以维持精子发生、男性第二性征和性功能。睾酮还能促进蛋白质合成、骨骺融合，并刺激骨髓造血。此外，雄激素对免疫功能有调节作用。

间质细胞还能分泌少量的雌激素，并能合成和分泌多种生长因子与生物活性物质，参与睾丸功能的局部调节。

下丘脑的神经内分泌细胞分泌促性腺激素释放激素（GnRH），GnRH 促进腺垂体远侧部的促性腺激素细胞分泌促卵泡激素（FSH）和黄体生成素（LH）。在雄性动物中，FSH 促进支持细胞合成雄激素结合蛋白（ABP）；LH 可刺激间质细胞合成和分泌雄激素。雄激素和靶细胞受体结合，调节靶细胞的功能活动。ABP 可与雄激素结合，从而维持生精小管含有高浓度的雄激素，促进精子发生。支持细胞分泌的抑制激素和间质细胞分泌的雄激素，又可反馈抑制下丘脑 GnRH 和腺垂体 FSH 及 LH 的分泌，而支持细胞分泌的激活激素的作用与抑制激素相反。在正常情况下，各种激素的分泌是相对恒定的，其中一种激素分泌量升高或下降，或某一种激素的相应受体改变，将影响精子的发生，可能导致第二性征的改变及性功能障碍。

三、卵巢卵泡和黄体

在发情/月经期，啮齿类动物和人的多个卵泡（follicle）同时成熟，然而人通常只有一个卵子在体内释放，而在啮齿类动物体内则有多个。

在啮齿类动物和人排卵后，颗粒细胞肥大，内膜血管化，形成黄体（corpus luteum）。成熟的黄体细胞（lutein cell）有透明液泡化的嗜酸性细胞质，核大及具开放染色质。啮齿类动物排卵后出现多个成熟黄体。在啮齿类动物和人的同一个卵巢中，可能同时存在数代卵子形成的黄体。未成熟黄体较小，嗜碱性，而成熟黄体较大，嗜酸性，细胞呈索状排列于血窦周围。啮齿类动物的妊娠维持完全依赖于黄体，而人的妊娠维持则依赖于妊娠前三个月的黄体和随后的胎盘。

在雌性动物，FSH 可促进卵泡生长、成熟和雌激素分泌。卵巢分泌的雌激素可使子宫内膜转入增生期。当血中的雌激素达到一定浓度时，又反馈作用下丘脑和垂体，并通过下丘脑和腺垂体的作用抑制 FSH 的分泌，促进 LH 的分泌。当 LH 和 FSH 的水平达到一定比例关系时，卵巢排卵并形成黄体。黄体产生孕激素和雌激素，使子宫内膜进入分泌期。当血中的孕激素增加到一定浓度时，又反馈作用于下丘脑和垂体，抑制 LH 的释放，于是黄体退化，血中孕激素和雌激素减少，子宫内膜进入月经期。由于血中雌激素、孕激素的减少，反馈性地作用于下丘脑使腺垂体释放的 FSH 又开始增加，卵泡又开始生长发育，重复另一时期。

四、肾球旁细胞

球旁细胞（juxtaglomerular cell）位于入球微动脉管壁上，由入球微动脉管壁中膜的平滑肌细胞转变而成。与普通的平滑肌细胞不同，该细胞体积较大，呈立方形或多边形，核大而圆，着色浅；胞质丰富，弱嗜碱性，内含许多分泌颗粒。电镜下，胞质中肌丝少，粗面内质网和核糖体丰富，高尔基体发达，具有许多特殊的分泌颗粒，多数呈均质状，内含电子密度中等的致密物质，少数颗粒具有结晶状结构，可能是新形成的未成熟的颗粒。用免疫荧光法证明颗粒内含有肾素（renin）。PAS 反应阳性。

球旁细胞的主要功能是产生和分泌肾素。肾素是一种蛋白酶，能使血浆中的血管紧张素原

（angiotensinogen）分解为血管紧张素 I（angiotensin I），后者在血管内皮细胞分泌的转换酶（converting enzyme）作用下，失去两个氨基酸，转变为血管紧张素 II（angiotensin II）。血管紧张素 II 具有强的缩血管作用，可使血管平滑肌收缩，导致血压升高；同时，该活性物质还刺激肾上腺皮质分泌醛固酮，促进远曲小管和集合管重吸收 Na^+ 和 Cl^-，致使血容量增加，血压升高，血管球滤过率升高。

肾素的分泌途径有两种，少部分肾素经输入小动脉内皮分泌直接释放入血液中；大部分肾素由球旁细胞分泌入肾间质，再经间质内毛细血管入血液。

球旁细胞除产生肾素外，还可能产生肾性红细胞生成素，其是调节骨髓生成红细胞的一种重要物质。此外，用组织化学和细胞化学方法证明在球旁细胞的膜上和溶酶体中存在氨基肽酶 A，即血管紧张素酶，能降解血管紧张素，以调节肾小体血流量及肾素的产生和分泌。

五、消化道内分泌细胞

在胃肠的上皮及腺体中散在分布着 40 余种内分泌细胞（表 9.28～表 9.31），尤其以胃幽门部和十二指肠上段为多。

表 9.28　主要胃肠内分泌细胞及功能

细胞	分布部位		分泌物	主要作用
	胃	肠		
D	大部	小肠、结肠	生长抑素	抑制其他内分泌细胞和壁细胞分泌
EC	大部	小肠、结肠	5-羟色胺	促进胃肠运动
			P 物质	促进胃肠运动、胃液分泌
ECL	胃底腺		组胺	促进胃酸分泌
G	幽门部	十二指肠	胃泌素	促进胃酸分泌、黏膜细胞增殖
I		十二指肠、空肠	胆囊收缩素-促胰肽素	促进胰酶分泌、胆囊收缩、胆汁排出
K		空肠、回肠	抑胃肽	促进胰岛素分泌，抑制胃酸分泌
M_O		空肠、回肠	胃动素	参与控制胃肠的收缩节律
N		回肠	神经降压肽	抑制胃酸分泌和胃运动
PP	大部	小肠、结肠	胰多肽	抑制胰酶分泌、松弛胆囊
S		十二指肠、空肠	促胰肽素	促进胰导管分泌水和碳酸氢盐

表 9.29　中枢部分的弥散神经内分泌细胞及其产物

细胞种类	肽类物质	胺类物质
松果体细胞	精氨酸加压催产素	褪黑激素
	精氨酸加压素	5-HT
	生长激素抑制激素	
下丘脑大细胞	精氨酸加压催产素	
	精氨酸加压素	
	生长抑素	
下丘脑小细胞	释放激素	多巴胺
	释放抑制激素	去甲肾上腺素
	β-促脂解素	5-HT
	促肾上腺皮质激素	
	α-促黑素细胞激素	
	精氨酸加压素	
	神经降压肽	
	胰岛素	
	胰多肽	
	P 物质	

细胞种类	肽类物质	胺类物质
垂体远侧部细胞	促卵泡激素	多巴胺
	黄体生成素	
	促甲状腺激素	去甲肾上腺素
	生长激素	
	催乳激素	5-HT
	促肾上腺皮质激素	
	α-促黑激素细胞激素	
	β-促脂解素	
	β-内啡肽	
	胃泌素	
	神经降压肽	
垂体中间部细胞	β-促脂解素	组胺
	促肾上腺皮质激素	酪胺
	β-促黑素细胞激素	
	降钙素	
	β-内啡肽	
	甲硫氨酸/亮氨酸-脑啡肽	

表 9.30　胃肠胰内分泌细胞及其产物

器官	细胞种类	肽类产物	胺类产物
胃	G 细胞	胃泌素	
		肾上腺皮质激素	
		脑啡肽	
	AL 细胞	高血糖素	
	EC 细胞	P 产物	5-HT
	ECL 细胞		组胺
	D 细胞	生长抑素	
肠	EC1 细胞	P 物质	5-HT, 褪黑激素
	EC2 细胞	胃动素	
	L 细胞	肠高血糖素	
	S 细胞	促胰液素	
	I 细胞	胆囊收缩素-促胰液素	
	P 细胞	铃蟾肽	
	D 细胞	生长抑素	
	K 细胞	抑胃肽	
	N 细胞	神经降压肽	
	TG 细胞	胃泌素	
	IG 细胞	胃泌素	
胰	B 细胞	胰岛素	5-HT, 多巴胺
	A 细胞	胰高血糖素	5-HT, 多巴胺
	D 细胞	生长抑素	5-HT, 多巴胺
	PP（F）细胞	胰多肽	5-HT, 多巴胺

表 9.31　周围部分的其他神经内分泌细胞及其产物

	细胞种类	肽类产物	胺类产物
肺	K 细胞	铃蟾肽	多巴胺
			去甲肾上腺素
甲状旁腺	主细胞	甲状旁腺激素	去甲肾上腺素
肾上腺髓质	A 细胞、NA 细胞	脑啡肽	
交感神经节	节细胞	神经降压肽	去甲肾上腺素
		血管活性肠肽	
		生长抑素	
	小强荧光细胞		多巴胺
颈动脉体	I 型细胞	脑啡肽	
皮肤	黑素母细胞		原黑色素
	黑素细胞		黑色素
	梅克尔细胞	脑啡肽	
甲状腺	滤泡旁细胞	降钙素	5-HT
		生长抑素	
泌尿生殖管道	EC 细胞	P 物质	5-HT
	U 细胞		
心肌和血管	心肌细胞	心钠素	
	血管内皮细胞	内皮素	
	血管平滑肌细胞		肾素
		血管紧张素	
血液	红细胞	高血压因子	
	淋巴细胞	白细胞介素	

　　胃肠的内分泌细胞大多单个夹于其他上皮细胞之间，呈不规则的锥形；基底部附于基膜，并可有基底侧突与邻近细胞相接触；底部胞质有大量分泌颗粒，分泌颗粒的大小、形状与电子密度依细胞种类而异。

　　其中绝大多数种类的细胞具有面向管腔的游离面，称开放型，游离面上有微绒毛，对管腔内食物和pH 等化学信息有较强敏感性，从而引起其内分泌活动的变化。少数细胞（主要是 D 细胞）被相邻细胞覆盖而未露出腔面，称封闭型，主要受胃肠运动的机械刺激或其他激素的调节而改变其内分泌状态；分泌颗粒含肽和/或胺类激素，多在细胞基底面释出，经血液循环运送并作用于靶细胞；少数细胞直接作用于邻近细胞，以旁分泌方式调节靶细胞的生理功能。

　　在 HE 染色切片上，内分泌细胞多较圆，核圆、居中，胞质染色浅淡。主要以免疫组织化学方法显示这些细胞。

参 考 文 献

成令忠, 钟翠平, 蔡文琴. 2003. 现代组织学. 上海: 上海科学技术文献出版社: 521-582.

高英茂, 李和. 2010. 组织学与胚胎学. 2 版. 北京: 人民卫生出版社: 232-244.

顾为望. 2010. 西藏小型猪组织胚胎学图谱. 1 版. 武汉: 湖北人民出版社: 101-106.

黄韧. 2006. 比格犬描述组织学. 1 版. 广州: 广东科技出版社: 108-119.

孔庆喜, 吕建军, 王和枚. 2018. 实验动物背景病变彩色图谱. 北京: 北京科学技术出版社: 1-235

李德雪, 林茂勇, 张乐萃. 2004. 动物比较组织学. 台北: 艺轩图书出版社: 219-239.

李和, 李继承. 2015. 组织学与胚胎学. 3 版. 北京: 人民卫生出版社: 199-213.

李宪堂, Nasir KK, John EB. 2019. 实验动物功能性组织学图谱. 北京: 科学出版社: 52-67.

彭克美. 2005. 畜禽解剖学. 1 版. 北京: 高等教育出版社: 84-120.

秦川. 2008. 医学实验动物学. 2 版. 北京: 人民卫生出版社: 2-26, 63-108.

秦川. 2017. 实验动物比较组织学彩色图谱. 1 版. 北京: 科学出版社: 2-26, 189-214.

上海第一医学院. 1983. 组织学. 1 版. 北京: 人民卫生出版社: 387-424.

沈霞芬, 卿素珠. 2015. 家畜组织学与胚胎学. 5 版. 北京: 中国农业出版社: 134-170.

施新猷. 2000. 现代医学实验动物学. 北京: 人民军医出版社: 2-31.

施新猷. 2003. 比较医学. 西安: 陕西科学技术出版社: 945-996.

孙彬, 马鹏程, 陈桂来, 等. 2001. 斑马鱼心脏再生的研究. 生命的化学, 31(2): 212-215.

王媛媛, 徐文漭, 李霞, 等. 2014. 六种实验动物心血管系统比较组织学观察. 实验动物与比较医学, 34(3): 205-213.

翟向和, 金光明. 2012. 动物解剖与组织胚胎学. 北京: 中国农业科学技术出版社.

周光兴. 2002. 比较组织学图谱. 1 版. 上海: 复旦大学出版社: 8-12, 183-193.

Dintzis SM. 2012. Comparative Anatomy and Histology. London: Elsevier Ltd.

Elizabeth F, McInnes EF. 2012. Background Lesions in Laboratory Animals A Color Atlas. Edinburgh: Elsevier Ltd.

Hau J. 2013. Handbook of Laboratory Animal Science, Volume III: Animal Models. 3rd ed. London: Taylor & Francis Group.

James MO. 1992. Harderian Glands: Porphyrin Metabolism, Behavioral and Endocrine Effects. Heidelberg: Springer-Verlag.

Kumar V, Abbas AK, Aster JC, et al. 2014. Robbins and Cotran Pathologic Basis of Disease Professional Edition. Philadelphia: Elsevier Ltd.

Piper MT. 2018. Comparative Anatomy and Histology: A Mouse, Rat and Human Atlas. 2nd ed. London: Elsevier Ltd: 251-272.

Schofield PN, Dubus P, Klein L, et al. 2011. Pathology of the laboratory mouse. Toxicol Pathol, 39(3): 559-562.

Wanda MH, Colin GR, Matthew AW, et al. 2013. Haschek and Rousseaux's Handbook of Toxicologic Pathology. Edinburgh: Elsevier Ltd.

第十章 皮　　肤

皮肤（skin）被覆于身体表面，是人体面积最大的器官之一。皮肤由表皮和真皮两部分组成，借皮下组织与深部的组织相连。人的表皮为角化的复层扁平上皮，真皮主要为致密结缔组织。皮肤内有丰富的神经末梢和血管网，还有由皮肤衍生的毛发、皮脂腺、汗腺、指（趾）甲等附属器。皮肤与外界直接接触，对机体与外界沟通和维持内环境的稳定有重要的意义。其功能主要有：屏障保护作用；感觉功能；调节体温作用；吸收和储存物质功能；分泌和排泄功能。

实验动物和常见家畜的皮肤结构与人的大致相近，在细胞层次和种类上略有差别。皮肤的厚度，随动物的种类、年龄、性别及分布的部位不同而异。一般说来，躯体背侧面和四肢外侧面的皮肤厚，躯体腹侧面和四肢内侧面的皮肤薄。小型猪的皮肤在组织、生理生化及营养代谢等方面与人相似，是研究人皮肤创伤的模型动物。

在家畜中，牛的皮肤比羊的皮肤厚；老龄动物比幼龄动物的皮肤厚；雄性动物比雌性的厚。由于外界环境不同，动物皮肤衍生产生一些特化的结构，如家畜的蹄、枕、角等衍生物。陆栖动物的皮肤不通透，可以防止水分的蒸发；两栖动物的皮肤还有交换气体的功能；恒温动物的皮肤有调节体温的功能。水生实验动物品系斑马鱼和剑尾鱼，其皮肤由表皮和真皮组成，表皮富有黏液腺，真皮除分布有丰富的血管、神经、侧线感受器外，还有色素细胞、光彩细胞、脂肪细胞。鱼鳞是鱼类特有的皮肤衍生物，由钙质组成，被覆在鱼类体表全身或部分，是鱼类的主要特征之一。

皮肤的胚胎发育来源有：外胚层，形成表皮；中胚层，形成真皮、竖毛肌和皮下及腺体内的结缔组织等。

第一节 表　　皮

表皮（epidermis）位于皮肤浅层，由外胚层分化而来，原肠胚阶段神经管与外胚层脱离后，外胚层细胞分化为内、外两层，内层细胞形成生发层的基底层，外层细胞形成胎皮，基底层再分化为表皮，胎皮在以后的发育中脱落消失。

表皮为角化的复层扁平上皮，全身各处厚度不一，一般为 $1\sim120\mu m$。性别不同表皮厚度也略有差异，部位不同厚度也不同，长期受摩擦和压力的部位表皮较厚，角化较显著。除占多数的角质形成细胞（keratinocyte）外，还散在有数量较少的非角质形成细胞。表皮中有丰富的神经末梢，但没有血管。

一、表皮的分层

表皮由深至浅依次分为基底层、棘层、颗粒层、透明层和角质层，角质形成细胞是构成表皮各层的主要细胞，其在各层移行过程中形状和结构逐渐变化，角质成分逐渐增多，最后死亡脱落。

小鼠表皮在出生时较厚，但随着毛发的生长，在出生后两周内表皮迅速变薄，一般由 3 或 4 层细胞组成，从内到外可分为基底层、棘层、颗粒层和角质层，与人相比少了透明层。透明层和颗粒层是哺乳动物所特有的表皮细胞层，其中透明层存在于无毛皮肤的角质层与颗粒层之间。口鼻部的表皮最薄，其次为眼睑皮肤，而爪垫部位的皮肤最厚，尾部的表皮也较厚。幼鼠皮肤常大部分缺少颗粒层，唇部和脚掌的皮肤较厚，趾垫处皮肤较厚，有透明层。兔和大鼠的表皮都较薄，大鼠的表皮平均厚度 $22\sim23\mu m$。表皮各层组织结构比较见表 10.1。

表 10.1 表皮分层比较

	基底层	棘层	颗粒层	透明层	角质层
细胞	基底细胞	棘细胞	角质细胞	角质细胞	角质细胞
细胞层数	1层，附于基膜上	4～10层	2或3层	2或3层	数层到十几层
细胞形状	矮柱状	多边形，较大	扁平状	扁平状	扁平状
细胞表面		有许多短小棘状突起			
细胞核	卵圆形	圆形	椭圆形	退化消失	无
细胞质 染色	强嗜碱性，核糖体多	嗜碱性	强嗜碱性，核糖体多	均质，透明，弱酸性	嗜酸性
颗粒特点		卵圆形膜被颗粒，内有板层结构，含磷脂等	透明角质颗粒，大小形状不一，无膜包裹，膜被颗粒较多	透明角质颗粒转化为角母蛋白	细胞质中充满角蛋白
微丝	胞质内的张力丝与基膜相垂直，形成张力原纤维	角蛋白丝集合成束，形成张力原纤维，交织分布，并深入桥粒	胞质内含丰富的张力原纤维	胞质内充满张力丝	胞质内充满张力丝，与均质状基质结合成角蛋白
细胞连接	桥粒，半桥粒	桥粒	桥粒	桥粒	桥粒逐渐消失，表层细胞连接松散，易成片脱落
功能	分裂增殖	连接牢固	逐步角化	逐步角化	角质可限制水和离子散失，防止病菌入侵，耐摩擦，起保护作用

（一）基底层

基底层（stratum basale）位于表皮最深层，附着于基膜上，为一层长轴与基膜相垂直的矮柱状或者立方形细胞，称基底细胞（basal cell）。胞核相对较大，呈圆形，染色较浅，核仁明显，常见有丝分裂象，HE 染色胞质呈嗜碱性。电镜显示基底细胞胞质内含有丰富的游离核糖体等细胞器，肌动蛋白丝和角蛋白丝（keratin filament）构成细胞骨架。直径约 10nm 的角蛋白丝也称张力丝（tonofilament），属于中间丝的一种，成束的张力丝构成张力原纤维。相邻细胞之间借桥粒连接，细胞基底面以半桥粒与基板相贴。基底细胞是未分化的幼稚细胞，有活跃的分裂能力。新生的细胞向浅层推移，分化成表皮其余几层细胞。

（二）棘层

棘层（stratum spinosum）位于基底层上方，由数层细胞组成。细胞较大，深部细胞呈多边形，向浅层逐渐变扁。胞核较大，圆形或椭圆形，染色浅，核仁明显。胞质丰富，嗜碱性。细胞表面向四周伸出许多细短的棘状胞质突起，故称为棘细胞。电镜下，相邻棘细胞的突起以桥粒相连，形成细胞间桥（intercellular bridge）。胞质内有许多游离核糖体和成束分布的角蛋白丝。角蛋白丝束从核周区发出，贯穿整个胞质并插入桥粒的致密斑内。浅层的棘细胞内还有许多直径 100～300nm 的卵圆形的电子致密膜被颗粒（membrane-coating granule），又称板层颗粒（lamellated granule），颗粒有界膜包被，内有明暗相间的平行板层。棘层的深层细胞内仍可见黑素颗粒，至浅层细胞黑素颗粒大多降解。免疫组织化学染色显示，膜被颗粒内含有磷脂和酸性黏多糖。

基底层干细胞不断进行分裂，新生成的细胞向上方移动，在到达棘层深部时再分裂 2 或 3 次，即失去分裂能力。故表皮基底层和棘层深层构成了表皮的生发层（stratum germinativum）。

（三）颗粒层

颗粒层（stratum granulosum）由 3～5 层较扁的梭形细胞组成，细胞长轴平行于皮肤表面，位于棘层上方,细胞核与细胞器逐渐退化。细胞的主要特点是胞质内出现许多透明角质颗粒(keratohyalin granule),HE 染色颗粒呈强嗜碱性。电镜下,透明角质颗粒不规则形,大小不等,无界膜包被,致密均质状,似由 2nm 的颗粒密集组成。胞质中丰富的角蛋白丝束可包绕在透明角质颗粒的周围或穿入其中。这些颗粒含碳水化合物、脂类和富组胺蛋白(histidine-rich protein,HRP),透明角质颗粒是角质形成细胞基质的前体物。此层细胞内的膜被颗粒增多,颗粒多分布于细胞周边,呈圆形、卵圆形或杆状。最后膜被颗粒与质膜融合,内容物在颗粒层上层以胞吐方式被排放出来,呈板层状充填在细胞间隙或涂布于细胞膜外表面,为表皮渗透屏障的重要组成部分。

(四)透明层

透明层(stratum lucidum)位于颗粒层上方,在无毛的厚皮(手掌或足底)中明显易见。此层由几层更扁的梭形细胞组成,HE 染色细胞呈透明均质状,嗜酸性,折光性强。电镜下,细胞核及细胞器消失,胞质内充满透明角质颗粒蛋白,大量的角蛋白丝浸埋其中,细胞界限不清。细胞膜由于其内面有致密物质沉积而加厚。透明层仅存在于无毛皮肤,有毛皮肤这一层不明显。

(五)角质层

角质层(stratum corneum)为表皮的表层,由多层极扁平的角质细胞(horny cell)组成。角质细胞是一些干硬的死细胞,已无细胞核和细胞器。HE 染色细胞呈粉红色均质状,轮廓不清。电镜下,可见胞质中充满密集的角蛋白。细胞膜内面被覆一层 12nm 厚的致密物质,为一层不溶性蛋白,称蛋白套膜(protein envelope)或边缘带,为细胞的硬壳和角蛋白附着的支持物。角质细胞的细胞间隙中充满磷脂,偶尔可见少数残存的桥粒,但已趋于解体。最终,浅层的细胞松解并脱落下来,称鳞屑(squame)。

薄皮肤表皮各层结构均不如厚皮肤明显,棘层、颗粒层和角质层较薄,透明层缺如。

基底细胞由里及表迁移形成角质细胞的过程称为角化(keratinization)。表皮的角化过程反映了角质形成细胞增殖、分化并不断向表层推移,直至最后脱落的动态变化过程。表皮角质层的细胞不断脱落,深层细胞又不断增殖补充,从而保证了表皮的正常结构和厚度。这一角化过程受到严密的调控,生理状态下,30%左右的基底层细胞处于核分裂期,角质细胞的更新周期为 3~4 周。

在两栖类和爬行类中,蜥蜴角质层大片间歇脱落,蛇类全身的角质层整层同时脱落,甚至眼角膜也一同脱落,称蛇蜕。两栖类动物的皮肤通透性强,表皮下具有微血管,能使皮肤成为主要的呼吸器官。

二、非角质形成细胞

非角质形成细胞(nonkeratinocyte)包括黑素细胞、朗格汉斯细胞和梅克尔细胞,各有其特定的形态和功能。

(一)黑素细胞

黑素细胞(melanocyte,MC)来源于神经嵴,胚胎早期迁入表皮,是生成黑色素的细胞,分散存在于表皮基底层细胞之间和毛囊内。人的表皮中每 10 个基底细胞中约有 1 个黑素细胞。人体黑素细胞分为树突状型和非树突状型,皮肤的黑素细胞为树突状型,分布于表皮基底层下方或基底细胞之间以及毛囊内,能合成黑素体(melanosome)并具有将黑素体输送给其他细胞的能力。

黑素细胞 HE 染色胞体着色浅,光镜下不易辨认。银染法和多巴(DOPA)染色可显示完整的细胞形态。电镜下,黑素细胞胞体呈圆形或卵圆形,细胞基底面借半桥粒连于基板,顶部长而不规则的突起伸入基底层和棘层细胞之间,但不与之形成桥粒。胞质内含有很多黑素体,它是黑色素(melanin)在细胞内存在的形态,呈圆形或卵圆形,含酪氨酸酶,其参与黑色素的合成,也是黑素细胞向角质形成细胞输送黑素的供体。黑色素是酪氨酸或 3,4-二羟苯丙氨酸经过一连串的化学反应而形成。黑素体充满黑素后称为黑素颗粒(melanin granule),移入突起末端,以胞吐方式释放,被邻近的基底细胞及棘细胞吞入。

角质形成细胞中黑素体的数量、大小、转运程度和聚集方式，对皮肤的颜色起重要作用。但人种间黑素细胞数量差距并不明显，种族间肤色的差别主要取决于黑素颗粒的大小、稳定性及其在表皮细胞内的含量。黑色人种皮肤中的黑素体长 $1\sim1.3\mu m$，且分布于表皮全层；白色人种和黄色人种的为 $0.6\sim0.7\mu m$，多分布在基底层。此外，肤色还与表皮厚度、血液供应及血液颜色等有关。黑色素合成量受到光照影响，紫外线可促使酪氨酸酶活性增强，增加黑色素合成，并向角质形成细胞内转运更多，从而使皮肤颜色加深。黑色素有吸收和散射紫外线的能力，故能够保护深层组织免受辐射损伤。黑素细胞受到破坏时，局部皮肤呈现脱色性改变，如白癜风。

黑色素是一种高分子的生物色素，已知有两种不同的黑色素。一种是真黑色素（eumelanin），即通常泛指的黑色素，大多数人的黑色素属于此种，为棕色或黑色，位于椭圆形黑素体中，由酪氨酸、多巴、多巴胺和酪胺等物质合成，分布于上皮细胞和毛发等处。另一种褐黑色素（pheomelanin），为红色或黄色色素，是真黑色素合成中的中间产物，由多巴醌和半胱氨酸演化而来，位于球形黑素体中，分布在人类的红发内，鸟类的红、黄羽毛内以及猫、虎的黄褐色软毛内。

小鼠的皮肤看起来有不同的颜色，但通常是由粉红色到各种深浅不一的灰色拼凑而成的，与人不同，小鼠很少有滤泡间的表皮色素沉着。

（二）朗格汉斯细胞

朗格汉斯细胞（Langerhans cell）是 1868 年德国学者朗格汉斯（Paul Langerhans）用氯化金浸染皮肤时首先发现的，细胞呈树突状，来自骨髓内的前体细胞，于胚胎早期经血液至真皮移入表皮，为非色素形成细胞。表皮内的朗格汉斯细胞定位于基底层到棘层内以及皮肤附属器内。

HE 染色切片中不易辨认，用氯化金浸染法或 ATP 酶法显示细胞呈树突状，突起伸入到相邻棘细胞之间。朗格汉斯细胞与黑素细胞都具有嗜银性，即浸以硝酸银染液后，再还原成银，染成黑色。电镜显示朗格汉斯细胞有一个分叶而卷曲的核，胞质清亮，无张力丝、桥粒和黑素颗粒，以及特征性的伯贝克颗粒（Birbeck granule，BG），又称朗格汉斯颗粒（Langerhans granule）。该颗粒呈盘状或扁囊形，一端或中间常有小泡，颗粒内有纵向致密线。有证据提示，伯贝克颗粒可能参与细胞摄取、处理及提呈抗原的过程，为吞噬体或抗原储存形式。

朗格汉斯细胞表面标志与巨噬细胞相似，起源于骨髓，有与单核吞噬细胞系统相似的免疫学性质和功能，是皮肤的抗原提呈细胞。朗格汉斯细胞能识别、结合和处理侵入皮肤的抗原，并把抗原传送给 T 淋巴细胞，参与皮肤的免疫功能，在接触性过敏、抗病毒感染、异体移植组织排斥及表皮癌变细胞的免疫监视中发挥重要作用。

（三）梅克尔细胞

梅克尔细胞（Merkel cell）是德国学者 Friedrich Merkel 于 1875 年首先描述的一种特殊的表皮细胞。细胞具有一个短指状突起，数量较少，单个散在分布于全身表皮基底层或表皮-真皮连接处，在手掌表皮、毛囊、甲床上皮、口腔和生殖道黏膜上皮中较多见。

普通染色法不易辨认梅克尔细胞。神经元特异性烯醇化酶（NSE）免疫组织化学染色，梅克尔细胞呈阳性反应，边缘处着色较深。电镜下梅克尔细胞位于表皮基底层细胞间，细胞的长轴与基膜平行，呈圆形或卵圆形，细胞顶部伸出几个较粗短的突起到角质形成细胞之间，与相邻的角质形成细胞通过桥粒连接。细胞核常有深凹陷或呈分叶状，核仁不明显。胞质电子密度低，核周区和胞质边缘带可见一些角蛋白丝。基底部胞质内含有许多有质膜包被、电子密度高的分泌颗粒，颗粒直径 $80\sim130nm$。细胞基底面与有髓传入神经纤维的轴突盘状终末相接触，形成典型的化学突触。

梅克尔细胞的功能仍未完全明确，其在手掌面、口腔和生殖道的黏膜上皮中较多见，可能是一种感受触觉刺激的感觉上皮细胞。此外，在表皮中还存在一些不与神经末梢接触的梅克尔细胞，可能是 APUD 细胞系统的成员，具有神经内分泌功能。部分梅克尔细胞可能是旁分泌细胞，对附近的角质形成细胞和皮肤附属器的生长和分化、皮肤内神经纤维的生长起诱导与调节作用。

第二节 真 皮

真皮（dermis）位于表皮下，胚胎生肌节形成后，生肌节的外侧生出生皮节，生皮节的细胞连接外胚层后增生分化为真皮。真皮主要由致密结缔组织组成，含有大量的胶原纤维和少量的弹性纤维、网状纤维等。真皮由浅至深分为乳头层和网织层，两者并无清晰的界限。真皮层内还包含有毛囊、汗腺、皮脂腺、竖毛肌、血管、淋巴管和神经等结构。人真皮的血管系统丰富，是温度调节网的重要组成部分。

哺乳动物的真皮较厚，真皮乳头（dermal papilla）特别发达，所以真皮的外层命名为乳头层，内层命名为网织层。

牛、猪等的真皮较厚，而兔、鼠等小动物的真皮较薄。

一、乳头层

乳头层（papillary layer）位于真皮浅层，借基膜与表皮相连，并向表皮基底部突出许多乳头状隆起，称真皮乳头。在薄皮肤中，乳头小而少；在厚皮肤特别是手掌和足跖部乳头要大得多。乳头层纤维较细而疏松，多由 I 型和III型胶原纤维、细的弹性纤维及其他微原纤维组成。乳头层上面形成的真皮乳头与生发层所形成的突起相互嵌补，共同形成乳头体。乳头体内含丰富的毛细血管襻，在无毛皮肤乳头体内还含有触觉小体。

无毛或少毛的皮肤，乳头体高而细；多毛或表皮薄的皮肤乳头体很小，不明显；马和牛的真皮乳头层较厚，乳头体也发达；猿猴的手掌、表皮较厚的哺乳动物如河马等的乳头体特别发达。

二、网织层

网织层（reticular layer）是真皮的主要部分，与乳头层无明显分界。此层粗大的胶原纤维束交织成网，纤维束多数平行于皮肤表面，少数纤维束垂直下行。其化学成分多为 I 型胶原蛋白，还有许多弹性纤维，其在皮脂腺、汗腺周围特别丰富。此外，网织层有较多的血管、淋巴管和神经。部分毛囊、皮脂腺、汗腺也延伸至此层，还可见到环层小体。阴茎、阴囊和乳晕处的网织层深部含有松散的平滑肌纤维丛，致使这些区域的皮肤常有皱纹；毛囊一侧的竖毛肌可使毛发竖立；终止于面部、头皮和耳根部的骨骼肌纤维构成面部表情肌。

大鼠全身的皮肤除尾部外，在真皮和皮下组织都有很多肥大细胞。小鼠的真皮层比大鼠的真皮层薄，表皮与真皮间分界比较明显，大鼠真皮层较厚。

三、皮纹

人手掌和脚掌的无毛表皮增厚，并有指纹。指纹是真皮上部乳头层与表皮紧密结合形成的凹凸状皮肤花纹，即乳突花纹。手掌与脚掌的皮肤乳头体比身体其他部位的更为密集，纹线形态似山嵴，并列成行，峰谷明显，嵴上有汗腺开口。乳突花纹于胚胎第三个月形成，且终生不变。小鼠足垫表皮明显增厚，且具有起伏的真皮-表皮交界形态，但表面相对光滑。

第三节 皮 下 组 织

皮下组织（hypodermis）位于真皮下方，由疏松结缔组织和脂肪组织组成。皮下组织将皮肤与深部的组织固定连接在一起，使皮肤具有一定的活动性。分布在皮肤内的血管、淋巴管和神经均从皮下组织中通过，毛囊和汗腺等皮肤衍生结构也常常延伸至此层。皮下组织可保持体温、储存能量，并起到缓冲机械压力的作用。

　　成人皮下组织内的脂肪组织主要为黄色脂肪。棕色脂肪在成人很少,新生儿含量较多,占体重的 2%～5%,主要存在于肩胛间区和腋窝等处,出生后一年开始减少。

　　皮下脂肪的多少因动物品种、营养状态、性别和部位不同而异:猪的皮下脂肪特别发达;动物越冬前、繁殖前和食物丰富时有贮藏脂肪的倾向,食物匮乏时皮下脂肪分解以供体内代谢;通常圈养动物比野生动物的皮下脂肪厚;大鼠和小鼠颈背部皮肤的皮下组织内有很多棕色脂肪(brown fat, Bf)。棕色脂肪细胞比白色脂肪细胞更圆、更小,含有许多小的透明的充满脂肪的液泡。棕色脂肪可以转化为白色脂肪,在成年动物身上常可以找到棕色脂肪垫转变为白色脂肪的过渡位置。随着毛囊的生长周期和季节的变化,皮下脂肪层的厚度也发生了巨大的变化。

第四节　皮肤的附属器

　　皮肤的附属器是由皮肤衍生而来的,动物为适应各种不同的生活环境,除皮肤本身发生变化外,还由皮肤衍生出许多特殊的结构,如鱼鳞、角质鳞、羽、毛等衍生物。

一、毛

　　毛(hair)是哺乳动物的特征之一。人体绝大部分的表面都有毛,但手掌、足距、指(趾)侧面、足踝以下脚的侧面、口唇、乳头、脐、龟头、阴蒂、小阴唇及大阴唇和包皮内面没有毛。身体各部毛的密度不等,毛的粗细不一;不同种族的人毛的数目和形状有明显差别,白色人种毛最多,黄色人种毛最少,黑色人种则介于两者之间;毛的外形也有不同,有直形、蜷曲形、螺旋形和波浪形。

　　人身体大部分的毛细而短,名毫毛(vellus hair)。毫毛的长短不等,约为数毫米。眼睑的毫毛不伸到皮肤外面。头皮的毛(头发),睫毛和眉毛,青春期后的腋毛和阴毛,男性的胡须和胸毛,四肢的粗毛,鼻孔和外耳的粗毛,名终毛(terminal hair)。但也有介于这两者之间的中间型。胎儿全身长满软细而色浅的毛,名胎毛(lanugo hair)。

　　毛是热的不良导体,具有保温作用,家畜(禽)的毛还具有重要的经济价值。

　　大鼠和小鼠被覆全身的皮肤有毛,足距屈侧是角质层较厚的无毛皮肤。常用小鼠、大鼠和猴的毛色见表 10.2～表 10.4。一些动物种类,如鲸、海牛、象、河马和犀牛等,虽然体表没有被毛,但胚胎时期有胎毛存在,成长后才退化消失,有的还有少量毛存在。

表 10.2　常用小鼠品系毛色

	昆明	津白	BALB/c	C57BL/6	DBA	129	C3H/He	ICR	FVB/N	KK	NOD	SCID
毛色	白色	白色	白色	黑色	浅褐色	棕灰色	棕灰色	白色	白色	黄色	白色	白色

表 10.3　常用大鼠品系毛色

	SD	Wistar	F344	BN	裸大鼠	SHR
毛色	白色	白色	白色	棕褐色	白色/黑色/黑白相间	白色

表 10.4　常用猴毛色

	恒河猴	食蟹猴	短尾猴	平顶猴	狨猴
目/科	灵长目/猴科	灵长目/猴科	灵长目/猴科	灵长目/猴科	灵长目/狨科
毛色	头背部棕灰色,体背部棕黄色,腰部以下橙黄色,胸腹部和腿部深灰色	毛色黄、灰、褐等:腹毛及四肢内侧毛色浅白;冠毛后披,中线处形成一条短嵴;面带须毛,眼周围皮肤裸露,眼睑上侧有一白色三角区	体背部毛黑褐色;头毛颜色随年龄增长与性别差异稍有不同,有的几乎全黑,有的为褐色;胸腹部及四肢内侧毛稀疏且色泽较淡	全身被毛浅灰褐色,背中线色较深暗,胸腹部毛色灰白,头顶黑褐色毛旋呈放射状	体被毛呈丝绒状,色泽多样(银白、红、黑褐、黑灰、黑),头裸露或仅有稀疏的毛发

动物的毛主要分为针毛和绒毛两种类型，针毛长而粗，有一定的毛向，数目较少；绒毛短而软，无毛向，数目多而密，常位于针毛之下。大多数动物如虎、水獭、家兔等的毛，兼有针毛和绒毛。猪则只有针毛，细毛羊只有绒毛。此外，部分哺乳动物的上唇、颊等处还有刺状的触须，由针毛转化而成，毛囊富含神经，成为一种感受器。有些动物如刺猬、豪猪等身体上的棘，是由数根毛集合变态而成，可作为动物的防御器官。

（一）毛的结构

毛由毛干（hair shaft）、毛根（hair root）和毛球（hair bulb）组成。毛根包在由上皮和结缔组织组成的鞘状毛囊（hair follicle）内。毛根和毛囊的下端结合一起，形成膨大的毛球。毛球的底面内凹，其内容纳毛乳头（hair papilla），后者由富含血管和神经的细密结缔组织组成。毛球是毛和毛囊的生长点，毛乳头对它们的生长起诱导和营养作用。皮脂腺多位于毛囊和竖毛肌之间，导管开口于毛囊，分泌物经导管排出。顶泌汗腺的导管也通到毛囊。

1. 毛干

毛干由三种呈同心圆状配布的角化上皮细胞组成。①髓质构成毛的中轴，人毛的髓质不发达，细毛没有髓质，粗毛只由 2 或 3 层皱缩的立方形角化细胞构成；②皮质是毛的主体，由紧密排列的梭形角质细胞组成，细胞的长轴与毛干平行，分化为皮质和髓质的毛母质细胞，以与表皮相同的方式接受黑素颗粒；③毛小皮（hair cuticle）在毛的表面，为一层薄而透明的高度角化的扁平细胞，彼此叠置呈屋瓦状，细胞的游离端向上。毛髓质、皮质和毛小皮的细胞在角化过程中不形成透明角质颗粒或透明毛质颗粒。毛的颜色主要取决于皮质和髓质细胞中黑色素的含量与种类。

大鼠和小鼠的被毛一般分为硬毛（bristle hair）、针毛（awn hair）和绒毛（under hair）。硬毛最长，毛根粗，可区分为 A 和 B 两型：A 型较短，切面为扁圆形；B 型较长，切面为圆形，特化为触觉感受器。针毛长度约为硬毛的 1/2～3/4，毛干和毛根都比较细，末端尖细。绒毛长度约为硬毛的 1/3。

2. 毛囊

毛囊由表皮下陷而成，包裹毛根的组织结构称毛囊，本质上是一系列角质形成细胞，细胞从毛球向上移动到皮肤表面的过程中，会经历一系列分化阶段，分化过程与角蛋白和角蛋白相关蛋白在不同层的复杂表达模式有关。长毛的毛囊位于真皮和皮下组织中，较短的毛囊位于真皮中。在纵切面上，生长期的毛囊可分为三段：①漏斗部（infundibulum），其上端为毛囊的开口，下端到皮脂腺开口。②峡部（isthmus），此段较短，上端起自皮脂腺开口，下端至竖毛肌附着处。③下段（inferior segment），从竖毛肌附着处直到毛囊底部，包括外根鞘和毛球。毛囊由结缔组织鞘和上皮根鞘组成：前者在外，由结缔组织组成；后者在内，由多层上皮细胞组成。①上皮根鞘：由内向外分内根鞘（inner root sheath）和外根鞘（outer root sheath）。②结缔组织鞘（connective tissue sheath）也称纤维鞘（fibrous sheath），其中富含 III 型胶原和弹性纤维，并有丰富的感觉神经末梢和血管。

毛囊有初级毛囊和次级毛囊。初级毛囊直径大，毛根深入真皮，通常伴有皮脂腺、汗腺和竖毛肌。次级毛囊的直径较初级毛囊小，毛根浅，可伴有皮脂腺，但缺乏汗腺和竖毛肌。

毛囊也有单毛囊和复毛囊之分，单毛囊只有一根毛露出皮肤，复毛囊有几根毛从单一的开口内伸出。复毛囊是指在皮肤表面只有一个毛囊外口，但内有数个毛干发出。复毛囊内每根毛都有独立的毛乳头和毛囊，只是在皮脂腺开口的水平线上，许多独立的毛囊才融合成一个共同的毛囊外口。

犬的毛囊为复毛囊，并且复毛囊成群存在，通常每群由 3 个复毛囊构成。猫的毛囊排列方式是一个大的初级毛囊被 2 或 3 个复毛囊围绕成复毛囊群，每个复毛囊群由 3 个粗的初级毛囊和 6～12 个次级毛囊组成。家畜毛囊的排列随着物种不同存在差异，马和牛的单毛囊均匀散在分布。猪亦为单毛囊，但由 2～4 个毛囊聚集成一个毛囊群，其中以 3 个毛囊组成的毛囊群最为常见，这种毛囊群通常被致密结缔组织围绕。绵羊皮肤有发毛生长区和细毛生长区，发毛生长区主要含有单毛囊，而细毛生长区为大量的复毛囊，典型的毛囊群含有 2 或 3 个初级毛囊和若干次级毛囊。山羊的初级毛囊以 3 个为一组，每组附有 3～6 个次级毛囊。

大鼠和小鼠的毛囊成簇分布，毛囊簇垂直身体长轴排列成行，背部毛较腹部毛稀疏，在大鼠背部毛囊簇行间距约 0.8mm，腹部毛囊簇行间距约 0.3mm。有时一个毛囊可包含几根毛形成复毛囊。

3. 毛球

毛球为毛和毛囊下端的膨大部，由上皮性毛母质细胞和黑素细胞组成。毛球包裹着由其底部突入的毛乳头，后者为富含血管的结缔组织。毛和毛囊的生长有赖于毛球与其下的毛乳头结缔组织的互相作用。毛乳头的存在对毛的生长和存在甚为重要，毛乳头损伤可致毛出现异常或不能生长。毛球的毛母质细胞间有许多黑素细胞，它们的突起伸到毛球分化中的细胞之间，以与表皮中同样的方式将色素颗粒输入形成毛干的细胞中。除遗传性白化病外，一般白发者的毛球中也有无活性的黑素细胞，但它们不能为毛根提供黑色素。

毛母质细胞（hair matrix cell）是一群围绕在毛乳头周围的上皮细胞，HE 染色嗜碱性，为具有多能性的生发细胞。毛母质细胞与表皮基底层细胞相似，呈柱状或立方形，胞核大，胞质含许多游离核糖体，线粒体较多，粗面内质网稀疏，高尔基体小，有少量角蛋白丝。

（二）毛的生长周期

毛的生长有周期性，即生长期和静止期相互交替。毛的生长周期大致可分为三个期：①生长期（growing stage，anagen stage），毛囊和毛活跃生长；②退化期（catagen stage），毛停止生长，毛囊和毛球发生退化；③静止期（resting stage，telogen stage），毛囊和毛球萎缩，毛易脱落。

在生长期末，毛球发生一系列退化性变化。在退化开始时，毛乳头失去异染性，毛母质细胞停止增殖，黑素细胞停止产生和转运黑色素给上皮细胞，而将色素转运给真皮的巨噬细胞。与此同时，外根鞘上皮退缩成角化的上皮管，包裹毛干的球形下端，形成杵状毛（club hair）。此时毛囊的上皮与生长期毛囊峡部相似，同时出现了一个上皮细胞柱代替毛囊下段，细胞柱连接毛乳头和退化的毛囊。

在静止期，杵状毛下方的上皮细胞柱萎缩并向上方移动，游离的毛乳头伴随在上皮柱下端，并有结缔组织尾随在退缩的上皮柱后面。最后，杵状毛上移到竖毛肌附着毛囊处，上皮柱成为一个球形的未分化细胞团，位于杵状毛毛囊的下方。

生长期开始时，毛乳头与一部分围绕它的未分化细胞发生重建。球形的未分化细胞生成新的毛母质，并增大和变长，沿遗留的结缔组织鞘与毛乳头一同向下移。在下移过程中，毛乳头突入上皮柱，形成新的毛球，毛球内的黑素细胞恢复正常功能，毛母质发生新的外根鞘、内根鞘和毛干。这个过程重演了胚胎表皮未分化细胞发生毛的过程。新生的毛干向上生长，将原有的杵状毛推出。

人体毛的脱落不明显，也不规则，因为相邻的毛处于生长周期的不同时期，呈非同步性。人的毛发在子宫中为波浪状的生长模式（头发在孕 24 周时开始生长），然后转变为马赛克式的生长模式。身体不同部位毛的生长期长短不一，故毛的长短不同。头发生长期可长达 3～10 年，退化期 2～3 周，静止期 3～4 个月。

与人毛囊周期全身的分布不同，小鼠毛发在出生时呈现出波浪状的生长模式（在出生 5 天时开始生长），并在一生中呈现出不同的程度。第一个真正的毛生长周期开始于 2 至 3 周龄，随着小鼠年龄增长，其波浪状周期转变为更大范围的区域循环模式。某些动物毛的脱落有明显的季节性，而且毛的脱落是呈波浪状同步脱落。在毛囊周期，皮下脂肪层的厚度有变化，但真皮和表皮的厚度保持不变。调节毛生长周期性活动的机制所知不多，有可能是先天决定的。其他的一些原因，如健康、营养、气候、药物和激素等也起一定的调节作用。Buther 曾报道大鼠毛生长的周期为 35 天，新生大鼠到 16～17 日龄为毛囊加长的生长期，之后出现很短的静息期，然后毛囊处于不活跃状态并逐渐变短，直到 32～34 日龄后再次出现新的生长。一般新毛的生长不排出原有的旧毛，而是毛囊中加入新生毛形成复毛囊。大鼠长毛时，腹部先生长，再由腹部向背部扩展。兔一生经常换毛，分大换毛和小换毛。出生 100 天换乳毛，130～190 天大换毛，换毛后进入成年，以后春秋各发生一次小换毛。

（三）毛囊干细胞

最早认为毛囊的生发中心在毛球部，干细胞定位于生发中心内。但 Cotsarelis 等的研究发现在小鼠皮肤中毛囊干细胞定位于毛囊隆起部，提出了隆起激活假说（bulge-activation hypothesis）。隆起部是指皮脂腺开口处和立毛肌毛囊附着处之间的外根鞘部位，该处的干细胞称为隆起细胞（bulge cell）。隆起细胞比其他细胞体积小，有卷曲的细胞核，具有特征的波浪形核膜，胞质内充满核糖体，但无角蛋白丝束，细胞表面有大量微绒毛，是典型的未分化细胞。隆起细胞可能是毛母质细胞、表皮基底细胞和皮脂腺基底细胞的祖细胞。小鼠中在毛发周期的静止期隆起细胞最容易观察到。

（四）竖毛肌

竖毛肌（arrector pilli muscle）又称立毛肌，为一束平滑肌，位于毛与皮肤表面成钝角的一侧，一端附着到毛囊的纤维鞘，另一端与真皮乳头层的结缔组织相连。身体绝大部分的毛都有竖毛肌，但面部和腋部的毛、睫毛、眉毛、鼻孔和外耳道的毛没有竖毛肌。竖毛肌的发达程度与毛的粗细无关，有些部位的细毛有相当粗的竖毛肌束。竖毛肌受交感神经去甲肾上腺素能末梢支配，也对血流中的儿茶酚胺起反应。在寒冷、惊恐和愤怒时竖毛肌收缩，使毛竖立。一般认为，竖毛肌收缩可帮助皮脂腺排出分泌物。在多种哺乳动物，毛的竖立是感到恐惧和准备进行攻击等行为的表现。

大鼠和小鼠的竖毛肌较细，一般由 1 或 2 根肌纤维组成。Masson 染色中竖毛肌呈红色，纤维结缔组织呈绿色；甲苯胺蓝染色中竖毛肌呈深蓝色，纤维结缔组织呈淡蓝色；改良甲苯胺蓝染色中竖毛肌呈蓝色，结缔组织呈粉红色。

（五）触须

除全身的被毛外，大鼠和小鼠等啮齿类动物还有特殊的毛结构，就是触须。触须是特化的硬毛，分布在一定的部位，按一定的形式排列。对大鼠和小鼠来说，触须是很重要的触觉器官，对确定方位起着特别重要的作用。大鼠每侧上唇有 50～60 根触须，水平方向排列为 8～10 行，由鼻向后延上唇分布。触须的长短不一，由吻端向后逐渐加长，背面的第一行到第四行逐渐变短。此外，上眼睑以上、唇联合的后端和颌下内侧各有一对触须。还有触毛位于眼睑裂隙和耳之间。

触须的毛干粗直，稍弯，尖端钝圆。大鼠触须毛囊长 1～5mm，直径 0.5～2mm。根鞘结缔组织的内层与外层间包埋着血窦结构，包括环状窦（ring-shaped sinus）和海绵窦（cavernous sinus）两部分。环状窦在上 1/3 的部位，海绵窦占下 2/3。上皮根鞘（epithelium sheath）除在毛根部形成膨大外，在近颈部环状窦的水平面，由于细胞层次增多和体积增大呈现出一个局部膨大。

触须有专门的血液供应和由专门的神经支配：主要动脉和部分感觉神经于毛囊的下 1/3 处进入毛囊。动脉分支后，一支供应海绵窦，另几支上行供应环状窦。血窦的两部分间由吻合支相连。上唇和鼻部触须的感受神经来自眶下神经，它与支配毛囊骨骼肌的面神经的一小支吻合。其他触须由局部的三叉神经、面神经或其他相关神经分支支配。触须的毛囊由横纹肌纤维束与深层的皮下组织联系，且横纹肌纤维在毛囊间形成一个复杂的网，使触毛产生连续性的摆动。毛囊颈部的平滑肌可使毛囊孔径扩大和缩小，借以控制触须的运动。

猫、鼠等动物面部的窦毛囊（sinus hair follicle）或触毛囊是高度分化的毛囊，司触觉。它们是非常大的单毛囊，其结构特点是在真皮鞘的内外两层之间，有一充满血液的环状窦。毛囊上有梅克尔细胞分布，并有骨骼肌抵达窦毛囊的外鞘，从而使窦毛囊接受随意控制。马、猪和反刍动物的环状窦内有小梁分布，许多神经纤维进入外鞘，并有分支到达小梁和真皮内鞘，所以感觉很灵敏。

二、皮肤腺体

皮肤腺包括汗腺、皮脂腺和乳腺。犬、猫的鼻镜无汗腺和皮脂腺。马鼻孔周围的皮肤含有细毛和许多皮脂腺。某些动物在身体的许多部位聚集有变性的皮脂腺和汗腺，包括猪的腕腺，绵羊的趾间腺，犬、猫的尾上腺，犬的肛周腺，犬、猫的肛囊腺，麝的麝香囊腺。

（一）皮脂腺

皮脂腺（sebaceous gland）是皮肤产生脂质的结构，人除手掌、足跖和足背外，皮脂腺分布于全身各处皮肤，头皮和面部皮肤皮脂腺密集，产生的皮脂也最多。某些无毛的薄皮肤，如口唇和口角、乳头、女性的乳晕、阴茎龟头、包皮内面、阴蒂和小阴唇以及眼睑缘上的皮脂腺，腺导管直接开口于皮肤表面。皮脂腺的数目一般可反映毛囊的数目。皮脂腺为泡状腺，由分泌部（一个或几个腺泡）和几个腺泡共同的短导管组成。

分泌部常无腺泡腔，周围有基板和细密结缔组织组成的被膜，其中有丰富的毛细血管。腺泡周边为一层较扁的小多边形细胞，为未分化的细胞；成熟的细胞大多位于腺泡中央。腺体周边的细胞不断分裂，产生新的腺细胞。导管部由复层鳞状上皮组成，较短而粗，开口于毛囊上 1/3 处。腺分泌物通过导管排到表皮和毛的表面。导管上皮位于毛囊漏斗部和腺泡间，它的上皮角质层和颗粒层在导管变细邻近腺细胞时消失。

正常皮肤存在常驻微生物，如表皮葡萄球菌，寄生于皮肤表面和毛囊浅部；痤疮丙酸杆菌栖息于毛囊-皮脂腺导管腔深部，青春期数量增多，与痤疮的发病有关。又如糠秕孢子菌也是皮肤常存的微生物，毛囊-皮脂腺导管腔内还有蠕形螨寄生，它们过度繁殖分别引起糠秕孢子毛囊炎和毛囊虫皮炎。

近年有学者将皮脂腺、毛囊和竖毛肌看作是一个解剖学单位，称毛-皮脂腺复合体（pilo-sebaceous complex）或毛-皮脂腺单位（pilo-sebaceous unit）。

Ebling 报道，雌性大鼠的背部皮肤基底层厚度和皮脂腺的大小随性周期有较明显的变化：动情前期，基底层最厚，皮脂腺最大；动情期，基底层明显变薄，皮脂腺也相应减少；动情后期，基底层最薄，皮脂腺体积最小；间期，基底层开始增厚，皮脂腺也随之增大。

狗的皮脂腺不属全浆分泌型，而是顶浆分泌腺（apocrine gland，AG）。在成熟地鼠脊柱部分肋骨间的皮肤上左右两侧各有一个直径约为 1cm 的厚而黑的臭腺（scent gland）存在，同时可以看到较多毛囊和肥大的皮脂腺及明显的黑色素沉积。

（二）汗腺

汗腺为单曲管状腺，可分为外泌汗腺和顶泌汗腺两种。两种汗腺的比较见表 10.5。

表 10.5 外泌汗腺和顶泌汗腺的比较

	外泌汗腺（小汗腺）		顶泌汗腺（大汗腺）	
分布	除唇红缘、小阴唇、阴蒂、龟头、包皮内面和甲床外，遍及全身，以掌、跖、腋下部位最多，屈侧比伸侧多		腋窝、乳晕、外生殖器区和肛门周围	
组织结构	单管状腺	分泌部 腺细胞、肌上皮细胞、基膜	分支管状腺	分泌部 扁平立方或柱状细胞、肌上皮细胞、基膜
		导管部 又称汗管，由真皮深层上行进入表皮		导管部 两层立方细胞
开口	直接开口于皮肤表面		多数开口于毛囊皮脂腺入口和上方，少数直接开口于皮肤表面	
分泌物	汗，无色无味的低渗性水样液		含蛋白质、碳水化合物、脂类、脂肪酸和含色原的乳状液，无气味，排出后被细菌分解，可产生臭味	
功能	散热功能、角质柔化作用、汗液酸化作用、汗腺的肾功能替代作用、脂类乳化作用、分泌免疫球蛋白如分泌性 IgA		在多种动物是一种有强作用的信息素，对求爱、母子识别和地域性行为颇重要	
物种分布	灵长类最发达；大小鼠不发达，仅在爪垫部位		人体分布见上；犬和猴广泛分布于全身皮肤中；家畜中存在广泛	

1. 外泌汗腺

外泌汗腺（exocrine sweat gland）为通常所指的汗腺，主要存在于灵长类、牛和马。外泌汗腺遍布于身体大部分的皮肤中，唇缘、鼓膜、指床、乳头、包皮内面、龟头、小阴唇和阴蒂等部位无此腺。手掌、足跖和腋窝最多，其次为头皮、躯干和四肢的皮肤。热带人种的汗腺比寒冷地带人的多。外泌汗腺由分泌部和导管部组成。分泌部直接延续为导管，分泌部和一段导管蟠曲成团，位于真皮和皮下组织交界处，或真皮的下 1/3 中。

分泌部由腺细胞、肌上皮细胞和基膜构成。腺细胞为单层，细胞大小不一，呈锥形、立方形或柱状。普通染色的标本中可见明、暗两型细胞。明细胞（clear cell）较大，顶部窄，底部宽，附着于基膜及肌上皮细胞之上，核位于细胞基底，胞质略显嗜酸性。暗细胞（dark cell）较小，夹在明细胞之间，顶部宽，占据了腺腔的大部分；底部较窄，核近腔面，与明细胞核不在同一水平，故看似两层细胞，胞质显弱嗜碱性。在腺细胞与基膜之间有长梭形带突起的肌上皮细胞（myoepithelial cell），核呈长形，胞质易被伊红着色。明细胞是主要的分泌细胞，分泌汗液。暗细胞分泌黏蛋白。肌上皮细胞收缩可帮助腺细胞释放分泌物。

导管部也称汗管，由真皮深层上行进入表皮，呈螺旋状上升，直接开口于乳头间的表皮汗孔。导管较细，由三段组成：与分泌部连接的弯曲一段，直行的真皮段和螺旋状上行的表皮内段。前两段组织结构相同，管径较细，管腔较小，管壁常由两层立方形细胞组成，胞质显嗜碱性，周围有基膜。外周一层细胞的胞核较大，线粒体较多。

外泌汗腺排出的分泌物即通常所指的汗（sweat），为无色无味的低渗性水样液。汗液除含大量水分外，其中还含钠、氯、钾、镁、铁、锌、尿素、乳酸盐、碘化物、硫酸盐、氨基酸、蛋白质和免疫球蛋白等。这些物质的含量与出汗的速度有关。

外泌汗腺的主要功能是在受热刺激时出汗（perspiration），排到体表的汗水蒸发，可使身体散发过多的热，对调节体温颇重要。不显汗有助于维持角质层水合状态，以柔润角质，防止角质层干燥。某些重金属（如铅和汞）和药物（如乙醇和灰黄霉素）可随汗液排出。但与肾和肝相比，汗腺只起次要的排泄作用。

小汗腺主要存在于灵长类，尤以人最为发达。大小鼠皮肤汗腺不发达，主要通过尾巴散热，只有足距部有汗腺（sweat gland，SD）。汗腺的分泌部位于真皮的深层和皮下组织，导管短而弯曲。汗腺在骆驼、犬和猫的趾枕，有蹄类动物的蹄叉，猪的腕部及猪和反刍动物的鼻唇部有较多分布。

2. 顶泌汗腺

顶泌汗腺（apocrine sweat gland）为皮肤中的一种特殊腺体，产生特殊的分泌物，先前曾称此腺为大汗腺。早年的研究见到，腺细胞产生的分泌颗粒聚集在顶部，并见顶部的胞质连同分泌颗粒像是一同脱落，故定名为顶泌汗腺。此腺存在于人的腋部、乳晕、脐周围、会阴部和肛门周围、包皮、阴囊、阴阜和小阴唇，也偶见于面部、头皮和躯干的皮肤中。在犬和猴，这种腺体广泛分布于全身皮肤中。胚胎期，此腺体同毛和皮脂腺体由同一个上皮芽发生，所以大多数腺体的导管开口于毛囊漏斗部，但也有些腺体直接通到皮肤表面。

顶泌汗腺较大，为分支管状腺，由分泌部和导管部组成，位于真皮和皮下组织。分泌部由一层扁平的立方形或柱状细胞组成，周围有较厚的基膜。腺细胞与基膜间有许多纵向排列的肌上皮细胞。腺细胞间无细胞间分泌小管。腺细胞胞质着色浅，常呈嗜酸性，并含一些 PAS 阳性颗粒。胞核长形，位于细胞近基底部。细胞顶部常呈圆隆起状，有时甚至呈较大的圆球状，突向腺腔，并随分泌周期而有变化。导管部由两层立方形细胞构成，管径较细，与外泌汗腺的导管很相似，两者不易区分。

分泌物为较黏稠的乳状液，含有蛋白质、碳水化合物、脂类和铁，并含色原（如吲哚酚）和脂肪酸（如辛酸）。刚排出的分泌物无味，之后由于受毛囊漏斗部和皮肤表面细菌的作用，产生短链脂肪酸、氨和其他有特别气味的物质。腋部由于经常潮湿，更易产生类似于尿味等令人不快的气味。在多种动物，它是一种有强作用的信息素（pheromone），对求爱、母子识别和地域性行为颇重要。

大汗腺在家畜中存在广泛，皮肤中的汗腺多是顶泌汗腺。马的这类汗腺分泌旺盛，山羊和猫的分泌活动不旺盛。

（三）乳腺

乳腺是人和其他哺乳动物所特有的器官，男性和其他雄性动物的乳腺退化，无生理功能，女性和雌性动物的乳腺发达，并具有哺乳的重要生理功能。乳腺的数目随动物种属不同而异，人的乳腺只有一对，位于胸部。乳腺以乳头为中心呈放射状分布于乳房组织中，于青春期受卵巢激素的影响而开始发育。妊娠期和授乳期的乳腺有泌乳活动，称活动期乳腺；无分泌功能的乳腺，称静止期乳腺。

乳腺是一种管泡状腺，但静止期乳腺的分泌部多呈萎缩状态。乳腺的实质被结缔组织分隔为 15～25 个乳腺叶（mammary lobe），每个乳腺叶就是一个独立的腺体，有一条独立的输乳管开口于乳头孔。乳腺叶呈锥形或不规则形，以乳头为中心呈放射状排列。每个乳腺叶又由结缔组织分隔成许多乳腺小叶（mammary lobule）。

乳头是乳房表面正中的一个圆锥形突起，多位于第 4 肋间隙平面，表面覆以角化的复层扁平上皮，上皮下方的结缔组织形成很多高而不规则的真皮乳头，内含丰富的毛细血管。由于真皮乳头深深插入表皮基底面的凹陷中，因此真皮乳头中丰富的毛细血管距皮肤表面甚为表浅，肤色浅淡的女性乳头呈现粉红色，肤色较深的女性乳头呈淡褐色，孕妇和经产妇的乳头表皮内含黑色素较多，乳头多呈暗红色。乳头表面的皮肤为无毛型，有散在的皮脂腺，直接开口于皮肤表面。乳头内部主要由胶原性致密结缔组织组成，也含有较多的弹性纤维，并延伸至乳晕部，使乳头和乳晕部的皮肤有较大的弹性。乳头内的结缔组织中还有较多的平滑肌纤维，呈环形和放射状走行，环绕输乳管或平行于输乳管；当受到寒冷刺激、触摸或感情刺激时，这些平滑肌收缩，导致乳头勃起，乳晕皱缩。

人的乳头内穿行着 15～25 条输乳管（lactiferous duct），末端开口于乳头顶端的乳头孔（nipple orifice）。在邻近开口处，输乳管膨大，称输入窦（lactiferous sinus）。输乳管的壁由两层柱状上皮细胞围成，在接近乳头孔处变为复层扁平上皮，与乳头表面的皮肤相移行。

乳晕（areola）是乳头周围的一个环形区域。未孕成年妇女的乳晕呈浅红色，妊娠后色素沉着而变为棕褐色，分娩后色素虽部分褪去而颜色变浅，但不能恢复到妊娠前的颜色。乳晕深面的结缔组织内有输乳管膨大形成的输入窦，还有汗腺、皮脂腺和乳晕腺。乳晕腺又称蒙格马利腺（Montgomery gland），也由表皮衍化而来，组织结构介于汗腺和乳腺之间，开口于皮肤表面，分泌脂类物质。皮脂腺直接开口于皮肤表面，其分泌物可滋润乳头和乳晕。在乳晕的边缘深处，分布着数量不定的大汗腺，其分泌物有特殊的气味，多数人的已经退化消失。乳晕处的皮肤为无毛型。乳晕和乳头的皮肤下无脂肪组织。

乳腺的数量通常与每胎产仔数有关，位置也有变化，每胎仔数多者通常有许多乳头并排排列为两行。大鼠的乳腺一般有 6 对，胸部三对，腹部一对，鼠鼷部两对；兔一般有 4 对。

1. 静止期乳腺

静止期乳腺具有完好的分支管道系统，除乳头和乳晕处的输乳管与输入窦外，其余导管都位于皮下组织即浅筋膜内，但其周围包有一层与真皮乳头层相似的致密结缔组织，其中的细胞较多，纤维较细密，乳腺小叶之间和乳腺叶之间的隔是与真皮网状层相延续的致密结缔组织，其中的细胞较少，纤维较粗大。可见，乳腺实质虽然位于皮下疏松结缔组织中，但仍由来自真皮的致密结缔组织所包绕和分隔，借此将乳腺悬系和固定在真皮中。从真皮伸入乳腺实质中的粗大致密结缔组织束称为乳房悬韧带（Cooper 韧带）。

光镜观察显示，静止期乳腺组织大都为结缔组织和脂肪组织，上皮性导管稀少，孤立地散在结缔组织中；偶见较大的输乳管；大多为小叶内导管。这些小的导管由单层柱状或立方上皮组成，细胞的胞质少，染色淡，核呈椭圆形。上皮外包绕一层肌上皮细胞，细胞呈梭形，胞体较小，核呈椭圆形，着色深，核的长径与导管的长轴平行。肌上皮细胞与腺上皮细胞同源，但胞质内含有较多具收缩功能的细丝，其性质类似于肌细胞内的肌丝，上皮的基底面上有明显的基膜，基膜外面为一层类似真皮乳头层的致密结缔组织，其厚度与管壁的两层细胞（上皮细胞和肌上皮细胞）的厚度相近。在胚胎早期，管壁外面的一层致密结缔组织与真皮乳头层相延续。在乳腺小叶之间可见一层较厚的致密结缔组织，称小叶间隔（interlobular septum）。小叶间隔与真皮网织层也相互延续，有相同的组织结构，纤维多而粗大，细胞成分少。小叶间隔两侧为脂肪组织。小叶内的结缔组织比较疏松，内含较多的成纤维细胞和脂肪细胞，少量巨噬细胞、淋巴细胞和浆细胞。

静止期乳腺的结构随月经周期有一定的周期性变化。月经周期的增生期，在雌激素的作用下，乳腺导管的上皮细胞增生；月经周期的分泌期，随着孕激素的分泌增多，乳腺导管扩张，上皮基膜增厚，小叶内和小叶间结缔组织中的血管充血，组织呈水肿状，并有淋巴细胞和浆细胞浸润。

2. 妊娠期乳腺

妊娠期间，在胎盘和卵巢分泌的雌激素与孕激素以及胎盘分泌的催乳激素等多种激素的刺激下，乳腺迅速发育增大，腺组织小导管和分泌部的细胞迅速增生，大导管和输乳管变化较小，小叶内和小叶间的结缔组织相对减少。

妊娠早期，乳腺小导管的上皮细胞增生，乳腺小叶明显增大。腺泡管和腺泡上皮为单层立方或单层矮柱状上皮，为分泌型上皮，细胞较大，胞质嗜酸性，呈颗粒状，顶部胞质内可见小泡和脂滴。腺上皮下的肌上皮细胞呈星状，多突起，位于肌上皮细胞和基膜之间。腺泡腔较大，内有少量颗粒状的嗜伊红分泌物。乳腺小叶内和小叶间的结缔组织明显减少，小叶间隔显著变薄。结缔组织中的毛细血管和小血管明显增多。

妊娠中期，腺上皮在早期的基础上继续增生，速度更快。妊娠 6 个月后，增生速度明显减缓，但腺细胞的体积明显增大，顶部胞质中出现较多的分泌颗粒。腺泡腔明显扩大，腔内有较多的嗜酸性分泌物，内含细胞碎片，甚至有完整的脱落细胞。分泌物中还可见少量体积较大的巨噬细胞，其胞质中有大小不等的脂滴，称初乳小体（colostrum corpuscle）。

妊娠后期，乳腺分泌活动明显增强，腺泡腔内出现大量分泌物，有时会从乳头排出淡黄色黏稠的分泌物，这种分泌物与哺乳时的乳汁相比含脂肪和乳糖较少，含蛋白质成分较多，特别是乳蛋白和抗体蛋白。乳腺小叶内和小叶间的结缔组织进一步减少，而血管则进一步增多。此时的腺细胞较静止期的腺细胞增大近两倍，腺泡腔也明显扩大，乳腺小叶显著增大，整个乳房也明显增大。

妊娠期乳腺结构和功能发生巨大的进行性变化，这种变化是在妊娠期间多种激素的作用下发生的。动物实验显示，如果给予未经产成年动物足量的雌激素，其乳腺也会迅速发育。某些动物妊娠期乳腺的变化主要是由雌激素引发的，另一些动物妊娠期乳腺的一系列变化除需要雌激素的作用外，黄体酮的作用也是必需的。

3. 哺乳期乳腺

随着乳腺分泌活动的增强和分泌物的增多，分泌物开始从乳头排出，这种分泌物称初乳（colostrum），内含脂滴、乳蛋白、乳糖、免疫球蛋白等，其中还有一些吞噬了脂肪颗粒的巨噬细胞，即初乳小体。经产妇排放初乳的时间比初产妇早。分娩后 3 天内的初乳分泌量即大增，3 天后开始分泌正常乳汁。

哺乳中婴儿吮吸乳汁时，乳腺即停止分泌活动，乳汁是在哺乳的间隔期分泌和蓄积的。光镜下观察哺乳期乳腺，小叶内充满含乳汁的腺泡，小叶内导管明显可见，结缔组织中的血管增多，小叶间隔变得很薄。间质中的脂肪细胞减少，淋巴细胞、浆细胞和嗜酸性粒细胞则明显增多。腺泡多而大，腺泡腔内分泌物随哺乳时间的不同而多少不一；腺泡上皮的形态随分泌周期的时相不同而异，有的呈高柱状，有的呈矮柱状或立方形，有的呈扁平状。

4. 断奶和绝经后的乳腺

停止哺乳即断奶后，乳腺便停止分泌活动，乳腺结构也发生变化，逐渐恢复到妊娠前的状态。断奶后，绝大多数腺泡逐渐退化并被吸收，只有少数腺泡保留下来，乳腺小叶变小，小叶间和小叶内的结缔组织与脂肪组织增多。断奶后乳头不再受吮吸刺激，腺泡不能排空，催乳激素锐减，腺体停止分泌。光镜下观察断奶后的乳腺，腺泡先极度扩张，腔内充满分泌物，腺上皮呈扁平状；分泌物被吸收后，腺泡塌陷，腺泡上皮逐渐退化，结缔组织和脂肪组织明显增多。断奶 10 天后，可见小叶内的腺泡大部分退化消失，仅残留少数体积很小的腺泡，结缔组织和脂肪组织则大量增多。

绝经后，雌激素和孕激素的水平急剧下降，乳腺小叶间及小叶内的腺组织萎缩退化，仅残留少量导管，结缔组织细胞和胶原纤维也明显减少，脂肪组织几乎完全取代了腺组织。乳腺内脂肪组织的多寡有一定个体差异。绝经后有的妇女乳腺可恢复到青春期之前的状态，少数妇女的乳腺出现一些特殊变化，如部分导管上皮增生，部分导管扩大成囊肿，还有的出现分泌活动。

5. 男性乳腺

胚胎时期男性乳腺的发生和发育过程与女性相同。出生后，男性乳腺终生保持不发育状态，仅有少数小导管及少量结缔组织和脂肪组织，小导管大多为实心的细胞索，不形成乳腺小叶和腺泡，有些人进入青春期后，可能出现乳腺一时性的轻微增大。男性乳晕也发育较好，但较女性的小。

小鼠的乳腺只有 1 根输乳管，形成 5～10 根次级导管，与人类一样，导管在青春期进入乳腺脂肪垫。成年未育女性的乳腺已发育出末端导管小叶腺泡单位，但小鼠只有在怀孕期间乳腺才会长出末端的腺泡结构。雄性小鼠的乳腺组织在胚胎发育期间逐渐退化，所以雄性小鼠没有乳头。小鼠的发情周期短，持续 3～5 天，小鼠乳腺在妊娠期和哺乳期的变化一般分为早期（1～7 天）、中期（8～14 天）和后期（15～18/20 天）变化，即泌乳前期、泌乳期和退化期变化。小鼠产仔后 3 周离乳，乳腺退化开始于上皮细胞的迅速减少和腺体向妊娠前无小叶腺泡单位的简单导管结构的重塑。乳腺的组织学比较见表 10.6。

表 10.6 乳腺的组织学比较

	特征	人	实验动物
大体结构	腺体数目	两个（1 对）	小鼠 10 个（5 对），成熟雄鼠缺乏乳腺组织；大鼠 12 个（6 对），雄鼠有乳腺组织
	乳头	男性和女性均有	小鼠仅存在于雌鼠；大鼠的雌鼠和雄鼠均有
	乳腺管的组织方式	乳头内的几根主要输乳管在乳房内形成一个节段分叉的导管系统	小鼠为单根输乳管，形成 5～10 根二级导管，在乳房中进一步分支
	腺体分叶	腺体分叶，15～20 叶	小鼠乳腺不分叶，为单个分支系统
组织学	成熟的功能性腺单位	终末导管小叶单位（TDLU）	小鼠的腺单位是小叶小泡单位（LA）；大鼠雄鼠大部分为腺泡小叶，雌鼠大部分为导管及少量腺泡
	功能性腺单位的发育	20 岁左右成熟	小鼠的乳腺仅在怀孕期间成熟
	未成熟的乳腺	终末导管小叶单位存在，但发育较慢	小鼠没有小叶小泡单位，怀孕期间导管的末端变钝，直到形成末端芽；幼龄大鼠常见末端乳芽
	成熟的乳腺	周围胶原结缔组织和 TDLU 周围脂肪组织的密度各不相同	小鼠围绕静止导管的只有脂肪组织，结缔组织稀少
	哺乳期乳腺	发育良好的腺泡，有胞质内乳汁和核异型性	小鼠同人

6. 乳腺的血供和淋巴

乳腺的血液供应来自肋间动脉、胸外侧动脉和胸廓内动脉的分支。动脉分支沿乳腺导管行至分泌部，分支形成毛细血管网。毛细血管汇入小静脉，小静脉沿乳腺导管行进并逐级汇合，最终汇入腋静脉和胸前静脉。

乳腺的淋巴管也很丰富，腺泡周围结缔组织中的毛细淋巴管密集，它们汇成小淋巴管沿血管和腺导管走行，并逐级汇合，最后汇入较大的淋巴管注入腋淋巴结、锁骨下淋巴结和胸旁淋巴结。

（四）特殊皮肤腺体

1. 趾间窦

趾间窦（interdigital sinus）：绵羊的趾间窦位于趾间，恰好在蹄的上方。窦的开口在趾间隙的背侧端。窦壁衬以复层扁平上皮，真皮内含有散在的毛囊和皮脂腺。窦壁的深部充满大的顶浆分泌型腺体，此处的上皮细胞表面有泡状的胞质突起。趾间窦内的这些腺体统称趾间腺。

2. 腕腺

腕腺（carpal gland）：猪的腕腺位于腕部的内侧面，由局部分泌型汗腺大量聚集而成，经由 3～5 个肉眼可见的小憩室开口于皮肤表面，憩室内衬以复层扁平上皮。腺体组织位于皮下组织内，由许多腺小叶组成。腺小叶内密集典型的局部分泌型汗腺的分泌细胞，分为明细胞和暗细胞两种类型，此外还可见肌上皮细胞。每一腺小叶有一条衬以双层立方上皮的导管，其在真皮内弯曲走行，再呈盘旋状通过表皮，最后开口于憩室的底面。

3. 肛周腺

肛周腺（circumanal gland）：犬的肛周腺是特化的皮脂腺，位于肛门括约肌（骨骼肌）肌束之间，由两个不同的部分组成。浅部是典型的皮脂腺部，有一明显的导管通入毛囊深部。深层是非皮脂腺部，由密集的细胞团组成，细胞内充满蛋白性胞质颗粒。非皮脂腺部无导管，由一微细的实心上皮样细胞索连接到皮脂腺部。

4. 肛囊

肛囊（anal sac）：又称为肛门窦，是位于肛门内括约肌（平滑肌）和外括约肌（骨骼肌）之间的皮肤憩室。导管开口于肛门内，开口部恰好在肛黏膜与皮肤结合部。导管和肛囊内均衬以复层扁平上皮。猫的肛囊囊壁内含有皮脂腺和顶浆分泌型汗腺，犬只有顶浆分泌型汗腺。犬的肛囊管易阻塞，导致囊内填满分泌物和碎屑，阻塞后常继发感染，需要挤出囊内的内容物或通过外科手术摘除此囊。

5. 麝香腺囊

麝香腺囊（musk glandular sac）：麝香是名贵的中药材和高级动物香料，它是雄麝特有的麝香腺囊分泌物，是对麝群行使化学通讯功能的一种信息素。麝香腺囊由香腺部和香囊部组成。香腺部和香囊部的大小随泌香活动而异。香腺部的腺泡上皮以顶浆分泌方式分泌的初香，经导管输送到香囊腔内，与香囊分泌的皮脂一起逐渐转化成成熟的麝香。

香腺部：香腺部主要由腺泡上皮细胞与基膜组成的腺泡和疏松结缔组织组成。腺泡上皮细胞有明细胞和暗细胞两种类型，两种细胞的比例在不同的分泌时期有变化。暗细胞是主要的分泌细胞。泌香高峰时期可见腺泡上皮呈高柱状，暗细胞多，明细胞少。在基膜与腺上皮之间有肌上皮细胞存在。泌香高峰期过后，腺泡变小，腺泡间的结缔组织相对增多，明细胞增多，暗细胞减少，腺泡细胞多呈立方形。

香囊部：香囊部主要由管、颈和体组成。囊壁由数十层扁平的角质细胞所组成，浅层细胞已角化，无细胞核和细胞器。角质层深部是致密结缔组织。囊颈和囊管部有纵行与环形平滑肌层，在平滑肌细胞间有丰富的皮脂腺。香囊部皮脂腺的结构无周期性变化，其分泌的皮脂与香腺部分泌的初香共同形成麝香。

皮肤附属腺体分泌方式比较见表 10.7。

表 10.7　皮肤附属腺体分泌方式比较

	全质分泌	顶质分泌	局质分泌
分泌方式	瓦解整个细胞分泌	从细胞的顶部/上部脱落	胞吐，细胞膜包裹一部分物质出芽
分泌物	皮脂，主要是脂质	蛋白质、脂质、胆固醇、信息素类物质	主要成分为水、电解质
分布	面部，胸部，后背	腋窝，腹股沟，乳头附近等	分布于身体各处，手心、脚掌密集
作用	润滑肌肤，阻碍细菌生长	"情绪出汗"的工具	维持正常体温，排出氮废物、水和电解质，分泌溶菌酶，产生免疫球蛋白
特点		分泌物先进入毛囊，青春期后开始发挥作用	

三、甲

甲（nail）由甲板以及它周围和下面的组织组成。甲板（nail plate）为较透明的角质板，长在每个指（趾）末节的背面，呈外突的长方形。甲板的形状在不同个体和同一个体的各指（趾）上都有差别，人的甲厚 0.5～0.75mm。

从纵的方向看，甲板可分为：①甲根（nail root），指埋在皮肤下面的甲板近侧部；②甲体（nail body），位于甲床背面，即平常可见的部分；③甲板远端的游离缘。甲板除游离缘外，两侧和近侧部都嵌在皮肤所形成的甲沟（nail groove）内，近侧的甲沟较深，两侧的浅。两侧和近侧甲沟旁的皮肤形成褶，分别称侧甲襞（lateral nail fold）和后甲襞（posterior nail fold）。甲根位于后甲襞向后下方伸延的楔形凹中，后甲襞上的角质层名甲上皮（eponychium），由襞的腹侧面发生，紧贴甲板表面。它封闭了甲板背面和后甲襞腹侧面之间的潜在空隙。

甲板位于甲床（nail bed）上面。甲床为上皮组织，其下方为富含血管的真皮，与指（趾）骨的骨膜相连接。甲床远端游离缘下面表皮的角质层较厚，名甲下皮（hyponychium），它与手指腹侧面的表皮相连，两者之间有弧形的浅沟。概括而言，甲上皮包括 6 个部位的上皮：后甲襞的表皮，甲母质的生发上皮，甲床上皮，甲下皮部位的表皮，指（趾）末节掌（跖）面的表皮和甲板。

后甲襞背面和腹侧面具有一般表皮的 4 层，含有透明角质颗粒的颗粒层。甲上皮的角质细胞大部分来自后甲襞腹侧面的上皮，甲下皮的表皮为甲床上皮前端与浅沟之间的部分，它的角化与指（趾）腹侧面的表皮相同，有颗粒层。甲各部位的上皮下面的真皮富含血管，乳头层中尤其丰富。此外，真皮内有动静脉吻合，称血管球（见皮肤的血管）。甲床没有汗腺和皮脂腺。

甲有多方面的功能，最重要的是对指（趾）末节起保护作用。甲床真皮中有丰富的感觉神经末梢，有些纤维终止在甲床上皮中的梅克尔细胞上，故指甲有精细触觉。

四、趾器官

（一）蹄

蹄位于第三指（趾）节，可分为蹄褶、蹄壁和蹄底三部分。

蹄褶为一皮肤褶，较柔软，覆盖于蹄壁背侧面上部，由表皮和真皮构成。其表皮与无毛部位的表皮类似，由基底层、棘层、颗粒层、透明层和角质层组成；真皮内有乳头，伸入表皮的角质小管中。

蹄壁由外层、中层和内层组成。内层又称小叶层，由表皮小叶和真皮小叶构成。表皮小叶和真皮小叶呈指状嵌合。每种小叶又分为初级小叶和次级小叶。表皮初级小叶中轴由角质细胞构成，外覆基底细胞和棘细胞；表皮次级小叶没有角质细胞，完全由棘细胞和基底细胞构成。皮肤的真皮突入表皮形成真皮小叶，由致密结缔组织构成。各种动物的小叶结构不同。马蹄壁内层有初级小叶和发达的次级小叶；牛、羊等反刍动物和猪蹄壁内层仅有初级小叶，无次级小叶；犬和猫爪壁内表面基本无小叶结构，仅在背嵴边缘处有少量发育不全的小叶。

（二）趾枕

趾枕是动物全身皮肤中最厚的部分，由表皮、真皮和皮下组织构成。表皮由角化的复层扁平上皮构成，包括基底层、棘层、颗粒层、透明层和角质层。

羊、马、牛的趾枕不发达，犬和猫的趾枕较发达。犬、猫的趾枕除表面的结构不同外，其余的结构相似：犬的趾枕表面粗糙，有角化的锥状乳头分布，真皮有显著的真皮乳头，它们与表皮的突起呈指间嵌合；猫的趾枕表面光滑，有常见的真皮结构。盘曲的局部分泌型汗腺存在于真皮和趾垫内。皮下脂肪组织被胶原纤维和弹性纤维围绕，分隔成团块。

第五节　皮肤的血管、淋巴管和神经

一、血管和淋巴管

真皮中有由微动脉和微静脉构成的浅丛（superficial plexus）与深丛（deep plexus），这些血管与皮肤表面平行。动脉和静脉的浅丛与深丛之间分别由垂直方向的血管相通连。动脉和静脉的深丛位于真皮网织层深部，浅丛也称乳头下丛，位于乳头层下方网织层的浅层。由乳头下丛发出襻状毛细血管到每个真皮乳头。毛细血管的静脉端通到浅丛的毛细血管后微静脉，然后相继通到真皮的交通微静脉、深丛较大的微静脉和皮下组织中的小静脉。深丛和浅丛之间有丰富的吻合支，在真皮浅部、毛-皮脂腺单位和汗腺周围相当发达。在血管的某些通路受阻时，这些吻合支可构成侧支通路。

在组织学上，皮下组织中的小动脉和真皮深部较大的微动脉都具有血管的三层结构。内膜由内皮和一层内弹性膜组成；中膜包括几层平滑肌细胞和弹性纤维，小动脉可有外弹性膜；外膜由成纤维细胞、III型胶原和弹性纤维组成。真皮浅层较小的微动脉没有内和外弹性膜，只有不连续的平滑肌。真皮乳头中毛细血管襻的上行动脉段管腔窄小，内皮周围有不连续的周细胞；襻的下行静脉段管腔较大，内皮周围的周细胞较多。由毛细血管后微静脉到皮下组织的静脉，管壁渐增厚。毛细血管后微静脉与毛细血管相似，管壁只有内皮细胞、周细胞、基板和薄层 III 型胶原纤维。较大的微静脉渐有较多的平滑肌和弹性纤维，但没有弹性膜。大的微静脉和小静脉已有瓣膜，有些较大的小静脉有内弹性膜。

皮肤的毛细血管大多为连续型。此型毛细血管与周围组织进行液体和水溶性小分子物质交换，主要是借助于内皮细胞吞饮小泡。毛细血管和微静脉的通透性较大，氧、水分、营养物质和激素等由此处进入组织，二氧化碳和代谢产物也由此处进入血。毛细血管后微静脉的通透性最大，为炎性皮肤病时易发生病理变化的部位。

真皮深层有特殊形式的动静脉吻合，称血管球（glomus）。它们是微动脉和微静脉之间的血流旁路，血流不经过毛细血管床，以增加局部的血流量和流速。它们主要参与体温调节，在手指、足趾、甲床、外耳等肢端部位最丰富。对动静脉吻合的血流调节机制还所知不多。皮肤中的动静脉吻合对调节全身和局部体温很重要。兔耳在 40℃ 以上时，吻合支血管松弛，血流增加；温度低于 15℃ 时，吻合支血管也松弛，以使局部温度升高。各种体液因素也影响皮肤的血流，如血管紧张素 II、垂体加压素和肾上腺素可致血管收缩；而酒精、组胺和前列腺素 E 可致血管扩张。小鼠的真皮血管系统规模较人小，主要的毛细血管网与毛囊有关。

皮肤中有淋巴管网，与几个主要的血管丛平行。毛细淋巴管盲端起始于真皮乳头，渐汇合为管壁较厚的具有瓣膜的淋巴管。这些淋巴管通连到皮肤深层和皮下组织的更大淋巴管。毛细淋巴管管壁很薄，只由一层内皮和少量网状纤维构成，没有周细胞，也没有明显的基板。内皮细胞之间有间隙，周围组织中的液体、大分子物质和异物以及炎性细胞易渗入。结缔组织中的胶原原纤维呈直角状附着于毛细淋巴管管壁上，原纤维的另一端伸到周围结缔组织中，以使淋巴管腔通畅，在炎症发生水肿时管腔不致塌陷。

二、神经

皮肤中有丰富的神经纤维和神经末梢。从皮下组织来的神经纤维在真皮中形成网丛，其中以深网和乳头下网最清晰。这些神经纤维包括有髓的脑、脊神经纤维和无髓的交感神经纤维。深网的纤维束粗大，网眼较宽。网丛的每根神经纤维最后都单独走行，支配一小区的皮肤。一条纤维的许多终末支和邻近纤维的终末支部分地重叠分布，以致皮肤的任何一处都由网丛的数根纤维支配。胆碱酯酶组织化学方法能够显示皮肤中绝大多数神经纤维。

皮肤的感受器基本分为两大类，即所谓的游离神经末梢和有被囊神经末梢。

游离神经末梢广泛分布于皮肤中。在动物，有可能显示出进入表皮的轴突，特别易见于四脚兽类鼻子的无毛皮肤中，实验动物的一般表皮中也偶尔可以见到从表皮下网进入表皮的轴突斜行上升到棘层、颗粒层或接近角质层。毛囊周围都有神经纤维缠绕，其分布形式与真皮的神经网基本相似，所以也可以称为毛囊神经网。毛囊神经网以其末梢灵敏地感受毛囊移位的机械性刺激。毛囊的刺样末梢已述于神经组织章节中，它见于猫、犬鼻周长毛的毛囊上，而毛囊神经网的结构形式则较为普遍。

有被囊神经末梢只占皮肤感受器的一小部分，主要有环层小体、鲁菲尼终末、触觉小体、梅克尔触盘、克劳泽终球、皮肤黏膜小体等。

皮肤中感觉神经末梢的分布和密度在不同部位有较大的差别，即使同一条感觉神经纤维，其分支的分布范围也不同。因此，皮肤各部位对刺激的定位和分辨两点的能力，以及对机械和温度刺激的阈值也不同。四肢末端感觉最敏锐，口周围、肛门和外生殖器也较敏感，但胸、腹和头部则较迟钝。

第六节　实验动物特殊皮肤类型

一、特殊皮肤区

（一）尾部的皮肤

大鼠和小鼠尾部的皮肤形成边缘朝向尾尖的鳞片，鳞片表面的表皮高度角化，鳞片环状排列，有时排列不规则。据报道大鼠尾平均有鳞片190列（150~225列），总数约为3000片。

掌皮、跖皮和垫皮：大鼠和小鼠掌跖皮肤和爪垫皮肤无毛与皮脂腺，表皮增厚，高度角化，特别是垫皮。垫皮有汗腺，汗腺的弯曲部包埋在沉积于皮下组织的脂肪组织中。

（二）特殊品系小鼠的皮肤

1. 无毛鼠的皮肤

若干突变基因均可在啮齿类动物中产生无毛表现型，如无胸腺裸鼠（Nude）、裸鼠（Naked）、无毛鼠（Hairless）、犀牛鼠（Rhino）等。其中通常说的裸鼠的特性除无毛外，还包括胸腺缺陷表现型。

无毛鼠的大体表型：所有hr突变小鼠的显著表型就是出生后快速、完全、边界清楚地脱毛，且遵循一定的顺序进行（在13~14日龄从上睑开始发展至眼周，再到前肢、身体背侧面和腹侧面，最后全身覆毛完全脱落）。纯合的犀牛鼠和Yurlovo鼠的仔鼠，褪毛过程较hr小鼠晚1天，且在无毛皮肤和有毛皮肤间没有那么明显的界限。3周龄（Yurlovo小鼠4~5周龄）小鼠除口鼻部残留有部分触须外，全身的皮肤基本上完全裸露。无毛小鼠褪毛后全裸，直至5周龄出现第二次被毛生长，再次长出的毛形态异常、稀疏纤细。犀牛鼠则在60日龄前一直保持有一些分散的被毛，此后不再有被毛长出。触须能够持续更替生长，但随着动物的年老形态异常。成年无毛小鼠的皮肤保持柔软光滑，1年以上的动物皮肤逐渐增厚。但犀牛鼠，特别是Yurlovo纯合小鼠的皮肤会出现渐进性的增厚，松弛出现皱襞。

无毛鼠的皮肤组织学表现：所有无毛皮肤有与表面连接的"小囊"，随着年龄增长，小囊会因为残留的角质细胞而扩张，特别是犀牛鼠这一现象更加明显。无毛小鼠的小囊通过非角化的皮脂腺管与正常的皮脂腺相连。犀牛小鼠的皮脂腺出生后迅速变小，在2月龄时，只能偶尔见到单独的小囊包裹皮脂存在。与此相反，在无毛的和Yurlovo突变的小鼠皮肤中，皮脂腺发达，并在出生后半年内发育增大。裸小鼠无毛、无胸腺，皮肤随年龄增长逐渐变薄，头颈部皮肤出现皱褶。裸大鼠毛色为白色、黑色或黑白相间，体毛稀少，有时暂时完全消失，以后又复现。年龄较大的雄鼠尾根往往多毛。

无胸腺裸鼠是先天性胸腺缺陷的突变小鼠，是第VII连锁群（linkage group）内裸体位点的等位基因发生纯合而形成的突变小鼠品种。裸鼠（纯合子nu/nu突变鼠）主要表现为无毛（但组织学证明有被毛滤泡）以及缺乏正常胸腺，杂合子小鼠表型正常。其与其他无毛鼠的特征区别是胸腺缺陷表型。裸鼠主要应用于胸腺功能的研究，也用于皮肤移植等方面的实验研究。裸大鼠与裸小鼠相似，但并不是完全无毛，而是体毛稀少，有时暂时完全消失后还能复现。由于缺少T淋巴细胞，裸大鼠能成功地移植异种皮肤和异种肿瘤，包括小鼠肿瘤和人肿瘤。

2. 白化鼠的皮肤

人的白化病是一种罕见的遗传性疾病，具有特征性的视觉系统缺失，表现为视力差，并伴发不同程度的色素缺失，色素缺失可累及眼睛、皮肤和毛发。白化现象在自然界广泛存在，常见的白化病动物包括多种实验动物品系，如大鼠、小鼠、豚鼠、兔和雪貂等。黑素细胞中的酪氨酸经酪氨酸酶催化，经由DOPA、多巴醌、吲哚醌等形式，最后生成黑色素。白化小鼠和白化病患者都有黑素细胞和黑素体，但缺乏黑色素生成所需的酪氨酸酶基因。除酪氨酸酶基因突变引起白化外，其他一些基因突变也可能导致白化表型的出现，在小鼠中，目前已知有约100种基因影响白化表型。

二、实验用鱼的皮肤

鱼类的皮肤由表皮和真皮组成，表皮覆有黏液腺，真皮除分布有丰富的血管、神经、侧线感受器之外，还有色素细胞、光彩细胞、脂肪细胞。鱼鳞是鱼类特有的皮肤衍生物，由钙质组成，被覆在鱼类体表全身或部分，是鱼类的主要特征之一。

（一）表皮

鱼类的表皮由上皮细胞构成，分为生发层和腺层两部分。生发层仅由一层柱状细胞构成，细胞增殖能力强；腺层位于生发层上方，细胞层数随不同种类发生变化。鱼类的表皮薄而柔软，不会角化，具有大量单细胞腺，能分泌大量的黏液。

（二）真皮

鱼类的真皮位于表皮之下，主要由结缔组织构成，细胞很少。多数鱼类的真皮分为三层：外膜层，很薄，结缔组织均匀排列，呈片状；疏松层，略厚于外膜层，结缔组织呈海绵状疏松排列，含色素细胞，血管丰富；致密层，较厚，结缔组织发达，细胞很少，纤维呈束状紧密排列。

鱼类皮肤中的腺体由上皮细胞衍生而成，包括黏液腺和毒腺。黏液腺均为单细胞腺，包括杯状细胞、颗粒细胞、棒状细胞和浆液细胞。黏液腺的分泌物中含有黏多糖类和纤维物质，遇水后膨胀发黏形成黏液。黏液可以减少水和鱼类体表的摩擦阻力，增加鱼类的游泳速度；减少细菌或寄生虫对鱼类的侵袭；使鱼体润滑，不易被捕捉；能够调节皮肤表面的渗透功能。某些鱼类的真皮层内许多腺细胞集合形成毒腺，在自卫、攻击和捕食中发挥作用。

（三）鱼鳞

鱼鳞是鱼类的外骨骼，由皮肤衍生而来，具有保护鱼体的作用。根据鳞片的外形、构造和发生特点分为盾鳞、硬鳞、骨鳞。其中盾鳞为软骨鱼类所特有，由表皮和真皮联合形成，成对角线排列；硬鳞为少数低等硬骨鱼类所特有，质地坚硬，成行排列，以关节相连；骨鳞为真骨鱼类所特有，每片由上层骨质层和下层纤维层构成。

（四）体色

鱼类的真皮层分布有色素细胞，包括黑素细胞、黄素细胞、红素细胞和光彩细胞。黑素细胞呈星形，有很多突起，含有棕色、黑色或灰黑色的颗粒；黄素细胞结构大致与黑素细胞相同，但色素颗粒小，在光线透射时呈橙黄色或棕色；红素细胞不常见，热带鱼类含量较多，分布是局部的，结构也与黑素细胞相似；光彩细胞的色素颗粒是鸟粪素颗粒，能折光，使鱼体呈银白色。

鱼类色素细胞内色素颗粒的扩散与集中发生变化导致鱼体色泽变化，从而起到保护自己、攻击或迷惑敌人、逃避敌害等作用。某些鱼类的雌鱼和雄鱼体色不同，还有一些鱼类具起警戒作用的警戒色。

第七节　皮肤的再生

正常情况下皮肤表皮、真皮和皮肤附属器的不断更新，为皮肤的生理性再生。皮肤受到损伤后的再生和修复，称为补偿性再生。补偿性再生和修复的时间随损伤的面积与深度不同而不同。对人来说，小面积损伤数天即可愈合，不留瘢痕，较大而深的损伤的再生过程较复杂。大的损伤发生后首先损伤处出现凝血，单核细胞进入组织转变成巨噬细胞；随后巨噬细胞清除伤处的坏死组织，并分泌趋化物质吸引成纤维细胞、内皮细胞迁移至损伤处；成纤维细胞产生细胞外的基质和纤维成分；之后毛细血管长入损伤部位的新生基质中；含有丰富毛细血管的新生组织又称为肉芽组织，表皮细胞可以在其上生长，残存的毛囊和汗腺上皮等可提供表皮再生的幼稚细胞。伤口修复后表面虽有角化表皮覆盖,但由于缺乏汗腺、毛发和真皮乳头,成为瘢痕。

　　小鼠的皮肤再生能力较强,一般大小的创面即使不做处理,在1~2周通过创面收缩以及边缘上皮细胞的爬行即可愈合。地鼠对皮肤移植的反应很特殊,同一封闭群的个体间的皮肤移植均可成活,并能长期生存,但不同种群间的移植100%被排斥。

　　皮肤的组织学比较见表10.8。

表10.8 皮肤的组织学比较

		人	大、小鼠等实验动物	畜禽等其他动物
皮肤厚度		较厚,50~100μm,手掌和足底更厚,300~400μm	较薄,10~15μm,特殊部位较厚,如尾70~81μm,足垫150~400μm,鼻口20~30μm,眼睑50~60μm	
表皮		较厚,分为5层:基底层、棘层、颗粒层、透明层和角质层	小鼠只有趾垫处的较厚皮肤含透明层,幼鼠常缺失颗粒层,大鼠和小鼠尾部的皮肤形成边缘朝向尾尖的鳞片,鳞片表面的表皮高度角化	在两栖类和爬行类中,蜥蜴角质层大片间断脱落,蛇类全身的角质层整层同时脱落,甚至眼角膜也一同脱落,称蛇蜕
真皮		乳头层和网织层	小鼠真皮层较薄	马和牛的真皮乳头层较厚,乳头发达;猿猴的手掌、表皮较厚的哺乳动物如河马等的乳头体特别发达
毛类型	躯干	主要为毫毛和终毛	啮齿类动物全身绝大部分皮肤表面都被覆有毛,只有手掌、口唇等特殊位置没有毛,且不同品系毛色各异,主要为针毛、锯齿状毛、锥毛	大多数动物如虎、水獭、家兔等兼有针毛和绒毛,猪则只有针毛,细毛羊只有绒毛;此外部分哺乳动物的上唇、颊等处还有刺状的触须,由针毛转化而成,毛囊富含神经,成为一种感受器;有些动物如刺猬、豪猪等身体上的棘,是由数根毛集合变态而成,可作为动物的防御器官
	特殊部位	眉毛,阴毛,腋毛	啮齿类面部和口鼻周围有毛囊含血窦结构的触须,为一种特化的触觉感受器	
	发生	妊娠19~21周	出生后5天	
	周期	呈马赛克式的生长模式	成年动物呈区域循环模式	
皮脂腺	躯干	有	有	
	特殊部位	睑板腺和耵聍腺	睑板腺、外耳道腺、包皮腺、阴蒂腺和肛周腺	
汗腺	外泌汗腺	全身分布	大鼠仅足距部有,犬和猫的趾枕部有	有蹄类动物的蹄叉、猪的腕部以及猪和反刍动物的鼻唇部有较多分布
	顶泌汗腺	腋窝、肛周	乳腺	大汗腺在家畜中广泛存在,皮肤中的汗腺多是顶泌汗腺;马的这类汗腺分泌旺盛,山羊和猫的分泌不旺盛

参 考 文 献

成令忠, 钟翠平, 蔡文琴. 2003. 现代组织学. 上海: 上海科学技术文献出版社: 705-737.

胡浩, 贾政军. 2016. 白化病的分子遗传学研究进展. 医学综述, (8): 1471-1474.

李德雪, 林茂勇, 张乐萃. 2004. 动物比较组织学. 台北: 艺轩图书出版社: 131-146.

李和, 李继承. 2015. 组织学与胚胎学. 3版. 北京: 人民卫生出版社: 165-178.

李宪堂. 2019. 实验动物功能性组织学图谱. 北京: 科学出版社: 227-232.

彭克美. 2005. 畜禽解剖学. 北京: 高等教育出版社: 42-53.

秦川. 2017. 实验动物比较组织学彩色图谱. 北京: 科学出版社: 222-233.

秦川. 2018. 中华医学百科全书——医学实验动物学. 北京: 中国协和医科大学出版社.

沈霞芬, 卿素珠. 2015. 家畜组织学与胚胎学. 5版. 北京: 中国农业出版社: 108-118.

周光兴. 2002. 比较组织学彩色图谱. 上海: 复旦大学出版社: 201-205.

Butcher EO. 1946. Hair growth and sebaceous glands in skin transplanted under the skin and into the peritoneal cavity in the rat.

Anat Rec, 96(2): 101-109.

Butcher EO. 1959. Restitutive growth in the hair follicle of the rat. Ann N Y Acad Sci, 83: 369-377.

Butcher EO. 1965. The specificity of the hair papilla in the rat. Anat Rec, 151: 231-237.

Cotsarelis G, Sun TT, Lavker RM. 1990. Label-retaining cells reside in the bulge area of pilosebaceous unit: implications for follicular stem cells, hair cycle, and skin carcinogenesis. Cell, 61(7): 1329-1337.

Dimiccoli M, Girard B, Berthoz A, et al. 2013. Striola magica. A functional explanation of otolith geometry. J Comput Neurosci, 35(2): 125-54. doi: 10.1007/s10827-013-0444-x.

Ebling FJ. 1954. Changes in the sebaceous glands and epidermis during the oestrous cycle of the albino rat. J Endocrinol, 10(2): 147-154.

Elizabeth F, McInnes EF. 2012. Background Lesions in Laboratory Animals A Color Atlas. Edinburgh: Elsevier Ltd.

Halata Z, Grim M, Bauman KI. 2003. "Friedrich sigmund Merkel" and his "Merkel cell", morphology, development, and physiology: review and new results. The Anatomical Record Part A: Discoveries in Molecular, Cellular, and Evolutionary Biology, 271: 225-239.

Mao Y, Bai HX, Li B, et al. 2018. Dimensions of the ciliary muscles of Brücke, Müller and Iwanoff and their associations with axial length and glaucoma. Graefes Arch Clin Exp Ophthalmol, 256(11): 2165-2171.

Nakazawa K, Spicer SS, Schulte BA. 1996. Focal expression of A-CAM on pillar cells during formation of Corti's tunnel in gerbil cochlea. Anat Rec, 245(3): 577-580.

Piper M, Treuting PM. 2018. Comparative Anatomy and Histology: A Mouse, Rat and Human Atlas. 2nd ed. London: Elsevier Ltd: 41-52, 433-456.

Wobmann PR, Fine BS. 1972. The clump cells of Koganei. A light and electron microscopic study. Am J Ophthalmol, 73(1): 90-101.

第十一章　眼　和　耳

感觉器官（sense organ）主要由感受器和中枢神经系统两部分组成。感受器能感受外界和机体本身情况的变化，产生兴奋，通过感觉神经将兴奋向中枢神经系统传递，经过中枢的整合分析，再通过运动神经调节机体的活动。因此，感觉器官和感受器是两个不同的概念，但实际上这两个词又常常互相通用，介绍感觉器官时，一般也只涉及感受器。

根据刺激的来源不同，感受器可分为两大类，即感受外界刺激的外感受器和感受身体内部刺激的内感受器。外感受器有司痛觉和温觉的游离神经末梢，司味觉的味蕾，司视觉的眼等；内感受器有司体位觉的肌梭和腱梭，感知血液酸碱度的颈动脉体和主动脉体等。

本章仅论述眼、耳的组织结构，其余感受器会在相关的章节内加以介绍。

第一节　眼

眼（eye）是视觉感受器，主要由眼球构成，具有屈光成像和感光功能。眼睑、结膜、泪腺和眼外肌等为眼的辅助装置，起到支持、保护和运动等作用。动物种类不同，眼的外形和结构有些差异，但基本结构相同。人眼的直径为 23.5～25mm，成年小鼠的眼睛平均直径约为 4mm。角膜缘后眼睛的结构基本由三层膜（由外至内）：巩膜、葡萄膜和视网膜组成。眼内空间可分为前房、后房和玻璃体腔三个部分。

眼眶腔内除眼球外，还包括眼外肌、视神经、眶内泪腺、哈氏腺、血管、淋巴管和神经，人没有哈氏腺。

一、眼球壁

眼球壁分三层，自外向内依次为纤维膜（fibrous tunic）、葡萄膜（uvea）和视网膜（retina）。根据结构和功能的差异，从前至后，各层区分为几个不同的部分。纤维膜分为透明的角膜与乳白色不透明的巩膜，为眼球的保护和支持结构，两者均主要由致密结缔组织组成，类似软骨，坚硬而有弹性。角膜的曲率半径较巩膜小，因此显得稍向前方突出，是眼屈光系统的重要组成部分。角膜在眼球壁中所占的面积较小，约为 1/5，其余为巩膜，两者之间的移行部位称角膜缘。葡萄膜又名血管膜（vascular tunic），以富含血管和色素细胞为特点，具有吸收光线和为视网膜提供营养等功能。葡萄膜自前向后分为虹膜、睫状体和脉络膜三部分，前两部分的内表面被覆有视网膜的盲部。视网膜也相应地分为视网膜虹膜部、视网膜睫状体部和视网膜视部，前两者共同组成视网膜盲部，视网膜视部统称为视网膜。眼球腔内含有房水、晶状体、睫状小带和玻璃体组成的内容物。角膜、房水、晶状体和玻璃体构成眼的屈光系统。

眼球壁分层比较见表 11.1。

表 11.1　眼球壁分层比较

角膜	巩膜	虹膜	睫状体	脉络膜	视网膜
5 层	3 层	4 层	4 层	4 层	10 层
角膜上皮，前界层，固有层，后界层和角膜内皮	巩膜上层，巩膜固有层和棕黑层	前缘层，虹膜基质，瞳孔括约肌和瞳孔开大肌，色素上皮	睫状肌，血管层，色素上皮和外基膜，非色素上皮和内基膜	脉络膜上层，固有层，脉络膜毛细血管层，玻璃膜	色素上皮层，视杆视锥层，外界膜，外核层，外网层，内核层，内网层，节细胞层，神经纤维层，内界膜

（一）角膜

角膜（cornea）圆形，无色、透明而有弹性，前方稍突，周围部较平坦，边缘切面呈楔形，与巩膜相连。由于角膜上、下缘被巩膜覆盖较多，鼻颞侧覆盖较少，因此从前方观角膜呈椭圆形，从后面观呈圆形。角膜水平直径为 11.5mm，垂直直径为 10.5mm。角膜的厚薄不均，边缘部厚为 1mm，中央厚为 0.5mm，无明显性别与年龄差异。由此可见，角膜前表面的曲率半径较大（7.8mm），后表面曲率半径小（6.6mm），屈光力分别为 +48.8D 和 -5.8D，两者的代数和为 +43D，约占整个眼球屈光力的 70%。角膜无血管分布，但有丰富的神经末梢，感觉非常敏锐。角膜的营养主要由房水和角膜缘毛细胞血管渗透供给。角膜的组织结构自外向内可分为 5 层，分别是角膜上皮、前界层、固有层、后界层和角膜内皮。

1. 角膜上皮

角膜上皮（corneal epithelium）为未角化的复层扁平上皮，厚 50～90μm，由 5 或 6 层排列整齐的细胞组成，占整个角膜厚度的 10%。上皮的表面有泪液膜覆盖，基底面平整，借基膜与深层的结缔组织相连，角膜边缘的上皮渐增厚，基部凹凸不平，与球结膜的复层扁平上皮相延续。角膜由深及表，上皮细胞分为三种类型，即深层的单层柱状基底细胞，中间 2 或 3 层的翼状细胞和表面的 1 或 2 层扁平细胞。正常情况下，上皮细胞间偶见散在的淋巴细胞或朗格汉斯细胞，角膜炎症时，这些细胞的数量增多。

基底细胞（basal cell）呈柱状，细胞基底面以半桥粒与基膜紧密相贴，并向深部伸出绒毛状突起，其余各面均以桥粒与相邻细胞连接。基膜由基底细胞分泌产生，主要成分为 IV 型胶原蛋白和纤维粘连蛋白。基底细胞有很强的分裂增殖能力，新生细胞从深部向浅部推移，依次演变为翼状细胞和扁平细胞，整个上皮更新一次约需 7 天时间。

翼状细胞（wing cell）由基底细胞分裂分化形成，但较基底细胞矮，细胞游离面向外突出，基底面向内凹陷，两侧则延伸变细，形似鸟的翅膀，故得名。细胞之间的桥粒和紧密连接增多，胞质中张力丝丰富，并出现膜被致密颗粒。

表面细胞呈细长扁平状，长 45μm，宽 4μm。细胞间的连接增多，形成连接复合体，构成上皮的渗透和保护屏障。最浅层细胞的表面有一些微绒毛和微皱褶，具有从泪膜中吸取养分和固定表面泪膜的作用。扫描电镜观察，细胞可区分为明、暗两种，前者微绒毛和微皱褶多，为较年轻的细胞，而后者的微绒毛少，为即将脱落的细胞。

2. 前界层

前界层（anterior limiting lamina）又称鲍曼膜（Bowman's membrane），厚 10～16μm，是一层透明的均质膜，由固有层分化而来，表面与基膜邻接。电镜下观察内含粗细不一（直径为 16～24nm）、排列散乱的胶原原纤维，深部原纤维聚集斜形排列，与固有层浅部纤维方向一致，因此前界层和固有层联系较紧密，而与上皮连接较疏松。前界层可见小管或孔道，似为角膜神经末梢进入上皮的通道。正常的前界层内无细胞，一旦出现一个或多个细胞时，即为病变的早期现象，细胞是从固有层通过角膜小管迁移来的。此层形成于胚胎发育时期，故受损后不能再生，而由上皮细胞或瘢痕组织所替代。

3. 固有层

固有层又称角膜基质（corneal stroma），约占角膜全厚的 90%，不含血管，是角膜中最厚的一层。主要由规则的致密结缔组织组成，其中胶原含量在 70% 以上，大部分为 I 型胶原，此外还有 III、VI、VII、VIII、XII 等型胶原。其结构特点为大量胶原原纤维（直径为 25nm）平行排列呈板层状，相邻各层的纤维又互成一定的角度，每层厚约 2μm，共 200～500 层。细长突起的角膜细胞（keratocyte）分布于各板层之间，它是一种成纤维细胞，在固有层内的分布密度不一，近上皮侧的密度大于近内皮侧。角膜细胞具有形成纤维和基质的能力，参与创伤的修复。基质中有硫酸软骨素 A、硫酸角质素和透明质酸、纤维粘连蛋白、原纤维蛋白（fibrillin）、betaig-h3 蛋白和腱蛋白 C（tenascin-C），它们起黏合和保持水分作用。

其他细胞外基质成分还有：①直径 8～12nm 的原纤维间连接细丝，如同梯子的横桥一样将相邻的胶原原纤维连接在一起，细丝上常缀以球形区；②直径 10～20nm 的细丝，有较多的球形区，沿胶原原纤维长轴表面分布，发出指样结构至原纤维间空隙，有时也附着于邻近的胶原原纤维；③直径 10～15nm、横纹周期为 75～110nm 的珠状细丝，扩展成网状，尤其是在角膜板层间；④直径 8～14nm、直或曲张的带状结构，由重复的 4～6nm 亚单位或组件构成，成层状分布在固有层与后界层交界处。在角巩膜缘处，纤维失去规则的排列与巩膜的纤维相移行，此处含有大量血管，有营养角膜的作用。

4. 后界层

后界层（posterior limiting lamina）又称德塞梅膜（Descemet's membrance），较前界层薄，成人的一般厚 8～10μm，小儿的仅 5μm 厚。光镜下呈均质状，近内皮处更均匀一致。青年人眼的后界层结构更均匀，由无定形基质和分散的胶原蛋白组成。电镜下观察，后界层可区分为两个区域，即前带状结构区（anterior-banded zone）和后无带状区（posterio-non-banded zone）。后界层具有弹性，有抗细菌和白细胞浸润的能力，也不易自溶，在角膜移植中显出有抗新生血管伸入移植片而保持角膜透明的能力，受伤后能再生。角膜边缘处的后界层常增厚并向前房突出形成圆顶状隆起，称哈索尔-亨勒体（Hassall-Henle corpuscle）。隆起内的胶原原纤维排列散乱，表面有薄层内皮细胞胞质覆盖，有时内皮细胞的微绒毛可突入隆起中而成为退化的胞质碎片。这种结构在 20 岁以后的人眼中多见，是生理性变化，如果整个后界层都出现隆起，则为病理现象。

5. 角膜内皮

角膜内皮（corneal endothelium）为单层扁平上皮，有明显的生理性变化。新生儿角膜内皮细胞约有 $5×10^5$ 个，细胞密度为 7500/mm^2，以后随增龄而减少，从 20 岁到 80 岁，细胞数每年减少 0.56%，故认为人角膜内皮损伤后的修复是依赖内皮细胞的扩展而不是细胞分裂。

内皮细胞表面呈六角形，镶嵌成蜂窝状。随年龄的增长，除六角形细胞外，其他形状细胞逐渐增多，细胞大小不等，内皮细胞游离面可见 20～30 根微绒毛，突向前房，基底面有质膜内褶，胞质内有线粒体等结构，细胞有转运物质和合成蛋白质的功能。细胞侧面有缝隙链接、中间连接和紧密连接，构成与其他上皮类似的连接复合体，但不同的是其所形成的闭锁小带或黏着小带不完全封闭，存在缝隙或漏洞。

角膜组织的生理特点是：①角膜的透明度仅次于房水，这是由于固有层胶原原纤维的直径一致和排列规则以及基质中含有适量的酸性黏多糖与水分。②角膜内皮与房水接触，细胞膜上有酶和离子泵，可调节控制水和营养物质的取舍，以保持角膜含水量和折光率的恒定。③角膜无血管和淋巴管，主要靠房水提供营养，氧主要由角膜表面泪液中的大气提供。④角膜易遭受外力或病菌伤害，若累及上皮，可再生恢复完全；若累及固有层，则形成不透明的瘢痕。角膜移植成功率较高，乃由于角膜内无血管和淋巴管以及胶原纤维的抗原性较弱。角膜的分层和组织结构比较见表 11.2。

表 11.2 角膜的分层和组织结构比较

分层	组织学	人	常见实验动物
角膜上皮	未角化的复层扁平上皮	前界层明显，为 10～16μm	小鼠前界层模糊，光镜下很难看到，基质相对较薄；恒河猴后界层较人略薄，内皮由一层六角形扁平细胞构成
前界层（鲍曼膜）	透明均质膜，胶原原纤维		
固有层	角膜的大部分致密结缔组织，大量胶原原纤维，产生胶原的角膜细胞和糖胺聚糖（主要是硫酸角蛋白）		
后界层	均质膜，无定形基质和分散的胶原蛋白		
角膜内皮	单层扁平上皮		

（二）巩膜

巩膜（sclera）坚韧而不透明，成人巩膜呈乳白色，幼儿呈蓝白色，这是由于幼儿巩膜较薄，内层色素显露。巩膜厚度不一，后极最厚（约 1mm），赤道板处较薄（0.4～0.5mm），直肌附着处最薄（约 0.3mm）。

巩膜前部与角膜交界处表面稍内陷，称外巩膜沟；内面的交界处有一个内陷的内巩膜沟。在内巩膜沟后缘，巩膜向前内侧稍突起，形成一个环形嵴状突，称巩膜距（scleral spur）。巩膜距的前端有小梁网附着，在后端，其弹性纤维与睫状肌韧带的弹性纤维连接在一起。在巩膜距内发现大量铲形的细胞松散地聚集在一起，呈环形排列，这些细胞有长的胞质突起，与神经终末有密切接触。内巩膜沟内有巩膜静脉窦和小梁网。巩膜后方有视神经穿出，形成多孔的筛板，此处胶原原纤维围绕神经或血管呈环形排列，眼内压增高时，筛板受压后移，出现视神经乳头凹陷。

巩膜主要由致密结缔组织所构成，自外向内可分为 3 层。①巩膜外层（episclera layer）：由疏松结缔组织和丰富的血管组成，炎症时明显充血。②巩膜固有层：此层最厚，由致密结缔组织组成，其中的胶原原纤维粗细不一，纤维束排列不规则，互相交织成网，束间有少量弹性组织和成纤维细胞（又称巩膜细胞）。其中弹性组织由 3 种特别的纤维类型组成，即弹性纤维（elastic fiber）、elaunin 纤维和耐酸纤维（oxytalan fiber），前两者纤维含有弹性蛋白。基质含水较少，巩膜组织坚韧不透明，在保护和支持眼球形状与眼内结构中起重要作用。③棕黑层（lamina fusca layer）：该层富含黑素细胞和载黑素细胞，故呈棕黑色，此外还有胶原纤维束和一些弹性纤维。巩膜分层和组织结构比较见表 11.3。

表 11.3　巩膜的分层和组织结构比较

分层	组织学	人	常见实验动物
巩膜外层	疏松结缔组织和丰富的血管		
巩膜固有层	致密结缔组织，胶原原纤维，弹性组织和成纤维细胞	与眼外直肌相连的部位最薄	相对较薄；脉络膜常向前穿过巩膜
棕黑层	黑素细胞和载黑素细胞，胶原纤维和弹性纤维		

（三）虹膜

虹膜（iris）和睫状体的组成成分相似，均由血管、平滑肌、结缔组织和上皮 4 种成分组成。虹膜位于角膜与晶状体之间，呈扁圆盘状，中央为瞳孔（pupil）。虹膜将眼房分隔为前房（anterior chamber）和后房（posterior chamber），前房和后房内的房水借瞳孔相通。虹膜直径约 12mm，厚约 0.5mm，根部最薄。虹膜前表面不平坦，有皱襞和凹陷，凹陷又称隐窝。近瞳孔处的皱襞特别显著，称虹膜皱襞（ruga iris）或领状韧带（collarette），它是虹膜小动脉环的位置标志。虹膜后表面较平坦。虹膜附于晶状体前面，在无晶状体或晶状体脱位的情况下，虹膜后移，前房变深，眼球转动时可出现虹膜震颤。虹膜自前向后可分为 4 层。

1. 前缘层

前缘层（anterior border layer）与角膜内皮延续，凹陷处缺如。此层在胚胎时期是一层完整的扁平细胞，它和角膜内皮一样来自中外胚层；但在生后至 2 岁期间，部分细胞萎缩而凹陷以致不完整。前缘层扁平细胞可转变为成纤维细胞。目前一般认为前缘层是由成纤维细胞、色素细胞和少量胶原原纤维所组成，原纤维由基质穿入凹陷，并可伸入前房，具有支持作用，并使前缘层具筛样结构。

2. 虹膜基质

虹膜基质（iris stroma）含有色素细胞、成纤维细胞、肥大细胞、胶原原纤维及酸性黏多糖等成分，还有呈放射状走行的血管。虹膜血管特点为外膜厚，基层薄，内皮无窗孔，相邻内皮细胞之间有连接复合体，具有血-眼屏障的功能。色素细胞有两种。一种为圆形，称 I 型细胞，常位于瞳孔括约肌的前方，细胞体积大，核常偏于一侧，胞质内含有脂滴和大量色素颗粒，实验证明它们大部分是巨噬细胞，能吞噬神经上皮层和基质中的黑素颗粒，此型细胞又称 clump cell of Koganei。另一种是较小的色素细胞，称 II 型细胞，常成群分布，胞质内含散在的色素颗粒，还可见一根短纤毛伸出，有人认为这种细胞是由神经层迁移来的。基质的浅部胶原原纤维较多，深部弹性纤维较发达。免疫组织化学研究证明在基质层内有酪氨酸羟化酶（TH）、P 物质（SP）和降钙素基因相关肽（CGRP）等神经纤维分布。

3. 瞳孔括约肌和瞳孔开大肌

瞳孔括约肌（sphincter muscle of pupillae）呈束状，于近瞳孔缘处呈环状排列，宽约 1mm，受副交感神经支配。瞳孔开大肌（dilator muscle of pupillae）呈扁带状，于瞳孔括约肌外侧缘呈放射状排列，止于虹膜根部，受交感神经支配。两种肌纤维的超微结构与一般平滑肌相似，由于它们都来自神经外胚层，因此有肌上皮细胞之称。肌纤维与神经的联系有一定特点，神经末梢一般是与肌束的一条肌纤维形成突触，神经冲动可通过肌纤维之间的缝隙连接扩散，分别使瞳孔缩小或开大。

4. 色素上皮

色素上皮又称后色素上皮，是虹膜后表面的单层细胞，在虹膜根部与睫状体非色素上皮相续。色素上皮细胞呈立方形或矮柱状，胞质内富含黑素颗粒，细胞侧面可见中间连接和紧密连接等结构，细胞基底部有薄层基膜附着，细胞顶部与分化成瞳孔开大肌的前色素上皮相贴。与视网膜色素上皮类似，虹膜色素上皮细胞也具有吞噬功能。虹膜的颜色主要取决于基质中色素细胞的多少，初生婴儿虹膜为淡蓝色，生后 3~6 个月，色素细胞增多。白色人种的虹膜色素上皮内色素细胞较少，虹膜呈浅灰色或淡蓝色。白化鼠虹膜上皮和基质细胞均无或只有很少量的色素，但血管较多，故白化鼠的虹膜呈粉红色。

人的虹膜和睫状体是不同的结构，睫状体突在虹膜上并不常见，而小鼠眼球中的虹膜与睫状体呈无缝融合，虹膜前部可见纤毛突起。在马、驴和反刍动物虹膜的游离缘上，常附有由色素细胞形成的虹膜粒，与色素层相连。

（四）睫状体

睫状体（ciliary body）呈环带状，宽度不一，一般以鼻侧上 1/4 最窄，颞侧下 1/4 最宽，平均约 6mm 宽。整个环带分为前、后两部，后 2/3 较平坦，称睫状环（ciliary ring），前 1/3 称睫状冠（ciliary crown），皱褶不平，可见呈放射状排列的睫状突（ciliary process）。将眼球做子午线切面，睫状体呈三角形，其尖端向后，与脉络膜连接形成锯齿缘，底部朝向前房角，与虹膜相连接，外侧角附着于巩膜距，内侧角游离。睫状体的结构自外向内分为 4 层。

1. 睫状肌

睫状肌（ciliary muscle）位于睫状体最外层，是由外间质分化而来的平滑肌。按肌纤维方向分为三组：外侧纵行肌，又称 Brücke 肌；中间是放射状肌；内侧是环形肌，又称米勒肌（Müller muscle）。睫状肌纤维之间有弹性纤维、黑素细胞和黏液样基质。随着年龄增长，睫状肌可发生进行性萎缩，最终被结缔组织代替，以致影响睫状肌调节物像焦距的作用和巩膜静脉窦的开闭功能。马、猪、猫、犬睫状肌的环形肌较发达。

2. 血管层

血管层（stratum vasculosum，ciliary stroma）后部较薄，与脉络膜血管层相续，前部较厚，组成睫状突的中轴成分。结构与虹膜基质相似，是一层富含血管的结缔组织，其中有成纤维细胞、色素细胞、肥大细胞、淋巴细胞和巨噬细胞等。血管层内的微动脉分支形成的毛细血管密集成网。毛细血管管腔大，内皮细胞有窗孔，故血浆的大部分成分可自由通过。睫状体近虹膜根部富含弹性纤维，老年时常出现玻璃样变而退化。

3. 色素上皮和外基膜

色素上皮（pigment epithelium）在锯状缘附近和视网膜色素上皮层相延续。上皮细胞基部有发达的突起伸入外基膜，可能与扩大重吸收表面积有关。相邻细胞间有桥粒和中间连接、缝隙连接。胞质内含有大量色素颗粒，少量线粒体和高尔基体。人的外基膜较厚，由基板和胶原原纤维组成，与脉络膜的布鲁赫膜（Bruch's membrane）相延续。膜内的胶原原纤维和血管层中的胶原原纤维联系紧密，从而加固色素上皮的附着和增强对睫状小带的牵引。

4. 非色素上皮和内基膜

非色素上皮（nonpigment epithelium）是上皮的内层，构成视网膜盲部，近锯齿缘处的上皮细胞为柱形，其余大部分为立方形。相邻细胞之间有紧密连接、中间连接、桥粒和缝隙连接，细胞间还有宽窄不一的间隙，也称睫状小管（ciliary canaliculus）。内基膜比外基膜厚，由酸性黏多糖和细丝组成，并与玻璃体的细丝交织在一起。

（五）脉络膜

脉络膜（choroid）是一层棕黑色薄膜，贴附于巩膜内面，后极处最厚（0.25mm），向前逐渐变薄（0.1mm左右）。脉络膜由中间的两层血管和内侧的玻璃膜以及外侧的脉络膜上层组成。

1. 脉络膜上层

脉络膜上层（suprachoroid lamina）结构疏松，由纤细的弹性纤维和胶原纤维交织成网形成，网眼中有成纤维细胞和扁平具长突起的黑素细胞，也可见散在的平滑肌细胞。当脉络膜与巩膜剥离时，脉络膜上层往往分离为外、内两部分，分别与巩膜的棕黑层和脉络膜相贴。

2. 固有层

固有层又称血管层，特点是富含血管，外侧有与涡静脉相连的较大的静脉，内侧有较小的静脉和少量微动脉及动静脉吻合，血管的管壁较薄，弹性纤维丰富，几无肌纤维。血管之间是富含黑素细胞的疏松结缔组织，此外还有神经节细胞、平滑肌细胞、巨噬细胞、浆细胞和肥大细胞等。神经节细胞与血管的调控有关。

3. 脉络膜毛细血管层

脉络膜毛细血管层（choriocapillary layer）主要是睫状后短动脉（终末支）形成的密集毛细血管网，睫状前动脉也有少量分支参与。血管网起于视盘，向前终止于锯齿缘。每个小叶的中央为微动脉终末支，毛细血管网的血液从中央流向小叶周边汇入毛细血管后微静脉，最后汇入涡静脉。毛细血管的特点为管径较粗而不规则，常扩张成囊状，囊壁结构特点是巩膜侧的内皮细胞较厚，窗孔少，外周有周细胞，视网膜侧的内皮细胞较薄，窗孔多，无周细胞。内皮细胞的结构特点表明脉络膜的毛细血管具有活跃的物质转运功能，为视网膜外侧部提供充足的营养。研究发现视网膜是体内代谢最旺盛的组织，单位组织耗氧量为脑组织的 7 倍。

4. 玻璃膜

玻璃膜又称布鲁赫膜（Bruch's membrane），是位于脉络膜和视网膜之间的一层透明玻璃样膜，厚 1～4μm，随着年龄的增长，该膜的厚度有所增加。电镜下玻璃膜可区分为 5 层，由外至内分别是脉络膜毛细血管内皮基板（富含硫酸软骨素）、纤细的胶原纤维层、弹性纤维网层、胶原纤维层、视网膜色素上皮基板。前三层与脉络膜毛细血管层相关，后两层与视网膜色素上皮层相关。老年人的玻璃膜内常有类脂和钙沉淀，与视网膜色素上皮相邻的一面可见小结节，称玻璃疣（drusen），染色呈嗜伊红和 PAS 阳性、由基膜样物质不正常聚集所成。

5. 照膜

照膜（tapetum）又称反光膜（tapetum lucidum），是脉络膜的一个特化结构，位于视网膜或脉络膜之间，是神经乳头背上方的一个半月形的发金属光泽的无血管区。此处色素细胞的颗粒很少。有照膜的动物眼睛，在夜间观察时为绿、黄或蓝色。比格犬的照膜由透明细胞组成，有助于对暗光环境适应，照膜区域的视网膜色素上皮层细胞没有色素；马和反刍动物的照膜为纤维膜，由胶原纤维和成纤维细胞构成；肉食动物为细胞性照膜，由 10～15 层扁平的多角形细胞构成；猫的照膜细胞含有规则排列的针状晶体；而人和猪无照膜结构。照膜细胞含有大量的锌，与反射光线有关，可将外来的光线反射于视网膜，有助于动物在弱光下对外界的感应。照膜的作用是将外来的光线反射于视网膜内，以加强其刺激，有助于眼在暗光下及反射光下明视物体。

虹膜、睫状体和脉络膜共同构成眼球壁的中间层，称为葡萄膜。前葡萄膜包括虹膜与睫状体，后葡萄膜即脉络膜，三部分组织结构在解剖学上紧密联接，病变时则互相影响。葡萄膜的分层和组织结构比较见表11.4。

表 11.4　葡萄膜的分层和组织结构比较

结构	分层	组织学	人	常见实验动物
虹膜	前缘层	成纤维细胞，色素细胞和少量胶原纤维	虹膜和睫状体是不同的结构；白化病患者的黑素体数量可能正常也可能减少，色素沉着也因白化病的种类和亚型不同而异	瞳孔边缘常与晶状体前囊接触；黑素细胞中包含大量的黑素体，决定虹膜颜色，在白化小鼠中，黑素体缺乏黑色素；未发现虹膜纤维细胞；小鼠的虹膜与睫状体无缝融合
	虹膜基质	色素细胞，成纤维细胞，肥大细胞，胶原纤维，酸性黏多糖		
	瞳孔括约肌和瞳孔开大肌	类似平滑肌的肌束		
	色素上皮	单层色素上皮细胞		
睫状体	睫状肌	平滑肌（外纵、中放射、内环）	直接附着在巩膜上；与虹膜界限清晰	后睫状体突直接附着在巩膜上；前纤毛突与虹膜融合
	血管层	富含血管的结缔组织，成纤维细胞，色素细胞，肥大细胞，淋巴细胞和巨噬细胞		
	色素上皮和外基膜	色素上皮，外基膜由基板和胶原纤维组成		
	非色素上皮和内基膜	柱形和立方形上皮细胞，内基膜由酸性黏多糖和细丝组成		
脉络膜	脉络膜上层	弹性纤维和胶原纤维，黑素细胞，平滑肌细胞	按比例来说较小鼠厚	由色素性血管网组成3层
	固有层	富含血管，弹性纤维丰富，富含黑素细胞的疏松结缔组织，还有神经节细胞、平滑肌细胞、巨噬细胞、浆细胞和肥大细胞等		
	脉络膜毛细血管层	密集毛细血管网		
	玻璃膜	透明玻璃样膜，电镜下分5层（脉络膜毛细血管内皮基膜、胶原纤维层、弹性纤维网层、胶原纤维层、视网膜色素上皮基板）		

（六）视网膜

视网膜（retina）位于血管膜的内侧，具有感光作用。视网膜除去色素上皮层后，是完全透明的薄膜，活体时呈淡紫红色，死后变灰白色。根据有无感光功能，可将视网膜分为盲部（pars caeca retina）和视部（pars optica retina）。前者即虹膜和睫状体的上皮层，后者位于脉络膜内侧即一般所称的视网膜，两部分的分界相当于锯齿缘。在眼球后极鼻侧约3mm处，视网膜上有一直径1.5mm的圆盘状结构，称视盘或视神经乳头。血管和神经从视盘出入眼球壁，此处无感光细胞，故无感光作用，在视野中称生理盲点。在聚视盘颞侧约4mm处，有一直径约3mm的椭圆区，称黄斑，黄斑中央为一浅凹，名中央凹，是视觉最敏感之处。活体的黄斑呈深褐色，死后呈浅黄色。视网膜厚度不一，一般为0.4mm，视神经乳头周围较厚，达0.5mm，中央凹处最薄，约0.1mm。

视网膜主要由色素上皮细胞、视细胞、双极细胞和节细胞组成。视细胞为接受光刺激的感觉细胞，双极细胞和节细胞是传导视觉信息的传入神经元。视网膜内还有水平细胞、无长突细胞和网间细胞，是起协调作用的联络神经元。视网膜内的神经胶质细胞包括星形胶质细胞、少突胶质细胞和小胶质细胞以及放射状胶质细胞。以上细胞在视网膜内排列及相互连接形成光镜下的10层结构，自外向内为：①色素上皮层（pigment epithelium layer），②视杆视锥层（rod and cone layer），③外界膜（outer limiting membrane），④外核层（outer nuclear layer），⑤外网层（outer plexiform layer），⑥内核层（inner nuclear layer），⑦内网层（inner plexiform layer），⑧节细胞层（ganglion cell layer），⑨神经纤维层（nerve fiber layer），⑩内界膜（inner limiting membrane）。视网膜的分层和组织学比较见表11.5。

1. 色素上皮层

视网膜色素上皮（retinal pigment epithelium，RPE）由含色素颗粒的单层立方细胞组成，成人每只眼的细胞总数为$(4\sim6)\times10^6$个。正面观细胞呈规则六边形，排列紧密，高8~10μm，宽12~18μm，近锯齿缘处的细胞矮而宽大，黄斑处的细胞则细长。色素上皮和紧密连接以及视网膜中的血管壁三者共同组成血-视网膜屏障（blood-retina barrier），可阻止脉络膜和视网膜血管内大分子物质进入视网膜。上皮细胞顶部有大量微绒毛，长 5～7μm，微绒毛伸入视细胞视杆或视锥的外节之间。视网膜色素上皮细胞胞质内可见大量圆形色素颗粒（黑素体），白化小鼠有未着色的黑素体，白化病患者根据白化病的亚型不同，有不同量的色素沉着。在人的中央凹，视网膜色素上皮细胞又高又薄，有许多黑素体；周围视网膜的色素上皮细胞较宽，色素较少。

表 11.5　视网膜的分层和组织学比较

分层	组织学	人	常见实验动物
色素上皮层	含色素颗粒的单层立方细胞	有中央凹，三色视觉；视杆细胞占光感受器的 95%，视锥细胞在黄斑处密度最高	大鼠、小鼠和兔缺乏发育良好的中央凹和发达的调节系统；大鼠和小鼠只有绿色和蓝色两种视锥细胞，为两色视觉，且视锥细胞覆盖面积较人类小；大鼠和兔体内没有发现人与食蟹猴所具有的心肌黄酶（diaphorase）和 NOS 阳性的神经节细胞；犬视网膜无黄斑，没有清楚的视点，为红绿色盲
视杆视锥层	视杆细胞和视锥细胞的感受器		
外界膜	放射状胶质细胞与感光细胞及相互之间的连接		
外核层	视杆细胞和视锥细胞的细胞核		
外网层	双极细胞与感光细胞间的突触结构		
内核层	双极细胞、无长轴突细胞、网间细胞的细胞核		
内网层	节细胞与双极细胞间的突触结构		
节细胞层	节细胞的细胞核		
神经纤维层	节细胞的轴突		
内界膜	放射状胶质细胞的突起		

视网膜色素上皮具有多种功能，包括代谢维生素 A，形成血-视网膜屏障，吞噬感光细胞膜盘，吸收光线，将液体主动运输出视网膜下空间等。蛙和鸽的色素上皮细胞内可见髓样体，是由滑面内质网形成的结构，可能与维生素 A 的贮存和再循环有关。色素上皮细胞含有视黄醛异构酶以及与维生素 A 特异结合的视黄醇结合蛋白，细胞内的维生素 A 来自血液和视细胞，是合成视紫红质的重要原料。

2. 视细胞

视细胞能接受光刺激，故又称感光细胞（photoreceptor cell），细胞具有内外突起，故也有人认为它是一种特殊的双极神经元。细胞体位于外核层；外突伸向色素上皮层，又分为外节和内节两部分；内突伸入外网层，与双极细胞、水平细胞形成突触。视细胞分视杆细胞和视锥细胞两种。人眼视网膜有视杆细胞 $(1.1～1.2)×10^8$ 个，主要分布在视网膜黄斑以外的周围部，感受弱光；视锥细胞 $(6.5～7)×10^6$ 个，主要集中在黄斑，感受强光和色觉。视锥细胞和视杆细胞的比较见表 11.6。

表 11.6　视杆细胞和视锥细胞的比较

	视杆细胞	视锥细胞
神经元类型	双极神经元	双极神经元
细胞核	小、染色深	大、染色浅
树突	细长，呈杆状	粗短，呈锥形
膜盘	由胞膜内陷、折叠形成，平行排列，后与胞膜分离，顶端膜盘不断脱落	膜盘与细胞膜不分离，顶端也不脱落
感光物质	视紫红质	视紫蓝质
感觉	暗光或弱光（导致夜盲）	强光和色觉（色盲）

1）视杆细胞

视杆细胞（rod cell）细长，胞体位于外核层内侧，核呈椭圆形，深染，核周质少。外突呈杆状称视杆（rod），平行排列在视杆视锥层内。电镜下观察外节内有许多平行排列的扁圆形膜盘（membranous disc），由外节基部一侧的细胞膜连续不断地内陷、折叠而成，除基部少数膜盘仍和细胞膜相连外，其他大多数膜盘均与表面的细胞膜分离。外节是细胞感光的部位，能将光能转换成电信号，在此过程中起重要作用的是视紫红质（rhodopsin）。研究显示视紫红质呈颗粒状，大多均匀地镶嵌在膜盘的膜内，并能在膜内旋转和侧向运动。蛙每个视杆细胞有 $3×10^9$ 个视紫红质分子，占膜盘蛋白质的 85%，由 11-顺视黄醛和视蛋白组成，呈紫红色。11-顺视黄醛和维生素 A 的转换过程是可逆的，当维生素 A 缺乏时，视紫红质的合成减少，可导致视功能障碍。

视杆细胞内节较粗大，为外节提供原料及能量。放射自显影研究发现，蛙视杆细胞内节粗面内质网和高尔基体合成的蛋白质转运到外节顶部需要 8 周时间，鼠则为 10 天左右，猴为 9～13 天。内节与外节之间的连接处非常狭窄，内含 9+0 的微管束和基体，实为一种变形的不动纤毛，又称连接纤毛（connecting cilia）。这一结构是将外节电变化传向内节的重要结构。胞体与内节之间的部分称外纤维，主要有神经微管和神经原纤维等细胞骨架成分。细胞内突又称内纤维，参与形成外网层，末端膨大成小球状，称杆小球（rod spherule）。小球基底部向内凹陷，与双极细胞的树突和水平细胞突起构成突触连接。某些视杆细胞和视锥细胞的内突终末，常向侧方伸出一些纤细的突起，可与相邻的视细胞形成连接。猫、犬和猫头鹰等动物，视杆细胞占多数。鸡缺乏视杆细胞，为夜盲动物。

2）视锥细胞

视锥细胞（cone cell）因其外侧突起呈圆锥形而得名。视锥细胞的特点有：①细胞核大，染色较淡，位于近外界膜，除中央凹周围外，均呈单行排列；②内节在马洛里三重染色法中显红色；③外节呈锥形，也有质膜内褶形成的膜盘，但每个膜盘均与质膜相连续；④内突伸向外网层，其末端膨大成足状，称锥小足（cone pedicle），内有许多突触小泡和糖原颗粒，每个锥小足末端的质膜形成 15～25 个凹陷及与之相应的突触带，双极细胞的树突和水平细胞的突起伸入凹陷形成三联体突触复合体（triad synaptic complex）。有些双极细胞的突触末端与锥小足末端质膜形成表面接触（superficial contact）。

视锥细胞的膜盘上也有视色素，人和绝大多数哺乳动物的视网膜有三种视锥细胞，分别含有感受蓝、绿、红 3 种颜色的视色素，与视紫红质一样，也是以视黄醛作为发色基团，但视蛋白分子结构有差异。人的红、绿、蓝 3 种视色素的视蛋白基因已经分离确定，若缺少某种视锥细胞或视色素基因突变，则发生色盲。视神经中的粗、中、细三种纤维分别传导红、绿、蓝 3 种颜色。

啮齿类视网膜有两类视锥细胞，一类为感短波光或紫外光的视锥细胞（S-Cone，UV-Cone），另一类感中波光或绿光的视锥细胞（M-Cone，G-Cone）。视蛋白除 opsin 外，新发现的还有 peropsin、VA opsin、parapinopsin 和 melanopsin 等，均属于视蛋白家族，其分布不局限于外核层的视细胞，如 VA opsin 定位于部分水平细胞及少数无长突细胞，它们被视为在视网膜中新发现的感光细胞，其功能可能与生物的昼夜节律及其调节有关。Freedman 等应用视杆细胞变性及视锥细胞突变小鼠进行研究，证实眼内可能存在一种具有调节生物中非视杆和视锥细胞的感光细胞。

3. 视网膜其他细胞类型

1）双极细胞

双极细胞（bipolar cell）是视网膜的第一级神经元，连接视细胞和节细胞。单只眼的视网膜有（3.5～3.6）$×10^8$ 个双极细胞。树突伸入外网层，与视细胞的内突及水平细胞的突起构成突触，树突内有平行排列的微管和丰富的线粒体。轴突伸入内网层，与基细胞的树突及无长突细胞的突起接触。双极细胞分 3 种：杆状双极细胞（rod bipolar cell），约占双极细胞总数的 20%，侏儒双极细胞（midget bipolar cell）和扁平双极细胞（flat bipolar cell）。

2）节细胞

节细胞（ganglion cell）为多极神经元，胞体构成节细胞层，细胞体积大小不等，直径 10～33μm。中央凹边缘处的节细胞较小，密集排列成 5～7 层，其余部位的节细胞多为单行排列。节细胞树突伸入内网层，与双极细胞轴突、无长突细胞和网间细胞突起构成突触。轴突粗细不一，无分支，构成视神经纤维层，并向眼球后极汇集形成视神经穿出巩膜。节细胞可分为两种类型：侏儒节细胞（midge ganglion cell），胞体较小，树突伸入内网层，部分细胞的树突在内网层的深层分支，部分在内网层的浅层分支，侏儒节细胞通过侏儒双极细胞与视锥细胞形成一对一的视觉通路；弥散节细胞（diffuse ganglion cell），胞体大小不一，树突呈弥散的丛状，分散在内网层内，与三种双极细胞形成突触。

3）水平细胞

水平细胞（horizontal cell）是视网膜中的多极中间神经元，胞体位于内核层的内侧部，胞体发出许多水平走向的分支深入外网层的内侧部。多数脊椎动物的水平细胞可分为两类：一类细胞有一个短轴突，大多长 400μm，最长可达 1000μm，短轴突有明显膨大的终末；另一类细胞没有轴突。灵长类尚未观察到无轴突的水平细胞。

4）无长突细胞

无长突细胞（amacrine cell）是内网层中最多的局部环路神经元。灵长类视网膜的无长突细胞分为两类：层状无长突细胞（stratified amacrine cell），胞体较大，有一个或多个突起伸入内网层的浅部，有的分支呈水平走向，可达 1mm；弥散状无长突细胞（diffuse amacrine cell），突起在内网层中伸展并反复分支。无长突细胞胞体在内核层内侧部排成 2 或 3 行，胞体呈烧瓶状，比双极细胞大。突起兼有树突和轴突的特征，在内网层内与双极细胞轴突、节细胞胞体形成突触。此外，有人发现无长突细胞与多巴胺能细胞构成双相连接，无长突细胞突起之间以及它们和双极细胞之间还可形成相互性突触。无长突细胞对节细胞有暂时性侧向抑制作用，是通过相互性突触的反馈活动实现的，即双极细胞释放递质，使无长突细胞电活动停止。与此同时，无长突细胞经过与节细胞之间的突触引起节细胞的活动。在蛙和鸽的视网膜，大多数双极细胞是通过无长突细胞将信息传给节细胞；而在灵长类，双极细胞大多直接与节细胞连接。

5）网间细胞

网间细胞（interplexiform cell）是最早在硬骨鱼和猴的视网膜中发现的一种多巴胺荧光细胞，胞体位于内核层内缘的无长突细胞之间。后继研究发现在灵长类、兔、海豚、小鼠和鳐鱼视网膜中也有网间细胞，表明它普遍存在于脊椎动物视网膜中。网间细胞伸出 3～5 个纤细的念珠状突起至内网层，突起向外侧发出极细的分支横穿内核层至外网层。网间细胞主要是一种离心神经元，将信息从内网层传至外网层，是视网膜内视觉信息传递的一条离心性反馈通路，其主要作用似乎是阻遏水平细胞的侧向抑制效应。

6）放射状胶质细胞

放射状胶质细胞（gliocytus radialus）是视网膜特有的一种胶质细胞，细胞狭长，伸展于内、外界膜之间，由德国人 Müller 首先发现，故又称米勒细胞（Müller cell）。细胞胞体向内、外发出细长突起，末端分别止于内、外界膜。内侧突较粗，含许多纵行排列的细丝和杆形线粒体以及滑面内质网和糖原颗粒，突起末端常膨大分叉，穿过神经纤维层，相互连接形成一层薄膜，与内面的基膜共同构成电镜下的内界膜。突起顶端表面有微绒毛，穿插在视细胞内节之间，从而扩大了该细胞的表面积。放射状胶质细胞在视网膜中起重要的支持、营养和保护作用，它为视网膜所需的葡萄糖提供糖原。除放射状胶质细胞外，视网膜中尚有星形胶质细胞、少突胶质细胞和小胶质细胞。

人平均有 1 万～120 万个神经节细胞轴突，小鼠的数量大约是这个数字的 1/10，但不同品系间的差异很大。小鼠神经节细胞密度最高的是颞部至视神经，而外周视网膜的密度较低。

4. 视网膜的特殊结构

1）锯齿缘

锯齿缘（ora serrata）：厚约 0.15mm，位于视网膜视部与盲部交界处，距角巩膜缘约 8.5mm。邻近锯齿缘处的视网膜，视杆细胞和视锥细胞变短，继而视杆细胞、视锥细胞和节细胞等逐渐消失，而放射状胶质细胞增多，至锯齿缘 1mm 处，视网膜变为两层细胞，并与睫状体上皮相延续。此处常出现囊样变性，甚至形成裂孔，并有可能导致视网膜剥离。

2）黄斑和中心凹

黄斑（macula lutea）：灵长类动物的视网膜后极中央有视黄斑，直径约 3mm，中央有一个直径约 1.5mm 的椭圆形中央凹（central fovea）。凹底部视网膜为只有约 30 000 个视锥细胞及放射状胶质细胞组成的外界膜，无其他细胞和血管。中央凹视锥细胞细而长，细胞的内突很长，最长可达 600μm，突起斜行或近水平向中央凹边缘散开。中央凹的结构特点是使进入眼球的光线直达中央凹的视锥细胞，且由于视锥细胞与侏儒节细胞之间形成一对一的联系，因此中央凹的视觉最精确敏锐，称中心视力。犬视网膜无黄斑，没有清楚的视觉点，每只眼有单独视力，视角<25°，正面景物无法看清，但对移动物体感觉灵敏，视野仅20～30m，红绿色盲，不能以红绿色作为条件刺激进行条件反射实验。

3）视盘与视神经

视盘与视神经：视网膜内的节细胞轴突，斜向眼球后极汇集形成视盘（optic disc），传出眼球后侧称视神经（optic nerve）。由黄斑区节细胞发出的轴突，称乳头黄斑束（papillomacular bundle）。视神经穿出巩膜之处称筛板（lamina cribrosa）。筛板以内的神经纤维无髓鞘，筛板以外的纤维有髓鞘。视盘处的神经纤维大大增粗，在通过筛板时非常拥挤，故易发生瘀血或水肿性病变。

5. 视网膜的神经递质

视网膜内的化学突触释放神经递质和一些神经调质。前者通过改变突触后膜的离子通透性而介导快速的兴奋性或抑制性冲动传导；后者通过修饰神经元的活动，常是以激活神经元的酶系而影响突触后细胞，此过程较慢，持续时间较长。视网膜中起兴奋作用的神经递质主要是酸性氨基酸和乙酰胆碱。视网膜内组成局部环路的神经元主要含有抑制性递质GABA和甘氨酸。

（七）眼的血管与神经

1. 动脉

眼动脉进入眼眶后，分为视网膜中央动脉和睫状动脉两大支。

视网膜中央动脉（retinal central artery）又称视网膜系。自眼动脉发出后，行于视神经的硬膜内，在视神经下方传入蛛网膜下腔，继而穿过软膜经视神经至视盘。在视盘处分为上、下乳头支，每支再分为较大的颞支和较小的鼻支。颞支又发出黄斑上、下小动脉，从上侧包围黄斑，并向黄斑中心发出细支，但中央凹底直径0.5～0.6mm区为无血管区。鼻支则呈放射状行向锯齿缘，故眼底视盘中有上、下鼻支和颞支共4条血管。小鼠通常有4～6个视网膜小动脉，其数量高度可变。

睫状动脉（ciliary artery）又称睫状系，主要有睫状后短动脉、睫状后长动脉和睫状前动脉三个分支。睫状后短动脉与睫状后长动脉伴行，初为二支，以后反复分支形成20个小支，在视神经周围穿过巩膜进入脉络膜周间隙。在未进入巩膜前，分出的小分支分布于巩膜后部、视神经及软膜，与视网膜中央动脉分支吻合。进入脉络膜的血管终末支，小部分向后，大部分向前走行，分布于脉络膜各层，最终成为脉络膜毛细血管层，营养脉络膜和视网膜外侧4层，其前端到达锯齿缘处与睫状后长动脉的返回支汇合。睫状后长动脉分为内、外二支，穿过巩膜行于脉络膜周间隙。血管沿途无分支，直至睫状体后部才分为许多小支，小部分营养睫状体，大部分至虹膜根部与睫状前动脉形成虹膜大动脉环。另有4～6个返回支，经睫状体至锯齿缘处，与睫状后短动脉汇合。

睫状前动脉共7条，由4条直肌动脉的末端发出。血管向前行至角巩膜缘附近的巩膜表面分出若干支：巩膜上动脉、巩膜内动脉，并在角巩膜缘处分出一支较大的穿孔支。

马的视网膜中央动脉在筛板内分出30～40个分支，从视神经乳头周围穿入。其他动物的视网膜中央动脉在视网膜中分出2～4支，从视神经乳头中央或边缘（猫）穿入。

2. 静脉

眼球血液经视网膜中央静脉、涡静脉和睫状静脉3条途径回流。视网膜中央静脉（retinal central vein）与视网膜中央动脉伴行，由视网膜毛细血管汇成的4条静脉汇集而成，将血流导入眼上静脉。涡静脉（vortex vein）收集全部脉络膜和部分睫状体及虹膜的血液，有4～6条在眼球赤道板后方5～8mm处，于眼直肌之间穿出巩膜，最后经眼静脉注入海绵窦。睫状静脉（ciliary vein）分睫状前静脉和睫状后短静脉。睫状前静脉收集睫状体（睫状静脉丛）和巩膜静脉窦传出小管的液体，经巩膜内静脉丛进入巩膜表面的巩膜上静脉丛，在巩膜表面还收集界膜和眼球筋膜来的血液，最后汇入眼静脉。这只静脉的重要意义在于与房水排出有关。睫状后短静脉短而少，收集巩膜后部的血液，与同名动脉相伴行，出巩膜入眼静脉。

眼静脉无瓣膜，其分支前与面部静脉通连，下部与翼腭静脉丛沟通，分支后与海绵窦相通。因而颜面部炎症易向颅内扩散，以致引起严重后果。

3. 淋巴管

眼球无淋巴管，淋巴管只限于球结膜内。

4. 神经

除视神经外，眼内还有自主神经和其他感觉神经。感觉神经是三叉神经的眼神经分支，神经元位于半月神经节。眼神经的分支鼻睫神经在未进入眼球前分成两部分：一部分为 2 或 3 支睫状长神经，由眼球后方穿入巩膜，于眼脉络膜周间隙前行，分布于睫状体与虹膜；另一部分穿过睫状神经节，参与构成睫状短神经，在视神经周围穿入巩膜，分布于虹膜、睫状体与角膜深部上皮细胞之间。它们都是眼普通感觉传入神经。自主神经有交感与副交感神经。交感神经来自颈上神经节，其节后纤维与眼动脉伴行，穿过睫状神经节，参与形成睫状短神经，在视神经周围穿过巩膜，于眼脉络膜周间隙向前行至虹膜，分布于瞳孔开大肌，还有分支分布于虹膜和脉络膜的血管壁内。副交感神经起源于中脑缩瞳核，随动眼神经至睫状神经节换神经元，其节后纤维参与形成睫状短神经，进入眼球后向前行出睫状体外侧，形成睫状神经丛（由神经和神经节细胞构成），发出纤维分布于睫状肌与瞳孔括约肌。睫状神经丛中的交感纤维支配睫状肌。

二、眼球内容物

（一）房水

房水（aqueous humor）无色透明，充填于前房和后房，体积分别为 0.25ml 和 0.06ml，密度为 1.006，pH 为 7.3～7.5。房水的成分以水为主，含极少量蛋白质，有营养角膜、晶状体、玻璃体、视网膜和维持眼球内张力等重要作用，并参与构成眼屈光系统。房水组成与血清相似，人房水的蛋白质含量为 25mg/100ml，主要是白蛋白、IgG 和转铁蛋白。

房水主要是由睫状突毛细血管的血液和非色素上皮的分泌物共同产生的。实验证明，血液与房水之间有血-房水屏障（blood-aqueous barrier），它是由有孔毛细血管内皮及其基膜、睫状突内的少量结缔组织、睫状体两层上皮之间的紧密连接及其内外基膜共同组成的。该屏障的存在也表明，房水并非直接从血管渗透而来。由睫状突和虹膜产生的房水，由后房经瞳孔至前房，大部分房水的排出是从前房角经小梁网至巩膜静脉窦，由传出小管输入巩膜内静脉丛，经巩膜上静脉丛汇入睫状前静脉；小部分房水（约 5%）可能通过色素层巩膜途径排出，即从前房进入虹膜和睫状突中的血管，再导入涡静脉。

房水的生成和排出始终保持动态平衡。房水的生成率平均约为 2μl/min，全部更新一次为 45～60min。眼内压保持在 1.6～2.8kPa。如果房水产生过多或排出局部受阻，都会使眼内压升高，青光眼多因巩膜静脉窦阻塞引起眼内压增高所致。

（二）晶状体

晶状体（lens）类似扁圆形双凸透镜，透明而有弹性，直径约 9mm，中心厚约 4mm，借与睫状体相连的睫状小带而悬挂于虹膜和玻璃体之间。晶状体前面较平，后面较凸，前后面交界处为赤道板，赤道板与睫状突之间保持约 0.5mm 的间距。成人的晶状体直径为 9～10mm，前后深度约为 3.5mm。

晶状体外包晶状体囊（lens capsule），囊内是由大量晶状体纤维（lens fiber）构成的晶状体实质，在晶状体前表面、囊的内方有一层晶状体上皮（lens epithelium）。晶状体囊是一层有弹性和韧性的薄膜，厚度不一，4～23μm，晶状体中央部的囊较周围部的薄，后壁较前壁的薄，晶状体囊随年龄的增长而逐渐加厚。晶状体上皮为单层立方上皮，向赤道板移行渐变为柱状上皮。晶状体实质分为外周的皮质和中央的晶状体核两部分。皮质的晶状体纤维为细长的棱柱形细胞，两端略尖。纤维之间有 15nm 宽的间隙，并见缝隙连接。晶状体核的纤维排列致密而不规则，纤维表面也不规则，有锯齿及相邻细胞膜融合现象，核也消失。随年龄的增长，晶状体核的纤维逐渐硬化，呈淡黄色，故老年人的瞳孔区呈灰黄色。

晶状体无血管，营养来自周围的房水和玻璃体，物质以扩散方式进出晶状体，故房水与玻璃体的成分变化可影响晶状体的代谢。随年龄的增长，晶状体含水量逐渐减少，电解质和氨基酸含量也发生变化，晶状体的透明度和弹性逐渐降低，故老年人晶状体的调节能力减弱，透明度降低，出现老视和晶状体浑浊（老年性白内障）。

高等动物和人借晶状体曲度的变化调节视力，晶状体借睫状小带与睫状体相连，眼处于休息状态或视远物时，睫状肌松弛，睫状小带拉紧，晶状体囊拉长，晶状体曲度变小；看近物时，睫状肌收缩，牵引睫状体和脉络膜移向前内方，睫状小带松弛，晶状体借其自身的弹性使曲度增大而变凸，屈光增强。大鼠的晶状体占眼球体积的比例较大，小鼠的晶状体比人的晶状体占眼球的比例大，占眼睛的 75%。食蟹猴的晶状体占眼球的比例较人小，食蟹猴的晶状体呈扁球形，由晶状体囊、上皮和纤维组成。

（三）睫状小带

睫状小带（ciliary zonule）又称悬韧带（suspensory ligament），是由睫状体非色素上皮分泌的原纤维聚集形成的许多纤维样结构，呈辐射状排列，止于晶状体囊的前、后壁并与其融合而成。人的睫状小带插入晶状体囊内，终止于晶状体上皮和晶状体纤维的表面。睫状小带的化学组成是非胶原性酸性蛋白，含有多量的唾液酸岩藻糖，可被弹性蛋白酶和 α-糜蛋白酶消化，而不能被胶原酶消化，因此睫状小带的形态和化学组成更像弹性组织的微原纤维。

（四）玻璃体

玻璃体（vitreous body）为无色透明的胶状体，充填于晶状体、睫状小带、睫状体与视网膜之间的眼腔内，即临床所称的玻璃体腔（vitreous chamber）。玻璃体前面承托晶状体的凹陷称玻璃体窝（hyaloid fossa）。玻璃体具有维持眼球形状、保持视网膜方位及屈光作用。玻璃体内无血管，只能以扩散方式与邻近组织进行物质交换。玻璃体含 99% 的水和少量盐类，还含有玻璃蛋白（vitrein，II 型胶原）、黏蛋白和透明质酸以及胶原、维生素 C 等。玻璃体内的胶原聚合为胶原原纤维，其集合形成胶原纤维，彼此平行排列成束，构成玻璃体的疏松骨架，透明质酸和玻璃蛋白填充于网眼中，使玻璃体呈透明胶状。玻璃体周边部的结构浓密，称为皮质；中央部为玻璃体的主体结构，较疏松，含有较细的胶原原纤维，少量透明细胞以及结合大量水的透明质酸。青年人的玻璃体呈半固体凝胶状态，至老年逐渐变为溶胶状，称为玻璃体液化（synchysis）。玻璃体液化流失后往往不能再生，而以房水填充，玻璃体内的胶原网架也因脱水而变得致密。

小鼠的玻璃体腔较小，眼球的大部分体积被晶状体占据。兔玻璃体的体外培养研究认为透明细胞是一种成纤维细胞。

三、眼辅助装置

（一）眼睑

眼睑（eyelid）是眼球前方的皮肤皱褶，有保护眼球，防止异物和强光损伤眼球及避免角膜干燥的作用。上、下眼睑的相连接处分别称为内眦和外眦，内眦处有肉状隆起的泪阜。睑缘是皮肤和黏膜的交界处，有排列整齐的 2 或 3 列睫毛，毛囊有丰富的神经末梢，触觉灵敏。睫毛有防尘作用，寿命为 100～150 天。上下眼睑的内侧各有一乳头状突起，中央小孔为泪点。眼睑的结构自前向后可分为 4 层：皮肤、肌层、纤维层和睑结膜。

1. 皮肤

眼睑皮肤薄而柔软，表皮角化少，真皮为富有弹性的结缔组织，皮下组织薄而疏松，无或有少量脂肪，眼睑易出现水肿和瘀血。

2. 肌层

眼睑肌层主要为眼轮匝肌，环睑裂平行排列，受面神经支配，肌收缩时眼睑裂闭合。上睑内还有提上睑肌，受动眼神经支配，收缩时可提上睑，损伤后则引起上睑下垂。眼睑内还有睑肌，为平滑肌，分为上、下两块，受颈交感神经支配，收缩时可使睑裂开大。

3. 纤维层

纤维层由眶隔（orbital septum）和睑板（tarsal plate）组成。眶隔是致密结缔组织，一端连睑板，另一端与眶缘的骨膜相连。眶隔有限制眶内脂肪移入眼睑和防止炎症扩散的作用，控制眼肌运动的神经也多分布于此层内。睑板也是致密结缔组织，并有弹性纤维。睑板外形与眼睑相适应，上睑板较大，下睑板较小。睑板内有睑板腺（tarsal gland），是一种皮脂腺，腺体沿睑缘垂直排列成单行，每个腺体有一个主导管开口于睑缘内侧，主导管连 30～40 个侧导管，侧导管末端与单个或多个腺末房连接。睑板腺分泌脂肪，有保持睑缘滑润、防止结膜黏着的作用，眼睑关闭时，有防止泪液溢出和避免角膜干燥的作用。

4. 睑结膜

睑结膜（palpebra conjunctiva）位于眼睑最内侧，与睑板连接紧密，故不能移动。睑结膜与穹隆部结膜及球结膜相连续，总称结膜（conjunctiva）。结膜透明平滑，是一层排列在眼睑和前房的黏液膜，起于眼睑边缘，沿眼睑后部排列，折返形成背腹（或上下）穹隆。富含血管，呈淡红色。肉眼观察睑结膜质地透明，可见其下方呈放射状排列的淡黄色睑板腺。上皮邻近睑缘处为复层鳞状上皮，近睑板处变为复层柱状上皮，即浅层为柱状细胞和深层为扁平细胞。下睑结膜上皮常有 3～5 层细胞，固有层为薄层结缔组织。角巩膜缘处的球结膜与巩膜附着紧密，其余部分较疏松。固有层含有丰富的血管网，故炎症时易充血，也易发生出血或水肿。

5. 睫毛

睑缘（lid margin）是皮肤和睑结膜移行处，结构基本和皮肤相似，只是真皮乳头高而窄，并以睫毛（eyelash）、睑缘腺和睫毛腺替代皮肤的短毛、皮脂腺和汗腺，无竖毛肌。睑缘腺又称蔡斯腺（Zeis gland），是一种较大的皮脂腺，睫毛腺又称莫尔腺（Moll gland），是一种变形的汗腺，腺体分泌部弯曲膨大成球。副泪腺（accessory lacrimal gland）位于结膜内，故又称结膜腺，其分泌物与泪液相似。

除猫外，其他各种家畜的上眼睑缘具有睫毛；反刍动物和马下眼睑的睫毛数量较少，猫、犬和猪的下眼睑无睫毛。在眼睑上或眼睑旁某些动物具有触毛。马和肉食动物的睑结膜被覆复层柱状上皮，猪和反刍动物则为移形上皮，并含有杯状细胞。

6. 瞬膜

小鼠的结膜皱褶由软骨支撑，形成瞬膜。瞬膜又称第三眼睑（third eyelid），是睑结膜形成的皱襞。动物的瞬膜发达，上皮为假复层柱状上皮，内有软骨支持，其中犬和反刍动物为透明软骨，马、猪和猫为弹性软骨。软骨周围有瞬膜腺，腺体的周围分布有淋巴细胞和浆细胞。猪、牛、禽类动物在瞬膜的深处还形成一独立的哈氏腺（Harderian gland），腺内含有大量的淋巴细胞和浆细胞，具有一定的免疫功能。第三眼睑被覆与结膜相同的上皮。上皮下的结缔组织中，含有大量细胞成分（纤维细胞、组织细胞、肥大细胞、淋巴细胞和浆细胞），并含有腺体。

（二）泪腺与泪道

泪腺（lacrimal gland）位于眼眶上壁前内侧的泪腺窝内，腺体长约 20mm，宽约 12mm，被提上睑肌腱膜分隔为眶叶与睑叶两部分。泪腺是浆液性复管泡腺，结构类似腮腺，但无分泌管。腺泡腔较大，腺泡细胞为柱形或锥形。上皮和基膜之间有呈梭形或星形的肌上皮细胞，它的收缩有助于分泌物排出。由小叶内导管到小叶间导管，上皮渐由单层立方上皮移行为两层细胞。泪腺分泌的泪液为弱碱性，每日能够分泌泪液 0.5~0.6ml，具有保持角膜和结膜湿润及轻度杀菌等作用。

泪道包括泪点、泪小管、泪囊和鼻泪管。泪点（lacrimal punctum）周围有富含弹性纤维的致密环和括约肌，有收缩泪点的作用。泪小管（lacrimal canaliculus）长约 10mm，上下各一个，管壁为复层鳞状上皮，固有层结缔组织中有较多环形排列的弹性纤维和淋巴组织，深部为眼轮匝肌，肌纤维的排列方向与小管平行，故收缩时有使壶腹变窄与泪小管变短的作用。泪囊（lacrimal sac）是鼻泪管上端膨大的部分，宽约 6.3mm，长约 1.2mm。鼻泪管狭而长，粗约 4mm，长约 17mm。鼻泪管和泪囊上端与泪小管连接处，管壁上皮由表面高柱形和深部扁平或立方形的两层细胞组成，下端开口处与鼻腔的下鼻道上皮相续。

小鼠有两对泪腺，较小的眶内腺位于外侧眼角表面，泪腺和哈氏腺的导管都在这里开口；较大的眶外腺毗邻腮腺唾液腺，常出现在唾液腺的组织学切片中。小鼠泪腺的腺泡细胞中基底细胞胞质嗜碱性。在有蹄类，泪腺以浆液腺为主，而猪则例外，以黏液腺为主。猫为浆液腺，犬为黏液腺。

（三）哈氏腺

哈氏腺位于眼眶内，为浆液性管泡状腺或复管泡状腺，由大小不等的小叶构成，分泌黏液、浆液或脂质。啮齿类动物哈氏腺发达，开口于瞬膜表面；比格犬和食蟹猴的哈氏腺不明显或缺失。哈氏腺的腺泡上皮为单层立方上皮或柱状上皮，腺上皮和基底膜之间分布有肌上皮细胞。哈氏腺分泌的物质能够润滑瞬膜，对眼睛起机械保护作用。在禽类哈氏腺还是一个重要的免疫器官。

眼的组织学比较见表 11.7。

表 11.7 眼的组织学比较

		人	大、小鼠等实验动物
大体结构	眼眶骨	7 块	小鼠 8 块
	眼外肌	4 块眼直肌，2 块眼斜肌	小鼠有 4 块眼直肌，2 块眼斜肌，1 块眼球牵缩肌
	哈氏腺	无	小鼠有
	泪腺	眼睑和眼窝两叶，有副泪腺	小鼠分眶内和眶外两叶，没有副泪腺
	瞬膜	半月形皱襞，位于眼角内侧的结膜皱褶是瞬膜的残留	小鼠有
	结膜	眼角有泪阜	小鼠有眼睑软骨
	角膜	位于眼球前的透明膜，10.5mm ×11.5mm	
	巩膜	坚固球形膜，后方较厚	
	晶状体	（9~10）mm×（3~6）mm	大鼠和小鼠晶状体占眼球的比例较人高
	瞳孔	圆形	小鼠圆形
组织学	视网膜	血管形成血管弓	小鼠血管呈辐射状分布
	角膜	分为 5 层，前界层明显	小鼠分为 5 层，前界层模糊，基质相对较薄
	巩膜	与直肌连接的位置最薄	相对较薄；脉络膜常向前穿过巩膜
	晶状体	无血管；后囊最薄；上皮起源于赤道	无血管；后囊最薄；上皮起源于赤道
	虹膜	虹膜层：前缘层、基质层、肌层、后色素层	瞳孔边缘常与晶状体前囊接触；虹膜层与人相同，但模糊不清
	睫状体	直接附着在巩膜上；与虹膜界限清晰	后睫状体突直接附着在巩膜上；前纤毛突与虹膜融合
	视网膜	有中央凹，三色视觉	大鼠、小鼠和兔缺乏发育良好的中央凹和发达的调节系统，两色视觉，大鼠和兔体内没有发现人类与食蟹猴所具有的心肌黄酶（diaphorase）和 NOS 阳性的神经节细胞
	脉络膜	按比例来说较小鼠厚	由薄色素性血管网组成 3 层
细胞	黑素细胞	根据白化病的类型和亚型，白化病患者有不同程度的色素沉着	包含大量的黑素体；决定虹膜颜色；在白化小鼠中，黑素体缺乏黑色素
	虹膜纤维细胞	有	小鼠未发现
	视杆细胞	占光感受器的 95%	小鼠占光感受器的 95%
	视锥细胞	有三种类型，绿色、蓝色和红色；黄斑处密度最高	大鼠和小鼠只有绿色和蓝色两种视锥细胞，视锥细胞覆盖面积较人小

第二节　耳

耳（ear）是位觉（平衡觉）和听觉器官。哺乳动物的耳由外耳、中耳和内耳三部分组成。外耳有收集和传送声波的作用。中耳主要是将声波传入内耳。内耳又称迷路，包括骨迷路和膜迷路，膜迷路内有位觉和听觉感受器。在种系发生中平衡觉出现较早，腔肠动物最早出现平衡器官，节肢动物开始出现听器，脊椎动物才形成耳。内耳的出现早于中耳和外耳，如鱼类仅有内耳，两栖类有内耳和中耳，哺乳动物则发育成外耳、中耳、内耳。在个体发生中，内耳的发育也比中耳和外耳早。

一、外耳

外耳（external ear）分耳郭、外耳道和鼓膜。

（一）耳郭

哺乳动物的耳郭（auricle）一般较大，外形也因动物种类不同而异，有的还能自由转动。在种系发生过程中，人的耳郭有些退化。耳郭内部主要由一个不规则的弹性软骨组成，它与外耳道外侧壁的软骨相连续，软骨外面覆盖一层薄的皮肤，它和软骨膜紧密相贴，皮下组织很少。皮肤内附有细小的毛和大的皮脂腺，汗腺较少且小。耳垂处缺乏弹性软骨，皮下有脂肪，结缔组织中毛细血管较丰富。耳郭收集声波，可辨别声音的方向和来源。小鼠的外耳没有人那么复杂的软骨褶皱，毛发较人类多。

（二）外耳道

外耳道（external auditory meatus）略呈"S"形弯曲，末端以鼓膜与中耳分隔，分为外侧的软骨部和深部的骨部。皮肤与软骨膜或骨膜紧贴，皮下结缔组织很少。皮肤内感觉神经末梢较丰富，故患外耳道疖肿时疼痛较剧烈。外耳道软骨部的皮肤厚 1～1.5mm，内有毛囊、皮脂腺和耵聍腺（ceruminous gland）。耵聍腺是一种大汗腺，为螺旋形单管状腺，每个耳有 1000～2000 个，分泌部腺细胞呈立方形或柱状，胞质内含有大的脂滴和棕黄色色素颗粒，以顶质分泌方式分泌。其导管与皮脂腺的导管共同开口于毛囊颈部。分泌物呈黄色或褐色，它和皮脂腺分泌物及脱落的上皮细胞形成黏稠的耵聍（cerumen）。耵聍有润滑皮肤的作用，并和耳毛一起防止异物或昆虫进入外耳道深部。耵聍中还有钾、钠、钙、镁、铁、铜、类脂质和碳水化合物等，耵聍中若含有葡萄糖，可作为糖尿病早期诊断的指标之一。耵聍阻塞外耳道可影响正常听力。外耳道骨部的皮肤较薄，仅 0.1mm 左右，耳毛和耵聍腺较少，仅在上壁有少量小皮脂腺。外耳道为声波传导的主要通道，可提高声压，有助于将声波传给鼓膜。小鼠的外耳道长约 6.25mm，在接近鼓膜端有轻微的吻侧弯曲。小鼠耳底部有一个独特的腺体，称为 Zymbal 腺，该腺体将耳垢直接分泌到外耳道中。

（三）鼓膜

鼓膜（tympanic membrane）为卵圆形半透明的薄膜，位于外耳和中耳之间。成人的鼓膜长轴为 9～10.2mm，短轴为 8.5～9mm，厚约 0.1mm。鼓膜大部分为紧张部，前上方 1/4 区为松弛部，又称施拉普内尔膜（Shrapnell's membrane）。小鼠鼓膜的面积约为 2.67mm^2。

鼓膜内面与锤骨柄紧密相连。鼓膜外观为浅漏斗形，其中心内陷区称鼓膜脐，与锤骨柄末端相连。鼓膜的结构分为三层：上皮层、固有层和黏膜层。小鼠的三层组织很难区分。

上皮层：为复层扁平上皮，与外耳道的表皮相连续，厚 50～60μm，松弛部的上皮较厚。

固有层：主要由两层胶原纤维束组成，外层为放射状纤维，从鼓膜脐向鼓膜周缘呈辐射状排列，内含较多的细纤维，内层为环状纤维，大多起自锤骨短突，近鼓膜边缘处较致密，侧层胶原纤维丰富。

黏膜层：表面为单层扁平上皮，细胞的游离面有许多微绒毛，上皮下方为薄层疏松结缔组织，此层与鼓室黏膜相连续。

鼓膜在声波作用下发生同步振动，能将外界声波如实地传给中耳。

二、中耳

中耳（middle ear）由鼓室、咽鼓管、鼓窦及乳突小房等组成，它们是一些连续而不规则的腔隙结构。

（一）鼓室

鼓室（tympanic cavity）是颞骨内一个不规则的腔室，腔内充满空气。其外侧借鼓膜与外耳道相邻，内侧借前庭窗和蜗窗与内耳相隔，后外上方经鼓窦联通乳突小房，前内下方与咽鼓管相连。鼓室内面有黏膜皱襞，3 块听小骨、2 条横纹肌及韧带、血管和神经等随黏膜皱襞突入鼓室，把鼓室分隔成若干间隙。

1. 鼓室黏膜

鼓室黏膜由上皮和薄层固有层组成。鼓室各部分的上皮不同，外侧壁和内侧壁为单层扁平上皮，后壁为单层立方或单层纤毛矮柱状上皮，前壁和下壁为单层纤毛柱状上皮或假复层纤毛柱状上皮，并有杯状细胞。固有层为细密结缔组织，内含血管、淋巴管和神经纤维。黏膜与深部的骨膜连接紧密。

2. 听小骨

鼓室内有锤骨、砧骨和镫骨 3 块听小骨（auditory ossicle），它们彼此相接形成关节连接，称听骨链，关节面为透明软骨。多条细小韧带将听小骨附着于鼓室壁上。听小骨为密质骨，由哈弗斯系统组成，外包骨膜，锤骨头和砧骨体部有骨髓腔。骨和韧带表面均覆有单层扁平上皮。听小骨的关节软骨面均匀光滑，并有半月板。啮齿类动物的锤、砧关节为骨性连接，关节面粗糙不平，没有半月板。当鼓膜振动时，听小骨也随之振动，镫骨底板将振动传给内耳的外淋巴，使外淋巴随之振动，将声波传到内耳，听小骨可将振动放大 10 倍。小鼠的听骨系统中，听骨之间的运动相对受限；而人的听骨系统相对自由，3 块听小骨通过滑膜关节相互连接。

3. 鼓室横纹肌

鼓室横纹肌有鼓室张肌和镫骨肌两种。鼓室张肌较大，起自鼓室前壁，向后附于锤骨柄，受三叉神经运动支支配，其收缩时将锤骨柄向内牵引，使鼓膜紧张度增强。镫骨肌很小，起自鼓室后壁，向前附于镫骨头，受面神经支配，其收缩时将镫骨头部向后牵引，使镫骨底板前缘向外侧跷起。两肌共同收缩时，可减弱声波震动，对内耳有保护作用。人和小鼠的鼓室张肌与镫骨肌都可以收缩以调节膜张力，抑制过度振动。

鼓室的骨壁在马、牛和猪为松质骨，在绵羊、山羊和犬为密质骨。

（二）咽鼓管

咽鼓管（pharyngotympanic tube）开口于鼓室前壁，与鼻咽相连通，长 31～38mm。一般可以分为 3 段。

鼓室部（骨性部）：为后外 1/3 部分，长 11～12mm。黏膜表面为单层纤毛柱状上皮，有杯状细胞，每个柱状纤毛细胞游离面有 100～200 根纤毛，长而密集，向咽腔方向摆动。固有层为薄层结缔组织，与深部的骨外膜贴附。

咽部（软骨部）：为前内 2/3 部分，长 24～25mm。黏膜可形成瓣膜，上皮为假复层纤毛柱状上皮，由有纤毛细胞、无纤毛细胞、杯状细胞和基细胞组成。咽端开口较鼓室端开口小，表面为复层扁平上皮。杯状细胞逐渐增多，无纤毛细胞呈扁平状，游离面有短的微绒毛，上皮表面覆盖黏液毡。固有层的结缔组织较厚而疏松，内含管状黏液腺和少量的浆液腺，并有较多的淋巴细胞，甚至聚集成淋巴小结，称咽鼓管扁桃体。

峡部：位于上两部之间，有纤毛细胞较密，杯状细胞散在分布，其表面呈穹隆状外突。

人咽鼓管结构有年龄性变化，黏膜下结缔组织中的胶原纤维和弹性纤维随着年龄的增长而逐渐增多，老年人的弹性纤维变粗，胶原纤维层明显增厚，有纤毛细胞和杯状细胞减少，腺体明显萎缩。

兔咽鼓管黏膜上皮的杯状细胞或腺体分泌细胞胞质内有嗜锇性磷脂类板层小体，大部分呈圆形，直径 0.2～0.8μm。咽鼓管的磷脂酰胆碱含量比肺内的少，而磷脂酰乙醇胺的含量则比肺内多。磷脂类板层小体释放的表面活性物质，可降低黏液毡的表面张力，防止管壁黏着，以保持管道的通畅和改善纤毛的输送功能。表面活性物质不足引起咽鼓管功能障碍，可诱发中耳炎。

咽鼓管平时关闭，在吞咽和呵欠时腭帆张肌反射性收缩使管道被动开放，鼓室与外界相通，鼓室内气压和外界相平衡，这有利于鼓膜的振动，并引流鼓室内的分泌物。感冒时，因黏膜水肿和分泌物增多，咽鼓管阻塞。鼻咽部炎症有时可通过咽鼓管漫延至中耳，引起中耳炎。

马咽鼓管的腹侧，有一大的憩室称为喉囊。其组织结构与咽鼓管相似，但缺软骨。固有层和黏膜下层中含有浆液腺和混合腺，其作用不清。

（三）鼓窦和乳突小房

鼓窦（sinus tympani）位于鼓室后方，在鼓隐窝和乳突小房之间，为充满空气的不规则腔隙。乳突小房（mastoid cell）为许多呈蜂窝状的气房。鼓窦和乳突小房有连续的黏膜覆盖，鼓窦表面为单层纤毛柱状上皮，乳突小房为单层扁平或立方上皮。上皮下方为薄层固有层。鼓窦和乳突小房有吸收声波与降低鼓室内压的作用，可缓强声或噪声对内耳感受器的损害。

正常豚鼠的中耳黏膜组织内还存在心钠素免疫反应阳性神经细胞。上皮细胞胞质内可见心钠素阳性颗粒，心钠素可扩张血管，改善血供，对中耳血液循环起调节作用。中耳黏膜组织中还存在神经肽 Y、降钙素基因相关肽、P 物质和血管活性肠肽等肽能神经，它们可共同调节血管的血流量，在中耳炎的发病过程中可能有重要作用。

三、内耳

内耳（internal ear）位于颞骨岩部，内有听觉和味觉感受器。内耳的形状不规则，结构复杂，或称迷路（labyrinth）。内耳由骨迷路和膜迷路组成。骨迷路的腔隙为外淋巴间隙（perilymphatic space），腔内充满外淋巴。膜迷路为悬在骨迷路腔内的膜性管囊，通过结缔组织细索与骨迷路的骨外膜相连，腔内充满内淋巴。内、外淋巴互补交通，它们有营养内耳和传递声波的作用。

（一）骨迷路

骨迷路（osseous labyrinth）长约 20mm，长轴和颞骨岩部长轴一致，主要分为前庭（vestibule）、骨半规管（osseous semicircular canal）及耳蜗（cochlea）3 部分。在种系发生中，前庭比耳蜗发生更早。

1. 前庭

前庭位于骨半规管和耳蜗之间，为不规则的卵圆形腔室，直径约 4mm。腔内有位于上方的椭圆囊（utricle）和位于下方的球囊（saccule），囊壁由结缔组织薄鞘组成，腔面衬有单层扁平上皮，内含斑状位觉感受器。前庭前下部较窄，与耳蜗的前庭阶相通；后下部略宽，有骨半规管的 5 个开口；外侧壁为鼓室内壁，与中耳之间由薄层骨质相隔，壁上有前庭窗（vestibular window，又名卵圆窗 oval window）和蜗窗（cochlear window，又名圆窗 round window），前者由镫骨底板封闭，后者由薄弱的蜗窗膜封闭；内侧壁构成内耳道底。蜗窗膜又称圆窗膜或第二鼓膜或斯卡帕膜（Scarpas's membrane），位于耳蜗底部，将中耳和内耳隔开。蜗窗膜的结构分为 3 层：外层为单层扁平上皮，中层为结缔组织，含有毛细血管和神经，内层为一层间皮。蜗窗膜附着部有黑素细胞，可作为区分蜗窗膜和蜗窗龛膜的标志之一。蜗窗膜为半透膜，水可通过而阳离子不能通过，借此可减轻内耳压力。中耳炎时蜗窗膜可发生水肿增厚。

2. 骨半规管

骨半规管位于前庭的后外侧，由外半规管（水平半规管）、上半规管（垂直半规管）和后半规管组成。每个半规管弯曲成 2/3 的环状，互成直角排列，其两端各有一脚伸入前庭，但上、后半规管的各一个脚合并为一个总脚，因此，三个半规管共有 5 个孔开口于前庭。每个半规管的末端各有一个膨大部，称壶腹（ampulla）。骨半规管内悬有膜半规管。膜半规管的壶腹内有位觉感受器。大鼠的半规管分为前半规管、后半规管和外半规管，其中前半规管的顶端朝向背外侧，其膨大的壶腹嵴朝向背后方，后半规管的顶端朝向后外侧方，壶腹嵴的游离缘指向背后方，外半规管弯向外侧，壶腹朝向后方。

3. 耳蜗

耳蜗位于前庭的前内层，形似蜗牛壳，由盘绕的骨蜗管构成。不同动物的蜗管圈数有差异，人为 2.75 周（30～35mm），小鼠 2.5 周（5～6mm），马 2 周，猫 3 周，豚鼠 4 周。骨蜗管以蜗轴（modiolus）为中心，自基底向顶尖盘绕，其高度约 5mm，基底最大直径约 9mm。蜗顶朝前外方，蜗底朝向内后方，构成内耳道底的大部分，耳蜗神经和血管经蜗底部的小孔出入蜗轴。蜗轴为一圆锥体，底宽顶窄，由松质骨组成。从蜗轴伸入骨蜗管内的骨薄片称为骨螺旋板，此板自蜗底向蜗顶逐渐变窄。螺旋神经节位于蜗轴内。神经节细胞为双极神经元，树突分布到螺旋器的毛细胞基底部，轴突组成耳蜗神经。骨螺旋板通过膜螺旋板与骨蜗管外壁相连，从骨螺旋板起始又向骨蜗管外上壁伸出一条斜行的前庭膜。因此，骨蜗管被螺旋板和前庭膜分隔为 3 部分：上部为前庭阶（scala vestibuli），起于前庭窗；下部为鼓室阶（scala tympani），起自蜗窗；中间为一个三角形的膜蜗管。各个腔面均覆有单层扁平上皮，上皮深部为结缔组织和骨膜。前庭阶和鼓室阶皆为外淋巴间隙，内含外淋巴，两者借蜗顶的蜗孔（helicotrema）相通连。膜蜗管又称中阶（scala media），内含内淋巴。耳蜗基底部有 3 个孔，即前庭窗、蜗窗和蜗水管内口。鼓室阶通过蜗水管与蛛网膜下腔相通。

蜗水管（cochlear aqueduct）又称蜗小管（canal of cochlea），长约 6mm，两端分别为外口和内口，外口通蛛网膜下腔，直径约 1mm。硬脑膜和蛛网膜分别延伸入蜗小管管腔内，故腔内填充以网状的结缔组织，其中含有扁平梭形的脑膜样细胞、星形的蛛网膜样细胞及巨噬细胞，有时还可见红细胞和白细胞。外淋巴和脑脊液互相流通，故蜗小管又称外淋巴管。蜗小管外口周围有丰富的圆形或椭圆形小体，为同心圆层状结构，直径 0.01～0.1mm，称淀粉样小体，是蛛网膜细胞变性及钙盐和蛋白质沉积的产物。蜗小管内口直径 0.1mm，位于蜗窗膜附着处的小骨嵴内侧，内口有一薄膜分隔蜗小管和鼓室阶，此膜由 2 或 3 层蛛网膜样细胞组成，构成脑脊液与外淋巴之间的屏障结构。

前庭水管（vestibular aqueduct）又名前庭小管（canal of vestibule），位于前庭内侧壁的后部，一端通前庭，另一端有小孔通硬脑膜下腔，呈倒置"J"形，小管内有内淋巴管和内淋巴囊。

（二）膜迷路

膜迷路（membranous labyrinth）悬在骨迷路内，由一些互相通连的膜管和囊腔组成，包括前庭内的椭圆囊和球囊、骨半规管内的膜半规管（membranous semicircular canal）、耳蜗内的膜蜗管 3 部分。腔内均含内淋巴。椭圆囊与球囊借"Y"形椭圆球囊通连，并延伸成一条盲管，称内淋巴管，它穿入颅腔，其末端在硬脑膜下膨大为内淋巴囊，借此与硬脑膜下的淋巴间隙相连通。椭圆囊和膜半规管相通，球囊通过连合管和膜蜗管相通。

膜迷路是由胚胎外胚层形成的听泡（otic vesicle）演变而来的，其周围的中胚层形成骨迷路。膜迷路腔面覆有黏膜，黏膜表面为单层立方或单层扁平上皮，上皮下为固有层。膜管和囊腔的外侧附着在骨迷路的骨膜上，其他大部分均游离于骨迷路内，通过许多细纤维束与骨膜相连，纤维束内含血管，纤维束间的空隙即外淋巴间隙。膜管和囊腔内某些部位的黏膜增厚隆起，并高度分化为感受器，即椭圆囊斑、球囊斑、壶腹嵴和螺旋器等特殊结构。小鼠的内耳感受器与人在组织学上是相似的。

1. 位觉斑

椭圆囊壁和球囊壁上特殊分化的感受器，分别称为椭圆囊斑（macula utriculi）和球囊斑（macula sacculi），两者合称位觉斑（macula acustica）。椭圆囊斑位于椭圆囊外侧壁，其长轴呈水平位；球囊斑位于球囊内侧壁，其长轴呈垂直位，两斑互成90°角。位觉斑一般呈较平坦的圆锥状隆起，人、猴和豚鼠的椭圆囊形似打开的贝壳，犬、猫和鸟类的为肾形。人的球囊斑呈"L"形。斑的大小随动物种类不同而异。

人的位觉斑面积：椭圆囊斑为 3.57mm^2，球囊斑为 2.20mm^2。位觉斑黏膜上皮为单层柱状上皮，借基膜与深层的固有层结缔组织相连，上皮表面盖有耳石膜。位觉斑周围的暗细胞呈立方形或扁平状，核不规则，胞内有吞饮小泡。位觉斑的上皮内有支持细胞和毛细胞。

1）支持细胞

支持细胞（supporting cell）呈高柱状，从基膜伸至腔面，细胞核圆形或卵圆形，位于基底部。顶部胞质内有丰富的中间丝和分泌颗粒，颗粒有膜包裹，圆形或卵圆形，电子密度较高。猴的支持细胞游离面上可见纤毛。支持细胞起支持和营养毛细胞的作用，并能分泌耳石和耳石膜黏蛋白。

2）毛细胞

毛细胞（hair cell）是位觉感受细胞，位于支持细胞之间。豚鼠的椭圆囊斑有毛细胞 7118～10 760 个，球囊斑有 6018～7983 个；鸽子的椭圆囊斑只有 2520 个毛细胞；成人的毛细胞较多，椭圆囊斑约有 33 100 个，球囊斑约有 18 800 个，但随着年龄的增长，其毛细胞的数目逐渐减少。一般将毛细胞分为 I 型和 II 型两种类型。从种系发生上看，鱼和蛙类只有 II 型毛细胞，故 II 型毛细胞可能更为古老。I 型毛细胞呈长颈烧瓶状，颈部较细，基部呈球形，底部不附着于基膜上，核圆形，位于细胞基部，细胞游离面有 50～100 根长而直的静纤毛，纤毛间保持一定距离又可整体运动，在最长静纤毛的一侧有一根长且粗的动纤毛（kinocilium）；II 型毛细胞呈长圆柱形，核圆或卵圆形，位于细胞的不同部位，细胞游离面的静纤毛短而少，动纤毛也略短。细胞基部有多个神经末梢附着，两者之间的间隙约 20nm。神经末梢内含有很多线粒体和小泡，有两种神经末梢，一种传入神经末梢，一种传出神经末梢。

3）微纹

椭圆囊斑上有一条线样结构，称微纹（striola）。电镜下豚鼠的椭圆囊斑微纹呈不明显的"U"形，长 2.6mm，宽 0.2mm，其两侧毛细胞的动纤毛紧邻微纹两侧，微纹为两组相对的动纤毛之间的区域。球囊斑微纹呈倒"L"形，长 2mm，宽 0.15mm，其两侧毛细胞的动纤毛远离微纹，微纹则为两组静纤毛之间的区域。人和哺乳动物椭圆囊斑的微纹区几乎全是 I 型毛细胞，微纹区外周为 I 型和 II 型毛细胞。椭圆囊斑和球囊斑毛细胞的两种纤毛在微纹两侧排列不同，可能和位觉斑感受不同的方向有关。

4）耳石膜

耳石膜（otolithic membrane）又称位砂膜（statoconium membrane），是被覆在位觉斑表面的一片均质性蛋白样胶质膜。浅部含有极小的结晶体，称耳石（otolith，otoconium）或位砂。耳石膜的超微结构分为三层，即耳石层、胶质层和顶下网状层。

各种动物的耳石大小和形态颇不一致，某些鱼类的耳石可长达几个毫米，大白鼠耳石长 3.5～35μm，豚鼠耳石长 0.5～25μm，人的耳石长 3～15μm。耳石的大小还和分布区域有关，球囊斑耳石大于椭圆囊斑耳石，小耳石主要位于囊斑的周边部及微纹区，大耳石主要位于微纹的两侧、椭圆囊斑的外上部和球囊斑的后下部。耳石堆积的厚薄也显示一定的区域性，位于椭圆囊斑周边部的耳石层较厚，微纹区的耳石层最薄。耳石是由碳酸钙结晶及黏多糖和蛋白质组成的混合物。不同动物耳石的碳酸钙有不同的结晶型，恒温动物耳石的碳酸钙为方解石（calcite）型，变温动物耳石的碳酸钙为霰石（aragonite）型，有些鱼类的耳石由磷灰石组成，颗粒很小。

2. 壶腹嵴

膜半规管壶腹部的外侧壁黏膜增厚并突向腔内形成一个横行长圆嵴状突起，称壶腹嵴（crista ampullaris），其与半规管的长轴垂直。不同动物的壶腹嵴形状不同，鸡、犬、猫、小鼠、大鼠的上、后半规管壶腹嵴中部均有十字隆起（eminentia cruciata），但鸡为乳头状隆起，顶部为柱状上皮，上皮细胞间可见散在分布的毛细胞；犬的为带状隆起，可将壶腹嵴完全分开，顶部为立方上皮，未见毛细胞；大鼠的呈条状隆起；猫的呈小丘状隆起；大鼠和猫的十字隆起顶部也为立方上皮，无毛细胞；人、豚鼠和兔的壶腹嵴均未见十字隆起。有人指出乌龟、蝙蝠和蛙的壶腹嵴也有十字隆起，推测其在垂直平面旋转运动时可维持正常的姿势反射。壶腹嵴黏膜上皮也由支持细胞和毛细胞两种细胞组成，上皮表面覆有圆锥状胶质膜，称壶腹帽（cupula），又称终帽（cupula terminalis），含酸性黏多糖。壶腹嵴基部两侧有扁平伸展的半月平面，此处的移行细胞与壶腹嵴上皮细胞相邻。

3. 内淋巴管和内淋巴囊

内淋巴管和内淋巴囊为膜性管道，位于前庭水管内。腔面覆以单层扁平或单层立方上皮，上皮下为疏松结缔组织。

1）内淋巴管

豚鼠内淋巴管（endolymphatic duct）管壁有皱褶和囊袋样突起，上皮为单层扁平或立方上皮，上皮细胞游离面有少量微绒毛，基膜平整或有指状突起，胞质内有少量散在的核糖体和线粒体。上皮细胞间有紧密连接。上皮下为富含毛细血管的疏松结缔组织。

2）内淋巴囊

内淋巴囊（endolymphatic sac）位于颞骨岩部后缘的硬脑膜内，长 7～16mm，宽 5～10mm。囊腔内面高低不平，有乳头和皱褶。随年龄的增长，内淋巴囊腔逐渐缩小，腔面逐渐展平，上皮细胞变扁、变小。内淋巴囊可分成近侧部、中间部和远侧部 3 个部分。内淋巴囊是内淋巴的滤器，与内淋巴的分泌、吸收和转运有关，内淋巴囊积水可引起梅尼埃病（Meniere disease）。

4. 膜蜗管

膜蜗管（cochlear duct）位于骨蜗管内，在前庭阶和鼓室阶之间，它是一个三角形的螺旋形盲管，长约 35mm。膜蜗管底端朝向前庭，称前庭端，通过连合管和球囊相连，顶端称顶盲端。膜蜗管有上、外、下 3 个壁，上壁为前庭膜，外壁为血管纹和螺旋韧带，下壁为骨性和膜性螺旋板。

1）前庭膜

前庭膜（vestibular membrane）又称赖斯纳膜（Reissner's membrane），为一薄膜，厚 2～3μm，自骨螺旋板发出呈 45°角斜行向上至骨蜗管外侧壁血管纹深部的螺旋韧带，将前庭阶和膜蜗管分开。梅尼埃病患者的前庭膜突向前庭阶。前庭膜可分为三层：间皮层、基底层和上皮层。间皮层朝向前庭阶，来自中胚层，为单层扁平上皮；基底层位于两层扁平上皮之间，内有毛细血管和少量细丝，近间皮侧可见放射状排列的黑素细胞；上皮层朝向膜蜗管，来自外胚层，为单层扁平上皮。

2）血管纹

血管纹（stria vascularis）为一种特殊的含血管的复层上皮，上皮无基膜，上皮下的血管有分支穿入上皮内，故称血管纹。上皮由三种细胞构成：边缘细胞（又称暗细胞）、中间细胞（又称亮细胞）和基底细胞。边缘细胞数量多，是构成血管纹的主要细胞，细胞伸出许多突起包绕上皮内毛细血管，有活跃的离子转运功能，使内淋巴含较高浓度的 K^+，细胞之间有紧密连接，参与组成血-迷路屏障；中间细胞位于边缘细胞下方，细胞突起较少；基底细胞位于上皮深部，与螺旋韧带相邻，细胞扁平，突起伸向浅层，细胞之间有紧密连接或桥粒。血管纹与内淋巴的吸收有关，参与离子和水分的运输。

5. 血-迷路屏障

血-迷路屏障（blood-labyrinth barrier）由血管纹内的连续型毛细血管内皮、内皮基膜、边缘细胞间和基底细胞间的紧密连接组成，故又称血-血管纹屏障，用于保持内耳内淋巴成分的相对稳定。

6. 螺旋韧带

螺旋韧带（spiral ligament）位于血管纹深部，为骨膜增厚部分，外层较致密，内层较疏松，含有多突起的结缔组织细胞、黑素细胞和血管。螺旋韧带根部向膜蜗管内延伸的部分称基膜嵴，与基膜连续，血管纹终止于此处。靠近基膜嵴处的黏膜因其下方结缔组织中含有一条静脉而隆起，称螺旋隆凸（spiral prominence），该处立方上皮与下壁的螺旋器上皮相连续。螺旋隆凸与螺旋器之间的凹陷称外螺旋沟（external spirals ulcus），其表面覆以单层立方或扁平细胞，称外沟细胞，又称克劳迪乌斯细胞（Claudius cell），细胞游离面有少量微绒毛，胞质内有大量核糖体及较小的线粒体和内质网。外沟细胞与液体吸收和吞饮泡有关。

7. 骨螺旋板和膜螺旋板

骨螺旋板和膜螺旋板共同组成膜蜗管的下壁。骨螺旋板（osseous spiral lamina）的骨外膜与前庭膜连接处增厚并向膜蜗管内突出，称螺旋缘（spiral limbus），其中的结缔组织纤维垂直排列，形成锯齿样突起的听齿（auditory teeth），又称胡施克听齿（auditory teeth of Huschke），表面覆以单层扁平细胞，听齿之间为听齿凹，内有特殊的结缔组织细胞，称齿间细胞（interdental cell）。螺旋缘向膜蜗管突出的部分称前庭唇（vestibular lip），其下方向内凹陷成内螺旋沟（inner spiral sulcus），表面覆以单层立方或扁平细胞，称内沟细胞。螺旋缘向鼓室阶突出的部分称鼓室唇（tympanic lip），表面被覆薄层的间充质上皮，并与鼓室阶的单层扁平上皮相延续，螺旋神经节的神经纤维穿行于其下方的结缔组织。膜螺旋板（membranous spiral lamina）与内侧的骨螺旋板相连，从螺旋缘的鼓室唇伸至螺旋韧带的基膜嵴。膜螺旋板由两侧的上皮及中间的固有层组成：膜蜗管面上皮分化形成特殊听觉感受器即螺旋器；鼓室阶面为一层扁平的间皮，细胞间有紧密连接，阻止鼓室阶内的大分子物质渗入螺旋器的科蒂隧道（Corti's tunnel）内；固有层又称基膜，长度和宽度因动物种类的不同或膜蜗管的位置不同而异，基膜分为内区和外区两部分。

螺旋器（spiral organ）又称科蒂器（Corti's organ），位于膜蜗管的基膜和骨螺旋板的鼓室唇上，起自内螺旋沟的外缘，止于外螺旋沟的内缘。上皮细胞由支持细胞和毛细胞组成，但细胞种类较多，形态较复杂，分化也更为特殊。主要的细胞类型如下。

1）支持细胞

支持细胞根据位置和形态的不同，又可分为柱细胞、指细胞和边缘细胞等，细胞之间的间隙较大，腔内充满科蒂淋巴。支持细胞起营养和支持毛细胞的作用。

柱细胞：排成内、外两行，分别称内柱细胞（inner pillar cell）和外柱细胞（outer pillar cell）。统计不同动物的内柱细胞数：人约有5600个，猫有4700个，家兔2800个。外柱细胞数目：人3850个，猫有3300个，家兔1940个。内、外柱细胞之间以桥粒相连接，两者顶部以紧密连接互相嵌合，并分别与邻近的内、外毛细胞顶部形成中间连接。两列柱细胞的中间部互相分离，形成三角形隧道，称内隧道（inner tunnel）或科蒂隧道，其内壁呈墙壁状，外壁呈栅栏状。外柱细胞与外毛细胞之间的腔隙为中隧道（middle tunnel）或称尼埃尔间隙（Nuel's space），内隧道通过外柱细胞之间的裂隙和中隧道交通。最外一排指细胞和外毛细胞与外缘细胞之间的腔隙称外隧道（outer tunnel）。三个隧道互相交通，但并不与外淋巴腔和内淋巴腔交通，隧道内充满Corti淋巴，其化学成分与外淋巴相似，钠多、钾少，并有神经纤维穿行其间。

指细胞：分内指细胞（inner phalangeal cell）和外指细胞（outer phalangeal cell）。内、外指细胞均呈高柱状，底部附于基膜。内指细胞排列成一行，位于内柱细胞和内缘细胞之间，外指细胞又称戴特斯细胞（Deiters cell），位于外柱细胞和外缘细胞之间，排成3~5行，指细胞顶部伸出指状突起支持和包围相应的毛细胞。各类细胞之间均有紧密连接，细胞间隙内有神经末梢。内、外柱细胞、毛细胞和指细胞的小皮板连成一片，内含肌动蛋白，构成网状膜（reticular membrane），毛细胞的毛从网孔中穿出。

边缘细胞（border cell）：分为内缘细胞（inner marginal cell）和外缘细胞（outer marginal cell）。内缘细胞位于内指细胞和内沟细胞之间，排成数行，呈高柱状，细胞游离面有细长而密集的微绒毛。内缘细胞可能与营养内毛细胞有关；外缘细胞又称汉森细胞（Hensen cell），位于外指细胞外侧，以外隧道与外指细胞和外毛细胞分隔，细胞呈高柱状，排成数行，内侧细胞高，外侧细胞逐渐变矮，并与克劳迪乌斯细胞相连。外缘细胞的外侧还有克劳迪乌斯细胞和伯特歇尔细胞（Boettcher cell），克劳迪乌斯细胞即外沟细胞，伯特歇尔细胞为一层靠近基膜上的嗜酸性立方细胞，常被克劳迪乌斯细胞包围，其顶部不到达内淋巴腔。

2）毛细胞

毛细胞是听觉感受细胞，分为内毛细胞（inner hair cell）和外毛细胞（outer hair cell）。两者的比例在人约为1:4，豚鼠约为1:3.5。内毛细胞排成一列，下方由内指细胞支持，外毛细胞排成3~5列，下方由外指细胞支持。毛细胞游离面有许多静纤毛，又称听毛，听毛近端细、远端粗，两种毛细胞的小皮板明显，但听毛排列不同。

内毛细胞：人的内毛细胞有 2800～4400 个，猫有 2600 个，豚鼠有 2000 个，家兔只有 1600 个，细胞排成一行，呈长颈瓶状，游离面有 30～60 根短而宽的静纤毛。静纤毛根据长短不同呈阶梯状排成 3 或 4 行，扫描电镜下观察内毛细胞表面静纤毛排列成 "V" 形或弧线形。内毛细胞底部胞质内有突触带，与螺旋神经节细胞的树突末梢形成突触。内毛细胞感受振幅较小的声波刺激。

外毛细胞：人的外毛细胞有 11 200～16 000 个，鼠和猴有 8056 个，猫有 9900 个，豚鼠有 7000 个，家兔有 6100 个，细胞呈高柱状。人耳蜗底圈的外毛细胞排列成 3 行，中间圈为 4 行，顶圈可达 5 行，其游离面有 120～140 根静纤毛，较内毛细胞的细而长，至耳蜗顶圈的静纤毛更长，但数量少，仅 46～80 根，3～5 行静纤毛在细胞表面排成 "W" 形或 "V" 形，细胞外侧部的静纤毛较长，内侧的较短，状似阶梯，这种排列可能与内淋巴的特殊流动有关。外毛细胞底部胞质也有突触带，与螺旋神经节细胞的树突末梢形成突触。外毛细胞易感受弱声波的振动，也易受机械性损伤，引起外毛细胞形态改变或破坏。

3）盖膜

盖膜（tectorial membrane）是一片狭长的柔软胶质膜，从前庭唇伸出，悬浮于内螺旋沟和科蒂器上方，末端达外缘细胞。人的盖膜比猫和兔的盖膜窄而稍厚。盖膜分为 3 层：上层为盖网，即享森氏纹（Hensen's stripe），光滑而平坦；中间为纤维层，含有平行排列或交织成网的细纤维；下层为哈德斯蒂膜（Hardesty membrane）。外毛细胞的最长静纤毛与盖膜接触，在盖膜下表面可见外毛细胞表面 "W" 形听毛造成的压印。盖膜由胶样基质和细纤维组成。

8. 迷路液

迷路液（labyrinth fluid）又称内耳淋巴液，包括外淋巴、内淋巴和科蒂淋巴。迷路液是维持内耳膜迷路各类细胞的正常形态、空间位置及生理功能的重要基础。

（1）外淋巴（perilymph）：成分与脑脊液基本相似，在骨迷路与膜迷路之间的墙内流动，从鼓室阶经蜗水管外口通入蛛网膜下腔。

（2）内淋巴（endolymph）：成分类似细胞内液，位于膜迷路内，通过内淋巴管至内淋巴囊。

（3）科蒂淋巴（Corti lymph）：称为内耳第三淋巴，分布于螺旋器的科蒂隧道、尼埃尔间隙、外隧道及支持细胞之间的腔隙内，经罗森塔尔管（Rosenthal canal）及缰孔与鼓室阶外淋巴交通，进行小分子物质交换，其成分类似外淋巴。

（三）内耳的血管

前庭的血供主要来自前庭动脉，它为迷路动脉的一个分支。基底动脉发出的迷路动脉通过内耳道进入内耳，分为前庭动脉和耳蜗总动脉。前庭动脉分支供给椭圆囊和球囊的上部与外侧部及上半规管与外半规管，在位觉斑和壶腹嵴处形成毛细血管网，部分半规管也可由耳后动脉的分支茎乳动脉供血。耳蜗总动脉又分为前庭耳蜗动脉和耳蜗固有动脉，前庭耳蜗动脉分支供给椭圆囊和球囊的下部和内侧部以及后半规管及总脚与耳蜗的底圈，其静脉分别汇入蜗水管和前庭水管。

耳蜗管的血供来自耳蜗固有动脉，或称螺旋蜗轴动脉。它在蜗轴中呈螺旋状由耳蜗底向蜗顶走行，沿途以等距离呈放射状向四周发出三组细动脉：外上放射状动脉、中放射状动脉、内下放射状动脉。

上述部位的静脉血均汇入位于鼓室阶壁内的集合静脉，再汇入蜗轴内的螺旋蜗轴静脉，经迷路静脉和乙状窦汇入颈内静脉。在外上放射状动脉和集合静脉之间可见动静脉吻合。豚鼠的螺旋蜗轴动脉含有肽类神经纤维，如 P 物质、神经肽 Y、降钙素基因相关肽、血管活性肠肽等。

迷路内没有淋巴管，组织液排入外淋巴间隙后流入蛛网膜下腔。

（四）内耳的神经

内耳的神经包括传导位觉的前庭神经和传导听觉的耳蜗神经，两者合称位听神经。第 VIII 对脑神经（位听神经）位于内耳道，其前庭神经纤维的末梢分布于位觉斑和壶腹嵴，耳蜗神经纤维的末梢分布到螺旋器。

1. 前庭神经

前庭神经节（vestibular ganglion）位于内耳道底。人的前庭神经节内有 18 439 个双极神经元，神经元树突组成的前庭神经周围支分上、下两支，上支分布于椭圆囊斑及上半规管和外半规管壶腹嵴的毛细胞基部，另有一小支称 Voit's 神经，分布到球囊斑前上部毛细胞基部。下支分布于球囊斑的其余部分及后半规管壶腹嵴的毛细胞基部，同时又分出一束 Oort 神经，与耳蜗神经连接。前庭神经的神经纤维有粗、细两种，粗神经纤维末梢呈杯状膨大，分布到 I 型毛细胞，细神经纤维末梢分布到 II 型毛细胞。神经元轴突组成的前庭神经中枢支与耳蜗神经伴行，通过内耳道入延髓，经过绳状体的前方大部分神经纤维终止于延髓和脑桥的前庭神经核，小部分越过前庭神经核经绳状体入小脑。

前庭神经内含有髓和无髓两种神经纤维，成人的前庭神经纤维平均约有 18 500 条，猫为 12 376 条，豚鼠为 8231 条，老年人的神经纤维略少。

2. 耳蜗神经

螺旋神经节（spiral ganglion）位于蜗轴内。人的螺旋神经节内有 25 000～30 000 个双极神经元，膜蜗管上底圈和中圈处的神经元较多，下底圈和顶圈的神经元较少，神经元树突组成耳蜗神经周围支，呈辐射状，经神经孔分布于螺旋器的内、外毛细胞基部；神经元轴突组成耳蜗神经中枢支，与前庭神经伴行，经内耳道入延髓，大部分终止于蜗神经前核，小部分绕过绳状体止于蜗神经后核。从蜗神经核发出的神经纤维，经过丘脑到大脑颞叶听皮质。螺旋神经节内有 I 型和 II 型两类不同的神经节细胞。螺旋神经节内 I 型和 II 型神经节细胞的比较见表 11.8。

表 11.8　螺旋神经节内 I 型和 II 型神经节细胞的比较

细胞类型	比例（%）	分布	细胞直径（μm）	细胞核	线粒体	核糖体	含致密核芯的小泡	神经元	神经纤维
I 型暗细胞	90	神经节中央部	20～30	大而圆	多	花环状成簇排列	甚少	双极	粗（1～3μm）有髓，P 物质阳性
II 型亮细胞	10	神经节周围部	10～15	小而不规则	极少	极少	多，直径 70～80μm	假单极	细（0.5μm）无髓

进入螺旋器的耳蜗神经纤维可分为 4 组，其末梢均终止于毛细胞基底部：内放射神经纤维、内螺旋神经纤维、基底神经纤维和外螺旋神经纤维、隧道放射神经纤维。

四、位觉和听觉的传导

（一）位觉的传导

位觉斑和壶腹嵴能感受人体的运动状态和头的空间位置。当机体进行旋转或直线变速运动时，因内淋巴的流动，毛细胞的静纤毛-动纤毛复合物向一定方向移动，毛细胞感受到的刺激通过前庭神经传入中枢，产生位觉，并可引起姿势调节反射和眼震颤。

位觉斑主要感受头部处于静止状态的位置及直线运动开始和终止时的刺激。球囊斑和椭圆囊斑互相垂直，球囊斑主要感受头在额状面上的静平衡和直线加速度，椭圆囊斑主要感受头在矢状面上的静平衡和直线加速度。

壶腹嵴主要感受头部旋转运动开始和终止时的刺激。上、后半规管对垂直平面的旋转起反应，外半规管对水平面的旋转起反应。

（二）听觉的传导

声波有骨传导和气传导两种方式。骨传导是指声波通过颅骨直接传至内耳，引起膜蜗管的内淋巴振动，使螺旋器毛细胞接受刺激而兴奋。骨传导不敏锐，在正常听觉中的作用很微小。气传导是声波传导的主要途径，声波经外耳道传至鼓膜，引起鼓膜振动，再经听小骨链的机械振动，由镫骨底传到前庭窗，导致前庭阶的外淋巴振动，再经前庭膜使膜蜗管的内淋巴压力增高，继而引起基膜内相应听弦的共振。另外，前庭阶外淋巴的振动也可经蜗孔传入鼓室阶，引起基膜共振，使内淋巴在盖膜和基膜之间发生横向移动，进而使毛细胞的静纤毛弯曲，神经兴奋沿耳蜗神经传向中枢，产生听觉。

正常人耳能感受的声波振动频率为 16～20 000Hz，最敏感的频率是 1000～3000Hz，一般日常对话的声频率略低于 1000Hz。

表 11.9 人和实验动物耳的组织学比较

		人	实验动物
大体结构	耳郭	形态不规则	啮齿类耳郭内表面较为光滑，个别表面折叠；尖角在头的外侧
	外耳道	"S" 形，长约 2.5cm	啮齿类外耳道略向嘴侧弯曲，长约 6.25mm
	外耳道腺	无	在耳软骨的底部
	中耳/鼓室	在颞骨岩部的间隙内	小鼠为颞骨大泡扩张；上鼓室、中鼓室、下鼓室分裂
	鼓膜	直径约 9mm，外表面凹陷	小鼠鼓膜椭圆形，约为 2.67mm^2，分为两部分：较大的腱部和较小的松弛部
	内耳	位于颞骨岩部	小鼠位于颞骨岩部
	听小骨	活动自如（滑膜关节）	小鼠听小骨间连接活动受限
	锤骨	由韧带连接中耳壁	上韧带辅助位置固定
	砧骨	由韧带连接中耳壁	与锤骨软骨结合，以后韧带辅助位置固定
	镫骨	与砧骨形成动关节	与砧骨形成动关节
	耳蜗	2.75 周骨螺旋，总长度为 30～35mm	小鼠耳蜗管围绕着蜗轴 2.5 周螺旋，豚鼠耳蜗管为 4 周螺旋
	咽鼓管	连接中耳和鼻咽部	连接中耳和鼻咽部
组织学	耳郭/外耳	被覆皮肤毛发较少，有皮脂腺、弹性软骨，血管丰富	小鼠外耳被覆有毛表皮，有皮脂腺、弹性软骨，血管丰富
	外耳道	内衬皮肤有少量毛，有皮脂腺和耵聍腺	小鼠同人
	中耳/鼓室	鳞状上皮到立方上皮	小鼠同人
	鼓膜	三层：外侧的上皮与肌层相连，中间为固有层，内侧为呼吸上皮	小鼠同人
	紧张部	鼓膜下半部 4/5，内有结缔组织	小鼠鼓膜紧张部固有层含有丰富的胶原蛋白、微血管，有三叉神经的末梢分布
	松弛部	鼓膜上半部 1/5，缺乏中间纤维层	小鼠鼓膜松弛部固有层含有较多的弹性蛋白，其部分与紧张部类似
	耳蜗		
	前庭阶	外淋巴液填充	小鼠同人
	骨阶	外淋巴液填充	小鼠同人
	中耳	内淋巴也填充	小鼠同人
	前庭膜	内表面为单层鳞状上皮，固有层纤维固定于纤维环，与鼓膜沟骨膜相连	小鼠同人
	螺旋器		

续表

		人	实验动物
组织学	感觉毛细胞	内侧单列，外侧三层或以上，感知声波	小鼠同人
	前庭系统	三个半规管	小鼠同人
	椭圆囊	斑内含感觉细胞	小鼠同人
	球囊	斑内含感觉细胞	小鼠同人
	壶腹嵴	由感觉毛细胞和支持细胞组成，感知平衡觉	小鼠同人
	咽鼓管	内衬纤毛假复层上皮	小鼠同人
细胞	壶腹嵴		
	I 型感觉毛细胞	神经上皮毛细胞，烧瓶状，40~80 根静纤毛	小鼠同人
	II 型感觉毛细胞	神经上皮毛细胞，柱形，40~80 根静纤毛	小鼠同人
	壶腹支持细胞	高柱状	小鼠同人
	表面	壶腹帽	小鼠同人
	斑和小囊		
	I 型感觉毛细胞	与壶腹嵴类似	小鼠同人
	II 型感觉毛细胞	与壶腹嵴类似	小鼠同人
	支持细胞	与壶腹嵴类似	小鼠同人
	表面	耳石和凝胶状基质	小鼠同人
	螺旋器		
	I 型感觉毛细胞	神经上皮毛细胞，烧瓶形，40~80 根静纤毛	小鼠同人
	II 型感觉毛细胞	神经上皮毛细胞，柱形，40~80 根静纤毛	小鼠同人
	支持细胞	支持细胞、边界细胞、柱细胞、指细胞	小鼠同人
	表面	盖膜，覆盖在毛细胞上的凝胶状结构，附着在螺旋缘上	小鼠同人

参 考 文 献

成令忠, 钟翠平, 蔡文琴. 2003. 现代组织学. 上海: 上海科学技术文献出版社: 474-520.

李德雪, 林茂勇, 张乐萃. 2004. 动物比较组织学. 台北: 艺轩图书出版社: 281-295.

李和, 李继承. 2015. 组织学与胚胎学. 3 版. 北京: 人民卫生出版社: 179-195.

李宪堂. 2019. 实验动物功能性组织学图谱. 北京: 科学出版社: 233-248.

彭克美. 2005. 畜禽解剖学. 北京: 高等教育出版社: 203-210.

秦川. 2017. 实验动物比较组织学彩色图谱. 北京: 科学出版社: 234-247.

秦川. 2018. 中华医学百科全书——医学实验动物学. 北京: 中国协和医科大学出版社.

沈霞芬, 卿素珠. 2015. 家畜组织学与胚胎学. 5 版. 北京: 中国农业出版社: 205-212.

薛桢. 2009. 小鼠听觉脑干诱发电位的实验研究. 上海: 复旦大学硕士学位论文.

周光兴. 2002. 比较组织学彩色图谱. 上海: 复旦大学出版社: 201-205.

Dimiccoli M, Girard B, Berthoz A, et al. 2013. Striola magica. A functional explanation of otolith geometry. J Comput Neurosci, 35(2): 125-54. doi: 10. 1007/s10827-013-0444-x.

Elizabeth F, McInnes EF. 2012. Background Lesions in Laboratory Animals A Color Atlas. Edinburgh: Elsevier Ltd.

Mao Y, Bai HX, Li B, et al. 2018. Dimensions of the ciliary muscles of Brücke, Müller and Iwanoff and their associations with axial length and glaucoma. Graefes Arch Clin Exp Ophthalmol, 256(11): 2165-2171.

Nakazawa K, Spicer SS, Schulte BA. 1996. Focal expression of A-CAM on pillar cells during formation of Corti's tunnel in gerbil cochlea. Anat Rec, 245(3): 577-580.

Piper M, Treuting PM. 2018. Comparative Anatomy and Histology: A Mouse, Rat and Human Atlas. Second edition. London: Elsevier Ltd: 395-432.

Wobmann PR, Fine BS. 1972. The clump cells of Koganei. A light and electron microscopic study. Am J Ophthalmol, 73(1): 90-101.

第十二章 骨骼系统

骨骼系统（skeleton system）或称骨骼，在生物学中是为生物体提供支持作用的生命系统，包括身体的各种骨骼、关节与韧带。骨骼是组成脊椎动物内骨骼的坚硬器官，功能包括运动、支持和保护身体，制造红细胞和白细胞，储藏矿物质。骨骼有各种不同的形状，有复杂的内在和外在结构，使骨骼在减轻重量的同时能够保持坚硬。骨骼的成分之一是矿物质化的骨骼组织，其内部是坚硬的蜂巢状立体结构；其他组织还包括骨髓、骨膜、神经、血管和软骨。骨与骨之间一般用关节和韧带连接起来。人与常用实验动物、畜禽类或其他动物在骨骼组织结构、细胞形态、发生发育及功能方面有许多相同之处，但也存在一些差别，本章将具体描述。

第一节 骨

骨是由骨组织、骨膜和骨髓等构成的坚硬器官，骨内部结构符合生物力学的原理，有很大的强度和硬度，在机体中主要起支持软组织、构成关节参与机体的运动、保护体内重要脏器及作为钙和磷及其他离子储存库等作用。骨有年龄性变化，并且终生可随所承受的压力进行更新和改建。骨具有创伤愈合、修复再生和移植存活的能力，锻炼能促进骨发育，长期不用则萎缩退化。有些动物的骨骼完全由软骨构成而没有骨质化的骨，如鲨鱼，骨的主要功能是支撑保持体形，海洋生物骨骼发育程度不及陆地动物的原因是海洋提供了浮力支撑。较高等的生物，如哺乳类、爬虫类、鸟类等才有骨，大多为脊索动物门成员。

一、骨组织的构成

骨组织（bone tissue）主要由骨细胞和骨基质组成，是一种特殊的结缔组织。骨组织的特点是细胞外基质中有大量矿物质沉积，即矿化（mineralization），主要成分是钙，又称钙化（calcification），使骨组织十分坚硬。

（一）骨基质

骨基质（bone matrix）简称骨质，包括有机成分和无机成分，含水量极少，仅占湿骨重量的 8%～9%。

有机成分为大量胶原纤维和少量无定形基质。胶原纤维（主要是 I 型胶原蛋白）占有机成分的 90%。胶原蛋白分子内有强大的共价键横向交联，分子间的空隙较大，有利于骨盐沉积。骨胶原原纤维的特殊物理性能和其他胶原蛋白的最大不同在于它在稀酸液中不膨胀，也不溶解于可溶解其他胶原的溶剂中，如中性盐等，这主要是由于骨 I 型胶原蛋白分子之间有较多的分子交联。无定形基质仅占 10%左右，呈凝胶状，主要成分是蛋白聚糖及其复合物，蛋白聚糖复合物由蛋白多糖和糖蛋白组成，蛋白多糖中的多糖部分为氨基葡聚糖，PAS 反应阳性。还有很少的脂质，占骨干重的 0.1%，包括磷脂、游离脂肪酸等。无定形基质还含有许多非胶原蛋白，如骨钙蛋白（osteocalcin）、骨桥蛋白（osteopontin）、骨粘连蛋白（osteonectin）和钙结合蛋白（calbindin）等。骨钙蛋白是骨基质中含量最多的非胶原蛋白，占骨基质蛋白的 1%～2%，常作为骨形成的一种标志，与骨盐高亲和力结合，参与骨矿化并调节骨吸收。骨钙蛋白对成骨细胞及破骨细胞前体有趋化作用，并可能在破骨细胞的成熟及活动中起作用。骨桥蛋白是含有精氨酸-甘氨酸-天冬氨酸的磷酸蛋白，对羟基磷灰石有很高的亲和力。骨桥蛋白浓集在骨形成的部位、软骨成骨的部位和破骨细胞同骨组织相贴的部位，它是成骨细胞和破骨细胞黏附的重要物质，是连接细胞与基质的桥梁。骨粘连蛋白或称骨连接素，是一种磷酸化糖蛋白，能同钙和磷酸盐结合，能使 I 型胶原与羟基磷灰石牢固结合，与钙结合后发生分子构型变化。骨粘连蛋白在骨组织中含量很高，由成骨细胞产生，并且在一些非骨组织也存在，如软骨细胞、皮肤的成纤维细胞、肌腱的腱细胞、消化道上皮细胞等。骨粘连蛋白在不同组织的功能尚不完全清楚。钙结合蛋白是一种维生素 D 依赖蛋白，存在于成骨细胞、骨细胞和软骨细胞胞质的核糖体与线粒体上，成骨细胞和骨细胞突起内以及细胞外基质小泡内，表明钙结合蛋白沿突起传递，直至细胞外基质小泡，在骨矿化过程中起积极的作用。此外，钙结合蛋白还存在于肠、子宫、肾和肺等。

无机成分又称骨盐（bone mineral），约占骨组织干重的 65%，以钙、磷离子为主，还有其他多种元素。主要以无定形的磷酸钙和结晶的羟基磷灰石结晶（hydroxyapatite crystal）形式分布于有机质中，沿胶原纤维长轴排列并与之紧密结合，这种结合使骨基质既坚硬又有韧性。电镜下，羟基磷灰石结晶呈柱状或细针状，长 20~40nm，宽 2~3nm。

骨基质的特异性由有机质中非胶原蛋白决定，骨的坚硬性取决于无机质，而其很强的韧性和弹性则有赖于有机质，特别是丰富的胶原纤维。有机质与无机质结合，使骨组织具有强大的支持能力，并能适应物质代谢的要求。

（二）骨细胞

骨组织的细胞包括大量的骨细胞（osteocyte），位于骨组织内部，还有作为其前体细胞的骨祖细胞（osteoprogenitor cell）、成骨细胞（osteoblast）、骨被覆细胞（bone lining cell）及破骨细胞（osteoclast），均分布在细胞表面（图 12.1）。骨细胞位于骨组织内部，是有多个长突起的细胞，单个分散于骨板之间或骨板内。细胞体所在的腔隙称骨陷窝（bone lacunae），每个骨陷窝内仅有一个骨细胞胞体，突起所在腔隙称骨小管（bone canaliculus）。骨陷窝和骨小管内含组织液，可营养骨细胞并带走代谢产物。

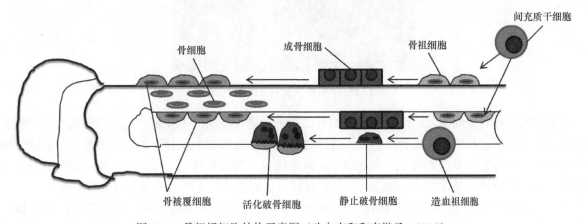

图 12.1 骨组织细胞结构示意图（改自李和和李继承，2015）

骨细胞的形态结构和功能随细胞年龄增长而不同，但有研究表明动物如小鼠、大鼠、犬、马、牛与人的骨细胞形态和功能相似，胞体直径均在 6~10μm。刚转变的骨细胞与成骨细胞相似，仍能产生少量类骨质，胞体为扁椭圆形，位于比胞体大许多的圆形骨陷窝内。突起多而细，通常各自位于一个骨小管中，有的突起还有少许分支。核呈卵圆形，位于胞体一端，有核仁，染色质贴附核膜分布。HE 染色嗜碱性，近核有一浅染区。电镜下可见广泛分布的粗面内质网，散在的游离核糖体，中等量的线粒体和发达的高尔基体，还有一些分散存在的大型囊泡。这类骨细胞具有产生细胞间质（有机质）的能力，研究证明它们产生的细胞间质填充到骨陷窝壁上，使原来较大的圆形骨陷窝变为较小的双凸扁椭圆形骨陷窝，随着骨陷窝周围细胞间质的矿化，年幼的骨细胞成为较成熟的骨细胞。较成熟的骨细胞位于矿化的骨质浅部，细胞体积小，呈扁椭圆形，细胞器减少，突起延长，核较大，椭圆形，居胞体中央。电镜下其粗面内质网较少，高尔基体较小，少量线粒体分散存在，游离核糖体较少（图 12.2）。成熟的骨细胞位于骨质深部，胞体比原来的成骨细胞缩小约 70%，核质比增大，胞质易被甲苯胺蓝染成蓝色。电镜下可见一定量的粗面内质网和高尔基体，线粒体较多，可见溶酶体。线粒体内有电子致密颗粒，是细胞内的无机物，主要是磷酸钙。成熟骨细胞最大的变化是形成较大的突起，直径 85～100nm，为骨小管直径的 1/4～1/2。相邻骨细胞突起端对端相互连接，或末端侧对侧相互贴附，其间有缝隙连接，位于骨陷窝和骨小管的网状通道内，最大的特征是细胞突起在骨小管内伸展，与相邻的骨细胞连接，深部的骨细胞由此与邻近骨表面的骨细胞突起和骨小管相互连接与通连，构成庞大的网样结构。骨陷窝-骨小管-骨陷窝组成细胞外物质运输通道，是骨组织通向外界的唯一途径，而且它们形成的细胞间信息传递系统，是沟通骨细胞间代谢活动的结构基础。骨细胞的功能是骨细胞性溶骨和骨细胞性成骨（受甲状旁腺激素、降钙素和 1,25-二羟基维生素 D3 的调节与机械性应力的影响）；参与调解钙磷平衡（骨细胞可能通过摄入和释放钙离子与磷离子，并可通过骨细胞相互间的网状连接结构进行离子交换，参与调节钙磷平衡）；感受力学信号（骨细胞具有感受骨组织局部生理应变的功能，不同时期骨细胞对应力刺激反应有差别，幼稚的骨细胞对低水平或生理水平应变的反应更为敏感。骨细胞感受力学刺激，均有赖于骨细胞与骨质的紧密接触，特别是骨细胞骨架与骨基质间的连接有重要作用）。

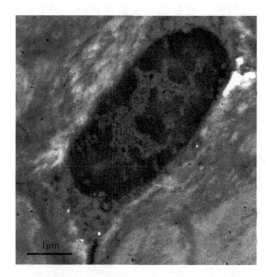

图 12.2　11 月龄来航鸡骨细胞电镜图

骨祖细胞或称骨原细胞，由间充质干细胞分化而来，是骨组织的干细胞，具有多分化潜能，位于骨组织和骨膜交界面，特别是在血管周围。人与动物骨祖细胞分布无大差异。骨祖细胞形态与骨膜中的纤维细胞相似，胞体小，不规则梭形，突起细小，核染色淡，椭圆形或细长形，胞质少，弱嗜碱性，仅含少量核糖体和线粒体。当骨生长、改建或骨折修复时，功能活跃，不断增殖分化为成骨细胞。

成骨细胞分布在骨组织表面，直径 10～12μm，单层排列，多呈矮柱状，有小突起。细胞核大，圆形，位于细胞质内远离骨表面的一端，核仁明显，胞质嗜碱性，高尔基体发达，线粒体丰富。成骨细胞还释放基质小泡（matrix vesicle），小泡直径 25～200nm，内含细小钙盐结晶，小泡膜上有钙结合蛋白和碱性磷酸酶。基质小泡在类骨质矿化的起始过程中有重要的作用。除了产生类骨质，成骨细胞还分泌多种生长因子和细胞因子，调节骨组织的形成和吸收、促进骨组织钙化。人与动物成骨细胞的性质无明显区别。成骨细胞的功能主要包括：①产生胶原纤维和无定形基质，即形成类骨质；②分泌骨钙蛋白、骨粘连蛋白和骨唾液酸蛋白等非胶原蛋白，促进骨组织矿化；③细胞表面有多种骨吸收刺激因子的受体，细胞能分泌一些细胞因子，调节骨组织形成和吸收。成骨细胞是参与骨生成、生长、吸收及代谢的关键细胞。成骨细胞产生类骨质后，自身包埋其中，胞体不断缩小，突起逐渐延长，最终转变为骨细胞。

成骨细胞相对静止时，突起减少甚至消失，细胞扁平，紧贴骨组织表面，称骨被覆细胞。骨被覆细胞的胞质和细胞器较少，细胞有突起，相邻细胞的突起之间及其与邻近的骨细胞突起之间有缝隙连接，在适当的刺激下转变或分化为功能活跃的成骨细胞。骨被覆细胞还能吸引破骨细胞贴附于骨表面，从而参与正常的成骨和破骨过程。此外，这些细胞还有分隔骨细胞周液和骨髓腔内组织液的作用，维持骨细胞周液的钙离子浓度。

破骨细胞数量少，约为成骨细胞的 1%，无分裂能力，散在分布于骨组织表面。人与动物破骨细胞直径 30~100μm，形态不规则，细胞核一般 10~15 个，变动范围 2~100 个，是一种由单核细胞融合而成的多核巨细胞，核卵圆形，染色质颗粒细小，色浅，1 或 2 个核仁，胞质细胞器丰富，溶酶体和线粒体居多。光镜下，破骨细胞的胞质呈泡沫状，多为嗜酸性，功能活跃的破骨细胞具有明显的极性，贴近骨基质的一侧为浅色带，在电镜下可见紧贴骨组织一侧有许多大小和长短不一的指状胞质突起，构成皱褶缘（ruffled border）。环绕皱褶缘的细胞质略微隆起，形成一道环形胞质围墙，使所包围的区域成为封闭区（sealing zone），电镜下呈低电子密度，也称亮区（clear zone）。亮区的细胞紧贴骨组织，使皱褶缘和对应的骨组织表面凹陷之间封闭成一个密闭的腔隙，称吸收陷窝（absorption lacuna）。此处是一个特殊的微环境，破骨细胞在此释放多种水解酶和有机酸，溶解骨盐，分解有机成分，并使其在细胞内进一步降解。皱褶缘深面含许多大小不一、电子密度不等的膜被小泡和大泡，称为小泡区（vesicular region），小泡区有许多大小不一的线粒体。亮区和小泡区的深面，是破骨细胞远离骨组织侧的部分，称为基底区（basal region），此处为细胞核聚集处，胞核之间有粗面内质网、高尔基体和线粒体，还有与核数目相对应的中心粒。破骨细胞具有很强的溶骨、吞噬和消化能力。当溶骨作用完成后，破骨细胞发生凋亡而消失。

二、骨组织的类型

骨组织根据其发生的早晚、骨细胞和细胞间质的特征及其组合形式，分为未成熟的骨组织和成熟的骨组织。前者为非板层骨（non-lamellar bone），后者为板层骨（lamellar bone）（表 12.1）。胚胎时期最初形成的骨组织及骨折修复形成的骨痂，都属于非板层骨，而后基本被板层骨取代。

表 12.1 骨组织的类型、组织特征和分布

骨组织类型	组织学特征	主要分布
非板层骨（初级骨组织）	新形成的不成熟骨组织，编织骨常见，骨胶原纤维粗大，排列较乱，呈编织状；组织中骨盐含量较低，骨细胞较大而多	发育和生长中的骨组织，骨折修复中的骨痂；正常成体的牙床、近颅缝处、肌腱和韧带附着处保留少量编织骨
板层骨（次级骨组织）	骨细胞成熟，排列规律；骨胶原纤维较细，与骨盐和基质紧密结合，构成骨板层；同一骨板的纤维相互平行，相邻骨板的纤维则相互垂直	广泛分布于成年体内几乎所有骨骼

（一）非板层骨

初形成的骨组织为初级骨组织（primary bone tissue），可分为 2 种，一种是编织骨（woven bone），一种是束状骨（bundle bone）。编织骨常见，胶原纤维束呈编织状排列，胶原纤维粗大，最粗的直径达 13μm，又有粗纤维骨之称。骨细胞分布和排列紊乱，均无规律，体积较大，形状不规则，内含骨盐较少。骨细胞较多，细胞数量是板层骨的 4 倍，细胞代谢也较板层骨活跃。在骨细胞溶骨的一些区域，相邻的骨陷窝同时扩大，然后合并，形成较大的无血管性吸收腔，使骨组织出现较大的不规则囊状间隙，这种吸收过程是清除编织骨以被板层骨取代的正常生理过程。编织骨存在于胚胎和 5 岁以内儿童的密质骨与松质骨中，后逐渐被板层骨取代，青春期完全取代，但在牙床、近颅缝处、骨迷路、肌腱和韧带附着处，终生保留少量编织骨。发生某些骨骼疾病，如佩吉特病（Paget disease）、氟中毒、原发性甲状旁腺功能亢进引起的纤维性骨炎、骨肿瘤等时，都会出现编织骨，最终可在患者骨中占绝对优势。束状骨比较少，也属粗纤维骨，它与编织骨最大的差别就是胶原纤维束平行排列，骨细胞分布于相互平行的纤维束之间。

（二）板层骨

随着骨组织发育，其不断成熟，成为次级骨组织（secondary bone tissue），或称板层骨。在板层骨的骨基质中，胶原纤维较细，又有细纤维骨之称。细纤维束直径通常为2~4μm，有规律地呈板层状排列，且与骨盐晶体和基质紧密结合，构成骨板（bone lamella）。动物骨骼与人骨骼的板层骨排列不同，表现为人的板层骨排列整齐，动物的排列不整齐，胶原板较少。同层骨板内的纤维相互平行，相邻骨板的纤维相互垂直，HE染色呈具不同折光率的红色（图12.3）。骨板厚薄不一，一般为3~7μm。骨板之间的矿化基质中很少存在胶原纤维束，仅有少量散在的胶原纤维。胶原纤维束可分支，从一层伸至相邻的另一层，构成相互连接的三维结构，有效增强骨的支持力。骨基质的小腔称骨陷窝，其中含骨细胞。骨细胞一般比编织骨中的细胞小，胞体大多位于相邻骨板之间的矿化基质中，但也有少数散于骨板的胶原纤维层内。骨细胞的长轴基本与胶原纤维长轴平行，排列方向有规律。骨细胞发出许多细管，称骨小管，含骨细胞的突起。与软骨组织不同的是骨组织内有血管穿行的管道。文献报道实验动物兔、犬、猪、猕猴及畜禽类牛、羊、马、鸡、鸭、鸽等骨组织内不含骨小管。

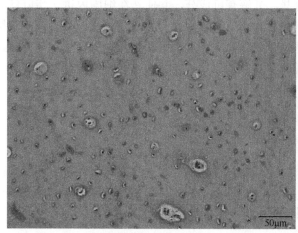
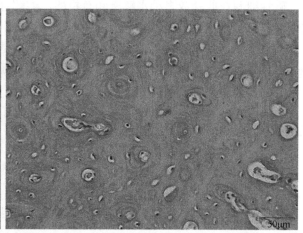

11月龄来航鸡骨干 HE　　　　　　　　4月龄大白兔骨干 HE

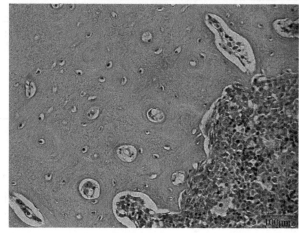
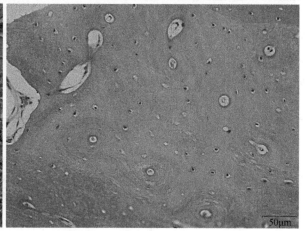

1月龄豚鼠骨干 HE　　　　　　　　4岁雪貂骨干 HE

图12.3　骨干骨板光镜图

在板层骨中，相邻骨陷窝的骨小管彼此通连，构成骨陷窝-骨小管-骨陷窝通道网。骨陷窝-骨小管-骨陷窝通道内的组织液循环，既保证了骨细胞的营养，又保证了骨组织与体液之间的物质交换。板层骨中的蛋白多糖复合物含量比编织骨的少，骨基质嗜酸性，编织骨基质嗜碱性，形成对比。板层骨中的骨盐与有机质的关系密切，这也是与编织骨的差别之一。板层骨的组成成分和结构的特点，赋予板层骨抗张力强，硬度强；而编织骨的韧性较大，弹性较好。

三、骨的结构

一般俗称的"骨"，主要由骨干、骨骺、骨髓和骨膜构成。骨髓里面有丰富的血管和神经组织。肉眼观察，骨可分为密质骨和松质骨两种类型。松质骨（spongy bone，cancellous bone）也称骨松质或海绵状骨，由大量针状或片状骨小梁相互连接成的立体网格构成，骨小梁之间为相互通连的间隙，即骨髓腔，内含骨髓、血管和神经等。骨小梁的厚度一般为 0.1～0.4mm，结构简单，由数层不太规则的平行排列的骨板和骨细胞构成，细小的骨小梁内无血管，较大的骨小梁可含有少数小的骨单位，哈弗斯管内血管较细或缺乏，骨小梁的表面都覆以薄层骨内膜。无血管进入的骨小梁，骨细胞的营养由骨髓腔血管供应，通过开口于骨内膜的骨小管运送。骨小梁生物力学性能和结构分析表明，骨小梁的连接形式和结构连续性对其承受载荷的能力是非常重要的。松质骨位于骨的深部。长骨骨骺主要由松质骨构成，骨髓腔周围有少量松质骨，颅盖扁骨中板障及短骨的中心均为松质骨。密质骨（compact bone）又称骨密质（cortical bone）或骨皮质，它与松质骨具有相同的基本组织结构，均由板层骨构成，差别主要在于骨板的排列形式和空间结构，密质骨骨板排列规律，紧密结合，仅在一些部位留下血管和神经通道，在显微镜下才能看到其中的间隙，骨孔占据 5%～30%。长骨骨干主要由密质骨构成，长骨骨骺、扁骨和短骨的表层也是密质骨。密质骨占人体骨骼的 80%，与松质骨彼此逐渐移形，两者没有截然的界限。密质骨主要发挥保护作用，松质骨主要起代谢作用。松质骨的代谢一般比密质骨活跃，改建速率快，所以因局部病变或代谢异常引起的骨结构改变，首先由松质骨开始出现反应。

（一）长骨的结构

典型的长骨，如股骨和肱骨，其两端是骨骺，为窝状的松质骨，中部为壁厚而中空的圆柱状骨干，是致密坚硬的密质骨，骨中央是骨髓腔，骨髓腔及骨松质的缝隙里是骨髓。

1. 密质骨

密质骨又称骨密质，分布于长骨的骨干（diaphysis）和骨骺（epiphysis）的外侧面，其中的骨板紧密结合，结构致密，仅有一些小的管道，含血管和神经等。密质骨在骨干的内、外表面形成内、外环骨板（circumferential lamellae），外环骨板居骨干的浅面，厚，由数层或十多层骨板组成，整齐地环绕骨干排列。内环骨板居骨干的骨髓腔面，薄，仅由数层骨板组成，且不太规则。人与不同实验动物外环骨板的厚度及排列不尽相同（表 12.2）。内、外环骨板最表层骨陷窝发出的骨小管，一部分伸向深层，与深层骨陷窝的骨小管相通；一部分伸向表面，终止于骨和骨膜交界处，其末端是开放的（图 12.3）。

表 12.2 人与不同实验动物内外环骨板的厚度及排列比较

	人	兔	犬	猪	猕猴	鸡	鸭	鸽	牛	马	羊	猫
外环骨板厚度	厚	厚	厚	薄	薄	薄	薄	薄	薄	薄	薄	厚
外环骨板排列	规则	规则	不规则	不规则	不规则	不规则	不规则	不规则	不规则	不规则	不规则	不规则
内环骨板厚度	薄	厚	厚	薄	薄	薄	薄	薄	薄	薄	薄	厚
内环骨板排列	不规则	规则	不规则	不规则	规则	规则	规则	规则	不规则	不规则	不规则	不规则

内、外环骨板之间的中层为骨干主体结构，由大量哈弗斯系统（Haversian system）和少量间骨板（interstitial lamellae）构成。啮齿类动物的哈弗斯系统结构不明显或缺失。哈弗斯系统又称骨单位（osteon），是长骨中起支持作用的主要结构，由多层呈同心圆排列的哈弗斯骨板（Haversian lamella）围绕中央管（central canal）（也称哈弗斯管，Haversian canal）构成，骨板中的胶原纤维绕中央管呈螺旋状走行，与相邻骨板的纤维方向垂直。哈弗斯骨板为 4～20 层不等，故骨单位粗细不一，每层骨板的厚度平均为 3μm。骨板中的胶原纤维绕中央管呈螺旋形走行，相邻骨板中胶原纤维的排列是多样性的。人与动物的长骨哈弗斯管形态结构及骨单位分界有一定的区别（表 12.3 和表 12.4）。每个骨单位最内层骨板表面均覆以骨内膜。中央管内有血管、神经纤维和骨祖细胞等。骨单位数量多，长筒状，长 3～5mm，直径 20～110μm，方向与骨干长轴一致，但改建的骨单位不总是呈单纯的圆柱形，可有许多分支相互吻合，具有复杂的立体构型。常见动物的骨单位常表现为一个个完全独立的骨单位，发育过程中不断扩大与相邻的骨单位挤在一起，造成骨单位变形，致形态不尽相同（表 12.5）。因为动物的骨单位改建不明显，中央管外形变化

不大，因此动物骨单位中央管直径相对较小。中央管中通行的血管也不一致，有的只有一条毛细血管，内皮有孔，胞质中可见吞饮小泡，包绕内皮的基膜内有周细胞。有的中央管中有两条血管，一条小动脉，或称毛细血管前微动脉，另一条为小静脉。骨单位表面有一层黏合质，是含骨盐较多而胶原纤维很少的骨基质，在骨磨片横断面上呈折光较强的轮廓线，称为黏合线（cement line）。骨干中有与骨干长轴近似垂直走行的穿通管（perforating canal），也称福尔克曼管（Volkmann canal），内含血管、神经和骨祖细胞等，其在骨外表面的开口为滋养孔，且穿通管与中央管相连通，构成血管系统与骨单位中骨细胞之间营养物质与气体交换的通路。骨单位最外层的骨小管在黏合线以内折返，一般不与相邻骨单位的骨小管相通。

表 12.3　人与其他动物长骨哈弗斯管形态结构、板层骨排列及骨单位分界的区别

	哈弗斯管形态	哈弗斯管管径	骨单位分界	骨单位改建	板层骨排列
人	规则	大	清楚	明显	整齐
其他动物	不规则	小	不清楚	不明显	不整齐

表 12.4　人骨与其他动物骨哈弗斯管每视野的区别

	人	牛	狗	猪	羊	鸡	鸭
每视野（180 倍）哈弗斯管数目（个）	7～9	10～12	14～16	15～17	17～19	34～36	24～27

表 12.5　人骨单位与其他动物骨单位形态比较

	人	兔	犬	猪	猕猴	啮齿类	鸡	鸭	鸽	牛	马	羊	猫
骨单位形态	长筒状	大小不等	圆形	圆形或角形	圆形，大小不等	不明显，孔隙随年龄增长而增加	大小不等	大小不等	大小不等	圆形或角形	圆形或角形	圆形或角形	圆形

间骨板位于骨单位之间或骨单位与环骨板之间，是一些大小和形状不规则的无血管通道的骨板聚集体，是骨生长和改建过程中哈弗斯骨板或环骨板未被吸收的残留部分。间骨板与骨单位之间有明显的黏合线分界。文献报道实验动物兔、猪、猕猴及畜禽类牛、羊、马、鸡、鸭、鸽等骨组织内无间骨板，犬、猫有规则的间骨板。

2. 松质骨

松质骨又称骨松质，分布于长骨两端的骨骺和骨干的内侧面，由大量针状或片状的骨小梁（bone trabecula）构成。骨小梁又称骨针（bone spicule），在松质骨内粗细不一，相互连接形成多孔隙网架结构，网孔即为骨髓腔，其中充满红骨髓。人骨组织在近髓腔的部位骨单位向髓腔突入，中央管扩大形成骨小梁腔，哈弗斯骨板形成骨小梁。动物的骨小梁发育相对不发达，近内环骨板处的骨单位向髓腔突入不明显，近髓腔的骨单位常常紧密排列，并不突入髓腔。骨小梁是板层骨，由几层平行排列的骨板和骨细胞构成，表层骨板的骨小管开口于骨髓腔，骨细胞从中获得营养并排出代谢产物。人松质骨（髂骨）骨小梁宽度 90～170μm，相对骨体积 14%～30%；而大鼠骨小梁宽度 60～80μm，相对骨体积与人相似，为 17%～24%。骨小梁的排列配布方向完全符合机械力学规律，如股骨上端、股骨头和股骨颈处的骨小梁排列方向，与其承受的压力和张力方向大体一致；而股骨下端和胫骨上、下端，压力方向与它们的长轴一致，骨小梁以垂直排列为主。骨所承受的压力均等传递，变成分力，从而减轻骨的负荷，但骨骺的抗压、抗张强度小于骨干的抗压、抗张强度。成年小鼠、大鼠及兔等小哺乳动物的松质骨骨量及数量相对较少，主要存在于短骨（如脊椎骨）中及长骨的两端（以股骨下端及胫骨上端分布较多）。因此利用大鼠进行骨质疏松症及骨代谢方面的研究多采用上述部位。同样由于大鼠、小鼠长管状骨内松质骨较少，进行骨髓相关研究是较方便的。

犬、马、牛及灵长类等动物骨皮质与骨松质的比例和人相似。动物越大，骨骼越大，骨的绝对体积就越大。但同一部位皮质骨的厚度存在一定差别，如成年牛股骨中部骨皮质的厚度为 0.8～1.0cm，人约 0.5cm，小鼠则约 0.2cm。

3. 骨膜

骨膜由致密结缔组织组成。除关节面、股骨颈、距骨的囊下区和某些籽骨的表面外，骨的表面均覆以骨外膜（periosteum），在骨髓腔面、穿通管和中央管的内表面以及骨小梁的表面均覆以骨内膜（endosteum）。骨外膜为厚层致密结缔组织，可分为内、外两层，但两者无截然分界。外层主要含粗大的胶原纤维束，相互交织成网，故又称纤维层（fibrous layer）。有些纤维穿入外环骨板，称穿通纤维（perforating fiber）或沙比纤维（Sharpey's fiber），作用是将骨外膜固定于骨。内层直接与骨相贴，结构疏松，纤维成分少，含贴骨分布以及呈层状排列的骨祖细胞及一些小血管、神经等。骨外膜内层的组织成分随年龄增长和功能活动而变化，在胚胎期和出生后的生长期，骨祖细胞层较厚，其中许多已转变为成骨细胞。成年后处于改建的相对静止期，骨祖细胞相对较少，不再排列成层，而是分散附着于骨的表面，参与终生缓慢进行的骨改建及骨折修复活动。由于骨外膜内层有成骨能力，又称生发层（cambium layer）或成骨层（osteogenic layer）。骨内膜较薄，纤维细而少，主要是一层扁平的骨被覆细胞，分布于骨干和骨骺的骨髓腔面以及所有骨单位中央管的内表面，并相互连续。研究表明骨内膜表面覆有一层骨衬细胞（bone lining cell），鳞片状，有突起，紧贴附于骨的内表面，细胞核薄而扁，厚 $0.5\sim1.0\mu m$，宽约 $1.0\mu m$，长 $10\sim12\mu m$，胞质呈薄片状铺展，其厚度不及 $0.1\mu m$，细胞器稀少，细胞的突起深入骨小管中，与骨细胞的突起形成缝隙连接。骨衬细胞的功能包括：分隔骨组织液与骨间质液；调节矿物质的动态平衡；支持性作用；参与正常骨组织形成和吸收。

骨外膜和骨内膜的主要功能是营养组织，为骨的修复或生长不断提供新的成骨细胞。骨膜具有成骨和成软骨的双重潜能，临床上利用骨膜移植，已成功地治疗骨折延迟愈合或不愈合、骨和软骨缺失、先天性腭裂和股骨头缺血性坏死等疾病。骨膜内有丰富的游离神经末梢，可感受痛觉。

4. 骨髓

骨髓是存在于长骨（如肱骨、股骨）的骨髓腔，扁骨（如胸骨、肋骨）和不规则骨（髂骨、脊椎骨等）的松质骨间网孔中的一种海绵状组织，能产生血细胞的骨髓略呈红色，称为红骨髓。人的造血骨髓存在于发育中的骨和成人的轴向骨骼（椎和骨盆骨），偶尔存在于肱骨近端和股骨。成人的一些骨髓腔中（如附肢骨）的骨髓含有很多脂肪细胞，呈黄色，且不能产生血细胞，称为黄骨髓，肋骨这些扁骨内的骨髓最后都会因为脂肪及纤维结缔组织堆积而成为黄骨髓并且失去造血功能。一般来说，啮齿类动物的整个长骨和附肢骨骨髓终生具有造血功能，骨髓中也有脂肪组织，造血骨髓所占的面积比脂肪面积大。长骨骨干的骨髓随年龄增长出现脂肪组织，并逐渐增多，成为黄骨髓，保留少量幼稚血细胞，有造血潜能，当机体需要时可转变为红骨髓。但长骨两端和扁骨的骨松质内，终生留有造血功能的红骨髓。红骨髓主要由造血组织和血窦构成。造血组织由网状组织、造血细胞和基质细胞组成。网状细胞和网状纤维构成网架，网孔中充满不同发育阶段的各种血细胞，以及少量巨噬细胞、脂肪细胞、骨髓基质干细胞等。血窦为管腔大、不规则的毛细血管，内皮细胞间隙较大，内皮基膜不完整，呈断续状，有利于成熟细胞进入血液。红骨髓能制造红细胞、血小板和各种白细胞。血小板有止血作用，白细胞能杀灭与抑制各种病原体，包括细菌、病毒等，某些淋巴细胞能制造抗体。因此，骨髓不但是造血组织，还是重要的免疫组织。

禽类骨骼中骨髓与人不同，有其自身的特点和意义，表现为禽类骨骼大部分中空，无骨髓，中间是网状结构，气囊扩展到许多骨的内部，取代了骨髓，成为含气骨，无骨骺和骺软骨，骨壁较薄，骨密质较致密，轻巧且坚固，利于减轻重量而飞行，但幼禽几乎全部骨都含有骨髓；人及其他动物骨骼内充满骨髓，骨壁较厚，较粗壮。

（二）扁骨的结构

扁骨（flat bone）呈板状，主要构成颅腔和胸腔的壁，保护内部的脏器，还为肌肉附着提供宽阔的骨面，如肢带骨的肩胛骨、髂骨、肋骨、胸骨等。扁骨由坚硬的内板、外板及板障构成。以颅顶骨为例，内、外两层都是密质骨，中间为一厚度不一的松质骨。内、外两层密质骨分别称为内板和外板，外板厚而坚韧，弧度小，耐受张力；内板薄而松脆，较易折损。内、外板之间的松质骨称为板障，有迂曲的板障管穿行，是板障静脉通行的管道。内、外板和板障管有年龄性变化，6 岁以前、50 岁后不易分清；板障管在 2 岁后才可观察到，随年龄增长逐渐明显。扁骨的表面覆以骨外膜，颅骨外板表面的骨外膜称颅外膜；内板表面被覆硬脑膜，它们的结构和功能与长骨的骨外膜无明显差别。

（三）人与动物骨骼的组织结构、形态学差别及意义

人与动物骨骼的大体形态学存在差别（表 12.6），颅骨碎片及骨盆各骨结构形态也存在细微差别（表12.7），而且人与动物的脊椎组成也不尽相同（表12.8）。脊椎形态差别及意义表现在：寰椎人扁环形，关节面小，动物蝴蝶形；枢椎人齿突呈指状，孔小，动物之间差异较大；颈椎人体积大，孔小，横突、棘突发达，动物则相反。禽类相对于人的颈椎数目较多，椎体长，与其颈部高度灵活相适应。鸟类为适应生活大量骨骼愈合，变得更为坚固，但活动受限，代之颈部高度灵活。鹦鹉在构成鸣管的第一个气管环的底部、鸣管分叉处中央有一个从背面垂直伸向腹面的细骨棒，称鸣骨，支撑鸣管和内鸣膜的功能，增强了其学舌的本领。水生哺乳动物的颈椎一般都很短，椎骨相接很紧，有的甚至愈合成为一块，如蛙 1 块，反映其在水中生活头部活动少的特点。胸椎人体积大，孔小，动物相反；腰椎人体积大，孔小，横突短，棘突长，动物则相反；禽类的腰荐部骨骼由腰椎、荐骨、前数个尾椎和髋骨愈合而成，有 11~14 块，因此禽类脊柱的胸部和腰荐部几乎没有活动性，鸡、鸭、鹅均有一定数目游离的尾椎（表12.8），最后一枚尾椎发达，形态特殊，称尾综骨（综荐骨），活动性大，是尾脂腺和尾羽的支架。另外，动物牙齿与其食性密切相关，草食类和肉食类差异最为显著。草食类的臼齿表面扁平，而且有一点凹状，而肉食类与此相反，呈凸状，面积小，可能与咀嚼方式有关。草食类中，反刍动物没有上颚切齿，而兔的切齿外突，十分独特。杂食动物，如猪的齿式与人的情况一致。

表 12.6　人与动物大体骨骼的形态学比较

结构	人	动物
颅骨	球形，占 2/3	三角形，占 1/3
面骨	不突出	突出
骨盆	两髂翼向外翘张，呈盆状，有明显的性别差异	狭窄而长，耻骨弓角度比人小，无明显性别差异
四肢	上、下肢差异明显，指骨长、细，跗骨发达	前、后肢差别不明显，距骨少、短
牙齿	分4群，排列紧密	因食物不同而异（咀嚼方式有关）

表 12.7　人与动物在颅骨和骨盆各骨形态等方面的比较

种属	颅骨碎片结构					骨盆各骨差别			
	颅骨缝	颅骨断面内、外骨板	颅骨断面板障结构	颅骨内板	鼻骨、乳突	耻骨	髂骨	坐骨	骶骨
人	曲折明显，有滋养孔	薄	典型	有凹陷的条索状压迹	特有	体积相对较小	扇形张开，较薄的片状髂翼	发达，有坐骨结节	呈等边三角形
动物	平直	厚	不发达	光滑致密	无	结合部大而长，片状	狭长不规则，棒状结构	不发达，无坐骨结节	长柱形

表 12.8　人与动物的脊椎组成比较（块）

结构	人类	啮齿类	兔	犬	绒猴	鸡	鸭	鹅	猪	马	牛	羊	蛙
颈椎	7	7	7	7	7	13或14	14或15	17或18	7	7	7	7	1
胸椎	12	13	12	13	13（12）	7	9	9	14或15	18	13	13	3
腰椎	5	6	7	7	5~7	11~14	11~14	11~14	6或7	6	6	6或7	4
骶（荐）骨	5	4	4或5	3	2或3	1	1	1	4	5	5	4	1
尾骨	4	27~31	15~18	20~23	25~30	5或6	7或8	7或8	20~23	14~21	18~20	3~24	1

由于人类直立行走，上肢灵活，胸骨柄相对发达，并形成特殊的胸锁关节和第一胸肋关节，动物不具备这些特点，禽类胸骨发达，背面凹，腹面正中有突出的胸骨嵴，大小与胸肌的发达程度有关。鱼类没有胸骨，与其在水内生活相关。人与动物的肋骨形态及肋骨、胸骨数目均有一定的区别（表12.9和表12.10）。禽类肋骨有其自身特点，肋骨的对数与胸椎的数目一致，除第1、2对肋骨外，其余肋骨均分为与胸椎相连的椎肋和与胸骨相接的胸肋，它们都是骨，而非软骨。大部分椎肋之间还具有钩突，连于后一肋骨，以加固胸廓，前1或2对肋缺少胸肋，可能与呼吸时气囊膨大有关。

表 12.9　人与动物肋骨形态的比较

种属	肋骨形状	肋结节	肋小头	肋沟	肋粗隆	肋斜角肌结节
人	弧形	不明显	明显	明显，片状	第二肋有	第一肋有
动物	较平直（上位肋骨）	明显	不明显	各异，无片状结构	无	无

表 12.10　人与实验动物胸骨数目和肋骨数目的比较

种属	胸骨（节）	肋骨（节）	真肋（对）	假肋（对）	浮肋（对）
人	3	12	第1~7	第8~12	第11或12
小鼠	6	12（13，14）	第1~7	第8~10	第11~13（14）
大鼠	4~6	13	第1~7	第8~10	第11~13
豚鼠	6	12（13）	第1~6	第7~9	第10~12（13）
兔	6	12（13）	第1~7	第8或9	第10~12（13）
猫	8	13	第1~9	第10~12	第13
犬	8	13	第1~9	第10~12	第13
牛/羊	6~8	13	第1~8	第9~13	0
马	6~8	18	第1~8	第9~18	0
猪	6~8	14或15	第1~7	第8~14（15）	1（偶见）

人足趾骨退化变细，跗骨发达粗壮，手指骨细长，关节面较大，而动物的趾骨小而粗短，前肢与后肢大致相似。鸟类的前肢进化成了翼，可自由飞行，后肢用于行走、奔跑或攀援等。家禽的后脚骨包括跗跖骨和趾骨，跗骨不独立存在，分别与胫骨和距骨相愈合，公鸡跗骨上有发达的距突，趾有4个，第1趾的向后。籽骨包括髌骨和腕骨的豌豆骨，虽然大多数籽骨在人和啮齿类动物中都很常见，但通常在啮齿类动物身上看到的位于股骨外侧髁后腓肠肌外侧的籽骨在人中相对少见。

各种动物与人体骨骼形态的差别与物种进化、功能相关。动物机体尤其是脊椎动物的骨骼结构存在共性，与鱼类、鸟类、禽类等存在差别。各种动物骨骼作为支撑系统使生物体的结构更符合力学原理，各器官在空间上合理配置，并保持相对稳定的空间位置，实现整体的功能协调。进化过程中，防护和支撑功能相互结合。同时动物为适应生存环境而产生的骨骼运动功能和运动形式也决定了其骨骼的形态结构。

四、骨组织的发生、生长和再生

骨来源于胚胎时期的间充质。胚胎时期有两种不同的骨发生方式：一种是膜内成骨（intramembranous ossification），即在原始的结缔组织内直接成骨；另一种是软骨内成骨（endochondral ossification），即在软骨内形成骨，但软骨主体必须被破坏才能开始形成骨。这两种骨组织发生的过程基本相同。出生后骨仍继续生长发育，直到成年才停止加长和加粗，但骨的改建持续终生，改建速率随年龄增长而逐渐减慢。

（一）骨组织的发生特点

骨组织发生过程包括骨组织的形成和骨组织的吸收，两者在骨发生过程中同时存在，相辅相成，成骨细胞和破骨细胞的相互调控，保证骨组织的发生与个体的生长发育相适应。

骨组织发生时，骨祖细胞分裂分化为成骨细胞，成骨细胞分泌类骨质，并完全埋入其中，成为骨细胞，继而类骨质矿化使无机盐有次序地沉积于类骨质成骨基质，形成骨组织。在形成的骨组织表面又有新的成骨细胞继续形成类骨质，然后矿化，如此不断地进行。新骨组织形成的同时，原有骨组织的某些部分又被吸收。骨组织的吸收是骨组织被侵蚀溶解，涉及骨矿物质溶解和有机物降解。

骨组织吸收主要是破骨细胞起作用，称为破骨细胞性溶骨。破骨细胞性溶骨过程包括三个阶段：首先是破骨细胞识别并黏附于骨基质表面；然后细胞产生极性，形成吸收装置并分泌有机酸和溶酶体酶；最后使骨矿物质溶解和有机物降解。破骨细胞与骨基质黏附，是破骨细胞募集和骨吸收的关键步骤。破骨细胞在功能活跃时，胞质亮区内肌动蛋白微丝的作用使细胞移向骨基质表面，并以皱褶缘和亮区紧贴骨基质表面，两者共同构成破骨细胞的吸收装置。

（二）膜内成骨

膜内成骨是在间充质分化形成的胚胎性结缔组织膜内成骨的过程。人颅的一些扁骨如额骨、顶骨、枕骨和颞骨，上颌骨、下颌骨和锁骨，还有长骨的骨领和短骨等均以膜内成骨的方式生长。硬骨鱼类几乎全身（包括口腔）的皮肤中都形成板状膜骨，前部是大片的骨板，躯体大部分是骨质鳞。在高等脊椎动物，膜内成骨的部位大大缩小，骨质鳞基本消失。鸟类及哺乳动物膜内成骨，仅发生在头部、下颌和肩带骨。

在将要形成骨的部位，间充质细胞增殖，聚集成富含血管的原始结缔组织膜，间充质细胞以细长突起相互接触。膜内某些部位的未分化间充质细胞即骨祖细胞，再分化为成骨细胞，它们通过短突彼此相互连接。成骨细胞产生胶原纤维和基质，细胞间隙充满排列杂乱的纤细胶原纤维束，并包埋于薄层凝胶样基质中，即类骨质形成。嗜酸性的类骨质呈细条状，吻合成网，不久类骨质矿化，形成原始骨组织，该部位称为骨化中心（ossification center），成骨过程即骨由骨化中心向四周呈放射状生长扩展。最初的骨组织即针状的初级骨小梁，连接成网，构成海绵状初级松质骨，其外的间充质分化为骨膜。在发生密质骨的区域，骨小梁表面持续不断产生新的骨组织，直到血管周围的空隙大部分消失。与此同时，骨小梁内的胶原纤维由不规则排列逐渐转变为有规律排列。在松质骨将保留的区域，骨小梁停止增厚，位于其间的具有血管的结缔组织逐渐转变为造血组织，骨周围的结缔组织则保留成为骨外膜。骨生长停止时，留在内、外表面的成骨细胞转变为成纤维细胞样细胞，并作为骨内膜和骨外膜的骨衬细胞而保存。在修复时，骨衬细胞的成骨潜能被激活，又成为成骨细胞。

（三）软骨内成骨

软骨内成骨又称软骨内化骨，是由间充质先分化为软骨，然后软骨逐渐被骨组织取代。人体的四肢骨、盆骨、脊椎骨和部分颅底骨，都以软骨内成骨的方式发生。现以长骨为例叙述软骨内成骨的过程。

1. 软骨雏形形成

在将要发生长骨的部位，间充质细胞特别密集，但无血管形成，随后间充质细胞分化为骨祖细胞，进而分化为软骨细胞，分泌软骨基质，周围间充质分化为软骨膜，形成透明软骨。其外形与将要形成的长骨相似，称为软骨雏形（cartilage model）。已成形的软骨雏形通过间质性生长不断加长，通过附加性生长逐渐加粗。骨化开始后，雏形继续其间质性生长，使骨化得以持续进行，软骨的生长速度与骨化的速度相适应。

2. 骨领形成

骨领（bone collar）形成的部位位于软骨雏形的中段软骨膜下，软骨外的血管长入软骨膜，软骨膜内层的骨祖细胞增殖分化为成骨细胞，以膜内成骨的方式在软骨表面形成薄层初级松质骨，这层骨组织呈领圈状围绕软骨雏形中段，故名骨领。骨领形成后，其表面的软骨膜即改称骨外膜。

3. 初级骨化中心形成

初级骨化中心（primary ossification center）出现在软骨雏形中央，该部位的软骨细胞停止分裂，蓄积糖原，细胞体积变大、成熟，周围的软骨基质相应变薄。成熟的软骨细胞分泌碱性磷酸酶时，软骨基质钙化。成熟的软骨细胞因缺乏营养而退化死亡时，软骨基质随之崩溃溶解，出现大小不一的空腔，骨外膜的血管连同间充质及破骨细胞、骨祖细胞等形成骨膜芽（periosteal bud，又称成骨芽 osteogenic bud）侵入这些空腔。侵入的血管向雏形两端延伸，沿途发出小支，形成毛细血管襻分布于这些空腔内。在营养和氧充足的前提下，骨祖细胞不断分化为成骨细胞，附于钙化的软骨基质残片表面成骨，形成以钙化软骨基质为中轴、表面附以骨组织的过渡型骨小梁（transitional bone trabecula），或称混合型骨小梁（mixed bone trabecula）。这个区域为软骨内首先骨化的区域，称为初级骨化中心。

4. 骨髓腔形成

初级骨化中心的过渡型骨小梁被破骨细胞吸收，形成许多不规则的隧道，成为初级骨髓腔。小梁之间为初级骨髓腔，其内含有正在形成的造血组织及血管、骨祖细胞、破骨细胞等，统称初级骨髓。许多初级骨髓腔融合成一个较大的腔，称为骨髓腔，其内含有血管和造血组织。随着机体发育，骨化过程逐渐向两端进行，骨髓腔不断扩大。此时，自软骨骺端到骨髓腔之间，出现了软骨内骨化连续变化的 4 个区域：①静止软骨区，出生早期，软骨两端范围较大。软骨细胞数量多，体积小，处于静止状态。②软骨增生区，在静止软骨区两侧，由静止软骨区的细胞增殖而来。软骨细胞连续分裂、变大，形成许多扁平的细胞，沿软骨长轴排列，形成细胞柱。③软骨基质钙化区，由软骨增生区移行而来，软骨细胞停止分裂，体积变大，后退化，核固缩，呈空泡状，死亡留有软骨陷窝。软骨间质变薄，钙盐沉积。破骨细胞在软骨陷窝处溶解吸收间质，形成小隧道。④骨化区，血管及成骨细胞等进入被穿通的隧道，成骨细胞在残存的软骨表面骨化，形成骨小梁。

5. 次级骨化中心出现与骺板形成

次级骨化中心（secondary ossification center）又称骨骺骨化中心（epiphyseal ossification center），大多在出生数月至数年出现在长骨两端的软骨中央（表 12.11）。形成过程与初级骨化中心相似，但骨化不是沿着长轴，而是呈放射状向四周扩展，供应血管来自软骨外的骺动脉。最后大部分软骨被初级松质骨取代，使骨干两端变成骨骺。低等的脊椎动物，软骨内成骨通常只有一个骨化中心位于长骨骨干，到成体时其两端的软骨转变为关节软骨。但哺乳动物（包括少数爬行类动物）出现次级骨化中心。骨骺通过改建，内部变为松质骨，表面变为薄层密质骨，关节面保留薄层透明软骨。骨骺与骨干之间保存一片盘形软骨，称为骺板（epiphyseal plate）或生长板（growth plate）或骨骺生长板（epiphyseal growth plate），它使骨骼长度持续增长。到了成体骺与干连接起来，骨骼停止生长。在啮齿类动物，生长板或其残余物可能终生存在于长骨中，且厚度随着年龄的增长逐渐减小。如据报道，小鼠股骨远端生长板平均厚度在 12 天和 4 个月大时分别为 560μm 和 100μm；小鼠大约 3 个月、大鼠大约 6 个月时股骨远端活跃的纵向生长停止，随后生长板逐渐融合退化，最后在持久但不增生的软骨上有类似于人骺板的骨水平样沉积。退化过程中的生长板软骨细胞呈簇状排列。在人中，当骨骺在出生后形成第二个骨化中心时，生长板就变得清晰可见。即使在活跃期，生长板的厚度也不会超过 1～3mm，因骨不同而异，单个骨内生长板，厚度也是不同的，活跃端较厚。随年龄增长，生长板变薄。生长板消失定义了骨骼成熟，发生在 15～18 岁（通常女性比男性早）（表 12.11）。生长板变得不规则和呈波浪外观，后发生软骨内成骨，骨重塑形成骺端，与干骺端融合。

表 12.11　不同种类实验动物及人骨骼发育与年龄的关系

种属	第一阶段 （急成长期，二次骨化中心出现）	第二阶段 （缓慢生长期）	第三阶段 （骨端软骨板完全闭合期）
小鼠	3 天～3.5 周龄	3.5～9.5 周龄	5 月龄
大鼠	1～4 周龄	4～12.5 周龄	11 月龄（SD）
犬	1 周～5.5 月龄	5.5～12 月龄	6～11 月龄（胫骨近位）
猴	20 周～2 岁	2～6 岁	63 月龄（雄） 57 月龄（雌）（胫骨近位）
人	一般有 2 个发育高峰：0～3 月；12～18 岁（女），13～20 岁（男） 次级骨化中心多数在出生到数年出现；股骨远端骨化中心在胚胎期出现	3 月后逐渐减慢，2～12 岁较稳定	18 岁（一般男性比女性晚 1～2 年）

五、骨的生长和改建

（一）骨生长和改建的特点及意义

在人体的发生和发育过程中，骨不断地生长和改建，骨内部结构不断地变化，使骨与整个机体的发育和生理功能相适应。不同种类的实验动物骨骼生长发育时期与年龄的关系不相同（表 12.11）。动物的骨生长发育期长短相差甚大，还存在性别差异，如雌性大鼠 6～9 月龄便进入生长静止期，骺板开始封闭，骨膜生长要持续到 10 月结束，此时骨量达到峰值，20 个月左右雌性大鼠开始骨量丢失，可见其生长发育的成熟、停止及骨丢失有明显的规律。因此骨质疏松方面的研究多选 6～12 月龄的雌性大鼠。雄性大鼠骨骺生长时间较雌性长，骨量峰值年龄不确定，不适用骨领方面的研究。骨停止生长、构型完成后，仍需要不断改建。由于骨细胞不具有分裂增殖能力，骨不能从其内部生长，依靠成骨细胞向骨组织表面添加新骨，使骨从表面向外扩大。骨改建（bone remodeling）是局部陈旧骨被吸收及代之以新骨的过程，是一个复杂而有序的渐变性骨内变化过程。动物的骨单位很少见到吸收改建的过程，发育过程中不断扩大，与邻近骨单位挤在一起。例如，啮齿类动物的皮质骨以板层骨为主，骨单位减少或缺失，很少改建重塑，而人类皮质骨主要由哈弗斯管组成，在整个生命中不断改建重塑。发育期，可改变骨的外形和内部结构，以适应机体的发育和器官功能；成年期，可防止老化，增加骨密度，预防骨组织微损伤累积，从而保持骨的生物力学特性。动物骨改建时间较人短，如小鼠完成骨改建的时间 5 周左右，人则要 3～6 个月，主要由于骨在形成阶段的矿化速度较慢（头 5～10 天矿化率 70%，余 25% 3～6 个月完成，人骨不能 100% 矿化），而且由骨吸收转化为骨形成的过程较长。

（二）扁骨的生长和改建

以颅顶骨为例，胎儿出生后，颅顶骨生长主要通过骨外膜在骨外表面形成骨组织，同时在骨内面进行骨吸收。从顶骨的中心到外周，骨形成和骨吸收的速率不同，使得颅顶逐渐扩大，弯曲度变小，变得扁平。骨缝处的原始结缔组织形成骨组织，也使得颅顶骨扩大。从出生到 8 岁，颅顶骨由单层初级密质骨改建成内、外两层次级密质骨，即形成内板和外板及其间的松质骨板障。成年颅顶骨才发育完善，但内部改建仍缓慢进行。

（三）长骨的生长和改建

1. 长骨的加长

骺板是长骨加长的基础，骺板的软骨细胞分裂增殖，从骨骺侧向骨干侧不断进行软骨内成骨，使骨的长度增加。从骨骺端的软骨开始，到骨干的骨髓腔，骺板依次分为 5 个区：①软骨储备区（zone of reserve cartilage），又称静止区或小软骨细胞区，位于骨骺的骨干侧。软骨细胞较小，圆形，单个或成对分布，胞质内粗面内质网丰富，还有较丰富的脂滴和少量糖原。软骨基质呈弱嗜碱性，含有类脂和蛋白多糖，水分较多。胶原纤维交织排列。基质中还可见极少量基质小泡。软骨储备区基本上不存在间质性生长，新生软骨源于周围软骨膜的附加性生长。②软骨增生区（zone of proliferating cartilage），位于储备区深面。软骨细胞快速分裂，呈扁平状，长轴垂直于骨的长轴，同源细胞群沿骨的长轴纵向多行排列成软骨细胞柱（column of cartilage cell），细胞柱由紧邻储备区的软骨细胞分裂增殖而成。细胞柱间的基质在纵切面上呈索状，称为基质纵隔。③软骨成熟区（zone of maturing cartilage），位于增生区深面，又称软骨肥大区。从增生区到肥大区，软骨细胞几乎突然变成圆形，体积明显增大，呈柱状排列，但不再分裂，细胞之间的软骨基质甚薄，纵切面上呈窄条状。由于软骨成熟区的软骨细胞增大，基质减少，成为骺板中最薄弱的部位，受剪力与张力作用而发生的骨骺分离就在此区。④软骨钙化区（calcified cartilage zone），紧接成熟区，软骨细胞呈空泡状，胞核固缩，最后凋亡。细胞死亡后，细胞膜和核膜全部破裂，细胞膜和线粒体上的钙完全消失，退化死亡的软骨细胞留下较大的软骨陷窝；软骨基质纵隔有钙盐沉积，呈强嗜碱性。⑤成骨区（zone of ossification），位于骺板的最深部，有骨组织形成。来自软骨外的干骺动脉和骨外膜的骨组细胞侵入死亡软骨细胞遗留的腔隙，骨祖细胞分化为成骨细胞，成骨细胞在钙化软骨基质表面形成过渡型骨小梁。骺板增生区和成熟区的软骨细胞都纵行排列，退化死亡后留下相互平行的管状隧道，因此过渡型骨小梁均呈条索状，呈钟乳石样悬挂在钙化区的底部。到 17～20 岁（存在个体差异），骺板软骨逐渐被骨组织取代，最终骺软骨完全消失，骺板的消失过程称骨骺闭合（closure of the epiphysis），骺板消失后，在长骨的干骺之间留下线性痕迹，称为骺线（epiphyseal line），此后，骨不能再进行纵向生长。

2. 长骨的增粗

骨领的生长和改建是长骨增粗的基础。骨外膜内层的骨祖细胞以膜内成骨的方式不断分化为成骨细胞，骨领表面添加新的骨小梁，使骨领不断加厚，骨干变粗。骨干的内表面，破骨细胞吸收骨小梁，使骨髓腔扩大。骨领表面的新骨形成与骨干内部的骨吸收速度协调，骨干增长迅速，骨干壁厚度的增加则比较缓慢，使骨干在增粗的同时保持骨组织有适当厚度。

3. 长骨外形的改建

长骨的骨骺和干骺端（metaphysis）呈圆锥形，比骨干粗大。改建的关键是干骺端的直径如何从大变小。干骺端骨外膜深层的破骨细胞十分活跃，进行骨吸收，而骨内膜面成骨细胞活跃，使干骺端近骨干一侧变细，成为新一段骨干。新增骨干两端又形成新的干骺端，如此持续不断地进行改建，直到长骨增长停止。

4. 长骨的内部改建

骨干密质骨由骨领改建形成。新出生胎儿，骨干初级密质骨由原始骨单位构成，且无外、内环骨板。以后骨小梁逐渐增粗，相互连接环绕血管周围，间隙消失，网孔缩小而变致密。约 1 岁以后，原始骨单位渐被次级骨单位取代，初级密质骨改建为次级密质骨。首先由破骨细胞在原始骨单位部位吸收陈旧骨组织，在骨干表面形成许多向内凹陷的纵行沟，两侧为嵴，骨外膜的血管及骨祖细胞等随之进入沟内。两侧嵴逐渐靠拢融合形成纵行管。管内骨祖细胞分化为成骨细胞，贴附于管壁，由外向内形成呈同心圆排列的哈弗斯骨板，其中轴始终保留含血管的通道，即哈弗斯管（中央管），含有骨祖细胞的薄层结缔组织贴附于中央管内表面，成为骨内膜。在改建过程中，大部分原始骨单位被消除，残留的骨板成为间骨板。此外，骨单位的相继形成和外环骨板的增厚，也是骨干增粗的因素。骨单位的改建，一般在内、外环骨板之间进行，成年时，长骨不再增粗，其内、外表面分别形成永久性内、外环骨板，但其内部的骨单位改建仍持续进行。

六、骨折愈合

骨折愈合是人体组织修复中较为独特的愈合类型。骨组织的再生能力较强，如果处理方式正确及时，一般均可完全愈合，不形成纤维性瘢痕。骨折愈合的生物学过程大致分为 6 个阶段，即冲击、诱导、炎症、软骨痂、硬骨痂和改建期，组织学表现为血肿、炎症、骨膜反应、软骨形成及软骨内成骨、骨改建重塑。①血肿：骨折时，附近的血管破裂出血，血液流入骨折区并很快形成血凝块，即血肿。位于骨折线两侧一定距离的骨因失去营养而死亡。死亡的骨细胞溶解后，留下的空陷窝是辨别死骨的一个标志。②炎症：骨折部位血管扩张，通透性增大，血浆蛋白渗出，中性粒细胞和巨噬细胞等炎性细胞浸润，吞噬坏死组织和细胞残渣，吸收血肿；1～2 天，急性炎症消散，随后肥大细胞、血小板和其他血细胞活动，使骨折区的蛋白酶、多肽酶及胺类增多，这些物质使毛细血管的通透性增大，细胞迁移和细胞间质扩散的机制改变。由于侵入细胞的活动和毛细血管的增生，血肿很快被吸收。成纤维细胞在纤维网架上产生胶原及基质，在骨折部位形成肉芽组织。③骨膜反应：骨内膜的骨祖细胞侵入肉芽组织，分化为成骨细胞，逐步形成小梁网，同时骨外膜增厚，生发层更为明显。生发层中的骨祖细胞增殖分化为成骨细胞，经膜内成骨的方式形成骨膜骨痂（periosteal callus）。④软骨形成及软骨内成骨：骨折断端处，骨膜被剥离，周围肌肉的间充质细胞迁入，增殖分化为软骨细胞，形成软骨性骨痂。骨折后的软骨出现时间约在第 3 周，软骨数目偏少。大约在骨折后 10 周，两骨折端之间及其周围均被编织骨、软骨和纤维组织填充，从而构成骨痂（bone callus），完成骨折的初步愈合。两骨折断端皮质骨之间的骨痂称环状骨痂，骨髓腔内形成的骨痂称腔内骨痂，两者均以软骨内成骨的方式形成骨组织。⑤骨改建重塑：通过骨改建来恢复骨的原有模式。表现如下：海绵状编织骨替代矿化的软骨；新生的板层骨替代重叠的编织骨；由板层骨组成的第二代骨单位替代原有骨单位；清除骨髓腔内的骨痂，髓腔再通。骨改建重塑过程中，多种类型细胞、细胞间质及毛细血管在一定的时间和空间内彼此连接在一起，称为基本多细胞单位（basic multicellular unit，BMU）。BMU 首先产生破骨细胞，吸收旧的坚硬组织；产生成骨细胞，由新骨替代原有的组织，重建按"激活-吸收-形成"的顺序，骨形成出现在骨吸收之后，而且出现在同一部位。完成一次"激活-吸收-形成"需要 3～4 个月，骨痂的完全吸收和功能性板层骨完全取代的整个骨重建需要 1～4 年。松质骨重建较简单，破骨细胞很容易到达骨小梁表面而开展吸收活动，骨形成也发生在骨小梁表面，称为"爬行替代"。密质骨重建首先是破骨细胞在骨痂上纵向钻出一个隧道，毛细血管进入，同时带入成骨细胞，在隧道内沉积新骨，呈同心圆排列，骨痂的松质骨转变为密质骨。骨痂的形状逐渐恢复至骨的原有形状，该过程称为骨重建（bone remodeling），骨塑形需要 1 年以上。

实验动物骨折愈合过程与人的不完全一致，表现在：①骨膜反应阶段：大鼠胫骨骨折后 1 天，骨外膜内层的骨祖细胞开始增殖，骨折后第 2～3 天，增殖的骨祖细胞开始形成骨小梁，骨膜骨痂生长 8～9 天后停止发育。人长骨骨折后的骨膜反应与实验动物相似：骨折后第一周内，骨外膜内层的骨祖细胞逐渐增多，至第 7 天，骨膜内开始出现矿化灶，第二周骨外膜内层有大量的成骨样细胞，至第 12 天，骨膜骨痂内出现新生骨小梁。与实验动物相比，人类骨膜骨痂矿化和出现骨小梁的时间较晚一些。②软骨形成及软骨内成骨阶段：大鼠胫骨骨折后第 5 天出现软骨性骨痂，基本结构与生长骨骺板相似，也可分为静止区、增生区、成熟区和矿化区，只是层次不很分明，至第 9～11 天，停止发育的骨膜骨痂内的血管穿入肥大和矿化的软骨性骨痂，启动软骨内成骨，至第 18 天，软骨开始矿化。与实验动物相比，人骨折后的软骨出现时间稍晚（约在第 3 周），软骨数目偏少；大约在骨折后 10 周，两骨折端之间及其周围均被编织骨、软骨和纤维组织填充，从而构成骨痂，完成骨折的初步愈合。

七、骨组织的年龄性变化

骨组织具有较明显的年龄性变化，主要表现在骨组织的化学组成和结构方面。50 岁以前，骨组织的无机质随年龄增长而增多，50 岁以后，骨无机质逐渐减少，钙的含量降低，无机质的沉着也显著减少，钠、钾增多，水含量也相应增多，有机质中的蛋白质减少，但胶原蛋白增多，胶原纤维增粗且排列不规则。

人在 40～50 岁时，密质骨萎缩变薄，松质骨骨小梁减少并变细，致骨密质（bone mineral density，BMD）水平降低，即骨量下降。女性的骨量下降时间比男性早 10 年。老年时，男性骨重量减少约 12%，女性则减少约 25%，但骨的大小和外形并不发生改变。密质骨发生萎缩的主要原因是蛋白质和钙减少。女性密质骨丢失始于更年期，绝经期后快速丢失，75 岁后下降到绝经前的水平，而男性终身不存在骨快速丢失时期。

松质骨的形态结构变化主要是骨小梁表面骨组织丢失，出现在中年以后，较密质骨丢失的起始时间早 10 年。近 50 岁时，第 4 腰椎横行骨小梁减少、变细，在椎体中心部最为明显，60 岁以后，尤为显著，纵行骨小梁变得粗糙，到 70～80 岁时，可减少一半。妇女绝经期后，由于雌激素水平下降，骨小梁骨组织丢失加速，每年丢失 2%～3%，这一过程持续 10～15 年，骨量减少趋于缓慢。骨小梁表面骨质的丢失导致骨量降低，骨小梁变细、变薄，甚至穿孔和部分结构碎裂，骨小梁连接性中断。因此老年人骨组织呈多孔、疏松状态，密质骨萎缩变薄，成为老年骨质疏松症。研究表明快速老化小鼠（senescence-acce lerated mouse prone，SAMP）具有全身广泛性骨量减少，骨组织微结构破坏，骨脆性增加，低峰值骨密度和骨量等特点，与人老年性骨质疏松症表现相似，可用作老年性骨质疏松症模型鼠。

动物的骨骼也存在随年龄增长而骨量丢失的现象。例如，据报道 SD 大鼠在性成熟后，3～4 月龄时骨形成和骨吸收活跃程度最高，骨量达到峰值，此峰值会维持到 9～12 月龄，进入老年后，雌性大鼠随着体内雌激素的减少和衰老等生理改变，骨吸收增加，更易出现月龄相关的骨量下降。老年小鼠成骨细胞表达骨保护素明显较幼年及成年小鼠低，骨密度也明显下降，骨保护素与雌激素随年龄增长而减少，对破骨细胞的抑制减弱导致其增殖和骨吸收增强。

生物骨组织的结构和功能随年龄增加而衰退，骨代谢异常是老年期生物骨功能障碍的重要原因，与遗传、年龄、性别和激素水平等机体内在因素有关，也与营养和运动等重要的外部环境因素密切相关。

八、骨的血管、淋巴管和神经

（一）骨的血管

1. 扁骨的血管

头颅的扁骨血液供应来自骨外膜动脉，肩胛骨及肋骨的血液供应来自滋养动脉和骨外膜的动脉。扁骨板障内有迂曲的板障管穿行，有板障静脉通过，沟通颅内、外血流。

2. 不规则骨的血管

大的不规则骨如髋骨的血液供应主要来自骨膜动脉和滋养动脉。椎骨的动脉主要来自椎动脉、肋间动脉和腰动脉的分支，从横突附近直接入骨内，分布到椎弓、横突、关节突和棘突，同时相互吻合成网。椎骨有 2 条静脉，均从椎体后面出骨。

1）长骨的血管

长骨由滋养动脉、骨外膜动脉、干骺端动脉和骺动脉供应。滋养动脉供应长骨全部血量的 50%～70%，经滋养管进入骨髓腔，沿途一般无分支。入骨髓腔后称中央动脉，沿长轴分升、降支，其分支在骨膜内吻合成网，然后形成短支、返回支和贯穿支皮质骨动脉。这些分支与骨外膜动脉及干骺端动脉的分支共同组成骨髓血管体系，分布于骨髓及骨干内 2/3 的密质骨，在密质骨中与中央管内的血管吻合。中央动脉可呈螺旋状环绕中央静脉窦。骨外膜的小动脉丰富，分支穿行于外环骨板的穿通管，与中央管内的血管吻合，供应骨干密质骨的外 1/3。干骺端动脉和骺动脉供应长骨全部血量的 20%～40%，都来自骨附近的动脉，它们分别从骺板的近侧和远侧进入骨质，形成与生长有关的血管单位（vascular unit）。两个相邻的长骨骨骺构成关节，血管吻合形成关节血管环（articular vascular circle）。长骨的血液直接或间接地经静脉系回流，静脉系的血容量比动脉系大 6～8 倍。

骨的血管丰富，保证了骨陷窝-骨小管-骨陷窝内组织液的不断更新。内、外环骨板的骨陷窝-骨小管-骨陷窝内的组织液分别来自骨髓血管体系和骨外膜血管发出的毛细血管；骨单位内的组织液则来自中央管内的血管。间骨板内无血管分布。皮质骨内不同来源的毛细血管吻合成网，并在骨组织改建过程中不断变化。

骨髓毛细血管有动脉性毛细血管（也称真毛细血管）、血窦和静脉性毛细血管。动脉性毛细血管直向走行。血窦与中央动脉的放射状分支相连，分布于骨髓的周边，形状不规则，管径大小不等，窦壁由内皮、基膜和周细胞组成；血窦之间充满造血组织。静脉毛细血管即小静脉，与血窦相连。

2）长骨血管的形成及发育

在骨干骨化中心形成过程中，骨外膜芽穿过骨领所形成的隧道即以后的滋养管，滋养管通常只有 1 个，从滋养管进入的小血管随着骨的发育成为长骨的滋养动脉和静脉。滋养动脉在骨髓腔分成升、降支，每支又发出几条小分支，终端形成毛细血管襻，营养骨髓组织，后成为骨髓永久性血管。毛细血管襻供应干骺端中部，约占整个干骺端的 4/5。与中央管内血管相连续的小支穿行的通道即沟通骨单位与骨髓腔的穿通管。小静脉支在干骺端中部形成，下降至骨髓腔中央，汇成一条大静脉。骺板完全骨化后，骨干和骨骺的骨髓腔相通，滋养动脉的终支可与骨骺的血管吻合。

从干骺端周边进入干骺端的血管，占干骺端的 1/5。骺板完全骨化时，这些血管进入骨髓腔，与同时进入的滋养血管吻合。

骨外膜血管来自软骨雏形外周间充质内的毛细血管。在骨干表面形成骨单位时，最初形成的沟槽内有 1 或 2 条来自骨外膜的血管，后成为中央管中的血管。留在外环骨板中的一段血管即为行于穿通管的骨外膜血管。

骨骺的血管来自骨外的毛细血管，当骺骨化中心即将形成时，从骺板的骺侧进入，发育成为骺动脉，供应骺的骨髓、四周软骨及骺板的骺侧骨。进入骺板侧的骺动脉分支，穿过软骨储备区中的血管通道，分支的末端呈爪状，分布于软骨增殖区 4～10 个细胞柱的顶部。

（二）骨的淋巴管

研究证明骨膜内有淋巴管，但未发现骨组织内有淋巴管。

（三）骨的神经

骨组织、骨膜及骨髓内的神经纤维包括直径 7μm 的有髓神经纤维与直径 1～3μm 的无髓神经纤维，分布于血管附近。人和动物的股骨与胫骨神经见于动脉中膜内及毛细血管周围，骨髓内可见神经终末支。在骨髓细胞周围和骨内膜的骨祖细胞周围均可见纤细的环状神经末梢。研究表明骨内神经纤维有 3 种，一是无髓的交感神经纤维，在血管周围可收缩血管，控制血流；二是有髓的感觉神经纤维，分布于血管周围及骨髓；三是分布于骨髓内的无髓神经纤维，可能与调节造血有关。近年来，研究表明骨内还存在含不同神经肽的肽能神经，主要分布于代谢活跃的骨组织，如骺板的骨骺侧，但干骺侧几乎没有。

九、影响骨生长发育的因素

骨的生长发育除受遗传因素的控制外，也受营养与维生素、激素、生物活性物质和应力作用等的影响。

（一）营养和维生素

维生素 A 影响骨的生长速度，通过协调成骨细胞和破骨细胞的活动，维持骨的正常生长和改建。严重缺乏时，骨的重吸收和改建跟不上骨的形成，引起骨畸形发育。过量时，破骨细胞活跃，骨吸收过度易骨折。维生素 C 严重缺乏，可引起坏血病，对骨的影响表现为：①结缔组织和内皮细胞的黏着性下降，毛细血管出血，以骨外膜下出血最明显；②长骨的干骺端出血，阻碍成骨细胞进入，矿化的软骨大量堆积、增厚，脆而易骨折，另外导致骨祖细胞分裂受阻，成骨细胞不足，类骨质沉积受影响，几乎没有新的骨小梁形成，容易造成干、骺端之间骨折；③骨干骨生成受阻，破骨继续，骨干变薄，发生骨干部骨折，骨折后愈合缓慢。维生素 D 可促进小肠对钙、磷的吸收，提高血钙、血磷水平，利于类骨质矿化。儿童缺乏维生素 D，可引起佝偻病，成人缺乏则可引起骨软化症。佝偻病和骨软化症的组织学特征是软骨基质和类骨质都不能矿化。长期过量服用维生素 D 也可引起中毒，骨矿化过度，甚至软组织也因钙盐的沉着而硬化。1,25-二羟维生素 D3 可刺激成骨细胞分泌较多的骨钙蛋白，还可提高细胞内碱性磷酸酶的活性，从而对矿化起重要的作用。其他维生素对骨生长也有一定影响，如果妊娠期缺乏维生素 B，尤其是核黄素缺乏，可引起胎儿肢体畸形；维生素 E 缺乏也可干扰骨的生长，但均较少见。

（二）激素

骨的生长发育受生长激素、甲状旁腺激素、降钙素、甲状腺激素、糖皮质激素和性激素等多种激素影响。生长激素能刺激骺板软骨细胞分裂，甲状腺素能促使骺板软骨细胞成熟、肥大和退化死亡，还能促进骨骼中的钙代谢，若生长发育期这两种激素分泌过少，可引起侏儒症；儿童期生长激素分泌过多，可导致巨人症，成年期生长激素分泌过多可致肢端肥大症。甲状旁腺激素（PTH）激活骨细胞和破骨细胞的溶骨作用，分解骨盐，释放骨钙入血。某些甲状旁腺功能亢进的患者，大量骨钙被重吸收，含有大量破骨细胞的纤维组织取代骨组织，形成纤维性骨炎。降钙素抑制骨盐溶解，刺激大量骨祖细胞分化为成骨细胞及成骨细胞分泌类骨质，而后钙沉积于类骨质，使血钙含量减少，血钙入骨形成骨盐。雌激素和雄激素能促进成骨细胞的合成代谢作用，参与骨的生长和成熟。雌激素不足时特别是绝经后妇女，成骨细胞处于不活跃状态，破骨细胞的活动相对增强，出现重吸收过多的失骨现象，即导致骨质疏松症。糖皮质激素抑制小肠对钙的吸收，也抑制肾小管对钙的重吸收，影响骨的形成。糖皮质激素过少往往引起骨质疏松症。

（三）生物活性物质

近年研究发现许多与骨生长发育有关的生物活性物质，包括由骨组织产生的生长因子和细胞因子等，这些物质多由成骨细胞产生，也可来自骨外组织。它们对成骨细胞起激活或抑制作用，或者是对破骨细胞起激活或抑制作用，有的呈旁分泌，有的呈自分泌。对骨的生长发育和改建起关键作用，并可充当骨吸收和骨形成的偶联因子，调节骨内各种细胞的活性。

（四）应力作用

应力为结构内某一平面对外部加载负荷的反应。结构内某一点在受到外部加载负荷作用时所发生的变性称应变。骨的生长、吸收、改建及消亡与骨的受力状态密切相关。大量动物实验和临床研究表明，骨处于生理范围内的高应力下，骨改建以骨形成为主；在低应力条件下以骨吸收为主，则导致骨质疏松；周期性张力作用可同时刺激骨吸收和骨形成。运动员下肢运动量与骨密度成正比；椎间盘突出而卧床休息的患者，骨矿物质平均每周下降 0.9%；宇航员在飞行期间的失重状态下，骨代谢始终处于负平衡。

十、总结

人与常见实验动物及畜禽骨组织特点的比较总结见表 12.12。

表 12.12 人与常见实验动物及畜禽等骨组织特点的差别

结构	人	常见实验动物及畜禽	其他
骨骼	充满骨髓，骨壁较厚，较粗壮、厚重，有骨骺和骺软骨；生长板在成人中完全消失	实验动物及畜类基本结构与人相似；禽类特殊，骨骼大部分中空，无骨髓，中间是网状结构，气囊扩展到许多骨的内部，取代了骨髓，成为含气骨，无骨骺和骺软骨，骨壁较薄，骨密质较致密，轻巧且坚固，利于减轻重量而飞行，但幼禽几乎全部骨都含有骨髓。在骨骼发育成熟的啮齿类动物中，生长板的残余物仍然存在	成人的一些骨髓腔中（如附肢骨）的骨髓含有很多脂肪细胞，呈黄色，且不能产生血细胞，称为黄骨髓，还有肋骨这些扁骨内的骨髓最后都会因为脂肪及纤维/纤维性结缔组织等堆积而形成黄骨髓并且失去造血功能；啮齿类动物的轴向长骨和附肢骨骨髓终生具有造血功能
颅骨	球形，占 2/3；颅骨缝曲折，有滋养孔；断面内、外骨板薄，板障结构典型；内板有凹陷的条索状压迹；面颅不突出	三角形，占 1/3；颅骨缝平直；断面内、外骨板厚，板障结构不发达；内板光滑致密；面颅突出	猛禽金雕眼球前面壁有一圈环形骨片，称为巩膜骨，支持巩膜壁，飞行时顶住气流压力不变形。蛇类的颅骨及其与下颌的关联方式因适应吞食大型食物而特化，颊部的上下颌弓均缺失，无泪骨、轭骨和上翼骨；方骨与颅骨松懈连接，可自由活动
鼻骨、乳突	有	无	
骨盆	耻骨体积相对较小；两髂翼向外翘张，盆状，有性别差异；坐骨发达，有坐骨结节；骶骨呈等边三角形	耻骨体积大而长，片状；骨盆狭窄而长，为不规则棒状结构，耻骨弓角度比人小，无明显性别差异；坐骨不发达，无坐骨结节；骶骨为长柱形	
脊椎	寰椎扁环形，关节面小；枢椎齿突呈指状，孔小；颈椎体大孔小，横突、棘突发达；人和多数哺乳动物颈椎由 7 块组成；胸椎体骨大孔小；胸椎骨 12 块；腰椎骨体大孔小，横突短、棘突长；腰椎骨 5 块；骶骨 5 块；尾骨 4 块	寰椎蝴蝶形；枢椎齿突在动物之间差异较大；颈椎体骨小孔大，横突、棘突不发达；禽类颈椎骨数目较多（鸡 13 或 14 块，鸭 14 或 15 块，鹅 17 或 18 块）；兔、犬、马、牛、羊、绒猴、啮齿类均 7 块；胸椎体骨小孔大；骨数目不等：马 18 块，牛、犬、绒猴、啮齿类 13 块，猪 14 或 15 块，鸡 7 块，鸭、鹅各 9 块且大部分愈合在一起，兔 12 块；腰椎体骨小孔大，横突短、棘突短；骨数目不等：马、牛、啮齿类 6 块，猪羊 6 或 7 块，兔、犬 7 块，绒猴 5～7 块；骶骨数目不等，马、牛 5 块，猪羊、啮齿类 4 块，禽类腰荐椎愈合成综荐骨，兔 4 或 5 块，犬 3 块，绒猴 2 或 3 块；尾骨变化较大，牛 18～20 块，马 14～21 块，羊 3～24 块，猪 20～23 块，鸡 5 或 6 块，鸭、鹅各 7 块且尾椎末端部分愈合成尾综骨，啮齿类动物 27～31 块，兔 15～18 块，犬 20～23 块，绒猴 25～30 块	水生哺乳动物的颈椎一般都很短，椎骨相接很紧，有的甚至愈合成为一块，如蛙 1 块，反映其在水中生活头部活动少的特点；禽类脊椎数目多，与其颈部高度灵活相适应；鸟类为适应生活大量骨骼愈合，变得更为坚固，但活动受限，代之颈部高度灵活；鹦鹉在构成鸣管的第一个气管环的底部、鸣管分叉处中央有一个从背面垂直伸向腹面的细骨棒，称鸣骨，支撑鸣管和内鸣膜的功能，增强了其学舌的本领；蛙的胸椎骨 3 块，腰椎骨 4 块，骶椎骨 1 块，尾椎骨 1 块

结构	人	常见实验动物及畜禽	其他
胸肋骨	胸骨柄相对发达，并形成特殊的胸锁关节和第一胸肋关节 胸骨体扁而长，呈长方形，两侧有第2~7肋软骨相连接的切迹 肋骨呈弧形，肋结节不明显 肋小头明显，肋沟明显，呈片状 肋粗隆第二肋有，动静脉及斜角肌结节第一肋有 肋骨共12对，7对真肋，5对假肋，其中3对肋弓，2对浮肋	动物不具备 禽类胸骨发达，背面凹，腹面正中有突出的胸骨嵴，大小与胸肌的发达程度有关 肋骨较平直（上位肋骨），肋结节明显 肋小头不明显，肋沟各异，无片状结构 肋粗隆、动静脉及斜角肌结节无 肋骨大小鼠一般13对，真肋7对，假肋3对，浮肋3对；豚鼠12对，真肋6对，假肋3对，浮肋3对；兔12对，真肋7对，假肋2对，浮肋3对；犬13对，真肋9对，假肋3对，浮肋1对 畜类牛、羊13对，真肋8对，假肋5对，马18对，真肋8对，假肋10对，猪14或15对，真肋7对，其余为假肋；禽类肋骨的对数与胸椎骨的数目一致，除第1、2对肋骨外，其余肋骨均为与胸椎相连的椎肋与胸骨相接的胸肋，它们都是骨，而非软骨；大部分椎肋之间还具有钩突，连于后一肋骨，以加固胸廓，前1或2对缺少胸肋，可能与呼吸时气囊膨大有关	飞蜥的肋骨延长并穿过体壁，成为体侧皮膜的支持者，皮膜展开如翼，能在树间滑翔 鱼类无胸骨 猫肋骨13对，真肋9对，假肋3对，浮肋1对
四肢	上下肢差异明显，指骨长、细，跗骨发达	实验动物及畜类前后肢区别不明显，距骨少、短，鸟类的前肢进化成了翼，可自由飞行，后肢用于行走、奔跑或攀援等；家禽的后脚骨包括跗跖骨和趾骨，跗骨不独立存在，分别与胫骨和距骨相愈合，公鸡跗骨上有发达的距突，趾有4个，第1趾的向后	蝙蝠类是唯一真正能飞的兽类，前肢十分发达，上臂、前臂、掌骨、指骨特别长，支撑起一层薄而多毛的从指骨末端到肱骨、体侧、后肢及尾巴的柔软而坚韧的皮膜，形成独特的飞行器官——翼手
牙齿	分4群，排列紧密	因食物而异	蛇类的齿骨也有一定的活动性，下颚的左右两侧以韧带互连，可左右开展，使蛇口极度张大
长骨哈弗斯管、板层骨排列及骨单位形态与分界、骨小管、间骨板	哈弗斯管形态规则，管径大 骨板排列整齐 骨单位圆形或椭圆形，分界清楚 每视野（180倍）哈弗斯管数目7~9个 骨小管发达，新月状间骨板	哈弗斯管形态不规则，管径小 禽畜类内环骨板排列不规则，禽类、兔内、外环骨板排列规则，畜类、犬内环骨板排列不整齐 畜禽类、灵长类、猫、犬、兔等骨单位圆形或角形，大小不等，分界不清楚；啮齿类动物骨单位结构不明显或缺失 每视野（180倍）哈弗斯管数目有差别：牛10~12个，犬14~16个，猪15~17个，羊17~19个，鸡34~36个，鸭24~27个 无骨小管；犬有规则的间骨板，禽畜类、猕猴、兔无间骨板	鱼类、鸽、鸵鸟、猫无骨小管；猫有规则的间骨板，鱼类、鸟类无间骨板；鱼类无内环骨板，鸟类内、外环骨板排列规则
骨骼发育生长与年龄的关系	急生长期：一般有2个发育高峰：0~3月；12~18岁（女），13~20岁（男）；次级骨化中心多数在出生到数年出现，股骨远端骨化中心在胚胎期出现 缓慢生长期：3月后，逐渐减慢，2~12岁较稳定 骨端软骨板闭合期：18岁以后（一般男性比女性晚1~2年）	急生长期至二次骨化中心出现：小鼠3天~3.5周龄；大鼠1~4周龄；犬1周~5.5月龄；猴20周~2岁 缓慢生长期：小鼠3.5~9.5周龄；大鼠4~12.5周龄；犬5.5~12月龄；猴2~6岁 骨端软骨板完全闭合期：小鼠5月龄；大鼠11月龄（SD）；犬6~11月龄；猴63月龄（雄）、57月龄（雌）（胫骨近位）	
骨折愈合	骨膜反应阶段：人长骨骨折后骨膜反应与实验动物相似；与实验动物相比，人骨膜骨痂矿化和出现骨小梁的时间较晚一些 软骨形成及软骨内成骨阶段：与实验动物相比，人骨折后的软骨出现时间稍晚（约在第3周），软骨数目偏少，大约在骨折后10周，两骨折端之间及其周围均被编织骨、软骨和纤维组织填充，从而构成骨痂，完成骨折的初步愈合	骨膜反应阶段：大鼠胫骨骨折后1天，骨外膜内层的骨祖细胞开始增殖，骨折后第2~3天，增殖的骨祖细胞形成骨小梁，骨膜骨痂生长8~9天后停止发育；人骨折第一周内，骨外膜内层的骨祖细胞逐渐增多，至第7天，骨膜开始出现矿化灶，第二周，骨外膜内层有大量的成骨样细胞，至第12天，骨膜骨痂内出现新生骨小梁 软骨形成及软骨内成骨阶段：大鼠胫骨骨折后第5天出现软骨性骨痂，基本结构与生长骨骺板相似，也可分为静止区、增生区、成熟区和矿化区，只是层次不是很分明；至第9~11天，停止发育的骨膜骨痂内的血管穿入肥大和矿化的软骨性骨痂，启动软骨内成骨，至第18天，软骨开始矿化	

第二节 软 骨

软骨（cartilage）是骨骼系统中另一重要组成部分，由软骨组织和周围的软骨膜构成。软骨组织（cartilage tissue）主要由软骨细胞和软骨基质构成，是一种特殊类型的结缔组织。软骨细胞被细胞外基质包埋，基质呈凝胶状，内含纤维成分。软骨组织内无血管、淋巴管和神经，因此软骨受伤后自行修复的能力有限。但软骨基质具有可渗透性，从软骨膜血管渗出的营养物质可抵达软骨深部，营养软骨细胞。

软骨具有一定的硬度和弹性，是胚胎早期的主要支架成分，但随着胚胎发育，软骨逐渐被骨所取代。占比极小的永久性软骨，散在分布于外耳、呼吸道、胸廓、椎间盘及关节等处。不同部位的软骨作用不同，如关节软骨的作用是支持重量和减少摩擦，耳和呼吸道的软骨具有防止管状器官塌陷的作用。另外，软骨对骨的发生和生长也有重要作用。

一、软骨的分类和结构功能

软骨依所含纤维成分的不同，可分为透明软骨、弹性软骨和纤维软骨三种类型（表 12.13）。

表 12.13　3 种软骨的形态特点和主要功能

	透明软骨	弹性软骨	纤维软骨
分布	肋、关节面、鼻、喉、气管、支气管、骺板、早期胚胎的骨架	耳郭、外耳道、咽鼓管、会厌、喉	椎间盘、关节盘、半月板、耻骨联合、肌腱和韧带插入部
软骨细胞排列	散在或聚集为同源细胞群	一般聚集为小同源细胞群	散在或轴向平行聚集为同源细胞群
软骨基质	II 型胶原原纤维，聚集蛋白聚糖	弹性纤维，II 型胶原原纤维，聚集蛋白聚糖	I 型胶原纤维，II 型胶原纤维，多功能蛋白聚糖
细胞	软骨细胞，成软骨细胞	软骨细胞，成软骨细胞	软骨细胞，成纤维细胞
软骨膜	有（除关节）	有	无
功能	对抗压力，减少摩擦，提供结构支持，软骨内成骨，长骨生长	提供柔韧的结构支持	对抗压力和应力，吸收震荡
钙化	可（软骨内成骨）	否	可（骨折修复）

1. 透明软骨

透明软骨（hyaline cartilage）新鲜时呈半透明状，乳白色，稍带淡蓝色，略具弹性和韧性，分布广泛。包括肋软骨、关节软骨、呼吸道软骨等。透明软骨的基质含量较多，纤维为胶原原纤维，其承受压力能力较强，可耐受摩擦。

1）软骨基质

软骨基质（cartilage matrix）由无定形基质和包埋在基质内的胶原原纤维构成。软骨基质中蛋白聚糖的浓度很高，使基质呈非常牢固的胶状，多糖主要为酸性糖胺聚糖（acid glycosaminoglycan，AGAG），包括透明质酸（hyaluronan）、硫酸软骨素（chondroitin sulfate），硫酸角质素（keratan sulfate）和硫酸乙酰肝素较少。许多硫酸软骨素和硫酸角质素分子结合于核心蛋白形成大分子蛋白聚糖单体，主要是聚集蛋白聚糖（aggrecan）。200～300 个聚集蛋白聚糖通过连接蛋白结合于聚透明质酸形成蛋白聚糖复合体，结构似瓶刷，其可结合大量水，并与胶原原纤维结合在一起，呈坚固的凝胶状。同时蛋白聚糖复合体和蛋白聚糖分子相互结合成网，构成"分子筛"，"分子筛"又与透明软骨的 II 型胶原原纤维的支架网结合在一起，蛋白聚糖分子基团均带负电荷，使其相互排斥，容积扩大，从而提供无数的间隙以容纳水分子和离子，所以软骨基质的特点就是含大量水分，约占基质湿重的 75%，这是透明软骨呈半透明状的重要原因。软骨基质的这种结构形式具有的功能意义包括：保证营养物质随组织液渗透通过基质，为软骨细胞提供营养并带走代谢产物；保证软骨具有一定的弹性。基质中还含有多种糖蛋白，如软骨粘连蛋白（chondronectin）和锚定蛋白 C II（anchorin C II）等，它们对软骨细胞黏附在软骨基质上起重要作用。软骨基质内的小腔称为软骨陷窝（cartilage lacuna），软骨细胞即位于此陷窝内。软骨细胞周围的薄层软骨基质称细胞周基质（pericellular matrix，PCM）或软骨囊（cartilage capsule），其中含Ⅵ型胶原组成的细丝网。光镜下，软骨基质呈嗜碱性，软骨囊因含硫酸软骨素较多，故嗜碱性强，染色深（图12.4）。

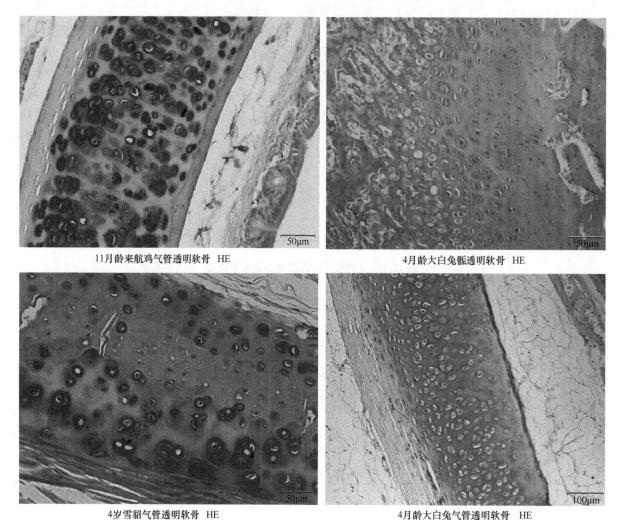

11月龄来航鸡气管透明软骨　HE　　　　　　　4月龄大白兔骶透明软骨　HE

4岁雪貂气管透明软骨　HE　　　　　　　4月龄大白兔气管透明软骨　HE

图12.4　透明软骨光镜图

透明软骨中的纤维主要是由Ⅱ型胶原组成的胶原原纤维，含量约为软骨干重的40%（LeGuellec et al.，1994；Eyre et al.，1991）。胶原原纤维直径10～20nm，周期性横纹不明显，交织形成三维网络，维持软骨的机械稳定性。基质中还含有少量其他胶原蛋白，如Ⅵ、Ⅸ、Ⅹ、Ⅺ型胶原，参与维持胶原原纤维网络的稳定及其与基质和细胞的相互作用等。Ⅱ型胶原是软骨细胞外基质的主要特异性成分，是软骨细胞分化成熟的典型标志。电镜下可见Ⅱ型胶原具有模糊的横纹，呈交织状埋于基质之中。透明软骨具有较强的抗压性，也有一定的韧性和弹性，但在外力作用下易断裂。

软骨组织内无血管、淋巴管和神经。但由于基质中水分含量丰富，通透性强，因此周围组织的营养物质可通过渗透进入软骨组织深部。

2）软骨细胞

软骨细胞（chondrocyte）位于软骨基质内的软骨陷窝中，周围是软骨囊，软骨细胞排列有一定的规律性，靠近软骨膜的软骨细胞较幼稚，体积较小，扁圆形，单个分布。当软骨生长时，逐渐向深部移动，并具有明显的软骨囊，细胞在囊内进行分裂，逐渐形成具有 2～8 个细胞的细胞群，称为同源细胞群（isogenous group），群里的每个细胞都有各自的软骨陷窝和软骨囊。成熟软骨细胞呈椭圆形或圆形，胞核圆形或卵圆形，染色浅淡，核呈偏心位，较小，有 1 或几个核仁，胞质弱嗜碱性。电镜下，软骨细胞表面有许多突起和皱褶，扩大了表面积，有利于软骨细胞与基质的物质交换。胞质含丰富的粗面内质网和发达的高尔基体，线粒体散在于胞质。生长中的软骨细胞高尔基体增大，大泡内可见颗粒状和细丝状分泌物质，并有少量脂滴。静止中的软骨细胞缺乏发达的内质网和高尔基体，糖原和脂滴较多。软骨细胞合成和分泌软骨组织的基质与纤维，软骨细胞主要以无氧糖酵解的方式获得能量。

3）软骨膜

除关节软骨和骺软骨外，透明软骨周围均有薄层致密结缔组织，称为软骨膜（perichondrium）。软骨膜分内、外两层，外层含较致密的胶原纤维，起保护作用。内层纤维较疏松而细胞较多，其中梭形的小细胞称成软骨细胞（chondroblast），可增殖分化为软骨细胞，与软骨的生长有关。软骨的营养来自软骨周围的血管，经渗透进入软骨内部，供应软骨细胞。

4）关节软骨

关节软骨（articular cartilage）为被覆于骨关节面的薄层透明软骨，无软骨膜，其表面光滑，附有滑液，具有弹性，可减少关节运动时的摩擦。关节软骨的结构与一般的透明软骨有一定的差异。关节软骨结构详见第三节。

5）软骨小管

一般认为软骨不存在血管，后来发现某些动物的多处软骨中存在细小的分支小管，称为软骨小管（cartilage canal）。小管内含有结缔组织和微血管，发源于软骨膜。相邻的软骨小管及其分支之间无吻合。软骨小管的生理意义尚未定论，有的认为能为软骨深部的软骨细胞提供营养，有的认为可以保证软骨基质中的物质渗透到相应的部位。软骨小管内含有从软骨膜延伸而来的结缔组织，故认为某些部位的软骨小管与骨化中心的形成有一定的关系。

2. 弹性软骨

弹性软骨（elastic cartilage）分布于耳郭、外耳道、咽喉及会厌等处，因有较强的弯曲性和弹性而得名，新鲜时呈不透明黄色。组织结构与透明软骨类似，但含有的纤维为大量交织排列的弹性纤维，基质较少，嗜碱性弱于透明软骨。软骨细胞呈球形，单个或以同源细胞群的方式分布，同源细胞群的细胞数量多，为2～4个（图12.5）。弹性软骨的弹性纤维和胶原原纤维均由软骨细胞产生。

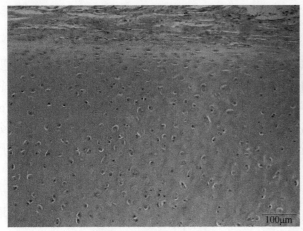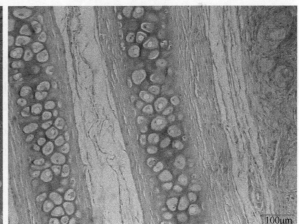

1月龄豚鼠耳郭弹性软骨　HE　　　　　　　　4月龄大白兔耳郭弹性软骨　HE

图 12.5　弹性软骨光镜图

3. 纤维软骨

纤维软骨（fibrous cartilage）分布在椎间盘、纤维环、关节盘和半月板一部分及耻骨联合等处，也分布在股骨头韧带以及某些肌腱和韧带附着于骨的部位等处。纤维软骨呈不透明的乳白色，有一定的伸展性。结构特点是有大量平行或交叉排列的胶原纤维束，韧性很强。软骨细胞较小，卵圆形或扁平形，成行排列于纤维束之间，或单独散在，或成对存在，或排列成单行。软骨陷窝周围也有软骨囊，纤维束与纤维束之间的无定形基质成分很少，呈弱嗜碱性（图12.6）。纤维软骨是透明软骨与致密结缔组织之间的一种过渡性组织。

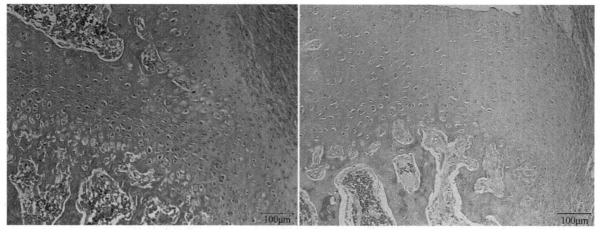

1月龄豚鼠椎间盘纤维软骨　HE　　　　　　　　4月龄大白兔椎间盘纤维软骨　HE

图12.6　纤维软骨光镜图

4. 鱼类动物软骨分布及特征

这里要提到特殊的群体——鱼类动物。鱼纲是现存脊椎动物亚门中最大的一纲，现存鱼类分为软骨鱼系和硬骨鱼系。软骨鱼系是现存鱼类中最低级的一个类群，绝大多数生活在海里，主要特征是终生无硬骨，内骨骼由软骨构成；体表大都被楯鳞；鳃间隔发达，无鳃盖；歪型尾鳍。这类鱼主要包括鲨鱼和鳐目鱼。硬骨鱼系是现存鱼类中最多的一类，大部分生活在海水里，部分生活在淡水里。主要特征：骨骼不同程度地硬化为硬骨；体表被硬鳞、圆鳞或栉鳞，少数退化为无鳞，皮肤黏液腺发达；鳃间隔部分或全部退化，有骨质的鳃盖，多数有鳔；鱼尾呈正尾型，也有原尾或歪尾；多数体外受精，卵生，少数在发育中有变态。这类鱼分为鳗鲡类、鲱鱼类、鲤鱼类、河鲈类和金枪鱼类等。

二、软骨的组织发生、生长和再生

（一）软骨的胚层来源和发育特点

软骨由胚胎时期的间充质分化而来。软骨发生（chondrogenesis）从胚胎发育的第 5 周开始，在将要形成透明软骨的部位，间充质致密度增大，未分化的骨祖细胞（undifferentiated bone progenitor cell）分裂增生，细胞突起消失，细胞形态由星形转变为球形，并聚集成团，称软骨形成中心（center of chondrification）。该处细胞高度密集，细胞界限不清，细胞经分裂分化后转变为幼稚的软骨细胞，后者分泌基质和纤维，细胞被分隔开来。当成软骨细胞完全被基质围绕时，即成为软骨细胞。软骨形成中心周围的间充质分化为软骨膜。

不同部位的透明软骨发生时间先后不一，在第 7~8 周时气管上皮周围的间充质中就已出现软骨形成中心，12~14 周时气管外膜已见透明软骨及软骨膜，20 周后透明软骨环中的软骨细胞增大，软骨基质增多，使细胞密集程度降低，同源细胞群一般见于 29 周之后。

兔、大鼠等动物耳郭弹性软骨的发育与人胎儿的耳郭软骨发育存在一定的差别。研究报道出生后兔耳弹性软骨的生长不仅与发育时间有关，还存在一定的区域性梯度差异。从耳尖到耳根，随着生长发育的进行，软骨细胞逐渐增大、变圆，胞质内成分如糖原、类脂、细丝等逐渐增多，软骨基质量也同步增加。

胚胎期及出生后 2 周内大鼠外耳弹性软骨基质和弹性纤维的前体成分均在成软骨细胞与软骨细胞内合成，第 17 天胚胎弹性软骨基质内出现蛋白多糖，以后逐渐增多，尚可见两种不同类型的原纤维，直径分别为 25~30nm 和 10~13nm，前者属于胶原原纤维，后者是将要形成弹性纤维的微原纤维。出生后第 1 天可见微原纤维束中有中等密度的无定形物质，两者共同构成前体弹性纤维，第 5 天成熟，同时可见形成中的弹性纤维。以后弹性纤维分支交织，逐渐具备成熟弹性软骨中弹性纤维的结构形式。

观察人胎儿耳郭的发育发现，第 7 周时第一腮沟两侧的间充质细胞密集形成软骨原基，弹性软骨形成于 12 周，20 周发育完善，耳郭开始有弹性。

（二）软骨的生长方式及发生来源

与骨组织不同（表 12.14），软骨在软骨形成中心以两种不同的方式进行扩展。①间质生长（interstitial growth），又称软骨内生长（endochondral growth），是通过软骨组织内的软骨细胞分裂增殖，不断产生新的软骨细胞，新的软骨细胞产生新的基质和纤维，使软骨从内部增大。间质生长是幼稚时期软骨生长的主要方式，其生理意义在于细胞不断地增加其表面积，从而满足细胞对氧和营养的需求。②外加生长（appositional growth），又称软骨膜下生长（subperichondral growth），是通过软骨膜内层骨祖细胞的分裂分化产生成软骨细胞，向软骨组织表面添加新的软骨细胞，后者产生基质和纤维，使软骨从表面向外扩大。发育中的软骨和成熟的软骨都能以此方式生长，但在成年期一般处于有潜能的相对静止状态。

纤维软骨可通过纤维性组织化生而成，也可由前软骨或透明软骨化生形成。前软骨（一种特化的胚胎性软骨）化生为纤维软骨出现在椎间盘，而由透明软骨化生出现在某些关节的关节软骨。纤维性组织化生可出现在膝关节半月板、喙突锁骨关节以及异常或老化的韧带及其附着处等。

弹性软骨的发生源于纤维结缔组织。首先由间充质分化为原始结缔组织，其中含有成纤维细胞和波浪形的原纤维束。原纤维束也称耐酸纤维，被认为是前体弹性纤维，在弹性纤维成熟之前 6~7 天出现，主要由成纤维细胞分泌产生，当被它产生的基质和纤维包围时，转变为软骨细胞。位于软骨周围的结缔组织分化为软骨膜，并开始进行外加生长。

表 12.14　软骨组织和骨组织的比较

	软骨组织	骨组织
细胞	软骨细胞椭圆形或圆形，没有突起，位于软骨陷窝内	骨细胞扁椭圆形，位于骨陷窝内，并具有许多细长突起，深入骨小管内，另有骨祖细胞、成骨细胞和破骨细胞
细胞间质	纤维为胶原纤维或弹性纤维，基质富含水分，不钙化，没有血管分布	纤维为骨胶原纤维，基质钙化，钙盐为羟磷灰石，两者又称骨质，以骨板形式排列，血管、神经穿过骨板
营养来源	软骨膜内的血管，软骨细胞靠糖酵解的方式获取能量	靠组织液吸收营养和排出代谢废物
功能	坚韧有弹性，有支持和保护作用，部分可发育成长骨和躯干骨	构成躯体支架，保护器官，因占骨内 99% 以上的钙成为钙库，红骨髓有造血功能
生长方式	外加生长和软骨内生长	只有外加生长
分类	透明软骨、弹性软骨和纤维软骨	松质骨和密质骨
分布	气管、椎间盘、耻骨联合、耳郭和会厌等	骨骼

（三）软骨的退行性变化

软骨最突出的退行性变化就是钙化，一般发生在软骨内的成骨区。该处软骨细胞的细胞器明显减少，外形常不规则、皱缩。在将要钙化的部位，软骨基质内出现有膜包裹的小泡，称基质小泡（matrix vesicle），内含某些胞质成分，并有酸性磷酸酶和 ATP 酶活性。在基质钙化早期，基质小泡的内部和表面均有细小的羟基磷灰石结晶，小泡通过结合和浓缩钙离子，使羟基磷石灰结晶扩大合并，软骨变得不透明、硬度增加和脆性增大。人喉部的某些软骨在 20 岁时就发生钙化。

钙化的主要原因是衰老，软骨细胞内蛋白多糖和水分减少，硬蛋白增多，基质内往往出现粗大致密的纤维束，呈石棉样，称为石棉样变性，同时软骨细胞的营养供应受到限制，糖原储存减少，不久退化死亡。

在增龄所致的退化中，软骨基质内的血管形成也是一个突出的特征。血管周围纤维性基质增厚，形成所谓的"胶原领"，由大量胶原原纤维或胶原纤维组成，并且纤维排列具高度方向性。

（四）软骨的再生情况

软骨有一定的再生能力。软骨受伤后，如果软骨细胞保存完好，软骨基质可以迅速再形成。不过软骨的再生能力较骨组织弱，软骨损伤或被切除一部分后，一般未见有直接的软骨再生，而是在损伤处首先出现组织的坏死和萎缩，随后由软骨膜或邻近筋膜所产生的结缔组织填充。成年哺乳动物软骨损伤后的修复主要表现为结缔组织化生，特别是在一定的机械力（如压力和摩擦）作用下，损伤处形成的肉芽组织中的成纤维细胞可以分化为成软骨细胞，并进一步转变为软骨细胞，分泌软骨基质，形成新的软骨，但多为纤维软骨。

三、总结

人与常见实验动物及畜禽软骨组织特点的比较总结见表 12.15。

表 12.15　人与常见实验动物及畜禽等软骨组织特点的差别

	人	实验动物及畜禽	其他
软骨分布	透明软骨分布于肋、关节面、鼻、喉、气管、支气管、骺板、早期胚胎的骨架；弹性软骨分布在耳郭、外耳道、咽鼓管、会厌、喉；纤维软骨分布在椎间盘、关节盘、半月板、耻骨联合、肌腱和韧带插入部	实验动物及畜禽等与人分布相似	现存鱼类分为软骨鱼系和硬骨鱼系；软骨鱼系是现存鱼类中最低级的一个类群，主要特征是终生无硬骨，内骨骼由软骨构成，这类鱼主要包括鲨鱼和鳐目鱼；硬骨鱼系是现存鱼类中最多的一类，骨骼不同程度地硬化为硬骨，分为鳗鲡类、鲱鱼类、鲤鱼类、河鲈类和金枪鱼等
耳郭弹性软骨发育特点	观察人胎儿耳郭的发育发现，第 7 周时第一腮沟两侧的间充质细胞密集形成软骨原基，弹性软骨形成于 12 周，20 周发育完善，耳郭开始有弹性	出生后兔耳弹性软骨的生长不仅与发育时间有关，还存在一定的区域性梯度差异；从耳尖到耳根，随着生长发育的进行，软骨细胞逐渐增大、变圆，胞质内成分如糖原、类脂、细丝等逐渐增多，软骨基质量也同步增加 胚胎期及出生后 2 周内大鼠外耳弹性软骨基质和弹性纤维的前体成分均在成软骨细胞与软骨细胞内合成，第 17 天胚胎弹性软骨基质内出现蛋白多糖，以后逐渐增多，尚可见两种不同类型的原纤维，胶原原纤维和将要形成弹性纤维的微原纤维；出生后第 1 天可见微原纤维束中有中等密度的无定形物质，微原纤维束与无定形物质共同构成前弹性纤维，第 5 天成熟，同时可见形成中的弹性纤维。以后弹性纤维分支交织，逐渐具备成熟弹性软骨中弹性纤维的结构形式	

第三节　关　节

关节（joint, articulation）是差别生长（构成特征性有差别的生长），伸展力、剪切力、压缩力、扭转力传输及各种各样的运动必需的结构，是相邻两骨借纤维组织、软骨和骨组织以一定方式相连接形成的骨连接。关节囊内两骨间有潜在腔隙和滑液，使两骨能有较大的活动性。

一、关节的基本结构

一般情况下所说的关节即指滑膜关节，其基本结构包括关节面、关节囊和关节腔（图 12.7）。关节面是各骨相互接触的光滑面，为一层软骨覆盖，称关节软骨。关节囊由结缔组织组成，它附着于关节面周围的骨面上。可分为内、外两层，外层为纤维层，由致密结缔组织构成；内层为滑膜层，由薄层疏松结缔组织构成，可分泌滑液，起到润滑作用。滑膜表面为 1～4 层扁平或立方形上皮样结缔组织细胞，即滑膜细胞（synoviocyte），细胞间有少量纤维和基质。电镜下，滑膜细胞分两种，一种似巨噬细胞，含较多溶酶体，有吞噬能力；另一种似成纤维细胞，含粗面内质网较多，可分泌透明质酸和黏蛋白。关节腔就是关节软骨和关节囊间密闭的腔隙，内所含的液体称为滑液（synovial fluid），滑液由大量水和少量透明质酸、黏蛋白、淋巴细胞等构成，有润滑关节面和营养关节软骨的作用。关节软骨为薄层透明软骨，其表层细胞较小，单个分布，深层细胞较大，排列成行，与表面垂直，减少骨之间的摩擦。靠近骨组织的软骨基质钙化，并与骨组织相连，软骨基质中的胶原纤维呈拱形走向，有加固作用。关节头与关节窝相互紧扣，进行运动。

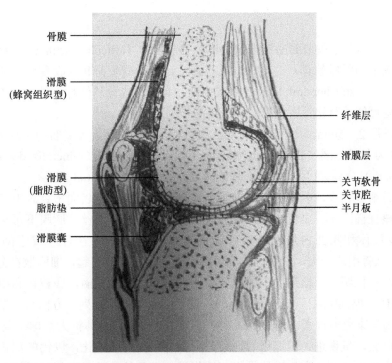

图 12.7　成人膝关节切面示意图（改自成令忠等，2003）

二、关节的分类及组成

关节分动关节和不动关节两类。动关节（diarthrosis）是指那些明显具有活动性的关节，一种是滑膜连接，这种关节有很强的活动性，一般情况下所说的关节即指这种关节；另一种是联合关节，如耻骨联合和椎间连接，这种关节具有一定程度的活动性，活动幅度较滑膜连接要小，也称"微动关节"。不动关节（synarthrosis）是指那些没有活动性或活动性极小的关节，它包括纤维性连接、软骨性连接和骨性连接等三种。纤维性连接（fibrous joint）是指通过结缔组织将骨连接起来，如胫腓远侧骨间即通过韧带相互连接，随年龄增长，缝可骨化成为骨性结合。软骨性连接（synchondroses）借助于软骨相互连接，如肋软骨和胸骨之间是通过透明软骨连接在一起，两耻骨之间通过纤维软骨连接成耻骨联合。骨性连接（synostosis）是指骨之间借骨组织连接，骨性连接可由纤维性连接转变而成，如成人颅骨之间，也可由软骨骨化而来，如各骶椎之间及髂、耻和坐骨之间在髋臼处的骨性结合等。

由于滑膜连接和椎间连接在体内分布广泛，结构复杂，且对机体的运动至关重要，仅叙述这两种关节形式的组织结构。

（一）滑膜连接

滑膜连接也称滑膜关节（synovial joint），分布广泛，活动性大，是肢体运动中最重要的关节类型。滑膜关节主要结构包括关节面、关节腔和关节囊三部分，也是滑膜关节的最基本结构。关节面上有一层薄的软骨覆盖，称关节软骨。两骨间通过纤维结缔组织即关节囊相连接，关节囊内层光滑，称滑膜。滑膜产生滑液以润滑关节和营养关节内结构。某些关节还有一些辅助结构，如关节盘或半月板、关节唇、滑膜襞和滑膜囊以及关节内韧带等，它们具有促进关节面相互适应、增强关节活动性或稳固性等作用。

1. 韧带

连于相邻两骨之间的致密纤维结缔组织束称为韧带（ligament），可增强关节的稳固性。位于关节囊外的称囊外韧带，有的与囊相贴，为囊的局部增厚，如髋关节的髂股韧带；有的与囊不相贴，分离存在，如膝关节的腓侧副韧带等。位于关节囊内的称囊内韧带，被滑膜包裹，如膝关节内的交叉韧带等。韧带和关节囊分布有丰富的感觉神经，损伤后极为疼痛。

2. 关节内软骨

存在于关节腔内、被覆于关节面的纤维软骨称为关节软骨（articular cartilage）。绝大多数的关节软骨为透明软骨，个别关节为纤维软骨。关节软骨具有弹性，能承受负荷和吸收震荡。关节软骨与其下方的骨端骨组织（软骨下骨，subchondral bone）紧密相连，有纤维成分从软骨下骨穿入关节软骨，增强了关节软骨的稳定性，也可使关节软骨所承受的应力更易于向骨转移。

成人的关节软骨厚 2～5mm，具有明显的层次结构特点，在垂直于关节面的切片上，从外至内一般分为 4 个区，I～III 区为非矿化区（unmineralized zone），IV 区为矿化区（mineralized zone）。矿化区与非矿化区以潮标（tide mark）分界。I 区也称表面切线区（superficial tangential zone），主要成分为与表面平行的胶原原纤维，软骨细胞较少，散在分布，细胞小，呈梭形，长轴与表面平行。电镜下可见细胞表面有一些胞质突起，胞核呈椭圆形，染色质较致密，核周胞质可见较多细丝，脂膜下可见成排的吞饮小泡，胞质中可见少量线粒体和粗面内质网及散在的糖原颗粒。II 区为移行区或中间区（transitional 或 intermediate zone），软骨细胞较大，呈圆形或椭圆形，表面也有胞质突起，细胞散在分布，随机排列。细胞核染色质较疏松，核仁明显。核周胞质细丝较少，有大而稀疏的脂滴，线粒体和粗面内质网较多，高尔基体比较发达。III 区也称辐射区（radial zone），软骨细胞呈柱状排列，方向与关节表面垂直，细胞出现退变迹象，表现为核染色质致密，外形不规则，内质网扩张，线粒体扩大呈球状及呈空泡状等。IV 区为矿化区，软骨细胞大，呈现进一步退化的现象，主要特征是间质矿化，以钙的沉积为主。关节软骨基质内的胶原原纤维呈拱形排列，有加固软骨组织的作用。矿化的软骨组织与骨骺的骨组织即软骨下骨相连接。矿化致软骨间质嗜碱性增强，在矿化区和非矿化区之间形成明显的分界线，形似海边的潮水浸渍，故称潮标（潮线）。潮标是观察关节软骨的生长、创伤修复和年龄性变化的重要指标。啮齿类动物、兔和人的关节软骨结构存在一定的差别，主要表现在软骨的第三和第四潮线层（表 12.16）。关节软骨下有一层骨称为软骨下板，啮齿类动物的软骨下板厚度变化很大，有些地方非常薄，在大多数人体骨骼中，正常的软骨下板很薄，厚度均匀。

表 12.16　人与实验动物关节软骨结构差别

结构	人	啮齿类动物	兔
关节软骨潮线	关节软骨第三层为深层带，有明显的潮线	关节软骨比人薄，无潮线	潮线明显
关节软骨第三层细胞结构	细胞较大，柱状排列，但形态不规则，有多核细胞存在	典型的肥大细胞	典型的柱状细胞层

关节软骨的间质成分包括水、胶原、蛋白多糖、无机盐及其他成分等。其中水、胶原和蛋白多糖是构成软骨基质的 3 种主要成分。软骨的胶原大部分为 II 型胶原，占基质的 13.5%～18%，蛋白多糖占 7%～10%，其他类型的胶原占 1.5%。此外，关节软骨内还存在纤维粘连蛋白和层粘连蛋白等结构性糖蛋白。纤维粘连蛋白聚集在软骨细胞附近的基质中，调节软骨细胞的黏附、迁移、增殖和分化。实验动物与人的关节软骨在关节软骨层厚度、软骨基质组成和排列方式等方面具有不同的特点。人股骨外侧髁透明软骨层厚度为 2.25～2.75mm，实验动物软骨层厚度均比人软骨层薄，软骨细胞层也比人少。人胫骨软骨胶原纤维大体呈叶状排列，而牛、羊等胫骨软骨胶原纤维呈柱状平行排列，马的胶原纤维平行于关节面软骨。

关节软骨不含血管、淋巴管和神经，其营养物质从周围组织获得，大部分来自滑液，深层细胞可从软骨下骨的血管获得，由于 IV 区间质矿化，在一定程度上对营养的获取有所阻碍。关节软骨损伤后的自我修复能力很低，修复关节软骨缺损，软骨细胞为首选移植物。

关节软骨有关节盘、关节唇两种形态。关节盘（articular disc）是位于两关节面之间的纤维软骨板，其周缘附着于关节囊内面，将关节腔分为两部。关节盘多呈圆形，中央稍薄，周缘略厚，膝关节中的关节盘呈半月形，称关节半月板，可使两关节面更为契合，减少冲击和震荡，并可增加关节的稳固性。关节唇（articular labrum）是附着于关节窝周缘的纤维软骨环，它加深关节窝，增大关节面，可增加关节的稳固性，如髋臼唇等。

关节软骨随着年龄的增加出现退行性改变，发生骨关节炎（osteoarthritis），表现为关节软骨中 Ⅱ 型胶原、蛋白聚糖和水减少，而基质金属蛋白酶增加，从浅向深出现损伤和缺损，最后软骨下骨暴露，形成新的关节面，从而引起关节痛和活动受限。大鼠、兔和人发生关节炎时软骨的变化不尽相同，大鼠表现为表层软骨纤维样变，肥大细胞消失，有簇聚现象；兔和人表现为表层软骨细胞坏死，基质碎裂，深层细胞减少且排列紊乱。兔软骨存在潮线上涨情况，而人的潮线不但上涨，而且变得不规则。综上可见，兔的关节软骨更接近于人的关节软骨，而且兔关节炎模型中软骨的退变情况更接近于人软骨的退变情况，因此，在研究关节软骨损伤和骨关节炎的实验中，以兔为观察对象较大鼠优越。

3. 关节囊

在关节处包裹两骨端的结缔组织囊状结构称关节囊（joint capsule），由关节囊封闭的腔即为关节腔（articular cavity）。光镜下分为 2 层，外层为纤维层（stratum fibrosum），内层为滑膜层（stratum synovium）。纤维层为致密结缔组织，与骨端相接处的骨膜外层连续，有韧性，可维持关节的稳定。滑膜层简称滑膜（synovial membrane），由薄层疏松结缔组织构成，衬贴于纤维层内面，边缘附着于关节软骨的周缘，包被着关节内除关节软骨、关节唇和关节盘以外的所有结构。滑膜内富含血管、淋巴管和神经，可产生滑液。滑膜内细胞成分较纤维层多，分散排列，胶原性间质穿插其间。滑膜除构成关节腔内壁外，还被覆于关节内肌腱、韧带和半月板的表面。有些关节的滑膜表面积大于纤维层，以致滑膜重叠卷褶，并突向关节腔而形成滑膜襞，其内含脂肪和血管，即成为滑膜脂垫，在关节运动时，关节腔的形状、容积、压力发生改变，滑膜脂垫可起调节或充填作用，同时也扩大了滑膜的面积，有利于滑液的分泌和吸收。在某些部位，滑膜在纤维膜缺如处或薄弱处形成囊状膨出，充填于肌腱与骨面之间，则形成滑膜囊，可减少肌肉活动时肌腱与骨面之间的摩擦。

滑膜一般分为纤维型、蜂窝组织型和脂肪型三种类型。此外，还有中间类型（如蜂窝组织-脂肪型滑膜）。纤维型滑膜多见于承受压力或张力较强的地方。蜂窝组织型滑膜多见于承受压力或张力较弱的区域，内膜下为疏松结缔组织，含丰富的血管、神经和与表面平行的成层分布的胶原纤维及弹性纤维，散在分布成纤维细胞、巨噬细胞、肥大细胞和脂肪细胞。脂肪型滑膜的深层存在脂肪组织，滑膜细胞与脂肪组织间由薄层纤维结缔组织相分隔，见血管分布。电镜下，滑膜细胞可分为 3 型：A 型细胞又称巨噬细胞样细胞，也称 M 细胞；B 型细胞又称成纤维细胞，也称 F 细胞；C 型细胞是一种中间型细胞，形态介于前两种细胞之间。A、B 型细胞均有吞噬和分泌能力，在外伤性关节炎和类风湿性关节炎中，A 型细胞内可出现发达的粗面内质网而转变成其他类型的细胞。

滑膜细胞产生的透明质酸与滑膜基质共同形成滑膜基质屏障，该屏障对由血液进入关节的物质有选择性通透作用。滑膜细胞还具有吞噬作用，可吞噬关节液内的各种碎屑。因此，滑膜的功能主要是产生滑液和排出滑液及其中的碎屑。

4. 关节液

关节腔内少量透明的弱碱性黏性液体，通称滑液。滑液的成分包括细胞和非细胞两类，以非细胞成分为主。非细胞成分包括水、蛋白质、电解质、糖类、透明质酸等。细胞成分主要有单核细胞、淋巴细胞、巨噬细胞、中性粒细胞，还有一些脱落的滑膜细胞等。滑膜的理化特性是具有黏滞性，黏滞性大小与关节运动的速度成反比。关节运动快，滑液的黏滞性降低；关节运动慢则黏滞性增大。滑膜维持关节面的润滑，减低两骨关节面之间或关节面与关节盘、半月板之间的摩擦，并为关节软骨提供营养。

滑液的水、电解质、糖类和绝大部分蛋白质由滑膜血管的血浆渗透而来。

5. 关节盘和半月板

关节盘是位于关节腔两关节面之间的纤维软骨板，外周较厚，与关节囊的纤维层相连，中间较薄，向两骨关节面间伸展。关节盘圆形、盘状，完全分隔关节腔。关节盘与关节板可使两关节面更为契合，减少冲击和震荡，并可增强关节的稳定性。膝关节内的半月板介于股骨内、外侧髁与胫骨内、外侧髁间，为一对半月形纤维软骨板，分别称为内侧半月板和外侧半月板。每个半月板分前角、后角和中间的体部。前角和后角呈扁平带状，由平行排列的胶原纤维束组成，纤维束由疏松结缔组织分隔，隔中含丰富的血管和神经。人半月板与啮齿类动物及猫半月板结构的差别见表 12.17。

表 12.17　人与啮齿类动物及猫科动物半月板结构特点比较

	人	啮齿类动物	猫科动物
半月板	由纤维软骨组成，主要是 I 型胶原，圆周形排列，以承载半月板上的载荷	半月板中央常骨化	半月板角中至少存在两种形态不同的机械刺激感受器；猫的半月板表面有薄层透明软骨覆盖，纤维软骨的胶原纤维束呈人字形排列，没有疏松结缔组织分隔，有少量血管从半月板外缘的关节囊伸入到半月板外带的胶原纤维束之间，内带为无血管区

（二）椎间连接

椎间连接为脊椎骨之间的连接结构，由软骨终板、纤维环和髓核三部分构成。软骨终板为覆盖在每个椎体上、下两面的一层透明软骨，纤维环和髓核共同构成椎间盘。相邻椎体通过椎间盘相连。

1. 软骨终板

软骨终板（cartilage end plate）是椎间盘与椎体的分界组织，呈半透明均质状。周边较厚，中央较薄，平均厚 1mm。由于软骨终板与椎间盘在结构上有连续性，有学者认为软骨终板是椎间盘结构的一部分。软骨终板有许多微孔隙，渗透性好，有利于椎体与椎间之间的交流，在沟通纤维环、髓核与软骨下骨组织之间的液体中起半透膜作用。对腰椎间盘解剖发现，腰 1～4 椎体的下软骨终板前后径和面积较上软骨终板大，而腰 5 则相反。软骨终板形状也有所变化，腰 1 或 2 为肾形，腰 3～5 为椭圆形。由于具备这些解剖和理化性质，软骨终板的作用包括：作为髓核水分和代谢产物运输的通路；将椎间盘的纤维环与髓核限制在一定解剖部位；保护椎体，以免因受压而萎缩。

2. 椎间盘

椎间盘（intervertebral disc）是连接相邻两个椎体的纤维软骨盘，由两部分构成：中央部的髓核和周围部的纤维环。髓核为柔软而富有弹性的胶状物质，是胚胎时期脊索的残留物。纤维环由多层纤维软骨板呈同心圆排列形成，韧性大，连接椎体上、下面，保护髓核并限制髓核向周围膨出。椎间盘既坚韧又富弹性，对压力具有较大的缓冲作用，使脊柱可做屈伸、旋转等运动。

纤维环（annulus fibrosus）位于椎间盘的周围部分，由多层呈同心圆排列的纤维软骨板黏合而成，呈现明显的分层结构，相邻两层纤维软骨板的纤维交叉走向，相互交叉成 50°～60°角。板内和板间有软骨细胞分布，板间有胶原纤维、弹性纤维和蛋白多糖基质相连接。根据纤维软骨板的纤维致密程度，大体上可将纤维环分为外、中、内三层，由外至内的纤维软骨板的致密度降低，无定形基质成分逐渐增多。纤维软骨板的纤维呈螺旋状走向，两端分别进入上、下两椎体的软骨终板中。在纤维环板内的胶原纤维之间，还有纵行、斜行和环行纵向的弹性纤维呈网格状分布，网的上下端分别固定于相应椎体的软骨终板中。纤维环的前侧和两侧较厚，后侧较薄，大多只有内层纤维软骨板。纤维环内侧 1/3 的胶原主要为 II 型胶原，外侧 2/3 主要为 I 型胶原。

髓核（nucleus pulposus）是软而具有弹性的富含水的胶状物质，位于椎间盘的中央区。含有氨基多糖、胶原纤维、无机盐和水，以及分散于其间的细胞成分。人和猪的椎间盘氨基多糖的分子结构大致同透明软骨，不同的是，椎间盘的氨基多糖含较多的硫酸角质素和蛋白质，硫酸软骨素较少。氨基多糖和水结合而使髓核呈胶状并富有弹性，发挥其抗压功能。髓核相对于纤维环，含有较多的蛋白多糖，胶原原纤维交织成网状，浸泡在蛋白多糖形成的胶状物质中，构成一个三维的胶性网格系统（lattice gel system）。髓核表面的胶原原纤维全部都锚定在软骨终板上。髓核中 80%的纤维是 II 型胶原。

髓核的细胞成分较少，主要是脊索细胞（notochordal cell）和软骨样细胞（chondrocyte-like cell）两种类型。脊索细胞是一种残余的胚胎性细胞，随年龄增长不断减少，细胞小而少，核深染，细胞散在分布，胞质含丰富的糖原颗粒，细胞之间借细胞突起相互连接。软骨样细胞来自纤维软骨，形态和功能大致和软骨细胞相同。由于髓核中缺乏血管，经常受到挤压，因此髓核切片中常见坏死细胞，特征为胞膜不完整，细胞器空泡化，胞质中可见致密嗜铱性团块。

三、关节的血管、淋巴管和神经

关节的动脉主要来自附近动脉的分支，围绕关节形成动脉网，从动脉网发出数条分支进入关节囊，发出骨骺支进入骨骺部。关节囊的血管可深入纤维层和滑膜层，形成丰富的毛细血管网。关节软骨内无血管，但关节软骨周围的滑膜血管排列成环形网，形成关节血管环。

关节囊内层和外层均有淋巴管网，起始于毛细淋巴管，滑膜浅层的毛细淋巴管网组成淋巴管丛，后形成较大的淋巴管向纤维层走行，并与骨膜淋巴管吻合，向关节屈肌方向穿行。淋巴液最终注入肢体的主干淋巴管。关节软骨内无淋巴管。

支配关节的神经纤维分为：躯体感觉神经纤维，分布于关节囊纤维层和关节韧带内，感受痛觉刺激等躯体感觉；本体感觉神经，分布于韧带及关节内，感受关节的本体感觉；自主神经纤维，分布于关节血管管壁，调节关节血管的舒缩，影响关节的血液供应，支配80%无髓神经纤维，自主神经和感觉神经各半。

四、关节的发育特点和生理特性

大多数关节特别是动关节，随年龄的增长而逐渐出现退行性变化。

（一）滑膜连接的退行性变化

人从30岁左右开始，滑膜连接出现退行性变化。主要表现为：①关节表面逐渐丧失光泽，可出现不同程度的裂隙和磨损。扫描电镜下可见表面呈现大小不等的坑凹，坑凹的直径和深度随年龄增长而增加，故表现为关节面粗糙不平。②软骨变薄，在负重区可出现蚀损，由浅至深发展，可产生裂缝、碎裂，严重者甚至大片软骨脱落，暴露软骨下骨而出现骨关节炎的临床表现。③软骨细胞密度降低，细胞结构和成分出现多种退行性改变，如细胞内脂质含量和细胞外磷脂含量均随年龄增长而增加，内质网减少。细胞产生基质的方式和能力有所改变，修复困难。④关节软骨从蓝色透明逐渐变为浅黄色不透明，有脂质和色素沉着，且随年龄增长而增多。⑤间质成分改变，水分含量明显降低，具有亲水性的多糖成分减少，胶原成分增多，硫酸软骨素减少而硫酸角质素随年龄增长而增多。⑥滑膜变化，表现为表面皱襞和绒毛增多，因而滑膜表面与毛细血管的距离增大而导致血运障碍。

动物关节常年受力不均，随年龄增长，也会发生软骨退行性变化，而且逐步加重。老年犬、猫等均可见到此种现象，表现为疼痛、姿势改变、患肢活动受限、关节内有渗液和局部炎症等。早期常见的症状是动物无明显的关节不灵活和跛行，但不愿执行某项任务。以后，在持续的活动或短暂的过度运动后出现跛行和关节僵硬，但休息数天其症状消失。随着退行性改变进一步发展，休息后关节不灵活更显著。

（二）椎间连接的退行性变化

人20岁以后开始出现持续性退变，以中央髓核以及髓核与纤维环之间的移行区最多见。椎间盘内硫酸软骨素减少，硫酸角质素增多，蛋白多糖和水的含量下降，非胶原蛋白浓度增大，导致水分充盈不足和整个椎间盘弹性下降，影响其对震动的吸收作用。髓核的细胞类型与存活细胞数随着增龄而有明显改变。青春期之前为脊索细胞，青春期之后软骨样细胞开始增多，脊索细胞大大减少，到成年，大部分细胞为软骨样细胞，且随着增龄，椎间盘所有部位的存活细胞数量逐渐降低，基质内胶原纤维增粗，直径大小不一。随着年龄增长，椎体的软骨终板也逐渐钙化，软骨下间隙的营养小管部分或完全被中性黏多糖和唾液酸所阻塞。椎间盘的弹性和抗负荷能力随之减弱，纤维环后部在各种负荷作用下由内向外产生裂隙，随着积累加重，裂隙不断加大，加上椎间盘压力骤升等因素，髓核穿过变性、变薄的纤维环破裂处，进入椎管前方或穿过椎板进入椎体边缘处。椎间盘脱出常引起坐骨神经痛和腰背疼痛。

（三）关节软骨的力学特性

关节软骨主要由水、胶原纤维和蛋白多糖组成，生理功能主要是承载载荷、缓冲压力和吸收震荡，力学特性保持主要借助于胶原纤维合理排列分布作为弹性支架，通过蛋白多糖的亲水作用形成局部的弹性张力和渗透张力。组织受载时，由于压力差大于局部张力，可使组织内水缓慢流出；去载时，由于组织的膨胀压和渗透压，水流回组织内。这样使得组成关节软骨的主要成分改变，进而发生力学性能的变化。人与实验动物关节软骨在力学特性方面存在差异。研究表明，犬、狒狒、牛等不同物种髋关节软骨力学参数与正常人髋关节软骨力学参数差异均具有统计学意义，其中人的髋关节软骨是最硬的，牛是最软的；人组织有最小的泊松比和渗透系数；人髋关节软骨的弹性模量与狒狒的接近。解剖学上，犬和狒狒的髋关节与人的髋关节特征相似，牛的髋关节明显不同。根据这些数据，狒狒可作为正常人髋关节软骨最合适的动物模型。

五、总结

人与常见实验动物及畜禽关节特点的比较总结见表 12.18。

表 12.18　人与常见实验动物及畜禽关节特点的差别

	人	实验动物及畜禽
椎间盘氨基多糖	分子结构同透明软骨	分子结构与人相似；猪的椎间盘氨基多糖含较多的硫酸角质素和蛋白质，硫酸软骨素较少
关节软骨结构	软骨第三层为深层带，细胞较大，柱状排列，但形态不规则，有多核细胞存在，有明显的潮线	啮齿类、兔和人的关节软骨结构存在一定的差别，主要表现在软骨的第三和四潮线层。啮齿类关节软骨比人薄，且软骨的第三层是典型的肥大细胞层，无潮线；兔软骨的第三层是典型的柱状细胞层，潮线明显
半月板形态结构	半月板由纤维软骨组成，主要是 I 型胶原，圆周形排列以承载半月板上的载荷	啮齿类动物半月板中央常骨化；猫的半月板表面有薄层透明软骨覆盖，纤维软骨的胶原纤维束呈人字形排列，没有疏松结缔组织分隔，有少量血管从半月板外缘的关节囊伸入到半月板外带的胶原纤维束之间，内带为无血管区
关节炎软骨结构	表层软骨细胞坏死，基质碎裂，深层细胞减少且排列紊乱；潮线上涨，不规则	兔与人表现相似。 大鼠表现为表层软骨纤维样变，肥大细胞消失，有簇聚现象
关节软骨层厚度、软骨基质组成和排列方式	人股骨外侧髁透明软骨层厚度为2.25～2.75cm 胫骨平台软骨胶原纤维大体呈叶状排列	实验动物软骨层厚度均比人软骨层薄 牛、羊等胫骨平台胶原纤维呈柱状平行排列，马的胶原纤维平行于关节面软骨
髋关节关节软骨力学特性	髋关节软骨较硬 髋关节力学参数泊松比和渗透系数小	牛的髋关节软骨较软 犬、牛、狒狒的髋关节力学参数泊松比和渗透系数相对人增大；狒狒的髋关节弹性模量与人的最接近；解剖学上，狒狒与人髋关节相似

参 考 文 献

陈连旭, 余家阔, 于长隆, 等. 2007. 大鼠、兔和人关节软骨组织形态学的比较. 中国组织工程研究, 11(41): 8230-8233.

成令忠, 钟翠平, 蔡文琴. 2003. 现代组织学. 上海: 上海科学技术文献出版社: 231-280.

康毅, 金勋杰, 刘双意, 等. 2003. 4、5、7 月龄雌性大鼠骨计量学参数的变化及意义. 广东医科大学学报, 21(2): 102-104.

李德雪, 林茂勇, 张乐萃. 2004. 动物比较组织学. 台北: 艺轩图书出版社: 45-51.

李和, 李继承. 2015. 组织学与胚胎学. 3 版. 北京: 人民卫生出版社: 50-67.

李先堂, Nasir KK, John EB. 2019. 实验动物功能性组织学图谱. 北京: 科学出版社: 219-225.

李振宇, 马洪顺, 姜鸿志. 1989. 关节软骨力学性能实验研究. 试验技术与试验机, (2): 7-9.

卢世璧. 1999. 进一步开展胶原对骨损伤修复作用的研究. 中华创伤杂志, 15(1): 12.

陆惠玲. 2006. 人与狗、猪、牛、羊长骨哈氏系统图像分析的比较. 法医学杂志, 22(2): 97-100.

宁文德, 高德宏, 杨军乐, 等. 2009. 正常股骨头骨骺及生长板随年龄变化 MRI 研究. 实用放射学杂志, 25(6): 833-836.

沈志祥, 刘翠鲜. 2007. 游泳运动对老年雄性小鼠骨生物力学性能的影响. 中国运动医学杂志, 26(1): 83-85.

施新猷, 等. 2003. 比较医学. 西安: 陕西科学技术出版社: 1011-1027.

王光辉, 段莉, 黄江鸿, 等. 2014. 关节软骨组织再生动物模型研究进展. 国际骨科学杂志, (5): 322-324.

吴学东, 林春榕, 李俊, 等. 2004. 漏斗胸实验研究中大鼠胸部的应用解剖. 中国比较医学杂志, 14(2): 97-100.

张继宗, 王国吉, 张怀东. 2007. 人与动物骨组织特征的比较研究. 刑事技术, (5): 16-18.

张继宗. 2001. 骨骼种属鉴定的组织学研究. 法医学杂志, 17(3): 139-141.

张玉凤, 吴小红, 辜向东, 等. 2015. 老年性骨质疏松模型小鼠的颅骨增龄性变化. 动物医学进展, 36(4): 73-78.

郑晶, 陆惠玲, 王鼎钊, 等. 2004. 从状骨和骨单位带的种属特征及法医学应用价值. 中国法医学杂志, 19(6): 352-356.

Athanasiou KA, Agarwal A, Muffoletto A, et al. 1995. Biomechanical, properties, of hip, cartilage, in experimental animal models. Clin Orthop Relat Res, (316): 254-266.

Dempster DW, Birchman R, Xu R, et al. 1995. Temporal changes in cancellous bone structure of rats immediately ovariectomy. Bone, 16(16): 157-161.

Eyre DR, Wu JJ, Woods PE. 1991. The cartilage collagens: structural and metabolic studies. J Rheumatol, 18(suppl 27): 49.

Kilborn SH, Trudel G, Uhthoff H. 2002. Review of growth plate closure compared with age at sexual maturity and lifespan in laboratory animals. Contemp Top Lab Anim Sci, 41(5): 21-26.

LeGuellec D, Mallein-Gerin F, Treilleux I, et al. 1994. Localization of the wxpression of Type I, I and II collagen genes in human normal and hypochondrogenesis cartilage canals. Histo chem J, 26: 695.

Piper M, et al. 2018. Comparative anatomy and histology. 2nd ed. Chennai: Academic Press : 68-85.

Postacchini F, Gumina S, Perugia D, et al. 1995. Early fracture callus in the diaphysis of human long bones: histologic and ultrastructural study. Clin Orthop Scand, (310): 212-228.

Wronske TJ, Dann LM, Scott KS, et al. 1989. Long-Term effects of ovariectomy and aging on the rat skeleton. Calcif Tissue Int, 45(6): 360-366.

第十三章 肌 肉 组 织

肌肉组织（muscle tissue）由特殊分化的具有收缩功能的肌细胞构成，许多肌细胞聚集在一起，被结缔组织包围成肌束，其间有丰富的毛细血管、淋巴管和神经纤维分布。肌细胞（muscle cell）外形细长，因此又称肌纤维（muscle fiber）。肌细胞的细胞膜称为肌膜（sarcolemma），细胞内的基质称肌质或肌浆（sarcoplasm），肌浆中含有大量与肌纤维长轴平行的肌丝，它们是肌细胞收缩的物质基础。肌细胞内的滑面内质网称肌质网（sarcoplasmic reticulum）；线粒体曾称为肌小体或肌粒（sarcosome），除产生 ATP 外，还具有储存少量 Ca^{2+} 的功能。

根据肌细胞的形态与分布的不同可将肌肉组织分为 3 类，即骨骼肌（skeletal muscle）、心肌（cardiac muscle）与平滑肌（smooth muscle）。前两种肌细胞都有明显的横纹（cross striation），属于横纹肌（striated muscle），平滑肌无横纹（表 13.1），主要分布于内脏和血管壁。骨骼肌一般通过腱附于骨骼上，但也有例外，如食管上部的肌层及面部表情肌并不附于骨骼上。心肌分布于心脏，构成心房、心室壁上的心肌层，也见于靠近心脏的大血管壁上。肌肉组织具有收缩特性，是躯体和四肢运动，以及体内消化、呼吸、循环和排泄等生理过程的动力来源。骨骼肌的收缩受意志支配，属于随意肌。心肌与平滑肌受自主性神经支配，属于不随意肌。本章将对三种肌肉的组织结构、细胞形态、发生发育及功能等方面在人、常用实验动物、畜禽或其他特殊动物中表现出的异同点进行详细描述。

表 13.1 三种肌肉组织的比较

	骨骼肌	心肌	平滑肌
细胞形态	长圆柱形	短圆柱形，有分支	长梭形或纺锤形
细胞核	长椭圆形，多个核，位于肌纤维边缘	椭圆形，一个核，位于肌纤维中央	椭圆形，一个核，位于肌纤维中央
横纹	有	有，不明显	无
间质	没有	有	没有
肌原纤维	明显	不明显，形成肌丝束	没有
肌节	有，两 Z 膜之间	有，两 Z 膜之间	没有
横小管和肌质网	有横小管，位于明、暗带交界处；肌质网发达，形成纵小管和终池，并与横管形成三联管	有横小管，位于 Z 线水平，粗而少；肌质网稀疏，纵小管不发达，形成的终池较小，极少形成三联管	无横管，但细胞膜凹陷成小凹；滑面内质网不规则，没有肌质网结构
特殊结构	有粗、细肌丝	有粗、细肌丝，闰盘处有桥粒、中间连接和缝隙连接	有粗、细和中间肌丝，还有密斑、密体，相邻细胞间有微管连接
分布	多附着于骨骼肌	心脏壁	主要器官的管壁，如血管、消化道、呼吸道、生殖道和泌尿道等
功能	随意运动，产生热量等	自主运动，心脏血液循环	自主运动，调控管腔运动、腺体分泌和血液循环等
神经支配	运动神经	自主神经，心脏传导系统	自主神经，自发性节律运动

第一节 骨 骼 肌

一、骨骼肌的一般构成及功能

骨骼肌一般通过腱附于骨骼上，躯干和四肢的每块肌肉均由许多平行排列的骨骼肌纤维组成，周围包裹着结缔组织。每条肌纤维周围均有一薄层结缔组织，称为肌内膜（endomysium）。数条至数十条肌纤维集合成肌束，肌束外有较厚的结缔组织，称为肌束膜（perimysium）。许多肌束组成一块肌肉，其表面的结缔组织称肌外膜（epimysium），即深筋膜。各结缔组织中均有丰富的血管，大血管经由肌外膜进入肌束膜分支而后入肌内膜，在肌束膜内的为小动脉和小静脉，肌内膜中有毛细血管网包绕的肌纤维。肌内膜无淋巴管，淋巴管起自肌束膜，沿着血管经肌外膜离开肌肉。肌肉的结缔组织中有传入、传出神经纤维，均为有髓神经纤维，分布于肌肉内血管壁上的神经为自主性神经，是无髓神经纤维。

除骨骼肌纤维外，骨骼肌中还有一种扁平、有突起的肌卫星细胞（muscle satellite cell），附着在肌纤维表面，在生长的肌肉组织中数量较多，成年时则较少；当肌纤维损伤后，可增殖分化，参与肌纤维修复，具有干细胞性质。各层结缔组织膜除有支持、连接、营养和保护肌组织的作用外，对单条肌纤维的活动，乃至对肌束与整块肌肉的肌纤维群体活动也起着调整与协助作用。

二、骨骼肌的光镜结构

骨骼肌纤维一般为长圆柱形，除舌肌等少数肌纤维外，骨骼肌很少有分支。骨骼肌纤维一般长 1～40mm，直径 10～100μm。骨骼肌细胞属于多核细胞，即合胞体（syncytium）。骨骼肌纤维表面为肌膜，肌膜深面有许多椭圆形的细胞核，核内染色质少，核仁明显（图 13.1）。核的数量随肌纤维的长短而异，短者核少，长者核多可达 100～200 个。

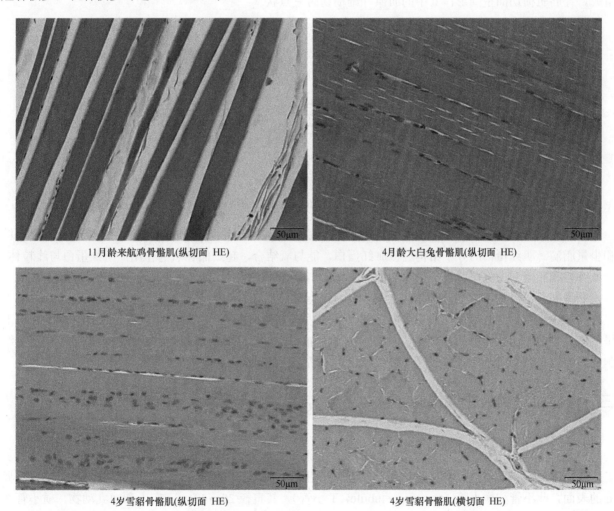

11月龄来航鸡骨骼肌(纵切面 HE)　　4月龄大白兔骨骼肌(纵切面 HE)

4岁雪貂骨骼肌(纵切面 HE)　　4岁雪貂骨骼肌(横切面 HE)

图 13.1　骨骼肌纤维光镜图

骨骼肌的肌浆中含有丰富的肌原纤维（myofibril）、大量线粒体、糖原等。肌原纤维呈细丝样，直径 1～2μm，在肌纤维中沿长轴排列，肌原纤维有明、暗相间排列的周期性横纹，各肌原纤维的横纹相应地排列在同一平面上，因而在整个肌纤维上显示出明带（light band）与暗带（dark band）相间的带，即周期性横纹。明带在偏振光显微镜下为单折光（各向同性，isotropic），因而又称 I 带（I band）；暗带为双折光（各向相异，anisotropic），又称 A 带（A band）。在电镜或油镜下，在暗带中部有一浅带，称 H 带（H band），H 带中央又有一深膜，称 M 膜（M membrane）或 M 线（M line）。在明带中央有一深色的间膜，称 Z 膜（Z membrane）或 Z 线（Z line）或 Z 盘（Z disc），两 Z 膜间的一段肌原纤维称为肌节（sarcomere）（图 13.2）。Z 盘由细肌丝、Z 丝和无定形物质构成。从两侧分别进入 Z 盘的两套来自两个肌节的极性相反的细肌丝，在窄 Z 盘互不重叠，在宽 Z 盘相间排列，最后分别止于 Z 盘的对侧缘。Z 盘越宽，重叠的细肌丝越长。在肌原纤维的纵切面上，Z 盘的宽度因动物种类不同而异。大鼠、猫和兔的骨骼肌，以及猫和犬的心肌，Z 盘较宽，可达 80～160nm。犬心肌 Z 盘最宽，有 4 层 Z 丝，宽 Z 盘的结构比窄的更为牢固。红鳝鱼、蝾螈和蛙的骨骼肌 Z 盘较窄，最窄的只有 30nm。肌动蛋白存在于整个 Z 盘。Z 盘的周围区有丝蛋白及 3 种中间丝亚单位，即结蛋白、波形蛋白和联丝蛋白。丝蛋白是肌动蛋白的结合蛋白，后 3 种蛋白则在 Z 盘的周围区组装成中间丝。在鸡的胸大肌 Z 盘中存在相对分子量为 85 000 的无定形蛋白，人成年骨骼肌和心肌 Z 盘有分子量 500 000 000 的共轭蛋白，对蛋白酶高度敏感，可能与细肌丝在 Z 盘的排列形式有关。肌节是骨骼肌纤维的结构和功能单位。一个肌节由一个暗带及其两侧的半个明带组成，其长度随肌纤维的收缩或舒张而改变。静止时，一个肌节长 2.1～2.5μm，一条肌原纤维可由几百个肌节组成。骨骼肌横切面呈圆形，其中的肌原纤维横切时呈点状。

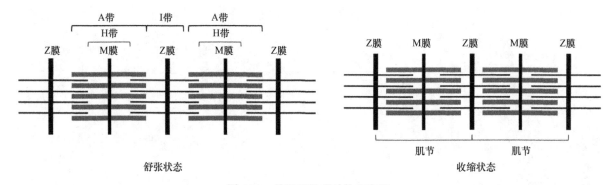

图 13.2　骨骼肌肌节结构示意图

骨骼肌纤维基质丰富，除含大量肌原纤维外，还含有肌红蛋白（myoglobin）、大量线粒体、糖原颗粒和少量脂滴。肌红蛋白的分子结构近似血红蛋白，能与氧结合，起到储存氧的作用。肌红蛋白与线粒体、糖原颗粒和脂滴共同构成肌纤维收缩的功能系统。

在骨骼肌纤维的表面肌膜与基膜之间有一种突起的细胞，核呈扁圆形，着色浅，核仁清楚，称肌卫星细胞。该细胞在生长的肌组织中数量较多，胞质内有各种细胞器，在幼年时较多，成年时较少。肌卫星细胞是骨骼肌肌组织中的肌干细胞，具有自我更新能力，在骨骼肌肌组织中，数量相对稳定。肌卫星细胞与骨骼肌再生有关，在骨骼肌损伤后可分化形成新的肌纤维。

三、骨骼肌纤维的超微结构

（一）肌膜与横小管

电镜下肌膜由肌细胞膜和基膜构成。肌膜向内凹入形成细管并围绕在每条肌原纤维明带与暗带交界处的表面，此小管称横小管（transverse tubule，T 小管），其直径 20～40nm。在人和哺乳动物，横小管在 I 带与 A 带交界处环绕在每一条肌原纤维的表面，在两栖类和鸟类，横小管环绕在 Z 盘周围。横小管开口于肌细胞表面，因此在肌细胞膜上，每隔一小段距离就有一圈小孔，环绕着肌细胞排列，细胞外的液体可经这些小孔进入横小管内。横小管可将肌膜的兴奋迅速传到肌纤维内。

（二）肌质网

每条肌原纤维周围，在相邻两横小管之间由单位膜围成的小管互相连成网状，称为肌质网，肌质网中部纵行包绕的一段肌原纤维，称纵小管（longitudinal tubule）；肌质网在靠近横小管处相连接并膨大形成与横小管平行排列的管，称为终池（terminal cisterna）。终池靠横小管的一面伸出许多小突起，但终池与横小管并不相通。横小管与其两侧的终池合称三管区或三联体（triad）。在两栖类动物的肌纤维中，三联体在 Z 膜水平围绕着每个 I 带。哺乳动物肌纤维每段肌节上有两组三联体，位于每个 A 带与 I 带相交界处。肌质网的膜是单位膜，膜上镶嵌的蛋白质中 70%～80%是钙泵蛋白质（calcium pumping protein），它是一种 ATP 酶，可将细胞质中的钙离子泵入肌质网内。此外，还有隐钙素或收钙素或集钙蛋白（calsequestrin），它与储存于肌质网内的钙相结合。肌质网的功能是储存钙并调节、控制肌浆内钙离子的浓度，在肌纤维收缩过程中起重要作用。肌纤维收缩，肌质网变短、加宽，松弛时则肌质网伸长、变细。

（三）肌原纤维

肌原纤维由肌丝所组成。肌丝可分为粗肌丝（thick filament）与细肌丝（thin filament）两种。每一粗肌丝周围有 6 条细肌丝。每一细肌丝周围有 3 根粗肌丝。两种肌丝沿肌原纤维的长轴平行排列，横纹肌纤维明暗相间的横纹即反映出此两种肌丝的排列情况。

粗肌丝直径约 15nm，长 1.5μm，由肌球蛋白分子构成，其彼此平行排列，互相间隔约 45nm，集合成束，组成一条粗肌丝。粗肌丝位于暗带并决定暗带的长度，在暗带正中部位，有细的横带连接，形成致密区，即 M 膜/M 线（图 13.3）。粗肌丝一端固定于 Z 盘，另一端经过明带伸到暗带的粗肌丝之间，最后止于 H 带的边缘。粗肌丝除近 M 膜的中央部分外，其余部位表面有许多小突起，称为横桥（cross bridge）。肌球蛋白分子形似豆芽状，分头和杆两部分，头部如同两个豆瓣，杆部如同豆茎。在头和杆连接点及杆上有两处类似关节的结构，可以屈动。肌球蛋白头部有 ATP 酶活性，当与细肌丝的肌动蛋白接触时被激活，分解 ATP 并释放能量，使横桥发生屈伸运动。

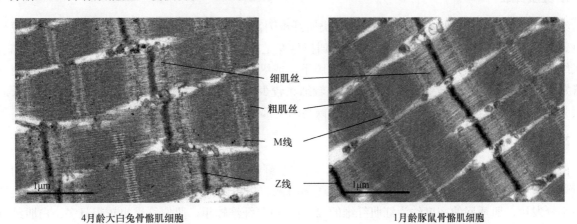

4月龄大白兔骨骼肌细胞　　　　　1月龄豚鼠骨骼肌细胞

图 13.3　骨骼肌细胞电镜图

细肌丝直径约为 5nm，长约 1μm，一端固定于 Z 膜上，每条细肌丝部分位于 I 带，另外部分位于 A 带并插于粗肌丝之间，止于 H 带的外侧。细肌丝由肌动蛋白（actin）、原肌球蛋白（tropomyosin）和肌钙蛋白（troponin）组成。肌动蛋白由球形肌动蛋白单体连接成串珠状，并形成双股螺旋链，纤维型肌动蛋白构成细肌丝的主要部分。每个肌动蛋白单体都有一个可与粗肌丝的肌球蛋白头部相结合的活性位点，但在肌纤维处于非收缩状态时，该位点被原肌球蛋白掩盖。原肌球蛋白分子细长，约 40nm，呈丝状，是由两条多肽链相互缠扭而形成的双股螺旋状分子，也具有极性。原肌球蛋白首尾相连呈长丝状，嵌于肌动蛋白双螺旋链的浅沟内。肌钙蛋白由肌钙蛋白 C 亚单位（TnC）、肌钙蛋白 T 亚单位（TnT）和肌钙蛋白 I 亚单位（TnI）三个球状亚单位构成，一个原肌球蛋白分子上附一个肌钙蛋白分子。TnC 是钙离子受体蛋白，能与钙离子结合，每个 TnC 分子有 4 个可与钙离子结合的位点；TnT 能与原肌球蛋白结合，将肌钙蛋白固定在原肌球蛋白分子上；TnI 能抑制肌动蛋白与肌球蛋白结合。

粗肌丝与细肌丝间隔 10~20nm，两细肌丝游离端的距离即 H 带。细肌丝插入 A 带的深度随肌纤维收缩的程度而异。当肌纤维处于松弛状态时，从两端插入 A 带的细肌丝并不相遇，此时 H 带较宽。当肌纤维收缩时 H 带变窄，甚至两细肌丝相遇，此时 H 带完全消失。

（四）肌浆的其他成分

肌浆内有丰富的线粒体，它位于肌膜深面核的两端附近以及肌原纤维之间，呈纵向排列。哺乳动物的骨骼肌纤维中，在肌原纤维明带周围、Z 膜两侧各环绕有一个线粒体，称成对明带线粒体（paired light band mitochondria），线粒体为肌纤维收缩提供能量。此外，还有少量颗粒状的糖原、肌红蛋白及高尔基体、内质网等。糖原和脂肪是肌细胞内储备的能源。肌细胞内有大量线粒体和糖原等，是与收缩运动需消耗大量能量相适应的。

四、骨骼肌的组织分布、纤维分型及细胞发育来源

（一）骨骼肌的组织分布

骨骼肌一般通过腱附于骨骼上，分布于躯干和四肢的每块肌肉，周围包裹着结缔组织。但也有不附着于骨骼上的骨骼肌，如食管上部的肌层及面部表情肌。

（二）骨骼肌的纤维分型

根据骨骼肌肌纤维的形态结构和生理功能（直径和活体的颜色），大多数脊椎动物（包括人）的骨骼肌可分为红肌纤维（red muscle fiber）、白肌纤维（white muscle fiber）和中间型肌纤维（intermediate muscle fiber）。

1. 红肌纤维

红肌纤维又称 I 型纤维（type I fiber），这类肌纤维因富含肌红蛋白和细胞色素（cytochrome）故呈暗红色。此外，红肌纤维之间血管丰富，可为代谢提供充足的氧气。红肌纤维的能量来源主要是有氧氧化。红肌纤维内含有大量密集的线粒体，聚集在肌膜下，或纵行排列在肌原纤维之间，Z 盘宽，肌质网及横小管发育较差。红肌纤维较细，其肌原纤维也较细、较少，收缩力较弱且收缩缓慢，但持续时间长，不易疲劳，又称慢缩纤维，如哺乳动物的四肢和候鸟的胸部肌肉。

2. 白肌纤维

白肌纤维又称 IIB 型纤维（type IIB fiber），与红肌纤维不同（表 13.2），这类肌纤维内肌红蛋白和细胞色素含量少，呈淡红色，其能量来源主要靠无氧酵解。白肌纤维内线粒体较少，Z 盘较窄，但肌质网及横小管发达，肌质网的密度约为红肌纤维的 2 倍。白肌纤维较粗，肌原纤维也较粗且多。白肌纤维收缩快，但持续时间短，故又称快肌纤维，主要分布在眼球周围和手指等处。

表 13.2　红肌纤维和白肌纤维的差别

纤维类型	收缩和疲劳	肌纤维直径	肌原纤维直径	Z 盘	线粒体	肌质网及横小管	终板突触小泡	次级突出间隙	糖代谢方式
红肌纤维	慢	细	细	宽	多	较不发达	少	较宽	有氧氧化
白肌纤维	快	粗	粗	窄	较少	发达	多	较窄	无氧酵解

纤维类型	肌红蛋白	糖原含量	肌球蛋白 ATP 酶活性	乳酸脱氢酶	甘油磷酸化酶	柠檬酸合成酶	琥珀酸脱氢酶	三酰甘油酯
红肌纤维	多	低	高	低	低	高	高	高
白肌纤维	少	高	低	高	高	低	低	低

3. 中间肌纤维

中间肌纤维又称 IIA 型纤维（type IIA fiber），此类肌纤维的结构和功能介于红肌纤维和白肌纤维之间，表现为肉眼观红色，肌纤维直径粗，肌原纤维含量中等，ATP 酶活性高，有氧呼吸能力中等，肌纤维收缩速度快，抗疲劳等。

两栖类肌纤维可分为 4 型，即除了上述三种肌纤维之外，还有第 4 型——慢强制型肌纤维（slow tonic muscle fiber）。此种肌纤维最细，含有单个的线粒体，横小管稀少。

一块肌肉中只含有一种类型肌纤维的很少，一般含两种或两种以上，但是其中一种占优势。人的骨骼肌多数由 3 种肌纤维混合组成，但构成比例各不相同。以保持姿势为主要功能的肌肉含有较多的红肌纤维，执行快速、高灵敏度动作的肌肉则以白肌纤维为主。锻炼、甲状腺素或切除神经等因素可导致肌肉中肌纤维类型转变。

（三）家畜、家禽骨骼肌纤维类型、特点及与人类的差别比较

人与几种常见家畜骨骼肌纤维分型有一定差别（表 13.3）。不同畜类种属间由于遗传因素的影响，骨骼肌纤维类型的组成差异较大，同一种属不同的品种间肌纤维类型的组成比例也有所不同，而人未见种属及性别间的差异报道。研究显示，双肌臀公牛背最长肌纤维数量是正常牛的 2 倍，且肌肉中所含 IIB 型纤维比例高于正常牛。不同种属猪肌纤维类型组成比例不同，在背最长肌中相比兰德瑞斯猪和约克夏猪，巴克夏猪 I 型纤维比例更高。性别对家畜肌纤维类型分布也有影响，如 6 月龄母猪背最长肌和股二头肌中 I 型肌纤维含量较公猪含量少，IIB 型肌纤维较公猪含量多，可能是由于不同性别猪肌纤维在其生长发育阶段分化不同。同时，年龄、激素、环境、运动及肌肉类型均影响家畜骨骼肌纤维类型分布，如猪背最长肌肌纤维在出生后 1 年内 I、IIA 型显著减少，IIB 型显著增加；甲状腺机能减退会引起肌肉由快肌纤维向慢肌纤维转化，机能亢进则引起相反方向的转化；高温可使生长猪的 I 型纤维比例下降，II 型纤维的比例上升；小强度运动使大鼠比目鱼肌 I、IIB 型纤维的比例升高，中等强度运动降低这两种纤维比例，升高 IIA 型比例，高强度运动提高 IIC 型纤维比例；猪背最长肌中 IIB 型肌纤维占 80%～90%，I 型肌纤维仅占 5%～15%，而股中间肌中 I 型纤维所占比例却达到 70%～80%。

表 13.3　人与几种家畜骨骼肌纤维分型比较

	人	牛	绵羊	山羊	猪
骨骼肌纤维分型	I、IIA、IIB	I、IIA、IIB 和 IIC	I、IIA、IIB 和 IIC	I、I/IIA、IIA、IIAX 和 IIX	MyHC I、IIA、IIB 和 IIC

家禽肌纤维有其自身特点。肌纤维较细，肌肉没有脂肪组织沉积。全身肌肉数量和分布及发达程度，因部位不同而异，与其身体结构及各部位的功能活动相适应。头部的面部肌退化，但咀嚼肌较发达，颈部活动灵活，具有一系列分节性肌肉。躯干中的背腰荐部肌退化，尾肌较发达，适应尾部活动的需要。禽类没有膈肌。肩带肌群最发达，主要是胸部肌，可能与适应飞行有关。翼肌较薄弱，盆带肌不发达。鸡跖部的趾屈肌腱随年龄增大常发生骨化。

（四）骨骼肌细胞的发生及发育

骨骼肌细胞来源于生肌节、体壁中胚层及腮弓的间充质细胞。间充质细胞分化为成肌细胞（myoblast），后者是具单个核的梭形或有突起的细胞，胞质内含多量核糖体而呈嗜碱性，核大呈椭圆形，核仁明显，能快速地进行分裂。分裂后的细胞有些失去分裂能力，排列成束，并相互融合成长柱状多核细胞，称肌管（myotube）。肌管细胞内开始出现肌原纤维，核糖体减少，胞质变为嗜碱性，细胞形态逐渐变长。肌管周围的成肌细胞可继续附加、融合在肌管上。随着肌原纤维的增多，肌管中央的细胞核向周围移动，肌管逐渐发育为骨骼肌细胞。附着在肌管表面的单个核细胞分化为肌卫星细胞。肌卫星细胞在第 10～14 周的人胎儿肢体的肌组织中出现，不参与胚胎时期肌细胞的生长发育。

微管在骨骼肌细胞发育成长纤维状中起关键作用。当肌管变为骨骼肌细胞时，随着细胞内肌丝的增多，微管逐渐减少。

多数学者认为一块肌肉中所含肌细胞的数目在人胎儿的一定时期后即不再增多，但肌细胞的直径和长度可继续增加，直至成年的早期。肌纤维增粗是由于肌浆增多，游离核糖体形成新的肌丝，使肌原纤维增粗。当肌原纤维的直径增加到一定程度时，经纵向分离产生新的肌原纤维，从而增加了肌原纤维的数量和肌细胞的直径。出生后，肌卫星细胞可起到胚胎时成肌细胞的作用，它们经分裂增殖产生的细胞能与原有的肌细胞融合，不但增加了肌细胞的直径，而且增加了细胞核的数量。肌细胞长度的增加依赖于肌节变长和在肌原纤维末端增加肌节的数量，由肌节变长而增加的长度约占增长总长度的1/4。

五、骨骼肌纤维的生理特点

（一）骨骼肌的收缩机制

骨骼肌纤维的收缩机制目前认为是肌丝滑动学说（sliding filament theory）。收缩时，固定在Z膜上的细肌丝沿粗肌丝向A带滑入，I带变窄，H带缩窄或消失，A带长度不变，肌节缩短（图13.4）。舒张时反向运动，肌节变长。骨骼肌的收缩过程如下：①当神经冲动在运动终板传至肌膜时，肌膜去极化，冲动沿横小管传入肌纤维。②在三联体处，横小管的冲动传到终池，使肌质网的钙离子释放到肌质内。③钙离子与TnC结合，引起肌钙蛋白的构型改变，TnI发生位移，肌动蛋白脱离TnI的抑制，与TnT相连的原肌球蛋白因此也移向两条肌动蛋白链之间的沟内，使球形肌动蛋白单体上与肌球蛋白头部结合的活性位点暴露出来。④肌球蛋白头部与肌动蛋白迅速接触，在接触的瞬间，肌球蛋白头部上的ATP酶被激活，分解ATP释放能量，使肌球蛋白头部向M膜方向倾斜，即横桥屈动，随之将细肌丝拉向M膜，肌节缩短，肌纤维收缩；这种从肌膜兴奋到肌纤维收缩之间的一系列变化，称为兴奋收缩偶联（excitation contraction coupling），三联体是这种偶联的重要结构。⑤收缩完毕，肌质内钙离子被泵入肌质网内，肌质内的钙离子浓度降低，肌钙蛋白与钙离子解离并恢复原来的构型，原肌球蛋白分子复位并重新掩盖肌动蛋白头部上的结合位点，肌球蛋白头部与肌动蛋白脱离接触，细肌丝退回原位，肌节恢复原来长度，肌纤维恢复松弛状态。若ATP不足，肌球蛋白头部上无ATP结合，则粗肌丝与细肌丝不能分离，肌原纤维一直处于收缩状态，称为肌强直。

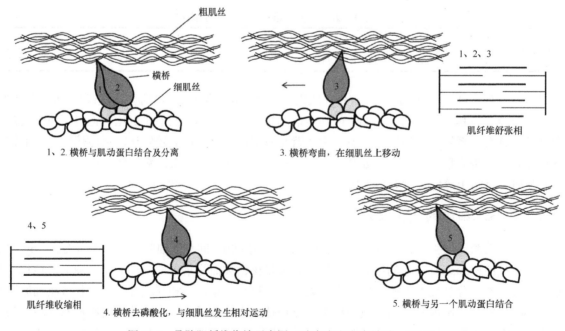

图13.4　骨骼肌纤维收缩示意图（改自李和和李继承，2015）

（二）骨骼肌的再生

哺乳动物骨骼肌的再生能力很低，但低等脊椎动物的再生能力较强。高等脊椎动物成体骨骼肌再生的唯一来源是肌卫星细胞。但在无神经支配的情况下，再生过程不能进一步发展。正常情况下，成年体内肌卫星细胞虽能自我更新，但数量不增加，也不分化。来自肌卫星细胞的成肌细胞虽然具有肌卫星细胞的某些特征，但在发育进程上超过了肌卫星细胞，进入分化阶段。分化的标志是能表达肌卫星细胞所不能表达的结蛋白（desmin），能渐融合成多核的肌管，肌管胞质内出现肌细胞所特有的蛋白质，如肌球蛋白重链。来自肌卫星细胞的成肌细胞增殖到一定程度时，必须在细胞增殖周期的一定时刻，即 G1 或 S 期退出周期才能分化。其增殖与分化的密切配合受生肌调节因子的严格控制，并决定着生肌细胞是否分化成为成熟的骨骼肌细胞。有人认为成年体内肌肉受到轻微损伤时，若受伤部位的肌内膜尚存，肌细胞的残端便能生长成芽状突起（肌芽），而成纤维细胞则生成结缔组织性肌内膜管，引导肌芽长入其中。还有人认为在肌肉损伤部位，未受损的肌纤维变为成肌细胞而修复创伤。创伤重时，只能由成纤维细胞产生纤维性瘢痕组织修复。

六、总结

人与常见实验动物、禽畜骨骼肌组织特点的比较总结见表 13.4。

表 13.4 人与常见实验动物、禽畜骨骼肌组织特点的差别

	人	实验动物及禽畜	其他
Z 盘	Z 盘由细肌丝、Z 丝和无定形物质构成 人成年骨骼肌和心肌 Z 盘有相对分子量 500 000 000 的共轭蛋白，对蛋白酶高度敏感，可能与细肌丝在 Z 盘的排列有关	大鼠和兔的骨骼肌，以及犬的心肌，Z 盘较宽，可达 80～160nm；犬心肌 Z 盘最宽，有 4 层 Z 丝，宽 Z 盘的结构比窄的更为牢固 在鸡的胸大肌 Z 盘中存在相对分子量为 85 000 的无定形蛋白	猫的骨骼肌、心肌 Z 盘较宽；红鲫鱼、蝾螈和蛙的骨骼肌 Z 盘较窄，最窄的只有 30nm
横小管	人和哺乳动物，横小管在 I 带与 A 带交界处环绕在每一条肌原纤维的表面	在两栖类和鸟类，横小管环绕在 Z 盘的周围	
骨骼肌肌纤维特点	骨骼肌纤维根据其结构和功能有粗、有细，分布在身体的不同部位（详见原文）	实验动物及畜类与人的特点相似 禽类肌纤维较细，肌肉没有脂肪组织沉积；全身肌肉数量和分布及发达程度，因部位不同而异，与其身体结构及各部位的功能活动相适应，表现在禽类面部肌退化，但咀嚼肌较发达，颈部灵活，具有一系列分节性肌肉；躯干中的背腰荐部肌退化，尾肌较发达，适应尾部活动的需要；禽类没有膈肌，肩带肌群最发达，主要是胸部肌，可能与适应飞行有关，翼肌较薄弱，盆带肌不发达；鸡距部的趾屈肌腱随年龄增大常发生骨化	
骨骼肌纤维分型	I、IIA、IIB 型，依据肌肉的功能，比例略有不同，但未见有种属及性别间等有差异的报道	几种常见家畜中骨骼肌纤维类型及组成不尽相同；猪包括 MyHCI、IIA、IIB 和 IIC 型；牛分为 I、IIA、IIB 和 IIC 型；绵羊肌纤维分为 I、IIA、IIB 和 IIC 型 4 种；山羊骨骼肌纤维分为 I、I/IIA、IIA、IIAX 和 IIX 型 5 种 同一种属不同的品种间肌纤维类型的组成比例也有所不同；研究显示，双肌臀公牛背最长肌纤维数量时正常牛的 2 倍，且肌肉中所含 IIB 型纤维比例高于正常牛，不同种属猪肌纤维类型组成比例不同，在背最长肌中相比兰德瑞斯猪和约克夏猪，盘克夏猪 I 型纤维比例更高；性别对家畜肌纤维类型分布也有影响，如 6 月龄母猪背最长肌和股二头肌中 I 型肌纤维含量较公猪含量少，IIB 型肌纤维较公猪含量多，可能由于不同性别猪肌纤维在其生长发育阶段分化不同；同时，年龄、激素、环境、运动及肌肉类型均影响家畜骨骼肌纤维类型分布	两栖类肌纤维可分为 4 型，即除了 I（红肌纤维）、IIA（中间肌纤维）、IIB（白肌纤维）之外，还有第 4 型——慢强制型肌纤维

第二节 平 滑 肌

一、平滑肌的分布、分类及功能

平滑肌广泛分布于消化管、呼吸道、血管等中空性器官的管壁内。不同种属动物眼外肌周围平滑肌分布有所不同（表 13.5），可能与每种动物眼在头部的位置、动物的习惯和活动、脑的发育和生存环境等有关。

平滑肌根据其兴奋传递的特征可分为单单元平滑肌（也称单位平滑肌）和多单元平滑肌（也称多单位平

滑肌）两类。单单元平滑肌可自发地发生肌源性收缩。这是由于该类平滑肌中有一部分肌细胞是起搏细胞，它们的膜电位在复极化之后可自动发生去极化，直至触发动作电位。兴奋通过缝隙连接向周围的平滑肌细胞扩布，使许多平滑肌细胞随着起搏细胞活动，形成一个功能单位。单单元平滑肌神经末梢少，与肌细胞间距大，起调节收缩的作用。胃、肠、子宫及小血管平滑肌主要属于单单元平滑肌。多单元平滑肌没有或极少发生自发性收缩，细胞间缝隙连接少，一般不发生兴奋的直接扩布。多单元平滑肌有丰富的神经末梢，与肌细胞间距小，使肌细胞的收缩极其精确。眼虹膜机、睫状肌、竖毛肌及气管、输精管、大动脉的平滑肌等主要属于该类平滑肌。此外，还有中间型，如小动脉和小静脉平滑肌一般认为属于多单位平滑肌，但又有自律性；膀胱平滑肌没有自律性，但在遇到牵拉时可作为一个整体起反应，故也列入单位平滑肌。

表 13.5 人与其他几种属动物眼外肌周围平滑肌分布特点的比较

	人	大鼠	兔	猕猴	猫
眼外肌周围平滑肌分布	瞳孔括约肌（平滑肌）呈环形分布于瞳孔缘部的虹膜基质内；前色素上皮层的扁平细胞分化出肌纤维，形成瞳孔开大肌（平滑肌）；睫状肌（平滑肌）由外侧的纵行、中间的放射状和内侧的环形三组肌纤维构成；纵行肌纤维向前分布可达小梁网	在内直肌-上直肌间连接带的分布较内直肌-下直肌间连接带的发达	眶内平滑肌仅极少量且散在分布	在眼直肌周围及内直肌-下直肌间呈明显的带状分布，密度较大	眶内少量散在分布，未见明显的非血管性平滑肌细胞

平滑肌细胞除具有舒缩功能外，还有合成分泌胶原蛋白、弹性蛋白、蛋白多糖及细胞外基质的作用。近年来发现全身许多血管包括动脉、静脉和毛细血管旁平滑肌细胞都具有合成及分泌肾素与血管紧张素原的能力，并表达特异性 mRNA。

二、平滑肌纤维的光镜结构

细胞呈梭形，胞质嗜酸性，染色较深；肌细胞无横纹，排列紧密，相互交错，比较容易被拉长，不受人的意识支配；细胞核位于细胞中央，杆状或椭圆形，着色淡，可见 1 或 2 个核仁（图 13.5）。平滑肌收缩时，细胞核可扭曲呈螺旋形，胞质嗜酸性，染色深，均质，细胞不见横纹。平滑肌纤维长度不一，一般长 20～300μm，小动脉壁上的平滑肌纤维长约 20μm，妊娠期子宫的平滑肌长可达 500μm，最粗横径为 5～20μm。平滑肌常排列成束或排列成层。

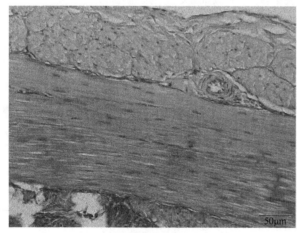

11月龄来航鸡小肠平滑肌 HE

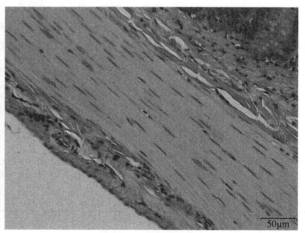

4岁雪貂小肠平滑肌 HE

图 13.5 平滑肌光镜图

三、平滑肌纤维的超微结构

平滑肌细胞内无肌原纤维，肌膜内面可见大量电子密度高的斑块，称密斑（dense patch）或密区（dense area），相当于骨骼肌纤维的 Z 膜，上有细肌丝和中间丝附着。在密区之间可见肌膜向肌质内凹陷形成小凹（caveola），沿细胞长轴排列成带状，相当于骨骼肌的横小管，可传递冲动。密斑与细胞膜平行，沿肌细胞长轴略呈螺旋状排列在小凹行列之间，与小凹行列交替分布。在胞质内有电子密度高的不规则小体，称密体（dense body），长轴与细胞长轴一致，在细胞质内排成长链，是收缩系统细肌丝和中间丝的共同附着处（图 13.6）。细肌丝沿细胞长轴纵向走行，从两端插入密体内，而中间丝则呈襻状，与密体的侧面相连。密体与密斑在维持细胞收缩装置、细胞骨架的完整性和稳定性及在传导张力上都有重要意义。

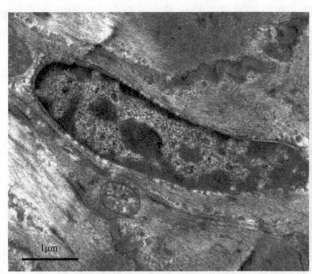

11月龄来航鸡小肠平滑肌细胞电镜图　　　　　　　　1月龄豚鼠小肠平滑肌细胞电镜图

图 13.6　平滑肌细胞电镜图

平滑肌细胞骨架系统比横纹肌发达，主要由密斑、密体和中间丝构成，目前认为细肌丝也参与细胞骨架的构成。平滑肌纤维中也分粗肌丝（肌球蛋白丝）和细肌丝（肌动蛋白丝）：①粗肌丝，直径 8～16nm，长 2μm，形态不规则，但分布均匀。由肌球蛋白构成，在一定的 ATP、Mg^{2+}、Ca^{2+}存在条件下，肌球蛋白聚合成粗肌丝。在松弛状态下的肌纤维中较难见到，在收缩状态下的肌纤维中易于识别。粗肌丝表面有成行排列的横桥，相邻的两行横桥屈动方向相反。在靠近细胞核的两端肌浆中，含有线粒体、高尔基体及少量粗面内质网。肌质网不甚发达，常呈管状。②细肌丝，直径 4～7nm，横切面上，呈小堆状分布，堆间杂有呈单条分布的粗肌丝。由肌动蛋白、原肌球蛋白和与平滑肌收缩有关的蛋白质组成，它起于密区，止于密体或游离于细胞质中，呈花瓣状环绕在粗肌丝周围，与粗肌丝数量之比为（12～30）：1。实验动物不同部位平滑肌中细肌丝与粗肌丝的比例不同（表 13.6），主要与动物自身状态及体内不同部位舒缩运动功能有关。

表 13.6　人与实验动物不同部位平滑肌中细肌丝与粗肌丝的比例比较

	人	兔	大鼠	豚鼠
不同部位平滑肌细肌丝与粗肌丝比例	（12～30）：1	门静脉：12：1 肺主静脉：（15～18）：1	小肠平滑肌：12：1	结肠带：（25～30）：1

中间丝也称中间纤维，直径约 10nm，斜向十字交叉排列，交织成网架，交叉处有密体，连接密体间或密体与密区，是肌纤维内构成细胞骨架的主要成分。不同类型细胞内的中间丝蛋白质组成不同，内脏平滑肌细胞的中间丝以结蛋白为主，血管平滑肌大多数属波形蛋白型，少数为结蛋白型，或两种共存。

四、平滑肌纤维的连接及排列方式、发育及再生

相邻的平滑肌纤维之间有缝隙连接，便于化学信息和神经冲动的细胞间传递，有利于众多平滑肌纤维同时收缩而形成功能整体。平滑肌纤维除可单个、分散存在外，大多数成束或成层排列。在束或层中，平滑肌纤维相互平行，交错排列，一个肌纤维的中部与邻近肌纤维两端的细胞紧密地贴在一起。肌纤维外有基膜，基膜外有弹性纤维和网状纤维形成的网，网内含有血管、淋巴管和神经。在动脉壁、子宫壁

等部位的平滑肌，除收缩功能外，还具有合成胶原纤维、弹性纤维和基质的功能。

平滑肌细胞由胚胎时期的间充质细胞分化而来。在消化道、呼吸道等管壁及血管壁的创伤愈合过程中，平滑肌细胞数目增多，来源尚不清楚。一般认为增多的肌细胞来自结缔组织中未分化的间充质细胞。由于未分化的间充质细胞与成纤维细胞形态不易区分，而且成纤维细胞与平滑肌细胞又是近缘细胞，因此平滑肌细胞是否可由成纤维细胞演变而来，尚不确定。也有人认为微血管的周细胞是平滑肌细胞的前体细胞，因为周细胞和平滑肌细胞有诸多相似之处。在血管平滑肌细胞发育过程中，细胞经历了由增殖型向收缩型转换的过程。内皮细胞也可通过分泌多种生长因子影响平滑肌细胞的迁移和分化。神经系统、血流动力学、机械因素以及细胞外基质等均分别通过不同机制影响平滑肌细胞的迁移、增殖和分化。

五、平滑肌细胞的收缩和调控机制

平滑肌纤维的收缩以肌球蛋白与肌动蛋白之间的滑动为基础。收缩调控通过两条信号途径进行。一条为肌球蛋白轻链激酶（MLCK）途径，另一条为蛋白激酶 C（PKC）途径。后来证实还存在一条新的途径，主要通过影响细肌丝调节蛋白——调宁蛋白和钙桥蛋白的功能来调节平滑肌的收缩与舒张。

（一）MLCK 途径及调节机制

G 蛋白激活磷脂酶 C，后者水解磷脂酰肌醇二磷酸（PIP2）生成三磷酸肌醇（IP3）和二酰甘油（DAG）。IP3 激活肌质网上的 IP3 受体，使肌质网内钙离子释放增多。释放出来的钙离子通过钙诱导机制使肌质网内钙释放进一步增多。另外，激动剂激活细胞膜上的钙通道，增加钙离子内流。钙离子与钙调蛋白（CaM）结合成复合物，激活 MLCK，使肌球蛋白轻链上丝氨酸-10 磷酸化，肌球蛋白 ATP 酶活性增加，肌丝滑行，平滑肌细胞收缩。肌质内钙离子浓度恢复使 MLCK 失活，肌球蛋白脱磷酸化，平滑肌细胞舒张。

（二）PKC 途径及调节机制

PIP2 分解生成的二酰甘油（DAG）激活蛋白激酶 C（PKC），使细肌丝调节蛋白——钙桥蛋白和调宁蛋白磷酸化，同时增加 ATP 酶活性，平滑肌收缩。当胞质内钙离子浓度下降，肌球蛋白轻链、钙桥蛋白和调宁蛋白脱磷酸化，ATP 酶活性下降，平滑肌松弛。此外，PKC 可间接激活有丝分裂原激活蛋白激酶（MAPK），后者通过磷酸化钙桥蛋白，调节平滑肌收缩。

调宁蛋白是平滑肌组织的特有蛋白。调宁蛋白与肌动蛋白结合阻碍肌动蛋白和肌球蛋白的结合，从而抑制肌动蛋白激活的 ATP 酶活性。但磷酸化的调宁蛋白则失去抑制 ATP 酶活性的能力。即当平滑肌受到刺激时，通过钙与磷脂激活 PKC，导致调宁蛋白磷酸化，使之不具备抑制 ATP 酶活性的能力，有利于平滑肌收缩。反之，当钙和磷脂浓度下降至一定程度时，相应的磷脂酶活性增加，调宁蛋白脱磷酸化，恢复抑制 ATP 酶活性的能力，促进平滑肌舒张。

（三）钙调蛋白的作用

CaM 是细胞内钙离子主要结合蛋白，所以肌质内钙离子升高后首先与 CaM 结合，形成钙离子-钙调蛋白复合物。后者可与钙桥蛋白结合，导致细肌丝上横桥结合部位的暴露，横桥得以与肌动蛋白结合，形成肌动球蛋白。此时若无能量释放，则只能结合而不能滑动。在钙离子-钙调蛋白复合物的作用下，肌球蛋白头部轻链发生磷酸化，形成磷酸化肌动球蛋白，激活轻链上镁离子-ATP 酶，在钙离子存在下分解 ATP 产生能量，供横桥滑动一次。兴奋过后，肌质内钙离子浓度下降，肌球蛋白轻链激酶与 CaM 分离失活，同时轻链上的磷酸基团被磷酸酯酶分解，去磷酸的肌球蛋白头部与细肌丝分离，导致肌细胞松弛。

（四）钙离子在平滑肌舒缩中的作用

钙动员及其精细调控是维持平滑肌正常舒缩的关键。经钙通道内流的钙离子不仅是触发细胞内钙池释放钙离子的因素，而且决定着细胞内钙离子浓度升高的水平，从而影响平滑肌的收缩力。目前对钙通道调控机制的认识由于其本身的复杂性而受到一定的限制。

（五）横桥循环与平滑肌张力的维持

从横桥与细肌丝结合、横桥滑动、两者分离至复位，为一次横桥循环（cross bridge cycle）。当肌质内钙离子增多时，通过横桥滑动完成肌细胞收缩。滑动后，横桥并不立即脱离细肌丝，而是在肌质内钙离子浓度缓慢下降过程中，一定时间内仍结合在细肌丝上，这段时间内，因无 ATP 分解故不发生活动。横桥这种结合不滑动的状态称为弹簧锁状态，虽然产生了肌张力，但不消耗 ATP，所以是一种最为经济的保持力量的机制。

六、平滑肌细胞周围的结缔组织、血管、淋巴管和神经

平滑肌细胞周围有薄层结缔组织，网状纤维环绕在平滑细胞的外表面。相邻肌细胞的两端以半桥粒与弹性纤维相连，这与肌细胞扭曲收缩后的恢复有关。肌细胞周围有毛细血管和毛细淋巴管，毛细血管内皮有许多吞饮小泡。分布在平滑肌的神经，主要是胆碱能神经和肾上腺素能神经，在消化道、呼吸道等处的平滑肌还有嘌呤能神经。它们都是无髓神经纤维，末梢形成串珠状膨大的膨体，释放神经递质。分布于平滑肌的神经末梢密度，以及神经末梢与肌细胞之间的间距，因器官或动物种属不同而异。

七、总结

人与常见实验动物、禽畜骨骼肌组织特点的比较总结见表 13.7。

表 13.7 人与常见实验动物、禽畜平滑肌组织特点的差别

	人	实验动物、禽畜
不同部位平滑肌细肌丝与粗肌丝比例	平滑肌细肌丝与粗肌丝的数量之比为（12~30）：1	不同；兔门静脉和大鼠小肠平滑肌细胞为 12：1，兔肺主静脉平滑肌细胞为（15~18）：1，豚鼠结肠带平滑肌细胞为（25~30）：1
眼外肌周围滑肌分布	瞳孔括约肌（平滑肌）呈环形分布于瞳孔缘部的虹膜基质内；前色素上皮层的扁平细胞分化出肌纤维，形成瞳孔开大肌（平滑肌）；睫状肌（平滑肌）由外侧的纵行、中间的放射状和内侧的环形三组肌纤维构成；纵行肌纤维向前分布可达小梁网	猕猴内平滑肌在眼直肌周围及内直肌-下直肌间呈明显的带状分布，密度较大；兔及猫眶内平滑肌仅有极少量且散在分布，猫眶内未见明显的非血管性平滑肌细胞，Wistar 大鼠平滑肌在内直肌-上直肌间连接带的分布较内直肌-下直肌间的连接带发达

第三节 心 肌

一、心肌纤维的分布及特性

心肌分布于心脏和邻近心脏的大血管根部。心肌纤维有分支，互相连接成网，因此心肌可同时收缩。心肌的生理特点是能够自动地有节律地收缩，缓慢而持久，不易疲劳。心肌实际上是一种特化的骨骼肌。

二、心肌纤维的光镜结构

心室工作心肌细胞（working ventricular myocyte）又称心室肌细胞（以下简称心肌细胞），是具有横纹的短柱状细胞，长 80~150μm，直径 10~30μm，有分支，彼此相互连成网，横纹没有骨骼肌纤维清楚。每个心肌细胞有一个椭圆形的核，位于细胞中央，多为单核，有的含双核（图 13.7）。细胞核的两端肌质较多，其中含有线粒体、高尔基体和脂褐素颗粒等。脂褐素颗粒是溶酶体的残余体，十几岁开始出现，随年龄增长而增多，老龄动物也较常见。心肌的肌原纤维较骨骼肌少，多分布在肌纤维的周边。两条心肌纤维相连处称为闰盘（intercalated disk），在未染色的标本上显得明亮，在 HE 染色的标本中呈深红色的阶梯状粗线，用苏木精染色时呈蓝黑色。心肌纤维外有基膜和网状纤维包裹，心肌纤维之间有丰富的毛细血管。畜类动物心肌纤维粗大，排列紧密，横纹模糊，闰盘少且不清楚。禽类动物比哺乳动物的心肌细胞直径小，可以更快地产生心肌去极化，增快心率。研究表明不同实验动物心肌层组织形态学存在一定的差别（表 13.8），并且这些差别存

在着一定的意义：现在许多心脏生理学、药理学及心脏病发生机制和治疗研究需要运用实验动物心肌细胞或其培养模型，但在选取过程中，与实验动物类别相关性不大，主要取决于实验动物的年龄及心肌细胞的成活情况。心肌营养血管微循环的有效灌注是保障心肌存活的先决条件，因为大鼠心肌纤维间营养血管分布最为丰富，故心肌缺血及再灌注的研究应选取大鼠作为实验动物。做心肌药敏等实验时，应选取营养血管分布少的实验动物。心肌间胶原纤维把相邻的心肌细胞相互连接固定起来，维持细胞之间的定向排列位置，防止它们发生横向或侧向滑脱，保证它们在舒张时伸长的长度一致。研究心肌病或变质性心肌病时，应选取心肌胶原纤维含量少的动物，研究心脏纤维化等病变时，应选取心肌胶原纤维含量多的动物。

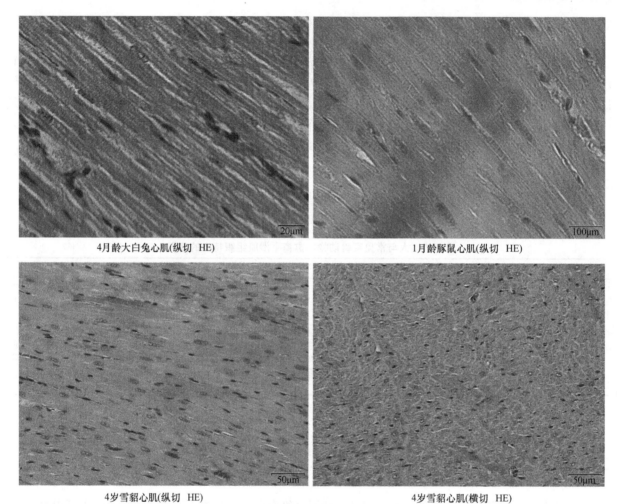

4月龄大白兔心肌(纵切 HE)　　1月龄豚鼠心肌(纵切 HE)

4岁雪貂心肌(纵切 HE)　　4岁雪貂心肌(横切 HE)

图 13.7　心肌光镜图

表 13.8　不同实验动物心肌层组织形态学的比较

结构	猕猴	比格犬	日本大耳白兔	树鼩	SD 大鼠	昆明小鼠
心肌结缔组织	丰富	丰富	较丰富	较丰富	少	少
心肌血管	相对少	相对少	相对丰富	中等	较丰富	中等
心肌细胞	短柱状	短柱状	近圆形	短柱状	近椭圆形	近椭圆形
心肌细胞核	圆形	圆形	椭圆形	圆形	椭圆形	椭圆形
心肌间质	增多	增多	明显增多	明显增多	少	少
胶原纤维	向心肌延伸	向心肌延伸	沿间质延伸，并在相邻血管间形成连接	沿间质延伸，并在相邻血管间形成连接		

普通心房肌细胞（common atrial myocyte）（以下简称心房肌细胞）是指传导系统以外的心房肌细胞，其结构与心室肌细胞相似，但也有重要的差异。心房肌除具有收缩功能外，还有内分泌功能，能分泌具

强大的利钠、利尿和扩血管、降血压作用的物质，称心房钠尿肽（atrial natriuretic peptide，ANP），简称心房肽或心钠素，不同动物心房肌内心钠素的数量不同，一般个体越小，其心钠素越多，如小鼠的心钠素数量多于大鼠，大鼠多于豚鼠，豚鼠多于兔。心钠素是心房肌纤维的高度分化产物，随动物的发育成熟不断出现并逐渐增多。含有心房肽的分泌颗粒呈小球形，有界膜包裹，直径因动物种属不同而异，个体越大的动物，颗粒直径越小，一般为 200～400nm。颗粒主要聚集在核两端的肌质区，未能及时分泌的颗粒则退化，称为自噬小体。

窦房结（sinoatrial node）是心脏的正常起搏点，心脏传导系统的重要组成部分，长椭圆形，位于上腔静脉口与右心房交界处的界沟上端、心外膜深部，由结细胞团和致密结缔组织混杂在一起构成，使结没有明显界限。不同种属窦房结位置及组织学特征存在一定的差别（详见循环系统相关章节）。

人的房室结（atrioventricular node）由浅、深两层形态不同的细胞束组成，浅层肌纤维多平行于结的长轴，排列疏松，主要由 T 细胞组成，肌纤维之间有少量结缔组织；深层细胞排列紧密、杂乱，交织成网状。深、浅 2 层细胞结构和排列方式不同，可能会导致电冲动自心房至心室在房室交界区（atrioventricular junction area，AVJ）传导速度存在差异。浅层传导路径直，传导速度快；深层传导路径较迂曲，传导速度慢。房室结向前延伸形成房室束，向后形成结后延伸部（posterior nodal extension，PNE）。PNE 细胞排列稀疏，细胞被少量胶原纤维分隔，缺乏连接，这些形态特征导致慢传导特性，其所处位置也是射频消融的区域。房室结及 PNE 主要由 P 细胞和 T 细胞组成。P 细胞形状短而不规则，胞膜边界不清，胞质浅淡，几乎看不见肌原纤维，核大、呈圆形或扁圆形，似有中空感，染色淡。T 细胞形态介于心肌细胞和 P 细胞之间，含少量肌原纤维，细胞多呈波浪形排列，核呈椭圆形，周边可见心房肌细胞细长，胞质呈淡红色，肌原纤维多，平行密集排列，核呈长圆形。

不同种属动物房室交界区细胞存在一定的差异（表 13.9）。另外，犬房室结中心部位为排列紊乱的细胞束，四周包裹着一层平行整齐排列的细胞束。不同种属动物房室结细胞形态存在差别的意义：这些细胞与其传导功能密切相关，推测房室结内这些形态各异的细胞束团可导致冲动在房室结不同层面的传导速度产生差异，这极可能是冲动传导在房室结产生"功能性纵向分离"的形态学基础，可能是房室结双径路（Dual atrioventricular nodal pathway，DAVNP）电生理现象产生的重要因素，这些形态各异的细胞束有可能就是房室结内双径路的解剖学路径。

表 13.9　人与实验动物房室交界区的差别

	人	大鼠	兔	猪
房室交界区细胞层次、分布	两层 浅层多平行于结的长轴；深层杂乱，交织成网状	三层 分散分布	三层 上层排列紊乱；中层杂乱；下层平行排列整齐	两层 上层排列较整齐，下层排列相对紊乱，分界清晰
房室交界区细胞形态及种类	主要由 T 细胞组成；浅层排列疏松，肌纤维间有少量结缔组织；深层细胞紧密	细长形细胞、粗长形细胞和椭圆形细胞，未见细胞团形态差别	上层细胞束细胞长，染色较浅；中层细胞束细胞短小，核大，胞质淡染；深层细胞束细胞长，染色深	上层细胞粗大，染色深，着色均匀，细胞密集；下层胞细胞长，染色浅，着色不均匀，细胞稀疏
房室交界区入口相连心房肌形态特征	房室结及延伸部主要由 P 细胞和 T 细胞组成；周围心房肌细胞细长，胞质呈淡红色，肌原纤维多，平行密集排列，核呈长圆形	前入口相连心房肌细长，染色稍浅；后入口心房肌更加细小，染色更浅，排列杂乱	下深层心房肌细胞粗长，染色深，排列整齐；上浅层相连心房肌细胞细长，染色较浅，排列紊乱；后入口相连心房肌细胞小，染色较浅	前入口相连心房肌细胞粗大，染色深，细胞密集；后入口相连心房肌细胞细小，染色较浅，细胞相对稀疏
房室交界区后部	房室结向前延伸形成房室束，向后形成结后延伸部（PNE）；PNE 细长，有的接近冠状窦开口；PNE 细胞排列稀疏，细胞间被少量胶原纤维分隔，缺乏连接	后部短细，一般为房室结长度的 1/3～1/2，后端与心房肌相连，连接部位距冠状窦口较远	后部一般为 1 束，相对较长，与房室结等长或稍短，其细胞细小，前端与 3 层房室结细胞束细胞直接相连，分界不清，后端在冠状窦开口前方与心房肌相连，连接部位距冠状窦口较近	后部最长，两细胞束，上浅束前端与房室结上浅层细胞束相连，后端则在冠状窦开口前上方右侧位或左侧位与心房肌相连，相连部位一般都超过冠状窦开口处；下深束前端与房室结下深层细胞束相连，部分标本两束在冠状窦口前分叉或不分叉，下深束附着在上浅束下方，在冠状窦开口前消失，分叉盲端均超过了冠状窦开口前端

不同种属动物房室交界区入口部位及相连心房肌形态特征也存在差异（表 13.9），这些差别的意义：不同种属动物房室交界区心房肌细胞形态特征及排列方式不同可能导致冲动进出房室交界区时产生传导的时间差异，进而使房室交界区入口位置产生形态学不对称现象，也可能是 DAVNP 产生的原因之一。

不同种属动物房室交界区后部同样存在差异（表 13.9），意义可能是：房室交界区后部可能是慢传导途径的重要组成成分，对延缓传导起着重要的作用。家兔房室交界区后部可明显延缓传导，猪房室交界区后部较长，且部分有结构独特的盲端分叉，这对延缓房室交界区后部的传导可能起着重要的作用。

通过比较发现：大白鼠和家兔房室交界区结构与人均有较大差距，而猪房室交界区形态结构与人极为接近。研究显示，人和犬房室结也存在一些形态各异的细胞束，而犬房室结中心部位为排列紊乱的细胞束，四周包裹着一层平行整齐排列的细胞束。因房室交界区结构存在种属差异，用一种动物的研究结果来推导其他动物其至人房室交界区的形态和功能时必须考虑种属特异性。

三、心肌纤维的超微结构

心肌纤维的超微结构（图 13.8）与骨骼肌相似，也有粗肌丝和细肌丝，规则地排列形成 I 带和 A 带。细肌丝固定在 Z 盘上，粗肌丝由 M 桥及连接丝固定，在肌丝之间有肌质网和线粒体等（图 13.9），猫和犬的心肌，Z 盘较宽，其中犬心肌 Z 盘最宽，有 4 层 Z 丝。11 月龄来航鸡心肌肌节 M 线不如豚鼠 M 线清楚。这些膜性细胞器把细胞内众多的肌丝分隔成粗、细不等的肌丝束。心肌纤维和骨骼肌纤维超微结构的主要差别见表 13.10。

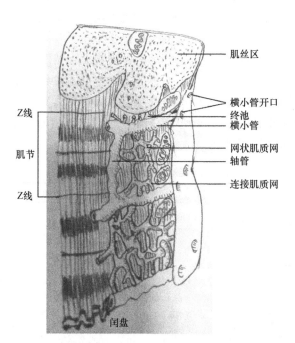

图 13.8　心肌纤维超微结构模式图（改自成令忠等，2003）

心肌细胞的细胞膜上有小凹、有衣小凹和横小管的开口。小凹为细胞膜向细胞质内凹陷成的泡状小袋，直径为 60～80nm，遍布于细胞表面，单个存在或聚集成群。有衣小凹（coated pit）数量较少，它们是受体介导内吞作用的载体。横小管开口于 Z 盘平面上，直径为 50～250nm，腔面附有随细胞膜陷入的外板。研究发现贵州小型猪的心肌细胞肌质网不丰富，横小管细胞细小，未见二联体。外板表面覆有带负电荷的表面衣，发出许多交织的微线构成细胞外骨架，连接相邻肌细胞。

心肌细胞的骨架由中间丝和微管构成。中间丝是一类强韧的纤维状蛋白质，直径 8～10nm，介于细胞肌丝和微管之间。中间丝有多种，分别由不同的亚单位构成，但一种类型的细胞往往只有一种中间丝。心肌细胞的中间丝主要由结蛋白和波形蛋白两种亚单位构成。结蛋白又称骨架蛋白（skelemin），是肌丝

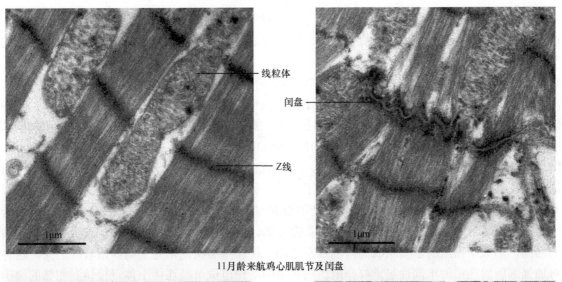

11月龄来航鸡心肌肌节及闰盘

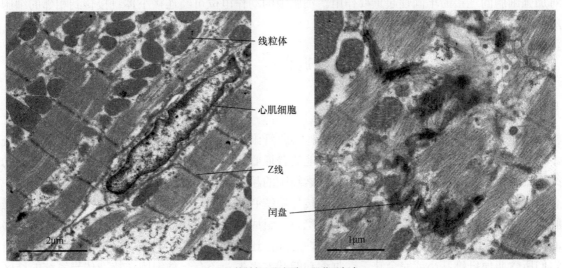

1.5月龄豚鼠心肌细胞、肌节及闰盘

图 13.9 心肌细胞、肌节、肌纤维、闰盘电镜结构

表 13.10 心肌和骨骼肌纤维超微结构的主要差别

结构	心肌	骨骼肌
肌丝束	不如骨骼肌纤维排列规则、明显，被大量纵行排列的线粒体和横小管、肌质网等分隔成粗细不等的肌丝束；横纹不如骨骼肌明显	规则排列，骨骼肌纤维内形成界限清楚的肌原纤维；横纹明显
横小管	横小管口径较粗，直径可达 150nm，位于 Z 线水平，基膜明显	横小管细，直径 20～40nm；在人和哺乳动物，横小管在 I 带与 A 带交界处环绕在每一条肌原纤维的表面，在两栖类和鸟类，横小管环绕在 Z 盘周围
肌质网	肌质网较稀疏，不如骨骼肌纤维的发达；纵小管末端不形成典型的终池，盲端略膨大，一侧膨大的盲端与横小管相贴形成二联体	肌质网发达，在靠近横小管处膨大形成终池；终池靠横小管的一面伸出许多小突起，但终池与横小管并不相通；横小管和它两侧的终池形成三联体
闰盘	心肌细胞间的连接结构，位于 Z 线平面；在闰盘部位，相邻心肌细胞的两端嵌合相接，切面呈阶梯状，增大细胞间接触面积；在横位相接处有中间连接和桥粒，起牢固连接作用，纵位相接处有缝隙连接，便于细胞间化学信息的交流和电冲动的传导，这对心肌纤维舒缩同步化十分重要	无
线粒体	线粒体数量较多，又粗又长，夹在肌丝束之间，成行排列；此外心肌纤维还有丰富的糖原颗粒和脂滴	在肌原纤维之间有大量线粒体、糖原颗粒和少量脂滴；哺乳动物线粒体呈长条形，环状包绕在肌原纤维 I 带周围

中间丝的大亚单位，相互连接的纵行纤维构成三维网络体系。微管直径 24～28nm，分布于肌原纤维的周围及细胞核周围，呈螺旋状环绕在肌原纤维及其肌质网表面。行于肌原纤维之间的微管，螺距长，近似

纵行，横行绕过I带表面，跨过Z盘伸到下一肌节。微管无收缩功能，有一定弹性，并能滑动，防止肌纤维过度缩短，对细胞起着重要的支持和定形作用。微管与线粒体外膜联系，研究发现影响微管的制剂能调节心肌收缩力和心脏节律。

心肌细胞的线粒体长且粗，嵴较密，长度常与肌节的长度相等，数量比骨骼肌多，主要分布在肌丝束之间，纵行排列。心肌细胞没有成对明带线粒体。研究表明贵州小型猪的心肌细胞线粒体大小、形态各异，线粒体板层状嵴数量极多，而且嵴走行和长度多种多样。糖原颗粒位于线粒体旁及I带与H带的肌丝之间。脂肪小滴存在于线粒体旁、肌膜下及肌丝间。糖原颗粒和脂肪小滴都是心肌细胞内的能源储备物。

闰盘是心肌细胞间连接结构。在闰盘部位，心肌细胞的末端呈阶梯状。在阶梯的横位部分，两细胞的末端都伸出许多峰状突起，交错相嵌，增大了两个相邻细胞间的接触面，两细胞之间以黏合膜（中间连接）和桥粒的方式连接（图13.7）。黏合膜处的细胞间隙宽15～20nm，其中充以糖蛋白，起黏合相邻两细胞的作用。两细胞膜内面靠近肌原纤维末端的Z盘，发自Z盘的细肌丝和中间丝经纽蛋白附着在细胞膜的内面，形成了由细肌丝交织成的内侧致密结构。桥粒呈斑状，常见于肌丝附着区之间。这种连接方式对加强细胞间连接的牢固性起重要作用。细胞膜的动作电位可经连接小体直接传到相邻的细胞膜，使心房肌或心室肌各成为功能上的整体。

四、心肌纤维的分类、发生、再生及凋亡

（一）心肌细胞的分类

根据分布和功能，心肌纤维分为三类：工作心肌纤维、具有内分泌功能的心肌纤维和传导系统心肌纤维。工作心肌纤维是指心室、心房有收缩功能的普通心肌细胞，形态结构如前述。具有内分泌功能的心肌纤维主要分布在心房中，具有分泌肽类激素细胞的超微结构特点，含有膜被内分泌颗粒，其中心钠素具有强大的利尿、扩血管和降血压等作用。传导系统心肌纤维是心肌纤维中一种特化的心肌纤维，构成心脏的传导系统，包括窦房结、房室结和房室束。组成传导束的特殊心肌细胞包括起搏细胞、移行细胞和浦肯野纤维。它们除了具有兴奋性和传导性之外，还具有自动产生节律、兴奋的能力，故称自律细胞，它们所含肌原纤维甚小或完全缺乏，收缩功能基本丧失。还有一种细胞在特殊传导系统的结区，既不具有收缩功能，也没有自律性，只保留了很低的传导性，是传导系统中的非自律细胞。特殊传导系统是心脏内产生兴奋和传播兴奋的组织，起着控制心脏节律性活动的作用。

（二）心肌细胞的发生、再生及凋亡

人胚胎第5周，心管周围的间充质细胞开始分化为成肌细胞（myoblast），细胞圆形，核大而圆，位于细胞中央，胞质透亮。第6～7周，成肌细胞变长，相互连接成网，有些细胞的胞质内出现肌原纤维。胚胎发育第3.5个月时，在心肌细胞连接处先形成桥粒、中间连接和缝隙连接，以后形成闰盘，可见Z线、A带和I带。在发育至第4个月，心肌细胞呈柱状，胞核位于中央，核两端胞质清亮，可见明暗相间的横纹。第5个月胎儿的心肌细胞出现横小管，可见少量肌丝。第6个月，心肌细胞内肌丝增多，排列规则，出现明显的肌节，横小管位于Z线平面，肌质网不发达，线粒体发达，将肌丝分隔成粗细不等、长短不一的肌丝束。

胚胎时期的成肌细胞和早期的心肌细胞都有分裂增殖能力，出生后，很难见到心肌细胞分裂象。心肌细胞体积可随年龄的增长而有一定程度的增大。动物实验可见受伤心肌细胞有一定程度的再生，但一般认为，人出生后的心肌细胞不再分裂。心肌梗死时，心肌细胞被破坏，由周围的结缔组织代替，形成永久性瘢痕。

心肌细胞凋亡早期表现为细胞皱缩变小，胞质浓缩，细胞器密集，核染色质聚集成致密团块，继而染色质沿核膜凝聚，密度增高，凋亡心肌细胞与邻近细胞连接松散，细胞核崩解为凋亡小体。心肌缺血和缺血再灌注可引起心肌细胞凋亡，再灌注可加速不可逆转的细胞凋亡，且凋亡程度与缺血及缺血再灌

注持续时间长短有关。人心肌梗死后可发现心肌组织中有细胞凋亡现象。心肌细胞凋亡可能是完全性心脏传导阻滞和致死性心律失常的原因之一。正常状态下，心左室壁内可见心肌细胞凋亡现象，随年龄增长而增多，这可能是发生老年性心室功能障碍的原因。

五、心肌细胞的生理功能

心肌细胞的结构特征决定了心肌的生理特性。

（一）电生理特性——自律性

绝大多数脊椎动物的心肌自律性是肌源性的，而不是神经源性的。鸡胚在孵化后的第 2 天，尚无神经纤维长入，就已经出现自律性舒缩活动可作为有力的证据。在生理情况下，哺乳动物心脏的起搏传导系统中，自律性最高的是窦房结起搏细胞，起搏节律在整体情况下，受神经调节保持在每分钟 70 次左右（成人）的窦性心律水平；房室交界区和浦肯野纤维的自律性次之，为 40～55 次/min 及 25～40 次/min；心房肌和心室肌无自律性。

心肌细胞之所以能够节律性搏动，是因为传导系统的起搏细胞具有自动节律性。起搏细胞在复极化末期之后无明显静息电位，立即开启舒张期自动去极化，以致引起下一个动作电位。动作电位沿起搏细胞膜经闰盘的缝隙连接传向普通心房肌细胞，并在心房肌细胞之间经缝隙连接而快速地传布到整个心房，使之发生同步搏动。经房室束传到心室的兴奋，在心室肌细胞之间经缝隙连接而扩布，引起心室肌细胞同步搏动。

（二）电生理特性——兴奋性及兴奋时的电位变化

心肌细胞兴奋时会产生动作电位，经历一系列的时相性变化。以心室肌为例，从去极化到复极化的全过程，可分为 0、1、2、3、4 共 5 个实相，0 期为去极化过程，其余 4 个时期是复极化过程，复极化过程很长，可达 300～350ms。在 2 期出现电位停滞于零线附近缓慢复极化平台，这是心室肌动作电位区别于骨骼肌的显著特点。心肌兴奋后膜内电位恢复到-55mV 以前这段时间内，任何强大的刺激都不会再引起心肌兴奋，这段时间称绝对不应期。当膜内电位由-55mV 恢复到-66mV 左右时，如果第二个刺激足够强的话，可引起膜的部分去极化，但不能传播（局部兴奋），即不能引起可传播的动作电位，这段时间称为有效不应期。从有效不应期之末到复极化基本完成（膜内电位恢复到-80mV 左右）的这段时间称相对不应期，此时阈值以上的第二个刺激可引起动作电位。相对不应期之后有一段时间心肌细胞的兴奋性超出正常水平，称为超常期，此时阈下强度的刺激也能引起细胞的兴奋，产生动作电位。可见心肌动作电位可以精确地反映其兴奋的变化，持续的平台反映很长的不应期。心室肌特长的不应期有重要的生理学意义，它可以确保心搏有节律地工作而不受过多刺激的影响，不会像骨骼肌那样产生强直收缩，从而导致心脏泵血功能的停止。心房肌的绝对不应期短得多，仅仅 150ms，从而常可产生较快的收缩频率，出现心房搏动或心房颤动。心房的相对不应期和超常期均为 30～40ms，但它的有效不应期较长，为 200～250ms。这一特性有利于心脏进行长期不疲劳的舒缩活动，而不致像骨骼肌那样产生强直收缩而影响其射血功能。

（三）电生理特性——传导性

心肌细胞具有传导兴奋的特性。正常心脏的节律起搏点是窦房结，它所产生的自动节律性兴奋，可依次通过心脏的起搏传导系统而先后传到心房肌和心室肌的工作细胞，使心房和心室依次产生节律性的收缩活动。

心肌的兴奋在窦房结内传导的速度较慢，约 0.05m/s；在房内束的传导速度较快，为 1.0～1.2m/s；在房室交界区的结区的传导速度最慢，仅有 0.02～0.05m/s；房室束及其左右分支的浦肯野纤维的传导速度最快，分别为 1.2～2.0m/s 及 2.0～4.0m/s。

（四）机械生理特性——收缩性

收缩性是心肌的一种机械特性。心脏的节律性同步收缩活动是心肌的又一重要生理特性。首先，由于心肌有较长的有效不应期和自动节律性；其次，心房肌和心室肌各自作为功能整体，几乎是同时发生整个心房或心室的同步性收缩，使心房或心室的内压快速增高，推动其中的血液流动，从而实现血液循环的生理功能。总之，心房和心室肌肉的节律性、顺序性、同步性收缩和舒张活动是心脏实现其泵血功能的基础。

（五）其他

心肌细胞膜上有肾上腺素 β 受体，当受到肾上腺素等刺激时，能激活相邻的腺苷酸环化酶，使细胞内的 ATP 变为 cAMP，cAMP 与细胞膜的钙离子受体结合，改变其构型，促进钙离子进入细胞。cAMP 的另一个作用是使心肌细胞内无活性的蛋白激酶变为有活性的蛋白激酶，后者促使肌质网的磷酸蛋白与磷酸结合，成为磷酸化磷酸蛋白，使钙泵汲取钙离子的速度加快。

离子通道在维持心脏正常功能方面起重要作用，几乎所有心脏疾病均与离子通道异常有关。钾离子通道分为 KV 类和 Kir 类，KV 类是纯电压依赖性通道，Kir 通道具有明显的内向整流特性。研究表明，心肌细胞内钾离子通道基因的表达具有种属特异性及组织区域和细胞特异性，并随不同发育阶段和疾病而变化，它们可能受细胞内第二信使、蛋白激酶 C、肾上腺皮质激素等因素的调节。

六、心肌细胞周围的结缔组织及血管、淋巴管和神经

心肌细胞表面有基膜及网状纤维，周围的结缔组织中含有胶原纤维、细的弹性纤维、散在的成纤维细胞、丰富的毛细血管以及多量的毛细淋巴管。人和某些哺乳动物的冠状动脉或其分支的某段有时穿行于心肌细胞之间，这种表面被覆血管的心肌细胞称心肌桥（myocardial bridge）。表面覆以心肌细胞的血管称壁冠状动脉（parietal coronary artery）。电镜下观察，心肌内的微动脉密集成簇，呈弹簧样螺旋状走行，微动脉系汇集形成"根须"样外观。微动脉的这些特点有利于将来自心脏的血液逆流回心肌，增加心肌内血管的长度和血容量，对心肌具有营养和灌流作用。

在哺乳动物，除传导系统外，很少见神经末梢与一般心肌细胞直接连接。在结缔组织中偶见无髓神经纤维（交感神经和副交感神经）末梢，它们多分布在血管管壁。有人报道，在心室肌层有副交感神经，神经元的胞体位于心房后壁心外膜中。在鼠类乳头肌中可见到无髓神经纤维与心肌细胞有一些突触连接。直接分布于心肌细胞的神经末梢，在爬行类、两栖类和鱼类中较常见。

七、总结

人与常见实验动物、畜禽心肌组织特点的比较总结见表 13.11。

表 13.11　人与常见实验动物、畜禽等心肌组织特点的差别

	人	实验动物及畜禽	其他
神经末梢与心肌细胞连接	很少见	啮齿类乳头肌可见无髓神经纤维与心肌细胞有突触连接	爬行类、两栖类和鱼类较常见
房室交界区细胞形态结构及分布	人房室结由两层形态不同的细胞束组成；浅层多平行于结的长轴，排列疏松，主要由 T 细胞组成，肌纤维间有少量结缔组织；深层细胞排列紧密，杂乱，交织成网状	大鼠房室结可见 3 种细胞（细长形细胞、粗长形细胞和椭圆形细胞），分散分布，未见细胞形态明显不同的细胞束团 家兔房室结中观察到形态不同的 3 层细胞束，分界不是很明显，上层细胞束细胞细长，染色较浅，排列较紊乱，中层细胞束细胞短小，核大，胞质淡染，平行整齐排列，下层细胞束细胞细长，染色深，平行整齐排列 猪房室结可见到形态明显不同的两层细胞束，有的分界清晰，上层细胞束细胞粗大，染色深，着色均匀，细胞密集，排列较整齐；下层细胞束细胞细长，染色较浅，着色不均匀，细胞稀疏，细胞束排列相对紊乱 犬房室结中心部位为排列紊乱的细胞束，四周包裹着一层平行整齐排列的细胞束	

续表

	人	实验动物及畜禽	其他
房室交界区入口部位及相连心房肌形态特征	双凸透镜状结构，在中心纤维体的右侧，四周界限清楚；房室结向后形成结后延伸部（PNE）；房室结及 PNE 主要由 P 细胞和 T 细胞组成；周围心房肌细胞细长，胞质呈淡红色，肌原纤维多，平行密集排列，核呈长圆形	大鼠房室交界区有前、后两个入口部位，房室结在其上方与心房肌相连，相连的心房肌细长，染色稍浅，房室交界区后部后端与心房肌相连，此处的心房肌更加细小，染色更浅，排列杂乱 家兔房室交界区有前、中、后 3 个入口部位，房室结下深层细胞束在房室结中前部与其深面偏上的心房肌相连，此处的心房肌细胞粗长，染色深，排列整齐；房室结上浅层细胞束在房室结中后部与上方的心房肌呈交织连接，相连心房肌细胞细长，染色较浅，排列紊乱；房室交界区后部在冠状窦口前与心房肌相连，该处心房肌细胞细小，染色较浅；房室交界区前位入口距 His 束最近，中位入口稍远，后位入口最远 猪房室交界区有前、后两个入口部位，房室结上浅层细胞束在房室结上方与心房肌相连，相连心房肌细胞粗大，染色深，细胞密集；房室交界区后部上浅束在冠状窦口前上方右侧位或左侧位与心房肌相连，相连心房肌细胞细小，染色较浅，细胞相对稀疏 猪和大鼠房室交界区前位入口距 His 束近，后入口距 His 束远	
房室交界区后部	房室结向前延伸形成房室束，向后形成结后延伸部（PNE）；PNE 细长，有的接近冠状窦口 PNE 细胞排列稀疏，细胞被少量胶原纤维分隔，缺乏连接	大鼠后部短细，一般为房室结长度的 1/3～1/2，后端与心房肌相连，连接部位距冠状窦开口较远 家兔后部一般为 1 束，相对较长，与房室结等长或稍短，其细胞细小，前端与 3 层房室结细胞束直接相连，分界不清，后端在冠状窦开口前方与心房肌相连，连接部位距冠状窦开口较近 猪后部最长，两细胞束，上浅束前端与房室结上浅层细胞束相连，后端则在冠状窦开口前上方右侧位或左侧位与心房肌相连，相连部位一般都超过冠状窦开口处；下深束前端与房室结下深层细胞束相连，两束在冠状窦口前分叉或不分叉，下深束附着在上浅束下方，在冠状窦开口前消失，分叉盲端均超过了冠状窦开口前端	
心肌层组织形态	心肌细胞，是具有横纹的短柱状细胞，有分支，彼此相互连成网；心肌细胞核椭圆形，位于细胞中央，多为单核，有的含双核；细胞核的两端肌质较多；心肌的肌原纤维多分布在肌纤维的周边；心肌纤维外有基膜和网状纤维包裹，心肌纤维之间有丰富的毛细血管	猕猴、比格犬、兔、树鼩心肌结缔组织丰富，SD 大鼠和昆明小鼠少；心肌间血管在猕猴和比格犬相对少，树鼩、小鼠中等，兔和 SD 大鼠丰富；心肌细胞形态在猕猴、比格犬、树鼩为短柱状，核圆形，兔心肌细胞近圆形，核椭圆形，大、小鼠心肌细胞近椭圆形，核椭圆形；猕猴和比格犬心肌间质多，胶原纤维向心肌延伸，兔、树鼩心肌间质较多，心肌纤维向间质延伸，大小鼠心肌间质少	

第四节　皮　肌

一、皮肌的概念、结构特点及来源

皮肤肌（integumentary muscles）简称皮肌，是与皮肤相连使皮肤抖动的肌肉，位于皮肤下面的薄板状肌层。皮肤肌受脊神经和内脏神经（面神经）所支配，为横纹肌，主要起于躯干肌、四肢肌或鳃节肌，止于皮肤。在胚胎发育时期它们从皮下的骨骼肌分离出来，属于骨骼肌，所以有些皮肤肌的一端还连在骨骼上，然而大部分皮肤肌与骨骼失去联系，两端都附着于皮肤，收缩时也不引起附近骨骼肌活动，而是导致附着的皮肤及其附属物发生运动。

皮肌细胞（epitheliomuscular cell）是组成腔肠动物体壁外胚层和内胚层的主要细胞，主要特点是在上皮细胞内含有肌原纤维，这种细胞具有上皮和肌肉的功能，数目较多、形大，基部扩展。外皮肌细胞短，基部内的肌原纤维收缩时，使身体及触手缩短；内皮肌细胞长，基部的肌原纤维收缩时，使身体和触手伸长。

二、皮肌的分类及作用

皮肌是分布于浅筋膜中的薄层肌，皮肌并不覆盖全身。皮肤肌根据发育来源分为两类，一类是由体节肌分裂而成，称肉膜肌或脂膜肌，由脊神经支配；另一类由舌弓鳃节肌分裂形成，名颈括约肌，由脑神经支配。

根据所在部位分为面皮肌、颈皮肌、肩臂皮肌及躯干皮肌。面皮肌，薄而不完整地覆盖于下颌间隙、腮腺及咬肌的表面，并存在分支伸达口角称唇肌。颈皮肌，牛无此肌，马起至胸骨柄和颈正中缝，向颈腹侧伸延，起始部较厚，向前逐渐变薄，与面皮肌相连。肩臂皮肌，覆盖于肩臂部，肌纤维由耆甲向下延伸至肩端。躯干皮肌（亦称胸腹皮肌），身体中最大的皮肌，覆盖于胸腹两侧的大部分。

皮肤肌是皮肤的外在肌，在皮肤的真皮内也有肌肉，如哺乳动物的立毛肌，鸟类的立羽肌，均为皮肤的内在肌，属于平滑肌，受内脏神经支配。这些肌肉不应与皮肌相混淆。

皮肌的作用：颤动皮肤，以驱除蝇蚊及抖掸灰尘等。

三、皮肤肌的发生

骨骼肌来源于中胚层体节的生肌节。初期，体节呈立方形块状，每个体节的细胞围绕着一个空腔，呈放射状排列。随后中央的腔变成一个很窄的裂隙，介于体节的外侧与内侧壁之间，外侧壁将来发育成皮肤的真皮，称为生皮节。内侧壁的一个重要部分解体成疏松的间充质，称为生骨节，由此形成脊椎骨。内侧壁另一部分存留称生肌节。生肌节占体节的小部分，参与肌肉的形成。生肌节发育成身体骨骼肌大部分，但并不是全部。低等脊椎动物的咽区，形成横纹肌的鳃肌系统来运动鳃弓。鳃肌来自侧板（下节）中胚层，称为鳃节肌。因此胚胎时期的骨骼肌有两种来源，即上节中胚层生肌节形成的体壁肌和鳃壁侧板中胚层的间充质形成的鳃节肌。在胚胎期中轴肌肉、附肢肌或鳃节肌的表层分化，停留在皮肤下面，形成皮肤肌。

四、不同种类动物和人皮肤肌的特点及意义

鱼类没有皮肌，骨骼肌表层与皮肤真皮相接，甚至肌隔的结缔组织也与真皮相连，但肌纤维不附着于真皮上。

两栖类有少量皮肌。蛙后肢的小股薄肌有一部分止于大腿后面的皮肤上，胸皮肌位于躯体前部腹面，经体壁止于前肢之间的皮肤。外鼻孔周围也出现皮肌，可使鼻瓣张开或闭合。

爬行类的皮肌比较发达。最明显的是蛇亚目，蛇类皮肌可使其腹部鳞片活动。蛇类肋皮肌在肋骨的配合下完成特殊的蛇形运动。此外，蜥蜴、龟的颈部有发达的颈括约肌。

鸟类的皮肌更发达，遍布全身，使周身的羽毛平滑或不同程度地竖立。颈括约肌也很发达，在雄鸡争斗的时候更明显。鸟翅的真皮有层坚韧的翅膜肌，飞翔时可以增强翅羽抵抗空气阻力的能力。

哺乳动物有的皮肤肌最为发达。脂膜肌分布在身体的皮下，呈薄片状，在各种哺乳动物的情形不完全一致，在单孔类、有袋类和刺猬中很发达，几乎整个躯干、颈部及四肢的表面都有连续成片的脂膜肌；犰狳、豪猪、刺猬、鼹鼠、穿山甲靠皮肤肌的收缩将身体蜷缩成球状，或使棘刺竖立，以防御敌害；马和牛等家畜的皮肌是分布于浅筋膜中的薄层骨骼肌，大部分紧贴皮肤深面，不覆盖全身，分布于面部、颈部、肩臀部和胸腹部，收缩时，可使皮肤颤动，以驱赶蝇虻和抖掉附着的异物等。

高等动物类群，如灵长类的脂膜肌退化，偶尔在肩部、胸部和腹股沟保留一部分。人的皮肌则显著退化。

还有一类皮肤肌即颈阔肌，在哺乳动物显著发达。颈阔肌分布于颈部皮下，到哺乳动物分化为两层：浅层为颈阔肌，深层为固有颈阔肌。人的颈阔肌延伸到头部成为颅顶部肌和面部肌。颅顶肌的作用微弱，趋于退化，只保留着枕肌和额肌，两肌之间由宽大的帽状腱膜把它们连在一起。人因群居生活与语言的出现，面部肌得到极大的发展，成为表情肌，且数目最多，达30多块，用以表达喜怒哀乐等细致的情感变化。多数低等哺乳类缺乏表情肌，肉食动物可出现，灵长类发育更好。人的表情肌虽在耳、鼻部已退化，但眼、眉、口等部分远比其他动物发达。由于语言的出现，与发声相关的皮肌（如位于面颊深部的颊肌等口周围肌）得到了高度发展。

五、总结

人与常见实验动物、畜禽皮肌特点的比较总结见表13.12。

表 13.12　人与常见实验动物和畜禽等皮肌特点的差别

	人	实验动物和畜禽	其他
皮肌分布及发达程度	皮肌显著退化；颈阔肌延伸到头部成为颅顶部肌和面部肌；颅顶肌的作用微弱，趋于退化，只保留着枕肌和额肌	不同；兔门静脉和大鼠、小马和牛等家畜皮肌是分布于浅筋膜中的薄层骨骼肌，大部分紧贴皮肤深面，不覆盖全身，分布于面部、颈部、肩臀部和胸腹部；灵长类的脂膜肌退化，偶尔在肩部、胸部和腹股沟保留一部分	鱼类没有皮肌；两栖类有少量皮肌；爬行类的皮肌比较发达，最明显的是蛇亚目，蛇类皮肌使其腹部鳞片活动，蛇类肋皮肌配合肋骨完成特殊的蛇形运动，蜥蜴、龟的颈部有发达的颈括约肌；鸟类的皮肌较发达，遍布全身，颈括约肌也很发达，鸟翅的真皮有层坚韧的翅膜肌；哺乳动物有的皮肤肌最为发达，单孔类、有袋类和刺猬脂膜肌很发达
表情肌（面肌）	面部肌得到极大的发展，成为表情肌，且数目最多；在耳、鼻部分已退化，但眼、眉、口等部分远比其他动物发达，如与发声相关的位于面颊深部的颊肌等口周围肌得到了高度发展	多数低等哺乳类缺乏表情肌，肉食动物可出现，灵长类发育更好	其他低等动物均缺乏表情肌，肉食动物可出现

参 考 文 献

陈利. 2016. 家畜骨骼肌纤维分类及影响因素的研究进展. 中国畜牧杂志, 19: 99-103.

成令忠, 钟翠平, 蔡文琴. 2003. 现代组织学. 上海: 上海科学技术文献出版社: 349-373.

李德雪, 林茂勇, 张乐萃. 2004. 动物比较组织学. 台北: 艺轩图书出版社: 76-81.

李和, 李继承. 2015. 组织学与胚胎学. 3 版. 北京: 人民卫生出版社: 84-95.

李先堂, Nasir KK, John EB. 2019. 实验动物功能性组织学图谱. 北京: 科学出版社: 212-218.

朴春萍, 张智弘. 2010. 人房室交界区形态结构观察及其临床意义. 中国临床研究, 23(10): 862.

钱宁, 吴曙光. 2007. 贵州小型猪心肌细胞超微结构的观察. 实验动物科学, 24(1): 78-80.

谌辉, 黄从新, 李庚山, 等. 1999. 猪房室交界区各层面及部位细微形态结构的观察. 中国心脏起搏与心电生理杂志, 13(1): 44.

谌辉, 黄从新. 2004. 多种动物房室交界区形态结构种属差异的研究. 中国心脏起搏与心电生理杂志, 18(5): 380-383.

孙春华. 2007. 不同种属哺乳动物眼外肌周围结缔组织结构及功能的初步研究. 天津: 天津医科大学博士学位论文: 10-78.

王亚亚. 1997. 脊椎动物的皮肤肌. 生物学通报, 1: 17-18.

王媛媛, 徐文潇, 李霞, 等. 2014. 六种实验动物心血管系统比较组织学观察. 实验动物与比较医学, 34(3): 199-204.

Danieli-Betto D, Betto R, Midria M. 1990. Calcium sensitivity and myofibrillar protein isoforms of rat skinned skeletal muscle fibres. Pflugers Archiv, 417(3): 303-308.

Inoue S, Becker AE. 1998. Posterior extensions of the human compact atrioventricular node a neglected anatomic feature of potential clinical significance. Circulation, 97(2): 188-193.

Makishima N, Inoue S, Ando H, et al. 1997. Morphological classification of atria muscle in the atrioventricular junctions area. Jpr Circ, 61(6): 510-516.

Medkour D, Becker AE, Khalife K, et al. l998. Anatomic and functionalcharacteristics of a slow posterior AV nodal pathway: role in dual-pathway physiology and reentry. Circulation, 98(2): 164-174.

Ryu YC, Choi YM, Lee SH, et al. 2008. Comparing the histochemical characteristics and meat quality traits of different pig breeds. Meat Sci, 80(2): 363-369.

Waterlabe Y, Preifus LS. 1965. Inhomofenous conduction in the A-V node: a model for reentry. Am Heart J, 70(4): 505-514.

实验动物科学丛书

I 实验动物管理系列

实验室管理手册(8，978-7-03-061110-9)

常见实验动物感染性疾病诊断学图谱

实验动物科学史

实验动物质量控制与健康监测

II 实验动物资源系列

实验动物新资源

悉生动物学

III 实验动物基础科学系列

实验动物遗传育种学

实验动物解剖学

实验动物病理学

实验动物营养学

IV 比较医学系列

实验动物比较组织学彩色图谱(2，978-7-03-048450-5)

比较传染病学——病毒性疾病(13，978-7-03-063492-4)

比较组织学(14，978-7-03-063490-0)

比较影像学

比较解剖学

比较病理学

比较生理学

V 实验动物医学系列

实验动物疾病(5，978-7-03-058253-9)

大鼠和小鼠传染性疾病及临床症状图册(11，978-7-03-064699-6)

实验动物医学

VI 实验动物福利系列

实验动物福利

VII 实验动物技术系列

动物实验操作技术手册(7，978-7-03-060843-7)

动物生物安全实验室操作指南(10，978-7-03-063488-7)

VIII 实验动物科普系列

实验室生物安全事故防范和管理(1，978-7-03-047319-6)

实验动物十万个为什么

IX 实验动物工具书系列

中国实验动物学会团体标准汇编及实施指南(第一卷)(3，978-7-03-053996-0)

中国实验动物学会团体标准汇编及实施指南(第二卷)(4，978-7-03-057592-0)

中国实验动物学会团体标准汇编及实施指南(第三卷)(6，918-7-03-060456-9)

中国实验动物学会团体标准汇编及实施指南(第四卷)(12，918-7-03-064564-7)

毒理病理学词典(9，918-7-03-063487-0)